空间智能计算

苏世亮 李 霖 翁 敏 编著

科学出版社

北京

内 容 简 介

空间智能计算旨在理解和模拟人类的学习、感知、推理、行动，对空间大数据进行挖掘与分析，协助解决自然、社会中存在的实际问题。作者结合多年的教学和科研体会，在重视与地理信息科学专业空间数据分析课程衔接的基础上，遵循从理论基础到实际应用的主线，强调不同方法之间相互关联的逻辑关系，以全新视角构建了空间智能计算的知识体系。本书共六个部分 16 章，主要内容包括：概念认识、学习、不确定知识与推理、感知与行动、可视化、人工智能，力求深入浅出地为读者提供空间智能计算的思路、方法和应用途径。

本书既可作为地理信息科学专业及相关专业本科生、研究生的教材，也可供科研工作者参考。

图书在版编目（CIP）数据

空间智能计算 / 苏世亮，李霖，翁敏编著. —北京：科学出版社，2020.7
ISBN 978-7-03-063642-3

Ⅰ. ①空…　Ⅱ. ①苏…②李…③翁…　Ⅲ. ①空间信息技术-高等学校-教材　Ⅳ. ①P208

中国版本图书馆 CIP 数据核字（2019）第 272577 号

责任编辑：杨　红　郑欣虹 / 责任校对：何艳萍
责任印制：赵　博 / 封面设计：陈　敬

科学出版社 出版
北京东黄城根北街 16 号
邮政编码：100717
http://www.sciencep.com

北京凌奇印刷有限责任公司印刷
科学出版社发行　各地新华书店经销

*

2020 年 7 月第　一　版　开本：787×1092　1/16
2025 年 1 月第五次印刷　印张：23 1/2
字数：584 000
定价：89.00 元
（如有印装质量问题，我社负责调换）

前　言

随着大数据时代的到来，地理信息科学面临着前所未有的机遇与挑战。空间大数据是一种新兴的、特殊的空间数据，包含了非常丰富的浅层次信息和深层次知识。智能计算关注的是如何设计经验化的计算机思考性程序，挖掘和洞悉隐藏于大数据背后的空间信息、规律与知识，以促进人类更好地认识和解决空间问题。面向空间大数据的智能计算已广泛应用于地理学、地质学、环境学、生态学、社会学、管理学、气象学，以及公共卫生等诸多领域。因此，系统阐述空间智能计算基础理论与方法，对它的深入学习和发展奠定良好基础是本书的基本出发点。

武汉大学地理信息科学类专业在国内较早地开设了智能计算的相关课程，强调理论、前沿、实践并重，重视学生学习兴趣的引导和动手能力的培养。在武汉大学"双一流"学科建设的推动下，作者结合多年的教学和科研体会，在重视与空间数据分析、GIS 等其他专业课程衔接的基础上，遵循从理论基础到实际应用的主线，强调不同方法之间相互关联的逻辑关系，构建了空间智能计算的知识体系。本书的指导思想是力求深入浅出地为地理信息科学专业及相关专业的本科生、研究生及科研工作者提供面向空间大数据的智能计算思路、方法和途径。因此，对于每一种方法都特别注重阐释原理、适用条件、计算过程、结果分析，尽可能淡化数学推导过程。本书是《空间数据分析》与《空间数据分析案例式实验教程》的扩展版。这并不是指《空间数据分析》所讲述的理论与方法不适合空间大数据，而是介绍更适合空间大数据分析的智能算法。为了使学生能够应用所学的方法和技术解决实际问题，作者特别编写了本书的应用版——《社会地理计算》，紧密结合空间大数据分析与应用的新理论、新方法和新技术，以期为学生了解和掌握更多地理信息前沿知识提供参考。

本书可以概括为六个部分：概念认识、学习、不确定知识与推理、感知与行动、可视化、人工智能，共计 16 个章节。第一部分介绍空间智能计算提出的背景，即第 1 章空间大数据。第二部分为机器学习的相关内容，是本书后续部分的重要基础。具体包括第 2 章学习原理，第 3 章聚类、分类与回归，第 4 章关联规则，第 5 章优化，第 6 章深度学习，第 7 章面向数据流的学习方法。第三部分介绍不确定知识与推理的相关理论，包括第 8 章概率推理、第 9 章复杂决策、第 10 章多目标求解。第四部分为感知与行动，包括第 11 章感知、第 12 章文本分类与情感分析、第 13 章社会网络、第 14 章复杂地理计算。第五部分介绍空间大数据可视化内容，即第 15 章可视化。第六部分为人工智能，即第 16 章，简单介绍人工智能的几大典型实践案例，包括 AlphaGo、自动驾驶、智慧城市、智能机器人等。此外，为了满足多样化的学习需求，作者团队录制了重点章节的教学视频，读者可扫描对应二维码观看。

在本书编写过程中，参考了大量国内外优秀教材、文献资料和科研成果。硕士研究生胡莉蓉、李泽堃、周昊、张惠、万琛、皮建华、徐梦雅、王令琦等承担了大量的资料搜集和数据整理工作，在此表示衷心感谢。作者特别开设了微信公众号（wurg2016），方便与广大读者交流空间智能计算的理论和实践，敬请关注。

由于作者自身知识和水平的局限，本书难免存在不足之处，在内容组织和表达上也存在不尽如人意的地方，敬请读者批评指正。此外，作者会通过教学实践，发现不足，进一步修改和完善教材相关内容。

作　者

2019 年 10 月于珞珈山

目　　录

第1章　空间大数据

随着传感器网络、移动定位技术、无线通信技术、互联网 Web2.0，以及社交媒体等领域的发展，海量且具有位置标签的个体数据和行业数据被采集、存储、更新及推广，使得地理空间信息不断地聚合与融合。这些数据中约 90%都是非结构化和半结构化的数据，称为空间大数据。相较于一般的空间数据而言，空间大数据的类型更加丰富多样，获取、管理、清洗和分析的技术流程更加复杂，对理论、实践及软硬件条件都提出了更高的要求。本章在介绍空间大数据概念和特征的基础上，总结空间大数据时代所面临的挑战；简述空间大数据的来源、获取方式和清洗技术；叙述云计算技术在管理空间大数据方面的优势及当前业界流行的管理框架方案；最后针对空间大数据的分析框架和空间智能计算，着重介绍了空间智能计算的范畴与优势。本章作为本书的引子，旨在抛砖引玉，引领读者踏入空间智能计算的奇妙殿堂。本章结构如图 1-1 所示。

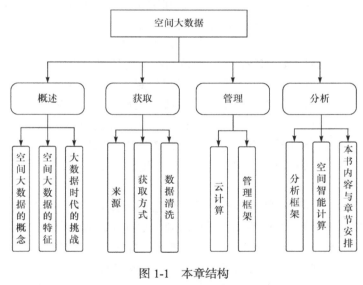

图 1-1　本章结构

1.1　概　　述

1.1.1　空间大数据的概念

1. 空间大数据的兴起

近年来，随着集成电路与芯片、传感器网络、移动定位技术、无线通信技术、移动互联网及高性能计算与存储技术等的飞速发展，数据采集和计算单元不断延展，每个人都成为移动传感器，无时无刻不在积累和提供着数据，如生理指标与健康档案、通信记录、网络浏览记录、消费记录、出行轨迹、社交网络关系等，这些数据是能够全方位多角度地反映个人、自然环境与社会动态的宝贵数据。同时，这些数据也为传统制造业、金融保险业、零售业、医疗卫生事业、交通运输业及新兴的移动互联网与电子商务等行业开展产品设计与优化、生产流程与调度优化、商品推荐与广告投递、店铺选址与成本分析等实际需求提供了巨大的支持。在此背景下，全球数据呈现爆发式增长态势。互联网数据中心研究的结果显示，全球每 18 个月新增的数据量是人类有史以来全部数据量的总和。2020 年，全球一年产生的数据将达到 40 ZB，而这些数据中约 90%都是不精确的、非结构化的数据。这些数据的管理与分析已经超出了传统数据管理技术的能力，业界通常把这些超出正常处理规模、难以采用传统方法在合理时间内管理、处理并整理成为辅助决策信息的非结构化和半结构化数据称为大数据(big data)。

随着全球卫星定位导航系统、蜂窝移动通信定位技术及 WiFi 定位技术的进步，大数据的位置标签越发精确。人类活动所产生的数据中约 80%的数据与空间位置有关。一个较为显著的例子是，通过大数据与空间位置的融合，21 世纪初开始风靡全球的社交网络服务(social network services，SNS)从一个完全基于网络的虚拟系统发展成为客观世界与虚拟世界相融合的基于位置的社交网络(location-based social network，LBSN)，创造了巨大的社会效应和经济价值，成为当下人们生活中密不可分的一部分。

2. 空间数据与空间大数据

对于地理信息科学(geographical information science，GIS)而言，传统空间数据的含义是较为固定的，是表征地理圈层或地理环境固有要素和物质数量、质量、分布特征、联系及规律的数字、文字、图像和图形的总称。从数据表达上看，可以将空间数据抽象为点、线、面三类元素；从数据结构上看，空间数据一般由矢量数据和栅格数据组成；从内容上看，空间数据主要表达空间对象的位置、属性和时态特征。空间数据的位置信息可以根据大地参考系定义，如常见的经纬度坐标；也可以定义为空间对象间的相对位置关系，如关联、邻接、包含等。属性数据又称非空间数据，是描述空间对象特征的定性或者定量指标，包括统计数据等。时态特征是指空间数据采集或地理现象发生的时刻或时段，不同时段内空间对象的位置信息和属性特征可能会有所变化，通常需要对同一空间范围多时相数据进行采集和管理。传统的空间数据强调几何上的精确性，因此以实地测绘、对地观测、航空遥感为主要的采集手段，由受过专业训练的人员完成。

与传统的空间数据不同，空间大数据的位置信息在大多数情况下是隐式表达的，且没有统一明确的数据结构。伴随着人们的活动，每时每刻每地都在源源不断地产生空间数据。因此，空间大数据往往以流数据(streaming data)的形式展现，即按照时间的推移动态增加，具有连续性和无限增长性。一个典型的例子是城市交管部门"天眼"摄像头记录的体量巨大的路况数据。因此，空间大数据更强调空间位置的连续表达和非空间属性的实时变化，对于空间对象的位置及其属性信息(如人流、车流、空气质量、噪声等)，强调以位置为核心的时空动态关联。空间大数据的采集手段更加丰富和自由，不再局限于专业的测绘工作部门，每个人都是数据的提供者，如个体出行、上网记录、消费信息等均是空间大数据的重要来源，因此空间大数据具有非专业性、实时性和全面性等特点。

1.1.2 空间大数据的特征

传统的空间数据是各种地理特征和现象间关系的表示，一般具有空间位置、属性和时态特征。空间数据中的位置是通过坐标数据进行标识的，这是空间数据区别于其他数据的最显著标志，空间数据具有区域性、多维结构和动态变化的特性。①区域性指通过经纬网建立的地理坐标实现空间位置的标识。②多维结构指在同一位置上可以有多种专题的地理信息，如在同一位置同时有光照条件、湿度、温度、降水量、空气污染程度等多种特性。③时态特征指时空的动态变化引起空间数据中的属性数据或者空间数据的变化，使得空间数据的多时态特性成为一个明显的特征。

空间大数据的特征相较于传统空间数据而言更加丰富。除了较为隐含的空间特性，对于大数据，"5V"特征是最基本也是最显著的特征。"5V"分别是：①Volume(体量大)。大量 TB 级别及以上的已有数据等待处理，给当前的物理介质存储能力及运算速度带来了巨大的挑战。②Velocity(速度快)。需要应对以秒甚至毫秒计的不断产生无限增长的流数据，这类长期积累的数据不可能全部存储在存储介质中，数据通常在存储前需要进行预处理，去粗取精，保留一些有价值的信息。③Variety(多源异构性)。与空间位置相关的大数据类型多样，采集的内容也千差万别，时常具有不同的时间或空间粒度，从数据格式到存储方法都存在着很大差异，文本、图片、视频等结构化和非结构化数据并存。④Veracity(真伪难辨)。由数据的噪声、缺失、不一致性、歧义、隐喻等引起的数据不确定性。⑤Value(价值)。大数据的真正价值在于数据中所蕴藏的信息和知识。现实世界是一个多参数、非线性、随时间变化的不稳定系统，空间数据中的不确定性是无法回避的问题，大数据使得人们以前所未有的维度量化和理解世界，蕴含了巨大的价值，大数据的终极目标在于从数据中挖掘价值。表 1-1 总结了传统空间数据与空间大数据的特征差异。

表 1-1　传统空间数据与空间大数据的特征差异

项目	传统空间数据	空间大数据
时空特性	具备精确的空间位置，时间特性通常由多个时间截面的数据综合反映	空间特性较为隐含，通常由多个时间节点采集的不同数据构成
容量	较小，以 KB 或 MB 计量	较为巨大，通常以 GB、TB 乃至 PB 为基本单位
主要类型	类型较为单一，以矢量数据或栅格数据这种结构化数据为主	种类繁多，包含结构化与非结构化数据，且非结构化数据占绝大多数
产生方式	基于传统方式由专业人员进行生产，更新较为缓慢	每个人都是数据的生产者，实时更新
蕴含价值	服务对象单一，具有高密度价值	潜在待挖掘价值较高，价值密度与数据总量成反比

1.1.3　空间大数据时代的挑战

在空间大数据爆发式增长的今天，能够实时有效地体现自然、社会环境特征的信息日趋多样。如何分析利用空间大数据，从中提取有效信息，使之体现出群体智慧的价值，为改善和提升政府智能管理、企业商业决策和大众现代生活助力，是值得思考和深入探究的问题。

1. 数据获取与管理

由于空间大数据的"5V"特征，一般而言，传统的人工量测方式已经无法适应空间大数据的要求。空间大数据采集技术强调空间无缝、自动化、实时性、非专业、协同交互，发挥群体智慧。同时，需要对数据进行实时清洗和甄别，尽可能去伪存真。原始数据经过获取后，被丢弃或被存储，但是存储后再次提取代价昂贵。这个过程通常以应用为导向，需要构建适于实时分析的概要结构、时空聚合和多尺度表达等方法，实现高效的数据筛选和聚合机制，以解决数据冗余及噪声问题。

空间大数据更强调多源异构特性和动态性，而不仅仅是数据规模，广义的空间大数据包括多源地理空间信息、全景实景影像、视频、移动对象轨迹、社交网络关系、空间隐喻文本、生活服务信息、个性化地理信息等。与空间位置相关的传感器随着应用的不同，类型多样，采集的内容也千差万别，且常具有不同的时间或空间粒度，从数据格式到存储方法都存在着很大差异。虽然多源异构数据也是 GIS 中的一个经典命题，但是更具挑战性的是越来越多的非结构化数据。传统 GIS 几乎没有涉及非结构化数据，常用的关系型数据库也难以管理和使用非结构化数据。对结构化与非结构化数据进行统一的管理是利用空间大数据面临的另一个挑战。

随着大数据时代的到来，关系型数据库在海量数据管理、高并发读写及扩展性等方面的瓶颈逐渐显现，且由于空间数据追求精确性的特点，传统的空间数据库以相对静态的数据为主，不能满足大体量和流数据的存储要求，这表明现有的工具已经无法对空间大数据进行有效存储与管理。相对于静态、有限的数据集，空间大数据的数据存储管理系统需要具备扩展性，以处理动态无限增长的数据的存储和查询。目前普遍采用的云端服务模式已经成为解决大数据存储和管理的技术趋势，然而，这对空间大数据的异地多点查询和数据关联与聚合等提出了挑战。在云环境下，数据可能存放在不同磁盘、不同机器甚至不同地点，现有的分布式文件系统、数据索引与查询的方法都具有局限性。所以，针对空间大数据的数据划分，基于内存的索引，针对历史、当前及未来数据时空索引的并发控制，以及基于多线程的并发连续查询等仍然是亟须深入研究的问题。

2. 数据分析与计算

传统的空间数据分析重在使用统计模型对地理现象间的空间关联进行描述，已故图灵奖获得者 Jim Gray 提出，科学研究的范式已经从实验科学、理论推演、计算模拟发展到数据密集型科学发现。1994 年在渥太华举行的 GIS 国际会议上，李德仁院士第一次提出了从 GIS 数据库中发现知识(knowledge discovery from GIS，KDG)的概念，建议从纷杂的空间数据中挖掘隐含的模式、规则和知识，这是发挥空间大数据价值的一个重要思路。大数据的真正价值在于各种异构数据之间的关联性，可以采用数据挖掘的方法对多源异构的空间大数据进行不同尺度上的信息挖掘和知识发现。为了克服大数据的噪声和不确定性，常用的方法是对多源空间数据进行融合，如公交卡刷卡数据、出租车轨迹数据、自行车租用数据、手机信令数据等都是典型的城市大数据，但是单独使用其中任何一种数据都无法全面客观地描述城市交通、人群的移动等信息。移动终端，如智能手机上也具备多种传感器，但是单独使用全球定位系统(global positioning system，GPS)只能进行室外定位，结合 WiFi、陀螺仪、气压计等就可以同时进行室内及高程定位。所以，无论是宏观还是微观层面，要尽可能地使用多源数据并对多源数据进行融合分析和挖掘，以充分发挥空间大数据的优势。从空间数据分析的角度而言，传统的确定性地理计算，如道路中心线提取仍将继续发挥作用，但是在空间大数据分析中，其适用场景更多的是从当前所积累的定量数据中抽取定性的规则，进而采用空间数据挖掘算法处理不确定性问题，并发现其中蕴含的知识及规律，例如，从众多车辆轨迹中识别出道路边界和中心线等。由传统空间分析方法中的模型驱动逐渐转变为数据驱动，是提取空间大数据价值的重要方式，新时代的空间分析不仅要有建立模型的能力，更要有发现新模式、新知识甚至新规律的能力。

目前，随着 GIS、软件技术的成熟及人工智能领域的进展，智能计算技术成为空间大数据分析的重要手段。智能计算是借用自然界、生物界规律的启迪，根据其原理模仿设计求解问题的算法，具有识别现有知识、获取新知识、不断改善性能、实现自身完善的能力，是一个辅助人类去处理各种问题的具有独立思考能力的系统,包括遗传算法、模拟退火算法、禁忌搜索算法、进化算法、启发式算法、蚁群算法、人工鱼群算法、粒子群算法、混合智能算法、免疫算法、人工智能、神经网络、机器学习、生物计算、DNA 计算、量子计算、模糊逻辑、模式识别、知识发现等。但由于缺乏可用的计算资源,全方位空间分析和提取专家知识仍面临挑战。

3. 空间大数据可视化

大数据分析一般可从两个维度展开:一是从机器的角度出发,利用各种高性能处理算法和智能计算方法对大数据进行分析处理;另一个维度是从人的角度出发,利用可视化方法、人机交互方法将人的认知能力融入大数据的分析过程中。传统的空间数据可视化借助制图学原理和 GIS 技术,重点在表现符号、尺度和三维等问题上,而对于空间大数据,如果不加提炼和信息综合直接将信息以点、线、面的形式表现出来,往往难以传递出有效的信息。空间大数据可视化主要是用可视分析的方法来探索空间大数据中隐藏的有价值的信息,其目的是反映信息对象随空间位置所发生的行为变化,因此合理地选择和布局地图上的可视化元素,从而呈现尽可能多的信息是空间大数据可视化的关键。

可视化分析概念提出时拟定的目标之一即是对大规模、动态、模糊或者常常不一致的数据集进行分析,随着社交网络和移动互联网的兴起与发展,互联网、经济、金融、社会公共服务等领域产生了一些特征鲜明的数据类型,主要包括文本信息、网络或图、时空数据及多维数据等。这些与大数据密切相关的信息类型与信息可视化的分类交叉融合,成为大数据可视化的主要研究领域。可视分析可以充分发挥人类的知觉推理和认知能力,在大数据时代,数据量和复杂度的提高带来了对数据探索、分析、理解和呈现的挑战,大数据的海量、动态和不确定整合信息通常需要用交互式或动态化展示的表现方式来帮助人们迅速理解和分析数据的模式、特征和内涵,辅助数据的提炼和解释,以及从复杂数据中探索新的发现,因此可视分析的研究重点与大数据分析的需求相一致。通常,大数据可视化在利用大数据自动分析挖掘方法的同时,利用支持信息可视化的用户界面及支持分析过程的人机交互方式与技术,有效融合计算机的计算能力和人的认知能力,获得对于大规模复杂数据集的洞察力。总体而言,当前对于大数据可视化的研究仍比较初步,针对这一研究领域的理论、方法和技术体系至今尚未形成。

1.2 空间大数据的获取

1.2.1 来源

1. 地理国情普查与监测

地理国情是从地理的角度分析、研究和描述国情,即以地球表层自然和人文现象的空间变化和它们之间的相互关系、特征等为基本内容,对构成我国物质基础的各种条件和因素做出宏观性、整体性、综合性的调查、分析和描述。地理国情综合反映了一个国家或区域人地关系的协调程度,是国家和地区科学发展、可持续发展、和谐发展的重要决策依据。地理国情普查是一项重大的国情国力调查,是全面获取地理国情信息的重要手段,是掌握地表自然环境及人类活动基本情况的基础性工作,是应用全球卫星导航定位、航空航天遥感、地理信息系统等现代空间信息、测绘技术,综合基础测绘成果和各部门专题数据,对我国陆地国土范围内的地表自然和人文地理国情信息进行空间化、定量化普查,形成地理国情普查成果报告。地理国情监测是综合利用全球卫星导航定位、航空航天遥感、地理信息系统等现代测绘技术,综合各时期已有测绘成果档案，对地形、水系、交通、地表覆盖等要素进行动态和定量化、空间化的监测，并统计分析其变化量、变化频率、分布特征、地域差异、变化趋势等，形成反映各类资源、环境、生态、经济要素的空间分布及其发展变化规律的监测数据、地图图形和研究报告。

地理国情普查与监测得到的数据主要包括遥感对地观测数据、基础地理信息数据、地理国情普查数据、地理国情监测变化数据、各类地面观测数据、各类专题调查与考察数据及社会经济统计数据。

(1) 遥感对地观测数据。通过航天、航空或地面遥感获得的数据，是地理国情监测的稳定数据源，可以满足地理国情的动态、常规监测需求。按数据空间分辨率可以分为低、中、高空间分辨率遥感数据；按电磁波的光谱段可以分为可见光、热红外、微波、LiDAR 遥感数据。遥感对地观测数据的特点是获取范围大、重访周期短、数据体量大、时效性强。

(2) 基础地理信息数据。是指通用性最强，共享需求最大，几乎被所有与地理信息有关的行业采用，作为统一的空间定位和进行空间分析的基础地理单元，内容包括数字线划图(digital line graphic，DLG)、数字高程模型(digital elevation model，DEM)、数字栅格图(digital raster graphic，DRG)、数字正射影像图(digital orthophoto map，DOM)、地名数据、土地覆盖数据等，特点是数据体量大、信息量大、应用面广、现势性好，具有极高的共享性和社会公益性。当前全国 1∶5 万基础地理信息数据达到 12.3TB。同时，《基础测绘条例》规定，基础测绘成果实行定期更新与及时更新制度，定期更新至少 5 年 1 次，快速变化区域至少 1 年更新 1 次，预测今后基础地理数据将会以 15%的速度增长。

(3) 地理国情普查数据。从遥感对地观测数据中提取得到的地理信息，是地理国情监测的本底，包括数字正射影像、地表覆盖分类数据、地理国情要素数据。特点是数据体量大、精度高、信息量大、应用面广、现势性好。据估计，地表覆盖与地理国情要素矢量数据可达 2.4 TB。

(4) 地理国情监测变化数据。是指面向不同监测专题，对不同时相的地理空间信息进行对比和变化监测的结果，包括遥感影像变化监测图斑、地形变化数据、属性变化数据。特点是数据体量大、精度高、信息量大、应用面广、现势性好。

(5) 各类地面观测数据。以传感器为数据采集的工具，常年进行监测，是分析规律、建立模型、验证模型、预测预报的重要数据源，包括大地测量数据、遥感影像解译样本数据等。此外，气象、水文、地震、交通、林业、农业、海洋资源、地质与矿产资源等专题数据也是地理国情监测的数据来源。该类数据的特点是观测频率高、数据类型多、数据体量大、数据具有可比性。

(6) 各类专题调查与考察数据。根据特定目的，不定期进行调查、考察形成的数据资料，如全国性资源环境调查数据、青藏高原综合科学考察数据、全国经济普查数据、全国土地调查数据等，此类数据是地理国情监测研究中非常宝贵的基础数据资料，是对研究结果进行验证的最直接、最有效的数据源。特点是数据不可重复获得、具有历史性。

(7) 社会经济统计数据。一般以行政区划为单元进行定期数据采集，是反映国民经济和社会现象的数字资料及与之联系的其他资料，也是反映人地关系是否协调、社会发展是否和谐的重要指标，是地理国情监测研究不可缺少的数据。特点是具有相关性、准确性、及时性、可比性、可衔接性。

地理国情监测作为大数据时代测绘地理信息领域一个新的、重要的发展方向，更加强调高质量的监测数据，更为灵活的存储方式，更为高效的计算模式，更为先进的数据挖掘方法，更为丰富的信息表达方式，更为个性化的服务模式，更有价值的地理国情信息。

2. 志愿者地理信息

众包(crowdsourcing)最早被定义为通过一大群人的贡献获得所需要的服务、想法和内容的过程，是一种由"外包"发展而来的新型商业模式。随着计算机技术、移动终端设备和 GPS 定位及导航的发展，众包逐渐发展成为一种新的信息交互方式，使得每个人都可能兼具信息的生产者、传播者和消费者的三重身份。相对于政府部门和大型测绘遥感公司生产的传统空间数据，众包的方式使得大众在空间数据的生产和传播的过程中起到了越来越重要的作用，空间数据由原有的自上而下的生产方式逐渐转变成自下而上的生产方式。Goodchild(2007)提出志愿者地理信息(volunteered geographical information，VGI)的概念，指普通民众以众包的方式创建出描述地球表面的地理信息，也即众包是志愿者地理信息的生产方式。进一步看，众包地理信息主要有以下几种来源。

(1) 由特定地理信息发布部门或者地理信息服务公司共享发布的公共版权数据。这类数据通常多由政府部门、企业、公益组织等以网站或者网络服务发布，例如，美国地质调查局(United States Geological Survey，USGS)官网上提供的全球卫星影像；又如，著名开源地图网站 OpenStreetMap 上的部分国家的主干交通数据由汽车导航公司(automotive navigation data，AND)赠送。

(2) 开源地图要素数据。OpenStreetMap 等网站向用户提供可以创建地理对象的功能，部分网民参照正射影像、GPS 轨迹主动在网站上创建和编辑各种地理对象，完善感兴趣区域的地图，供全球各地的用户免费浏览和下载。OpenStreetMap 地图的制作参与者往往具备更好的本地知识，并结合航空影像、GPS 设备和传统的地区地图来确保 OpenStreetMap 的准确性和现势性。

3. 泛在地理信息

泛在地理信息是指无所不在、无所不包的地理信息，即泛在信息社会内人与人、人与物、物与物在复杂联系中产生的带有地理位置属性或富含空间隐喻的信息。从来源看，泛在地理信息的表现形式主要包括城市基础设施运营产生的信息和公众日常生活中自发产生的信息。

(1) 城市公共管理部门通过大量公共基础设施收集的信息。为了便于团队管理和提升服务质量，不少公共交通部门都会在所属的公交车、出租车上安装 GPS 记录仪器，以记录相应工具的 GPS 轨迹(称为浮动车数据，指的是安装了车载 GPS 定位装置并行驶在城市主干道上的公交汽车和出租车提供的轨迹数据)。公交公司也会记录公交或者地铁的 IC 卡刷卡数据，数据主要包含刷卡的时间和地点、所乘公共交通工具编号和线路编号。电信公司记录手机用户与发射基站之间的通信数据，称为手机信令，手机信令可以提供手机用户使用手机进行活动的信息，如时间戳、基站位置编号、事件类型(接打电话、接发短信、位置更新)等。浮动车数据、公交卡刷卡数据和手机信令数据这类由公共基础设施收集的数据覆盖面广、更新频繁，对于动态了解城市交通流变化、城市居民移动规律和城市热点商圈具有重要的研究价值。

(2) 公众在日常生活中使用商业服务有意或无意产生的信息。在 Web2.0 的框架下，公众在日常生活中使用各类软件或服务而被服务商记录下来的数据，对反映公众的生活消费习惯有重要的意义。这些数据主要是大量含有位置信息的文本、图像、视频等。表 1-2 列举了一些常见的公众产生的空间数据。

表 1-2　公众产生的空间数据

服务类型	服务商	数据内容
衣	淘宝、京东等电子商务平台	消费额、物流信息、商品评价
食	大众点评、美团等各类外卖服务商	消费额、物流信息、商品评价
住	搜房网、链家网等	房源地点、租房、购房价格
行	滴滴打车、摩拜单车等	出行轨迹
社交网络	微博、微信、QQ 等	签到时间地点、分享内容
地图导航	百度地图、高德地图等	商家标注
运动健身	悦跑圈、咕咚等	运动轨迹、签到时间地点、分享内容
图像	Geotag 照片、Flickr 等	带有地理标记的照片
视频	美拍、大疆等	带有地理标记的视频

1.2.2　获取方式

1. 免费获取

目前我国数据的拥有者主要为政府及相关企事业单位和其他市场主体，直接或间接由政府持有的数据资源占比超过 80%，但并未形成统一的多门类互联互通的数据共享平台。对于政府职能开放的数据，如国家统计局的数据，可以访问其官网获取；对于地理信息数据，我国建成了国家地理信息公共服务平台(http://www.tianditu.cn/)，面向公众提供权威的地理信息服务。对于一些由公司或组织免费公开的数据，如 OpenStreetMap 的数据，直接访问其官方网站，根据说明即可免费下载。

2. 商业授权

空间大数据也可以采用商业授权的方式进行购买。通过联系数据平台的运营商或者第三方的数据收集与发布平台，以商业合作的方式合法地获取所需要的数据。

3. 调用开放平台 API

互联网企业在为用户提供服务的同时也收集了大量的数据，例如，用户在发送微博时所分享的文本内容、签到标签都会被服务商存储下来。

以新浪微博为例，若需要获取带有地理坐标的微博信息，可以通过调用微博开放平台上提供的应用程序编程接口(application programming interface，API)来实现。微博 API 几乎能覆盖微博的全部功能，用户通过调用 API 可以获取海量的微博数据，进而基于这些数据开发各种应用。基于 API 获取微博数据，需要用户在微博开放平台上注册成为开发者，然后创建应用并取得应用标识，再通过开放平台的 OAuth 授权后即可直接调用开放平台的 API 接口。基于 API 的数据获取方法比较简洁、高效，但使用该方法需要经过授权认证，当开发者开发第三方应用的权限越低，可调用 API 接口的种类和数量就越少；另外，该方法还受到接口调用频率的限制，即微博的开放接口限制每段时间只能请求一定的次数。

基于微博 API 的数据获取流程如图 1-2 所示。其中，微博 API 提供的关于获取地理信息的相关 API 如表 1-3 所示，开发人员可以通过调用表 1-3 所示的 Web API 发送相应的参数，得到用户的位置信息。

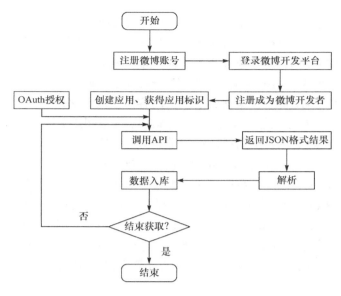

图 1-2 基于微博 API 的数据获取流程

表 1-3 新浪微博地理信息获取接口

内容	接口名称	接口功能
基础位置读取接口	location/base/get_map_image	生成一张静态的地图图片
坐标转换接口	location/geo/ip_to_geo	根据 IP 地址返回地理信息坐标
	location/geo/address_to_geo	根据实际地址返回地理信息坐标
	location/geo/geo_to_address	根据地理信息坐标返回实际地址
	location/geo/gps_to_offset	根据 GPS 坐标获取偏移后的坐标
	location/geo/is_domestic	判断地理信息坐标是否是国内坐标
POI 数据读取接口	location/pois/show_batch	批量获取 POI 点的信息
	location/pois/search/by_location	根据关键词按地址位置获取 POI 点的信息
	location/pois/search/by_geo	根据关键词按坐标点范围获取 POI 点的信息
	location/pois/search/by_area	根据关键词按矩形区域获取 POI 点的信息
POI 数据写入接口	location/pois/add	提交一个新增的 POI 点信息
移动服务读取接口	location/mobile/get_location	根据移动基站 WiFi 等数据获取当前位置信息
交通路线读取接口	location/line/drive_route	根据起点与终点数据查询自驾车路线信息
	location/line/bus_route	根据起点与终点数据查询自驾车路线信息
	location/line/bus_line	根据关键词查询公交线路信息
	location/line/bus_station	根据关键词查询公交站点信息

4. 网络数据抓取

互联网已成为人类历史上最为庞大的图书馆与知识库，是公众获取与分享信息的重要渠道，同时也是全社会、多领域、广纵深、近实时的动态映像。大量的互联网文本直接或间接表达了地理信息，使得互联网文本成为获取地理信息或地理空间知识的重要来源。互联网蕴含地理空间数据，采集的目标是从网络文本(如网页、论坛、百科、微博与社交网络消息)描述中获取地理对象或事件的空间位置、范围、语义和时空演化特征，以支持与地理对象或用户群体的属性、状态、规模等的关联分析。使用网络数据抓取，结合自然语言处理技术，可以对互联网上纷繁复杂的网络信息进行采集(图 1-3)，从而提取出所需的空间大数据。采集的步骤主要分为六步：①构建分布式"网络爬虫"，实现对纷繁复杂互联网资源有针对性高效采集入库；②进行中文自然语言分词，对于采集得到的网页内容构建网页解析器、分类器和索引器，依靠自然语言处理基础对采集内容进行解析、分类和索引；③空间语义推理，对于具有空间隐喻的采集结果，通过语义推理提取其空间特征；④通过地名模糊匹配对空间特征进行比对和匹配；⑤构建文本数据索引机制，实现对库中数据的相关度排序；⑥构建搜索引擎用户接口，通过人性化的交互界面，将搜集到的网络数据资源以服务的形式发布。网络数据抓取主要包括内容抓取、结构抓取和使用抓取 3 种类型。其中，内容抓取是对网页文本和媒体数据的获取，用于研究用户活动状态和特征；结构抓取是对网页链接结构进行分析，用于评估网页的资源量；使用抓取则是通过抓取网页访问的日志记录，以便提供个性化的产品和服务。目前，网络数据抓取主要是通过设计"网络爬虫"(检索和获取数据的计算机程序)算法实现的，且不同的网站或数据获取目标需要设计不同的爬虫算法。

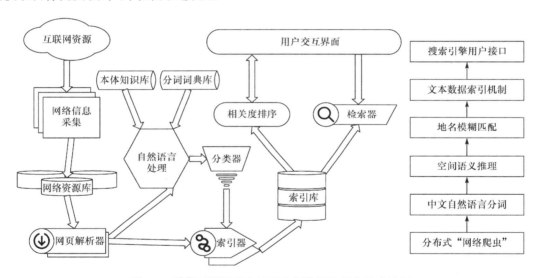

图 1-3　采集互联网蕴含地理空间数据的基本技术流程

1.2.3　数据清洗

随着数据和信息日益增多，"数据丰富，信息贫乏"的情况时有发生，这种情况实际上是在描述现有的数据中存在各种形式的"脏数据"(这里指数据不在给定的范围、数据格式不合规范或对实际需求无作用)。对于空间数据分析领域而言，空间数据的污染是普遍存在的，无论采用何种方式获取的空间数据，均存在一些不可避免的误差或错误。例如，在数字化中引入的误差、数据源之间比例尺与投影不统一的问题、数字化数据与使用格式不统一的问题、数据字段不匹配问题和数据冗余等。而空间数据分析建立在多源数据之上，如果空间数据选择不当，其正确性和完整性等质量就得不到保障。如果将数据中的错误、缺陷、重复带入到计算过程中，那么所发现的知识和规则就可能失灵。为了解决这样的问题，使得空间数据能更好地服务于规划决策，数据清洗(data cleaning)便成为一个必要的过程。

1. 数据清洗的目的

数据清洗的目的是检测并剔除或改正数据中存在的错误和不一致，以提高数据的质量。研究认为，传统的数据清洗主要在数据仓库(data warehouse)、数据挖掘(data mining)和数据质量管理(data quality management)三个应用领域中使用，其蕴含的内容因应用领域不同而不同。

数据仓库是应用于数据报告、数据分析和商业决策的企业级服务。数据仓库的主要工作之一就是集成来自不同数据源的数据，包括当前实时数据流和历史数据。在数据仓库中，数据清洗的任务是把这些不同数据源中的重复数据、不同格式数据、不一致的数据进行记录连接、语义整合、实例识别和聚类。数据仓库领域数据清洗的含义是消除数据中的错误数据和不一致数据从而提高数据质量。

数据挖掘是从大量数据集中利用人工智能、机器学习、模糊推理等知识发现模式或者模型的过程。数据清洗通常是数据挖掘过程的第一个步骤，不同的数据挖掘方法对数据清洗的要求是不同的，有的方法是解决特定领域的问题，有的方法是解决各行业的共性问题。随着数据挖掘的发展，有的数据挖掘方法本身也能识别数据集中的异常数据，如 k-means 聚类、DBSCAN 等。因此，数据清洗的方法也随之发生深刻变化。在数据挖掘领域，数据清洗一般指使用程序化的方法来检查数据集的异常值并且纠正错误的过程。

数据质量管理的目的是解决整个信息业务过程中的数据质量及集成问题。在数十年的理论发展中，应用于数据获取和数据使用的数据质量生命周期模型逐渐发展完善，形成了一套固定的数据管理流程，包括数据获取、数据质量评价、数据分析、数据纠正及数据丢弃。从数据质量管理的角度，数据清洗的过程被定义为一个评价数据正确性并改善其质量的过程。

空间大数据清洗，又称空间大数据净化(spatial big data cleaning)、空间大数据清理(spatial big data scrubbing)等，从本质上讲与基于数据挖掘的数据清洗的含义更为接近。对空间大数据进行清洗，是为了从中挖掘出有用的知识或者信息。可以认为，凡是有助于提高空间大数据质量的过程都是空间大数据清洗。李德仁院士等提出，空间大数据清洗是指了解空间数据库中字段的含义及其与其他字段的关系，检查空间数据的完整性和一致性，根据实际任务确定清理规则，利用查询工具、统计方法或人工智能算法填补丢失的空间数据，处理其中的噪声数据，校正空间数据，从而提高空间数据的准确性和整体的可用性，以保证空间数据的整洁性，使其适用于后续的空间数据处理。

2. 清洗的目标

空间大数据清洗的主要内容有：确认输入空间数据、消除错误的空值、保证空间数据值落入定义的范围、消除冗余空间数据、解决空间数据中的冲突、保证空间数据值的合理定义和使用、建立并采用标准。实际上，这一过程使得空间数据能够达到准确性(accuracy)、完整性(completeness)、一致性(consistency)、适时性(timeliness)、有效性(validity)的要求，以适应后续分析的需要。进行数据清洗的典型流程是对数据进行检测、分析和修正(data detection, analysis and modification, DAM)，即发现和定位问题、对问题进行分析，以及对问题进行修正。

因此，空间大数据清洗不是简单地将记录更新成为正确的空间大数据，而是需要结合专业知识，将"脏"数据转变成为正确可用的空间数据，从而消除多数据源之间和单数据源内部的空间数据重复及空间数据本身内容上的不一致性。空间大数据清洗是集成了多源数据之后必不可少的步骤，研究有效的空间大数据清洗算法检测并纠正空间数据的异常，具有现实意义。

3. 空间大数据清洗的技术

在原始空间大数据中可能存在多种问题，相应地，可用于空间大数据清洗的基本技术主要包括：不完整的空间数据的清洗、不准确的空间数据的清洗、重复记录的空间数据的清洗、不一致的空间数据的清洗等。

1) 不完整的空间数据的清洗

完整性反映了数据对空间实体数的概括和抽象的程度。造成空间数据缺失或不完整的原因有很多。如果在空间数据库设计或记录的过程中，空间实体的某些特征或者变量没有被纳入其中，可能导致进入空间数据库的数据不能充分描述实体的属性或变量特征，抑或是所有可能的目标没有全部被包含在空间数据库中，再或是因为录入信息的失误导致部分信息没有被记录，这些情况都会影响空间数据的完整性。

对于空间数据库中的这些缺失值，大多数情况下必须人工进行判断并补充。处理类似情况造成的数据噪声方法主要有：①忽略法，把含有未知属性值的记录忽略掉。②附加值法，把属性是未知值看作是该属性的一个特定取值。③似然值法，把该属性最可能取的值作为未知属性值。④概率估计法，使用该属性值上下文的平均值、最大值、最小值或更为复杂的概率统计函数值替代缺失值，但这种方法往往不够准确。

值得注意的是，对空值的不准确填充往往会将新的噪声引入数据中，以至于产生错误的结果，在数据集数量很大且有很多缺失值的情况下效率较低。

2) 不准确的空间数据的清洗

不准确的空间数据指与现实的实体属性相比不正确的值，可能是由于空间数据未及时更新，或者是不正确的计算方法所产生难以或无法解释的空间数据。识别和处理类似情况造成的数据噪声方法主要有：①统计分析方法，用概率统计分析模型或智能算法来识别属性可能的错误值或异常值。②简单规则库，使用如业务特定规则、常识性规则等检测、修正数据的错误。③对比检测，使用多源空间数据中不同属性间的约束检测修正错误。

3) 重复记录的空间数据的清洗

重复记录指在一个空间数据源内部有关同一地理实体的信息有重复。一般而言，属性值相同的记录可以被认为是重复记录。而由可能的错误和表示，如拼写错误、不同的缩写等造成的不完全匹配的记录也可能重复。识别出实际指向一个现实世界对象的两条或两条以上的记录，消除冗余记录，可以节省存储和计算资源。针对这种情况，采用合并或删除是基本的方法。可以由用户记录或者定义同一个空间实体等价的规则，由计算机根据这些规则自动匹配出有可能对应于同一个空间实体的记录，并通过人工或者是相应算法进行判别和处理。

4) 不一致的空间数据的清洗

空间数据的不一致性存在于空间数据源内及空间数据源之间。主要包括：①上下文相关冲突，指由系统和应用造成的不同空间数据类型、格式或编码方式等，从不同空间源聚合而引发的空间参考不一致等。②上下文无关冲突，指由于偶然因素造成的错误输入、硬件或软件故障、人为输入不规范、不定时更新或外部因素造成的空间数据库状态改变等。对于空间数据的上下文相关冲突，应在聚合多源数据之前确定空间数据的转换规则，检测语义冲突和可能出现的异常值。需要尽可能多地在没有或者尽量少用户干预的情况下，只用尽量少的来自用户的先验知识，分析空间大数据、发现联系、制定可以用于解决冲突的策略。而对上下文无关的冲突，则需要对地理实体有充分的认识，发现相同或者相关属性之间的联系，发现实体的属性不一致之处并尽可能去掉。

1.3　空间大数据的管理

1.3.1　云计算

空间数据规模的不断增长及空间信息应用的日益增强，对空间大数据的存储与管理提出了新的挑战。传统的空间信息基础设施体系架构在空间大数据的存储、管理及处理应用方面已经逐渐暴露出不足，应对空间大数据时代的到来需要探索一种能够承载海量空间数据信息存储与业务处理的新架构。与此同时，云计算技术的兴起，给新一代空间信息基础设施体系架构的发展带来了希望，分布式存储及并行计算的特征非常适合应对海量数据存储及超大规模数据处理。

1. 云计算的概念和框架

云计算是一种新的 IT 资源运用模式，本质上是一种服务提供模型，通过分布式的计算提供一种"即付即用"的方式，可以随时、随地、按需地通过网络访问共享资源池的资源，这个资源池内容包括计算资源、网络资源、存储资源、应用软件等。在云计算环境下，云平台可以快速、弹性地为应用提供资源开通、配置并提供相应的服务，在服务结束后自动释放计算资源并退回到资源池，继续为其他有需要的用户提供服务。其中，各种资源在物理上大多采用分布式的共享方式组成，存储、处理器、内存和网络等计算资源可以按用户需求动态地重组，从而在提供云服务时可以根据不同用户对于计算资源的需求提供完整、独立及可靠的计算服务。

总体来说，云计算系统具有以下几个主要特征，如表 1-4 所示。

表 1-4　云计算的特征

特征	内容
规模效应	云计算在赋予用户前所未有的计算能力的同时，通过对数据中心的合理建设和使用多种资源调度技术来提高系统资源利用率，实现规模化经济
服务虚拟化	用户请求的所有资源来自"云"，而不是固定的有形实体。云计算支持用户在任意位置通过网络服务来获取各种应用服务
共享资源池	云计算系统中所有资源都被整合成一个动态资源池，以多租户模式提供给所有客户，保证用户之间的服务相互隔绝，互不干扰
快速弹性部署	云计算服务可以快速、弹性地提供服务，既可以快速扩展也可以快速释放，用户可以通过网络使用云端包括软、硬件在内的各种资源
可监测与计量的服务	通过服务监测可以优化资源的使用，通过对资源使用情况的计量可以进行服务定价与收费
按需服务	用户可以根据自己的实际需要订购相应的资源，并且在需求改变的时候也能够随时调整订单以应对快速发生的变化
高可靠性	云计算使用了数据多副本容错、计算节点同构可互换等多种措施来保障服务的可用性和可靠性

虚拟化技术是云计算系统的核心技术之一，是将各种计算及存储资源充分整合和高效利用的关键技术。虚拟化技术能够将具有同一物理实体的服务器分割从而提供一系列虚拟服务器，该服务器中的应用程序、网络资源和数据的处理、计算、存储的关系可根据使用要求动态变化，从而能够迅速、有效地为用户提供各种云服务。云计算中的数据具有海量、异构、非确

定性等特征，同时云计算系统往往需要同时满足大批量用户的服务需求。因此，云计算系统需要采用高效的数据管理技术对海量数据进行分析和处理，其数据存储系统必须具有高吞吐率、高传输率、高可扩展性、高可靠性等特点，而分布式存储技术往往能满足这样的需求。为了实现服务的快速弹性部署，云计算平台上的编程模型必须简单，以保证后台复杂的并行执行和任务调度向用户和编程人员透明。

云服务总体构架如图 1-4 所示。

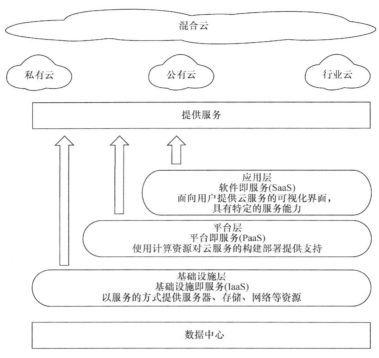

图 1-4　云服务总体架构

云计算通常可以分为三种模式单独提供服务，即基础设施服务(infrastructure as a service，IaaS)层、平台服务(platform as a service，PaaS)层和软件服务(software as a service，SaaS)层。IaaS 是对硬件资源及在物理硬件上的虚拟资源和相关管理功能进行整合而提供的服务，用户无须购买服务器、网络设备、存储设备，只需租用硬件进行应用系统的搭建。平台服务层处于云架构的 IaaS 和 SaaS 之间，它提供了用户应用程序的运行环境、编程工具与语言，为基于云端的应用提供开发、运行、管理和监控的环境，用户在该平台基础上，可定制开发自己的应用且不需要管理和控制基础设施、网络、服务器和操作系统。软件服务层的核心理念是软件服务化，软件生产厂商将应用软件统一部署在自己的服务器上，用户根据自我需求通过互联网订购应用软件服务。

云平台的每一层都可以单独为用户提供服务。根据提供方与使用方的所属关系，可以将云计算划分为私有云、公有云、行业云和混合云。私有云指专门为一个单位的内部人员使用(如管理基础测绘数据的地理信息中心)，单位以外的用户无法访问这个云计算环境提供的服务。公有云通常由独立第三方云服务提供商进行建设和管理(如阿里云、腾讯云等)，面向公众或社会企业服务。行业云就是由行业内或某个区域内起主导作用或者掌握关键资源的组织建立和维护，以公开或者半公开的方式，向行业内部或相关组织和公众提供有偿或无偿服务的云平台。混合云则是指由两种及以上的独立云基础设施组成，为不同云的提供者拥有和管理，不同云之间通过一定的交互标准和技术进行连接，以实现数据和应用程序的迁移和共享。对四种云模式的比较总结如表 1-5 所示。

表 1-5　四种云模式的比较

比较内容	公有云	私有云	混合云	行业云
可扩展性	很高	有限	很高	较为有限
安全性	良好	最好	安全	良好
性能	低等、中等	最好	良好	良好
成本	面向公众按需服务	良好，需要基础设施投入	良好，部分需要基础设施投入	较高
适用行业	适合绝大多数用户	适合大中企、事业单位	迁移部分业务到网络环境中的企事业单位	业务需求相似，对成本非常关注的行业

国际上比较有名的云计算平台，包括 Amazon 的网络服务系统(Amazon web services，AWS)，Google 的应用引擎(Google app engine，GAE)和微软的 Windows Azure 等，这些公司均以一种"即用即付"的方式提供云服务。Amazon 的云计算服务包括弹性计算云(elastic computer cloud，EC2)、简单存储服务(simple storage services，S3)和关系数据库服务(relational database service，RDS)等，为用户提供大规模计算能力和存储能力，用户可以依据自己的需要，按照按需付费的原则选取一个或者多个 Amazon 云计算服务。Google 的云计算系统包括几个相互独立而又紧密结合的系统，如 Google 的分布式文件系统(Google file system，GFS)、分布式编程模型 MapReduce，分布式结构化数据表 Bigtable 等，Google 以"软件即服务"的形式基于上述技术推出了 GAE。Windows Azure 采用"云+端"和"软件+服务"的思想进行设计，提供了可扩展的、按需应用的计算资源和存储资源，还提供了云平台管理和动态分配资源的控制手段。Yahoo 是开源计算平台 Hadoop 的主要推动者，构建了一系列可扩展、高度可用的数据存储和处理服务，并且将其部署在云模型中，使得应用开发和维护更加便利。国内的云计算平台方兴未艾，特别是在云计算技术逐渐成熟和"十二五"规划的共同推动下，阿里巴巴、腾讯、百度、华为、中国移动等诸多互联网企业先后研制出了自己的云平台，形成了自主可控的云计算技术体系。

2. 适应空间大数据的 GIS 云平台

空间云计算在传统的云计算三层服务(IaaS，PaaS，SaaS)之外提出了新的概念模型——数据服务层(data as a service，DaaS)。由 IaaS、PaaS、SaaS、DaaS 组成的时空信息云平台框架如图 1-5 所示。DaaS 支持数据采集、导入、处理和删除。通过在 DaaS 层中集成一个包括数据存储、数据处理和优化的云操作方法形成云计算数据服务层，从而为地理信息科学提供以下方面的支持。

(1) 地球观测数据访问(earth observation，EO)：通过在云计算框架中构建 DaaS 层，为科学研究和服务应用快速、安全、高效的访问地球观测数据提供便利，满足大规模数据存储和处理要求。

(2) 地理要素提取：基于 PaaS 层构建和开发的地理空间处理服务，从地球观测数据中提取相关要素，如植被覆盖指数、海洋表面温度等；包含了复杂的地理空间处理过程序列，如格式转换、坐标投影转换等。

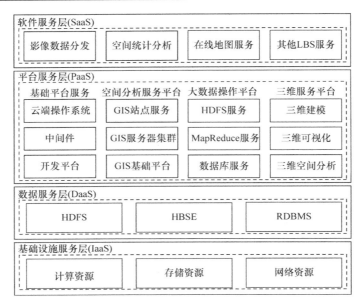

图 1-5 时空信息云平台框架体系

(3) 地理空间模型：IaaS 层能为用户提供基础计算资源服务，当地理空间模型计算需要大量的通信和同步，并且进行深度迭代计算时，通过 IaaS 的资源弹性服务，能有效解决这类计算密集型的问题。

(4) 空间大数据挖掘和决策支持：空间大数据挖掘和决策支持需要不同的数据和不同维度的应用计算。空间云计算的 SaaS 层能为专家、规划部门和普通公众提供不同视角的空间应用。

通过构建 DaaS 可以存储和管理海量的空间数据，并且提供可扩展的、廉价的物理资源以保证有足够的性能应对空间大数据的数据存储、数据处理和数据应用所带来的挑战。通过对空间云计算进行优化，合理规划空间数据存储时的单元大小，减少空间数据在不同数据站点之间的传输，弹性地调动存储、网络和计算资源，并采用计算的方式，按照空间分布或时间分布对空间数据处理任务进行分解，使得每个分解的任务单元能在较少的时间内完成计算，从而有效地应对多源、异构、大体量的空间数据。

传统的地理空间信息一般提供给专业部门进行一些特定的应用服务，随着互联网技术的发展，地理信息服务从局部面向专业人员的服务逐渐转向全面的面向公众的服务，例如，2015年，百度地图就为高达 6 亿的中国智能手机用户提供在线搜索地图服务，这对空间大数据服务在线处理高并发请求的能力提出了极高的要求。但值得注意的是，这样的高并发请求具有明显的时空规律，例如，在周末或假期时对服务的访问会激增，应对这样的服务请求，空间云计算需要弹性地调用分布在不同区域的服务器应对并发访问高峰，同时在访问量少的时候自动释放和回收资源。

在地理信息科学中，常常需要将时间序列上不同时点的地理空间数据收集在一起进行计算和对比分析，以发现地理现象的时间演变规律并预测将来，如气候变化、极地地表冰川迁移、土地利用变化等。因此需要研究海量时空数据索引机制、时空数据建模方法、地理现象关联分析及空间数据模拟仿真，实现数据和算法的整合，解决复杂的空间大数据分析及应用问题。

3. 国内外 GIS 云平台发展现状

众所周知，Google 公司于 2005 年 6 月推出的 Google Earth 是最早将 GIS 与云计算结合起来的软件产品。它利用分布式技术存储和管理覆盖全球范围的遥感影像数据，并提供全球范围任意一处的卫星影像及建筑物或地形三维图像。Google Earth 这样的地理信息服务是一种典型的公有云 GIS 服务，适用于互联网，但不适用于企业和部门内部使用。ESRI 公司提供公有云产品 ArcGIS Online 和企业级私有云 GIS 产品，主要采用 SaaS 的方案和基于虚拟化的 PaaS 提供服务，但不得不提出的一个缺点是，ESRI 的技术路线依然沿用了之前的技术架构，如图 1-6 所示，仅仅将 GIS 系统部署到云计算环境中，而保持原有的软件体系架构和功能不变，其核心依然是 ArcObject，在服务器端提供了良好的弹性扩展，但并不能充分发挥云计算分布式存储和并行计算的能力。国内的 GIS 软件企业纷纷推出了自己的云 GIS 系统，实现了 GIS 平台在云中的部署和服务。例如，北京超图软件公司推出了跨平台、支持虚拟化的云 GIS 系统。

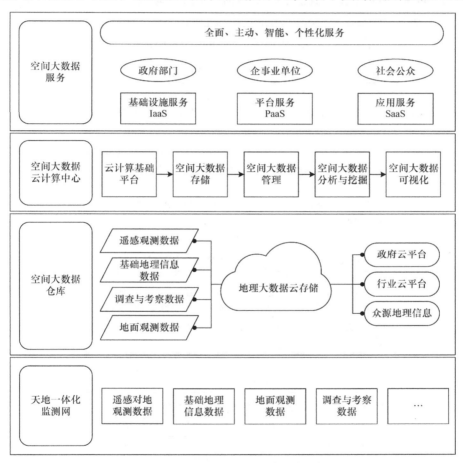

图 1-6　ESRI 的 GIS 云平台技术架构

1.3.2　管理框架

云端服务模式已经成为解决大数据存储和管理的技术趋势，这对空间大数据的异地多点查询和数据关联与聚合等提出了挑战。目前，开源云平台 Hadoop 是大数据处理中常见的一个解决方案。

1. Hadoop

Apache Hadoop 是 Apache 基金会旗下的一个具有高容错、高可靠性及高扩展性的开源分布式基础框架。它可以被搭建在由廉价的通用计算机组成的集群上，以 Hadoop 分布式文件系统(Hadoop distributed file system，HDFS)和简单编程模型 MapReduce 为用户提供底层细节透明的分布式基础架构，从而利用大规模计算机集群的高速运算能力实现对大型数据集的分布式并行处理。其中，HDFS 具有高度的容错恢复能力，是 Hadoop 实现海量数据存储与管理的基础；同时，HDFS 实现了流式的数据访问模式，大大提高了应对海量数据的快速访问能力；MapReduce 是 Hadoop 的分布式并行计算框架，利用 Map(映射)和 Reduce(化简)两个函数编程模型，在由大量计算机组成的分布式并行集群环境里对海量数据进行高速处理。

    Hadoop 是一个大型的开源分布式应用框架，由 Hadoop Common、MapReduce、HDFS、HBase、ZooKeeper、Pig、Hive、Hama 和 Ambari 等几个子项目组成，其中 Hadoop Common、MapReduce、HDFS、HBase 和 ZooKeeper 是最核心的部分。Hadoop 生态系统的模块构成及其主要功能如表 1-6 所示，图 1-7 展现了基于 Hadoop 云计算平台的数据管理结构。

表 1-6　Hadoop 生态系统

模块名称	主要功能
Hadoop Common	是整个 Hadoop 项目的核心，是一组分布式文件系统和通用的 I/O 组件和接口
HDFS	为应用程序提供高吞吐量访问的分布式文件系统，是 Google 的 GFS 的开源实现
HBase	支持结构化、分布式、按列存储数据的分布式数据库系统，是 Google 的 Bigtable 的开源实现
MapReduce	分布式数据处理模型和执行环境，用于大规模数据集的并行运算，是 Google 的 MapReduce 的开源实现
Hive	一个分布式、按列存储的数据仓库，用于管理 HDFS 中存储的数据，并提供类似 SQL 的查询语言用于查询数据
Pig	在 MapReduce 上构建的一种高级数据流语言和运行环境，用以检索非常大的数据集
Hama	借鉴 Google Pregel 的开源项目，是一个构建在 HDFS 之上的基于 BSP 模型的分布式计算框架，主要针对大规模科学计算任务，如大型矩阵、图形或网络计算
ZooKeeper	一个针对大型分布式系统的可靠协调系统，提供的功能包括配置维护、名字服务、分布式同步、组服务等，将简单易用的接口和性能高效、功能稳定的系统提供给用户
Ambari	为了满足 Hadoop 集群的部署和监控而诞生的一个项目，用于安装 Hadoop 集群、配置集群组件及监控集群状态

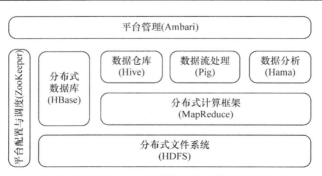

图 1-7　基于 Hadoop 云计算平台的数据管理结构

    HDFS 是一个为普通硬件设计的分布式文件系统，是 Hadoop 分布式软件架构的基础部件，采用主从(Master/Slave)结构模型，一个 HDFS 集群由一个名称节点(NameNode)和若干个数据节点(DataNode)构成。NameNode 作为主服务器，管理文件系统所有的元数据，包括命名空间、访问控制信息、文件到数据块的映射信息、文件块的位置信息等，主节点中经常运行着一个节点服务进程，避免主节点故障而发生集群瘫痪。集群中的数据节点部署在物理计算机上，负责数据的存储和管理。在 HDFS 内部，文件被分割成固定大小的数据块(最后一块数据块大小不固定)，存储在一组 DataNode 中。DataNode 把数据块当作 Linux 文件保存在本地磁盘，并响应用户请求进行数据读写，此外 DataNode 还依照 NameNode 的指令执行数据块的创建、删除、复制等操作。如图 1-8 所示，HDFS 对数据的管理主要分为文件写入、文件读取和数据块复制三种操作。①文件写入。客户端程序向 NameNode 发出文件写入的请求，根据 Hadoop 数据块配置信息及写入的数据文件大小、名称节点向客户端返回其所管理的部分数据节点的信息；然后，将写入数据文件按照块配置大小分隔划分，并根据名称节点提供的相关数据节点的地址信息，将划分好的数据块依次写入到对应的数据节点中存储。②文件读取。客户端向名称节点发起读取文件的请求，名称节点返回对应文件数据所在的数据节点的位置信息，客户端根据名称节点返回的数据节点信息读取对应节点上的文件信息。③数据块复制。当某个数据节点无法使用或失效，名称节点会感知数据块个数不符合系统参数设置的备份数，于是通知相应的数据节点进行数据块复制的操作。

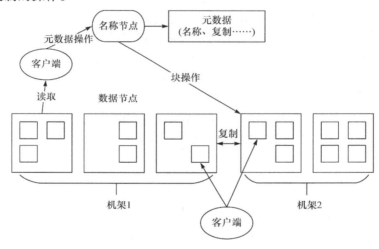

图 1-8　HDFS 体系结构图

MapReduce 编程模型是 Hadoop 的核心，是一种海量数据分布式、并行计算的计算模式，用于解决大规模数据的处理问题。如图 1-9 所示，MapReduce 将大数据的处理过程分解为 Map(映射)和 Reduce(化简)方式。数据集根据大小进行分块后，一个数据块对应一个计算任务，称为 Map 任务；然后将产生的一定数量的计算任务分发给主节点(Master)控制下的各个从节点(Slave)，最后将节点的计算结果通过混洗、抽取的方式进行归并整合，进一步执行相应的计算操作，最终得出计算结果。而 Map 阶段主要负责将大的计算任务分解为若干小的计算任务，分别交给各个节点执行任务处理；Reduce 阶段主要负责将各个 Map 任务的处理结果进行整合，并继续执行相关操作，直到输出结果。

HBase 数据库(Hadoop database)是 Hadoop 中的分布式数据库，可以实现与 Hadoop 的有效结合，从而发挥大数据集的高效存储与高吞吐量数据访问能力，可以提高数据存储的安全性、可靠性和容错恢复能力。HBase 也是典型的主从架构体系，由一个 HMaster 服务器和若干个 HRegion 服务器构成。通过部署可靠的协调服务机制 ZooKeeper，以处理数据读写一致性等问

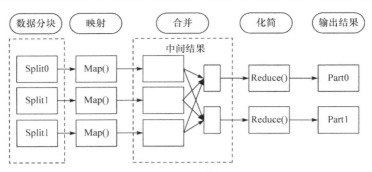

图 1-9　MapReduce 数据处理过程

题，来保证 HBase 数据存储的安全性与高可靠性。HMaster 在存储集群中处于领导地位，负责调度、协调与管理从各个节点上运行的 HRegionServer 服务，所有的数据都存储在 HRegion 服务器上。HStore 是 HBase 存储的核心，用户写入的数据会先放入 MemStore，达到存储容量上限之后会合并成为一个 StoreFile，当单个 StoreFile 的大小超过一定阈值之后，会触发拆分操作，同时把当前的 Region 拆分成两个 Region。每一个 HRegion 只被一个 HRegion 服务器维护，当用户需要访问数据的时候，需要先访问对应的 HRegion 服务器。HMaster 在功能上主要负责对数据的增、删、改、查操作，并管理 HRegion 的负载均衡，调整 Region 在集群中的分布，并在 Region 拆分之后负责新的 Region 的分配，在 HRegion 服务器宕机等故障发生时，也需要完成失效 HRegion 服务器上的 Region 迁移。HLog 的作用是防止由系统出错或者宕机而可能造成的数据丢失，在新的数据写入 MemStore 时也同步写入 HLog，并进行滚动更新，当 HRegion 服务器意外终止的情况发生时，就根据 HLog 中遗留的数据对失效的 Region 重新分配。由此 HBase 可以完成大规模数据的持续分布式存储。HBase 体系结构如图 1-10 所示。

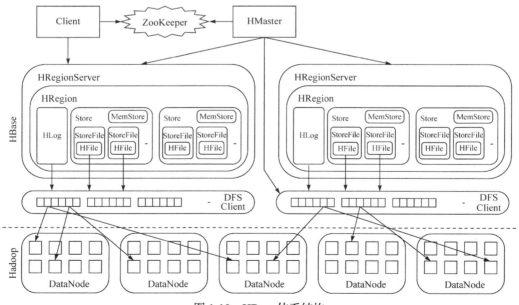

图 1-10　HBase 体系结构

2. GIS Tools for Hadoop

传统的 GIS 软件主要基于关系型数据库，在海量数据管理、高并发读写等方面已经开始制约 GIS 的发展，并且长期以来关系型数据库在处理非结构化数据上始终无法突破。随着空间大数据的浪潮到来，传统的 GIS 软件已经无法应对海量数据的存储、管理以及分析的要求。Hadoop 的优势在于其可靠性高、扩展性强，并具有高效性和高容错性，在处理海量的非结构化和半结构化数据方面有明显优势。因此传统 GIS 软件同 Hadoop 技术相结合是当前一种可行的解决方案。

　　ESRI 公司以 ArcGIS 套件闻名于世，随 ArcGIS10.2 版本一同推出的 GIS Tools for Hadoop 是基于 Hadoop 的一套完整的空间大数据处理环境，包含有一套工具、一套 API 和一系列的框架。此环境的推出，在 Hadoop 上提供空间类型和空间数据处理的接口，降低了开发人员编写空间数据并行化处理程序的难度。

　　GIS Tools for Hadoop 是一套开源的工具包，主要包括以下三个项目(图 1-11)。

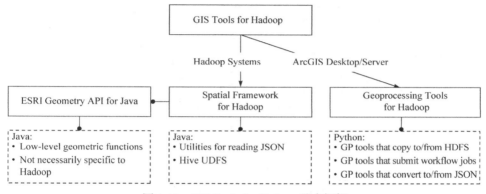

图 1-11　GIS Tools for Hadoop 基本框架

　　(1) ESRI Geometry API for Java：这个库包含几何对象(如点、线和面)、空间操作(如相交、缓冲区等)及空间索引。将这个类库引入到 Hadoop 中，就可以使用 Java 构建 MapReduce 程序完成空间数据处理。

　　(2) Spatial Framework for Hadoop：这个类库建立在 ESRI Geometry API for Java 类库之上，进一步将功能延伸到 Hive，该类库包含大量的用户定义函数(UDF)，用户可以构造类似 SQL 语句的数据处理逻辑，这样用户可以集中精力组织数据处理流程，避免编写复杂的 MapReduce 算法进行数据处理。

　　(3) Geoprocessing Tools for Hadoop：它是一个 ArcMap 工具箱，目前工具箱集成了五个实用工具，分别是：CopyFromHDFS、CopyToHDFS、ExecuteWorkflow、FeaturesToJSON 和 JSONToFeature。这些工具实现了 ArcGIS 与 HDFS 进行数据传输、执行工作流和要素与 JSON 格式互相转化的功能。

　　以上三个项目打包成为 GIS Tools for Hadoop 工具包，可以帮助开发者在 ArcGIS 环境支持下将自己的类库和工具集成到 Hadoop 环境中。通过在 Hive 中注册空间查询函数查询 HDFS 上的空间数据，提高了空间大数据的并行处理能力。但美中不足的是，这样做仅仅是赋予了 ArcGIS 套件处理空间大数据的能力，在传统 GIS 软件的基础上并未给出一个适应于大数据时代的解决方案。

　　3. 基于 Hadoop 搭建云 GIS

　　当前流行的云计算平台有许多种，如 AWS、GAE 和 Microsoft Azure 等，而商业公司的服务往往会带来巨大的成本压力，且其底层未向使用者开放，难以从底层研究云 GIS 的体系结构，对空间数据分布式存储及并行计算的开发等需求造成了一定的影响，且在一些私有云的设计实现中难以通过保密性要求。Hadoop 是开源实现的，发展比较迅速，可扩展性较好。众多国际企业也整体或部分地采用 Hadoop 平台作为支撑，具有较好的可扩展性，因此选用开源的 Hadoop 进行云 GIS 平台的搭建益处良多。

Hadoop 的云 GIS 体系结构可以分为四个层次(图 1-12)，即基础设施层、平台层、软件层、应用层，以及横跨多个层次的用户管理、服务管理、资源管理、监控系统、容灾备份、运营管理及用户支持等。

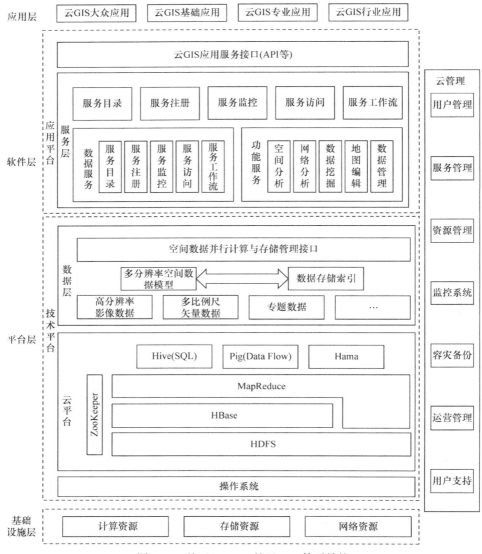

图 1-12　基于 Hadoop 的云 GIS 体系结构

(1) 基础设施层。该层是云 GIS 的最底层，为云 GIS 提供完备的计算机硬件设施与服务，并可根据空间数据量和用户对资源使用量进行扩展。该层由普通存储设备、计算核心和网络设备等基础设施组成。

(2) 平台层。平台层包括操作系统、云平台、数据层、空间数据并行计算与存储管理接口等。其中，云平台由 Hadoop 开源云计算平台中的 HDFS、HBase、MapReduce 等系统组成。HDFS 和 HBase 组成具有弹性的分布式存储系统，采用 MapReduce 编程模型设计空间大数据的并行计算，Hive 和 Pig 可为用户提供海量空间数据管理，以及处理更高层次的抽象操作，Hive 提供类似 SQL 的查询语言 HiveQL，可执行查询、变更数据等操作；Pig 提供了在 MapReduce 基础之上抽象的更高层次的数据处理能力；Hama 提供图和矩阵的并行计算功能；ZooKeeper 是分布式协调服务，提供配置管理及组件协调功能。

数据层包括高分辨率影像数据、多比例尺矢量数据、专题数据、各部门业务数据及其元数据等。这些数据存储在 Hadoop 的分布式文件系统 HDFS 或分布式数据库 HBase 中，实现以较低成本管理海量空间数据的功能，并向上一层提供海量空间数据的快速读写功能。

空间数据并行计算与存储管理接口为用户隐藏后台分布式系统存储、计算的复杂性，为应用平台层提供透明、统一的空间数据分布式存储管理、并行计算接口。包括 Hadoop 节点的加入和退出等管理接口，HDFS 和 HBase 的管理接口，空间数据的存储和访问接口，并行计算接口，元数据管理接口，GIS 工具接口等。

(3) 软件层。软件层主要指应用平台层。本层与 GIS 应用和行业相关，分为服务层和云 GIS 应用服务接口。其中，服务层是按照 SOA 架构将云 GIS 封装成标准的 Web Services 服务，并纳入 SOA 体系进行管理和使用，包括数据服务、功能服务、服务目录以及服务注册、服务监控、服务访问、服务工作流等。其中数据服务包括 OGC 标准服务如 WMS、WCS、WMTS、WFS、WPS 等；功能服务包括空间分析、网络分析、数据挖掘、地图编辑和数据管理等；数据管理包括空间数据存储、空间数据转换、符号库管理及符号配置等。

云 GIS 应用服务接口是对服务层的封装，使云 GIS 的软件层与平台层的实现完全相互独立，只要接口不变，应用层与平台层就可以独立演化，不会影响到应用层和平台层功能。包括 Web API 和移动 API 等。

(4) 应用层。应用层利用软件层所提供的应用开发接口将不同服务进行组合，形成不同用途的应用，如空间数据服务应用等。同时，各业务部门也可根据自己业务的需要，结合应用服务接口开发自己的系统。根据服务对象的不同，一般可以分为大众应用、基础应用、专业应用和行业应用等。

4. Spark

Hadoop 是当前首选的大数据集合处理解决方案，MapReduce 是一种优秀的分布式编程模型，数据处理流程中的每一步都需要一个映射(Map)阶段和一个化简(Reduce)阶段，而在下一步开始之前，上一步的输出数据必须存储在 HDFS 上，复制和磁盘存储会导致这种方式变慢。

Apache Spark 是一个围绕高性能、高可用性开发的新一代大数据处理框架。最初在 2009 年由加利福尼亚大学伯克利分校的 AMPLab 开发，并于 2010 年成为 Apache 的开源项目之一。Spark 致力于解决 Hadoop、MapReduce 上机器学习算法的计算性能问题。不同于 MapReduce 的是，Spark 每个任务的中间输出和结果可以缓存在内存中，而不是存储在 HDFS 上，降低了磁盘读写次数，从而提高 I/O 性能。因此在面对需要对数据集进行多轮迭代计算的机器学习任务时，相比于 MapReduce 拥有了更高的性能。

Spark 由 Scala 语言实现，并充分利用 Scala 语言的函数式编程特性，使得对 Spark 上数据集的操作如同操作函数式编程中的本地集合对象一样轻松。Spark 的产生是对 Hadoop 的补充，是对 MapReduce 计算框架的优化。它可以运行于 Hadoop 的分布式文件系统上，用以支持分布式数据集上的迭代作业，如机器学习等。其生态架构如图 1-13 所示。

(1) Spark Streaming。Spark Streaming 基于微批量方式的计算和处理，可以用于处理实时的流数据。它使用 DStream，简单来说就是一个弹性分布式数据集(resilient distributed dataset, RDD)系列，处理实时数据。

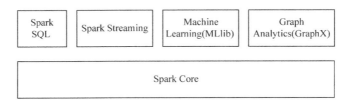

图 1-13　Spark 框架生态结构

(2) Spark SQL。Spark SQL 可以通过 JDBC API 将 Spark 数据集暴露出去，而且还可以用传统的 BI 和可视化工具在 Spark 数据上执行类似 SQL 的查询。用户还可以用 Spark SQL 对不同格式的数据(如 JSON，Parquet 以及数据库等)执行 ETL，将其转化，然后暴露给特定的查询。

(3) Spark MLlib。MLlib 是一个可扩展的 Spark 机器学习库，由通用的学习算法和工具组成，包括二元分类、线性回归、聚类、协同过滤、梯度下降及底层优化原语和高层管道 API。

(4) Spark GraphX。GraphX 是用于图计算和并行图计算的新的(alpha)Spark API。通过引入弹性分布式属性图(resilient distributed property graph)，一种顶点和边都带有属性的有向多重图，扩展了 Spark RDD。为了支持图计算，GraphX 暴露了一个基础操作符集合(如 subgraph，joinVertices 和 aggregateMessages)和一个经过优化的 Pregel API 变体。此外，GraphX 还包括一个持续增长的、用于简化图分析任务的图算法和构建器集合。

Spark 体系架构主要包括数据存储、API 和管理框架三个组件(图 1-14)。

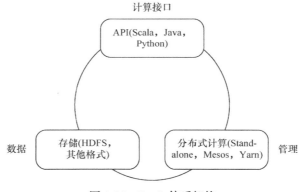

图 1-14　Spark 体系架构

Spark 是为集群计算中的特定任务设计的，特别是那些需要对数据集进行重复迭代计算(比如机器学习算法)的工作任务。Spark 通过引入内存计算的方式，将需要迭代计算的数据分布式缓存在内存中，可以缩短访问延迟，减少磁盘 I/O。而对于没有数据重用的任务如批处理任务中，Spark 相比 Hadoop 的优势就不是那么明显。Spark 引进了 RDD，RDD 可以看作一种存储在内存中的、分布式的数据表格。这些表格是弹性的，Spark 可以将数据集的操作记录成上下文，如果数据集一部分丢失，则可以通过上下文对它们进行重建。

1.4　空间大数据分析

1.4.1　分析框架

空间大数据分析的流程一般可分为数据筛选、数据预处理、数据抽稀、数据分析、数据融合与知识评估五个阶段(图 1-15)。数据筛选即定义感兴趣的对象及其属性数据；原始的空间大数据通常具有语义不一致性、噪声和缺损高度敏感性，为了提高分析结论的有用性并从大数据中挖掘知识，需要对数据进行预处理，包括数据清理、数据集成、数据转换和数据简化等，一般处理方法有滤除噪声、处理缺值或丢失数据等；经过预处理后的大数据中包含了全部原始特征，其对某一特定问题而言一般没有直接作用，因此需要从原始数据中抽取一部分对其进行分析，常用方式是通过数学变换或降维技术进行特征提取，形成分类或群组数据，该过程称为数据抽稀；数据分析是整个过程的关键步骤，往往通过设计智能算法从大数据中发现模式和普遍特征，发现其隐含信息和知识，用于解决空间预测、寻优、模拟等实际问题；数据融合与知识评估采用人机交互方式进行，通过演绎推理对规则进行验证，但这些模式和规则是否有价值，最终还需由人判断，若结果不满意则返回到前面的步骤。

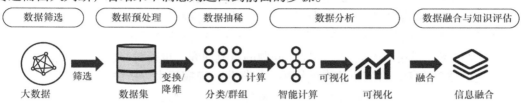

图 1-15　空间大数据分析步骤

与一般的数据分析方法相比，空间大数据分析有如下特点：①数据来源十分丰富，数据量通常非常庞大，数据类型多，存取方法复杂；②应用领域较为广泛，计算的目标可以是任何具有空间属性的数据；③强调智能判断和快速决策，遵循自然界、生物界规律及原理，设计类人思考与经验化的计算机程序求解复杂问题；④知识的表达方式多样，对知识的理解和评价依赖于人对客观世界的认知程度。

1.4.2　空间智能计算

智能就是智慧和能力，是个体有目的的行为、合理的思维以及有效地适应环境的综合性能力。Bezdek 于 1994 年以人工智能领域连接主义思想为基础，提出了计算智能(computational intelligence，CI)的概念。其具体指借鉴仿生学思想，模仿生物体系和人类智能等机制，提出用数学语言抽象描述的计算方法，以数据为基础，通过训练建立联系，进行问题求解。适用于解决那些难以建立确定性数学、逻辑模型，或不存在可形式化模型的问题。而智能计算(intelligent computing，IC)则是计算智能(CI)这一研究领域具体方法与理论的集合，涉及模糊理论、人工神经网络、启发式算法、粗糙集理论等。随着计算智能(CI)领域的快速发展，将智能计算(IC)方法与地理信息科学的基本问题有效结合起来显得十分必要。这将极大提高我们对空间信息认知、时空过程分析与模拟的能力，帮助我们更好地揭示自然、社会问题的时空机制。运用计算智能方法对空间大数据进行挖掘与分析，协助解决自然、社会中存在的实际问题便是"空间智能计算"。从纵向上看，空间智能计算既打破了传统空间数据分析中存在的局限性，建立了智能化的学习形式与理论；又显示了对大数据、不确定性知识、抽象社会网络、复杂地理现象等现代问题的智能化处理能力。从横向上看，它涵盖了机器学习、深度学习、自然语言处理、社会网络分析、复杂地理计算等诸多内容。从其遵循的生物学原理的角度，空间智能计算可以分为：学习、不确定知识与推理、感知与行动、可视化、人工智能等类型。从其方法应用的角度，空间智能计算分析方法可分为如下几种类型。

(1) 聚类算法，聚类是在未知划分类的前提下将具有相似特征的数据划为一类，是一种非监督学习方法，无先验知识参考，常用方法有 K-means 算法、DBSCAN 算法、投影寻踪聚类算法等。

（2）分类与回归算法，均是监督学习算法，有先验知识参考。按照先验数据的离散与连续特征，可将问题分为分类与回归问题，但所用的方法无明显区分。常用方法有贝叶斯、神经网络、支持向量机、随机森林等。

（3）关联规则挖掘算法，关联规则反映的是事物间的相互依存与关联性，用于从大量数据中挖掘出有价值的相关关系和模式特征，常用方法有 Apriori 算法等。

（4）优化算法，即解决在给定约束条件下寻求某些因素的最优目标的方法，常用方法有蚁群算法、粒子群算法、遗传算法、模拟退火算法等。

（5）深度学习，是用更接近于人脑机制的学习方法来解释数据、提取特征，是对传统机器学习的延伸与扩展，常用方法有深度卷积网络、深度置信网络等。

（6）概率推理，是指根据具有概率性质的不确定性信息做出决定时进行的推理，包括普通概率推理和时间序列概率推理，常用方法有动态贝叶斯网络、隐马尔可夫模型、卡尔曼滤波器等。

（7）复杂决策，是指对不确定、不完全问题的重复博弈，也是对非线性、非结构化、多维度复杂问题的战略决策，常用方法有模糊集、粗糙集、模糊层次分析法、灰色理论等。

（8）多目标求解，是对日常生活中常见的多目标规划问题建立数学模型，用目标函数、约束条件、决定变量描述实际问题并求得最合适的解决方案。常用方法有线性规划法、目标规划法、灰色规划法等。

（9）文本分类与情感分析，即实现人机间自然语言通信，可用于对文本的自动分类和文本的情感分析，如组织管理大量文献资料、分析微博。常用方法有基于词典加权法、基于特征匹配法等。

（10）社会网络分析，即对社会网络的复杂结构定量表达，对特征关系深入挖掘和提取。常用方法有中心性分析、凝集子群、自相似网络等。

（11）复杂地理计算，即对具有非平衡、自组织、自相似等特征的复杂地理现象的模拟与计算，如对土地利用变化、城市扩张、房地产交易过程的模拟，常用方法有地理元胞自动机和多智能体建模。

1.5　本书内容与章节安排

本书内容可以概括为六个部分：概念认识、学习、不确定知识与推理、感知与行动、可视化、人工智能，共计 16 个章节。逻辑架构和知识点关系分别如图 1-16 和图 1-17 所示。

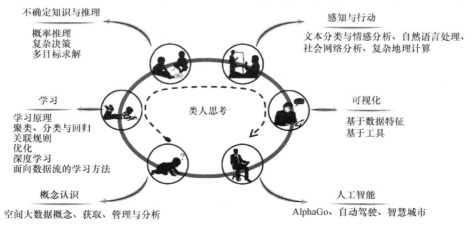

图 1-16　本书内容概览

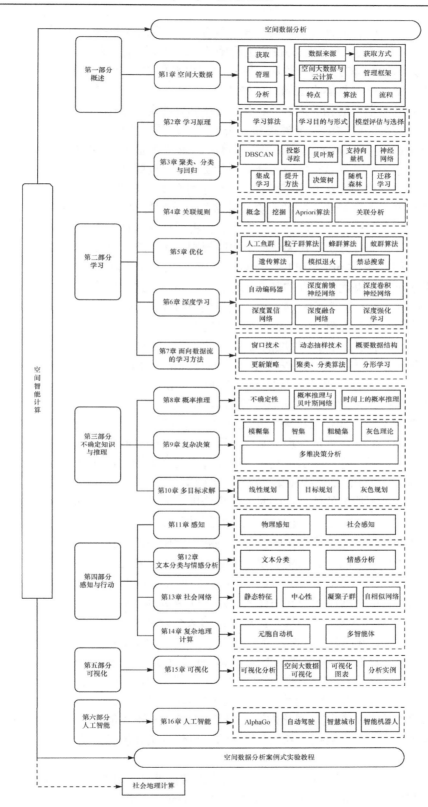

图 1-17 本书章节与内容

第一部分介绍空间智能计算提出的背景，即第 1 章空间大数据。首先对空间大数据的基本概念、特征及大数据时代所面临的挑战进行阐述；其次介绍空间大数据的来源与获取方式，并针对空间大数据的管理方式展开说明；最后，阐述空间大数据的分析流程，总结归纳常见的空间智能算法类型，是对具体方法的总体概述。

第二部分为机器学习的相关内容，是本书后续部分的重要基础。该部分首先介绍在使用机器学习算法解决实际问题时的思维模式和方法选择，包括构建机器学习算法中常用的 "TPE" (tree-structured parzen estimator approach)学习算法、模型性能度量评估中常见的拟合程度和验证方法等。同时将学习按照形式与目的分类，后续章节中按照学习的目的依次介绍聚类、分类与回归的常用方法。聚类方法介绍了两种最具代表性的聚类算法：基于密度聚类的 DBSCAN 算法和将高维数据投影到低维空间的投影寻踪聚类。分类与回归方法主要介绍几大主流算法，包括贝叶斯、支持向量机、神经网络、决策树、随机森林，同时介绍了几种学习模式，包括集成学习、迁移学习和提升方法。其次介绍了关联规则基本概念、分类和使用过程，在此基础上重点介绍两个常用算法，Apriori 和 FP-growth 算法。然后对于实际应用中的另一类问题——优化问题，该部分介绍解决优化问题的基本思想：贪心和启发式，并重点阐述几大仿生学优化算法，包括蚁群算法、人工鱼群算法、蜂群算法、粒子群算法、遗传算法、禁忌搜索、模拟退火。随后介绍随数据量、模型规模、精度要求与日俱增而备受重视的深度学习，包括深度学习的发展历程、常用方法(自动编码器、深度前馈神经网络、深度卷积神经网络、深度置信网络、深度融合网络、深度强化学习)与主要学习平台(TensorFlow, Caffe, CNTK, Theano, Torch)。最后介绍一些与数据流相关的基本概念，从技术和算法两个角度来介绍面向数据流的学习应如何进行，并提出用分形技术来解决对面向数据流的学习问题。

第三部分介绍不确定知识与推理的相关理论，包括第 8~10 章。首先是不确定知识的建模量化和概率推理，即阐述推理的理论基础并重点介绍基于贝叶斯网络的不确定知识表示方法进行的精确与近似推理，进一步引申到关于时序过程的概率推理常见模型的介绍。其次是不确定问题的决策方法，具体包括用模糊集、智集、粗糙集、灰色理论来表征模糊的、直觉模糊的、界限不清楚的、外延不清楚的信息；同时介绍多维度、非结构化问题的决策方法，包括模糊层次分析、变异系数法、熵权法、突变级数法、物元分析、集对分析、灰色决策。最后是多目标问题的求解，讲述如何建立数学模型刻画实际问题和求解模型的最优方案，根据规划问题特征即目标函数和约束条件的不同，分别阐述线性规划、目标规划、灰色规划的建模思想和求解策略。

第四部分为感知与行动，包括第 11~14 章。首先介绍基于人类感官的物理感知和基于人本思想的社会感知，重点阐述如何利用社会感知来获取数据进而分析现实世界。特别是对于社会感知中文本与情感的处理，讲述基于自然语言的文本分类原理与方法，以及文本中情感表达的提取、分析和推理，并以微博评论为例整体介绍文本数据的情感分析流程与方法。其次是对社会网络的感知分析，介绍社会网络的基本概念和四种分析方法，包括静态几何特征提取、中心性分析、凝集子群特征分析、自相似网络刻画，并以社区发现为例讲述社会网络分析的整体思路与途径。最后介绍元胞自动机与多智能体两个智能模拟算法的基本概念、模拟原理和相关软件。

第五部分介绍空间大数据可视化内容，即第 15 章。该部分介绍空间大数据可视化的定义和特点，并阐述针对时空大数据、多维大数据的可视化方法和创意表达，进而介绍空间大数据可视化的工具及平台。

第六部分为人工智能(第 16 章)，简单介绍人工智能的几大典型实践案例,包括 AlphaGo、自动驾驶、智慧城市、智能机器人等。具体阐述 AlphaGo 的操作原理、自动驾驶的算法框架与高精度地图在其中的应用、智慧城市与智能机器人的概念和发展现状。

第2章 学习原理

机器学习专门研究计算机怎样通过模拟人类的学习行为，获取新的知识或技能，重新组织已有的知识结构使之不断改善自身的性能。学习可以参考 Mitchell(1997)提供的一个简洁的定义：对于某类任务 T 和性能度量 P，一个计算机程序被认为可以从经验 E 中学习是指，通过 E 改进后，它在任务 T 上由性能度量 P 衡量的性能有所提升。经验、任务和性能度量的定义范围非常宽广，它们作为机器学习的基本原理，是掌握机器学习算法的前提。本章将提供直观的解释和示例来介绍不同的任务和经验，进而重点介绍性能度量，这是对学习器泛化性能进行的评估，不仅需要有效可行的实验估计方法，还需要有衡量模型泛化能力的评估标准。因此，本章首先介绍受试者工作特征(receiver operating characteristic, ROC)曲线(一种检验泛化能力好坏的主要方法)；其次探讨拟合训练数据和寻找能够泛化到新数据的模式存在的问题；最后阐述如何使用额外的数据设置超参数和使用"偏差-方差分解"来解释学习算法的泛化性能。本章结构如图 2-1 所示。

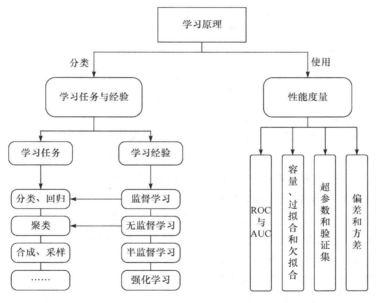

图 2-1　本章结构

2.1　学习任务与经验

2.1.1　学习任务

从科学和哲学的角度来看，机器学习之所以受到关注，是因为机器学习可以解决一些人为设计和使用确定性程序很难解决的问题。从"任务"的定义上说，学习过程本身不算是任务，学习是获取完成任务的能力。例如，当目标是使机器人能够行走，那么行走便是任务。因此可以编程让机器人学会如何行走，或者可以人工编写特定的指令来指导机器人如何行走。通常机器学习任务定义为机器学习系统应该如何处理样本(example)。样本是指从某些希望机器学习系统处理的对象或事件中收集到的已经量化的特征(feature)的集合。通常会将样本表示成一个向量 $x \in R^n$，其中向量的每一个元素 x_i 是一个特征。例如，一张图片的特征通常是指这张图片的像素值。

机器学习可以解决很多类型的任务，一些常见的机器学习任务列举如下。

(1) 分类。在这类任务中，计算机程序需要指定某些输入属于 k 类中的哪一类。为了完成这个任务，学习算法通常会返回一个函数 $f: R^n \rightarrow \{1, \cdots, k\}$ (R 为实数集)。当 $y = f(x)$ 时，模型将向量 x 所代表的输入分类到数字码 y 所代表的类别。还有一些其他的分类问题，例如，f 输出的是不同类别的概率分布。分类任务中还有一个任务是对象识别，其中输入是图片(通常由一组像素亮度值表示)，输出是表示图片物体的数字码。例如，Willow Garage PR2 机器人能像服务员一样识别不同饮料，并送给点餐的顾客。对象识别同时也是计算机识别人脸的基本技术，可用于标记相片合辑中的人脸，有助于计算机更自然地与用户交互。

(2) 输入缺失分类。当输入向量的每个度量不被保证时，分类问题将会变得更有挑战性。为了解决分类任务，学习算法只需要定义一个从输入向量映射到输出类别的函数，当一些输入可能丢失时，学习算法必须学习一组函数，而不是单个分类函数。每个函数对应着分类具有不同缺失输入子集的 x。这种情况在医疗诊断中经常出现，因为很多类型的医学测试是昂贵的、对身体有害的。有效地定义这样一个大集合函数的方法是学习所有相关变量的概率分布，然后通过边缘化缺失变量来解决分类任务。使用 n 个输入变量，可以获得每个可能的缺失输入集合所需的所有 2^n 个不同的分类函数，但是计算机程序仅需要学习一个描述联合概率分布的函数。本节中描述的许多其他任务也可以推广到缺失输入的情况；缺失输入分类只是机器学习能够解决的问题的示例之一。

(3) 回归。在这类任务中，计算机程序需要对给定输入预测数值。为了解决这个任务，学习算法需要输出函数 $f: R^n \rightarrow R$。除了返回结果的形式不一样外，回归问题和分类问题是相似的。这类任务可以预测投保人的索赔金额 (用于设置保险费)，或者预测证券未来的价格。

(4) 转录。在这类任务中，机器学习系统观测一些相对非结构化表示的数据，并转录信息为离散的文本形式。例如，光学字符识别要求计算机程序根据文本图片返回文字序列(ASCII 码或者 Unicode 码)。谷歌街景以这种方式使用深度学习处理街道编号，另一个例子是语音识别/计算机程序输入一段音频波形，输出一系列音频记录中所说的字符或单词 ID 的编码。

(5) 机器翻译。在这类任务中，输入是一种语言的符号序列，计算机程序必须将其转化成另一种语言的符号序列。这通常适用于自然语言，例如，将英语译成法语。

(6) 结构化输出。结构化输出任务的输出是向量或者其他包含多个值的数据结构，并且构成输出的这些不同元素间具有重要的关系。这是一个很大的范畴，包括上述转录任务和翻译任务在内的很多其他任务。例如，语法分析——映射自然语言句子到语法结构树，并标记树的节点为动词、名词、副词等。另一个例子是图像的像素级分割，将每一个像素分配到特定类别。例如，深度学习可用于标注航拍照片中的道路位置。在这些标注型的任务中，输出的结构形式不需要和输入尽可能相似。例如，在为图片添加描述的任务时，计算机程序观察到一幅图，输出为描述这幅图的自然语言句子。这类任务被称为结构化输出任务，是因为输出值之间内部紧密相关。

(7) 异常检测。在这类任务中，计算机程序在一组事件或对象中筛选，并标记不正常或非典型的个体。异常检测任务的示例是信用卡欺诈检测。通过对某人的购买习惯建模，信用卡公司可以检测到卡是否被滥用。如果窃贼窃取你的信用卡或信用卡信息，其采购物品的类型通常和你是不同的，当该卡发生了不正常的购买行为时，信用卡公司可以尽快冻结该卡以防欺诈。

(8) 合成和采样。在这类任务中，机器学习程序生成一些和训练数据相似的新样本。通过机器学习，合成和采样在媒体应用中非常有用，可以避免艺术家投入大量昂贵或者乏味费时的手动工作。例如，视频游戏可以自动生成大型物体或风景的纹理，而不是让艺术家手动标记每个像素。在某些情况下，希望采样或合成过程可以根据给定的输入生成一些特定类型的输出。例如，在语音合成任务中，输入一些书写的句子，要求程序输出这个句子语音的音频波形。这是一类结构化输出任务，但是每个输入并非只有一个正确输出的条件，并且明确希望输出有很多变化，这样可以使结果看上去更加自然和真实。

(9) 缺失值填补。在这类任务中，机器学习算法给定一个新样本 $x \in R^n$，x 中某些元素 x_i 缺失，算法必须填补这些缺失值。

(10) 去噪。在这类任务中，机器学习算法的输入是，干净样本 $x \in R^n$ 经过未知损坏过程后得到的损坏样本 $\tilde{x} \in R^n$。算法根据损坏后的样本 $\tilde{x}$ 预测干净的样本 x，或者更一般的预测条件概率分布 $p(x|\tilde{x})$。

(11) 密度估计或概率质量函数估计。在密度估计问题中，机器学习算法学习函数 $p_{model} : R^n \to R$，其中 $p_{model}(x)$ 可以解释成样本采样空间的概率密度函数(如果 x 是连续的)或者概率质量函数(如果 x 是离散的)。要做好这样的任务(在讨论性能度量 P 时，明确定义任务是什么)，算法需要学习观测到的数据的结构。算法必须知道什么情况下样本聚集出现，什么情况下不太可能出现。以上描述的大多数任务都要求学习算法至少能隐式地捕获概率分布的结构。密度估计可以让人们显式地捕获该分布。原则上，可以在该分布上计算以便解决其他任务。例如，如果通过密度估计得到了概率分布 $p(x)$，可以用该分布解决缺失值填补任务。如果 x_i 的值是缺失的，但是其他的变量值 x_{-i} 已知，那么可以得到条件概率分布 $p(x_i|x_{-i})$。在实际情况中，密度估计并不能够解决所有这类问题，因为在很多情况下 $p(x)$ 是难以计算的。

当然，还有很多其他类型的任务，这里列举的任务类型只是用来介绍机器学习可以做哪些任务，并非严格地定义机器学习任务分类。

2.1.2 学习经验

根据学习过程中的不同经验，机器学习算法可以大致分类为无监督(unsupervised)算法和监督(supervised)算法。大部分的学习算法可以被理解为在整个数据集(dataset)上获取经验。数据集是指很多样本组成的集合，无监督学习算法(unsupervised learning algorithm)要训练含有很多特征的数据集，然后学习这个数据集上有用的结构性质。在深度学习中，通常要学习生成数据集的整个概率分布，显式的如密度估计，隐式的如合成或去噪。还有一些其他类型的无监督学习任务，如聚类，是指将数据集分成相似样本的集合。监督学习算法(supervised learning algorithm)训练含有很多特征的数据集，但数据集中的样本都有一个标签(label) 或目标(target)。

大致说来，无监督学习涉及观察随机向量 x 的很多样本，试图显式或隐式地学习出概率分布 $p(x)$，或者是该分布的一些有意义的性质；而监督学习包含观察随机向量 x 及其相关联的值或向量 y，然后从 x 预测 y，通常是估计 $p(y|x)$。监督学习(supervised learning) 源自这样的

视角，教员或者老师提供目标 y 给机器学习系统，指导其应该做什么。而在无监督学习中，没有教员或者老师，算法必须学会在没有指导的情况下理解数据。

无监督学习和监督学习并没有严格的定义，它们之间的界线通常是模糊的。很多机器学习技术可以用于这两个任务。例如，概率的链式法则表明对于随机向量 $x \in R^n$，联合分布可以分解为

$$p(x) = \prod_{i=1}^{n} p(x_i | x_1, \cdots, x_{i-1}) \tag{2.1.1}$$

该分解意味着可以将其拆分成 n 个监督学习问题，来解决表面上的无监督学习 $p(x)$。另外，求解监督学习问题 $p(y|x)$ 时，也可以使用传统的无监督学习策略学习联合分布 $p(x, y)$，然后推断：

$$p(y|x) = \frac{p(x,y)}{\sum_{y'} p(x,y')} \tag{2.1.2}$$

尽管还并没有将无监督学习和监督学习完全区分开的正式概念，但是它们确实有助于把研究机器学习算法时遇到的问题粗略地分开。传统意义上，将回归、分类或者结构化输出问题称为监督学习，将支持其他任务的密度估计称为无监督学习。

学习范式的其他变种也是有可能的。例如，半监督学习中，一些样本有监督目标，但其他样本没有。在多实例学习中，样本的整个集合被标记为含有或者不含有该类的样本，但是集合中单独的样本是没有标记的。此外，有些机器学习算法并不是训练于一个固定的数据集上。例如，强化学习算法会和环境进行交互，所以学习系统和它的训练过程会有反馈回路。

综上，按照不同的学习形式，机器学习通常分为四类：监督学习、无监督学习、半监督学习、强化学习。按照学习目的，常用机器学习方法分为聚类、分类、回归。其中，聚类属于无监督学习，该算法基于数据的内部结构寻找观察样本的自然族群(即集群)，使用案例包括细分客户、新闻聚类、文章推荐等。聚类将产生一组集合，集合中的对象与同集合中的对象彼此相似，与其他集合中的对象相异。因为聚类是一种无监督学习(即数据没有标注)，并且通常使用数据可视化评价结果。如果存在正确的回答(即在训练集中存在预标注的集群)，那么分类算法可能更加合适。分类和回归属于监督学习。①分类可产生离散的结果。例如，向模型输入人的各种数据的训练样本，产生"输入一个人的数据，判断是否患病"的结果，结果必定是离散的，只有"是"或"否"。分类方法是一种对离散型随机变量建模或预测的监督学习算法。使用案例包括邮件过滤、金融欺诈和预测雇员异动等输出为类别的任务。许多回归算法都有与其相对应的分类算法，分类算法通常适用于预测一个类别(或类别的概率)而不是连续的数值。②回归可产生连续的结果。回归方法是一种对数值型连续随机变量进行预测和建模的监督学习算法。使用案例一般包括房价预测、股票走势或测试成绩等连续变化的案例。回归任务的特点是标注的数据集具有数值型的目标变量。也就是说，每一个观察样本都有一个数值型的标注真值以监督算法。

1. 监督学习

监督学习是从标记的训练数据来推断一个功能的机器学习任务。粗略地说，在监督学习中，每个实例都是由一个输入对象(通常为矢量)和一个期望的输出值(也称为监督信号)组成。监督学习算法是分析该训练数据，并产生一个推断的功能，其可以用于映射出新的实例。在许多情况下，输出 y 很难自动收集，必须由人来提供"监督"。一个最佳的方案是使用算法来正

确地判断那些邮件的类标签，如图 2-2 所示。

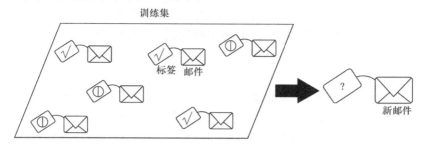

图 2-2 监督学习示例(邮件过滤)

监督学习有两个典型的分类：①分类，例如，上面的邮件过滤就是一个二分类问题，分为正例即正常邮件，负例即垃圾邮件；②回归，回归的任务是预测目标数值，例如，房屋的价格，给定一组特性(房屋大小、房间数等)，来预测房屋的售价。

常见的监督学习算法有：K 近邻算法、线性回归、随机森林等。

2. 无监督学习

无监督学习只处理"特征"，不操作监督信号，监督学习和无监督学习的区别没有严格规范的定义，因为没有客观的判断来区分监督者提供的值是特征还是目标。通俗地说，无监督学习的大多数尝试是指从不需要人为注释的样本的分布中提取信息，如图 2-3 所示。

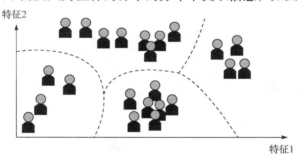

图 2-3 无监督学习示例(聚类)

一个经典的无监督学习任务是找到数据的"最佳"表示。"最佳"可以是不同的表示，但是一般来说，是指该表示在比本身表示的信息更简单或更易访问而受到一些惩罚或限制的情况下，尽可能地保存关于 x 更多的信息。

有很多方式定义较简单的表示。最常见的三种包括低维表示、稀疏表示和独立表示。低维表示尝试将 x 中的信息尽可能压缩在一个较小的表示中。稀疏表示将数据集嵌入到输入项大多数为零的表示中。稀疏表示通常用于需要增加表示维数的情况，使得大部分为零的表示不会丢失很多信息。这会使得表示的整体结构倾向于将数据分布在表示空间的坐标轴上。独立表示试图分开数据分布中变化的来源，使得表示的维度是统计独立的。

当然，这三个标准并非相互排斥。低维表示通常会产生比原始的高维数据具有较少或较弱依赖关系的元素。这是因为减少表示大小的一种方式是找到并消除冗余，识别并去除更多的冗余使得降维算法在丢失更少信息的同时能进行更大的压缩。

常见的无监督学习算法：K-means、主成分分析等。

无监督学习算法常见工作：①降维，降维的目标是简化数据，但是损失尽量少的信息。一个方法是将几个相似的特征或者代表一个属性的几个特征提取成一个特征，也就是通常说的特征提取。②异常检测，例如，检测信用卡欺诈用正例来训练模型，然后当一个新的实例到来的时候，判断是否像正实例，否则就是负例。③关联规则，最为典型的就是啤酒和尿布的例子，详见第 4 章。

3. 半监督学习

半监督学习(semi-supervised learning，SSL)是模式识别和机器学习领域研究的重点问题，是监督学习与无监督学习相结合的一种学习方法。半监督学习在训练阶段结合了大量未标记的数据和少量标签数据。与使用所有标签数据的模型相比，使用训练集的训练模型在训练时可以更为准确，而且训练成本更低。在现实任务中，未标记样本多、有标记样本少是一个比较普遍的现象，如何利用好未标记样本来提升模型泛化能力，就是半监督学习研究的重点。要利用未标记样本，需假设未标记样本所揭示的数据分布信息与类别标记存在联系。

4. 强化学习

强化学习(reinforcement learning，RL)就是智能系统中的智能体(Agent)从环境到行为映射的学习，以使奖励信号(强化信号)函数值最大。如果 Agent 的某个行为策略导致环境正的奖赏(强化信号)，那么 Agent 以后产生这个行为策略的趋势便会加强(图 2-4)。简单来说就好比一只小白鼠在迷宫里面，目的是找到出口，如果它走出了正确的步子，就会给它正反馈(糖)，否则给出负反馈(电击)，那么，当它走完所有的道路后。无论把它放到哪儿，它都能通过以往的学习找到通往出口最正确的道路。强化学习的典型案例就是 AlphaGo，详见第 16 章，这里不再赘述。

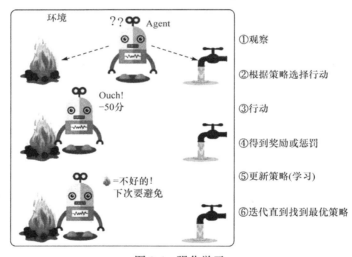

图 2-4　强化学习

此外，机器学习还有其他的分类方式，如批量学习和在线学习，也可分为参数学习和非参数学习，这里不再做过多说明。

2.2　性　能　度　量

2.2.1　ROC 与 AUC

为了评估机器学习算法的能力，必须要设计其性能的定量度量。通常性能度量 P 是特定于系统执行的任务 T 而言的。对于分类、缺失输入分类和转录任务，通常要度量模型的准确率(accuracy rate)。准确率是指该模型输出正确结果的样本比率。也可以通过错误率(error rate)得到相同的信息。错误率是指该模型输出错误结果的样本比率。通常把错误率称为 0-1 损失的期望。在一个特定的样本上，如果结果是对的，那么 0-1 损失是 0，否则是 1。但是对于密度估计这类任务而言，度量准确率，错误率或者其他类型的 0-1 损失是没有意义的。因此，必须使用不同的性能度量，使模型对每个样本都输出一个连续数值的得分。最常用的方法是输出模型在一些样本上概率对数的平均值。

通常，还需要关注机器学习算法在未观测数据上的性能如何，因为这将决定其在实际应用中的性能。因此，要使用测试集(test set) 数据来评估系统性能，将其与训练机器学习系统的训练集数据分开。性能度量的选择或许看上去简单且客观，但是选择一个与系统理想表现对应的性能度量通常是很难的。这是因为，在某些情况下很难确定应该度量什么。例如，在执行转录任务时，是应该度量系统转录整个序列的准确率，还是应该用一个更细粒度的指标，给予序列中正确的部分元素正面评价？在执行回归任务时，应该更多地惩罚频繁犯一些中等错误的系统，还是较少犯错但是犯很大错误的系统？这些设计的选择取决于应用。还有一些情况下知道应该度量哪些数值，但是度量它们不太现实，这种情况经常出现在密度估计中。很多最好的概率模型只能隐式地表示概率分布。在这类模型中，计算空间中特定点的概率是不可行的。在这些情况下，必须要设计一个仍然对应于设计对象的替代标准，或者设计一个理想标准的良好近似。

很多学习器是为测试样本产生一个实值或概率预测，然后将这个预测值与一个分类阈值(threshold)进行比较，若大于阈值则分为正类，否则为反类。例如，神经网络在一般情形下是对每个测试样本预测出一个[0.0, 1.0]的实值，然后将这个值与 0.5 进行比较，大于 0.5 则判为正例，否则为反例。这个实值或概率预测结果的好坏，直接决定了学习器的泛化能力。实际上，根据这个实值或概率预测结果，将测试样本进行排序，"最可能"是正例的排在最前面，"最不可能"是正例的排在最后面。这样，分类过程就相当于在这个排序中以某个"截断点"(cut point)将样本分为两部分，前一部分判作正例，后一部分则判作反例。

在不同的应用任务中，可根据任务需求来采用不同的截断点，例如，若更重视"查准率"，则可选择排序中靠前的位置进行截断；若更重视"查全率"，则可选择靠后的位置进行截断。因此，排序本身的质量好坏，体现了综合考虑学习器在不同任务下的"期望泛化性能"的好坏，或者说，"一般情况下"泛化性能的好坏。ROC 曲线则是从这个角度出发来研究学习器泛化性能的有力工具。

ROC 曲线源于第二次世界大战中用于敌机检测的雷达信号分析技术，20 世纪六七十年代开始被用于一些心理学、医学检测应用中，此后被引入机器学习领域。根据学习器的预测结果对样例进行排序，按此顺序逐个把样本作为正例进行预测，每次计算出两个重要量的值，分别以它们为横纵坐标作图，就得到了 ROC 曲线。与 P-R(precision-recall)曲线使用查准率、查全率为纵、横轴不同，ROC 曲线的纵轴是"真正例率"(true positive rate，TPR)，横轴是"假正例率"(false positive rate，FPR)，两者分别定义为

$$\text{TPR} = \frac{\text{TP}}{\text{TP} + \text{FN}} \tag{2.2.1}$$

$$\text{FPR} = \frac{\text{FP}}{\text{TN} + \text{FP}} \tag{2.2.2}$$

式中，TP、FP、TN、FN 分别表示真正例(true positive)、假正例(false positive)、真反例(true negative)、假反例(false negative)四种情形对应的样例数。

显示 ROC 曲线的图称为"ROC 图"。图 2-5(a)为 ROC 曲线的示意图，显然，对角线对应于"随机猜测"模型，而点(0,1)则对应于将所有正例排在所有反例之前的"理想模型"。

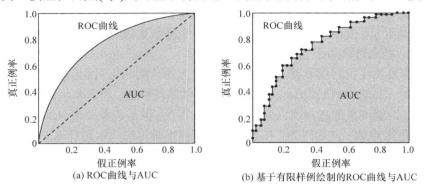

图 2-5　ROC 曲线与 AUC 示意图

现实任务中通常是利用有限个测试样例来绘制 ROC 图，此时仅能获得有限个(真正例率，假正例率)坐标对，无法产生图 2-5(a)中的光滑 ROC 曲线，只能绘制出如图 2-5(b)所示的近似 ROC 曲线。绘图过程很简单：给定 m^+ 个正例和 m^- 个反例，根据学习器预测结果对样例进行排序，然后把分类阈值设为最大，即把所有样例均预测为反例，此时真正例率和假正例率均为 0，在坐标(0, 0)处标记一个点。然后，将分类阈值依次设为每个样例的预测值，即依次将每个样例划分为正例。设前一个标记点坐标为(x, y)，当前若为真正例，则对应标记点的坐标为 $\left(x, y+\dfrac{1}{m^+}\right)$；当前若为假正例，则对应标记点的坐标为 $\left(x+\dfrac{1}{m^-}, y\right)$，然后用线段连接相邻点即得。

进行学习器的比较时，若一个学习器的 ROC 曲线被另一个学习器的曲线完全"包住"，则可断言后者的性能优于前者；若两个学习器的 ROC 曲线发生交叉，则难以一般性地断言两者孰优孰劣。此时如果一定要进行比较，则较为合理的判据是比较 ROC 曲线下的面积，即 AUC(area under ROC curve)，如图 2-5 所示。

从定义可知，AUC 可通过对 ROC 曲线下各部分的面积求和而得。假定 ROC 曲线是由坐标为 $\{(x_1, y_1), (x_2, y_2), \cdots, (x_m, y_m)\}$ 的点按序连接而形成 $(x_1=0, x_m=1)$，见图 2-5(b)，则 AUC 可估算为

$$\text{AUC} = \frac{1}{2}\sum_{i=1}^{m-1}(x_{i+1}-x_i)\cdot(y_i+y_{i+1}) \tag{2.2.3}$$

形式化地看，AUC 考虑的是样本预测的排序质量，因此它与排序误差有紧密联系。给定 m^+ 个正例和 m^- 个反例，令 D^+ 和 D^- 分别表示正、反例集合，则排序"损失"(loss)定义为

$$\ell_{\text{rank}} = \frac{1}{m^+m^-}\sum_{x^+\in D^+}\sum_{x^-\in D^-}\left(\mathbb{II}\left(f(x^+)<f(x^-)\right)+\frac{1}{2}\left(f(x^+)=f(x^-)\right)\right) \tag{2.2.4}$$

其中，$\mathbb{II}(\cdot)$ 为指示函数，在为正和为反时分别取值为 1 和 0。即考虑每一对正、反例，若正例的预测值小于反例，则记 1 个"罚分"，若相等，则记 0.5 个"罚分"。容易看出，ℓ_{rank} 对应的是 ROC 曲线之上的面积：若一个正例在 ROC 曲线上对应标记点的坐标为 (x, y)，则 x 恰是排

序在其之前的反例所占的比例，即假正例率。因此有

$$AUC = 1 - \ell_{rank} \tag{2.2.5}$$

2.2.2 容量、过拟合和欠拟合

机器学习的主要挑战是算法必须能够在先前未观测到的新输入上表现良好，而不只是在训练集上表现良好。在先前未观测到的输入上表现良好的能力被称为泛化(generalization)。通常情况下，训练机器学习模型时，可以使用某个训练集。在训练集上计算一些被称为训练误差(training error) 的度量误差，目标是降低训练误差，到目前为止，本书讨论的都是简单的优化问题。但机器学习和优化不同的地方在于，希望泛化误差(generalization error)亦称测试误差(test error) 很低。泛化误差被定义为新输入的误差期望。这里期望的计算基于不同的可能输入，这些输入采自系统在现实中遇到的分布。

通常，通过度量模型在训练集中分出来的测试集(test set) 样本上的性能，来评估机器学习模型的泛化误差。例如，在线性回归中，通过最小化训练误差来训练模型：

$$\frac{1}{m^{(train)}} \left\| X^{(train)} \omega - y^{(train)} \right\|_2^2 \tag{2.2.6}$$

但真正关注的是测试误差：

$$\frac{1}{m^{(test)}} \left\| X^{(test)} \omega - y^{(test)} \right\|_2^2 \tag{2.2.7}$$

那么当只能观测到训练集时，如何才能影响测试集的性能呢？统计学习理论(statistical learning theory) 提供了一些答案。如果训练集和测试集的数据是任意收集的，那么能够做的确实很有限。如果可以对训练集和测试集数据的收集方式有些假设，那么便可以对算法做些改进。

训练集和测试集数据通过数据集上被称为数据生成过程(data generating process)的概率分布生成。通常，会做一系列被统称为独立同分布假设(independently identically distribution, assumption)的假设。该假设是说，每个数据集中的样本都是彼此相互独立的(independent)，并且训练集和测试集是同分布的(identically distributed)，采样自相同的分布。这个假设使我们能够在单个样本的概率分布中描述数据生成过程。相同的分布可以用来生成每一个训练样本和每一个测试样本。将这个共享的潜在分布称为数据生成分布(data generating distribution)，记作 p_{data}。这个概率框架和独立同分布假设允许从数学上研究训练误差和测试误差之间的关系。

训练误差和测试误差之间的直接联系是，随机模型训练误差的期望和该模型测试误差的期望是一样的。假设有概率分布 $p(x, y)$，从中重复采样生成训练集和测试集。对于某个固定的 ω，训练集误差的期望恰好和测试集误差的期望一样，这是因为这两个期望的计算都使用了相同的数据集生成过程。

当然，在使用机器学习算法时，不会提前固定参数然后采样得到两个数据集。采样得到训练集，然后挑选参数去降低训练集误差，然后采样得到测试集。在这个过程中，测试误差期望会大于或等于训练误差期望。决定机器学习算法效果好不好的因素有：①降低训练误差；②缩小训练误差和测试误差的差距。

这两个因素对应机器学习的两个主要挑战：欠拟合(underfitting) 和过拟合(overfitting)。欠拟合是指模型不能在训练集上获得足够低的误差，而过拟合是指训练误差和测试误差之间的差距太大。

通过调整模型的容量(capacity)，可以控制模型是否偏向于过拟合或者欠拟合。通俗来讲，

模型的容量是指其拟合各种函数的能力。容量低的模型可能很难拟合训练集。容量高的模型可能会过拟合，因为记住了不适用于测试集的训练集性质。

一种控制训练算法容量的方法是选择假设空间(hypothesis space)，即学习算法可以选择为解决方案的函数集。例如，线性回归算法将关于其输入的所有线性函数作为假设空间。广义线性回归的假设空间包括多项式函数，而非仅有线性函数。这样做就增加了模型的容量。一次多项式提供了熟悉的线性回归模型，其预测为

$$\hat{y} = b + \omega x \tag{2.2.8}$$

通过引入 x^2 作为线性回归模型的另一个特征，能够学习关于 x 的二次函数模型：

$$\hat{y} = b + \omega_1 x + \omega_2 x^2 \tag{2.2.9}$$

尽管该模型是输入的二次函数，但输出仍是参数的线性函数，因此仍然可以用正规方程得到模型的闭解。可以继续添加 x 的更高次幂作为额外特征：

$$\hat{y} = b + \sum_{i=1}^{9} \omega_i x^i \tag{2.2.10}$$

当机器学习算法的容量适合于所执行任务的复杂度和所提供训练数据的数量时，算法效果通常会最佳。容量不足的模型不能解决复杂任务。容量高的模型能够解决复杂的任务，但是当其容量高于任务所需时有可能会出现过拟合。

图 2-6 展示了这个原理的使用情况，比较了线性、二次和九次预测器拟合真实二次函数的效果。线性函数无法刻画真实函数的曲率，所以欠拟合。九次函数能够表示正确的函数，但是因为训练参数比训练样本还多，所以它也能够表示无限多个刚好穿越训练样本点的很多其他函数，不太可能从这很多不同的解中选出一个泛化良好的解。在这个问题中，二次模型非常符合任务的真实结构，因此它可以很好地泛化到新数据上。

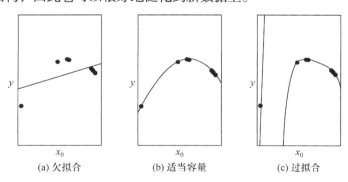

(a) 欠拟合　　　　　　(b) 适当容量　　　　　　(c) 过拟合

图 2-6　不同模型拟合结果

到目前为止，很多研究探讨了通过改变输入特征的数目和加入这些特征对应的参数，改变模型的容量。事实上，还有很多方法可以改变模型的容量，容量不仅仅取决于模型的选择。模型规定了调整参数降低训练目标时，学习算法可以从哪些函数族中选择函数，这被称为模型的表示容量(representational capacity)。在很多情况下，从这些函数中挑选出最优函数是非常困难的优化问题。实际中，学习算法不会真的找到最优函数，而仅是找到一个可以大大降低训练误差的函数。额外的限制因素，如优化算法的不完美，意味着学习算法的有效容量(effective capacity)可能小于模型的表示容量。

提高机器学习模型泛化的现代思想可以追溯到早在托勒密时期的哲学家的思想。许多早

期的学者提出一个简约原则，现在广泛被称为奥卡姆剃刀(Occam's razor)。该原则指出，在同样能够解释已知观测现象的假设中，应该挑选"最简单"的那一个。这个想法是在 20 世纪由统计学习理论创始人形式化并精确化的。

图 2-6 使用三个模型拟合训练集的样本。训练数据是通过随机抽取 x 然后用二次函数确定性地生成 y 来合成的。图 2-6(a)用一个线性函数拟合数据，导致欠拟合——它无法捕捉数据中的曲率信息；图 2-6(b)用二次函数拟合数据，在未观察到的点上泛化得很好，这并不会导致明显的欠拟合或者过拟合；图 2-6(c)用一个九次多项式拟合数据，导致过拟合。在这里使用 Moore-Penrose 广义逆矩阵来解这个欠定的正规方程，得出的解能够精确地穿过所有的训练点，但无法提取有效的结构信息，在两个数据点之间有一个真实的函数不包含的深谷。在数据左侧，它也会急剧增加，而在这一区域真实的函数却是下降的。

统计学习理论提供了量化模型容量的不同方法。在这些方法中，最有名的是 Vapnik-Chervonenkis 维度(Vapnik-Chervonenkis dimension，VC)，简称 VC 维。VC 维度量二元分类器的容量。VC 维定义为该分类器能够分类的训练样本的最大数目。假设存在 m 个不同 x 点的训练集，分类器可以任意地标记该 m 个不同的 x 点，VC 维被定义为 m 的最大可能值。

量化模型的容量使得统计学习理论可以进行量化预测。统计学习理论中最重要的结论阐述了训练误差和泛化误差之间差异的上界随着模型容量增长而增长，但随着训练样本增多而下降。这些边界为机器学习算法可以有效解决问题提供了理论验证，但是它们很少应用于解决实际问题中的深度学习算法。一部分原因是边界太松，另一部分原因是很难确定深度学习算法的容量。由于有效容量受限于优化算法的能力，确定深度学习模型容量的问题特别困难。而且对于深度学习中的一般非凸优化问题，只有很少的理论分析。

需要注意的是虽然更简单的函数更可能泛化(训练误差和测试误差的差距小)，但仍然需要选择一个充分复杂的假设以达到低的训练误差。通常，当模型容量上升时，训练误差会下降，直到其渐近最小可能误差(假设误差度量有最小值)。通常，泛化误差是一个关于模型容量的 U 形曲线函数，如图 2-7 所示。

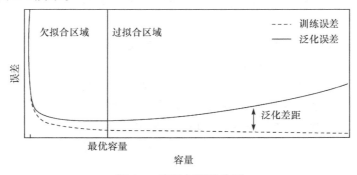

图 2-7　容量与误差关系

为考虑容量任意高的极端情况，需要介绍非参数(non-parametric)模型的概念。参数模型学习的函数在观测到新数据前，参数向量的分量个数是有限且固定的。非参数模型没有这些限制。有时，非参数模型仅是一些不能实际实现的理论抽象(如搜索所有可能概率分布的算法)。但也可以设计一些实用的非参数模型，使它们的复杂度和训练集大小有关。如最近邻回归(nearest neighbor regression)。不像线性回归有固定长度的向量作为权重，最近邻回归模型存储了训练集中所有的 x 和 y。当需要为测试点 x 分类时，模型会查询训练集中离该点最近的点，

并返回相关的回归目标。换言之，$\hat{y} = y_i$，其中 $i = \arg\min \|X_{i,:} - x\|_2^2$（$X_{i,:}$ 为矩阵 X 的第 i 行；$\|X_{i,:} - x\|_2$ 为 $X_{i,:} - x$ 的 L^2 范数；$\arg\min$ 是使得某个泛函取得最小值的函数）。该算法也可以扩展成 L^2 范数以外的距离度量，如学习距离度量。在最近向量不唯一的情况下，如果允许算法对所有离 x 最近的 X_i 关联的 y_i 求平均，那么该算法会在任意回归数据集上达到最小可能的训练误差（如果存在两个相同的输入对应不同的输出，那么训练误差可能会大于零）。

图 2-7 显示训练误差和测试误差表现得非常不同。在图左侧，训练误差和泛化误差都非常高，这是欠拟合机制（underfitting regime）。当增加容量时，训练误差减小，但是训练误差和泛化误差之间的间距却不断扩大。最终这个间距的大小超过了训练误差的下降，就进入到了过拟合机制（overfitting regime），其容量过大，超过了最优容量（optimal capacity）。

最后，也可以将参数学习算法嵌入另一个增加参数数目的算法来创建非参数学习算法。例如，可以外层循环调整多项式的次数，内层循环通过线性回归学习模型。

理想模型假设能够预先知道生成数据的真实概率分布。然而这样的模型仍然会在很多问题上发生一些错误，因为分布中仍然会有一些噪声。在监督学习中，从 x 到 y 的映射可能内在上是随机的，或者 y 可能是其他变量（包括 x 在内）的确定性函数。从预先知道的真实分布 $p(x, y)$ 预测而出现的误差被称为贝叶斯误差（Bayes error）。

训练误差和泛化误差会随训练集的大小发生变化。泛化误差的期望从不会因训练样本数目的增加而增加。对于非参数模型而言，更多的数据会得到更好的泛化能力，直到达到最佳可能的泛化误差。任何模型容量小于最优容量的固定参数模型会渐近到大于贝叶斯误差的值。值得注意的是，具有最优容量的模型仍然有可能在训练误差和泛化误差之间存在很大的差距，在这种情况下可以通过收集更多的训练样本来缩小差距。

2.2.3 超参数和验证集

大多数机器学习算法都有超参数，可以用来控制算法行为。超参数的值不是通过学习算法本身学习出来的（但可以设计一个嵌套的学习过程，一个学习算法为另一个学习算法学出最优超参数）。

在图 2-6 所示的多项式回归示例中，有一个超参数，即多项式的次数，作为容量超参数。控制权重衰减程度的 λ 是另一个超参数。

有时一个选项被设为学习算法不用学习的超参数，是因为它太难优化。更多的情况是，该选项必须是超参数，因为它不适合在训练集上学习。这适用于控制模型容量的所有超参数。如果在训练集上学习超参数，这些超参数总是趋向于最大可能的模型容量，导致过拟合（图 2-6）。例如，相比低次多项式和正的权重衰减设定，更高次的多项式和权重衰减参数设定 $\lambda=0$ 总能在训练集上更好地拟合。

为了解决这个问题，需要一个训练算法观测不到的验证集（validation set）样本。

训练具有相同数据分布特征的样本组成的测试集，可以用来估计学习过程完成之后的学习器的泛化误差。其重点在于测试样本不能以任何形式参与到模型的选择中，包括设定超参数。基于这个原因，测试集中的样本不能用于验证集。因此，要总是从训练数据中构建验证集。特别地，将训练数据分成两个不相交的子集，其中一个用于学习参数，另一个作为验证集，用于估计训练中或训练后的泛化误差，更新超参数。用于学习参数的数据子集通常仍被称为训练集，尽管这会和整个训练过程用到的更大的数据集相混。用于挑选超参数的数据子集被称为验证集。通常，80%的训练数据用于训练，20%用于验证。由于验证集是用来训练超参数的，尽管验证集的误差通常会比训练集误差小，但验证集会低估泛化误差。所有超参数优化完成之后，泛化误差可能会通过测试集来估计。

在实际中，即使相同的测试集已在很多年中重复地用于评估不同算法的性能，并由学术界在该测试集上进行了各种尝试，最后也可能导致我们对测试集有着乐观的估计。基准会因此变得陈旧，而不能反映系统的真实性能。

将数据集分成固定的训练集和固定的测试集后，测试集的误差很小是有问题的。一个小规模的测试集意味着平均测试误差估计的统计不确定性，这很难判断算法 A 是否比算法 B 在给定的任务上做得更好。

当数据集有十万计或者更多的样本时，这不会是一个严重的问题。当数据集太小时，也有替代方法允许使用所有的样本估计平均测试误差，代价是增加了计算量。这些过程是基于在原始数据上随机采样或分离出的不同数据集上重复训练和测试的想法。最常见的是 k 折交叉验证过程，当给定数据集 D 对于简单的训练/测试或训练/验证分割而言太小难以产生泛化误差的准确估计时(因为在小的测试集上，损失函数可能具有过高的方差)，k 折交叉验证算法可以用于估计学习算法 A 的泛化误差。数据集 D 包含的元素是抽象的样本 $z^{(i)}$ (对于第 i 个样本)，在监督学习的情况代表(输入,目标)对 $z^{(i)} = \left(x^{(i)}, y^{(i)}\right)$，或者无监督学习的情况下仅用于输入 $z^{(i)} = x^{(i)}$。该算法返回 D 中每个示例的误差向量 e，其均值是估计的泛化误差。单个样本上的误差可用于计算平均值周围的置信区间。虽然这些置信区间在使用交叉验证之后不能很好地证明，但是通常的做法是只有当算法 A 误差的置信区间低于并且不与算法 B 的置信区间相交时，才能声明算法 A 比算法 B 更好。

2.2.4　偏差和方差

对学习算法除了通过实验估计其泛化性能，往往还希望了解它"为什么"具有这样的性能。"偏差-方差分解"(bias-variance decomposition)便是解释学习算法泛化性能的一种重要工具。

偏差-方差分解试图对学习算法的期望泛化错误率进行拆解。算法在不同训练集上学得的结果很可能不同，即便这些训练集是来自同一个分布。对测试样本 x，令 y_D 为 x 在数据集中的标记，y 为 x 的真实标记，$f(x; D)$ 为训练集 D 上学得模型 f 在 x 上的预测输出。以回归任务为例，学习算法的期望预测为

$$\bar{f}(x) = E_D\left[f(x; D)\right] \tag{2.2.11}$$

使用样本数相同的不同训练集产生的方差为

$$\text{var}(x) = E_D\left\{\left[f(x; D) - \bar{f}(x)\right]^2\right\} \tag{2.2.12}$$

噪声为

$$\varepsilon^2 = E_D\left[\left(y_D - y\right)^2\right] \tag{2.2.13}$$

期望输出与真实标记的差别称为偏差(bias)，即

$$\text{bias}^2(x) = \left[\bar{f}(x) - y\right]^2 \tag{2.2.14}$$

为便于讨论，假定噪声期望为零，即 $E_D[y_D - y] = 0$。通过简单的多项式展开合并，可对

算法的期望泛化误差进行分解：

$$E(f;D) = E_D\left\{\left[f(x;D) - \overline{f}(x)\right]^2\right\} + \left[\overline{f}(x) - y\right]^2 + E_D\left[(yD - y)^2\right] \tag{2.2.15}$$

于是有

$$E(f;D) = \text{bias}^2(x) + \text{var}(x) + \varepsilon^2 \tag{2.2.16}$$

也就是说，泛化误差可分解为偏差、方差与噪声之和。式(2.2.14)度量了学习算法的期望预测与真实结果的偏离程度，即刻画了学习算法本身的拟合能力；式(2.2.12)度量了同样大小的训练集的变动所导致的学习性能的变化，即刻画了数据扰动所造成的影响；式(2.2.13)则表达了在当前任务上任何学习算法所能达到的期望泛化误差的下界，即刻画了学习问题本身的难度。偏差-方差分解说明，泛化性能是由学习算法的能力、数据的充分性及学习任务本身的难度所共同决定的。给定学习任务，较小的偏差是取得高泛化性能的前提，即使数据扰动产生的影响较小。

一般来说，偏差与方差是有冲突的，这称为偏差-方差窘境(bias-variance dilemma)。图2-8给出了一个示意图。给定学习任务，假定能控制学习算法的训练程度，则在训练不足时，学习器的拟合能力不够强，训练数据的扰动不足以使学习器产生显著变化，此时偏差主导了泛化错误率；随着训练程度的加深，学习器的拟合能力逐渐增强，训练数据发生的扰动渐渐能被学习器学到，方差逐渐主导了泛化错误率；在训练程度充足后，学习器的拟合能力已非常强，训练数据发生的轻微扰动都会导致学习器发生显著变化，若训练数据自身的、非全局的特性被学习器学到了，则将发生过拟合。

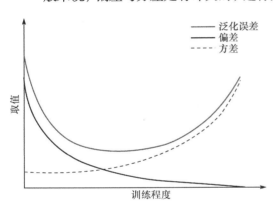

图2-8　泛化误差与偏差、方差的关系示意图

第 3 章　聚类、分类与回归

聚类、分类与回归是学习的主要目的和任务。聚类是在未知划分类的前提下将具有相似特征的数据划为一类，属于无先验知识参考的非监督学习方法；分类与回归是在有先验知识参考下的监督学习算法，按照先验数据的离散与连续特征，可将问题分为分类与回归问题。本章先介绍两种最具代表性的聚类算法：基于密度聚类的 DBSCAN 算法和将高维数据投影到低维空间的投影寻踪聚类算法。之后介绍几种常见的分类与回归算法：以贝叶斯定理为基础的贝叶斯算法；可用于模式分类和非线性回归的支持向量机算法；具有自学习和自适应能力的神经网络算法；可做分类树和回归树的决策树算法；将多个弱学习器组合的集成学习算法，包括基于 bagging 集成的随机森林、基于 boosting 集成的提升方法、运用已有知识求解相关领域问题的迁移学习。本章结构如图 3-1 所示。

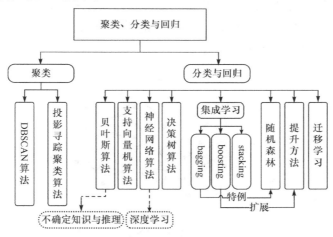

图 3-1　本章结构

3.1　DBSCAN 算法

DBSCAN 是一个比较有代表性的密度聚类算法。它将簇定义为密度相连的点的最大集合，把具有足够高密度的区域划分为簇，并可在有噪声的空间数据库中发现任意形状的聚类。DBSCAN 算法要求聚类空间中的一定区域内所包含对象(点或其他空间对象)的数目不小于某一给定阈值。DBSCAN 算法的显著优点是聚类速度快且能够有效处理噪声点和发现任意形状的空间聚类。但是它直接对整个数据库进行操作且进行聚类时使用了一个全局性表征密度的参数，因此也具有两个比较明显的弱点：①当数据量增大时，要求较大的内存支持，I/O 消耗也很大；②当空间聚类的密度不均匀、聚类间距差相差很大时，聚类质量较差。

3.1.1 基本概念

(1) ε 邻域：给定对象半径为 ε 内的区域称为该对象的 ε 邻域。

(2) 核心对象：如果给定对象 ε 邻域内的样本点数大于等于最少数目 MinPts，则称该对象为核心对象。

(3) 直接密度可达：对于样本集合 D，如果样本点 q 在 p 的 ε 邻域内，并且 p 为核心对象，那么对象 q 从对象 p 直接密度可达。

(4) 密度可达：对于样本集合 D，给定一串样本点 $p_1, p_2, \cdots, p_n$，$p = p_1$，$q = p_n$，假如对象 p_i 从 p_{i-1} 直接密度可达，那么对象 q 从对象 p 密度可达。

(5) 密度相连：存在样本集合 D 中的一点 o，如果对象 o 到对象 p 和对象 q 都是密度可达的，那么 p 和 q 密度相连。

可以发现，密度可达是直接密度可达的传递闭包，并且这种关系是非对称的。密度相连是对称关系。DBSCAN 的目的是找到密度相连对象的最大集合。例如，图 3-2 中 MinPts=5，灰色的点都是核心对象，因为其 ε 邻域至少有 5 个样本。黑色的样本是非核心对象。所有核心对象密度直达的样本在以灰色核心对象为中心的超球体内，如果不在超球体内，则不能密度直达。图中用箭头连起来的核心对象组成了密度可达的样本序列。在这些密度可达的样本序列的 ε 邻域内所有的样本相互都是密度相连的。

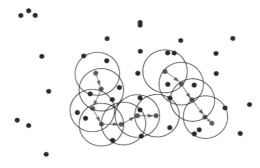

图 3-2　DBSCAN 算法

3.1.2 算法描述

输入：包含 n 个对象的数据库，半径 ε，最少数目 MinPts。

输出：所有生成的簇，达到密度要求。

Repeat：从数据库中抽出一个未处理的点。

IF 抽出的点是核心点 THEN 找出所有从该点密度可达的对象，形成一个簇。

ELSE 抽出的点是边缘点(非核心对象)，跳出本次循环，寻找下一个点。

UNTIL 所有的点都被处理。

DBSCAN 对用户定义的参数很敏感，细微的不同都可能导致差别很大的结果，而参数的选择无规律可循，只能靠经验确定。

3.1.3　与传统聚类方法的对比

(1) 不需要输入要划分的聚类个数，聚类结果没有偏倚，相对地，K-means 之类的划分聚类算法初始值对聚类结果有很大影响。

(2) 可以对任意形状的稠密数据集进行聚类，相对地，K-means 之类的聚类算法一般只适用于凸数据集。

(3) 可以在需要时输入过滤噪声的参数。

(4) 调参相对于传统的 K-means 之类的聚类算法稍复杂，主要需要对距离阈值 ε，邻域样本数阈值 MinPts 联合调参，不同的参数组合对最后的聚类效果有较大影响。

表 3-1 总结了几种常用聚类方法的一般特点。

表 3-1　聚类方法概述

方法	一般特点
划分方法	(1) 发现球形互斥的簇 (2) 基于距离 (3) 可以用均值或中心点等代表簇中心 (4) 对中心规模数据集有效
层次方法	(1) 聚类是一个层次分解(即多层) (2) 不能纠正错误的合并或划分 (3) 可以集成其他技术，如微聚类或考虑对象"连接"
DBSCAN	(1) 可以发现任意形状的簇 (2) 簇是对象空间中被低密度区域分隔的稠密区域 (3) 簇密度：每个点的"邻域"内必须具有最少个数的点 (4) 可能过滤离群点
神经网络	对二维、三维数据的可视非常有效，但学习模式较少时，网格的聚类效果取决于输入模式的先后顺序，且网络连接权向量的初始状态对网络的收敛性能有很大影响

3.1.4　实例

为了更好地理解 DBSCAN 聚类算法，本书按照上述流程，对表 3-2 中的 13 个样本点使用 DBSCAN 进行聚类。

表 3-2　样本点

变量	P_1	P_2	P_3	P_4	P_5	P_6	P_7	P_8	P_9	P_{10}	P_{11}	P_{12}	P_{13}
X	1	2	2	4	5	6	6	7	9	1	3	5	3
Y	2	1	4	3	8	7	9	9	5	12	12	12	3

如图 3-3(a)所示，取 Eps=3，MinPts=3，依据 DBSCAN 对所有点进行聚类(曼哈顿聚类)，对每个点计算其邻域 Eps=3 内的点的集合。集合内点的个数超过 MinPts=3 的点为核心点。如图 3-3(b)所示，查看剩余点是否在核心点的邻域内，若在，则为边界点，否则为噪声点。如图 3-3(c)所示，将距离不超过 Eps=3 的点相互连接，构成一个簇，核心点邻域内的点也会被加入到这个簇中。

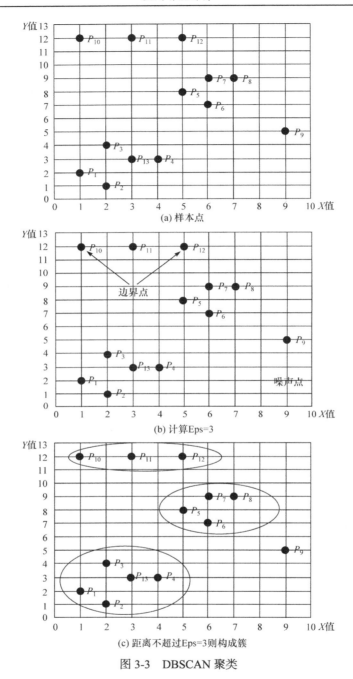

(a) 样本点

(b) 计算Eps=3

(c) 距离不超过Eps=3则构成簇

图 3-3　DBSCAN 聚类

3.2　投影寻踪聚类算法

3.2.1　基本原理

　　投影寻踪(projection pursuit，PP)方法属于直接由样本数据驱动的探索性数据分析方法。它把高维数据$\{x(i,j)\}$通过某种组合投影到低维子空间$\{z(i)\}$上，对于投影到的构形，采用投影指标函数$Q[z(i)]$来描述投影暴露原系统某种分类排序结构的可能性大小，寻找出使投影指标函数达到最优(即能反映高维数据结构或特征)的投影值 $z(i)$,然后根据该投影值来分析高维数据的分类结构特征,或根据该投影值与研究系统的实际输出值之间的散点图构造适当的数学模型以模拟系统输出。

它的一般方案是:①选定一个分布模型作为标准(一般是正态分布),认为它是最不感兴趣的结构。②将数据投影到低维空间上,找出数据与标准模型相差最大的投影,这表明在投影中含有标准模型没能反映出来的结构。③将上述投影中包含的结构从原数据中剔除,得到改进了的新数据。④对新数据重复步骤②③,直到数据与标准模型在任何投影空间都没有明显差别为止。

PP 方法的主要特点是:①PP 方法能够在很大程度上减少维数祸根的影响,这是因为它对数据的分析是在低维子空间上进行的,对一维至三维的投影空间来说,高维空间中稀疏的数据点就足够密了,足以发现数据在投影空间中的结构特征。②PP 方法可以排除与数据结构和特征无关,或关系很小的变量的干扰。③PP 方法为使用一维统计方法解决高维问题开辟了途径,因为 PP 方法可以将高维数据投影到一维子空间,再对投影后的一维数据进行分析,比较不同一维投影的分析结果,找出好的投影。④与其他非参数方法一样,PP 方法可以用来解决某些非线性问题。PP 虽然是以数据的线性投影为基础的,但它找的是线性投影中的非线性结构,因此它可以用来解决一定程度的非线性问题。

3.2.2 投影指标

(1) 方差指标 $Q(\alpha^T X) = \mathrm{Var}(\alpha^T X)$ 。设 $(x_1, x_2, \cdots, x_n)$ 是总体 X 的独立同分布的样本,投影方向为 α ,方差指标的样本形式为 $Q(\alpha^T X) = \dfrac{1}{n}\sum\limits_{i=1}^{n}\left[\alpha^T X - E(\alpha^T X)\right]^2$ 。如果求 $\max Q(\alpha^T X)$,得到的 $\hat{\alpha}$ 就是样本散布最大的方向。主成分分析就是取样本方差为投影指标的 PP 方法。

(2) Friedman 指标。设有 Legendre 多项式 $Q_0(R) = 1$, $Q_1(R) = R$, $Q_j = \dfrac{1}{j}[(2j-1)RQ_{j-1} - (j-1)Q_{j-2}]$, $j = 2,3,\cdots$ 。设 X 为 P 维随机向量,协方差阵 $\sum$ 的正交分解 $\sum = UDU^T$, U 为标准正交阵, D 为对角阵。 $(x_1, x_2, \cdots, x_n)$ 为 X 的 n 个样本, P_n 为其经验分布。为了达到 PP 的主要目的,并减少计算量,要求 PP 指标对 P 维数据的任何非奇异仿射变换保持不变。为此,对 x 及它的子样进行球面化,即令 $Z = D^{-\frac{1}{2}}U^T(X - EX)$,如果 $\sum$ 未知,则用样本的协方差阵 $\sum\limits_n$ 正交分解 $\sum\limits_n = U_n D_n U_n^T$ 的 U_n , D_n 代替 U, D 。设 $\Phi(x)$ 为标准正态分布函数,则 Friedman 指标为 $I(\alpha, P) = \dfrac{1}{2}\sum\limits_{i=1}^{J}(2j+1)\left[E^P Q_j\left(2\Phi(\alpha^T Z) - 1\right)\right]^2$,其中 P 是 X 的分布函数。样本形式为 $I_n(\alpha) = \dfrac{1}{2}\sum\limits_{i=1}^{J}(2j+1)\left[E^{P_n}Q_j\left(2\Phi(\alpha^T Z) - 1\right)\right]^2$ 。

(3) 偏度指标和峰度指标。偏度是用来衡量分布非对称性的统计指标,峰度是用来衡量分布平坦性的统计指标,它们都对离群点非常敏感。因此可以用作投影指标来寻找离群点。设原随机变量为 X ,投影方向为 α ,偏度指标和峰度指标分别为 $I_1(\alpha) = Q_1(a^T X) = k_3^2$ 和 $I_2(\alpha) = Q_2(\alpha^T X) = k_4^2$,两者混合产生的指标为 $I_3(\alpha) = Q_1(\alpha^T X) = k_3^2 + k_4^2$ 和 $I_4(\alpha) = Q_4(\alpha^T X) = k_3^2 \cdot k_4^2$ 。

这类指标对于检测噪声背景下比较细小的特征目标有较好的效果。

(4) 信息散度指标。一般认为服从正态分布的数据含有的有用信息最少，因而学者感兴趣的是与正态分布差别大的结构。多元正态分布的任何一维线性投影仍然服从正态分布，因此如果一个数据在某个方向上的投影与正态分布差别较大，那它就一定含有非正态的结构。高维数据在不同方向上的一维投影与正态分布的差别是不一样的，它显示了在这一方向上所含有的有用信息的多少，因此可以用投影数据的分布与正态分布的差别来作为投影指标。人们已经设计出许多具有这种特点的指标，信息散度指标就是其中之一。设 f 是一维密度函数，g 是一维标准正态分布密度函数，f 对 g 的相对熵为 $d(f\|g)=\int_{-\infty}^{+\infty}g(x)\cdot\log\dfrac{f(x)}{g(x)}\mathrm{d}x$，信息散度指标定义为 $Q(f)=\left|d(f\|g)\right|+\left|d(g\|f)\right|$，当 $f=g$ 时，$d(f\|g)=0$；若 f 偏离 g 越远，那么 $d(f\|g)$ 值就越大，因此 $d(f\|g)$ 刻画了 f 到 g 的偏离程度。由于根据样本估计 f 是很麻烦的，更简便有效的方法是用离散化的概率分布 p 和 q 分别代替连续的密度函数 f 和 g，这时指标变为 $Q(p,q)=D(p\|q)+D(q\|p)$，其中 $Q(p,q)=\sum q\cdot\log\left(\dfrac{p}{q}\right)$。如果投影指标的值越大，那么意味着它越偏离正态分布，因而是感兴趣的方向。

3.2.3　算法描述

用 PP 探索高维数据的结构或特征时，一般采用迭代模式。首先根据经验或猜想给定一个初始模型；其次把数据投影到低维空间上，找出数据与现有模型相差最大的投影。这表明在这个投影中含有现有模型中没有反映的结构，然后把上述投影中所包含的结构并在现有模型上，得到改进了的新模型。再从这个新模型出发，重复以上步骤，直到数据与模型在任何投影空间都没有明显的差别为止。PP 是一种数据分析的新思维方式，该思想可用于聚类。投影寻踪聚类(projection pursuit classification, PPC)，以每一类内具有相对大的密集度，而各类之间具有相对大的散开度为目标来寻找最优一维投影方向，并根据相应的综合投影特征值对样本进行分类。

设第 i 个样本第 j 个指标为 $x_{ij}(i=1,2,\cdots,n;j=1,2,\cdots,m)$，$n$ 为样本个数，m 为指标个数，用投影寻踪技术建立投影寻踪聚类模型的步骤如下。

(1) 样本指标数据归一化。由于各指标的量纲不尽相同或数值范围相差较大，在建模之前对数据进行归一化处理：$x'_{ij}=x_{ij}/x_{j\max}$，其中 $x_{j\max}$ 表示第 j 个指标的样本最大值。

(2) 线性投影。投影实质上就是从不同的角度去观察数据，寻找最能充分挖掘数据特征的最优投影方向。可在单位超球面中随机抽取若干个初始投影方向 $\alpha(\alpha_1,\alpha_2,\cdots,\alpha_m)$，计算其投影指标的大小，根据指标选大的原则，最后确定最大指标对应的解为最优投影方向。

若 $\alpha(\alpha_1,\alpha_2,\cdots,\alpha_m)$ 为 m 维单位向量，则样本 i 在一维线性空间的投影特征值 z_i 的表达为

$$z_i=\sum_{j=1}^{m}\alpha_j x'_{ij} \tag{3.2.1}$$

(3) 寻找目标函数。综合投影指标值时，要求投影值 z_i 的散布特征应为局部投影点尽可能密集，最好凝聚成若干个点团，而在整体上投影点团之间尽可能散开。故可将目标函数 $Q(\alpha)$ 定义为类间距离 $s(\alpha)$ 与类内密度 $d(\alpha)$ 的乘积，即 $Q(\alpha)=s(\alpha)\cdot d(\alpha)$。类间距离用样本序列的投影特征值方差计算，$s(\alpha)=\left[\sum_{i=1}^{n}(z_i-z_\alpha)^2/n\right]^{\frac{1}{2}}$。其中 z_α 为序列 $\{z(i)|i=1,2,\cdots,n\}$ 的均值，$s(\alpha)$

越大，散布越开。设投影特征值间的距离 $r_{ij} = |z_i - z_k|(i, k = 1, 2, \cdots, n)$，则 $d(\alpha) = \sum\limits_{i=1}^{n}\sum\limits_{k=1}^{n}$ $(R - r_{ik})f(R - r_{ik})$，$f(t)$ 为一阶单位阶跃函数，$t = R - \gamma_{ik}$，$t \geq 0$ 时，其值为 1；$t < 0$ 时，其值为 0。在此 $f(R - r_{ik}) = \begin{cases} 1, & R \geq r_{ik} \\ 0, & R < r_{ik} \end{cases}$，$R$ 为估计局部散点密度的窗宽参数，按宽度内至少包括一个散点的原则选定，其取值与样本数据结构有关，可基本确定它的合理取值范围为 $r_{\max} < R < 2m$，其中，$r_{\max} = \max(r_{ik})(i, k = 1, 2, \cdots, n)$。类内密度 $d(\alpha)$ 越大，分类越显著。

(4) 优化投影方向。由上述分析可知，当 $Q(\alpha)$ 取得最大值时所对应的投影方向就是所要寻找的最优投影方向。因此，寻找最优投影方向的问题可转化为下列优化问题：

$$\begin{cases} \max Q(\alpha) = s(\alpha) = d(\alpha) \\ \|\alpha\| = \sum\limits_{i=1}^{m}\alpha_j^2 = 1 \end{cases}$$，这是以 α_j 为优化变量的复杂非线性优化问题，可采用遗传算法等优化方法求解。

(5) 综合评价聚类分析。根据最优投影方向，便可计算反映各评价指标综合信息的投影特征值 z_i 的差异水平，以 z_i 的差异水平对样本群进行聚类分析。

3.2.4　投影寻踪聚类实例

洪水灾害的风险一般指洪水强度超过地区承载能力这一事件所发生的概率，以及可能后果的严重程度，是自然力量和社会力量不平衡运动的结果。洪水灾害风险管理的首要问题就是根据洪水强度的大小把洪水分成特大洪水、大洪水、中等洪水和小洪水等不同等级类型，为洪灾管理提供决策依据。洪水强度通常与洪峰水位、洪峰流量、洪水历时、洪水总量、洪水重现期等洪水要素有关，是一个综合指标。洪水分类的实质就是如何对各洪水样本的多维分类指标进行聚类分析。本例取南京站 10 个洪水样本，洪水分类指标体系由洪峰水位、洪水超过 9 m 的天数、大通洪峰流量、5～9 月 5 个月的洪量及流量与历时综合指标五个指标组成，这些指标的样本数据见表 3-3。将其聚为三类。

表 3-3　南京站洪水样本的投影特征值及分类结果

年份	洪峰水位/m	洪水水位超过 9m 的天数/d	大通洪峰流量/(m^3/s)	5～9 月洪量(5 个月)/$(10^8 m^3/s)$	流量与历时综合指标	投影特征值及分类结果 $z^*(i)$
1954	10.22	87	92600	8891	7800	1.7713（Ⅰ）
1969	9.20	8	67700	5447	1710	0.5000（Ⅲ）
1973	9.19	7	70000	6623	3280	0.6255（Ⅲ）
1980	9.20	10	64000	6340	2730	0.5991（Ⅲ）
1983	9.99	27	72600	6641	3560	0.8399（Ⅱ）
1991	9.70	17	63800	5576	1930	0.5959（Ⅲ）
1992	9.06	13	67700	5295	1575	0.5337（Ⅲ）
1995	9.66	23	75500	6162	2390	0.7198（Ⅱ）
1996	9.89	34	75100	6206	2702	0.8440（Ⅱ）
1998	10.14	81	82100	7773	5283	1.5040（Ⅰ）

按照投影寻踪聚类法的计算步骤，其中 $m=5$，$n=10$，$p=3$，得到最优投影方向向量为 $\alpha^*=(0.0458\ 0.8139\ 0.1875\ 0.2240\ 0.5001)$。把 α^* 代入式(3.2.1)后即得到洪水样本的投影值 $z^*(i)$，结果见表 3-3。投影特征值 $z^*(i)$ 越大，洪水强度越大。由表 3-3 可知，洪水强度从大到小排序的年份依次是 1954 年、1998 年、1996 年、1983 年、1995 年、1973 年、1980 年、1991 年、1992 年、1969 年，此排序结果和前人研究中的结果是一致的。

在评定洪水强度排序的同时，表 3-3 还直接根据投影特征值 $z^*(i)$ 给出洪水样本的聚类结果，1954 年和 1998 年属于同一级洪水，为第 I 类，可判为特大洪水；1996 年、1983 年和 1995 年属于同一级洪水，为第 II 类，可判为大洪水；1973 年、1980 年、1991 年、1992 年、1969 年属于同一级洪水，为第 III 类，可判为中等洪水，此分类结果和先前的研究一致，与实际情况也是吻合的，说明投影寻踪动态聚类模型切实可行。

3.3　贝叶斯算法

3.3.1　贝叶斯分类

贝叶斯分类是一类分类算法的总称，这类算法均以贝叶斯定理为基础，故统称为贝叶斯分类。本节将首先介绍分类问题，对分类问题进行一个正式的定义。其次，介绍贝叶斯分类算法的基础——贝叶斯定理。最后，通过实例讨论贝叶斯分类中最简单的一种：朴素贝叶斯分类。

1. 分类问题

分类问题，是我们日常生活中每天都会接触到的一种操作，我们可能没有意识到，但它却与我们的生活和学习密不可分。例如，当你看到一个陌生人，你的脑子下意识判断他是男是女，再如，你可能经常会走在路上对身旁的朋友说"这个人一看就很有钱""那边有个非主流"之类的话，其实这就是一种分类操作。

从数学角度来说，分类问题可做如下定义。

已知集合：$C=\{y_1,y_2,\cdots,y_n\}$ 和 $I=\{x_1,x_2,\cdots,x_m,\cdots\}$，确定映射规则 $y=f(x)$，使得任意 $x_i\in I$ 有且仅有一个 $y_i\in C$ 使得 $y_i=f(x_i)$ 成立(不考虑模糊数学里的模糊集情况)。其中 C 称为类别集合，其中每一个元素是一个类别，而 I 称为项集合，其中每一个元素是一个待分类项，f 叫做分类器。分类算法的任务就是构造分类器 f。

这里要着重强调，分类问题往往采用经验性方法构造映射规则，即一般情况下的分类问题缺少足够的信息来构造 100%正确的映射规则，而是通过对经验数据的学习从而实现一定概率意义上正确的分类，因此所训练出的分类器并不是一定能将每个待分类项准确映射到其分类。分类器的质量与分类器构造方法、待分类数据的特性及训练样本数量等诸多因素有关。例如，医生对病人进行诊断就是一个典型的分类过程，任何一个医生都无法直接看到病人的病情，只能观察病人表现出的症状和各种化验检测数据来推断病情，这时医生就好比一个分类器，而这个医生诊断的准确率，与他当初受到的教育方式(构造方法)、病人的症状是否突出(待分类数据的特性)及医生的经验多少(训练样本数量)都有密切关系。

2. 贝叶斯分类的基础——贝叶斯定理

贝叶斯定理解决了现实生活中经常遇到的问题：已知某条件概率，如何得到两个事件交换后的概率，也就是在已知 $P(A|B)$ 的情况下如何求得 $P(B|A)$。这里首先要解释一下什么是条

件概率：$P(A|B)$ 表示事件 B 已经发生的前提下，事件 A 发生的概率，称为事件 B 发生下事件 A 的条件概率。其基本求解公式为 $P(A|B)=\dfrac{P(AB)}{P(B)}$。

贝叶斯定理之所以很重要，是因为在生活中经常遇到这种情况：可以很容易直接得出 $P(A|B)$，$P(B|A)$ 则很难直接得出，但人们更关心 $P(B|A)$，贝叶斯定理就是为了打通从 $P(A|B)$ 获得 $P(B|A)$ 的道路。

下面给出贝叶斯定理：$P(B|A)=\dfrac{P(A|B)P(B)}{P(A)}$。

3. 朴素贝叶斯分类的原理与流程

朴素贝叶斯分类是一种十分简单的分类算法，它的思想基础是：对于给出的待分类项，求解在此项出现的条件下各个类别出现的概率，哪个最大，就认为此待分类项属于哪个类别。通俗来说，可以比喻为，你在街上看到一个黑色皮肤的人，你会猜测他来自于哪里，十有八九会猜测是非洲。为什么呢？因为黑色皮肤的人中非洲人的比率最高，当然他也可能是美洲人或欧洲人，但在没有其他可用信息的情况下，人们会选择条件概率最大的类别，这就是朴素贝叶斯的思想基础。

朴素贝叶斯分类的正式定义如下：

(1) 设 $x=\{a_1,a_2,\cdots,a_m\}$ 为一个待分类项，而每个 a 为 x 的一个特征属性。

(2) 有类别集合 $C=\{y_1,y_2,\cdots,y_n\}$。

(3) 计算 $P(y_1|x)$，$P(y_2|x),\cdots,P(y_n|x)$。

(4) 如果 $P(y_k|x)=\max\{P(y_1|x),P(y_2|x),\cdots,P(y_n|x)\}$，则 $x\in y_k$。

那么现在的关键就是如何计算第(3)步中的各个条件概率。可以这样做：

(1) 找到一个已知分类的待分类项集合，这个集合叫作训练样本集。

(2) 统计得到在各类别下各个特征属性的条件概率估计，即 $P(a_1|y_1),P(a_2|y_1),\cdots P(a_m|y_1)$；$P(a_2|y_2),P(a_2|y_2),\cdots,P(a_m|y_2)$；$\cdots$；$P(a_1|y_n),P(a_2|y_n),\cdots,P(a_m|y_n)$。

(3) 如果各个特征属性是条件独立的，则根据贝叶斯定理有如下推导：

$$P(y_i|x)=\frac{P(x|y_i)P(y_i)}{P(x)}$$

因为分母对于所有类别为常数，只要将分子最大化即可。且各特征属性是条件独立的，所以有

$$P(x|y_i)P(y_i)=P(a_1|y_i)P(a_2|y_i)\cdots P(a_m|y_i)P(a_m|y_i)=P(y_i)\prod_{j=1}^{m}P(a_j|y_i)$$

根据上述分析，朴素贝叶斯分类的流程可以由图 3-4 表示(暂时不考虑验证)。可以看到，整个朴素贝叶斯分类分为三个阶段。

第一阶段——准备工作阶段，这个阶段的任务是为朴素贝叶斯分类做必要的准备。主要工作是根据具体情况确定特征属性，并对每个特征属性进行适当划分，然后由人工对一部分待分类项进行分类，形成训练样本集合。这一阶段的输入是所有待分类数据，输出是特征属性和训练样本。这一阶段是整个朴素贝叶斯分类中唯一需要人工完成的阶段，其质量对整个过程将有重要影响，分类器的质量很大程度上由特征属性、特征属性划分及训练样本质量决定。

第二阶段——分类器训练阶段，这个阶段的任务就是生成分类器。主要工作是计算每个类别在训练样本中出现的频率及每个特征属性划分对每个类别的条件概率估计，并记录结果。其输入是特征属性和训练样本，输出是分类器。这一阶段是机械性阶段，根据前面讨论的公式可以由程序自动计算完成。

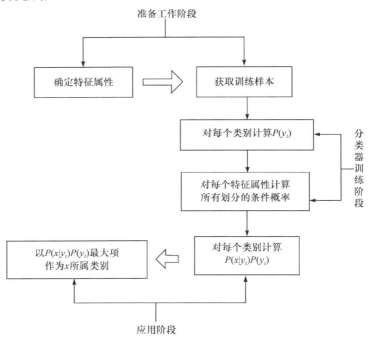

图 3-4　朴素贝叶斯分类流程图

第三阶段——应用阶段。这个阶段的任务是使用分类器对待分类项进行分类，其输入是分类器和待分类项，输出是待分类项与类别的映射关系。这一阶段也是机械性阶段，由程序完成。

4. 估计类别下特征属性划分的条件概率及 Laplace 校准

由前面的学习可以看出，计算各个划分的条件概率 $P(a|y)$ 是朴素贝叶斯分类的关键性步骤，当特征属性为离散值时，只要很方便地统计训练样本中各个划分在每个类别中出现的频率即可用来估计 $P(a|y)$，下面重点讨论特征属性是连续值的情况。

当特征属性为连续值时，通常假定其值服从高斯分布(也称正态分布)。即

$$g(x,\eta,\sigma)=\frac{1}{\sqrt{2\pi}\sigma}e^{-\frac{(x-\eta)^2}{2\sigma^2}}$$

而

$$P(a_k|y_i)=g\left(a_k,\eta_{y_i},\sigma_{y_i}\right)$$

因此只要计算出训练样本中各个类别中此特征项划分的各均值和标准差，代入上述公式即可得到需要的估计值。均值与标准差的计算在此不再赘述。

另一个需要讨论的问题就是当 $P(a|y)=0$ 时怎么办，当某个类别下某个特征项划分没有出现时，就会产生这种现象，这会令分类器质量大大降低。为解决这个问题，引入了 Laplace 校准，它的思想非常简单，就是对每个类别下所有划分的计数加 1，这样即使训练样本集数量充分大时，也不会对结果产生影响，并且避免了上述频率为 0 的尴尬局面。

5. 朴素贝叶斯分类实例

下面以一个使用朴素贝叶斯分类解决实际问题为例，来加深对这种分类方法的理解。为了简单起见，对例子中的数据做了适当的简化。

对于 SNS 社区来说，不真实账号(使用虚假身份或用户的小号)是一个普遍存在的问题，作为 SNS 社区的运营商，希望可以检测出这些不真实账号，从而在一些运营分析报告中避免这些账号的干扰，亦可以加强对 SNS 社区的了解与监管。如果通过纯人工检测，需要耗费大量的人力，效率也十分低下，如能引入自动检测机制，必将大大提升工作效率。这个问题就是要将社区中所有账号在真实账号和不真实账号两个类别上进行分类。

首先设 $C=0$ 表示真实账号，$C=1$ 表示不真实账号。

(1) 确定特征属性及划分。这一步要找出可以帮助区分真实账号与不真实账号的特征属性，在实际应用中，特征属性的数量是很多的，划分也会比较细致，但这里为了简单起见，用少量的特征属性及较粗的划分，并对数据做了修改。

选择三个特征属性：a_1，日志数量/注册天数；a_2，好友数量/注册天数；a_3，是否使用真实头像。在 SNS 社区中这三项都是可以直接从数据库里得到或计算出来的。

下面给出划分：
$$a_1:\{a<=0.05,0.05<a<0.2,a>=0.2\},a_2:\{a<=0.1,0.1<a<0.8,a>=0.8\},$$
$$a_3:\{a=0(不是),a=1(是)\}$$

(2) 获取训练样本。这里使用运维人员曾经人工检测过的 1 万个账号作为训练样本。

(3) 计算训练样本中每个类别的频率。用训练样本中真实账号和不真实账号数量分别除以 10000，得

$$P(C=0)=\frac{8900}{10000}=0.89$$

$$P(C=1)=\frac{110}{10000}=0.11$$

(4) 计算每个类别条件下各个特征属性划分的频率。$P(a_1<=0.05|C=0)=0.3$；$P(0.05<a_1<0.2|C=0)=0.5$；$P(a_1>0.2|C=0)=0.2$；$P(a_1<=0.05|C=1)=0.8$；$P(0.05<a_1<0.2|C=1)=0.1$；$P(a_1>0.2|C=1)=0.1$；$P(a_2<=0.1|C=0)=0.1$；$P(0.1<a_2<0.8|C=0)=0.7$；$P(a_2>0.8|C=0)=0.2$；$P(a_2<=0.1|C=1)=0.7$；$P(0.1<a_2<0.8|C=1)=0.2$；$P(a_2>0.2|C=1)=0.1$；$P(a_3=0|C=0)=0.2$；$P(a_3=1|C=0)=0.8$；$P(a_3=0|C=1)=0.9$；$P(a_3=1|C=1)=0.1$。

(5) 使用分类器进行鉴别。下面使用上面训练得到的分类器鉴别一个账号，这个账号使用非真实头像，日志数量与注册天数的比率为 0.1，好友数与注册天数的比率为 0.2。

$$P(C=0)P(x|C=0)=P(C=0)P(0.05<a_1<0.2|C=0)P(0.1<a_2<0.8|C=0)$$
$$P(a_3=0|C=0)=0.89\times0.5\times0.7\times0.2=0.0623$$
$$P(C=1)P(x|C=1)=P(C=1)P(0.05<a_1<0.2|C=1)P(0.1<a_2<0.8|C=1)$$
$$P(a_3=0|C=1)=0.11\times0.1\times0.2\times0.9=0.00198$$

可以看到，虽然这个用户没有使用真实头像，但是通过分类器的鉴别，更倾向于将此账号归入真实账号类别。这个例子也展示了当特征属性充分多时，朴素贝叶斯分类对个别属性的抗干扰性。

3.3.2 贝叶斯回归

1. 贝叶斯回归树模型构造

假设贝叶斯网络结点包含的属性为 $\{X_1, X_2, \cdots, X_n, Y\}$。如果 $X_i(i=1,\cdots,n)$ 是连续随机变量，并且 X_i 相对于 Y 条件独立，即

$$p(x_1, x_2, \cdots, x_n \mid y) = \prod_{i=1}^{n} p(x_i \mid y) \tag{3.3.1}$$

结合贝叶斯定理，有

$$p(y \mid x_1, x_2, \cdots, x_n) = \frac{p(y, x_1, x_2, \cdots, x_n)}{p(x_1, x_2, \cdots, x_n)} = \frac{p(x_1, x_2, \cdots, x_n \mid y) p(y)}{p(x_1, x_2, \cdots, x_n)}$$

$$= \frac{\prod_{i=1}^{n} p(x_i \mid y) p(y)}{p(x_1, x_2, \cdots, x_n)} = \alpha \prod_{i=1}^{n} p(x_i \mid y) p(y) \tag{3.3.2}$$

其中，$\alpha = 1 / p(x)$ 是正则化(regularization)常数，贝叶斯回归以后验概率密度作为回归分析指示，即输出条件概率密度最大的回归值作为目标值。结合上式可以得到贝叶斯决策规则的等价形式：

$$Y^* = \arg\max p(y \mid x_1, x_2, \cdots, x_n) = \arg\max \prod_{i=1}^{n} p(x_i \mid y) p(y) \tag{3.3.3}$$

贝叶斯回归树(Bayesian regression tree，BRT)基于分治原则采用自顶至下的递归方式进行构造。首先根据误差度选择最佳测试，假设特征属性用于回归分析的取值有 k 个，分别为 $x_{i1}, \cdots, x_{ik}$。其中 $x_{ij}\,(1 \leqslant j \leqslant k)$ 既可能是确定的离散值，也可能代表某个取值范围(如 $x_i \geqslant 0.3$)。则基于 x_{ij} 的标准偏差(standard deviation)引起的误差度为

$$\text{Error} = \sum_{j=1}^{k} \frac{|T_j|}{|T|} \text{sd}(T_j) \tag{3.3.4}$$

其中，T_j 表示当 $X_i = x_{ij}$ 时的样本子集；k 表示样本数量；$\text{sd}(T_j)$ 表示当 $X_i = x_{ij}$ 时的标准偏差。传统的回归树算法以加权方差作为标准偏差，假设 T_j 中共有 m 个样本，则

$$\text{sd}(T_j) = \frac{1}{m} \sum_{l=1}^{m} \left[y_l - u(T_j) \right]^2 \tag{3.3.5}$$

其中，y_l 表示第 l 个样本中 Y 的取值；$u(T_j)$ 表示因变量 Y 的中心值。可以看出，当 $u(T_j)$ 等价于因变量 Y 的均值时，式(3.3.5)实际上是 Y 的均方差。在样本足够多的前提下，可以认为均值渐进无偏地逼近真实值。但在数目有限的情况下，个别样本(噪声)的影响可能使均值远远偏离真实值。为减小噪声的影响，采用基于概率密度函数的估计值 y^* 取代均值 $u(T_j)$。

知识是有层次和粒度的，不同层次的知识具有不同的粒度。一般来说，离散属性反映了知识的较高层次，连续属性则对应知识的较低层次。因此应尽量挖掘离散属性提供的信息，而对于连续属性则可适当粗化。根据这种思想，对离散属性和连续属性采取了不同的处理方式：如果 X_i 是连续随机变量，则基于信息熵进行离散化后根据误差度进行测试选择；如果 X_i 是离散随机变量，则将其每个取值均作为分割点进行测试选择，此时局部结构是多叉树。然后递归地调用到最佳测试的每个分支中，如果叶结点仅含有连续变量，则进行正交旋转预处理，最后

以式(3.3.1)定义的朴素贝叶斯判别式对叶结点进行回归分析。如果叶结点还含有离散变量，则以朴素贝叶斯回归模型对叶结点进行回归分析。

2. 增量学习

由于划归朴素贝叶斯回归分析的训练样本比较少，某些有利于回归分析的特征属性的作用没有得到充分体现，而随着样本的增加，这部分特征属性提供的信息越来越显著，从而有可能选择出新的描述子，改进知识表示，提高回归分析效率和准确率。

根据上述思想，BRT 采用了如下的增量学习方式：将新增样本沿回归树向下进行属性值的比较，直到在朴素贝叶斯结点得出结论。以该结点所包含的样本为对象在属性空间进行搜索，根据预测标准偏差选择最佳测试作为新的描述子。在选择出新的描述子后，算法需要进行必要性检测，以保证回归树的进一步分化能更准确地预测未见样本。由于没有领域专家指导，本节以预测标准偏差为评价标准，以整个样本空间为对象进行封闭测试。如果利用新描述子构造出的混合回归树标准偏差比原回归树低，则以前者作为知识表示，并将该描述子加入到描述子集合中，回归树进一步分化出新的分支；否则将以后者为知识表示，保持回归树的原有形状。从而使叶结点能在回归树和朴素贝叶斯之间转换，始终保持局部结构最优。然后新一轮的学习过程开始，直到在属性子空间找不到合适的测试为止。

3. 实例及分析

为了对贝叶斯回归树与线性回归(linear regression，LR)、局部加权回归(locally weighted regression，LWR)和模型树 M5 算法等回归学习算法方法进行比较，作者利用加利福尼亚大学欧文分校机器学习数据库中的四个数据集 auto-mpg、housing、meta 和 servo 进行了实验。这四个数据集含有较多的连续属性，比较适合于进行回归测试分析。

将数据集 DS 通过随机选取的方法分为训练集 LS 和测试集 TS，并令 TS=DS×10%。经过10 层交叉验证后得到测试结果。在每个数据集上分别测试 20 次，每次实验采用不同的 10 重划分。这 20 次测试的测试比较结果如表 3-4 所示。

表 3-4　回归算法性能比较

数据集	LR	LWR	M5	BRT
auto-mpg	37.98	33.28	35.67	33.21
housing	52.68	39.94	39.84	30.97
meta	202.18	160.29	150.68	120.36
servo	55.26	38.81	37.92	35.74

可以看出，经 BRT 算法生成的回归树模型与 LR、LWR 和 M5 算法相比，预测误差度有不同程度的降低，尤其在连续特征属性较多的情况下有明显的改善。其测试结果从实践的角度验证了基于概率密度估计因变量和根据离散属性值构造局部多叉树(传统的树形回归模型是二叉树)的合理性。

3.4　支持向量机算法

支持向量机(support vector machine, SVM)算法由 Vapnik 首先提出，可用于模式分类和非线性回归。传统学习方法中采用的经验风险最小化准则(empirical risk minimization, ERM)虽然可以使学习过程的训练误差极小化，但并不一定能最小化学习过程的泛化误差。SVM 是基于结构风险极小化准则(structural risk mini-mization, SRM)，通过对推广误差(风险)上界的极小化达到最大的泛化能力。SVM 的基本思想是：对线性问题，在样本空间构造出最优超平面，该最优超平面应使两类不同样本到超平面间的最小距离为最大，从而使学习机的结构风险最小，达到最大的泛化能力。对非线性问题，则基于 Mercer 核展开定理(任何半正定的函数都可以作为核函数)，可以通过非线性映射，把样本空间映射到一个高维特征空间，使在特征空间中可以应用线性学习机方法解决样本空间中的非线性分类和回归等问题。

设样本数为 1 的训练样本集 $\{(x_i, y_i), i=1, 2, \cdots, n\}$ 由两类组成，如果 $x_i \in R^n$ 属于第 1 类，则 $y=1$；如果属于第 2 类，则 $y=-1$。学习的目标是构造一个判别函数，将测试数据尽可能正确地分类。SVM 是从线性可分情况下的最优分类超平面发展而来的，有很多可能的线性分类器能够将训练样本分开，但只有一个最优的线性分类器。设 H 为分类超平面，H_1，H_2 分别为这两类中离分类超平面 H 最近的样本且平行于 H 的超平面，它们之间的距离叫作分类间隔。如果 H 不但能将两类样本正确分开，而且使分类间隔最大，则被称为最优分类超平面(optimal separating hyperplane, OSH)，H_1 和 H_2 上的样本点称作支持向量。

实际遇到的分类问题大多是非线性的，而非线性是从线性可分情况下的最优分类面发展而来的，其基本思想是：通过事先选择的内积核函数，将输入空间中的数据非线性映射到高维特征空间，从而将输入空间中的非线性问题转化为某个高维特征空间中的线性可分问题，然后就可以在高维特征空间构造一个不但能将两类样本正确分开，而且使分类间隔最大的最优分类超平面。

但是在低维输入空间向高维特征空间映射的过程中，由于空间维数急速增长，大多数情况下难以直接在特征空间计算最优分类超平面。为此，支持向量机通过定义核函数(kernel function, KF)，巧妙地将这一问题转化到输入空间进行计算。那么引入核函数的前后区别在于什么地方呢？原来是映射到高维空间中，然后再根据内积的公式进行计算；而核函数则直接在原来的低维空间中进行计算，不需要显式地写出映射后的结果，避免了直接在高维空间中的复杂计算，解决了维数爆炸的问题。

根据泛函数的相关理论，只要核函数 $K(x_i, x_j)$ 满足 Mercer 条件，它就对应某一变换空间中的内积。Mercer 条件可表示为：对任意核函数 $K(x_i, x_j)$ 可以展开为 $\Phi(x_i) \cdot \Phi(x_j)$ 的充分必要条件是：对任意 $f(x) \neq 0$，$\int f^2(x)\mathrm{d}x < \infty$，有 $\iint K(x_i, x_j)f(x_i)f(x_j)\mathrm{d}x_i\mathrm{d}x_j > 0$。当把原线性不可分的样本空间通过非线性映射 $\Phi(x)$ 映射到高维甚至无穷维特征空间时，如果只用到映射的点积，则可以用相对应的核函数 $K(\cdot)$ 来代替，而不需要知道映射 $\Phi(x)$ 的显式表达式。

常用的核函数有以下几种(根据问题和数据的不同，选择不同的参数，实际上就是得到了不同的核函数)。

线性核函数：

$$K(x, x_i) = x^{\mathrm{T}} x_i \tag{3.4.1}$$

多项式核函数：

$$K(x, x_i) = \left(\gamma x^{\mathrm{T}} x_i + r\right)^p, \gamma > 0 \tag{3.4.2}$$

高斯核函数：

$$K(x, x_i) = \exp\left(-\frac{\|x - x_i\|^2}{2\sigma^2}\right) \tag{3.4.3}$$

3.4.1　支持向量机分类

1. 二分类支持向量机

支持向量机分类(support vector machine classification, SVC)中比较常见的是二分类支持向量机模型，其具体构造形式如下。

(1) 设已知训练集：

$$T = \left\{(x_1, y_1), \cdots, (x_l, y_l)\right\} \in (X \times Y)^l \tag{3.4.4}$$

其中，x_i 表示特征向量，$x_i \in X = R^n$；$y_i \in Y = \{1, -1\}(i = 1, 2, \cdots, l)$。

(2) 选取适当的核函数 $K(x, x')$ 和适当的参数 C，构造并求解最优化问题：

$$\min \frac{1}{2} \sum_{i=1}^{j} \sum_{j=1}^{l} y_i y_j \alpha_i \alpha_j K(x_i, x_j) - \sum_{j=1}^{l} \alpha_j \tag{3.4.5}$$

$$\text{s.t.} \quad \sum_{i=1}^{l} y_i \alpha_i = 0 \quad 0 \leqslant \alpha_i \leqslant C, i = 1, \cdots, l \tag{3.4.6}$$

得到最优解：$\alpha^* = \left(\alpha_1^*, \cdots, \alpha_l^*\right)^{\mathrm{T}}$。

(3) 选取 α^* 的一个正分量 $0 \leqslant \alpha^* \leqslant C$，并计算阈值：

$$b^* = y_j - \sum_{i=1}^{l} y_i \alpha_i^* K(x_i - x_j) \tag{3.4.7}$$

(4) 构造决策函数：

$$f(x) = \operatorname{sgn}\left[\sum_{i=1}^{l} \alpha_i^* y_i K(x, x_i) + b^*\right] \tag{3.4.8}$$

2. 多分类支持向量机

SVM 算法最初是为二值分类问题设计的，当处理多类问题时，就需要构造合适的多类分类器。构造 SVM 多类分类器的方法主要有两类：一类是直接法，直接在目标函数进行修改，将多个分类面的参数求解合并到一个最优化问题中，通过求解该最优化问题实现多类分类。这种方法看似简单，但计算复杂度比较高，实现起来比较困难。另一类是间接法，主要是通过组合多个二分类器来实现多分类器的构造，常见的方法有一对多和一对一两种。

通常多分类支持向量机有两种基本方法：一种是一对多的 SVM 分类。一对多(one-versus-rest)，训练时依次把某个类别的样本归为一类，剩余的类别的样本归为另一类，自然地将 k 分类问题转化为二分类问题。这样对于 k 个类别的样本就需要构造 k 个 SVM。这种分类方法在训练过程中，每个分类函数都需要所有的样本参与。这种方法的训练时间与类别的数量成正比，并未考虑多个分类器对测试错误率的影响。当训练样本较大时，训练较为困难。另外一种是一对一 SVM 分类(one-versus-one)，分别选取两个不同类别构成一个 SVM 子分类器，这样对于 k 分类问题需要建立 $k(k-1)/2$ 个 SVM 分类器，每两类之间训练一个 SVM 将两类分开。测试时，将测试数据对 $k(k-1)/2$ 个 SVM 分类器分别进行测试，并累计各类别的得分，选择得分最高者所对应的类别为测试数据的类别。一对一区分法存在不可区分的区域。

3.4.2　支持向量机回归

分类问题和回归问题在本质上是一样的，输入为特征矩阵或自变量，输出则对应为分类标签或因变量。支持向量机回归(support vector regression, SVR)方法是在支持向量机分类方法的基础上，通过引进适当的损失函数推广而来。SVR 也具有逼近任意连续、有界非线性函数的能力。而函数的逼近问题就是寻找一个函数 $f(x)$，使之通过样本训练后，对于训练样本集以外的输入样本 x，通过函数 $f(x)$找出对应的样本输出 y。也就相当于一个函数映射：

$$y = f(x) \tag{3.4.9}$$

非线性支持向量机回归的基本思想是通过一个非线性映射 $\Phi(\cdot)$将训练数据集 x 非线性映射到一个高维特征空间，并在此特征空间进行线性回归。从而使输入空间中的非线性函数估计问题转化为高维特征空间中的线性函数估计问题。实现方法是引入核函数 $k(x_i, x_j) = \Phi(x_i) \cdot \Phi(x_j)$，从而避免了在高维空间进行复杂的点积运算。尽管通过非线性函数将样本数据映射到高维甚至无穷维特征空间，但在计算回归估计函数时，并不需要显式计算该非线性函数，而只需计算核函数，从而避免高维特征空间引起的维数灾难问题。核函数的选择只需满足 Mercer 条件即可。

3.4.3　支持向量机分类 SVC 实例

SVM 使用一种称为核函数的技术来变换数据，然后基于这种变换，算法找到预测可能的两种分类之间的最佳边界(optimal boundary)。在本例中，将重点讲述如何使用 SVM 进行分类。特别的是，本例使用了非线性 SVM 或非线性核函数的 SVM。非线性 SVM 意味着算法计算的边界不再是直线。它的优点是可以捕获数据之间更复杂的关系，而无须人为地进行困难的数据转换；缺点是训练时间长得多，因为它的计算量更大。

现在假设你是一个农夫，有一个问题——需要建立一个篱笆，以保护你的牛不被狼攻击。但是在哪里筑篱笆合适呢？如果你真的是一个用数据说话的农夫，一种方法是基于牛和狼在牧场的位置，建立一个分类器。

使用 Rodeo(Python 数据科学专用 IDE 项目)运行代码，运行结果如图 3-5 所示。

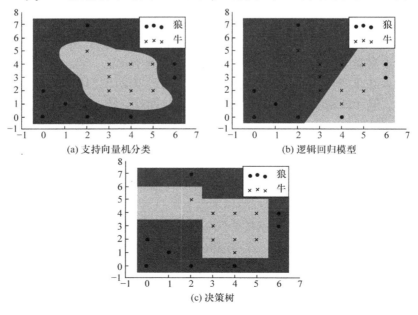

图 3-5　SVC 实例结果图

通过对图中几种不同类型的分类器进行比较，可以看到 SVM 能很好地区分牛群和狼群。同时，可以看到逻辑回归和决策树模型的分类边界都是直线。这些图很好地说明了使用非线性分类器的好处。

3.4.4　支持向量机回归 SVR 实例

简单拿 SVR 进行一个次日收盘价预测的小实验。选取大盘 A 股中的某只股票的日线数据，假设前日买盘、前日卖盘、前日 K 线(开、高、低、收)等这些数据与今日的收盘价有着一定的关系，可以通过某些尚未被人们所知的某种形式关联起来，那么为了获得这种关联形式，将提到的数据类型作为输入参数输入 SVR 中进行训练，来预测下一日的收盘价格。首先需要做些前期的处理，如剔除数据中的无效值，数据的加权复权、归一化等，其次 SVR 需要若干初始化参数，核函数是其中关键的参数之一，测试了高斯径向函数(RBF)、线性核函数(linear)、多项式核函数(polynomial)的效果，可以看到其中与实际走势(散点)的拟合效果最好的是 RBF(图 3-6)。

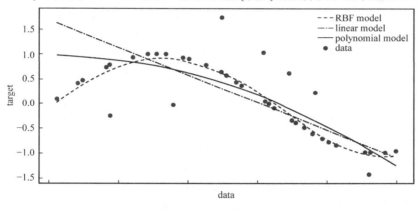

图 3-6　SVR 实例结果图

3.5　神经网络算法

神经网络是在 20 世纪 40 年代由心理学家 Mccul-loch 和数学家 Pitts 合作提出的，他们提出的 MP 模型拉开了神经网络研究的序幕。神经网络的发展大致经过三个阶段：1947～1969年为初期，在这期间科学家们提出了许多神经元模型和学习规则，如 MP 模型、HEBB 学习规则和感知器等。1970～1986 年为过渡期，此期间神经网络研究经过了一个低潮，继续发展。在此期间，科学家们做了大量的工作，例如，Hopfield 教授对网络引入能量函数的概念，给出了网络的稳定性判据，提出了用于联想记忆和优化计算的途径。1984 年，Hiton 教授提出Boltzman 机模型。1986 年 Kumelhart 等人提出误差反向传播神经网络，简称 BP(back propagation)网络。目前，BP 网络已成为广泛使用的网络。1987 年至今为发展期，在此期间，神经网络受到国际重视，各个国家都展开研究，形成神经网络发展的另一个高潮。

重要的人工神经网络算法包括：感知器神经网络(perceptron neural network, PNN)、反向传播神经网络、Hopfield 网络、自组织映射神经网络(self-organizing map, SOM)、学习矢量量化(learning vector quantization, LVQ)。神经网络具有以下优点：可以充分逼近任意复杂的非线性关系；具有很强的鲁棒性和容错性，因为信息分布于网络内的神经元中；并行处理方法使得计算快速；因为神经网络具有自学习和自适应能力，可以处理不确定或不知道的系统；具有很强的信息综合能力,能同时处理定量和定性的信息,能很好地协调多种输入信息关系,适用于多信息融合技术。

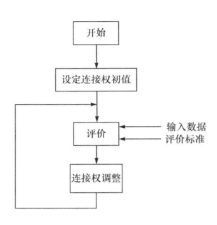

图 3-7　神经网络的学习过程描述

3.5.1　原理及学习过程

人工神经网络的学习规则,实际上就是网络连接权的调整规则。网络学习总的原则是:如果网络做出错误的判断,通过网络的学习,使网络减少下次犯同样错误的可能性。神经网络的学习过程可以用图 3-7 表示。

神经网络主要有两种学习方式:有师示教学习与无师示教学习。有师示教学习方式,就是网络根据实际输出与评价标准的比较,决定连接权的调整方式,而这个评价标准是人为地由外界提示给网络的。无师示教学习方式,就是网络仅是根据其特有的网络结构和学习规则,对属于同一类的模式进行自动分类。这种网络的学习评价标准隐含于网络内部。

3.5.2　BP 神经网络

BP 神经网络是由输入层、中间层(隐含层)、输出层组成的阶层型神经网络,中间层可扩展为多层。相邻层之间各神经元全连接,每层各神经元之间无连接,网络按有师示教的方式进行学习。当学习模式提供给网络后,各神经元获得网络的输入响应产生连接权值。然后按减小希望输出与实际输出误差的方向,从输出层经各中间层逐层修正各连接权,回到输入层。此过程反复交替进行,直至网络的全局误差趋向给定的极小值,即完成学习的过程。BP 神经网络主要用于:函数逼近,用输入向量和相应的输出向量训练网络以逼近一个函数;模式识别,用一个待定的输出向量将它与输入向量联系起来;分类,把输入向量所定义的合适方式进行分类;数据压缩,减少输出向量维数以便传输或存储。

BP 神经网络以单隐层前馈网络的应用最为普遍(图 3-8),多个隐层的前馈网络原理与其相似。单隐层前馈网络也称为三层前馈网络。先解释一下隐含层的含义,可以看到,隐含层连接着输入和输出层,它到底是什么?它就是特征空间,隐含层节点的个数就是特征空间的维数,或者说这组数据有多少个特征。输入层到隐含层的连接权重将输入的原始数据投影到特征空间,而隐含层到输出层的连接权重则表示这些特征是如何影响输出结果的。如果某一特征对某个输出

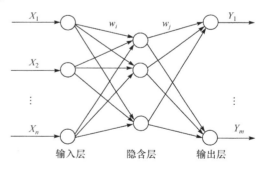

图 3-8　BP 神经网络拓扑结构图

影响比较大,那么连接它们的权重就会比较大。至于多个隐含层,则可以理解为特征的特征。

图 3-8 中,X_1, X_2, $\cdots$, X_n 是 BP 神经网络的输入值,Y_1, $\cdots$, Y_m 是 BP 神经网络的预测值,w_i 和 w_j 为 BP 神经网络权值。BP 神经网络可以看作一个非线性函数,网络输入值和预测值分别为该函数的自变量和因变量。

BP 神经网络预测前首先要训练网络,通过训练使网络具有联想记忆和预测能力。BP 神经网络的训练过程包括以下几个步骤。

步骤 1：网络初始化。根据系统输入输出序列 $(X，Y)$ 确定网络输入层节点数 n、隐含层节点数 l，输出层节点数 m，初始化输入层、隐含层和输出层神经元之间的连接权值 w_{ij} 和 w_{jk}，初始化隐含层阈值 a，输出层阈值 b，给定学习速率和神经元激励函数。

步骤 2：隐含层输出计算。根据输入变量 X，输入层和隐含层间连接权值 w_{ij} 及隐含层阈值 a，计算隐含层输出 H。

$$H_j = f(\sum_{i=1}^{n} w_{ij}x_i - a_j) \quad j=1,2,\cdots,l \tag{3.5.1}$$

其中，l 表示隐含层节点数；f 表示隐含层激励函数，该函数有多种表达形式。常用的有单极性 Sigmoid 函数：

$$f(x) = \frac{1}{1+e^{-x}} \tag{3.5.2}$$

该函数具有连续、可导的特点。

步骤 3：输出层输出计算。根据隐含层输出 H，输出层和隐层间连接权值 w_{jk} 和阈值 b，计算 BP 神经网络预测输出 O。

$$O_k = \sum_{j=1}^{l} H_j w_{jk} - b_k \quad k=1,2,\cdots,m \tag{3.5.3}$$

步骤 4：误差计算。根据网络预测输出 O 和期望值 Y，计算网络预测误差 e。

$$e_k = Y_k - O_k \quad k=1,2,\cdots,m \tag{3.5.4}$$

步骤 5：权值更新。根据网络预测误差 e 更新网络连接权值以更新网络连接权值 w_{ij}，w_{jk}。

$$w_{ij} = w_{ij} + \eta H_j(1-H_j)x(i)\sum_{k=1}^{m} w_{jk}e_k \quad i=1,2,\cdots,n; \ j=1,2,\cdots,l \tag{3.5.5}$$

$$w_{jk} = w_{jk} + \eta H_j e_k \quad j=1,2,\cdots,l; \ k=1,2,\cdots,m \tag{3.5.6}$$

步骤 6：阈值更新。根据网络预测误差 e 更新网络节点阈值 a，b。

$$a_j = a_j + \eta H_j(1-H_j)x(i)\sum_{k=1}^{m} w_{jk}e_k \quad j=1,2,\cdots,l \tag{3.5.7}$$

$$b_k = b_k + e_k \quad k=1,2,\cdots,m \tag{3.5.8}$$

步骤 7：判断算法迭代是否结束，若没有结束，返回步骤 2。

BP 神经网络最主要的优点是具有极强的非线性映射能力。理论上，对于一个三层和三层以上的 BP 网络，只要隐含层神经元数目足够多，该网络就能以任意精度逼近一个非线性函数。BP 神经网络具有优化计算能力。BP 神经网络本质上是一个非线性优化问题，它可以在已知的约束条件下，寻找一组参数组合，使该组合确定的目标函数达到最小。不过优化计算存在局部极小问题，必须通过改进完善。BP 神经网络具有对外界刺激和输入信息进行联想记忆的能力。这是因为它采用了分布并行的信息处理方式，对信息的提取必须采用联想的方式，才能将相关神经元全部调动起来。

多层神经网络可以应用于线性系统和非线性系统中，对于任意函数模拟逼近。当然，感知器和线性神经网络能够解决这类网络问题。虽然理论上是可行的，但实际上 BP 网络并不一定总能有解。对于非线性系统，选择合适的学习率是一个重要的问题。在线性网络中，学习率过大会导致训练过程不稳定。相反，学习率过小又会造成训练时间过长。和线性网络不同，对于非线性多层网络很难选择很好的学习率，缺省参数值基本上都是有效的设置。非线性网络的误差面比线性网络的误差面复杂得多，问题在于多层网络中非线性传递函数有多个局部最优解。寻优的过程与初始点的选择关系很大，初始点如果更靠近局部最优点，而不是全局最优点，就不会得到正确的结果，这也是多层网络无法得到最优解的一个原因。为了解决这个问题，在实际训练过程中，应重复选取多个初始点进行训练，以保证训练结果的全局最优性。

3.5.3 BP 神经网络实例

以 BP 神经网络模拟林冠蒸腾为例。利用 2012 年和 2014 年的总辐射、叶面积指数、气温和饱和差作为模型输入，林冠蒸腾速率作为模型输出，建立用于林冠蒸腾模拟的 BP 神经网络模型，如图 3-9 所示。输入层和隐含层之间的传递函数设为正切函数，隐含层与输出层之间的函数设为对数函数，网络训练误差采用均方误差指标。为验证 BP 神经网络模型的模拟能力，利用 2013 年的样本进行模拟，并与实测数据进行比较。结果如图 3-10 所示，模拟蒸腾与实际蒸腾十分接近，两者间的回归斜率为 0.99，R^2 为 0.75，模型对蒸腾的拟合度较高。

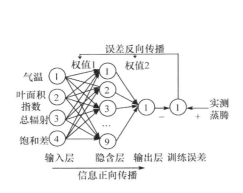

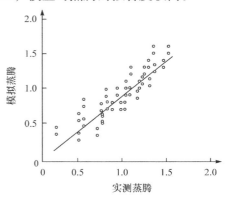

图 3-9 BP 神经网络蒸腾模型结构图   图 3-10 模拟结果与实测值回归分析

3.5.4 其他几种算法

1. 径向基函数神经网络

径向基函数(radial basis function, RBF)神经网络是具有单隐层的三层前馈网络。第一层为输入层，由信号源节点组成。第二层为隐含层，隐含层节点数视所描述问题的需要而定，隐含层中神经元的变换函数即径向基函数是关于中心点径向对称且衰减的非负线性函数，该函数是局部响应函数，具体的局部响应体现在其可见层到隐含层的变换跟其他的网络不同。第三层为输出层，是对输入模式做出的响应。输入层仅仅起到传输信号作用，输入层和隐含层之间可以看作是连接权值为 1 的连接。输出层与隐含层所完成的任务是不同的，因而它们的学习策略也不同。输出层是对线性权值进行调整，采用的是线性优化策略，因而学习速度较快；而隐含层是对激活函数(格林函数、高斯函数，一般取后者)的参数进行调整，采用的是非线性优化策略，因而学习速度较慢。

RBF 神经网络的优点为：具有唯一最佳逼近的特性，且无局部极小问题存在；RBF 神经网络具有较强的输入和输出映射功能，在前向网络中，RBF 网络是完成映射功能的最优网络。网络连接权值与输出呈线性关系；分类能力好；学习过程收敛速度快。其局限性表现在：无能力解释自身的推理过程和推理依据；当数据不充分的时候，神经网络就无法进行工作；把一切问题的特征都变为数字，把一切推理都变为数值计算，其结果势必是丢失信息；隐含层基函数的中心是在输入样本集中选取的,这在许多情况下难以反映出系统真正的输入输出关系,并且初始中心点数太多;优选过程可能会出现数据病态现象。

RBF 首先要选择 P 个基函数,每个基函数对应一个训练样本,各基函数的形式为 $\varphi(\|X-X_P\|)$。由于距离是径向同性的,称为径向基函数。$\|X-X_P\|$ 称为 2 范数,其中 X 是 m 维的向量,样本容量为 P,可以容易知道 X_i 是径向基函数 φ_i 的中心。图 3-11 中隐含层的作用是把向量从低维的 m 映射到高维的 P,这样低维线性不可分的情况到高维就线性可分了。

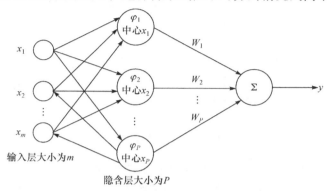

图 3-11 RBF 网络原理

2. 感知器神经网络

感知器神经网络是一个具有单层计算神经元的神经网络,网络的传递函数是线性阈值单元。感知器学习网络利用的是单层感知器,如图 3-12 所示,首先利用输入数据,计算得到输出值,将输出值与已知的正确的值相比,由此来调整每一个输出端上的权值。

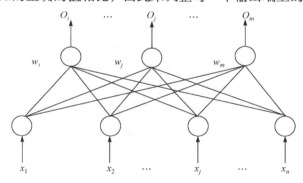

图 3-12 单层感知器

感知器神经网络较为简单易于实现,缺点是仅能解决线性可分问题。解决线性不可分问题的途径:一是采用多层感知器模型;二是选择功能更加强大的神经网络模型。

3. 线性神经网络

线性神经网络是比较简单的一种神经网络,如图 3-13 所示,由一个或者多个线性神经元构成。采用线性函数作为传递函数,所以输出可以是任意值。与感知器神经网络一样,线性神经网络只能处理反应输入输出样本向量空间的线性映射关系,也只能处理线性可分问题。线性神经网络和感知器神经网络不同,它的传递函数是线性函数,输入和输出之间是简单的比例关系,允许输出任意值,而不像感知器神经网络输出只能为 0 和 1。只有一个神经元的线性神经网络仅仅在传递函数上和感知器的不同之处在于,前者是线性函数的传递函数,后者是阈值单元的传递函数。

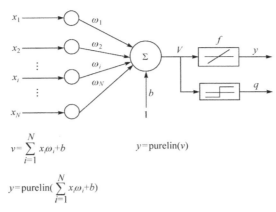

$$v = \sum_{i=1}^{N} x_i \omega_i + b$$

$$y = \text{purelin}(v)$$

$$y = \text{purelin}(\sum_{i=1}^{N} x_i \omega_i + b)$$

图 3-13　线性神经网络

　　线性神经网络只能反映输入和输出样本向量空间的线性映射关系。由于线性神经网络的误差曲面是一个多维抛物面,在学习速率足够小的情况下,对于基于最小二乘梯度下降原理进行训练的神经网络总是可以找到一个最优解。但如果神经网络的自由度(所有权值和阈值的总个数)小于样本空间中输入-输出向量的个数,而且各样本行向量线性无关,则网络不可能达到零误差,只能得到一个使得网络的误差最小的解。反之,如果网络的自由度大于样本集的个数,则会得到无穷多个可以使得网络误差为零的解。

　　4. 自组织映射神经网络

　　在生物神经细胞中存在着一种特征敏感细胞,这种细胞只对外界信号刺激的某一特征敏感,并且这种特征是通过自学习形成的。在人脑的脑皮层中,对于外界信号刺激的感知和处理是分区进行的。有学者认为,脑皮层通过邻近神经细胞的相互竞争学习,自适应地发展成为对不同性质的信号敏感的区域。根据这一特征现象,Kohonen 提出了自组织特征映射神经网络模型。他认为一个神经网络在接受外界输入模式时,会自适应地对输入信号的特征进行学习,进而自组织成不同的区域,并且在各个区域对输入模式具有不同的响应特征。在输出空间中,这些神经元将形成一张映射图,映射图中功能相同的神经元靠得比较近,功能不同的神经元分得比较开,自组织神经网络也是因此得名。

　　自组织映射过程是通过竞争学习完成的。竞争学习是指同一层神经元之间相互竞争,竞争胜利的神经元修改与其连接的连接权值的过程。竞争学习是一种无监督学习方法,在学习过程中,只需要向网络提供一些学习样本,而无须提供理想的目标输出,网络根据输入样本的特性进行自组织映射,从而对样本进行自动排序和分类。

　　自组织神经网络包括自组织竞争网络、自组织特征映射网络、学习向量量化等网络结构形式,由输入层和竞争层组成,输入层由 N 个神经元组成,竞争层由 $m \times m = M$ 个输出神经元组成,且形成一个二维平面阵列。输入层各神经元与竞争层各神经元之间实现交互。该网络根据学习规则,通过对输入模式的反复学习,捕捉住各个输入模式中所含的模式特征,并对其进行自组织,在竞争层将聚类结果表现出来,进行自动聚类。竞争层的任何一个神经元都可以代表聚类结果。图 3-14 给出了 SOM 神经网络基本结构,图 3-15 给出了结构中各输入神经元与竞争层神经元 j 的连接情况。

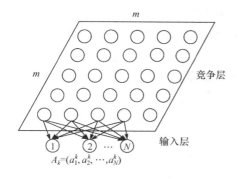

图 3-14　SOM 神经网络基本结构

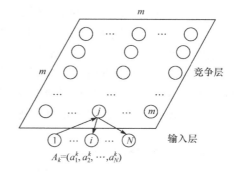

图 3-15　输入神经元与竞争层神经元 j 的连接情况

设网络的输入模式为 $A_k = \left(a_1^k, a_2^k, \cdots, a_N^k\right)$，$k = 1, 2, \cdots, p$；竞争层神经元向量为 $B_j = \left(b_{j1}, b_{j2}, \cdots, b_{jm}\right)$，$j = 1, 2, \cdots, m$；其中 A_k 为连续值，B_j 为数字量。网络连接权为 $\{w_{ij}\}\, i = 1, 2, \cdots, N;\ j = 1, 2, \cdots, M$。

SOM 网络寻找与输入模式 A_k 最接近的连接权向量 $W_g = \left(w_{g1}, w_{g2}, \cdots, w_{gN}\right)$，将该连接权向量 W_g 进一步朝与输入模式 A_k 接近的方向调整，而且还调整邻域内的各个连接权向量 W_j，$j \in N_g(t)$。随着学习次数的增加，邻域逐渐缩小，最终得到聚类结果。

自组织特征映射网络的最大优点是网络输出层引入了拓扑结构，从而实现了对生物神经网络竞争过程的模拟。学习向量量化网络则在竞争学习的基础上引入了有监督的学习算法，被认为是自组织特征映射网络算法的扩展形式。

5. 反馈神经网络

前面介绍的网络都是前向网络，实际应用中还有另外一种网络——反馈神经网络。如图 3-16 所示，在反馈神经网络中，信息在前向传递的同时还要进行反向传递，这种信息的反馈可以发生在不同网络层的神经元之间，也可以只局限于某一层神经元上。由于反馈神经网络属于动态网络，只有满足了稳定条件，网络才能在工作了一段时间之后达到稳定状态。反馈神经网络的典型代表是 Elman 网络和 Hopfield 网络。

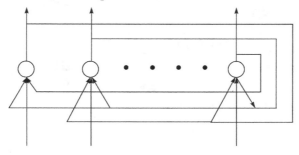

图 3-16　反馈神经网络

Elman 网络由若干个隐含层和输出层构成，隐含层存在反馈环节，隐含层神经元采用正切 sigmoid 型函数作为传递函数，输出层神经元传递函数为纯线性函数，当隐含层神经元足够多的时候，Elman 网络可以保证网络以任意精度逼近任意非线性函数。

Hopfield 网络主要用于联想记忆和优化计算。联想记忆是指当网络输入某一个向量之后，网络经过反馈演化，从网络的输出端得到另外一个向量，这样输出的向量称为网络从初始输入向量联想得到的一个稳定的记忆，也就是网络的一个平衡点。Hopfield 网络的设计思想就是在初始输入下，使得网络经过反馈计算，最后达到稳定状态，这时候的输出就是用户需要的平衡点。Elman 网络主要用于信号检测和预测方面，Hopfield 网络主要用于联想记忆、聚类及优化计算等方面。

Hopfield 神经网络要注意以下问题：在具体的神经网络实现中要保证连接权矩阵是对称的；在实际的神经网络实现中，会存在信息的传输延迟，这些延迟对神经网络的特性有影响；神经网络实现中的规模问题，即集成度问题。

Elman 神经网络模型与其他神经网络模型一样，具有输入层、隐含层和输出层，具有学习期和工作期，因此具有自组织、自学习的特征。另外，在 Elman 神经网络模型中增加了隐含层及输出层节点的反馈，更进一步地增强了网络学习的精确性和容错性。

3.6　决策树算法

3.6.1　基本原理

决策树作为数据挖掘分类法中的一个分支起源于概念学习系统。决策树算法使用树的结构对数据进行分类，每个条件下的记录集就好比一棵树的叶节点，根据字段数据取值的不同对决策树进行分支，在决策树各个分支的子集中再重复建立分支和决策树各下层节点，这样一棵决策树就形成了。

如图 3-17 所示，根据一些特征进行分类，每个节点提一个问题，通过判断，将数据分为两类，再继续提问。这些问题是根据已有数据学习出来的，再投入新数据的时候，就可以根据这棵树上的问题，将数据划分到合适的叶子上。

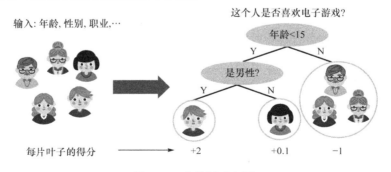

图 3-17　决策树示意图

决策树分类算法采用自顶向下的分支方式构造，它从一组无次序、无规则的实例中推理出决策树表示形式的分类规则，是以实例为基础的归纳学习方法。决策树分类算法对噪声数据有较好的健壮性，能够学习析取表达式，被广泛应用于数据挖掘领域。

决策树的顶层节点是根节点，每个内部节点(非叶节点)表示在一个属性上的测试，每个分支代表一个测试输出，每个叶节点代表类或类分布。决策树算法通过将样本的属性值与决策树相比较对未知样本进行分类,因此需要首先根据训练数据集来构建决策树。构建决策树模型实际上是一个从数据中获取知识,进行机器学习的过程。树以代表训练样本的单个根节点开始,使用分类属性(如果是量化属性,则需要进行离散化),递归地通过选择相应的测试属性来划分样本,一旦一个属性出现在一个节点上,就不在该节点的任何后代上出现。测试属性根据某种启发信息或者是统计信息进行选择(如信息增益)。其次是进行树剪枝,树剪枝试图检测和剪去训练数据中的噪声和孤立点,尽量消除模型中的异常。剪枝后的树变小、复杂度降低,在对独立检验数据分类时效率更高、效果更好。

决策树算法最早由 Hunt 等人提出,目前最有影响的算法是 ID3 和 C4.5。ID3 主要选择运用信息最大属性的增益值来进行样本训练划分,其目的是使熵在分裂系统时达到最小,以此来提高决策树算法的精确度和运算速度。但是运用信息增益作为分裂属性的标准,使得 ID3 算法在取值时会不自然地偏向于取值较多的属性,然而在大部分情况下,这种属性并不能提供更多有价值的信息。C4.5 是在改进 ID3 中得到的一种新算法,这种算法不但能够对连续值的属性进行处理,而且可以对离散值的属性进行很好的处理,C4.5 选择分裂属性的标准主要是信息增益比,这在很大程度上弥补了 ID3 的一些不足。除此之外,还可以采用其他的一些决策树算法进行计算,例如 CART 、QUEST、OC1、CAL5 等。

算法 ID3 和 C4.5 使用信息增益(information gain)作为选择属性对节点进行划分的指标。节点上的分裂原则为信息增益最高。1948 年,香农(Shannon)提出了信息论,其中对信息量(information)和熵(entropy)的定义为

$$\text{information} = -\log_2 p_i \tag{3.6.1}$$

$$\text{entropy} = -\sum \log_2 p_i \tag{3.6.2}$$

数据集 S 划分前的熵如下。

设数据集 S 有 $A_1, A_2, \cdots, A_n, C$ 共 $n+1$ 个属性。其中分类属性 C 有 n 个不同的离散属性值 $c_1, c_2, \cdots, c_m$,即数据集 S 中的记录可分成 m 个类别。设数据集 S 中全部的记录数为 s,分类属性值为 $c_1, c_2, \cdots, c_m$ 的记录数分别为 $s_1, s_2, \cdots, s_m$。那么划分之前,数据集 S 的总熵为

$$E(s_1, s_2, \cdots, s_m) = -\sum_{i=1}^{m} p_i \log_2(p_i) \tag{3.6.3}$$

其中,p_i 表示 S 中任意一个记录属于类别 c_i 的概率,用 s_i/s 估计。可以看出,数据集 S 的总熵在划分之前是属于不同类别的记录的信息量的加权平均。数据集 S 划分后的熵如下。

假设属性 A 具有 v 个不同的离散属性值,可使用属性 A 把数据集 S 划分成 v 个子集 $\{S_1, S_2, \cdots, S_v\}$。设子集 S_j 中全部的记录数为 s_j,其中分类属性值为 $c_1, c_2, \cdots, c_m$ 的记录数分别为 $s_{1j}, s_{2j}, \cdots, s_{mj}$。子集 S_j 的熵为

$$E(s_{1j}, s_{2j}, \cdots, s_{vj}) = -\sum_{i=1}^{m} p_{ij} \log_2(p_{ij}) \tag{3.6.4}$$

其中,p_{ij} 表示 S_j 中任意一个记录属于类别 c_i 的概率,用 s_{ij}/s_j 估计。

使用属性 A 把数据集 S 划分成 v 个子集 $\{S_1, S_2, \cdots, S_v\}$ 后,数据集 S 的总熵为 v 个子集的熵的加权平均。数据集 S 划分后的熵为

$$E(A) = \sum_{i=1}^{m} W_j \times E(s_{1j}, s_{2j}, \cdots, s_{vj}) \tag{3.6.5}$$

其中,W_j 表示第 j 个子集的权,用 s_j/s 估计。

信息增益表示系统由分类获得的信息量，由系统熵的减少值来定量描述。将数据集 S 用属性 A 划分后的信息增益为数据集 S 划分前后的熵差：

$$\text{Gain}(A) = E(s_1, s_2, \cdots, s_m) - E(A) \tag{3.6.6}$$

选择属性对节点进行划分的标准：划分属性应具有最高信息增益。熵是一个衡量系统混乱程度的统计量。熵越大，表示系统越混乱。分类的目的是使系统向更加有序、有规则组织的方向发展。所以最佳的划分方案即为使熵减少量最大的划分方案。划分后熵的减少量就是信息增益，所以选择属性对节点进行划分的标准就是选取信息增益最大的属性。通常，决策树是由"贪心算法+深度优先搜索"得到的。

决策树算法在发展和实际应用中，有两大主要问题亟须优化和解决。第一是分支取值问题，一个决策树的建立，必须要根据字段对应的不同记录的值来对决策树进行分支，并且在每个决策树的分支中反复建立下层的分支与叶节点。构建决策树的关键在于对不同取值的分支节点进行选择。选择不同的字段值，也会使得子集记录的划分值各不相同，不同的字段值还会对决策树结构的好坏和生长的快慢造成一定影响。因此，构建一个好的决策树最主要的难点在于对分支取值进行良好的选择。第二是数据过拟合问题。在寻找测试属性时各个属性在选择自己的算法上都有自己的偏好，因此非常有可能会找到算法的偏好属性，可这并不是和类别真正相关的属性；或由于待分类样本本身的属性太多，其中有些和种类不相关，决策树算法很容易选到和自身种类不相关的属性。所以要从决策树中把相关属性删除，这种技巧也就是决策树的剪枝法。

3.6.2 具体算法描述

1) ID3

设 Ensemble 为训练样本集合，Attribute list 为候选属性集合，ID3 算法的基本流程为：①创建决策树的根节点 N；②若所有样本均属于同一类别 C，则返回 N 作为一个叶子节点，并标志为 C 类别；③若 Attribute list 为空，则返回作为一个叶子节点，并标志为该节点所含样本中类别最多的类别；④计算 Attribute list 中各个候选属性的信息增益，选择最大的信息增益对应的属性 Attribute 1，记为根节点 N；⑤根据属性 Attribute 1 值域中的每个值 V_i，从根节点 N 产生相应的一个分支，并记 S_1 为 Ensemble 集合中满足 Attribute 1=V_i 条件的样本子集合；⑥若 S_i 为空，则将相应的叶子节点标志为 Ensemble 样本集合中类别最多的类别；否则，将属性 Attribute 1 从 Attribute list 中删除，返回①，递归创建子树。

2) C4.5

C4.5 算法是 ID3 算法的改进算法，相比于 ID3 算法，C4.5 算法改进的地方如下。

(1) 用信息增益率来选择属性。信息增益率是用信息增益和分裂信息量共同定义的：

$$\text{GainRatio}(S, A) = \frac{\text{Gain}(S, A)}{\text{SplitInformation}(S, A)} \tag{3.6.7}$$

其中，分裂信息量的定义为

$$\text{GainRatio}(S, A) = \frac{\text{Gain}(S, A)}{\text{SplitInformation}(S, A)} \tag{3.6.8}$$

采用信息增益率作为选择分支属性的标准，克服了 ID3 算法中信息增益选择属性时偏向选择取值多的属性的不足。

(2) 树的剪枝。剪枝方法是用来解决过拟合问题的，一般分为先剪枝和后剪枝两种方法。

先剪枝方法通过提前停止树的构造,例如,决定在某个节点不再分裂,而对树进行剪枝。一旦停止,该节点就变为叶子节点。该叶子节点可以取它所包含的子集中类别最多的类作为节点的类别。

后剪枝的基本思路是对完全生长的树进行剪枝,通过删除节点的分支,并用叶子节点进行替换。叶子节点一般用子集中最频繁的类别进行标记。

C4.5 算法采用后剪枝方法。它使用训练集生成决策树,并用训练集进行剪枝,不需要独立的剪枝集。剪枝方法的基本思路是:若使用叶子节点代替原来的子树后,误差率能够下降,则就用该叶子节点代替原来的子树。

3.6.3　实例

某机构为了确定某人群的出行计划,在两周时间内得到以下记录:天气(晴天、多云和雨天),气温(用华氏温度表示),相对湿度(用百分比表示),是否有风,顾客是否出行,最终得到了表 3-5 所示的 14 行 5 列的数据表格。

表 3-5　观测数据集

自变量				因变量
天气	气温/℉	相对湿度/%	是否有风	是否出行
晴天	85	85	否	否
晴天	80	90	是	否
多云	83	78	否	是
雨天	70	96	否	是
雨天	68	80	否	是
雨天	65	70	是	否
多云	64	65	是	是
晴天	72	95	否	否
晴天	69	70	否	是
雨天	75	80	否	是
晴天	75	70	是	是
多云	72	90	是	是
多云	81	75	否	是
雨天	71	80	是	否

如图 3-18 所示,决策树算法可以通过变量"天气",找出最好地解释非独立变量"出行"的方法。变量"天气"的范畴被划分为以下三个组:晴天、多云和雨天。得出的第一个结论:如果天气是多云,人们一般会有出行计划,而只有少数在雨天也会出行。接下来把晴天组的分为两部分,发现该人群不喜欢湿度高于 70% 的天气。最终还发现,如果雨天还有风的话,就不会有人出行了。这就通过分类树给出了一个解决方案。从这个例子中可以看出,决策树可以帮助把复杂的数据表示转换成相对简单的直观的结构。

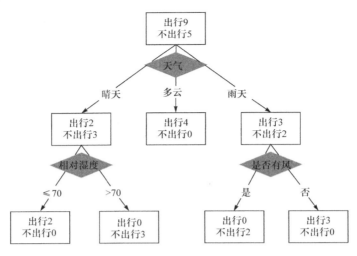

图 3-18　决策树实例

3.7　集　成　学　习

3.7.1　原理概述

集成学习(ensemble learning)理论源于概率近似准确(probably approximately correct，PAC)理论，其研究的主要问题是："一个仅仅比随机猜测好一点的弱学习算法是否可以通过'提升'达到一个任意精度的'强'学习算法"。集成学习是一种新的机器学习范式，通过使用多个弱学习器来解决同一问题，从而有效地提高学习系统的泛化性。换句话说，其思想是即便某一个弱分类器得到了错误的预测，其他的弱分类器也可以将错误纠正回来。集成学习作为一种基础性学习框架，目前已广泛应用于机器学习中的聚类、分类、回归及时间序列预测等问题中。

为了弄清集成学习比单一的学习方法拥有更高泛化能力的原因，首先从理论上对其进行分析。一个学习方法可以被认为是在某个假设空间中对一个最优的特定假设进行搜索的过程。一方面，从统计上来说，如果对这些假设进行集成，那么它在保留了和训练数据拟合度较好的假设的同时减少了得到错误分类的概率，从而可以得到一个更加精确的假设。例如，假设有 5个独立的分类器且都具有 70% 的概率得到精确的预测值，如果采用多数投票的方式进行集成，那么集成分类器得到精确预测的概率就是 83.7%[该值由 3、4 和 5 个分类器做出精确预测的概率：$C_5^3 \times 0.7^3 \times (1-0.7)^2 + C_5^4 \times 0.7^4 \times (1-0.7) + 0.7^{0.5} = 83.7\%$]。另一方面，正如图 3-19 所示，由于单个学习算法自身假设的限制，其搜索只能在其假设的前提所能涵盖的假设空间进行，不能找到反映真实假设的估计[图 3-19(a)和图 3-19(b)]，但是集成这些从不同角度出发的搜索结果并加权汇总，可以拓展要表示的假设空间[图 3-19(c)]，得到一个比单个假设更加逼近于未知函数的解，从而提高泛化能力。

集成算法一般由两部分组成：一部分是如何生成单个的学习器，另一部分则是怎样将它们的输出结果进行融合。其中，生成单个学习器的算法可以大致分为两类：一类是异构的算法，即在同一个数据集合上使用不同种类的学习算法；另一类是同构的，即将同一个单一的学习算法应用到训练集的不同部分或者不同的训练集上。研究表明，要获得一个性能优秀的集成学习方法,不仅需要其中的单个学习器的性能精确,而且还要求各个学习器之间具有不同的特点,即多样性。

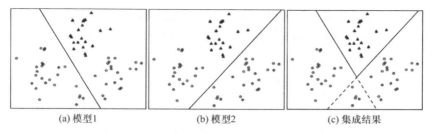

(a) 模型1　　　　　　　　(b) 模型2　　　　　　　　(c) 集成结果

图 3-19　集成拓展单个算法假设空间示意图

目前,集成学习的分类方式有很多,而最常见的是将集成学习方法归类为 bagging、boosting、stacking。

3.7.2　bagging

bagging 是 bootstrap aggregating 的简写,bootstrap 名字来自俚语 "pull up by your own bootstraps",意思就是依靠你自己的资源,称为自助法,它是一种有放回的抽样方法,是非参数统计中一种重要的依托统计量方差进行区间估计的统计方法。bootstrap 的基本步骤如下。

(1) 采用重抽样技术(有放回抽样)从原始样本中抽取一定数量(自己给定)的样本。

(2) 根据抽出的样本计算统计量 T。

(3) 重复上述 N 次(一般大于 1000),得到 N 个统计量 T。

(4) 计算上述 N 个统计量 T 的样本方差,得到统计量的置信区间和方差。

在 bagging 方法中,利用 bootstrap 方法从整体数据集中采取有放回抽样得到 n 个数据集,在每个数据集上训练一个弱学习器,最后的预测结果利用 n 个弱学习器通过某种结合策略得到。不同问题的结合策略具体为:分类问题常采用投票的方式,回归问题常采用平均的方式。另外,bagging 一般会随机采集和训练集样本数 m 一样个数的样本,这样得到的采样集和训练集样本的个数相同,但是样本内容不同。例如,对有 m 个样本的训练集做 n 次的随机采样,则由于随机性,n 个采样集各不相同。bagging 的原理如图 3-20 所示。

图 3-20　bagging 算法原理图

从图 3-20 可以看出,bagging 的弱学习器之间是并行关系,没有依赖与联系,其主要特点在于随机采样。对于一个样本,它在某一次含 m 个样本的训练集的随机采样中,每次被采集到的概率为 $1/m$,不被采集到的概率为 $1-1/m$。m 次采样都没有被采集的概率是 $(1-1/m)^m$。当 $m \rightarrow \infty$ 时,$(1-1/m)^m \rightarrow 1/e \approx 0.368$。也就是说,在 bagging 的每轮随机采样中,训练集中大约有 36.8% 的数据没有被采样集采到。这部分大约 36.8% 的没有被采到的数据,称为袋外数据

(out of bag，OOB)，这些数据没有参与训练集模型的拟合，因此可以用来检测模型的泛化能力。此外，bagging 对于弱学习器没有限制，但最常用的一般是决策树和神经网络。随机森林是 bagging 的一个特化进阶版，所谓的特化是因为随机森林的弱学习器都是决策树。所谓的进阶是随机森林在 bagging 的样本随机采样基础上，又加上了特征的随机选择，其基本思想没有脱离 bagging 的范畴，详见 3.8 节。

3.7.3　boosting

bagging 各个弱学习器的构建是并行的，而 boosting 属于迭代算法，它通过不断地使用一个弱学习器弥补前一个弱学习器的"不足"，来串行地构造一个较强的学习器。boosting 会给每个训练样本赋予一个权值，而且可以在每轮提升过程结束时自动地调整权值，其算法原理如图 3-21 所示。首先从训练集用初始权重训练出一个弱学习器 1，根据弱学习的学习误差率表现来更新训练样本的权重，使得之前弱学习器 1 学习误差率高的训练样本点的权重变高，使得这些误差率高的点在后面的弱学习器 2 中得到更多的重视。然后基于调整权重后的训练集来训练弱学习器 2，如此重复进行，直到弱学习器数达到事先指定的数目 T，最终将这 T 个弱学习器通过集合策略进行整合，得到最终的强学习器。

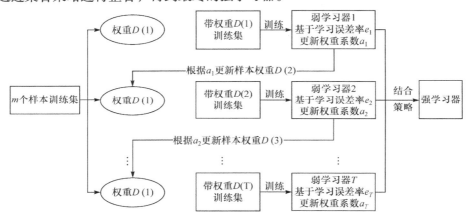

图 3-21　boosting 算法原理图

由此可以对比 bagging 和 boosting。

(1) bagging 的训练集是随机的，各训练集是独立的，而 boosting 训练集的选择不是独立的，每一次选择的训练集都依赖于上一次学习的结果。

(2) bagging 的每个预测函数都没有权重，而 boosting 根据每一次训练的训练误差得到该次预测函数的权重。

(3) bagging 的各个预测函数可以并行生成，而 boosting 只能顺序生成，例如，对于神经网络这种耗时较长的学习方法，bagging 可通过并行训练节省大量时间开销。

boosting 中文名为"提升"，提升方法是一种常见的统计学习方法，其代表性提升算法为 AdaBoost，常用的提升树则是以决策树为基函数的提升方法。

3.7.4　stacking

bagging 和 boosting 均是使用不同训练数据集来训练单个算法，生成模型的形式是同构的，而 stacking 集成通常是异构的，其通过结合不同的模型算法来提高整体性能。在 stacking 中，模型被分为基模型和元模型,基模型一般有多个,用来训练原始数据集,多个基模型的输出结果作为新特征 X,原始值作为 Y,(X, Y) 组成新的训练数据集由元模型进行训练,从而实现算法的堆叠。以回归问题为例,stacking 原理流程如图 3-22 所示。

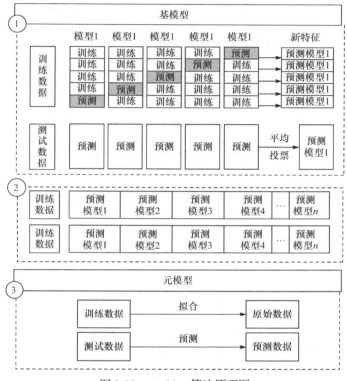

图 3-22　stacking 算法原理图

步骤 1:通过五次交叉验证对单个基模型进行训练,五次预测的总结果将聚合为一个新特征子集(预测模型 1),并通过使用拟合的基模型预测测试数据,五次预测的平均结果作为基模型 1 的预测结果。

步骤 2:对所有基模型重复步骤 1,将得到的所有新特征合并,作为元模型的训练数据集和测试数据集。

步骤 3:用元模型拟合新的训练数据和原始测试数据,用新的测试数据预测的结果作为最终的预测结果。

3.7.5　实例

本例以城市房租为研究对象,将集成学习方法应用于数值预测中,比较集成学习算法的性能和预测精度。

1. 整体实验设计

本实例以深圳市龙华区网上房屋租金清单作为数据源,选取环境、交通、教育、娱乐等方面的潜在房屋租金影响因子,选择不同集成学习方法预测未知房租点处的房租值,比较集成学习算法的预测精度和计算性能,并探讨提高集成学习预测精度的方法与途径。整体技术路线如图 3-23 所示。

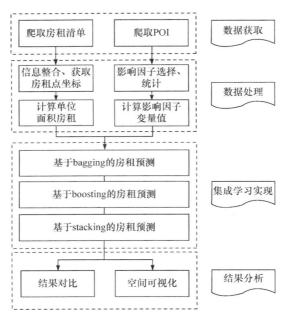

图 3-23　整体技术路线

2. 数据处理

(1) 数据获取。住房租金数据来自于网上房地产交易平台，如安居客、搜房网等，利用网络爬虫程序获取房屋租赁清单，每条房屋数据标记几个属性，分别是唯一编码、名字、房屋面积、租金、地址，最后从网上获取的数据集为包含上述五个属性字段的 14277 条数据。

(2) 房租数据处理。房租数据处理部分包括对爬取的房租数据的重复值删除、信息整合、计算单位面积房租、获取房租数据对应坐标。本实例中，借用百度地图 API 来批量解析房屋地址，并将百度地图坐标系转换为 WGS-84 坐标系。最后在 GIS 软件中展示小区平均房租，如图 3-24 所示。

选择房租相关的影响因子，涉及教育、交通、就业、娱乐、医疗等方面，计算 1000m 缓冲区范围内的数量、小区所属街道尺度兴趣点密度、最近距离，作为影响因子变量。

3. 基于集成学习的房租预测

目前应用最广泛的集成方法是将同质的弱学习器如决策树、神经网络进行集成，如 bagging、boosting 算法，对于学习器如支持向量机、k 邻近等的结合，可采用 stacking 算法。

(1) 基于 bagging 算法的房租预测。bagging 算法中最具代表性的算法是随机森林(random forest，RF)。本实例应用随机森林回归算法来预测未知小区的房租值，并计算平均绝对误差 MAE(mean absolute deviation)、均方根误差 RMSE(root mean squared error)、决定系数 R^2、精度来检验结果的可靠性，对比预测精度。结果为：MAE=8.97，RMSE=11.73，R^2=0.76，精度=0.83。

(2) 基于 boosting 算法的房租预测。梯度提升树(gradient boosting regression tree，GBRT)是 boosting 家族中一个重要的算法。应用梯度提升树算法来预测未知小区的房租值，并检验结果准确性。其中，MAE=10.67，RMSE=13.51，R^2=0.68，精度=0.82。

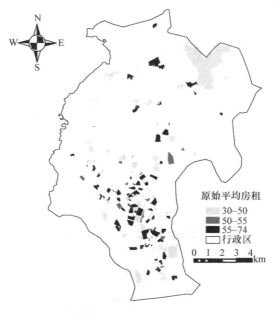

图 3-24　房租分布图

(3) 基于 stacking 的房租预测。本实例选择三个常用于解决数值决策问题的个体学习器，包括 k 邻近算法、神经网络、支持向量机回归，同时也将上述集成后的方法如随机森林回归、梯度提升树回归进行结合。模拟结果如下：MAE=10.91，RMSE=14.63，R^2=0.66，精度=0.78。

4. 结果分析

(1) 结果对比。本实例设计了两组 stacking，stacking#1：RFR+GBRT+SVR。stacking#2：RFR+GBRT+SVR+KNN+NN。

对比 stacking#1、stacking#2、RFR、GBRT 的预测精度，结果如表 3-6 所示。

表 3-6　集成学习结果对比表

指标	stacking#1	stacking#2	RFR	GBRT
MAE	8.91	10.91	8.97	10.67
RMSE	11.63	14.63	11.73	13.51
R^2	0.76	0.66	0.76	0.68
精度	0.83	0.78	0.83	0.82

从表中可以看出，预测结果最好的是 stacking#1，其次是 RFR，且两者结果相近。stacking#2 结果最差，说明并不是结合的学习器越多效果就会越好。因此，在集成学习中，要注意个体学习器的筛选与结合方法的调整。

(2) 空间可视化。采用 stacking 结合策略将支持向量回归、随机森林回归、梯度提升树回归三个个体学习器集成，预测未知房租区域的房租，在 ArcGIS 中可视化呈现，进而了解深圳市龙华区房租高低的空间分布情况，如图 3-25 所示。

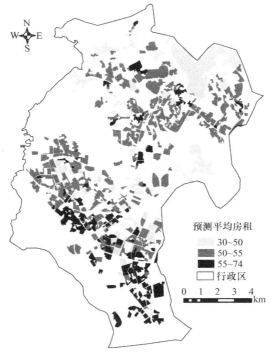

图 3-25　预测房租分布图

3.8　随机森林

3.8.1　概述与算法流程

　　随机森林算法结合了"bootstrap aggregating"思想和"random subspace"方法，其实质是一个包含了多个决策树的分类器。这些决策树的形成采用了随机的方法，随机森林中的树之间是彼此独立存在的。当测试数据输入随机森林时，实际上是让每一棵决策树进行分类，最后取所有决策树中分类结果最多的那类为最终的结果。因此随机森林是一个包含多个决策树的分类器，并且其输出的类别是由树输出的类别的众数决定的。

　　图 3-26 为随机森林中一棵决策树的示例，实现了将空间用超平面进行划分，每次分割的时候，都将当前的空间一分为二。

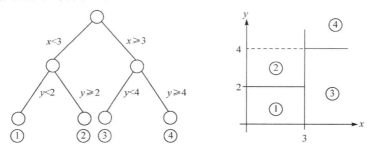

图 3-26　随机森林中的一棵决策树示意图

　　随机森林算法与 bagging 算法类似，均是基于 bootstrap 方法重采样，产生多个训练集。不同的是，随机森林算法在构建决策树的时候，采用了随机选取分裂属性集的方法。详细的随机森林算法流程如下所述。

(1) 利用 bootstrap 方法重采样，随机产生 T 个训练集 $S_1, S_2, \cdots, S_T$。

(2) 利用每个训练集，生成对应的决策树 $C_1, C_2, \cdots, C_T$；在每个非叶子节点上选择属性前，从 M 个属性中随机抽取 m 个属性作为当前节点的分裂属性集，并以这 m 个属性中最佳的分裂方式对该节点进行分裂。

(3) 每棵树都完整成长，不进行剪枝。

(4) 对于测试集样本 X，利用每个决策树进行测试，得到对应的类别 $C_1(X), C_2(X), \cdots, C_T(X)$。

(5) 采用投票的方法，将 T 个决策树中输出最多的类别作为测试集样本 X 所属的类别。

3.8.2 特征重要性评估

现实情况下，一个训练数据集中往往有成百上千个特征，如何在其中选择对结果影响最大的几个特征，以此来缩减建立模型时的特征数呢？随机森林为该问题提供了解决方案。随机森林进行特征重要性评估的原理很简单，即计算每个因子在随机森林中每棵树上做出的贡献，依据所有贡献的平均值大小顺序来评估因子对房租的重要性。这一贡献通常用基尼指数(Gini index)或袋外数据错误率(errOOB)作为指标来衡量。下面依次介绍利用这两种指标来进行评估的方式。

1. 基于基尼指数评估特征重要性

将变量重要性评分(variable importance measures)用 VIM 来表示，将基尼指数用 GI 来表示，假设有 m 个特征 $X_1, X_2, X_3, \cdots, X_m$，现在要计算出每个特征 X_j 的基尼指数评分 $\mathrm{VIM}_{jm}^{(\mathrm{Gini})}$，亦即第 j 个特征在随机森林所有决策树中节点分裂不纯度的平均改变量。

Gini 指数的计算公式为

$$\mathrm{GI}_m = \sum_{k=1}^{|K|} \sum_{k' \neq k} p_{mk} p_{mk'} = 1 - \sum_{k=1}^{|K|} p_{mk}^2 \tag{3.8.1}$$

其中，K 表示有 K 个类别；p_{mk} 表示节点 m 中类别 k 所占的比例。直观地说，就是随便从节点 m 中随机抽取两个样本，其类别标记不一致的概率。

特征 X_j 在节点 m 的重要性，即节点 m 分支前后的 Gini 指数变化量为

$$\mathrm{VIM}_{jm}^{(\mathrm{Gini})} = \mathrm{GI}_m - \mathrm{GI}_l - \mathrm{GI}_r \tag{3.8.2}$$

其中，GI_l 和 GI_r 分别表示分支后两个新节点的 Gini 指数。

如果特征 X_j 在决策树 i 中出现的节点在集合 M 中，那么 X_j 在第 i 棵树的重要性为

$$\mathrm{VIM}_{ij}^{(\mathrm{Gini})} = \sum_{m \in M} \mathrm{VIM}_{jm}^{(\mathrm{Gini})} \tag{3.8.3}$$

假设随机森林中共有 n 棵树，那么有

$$\mathrm{VIM}_j^{(\mathrm{Gini})} = \sum_{i=1}^{n} \mathrm{VIM}_{ij}^{(\mathrm{Gini})} \tag{3.8.4}$$

最后，把所有求得的重要性评分做一个归一化处理：

$$\mathrm{VIM}_j = \frac{\mathrm{VIM}_j}{\sum_{i=1}^{c} \mathrm{VIM}_i} \tag{3.8.5}$$

2. 基于袋外数据错误率评估特征重要性

袋外数据是指每次建立决策树时,通过重复抽样得到一个数据用于训练决策树,这时还有大约 1/3 的数据没有被利用,没有参与决策树的建立,这部分数据可以用于对决策树的性能进行评估,计算模型的预测错误率,称为袋外数据误差。袋外数据的生成原理见 3.7.2 节。基于袋外数据错误率(errOOB)计算某个特征 X 的重要性的具体步骤如下。

(1) 对每棵决策树,选择相应的袋外数据计算袋外数据错误率,记为 $errOOB_1$。

(2) 随机对袋外数据所有样本的因子 X 加入噪声干扰,再次计算 errOOB,记为 $errOOB_2$。

(3) 假设森林中有 N 棵树,则因子 X 的重要性 $=\sum(errOOB_2-errOOB_1)/N$。

如果加入随机噪声后,袋外数据准确率大幅度下降(即 $errOOB_2$ 上升),说明这个因子对于样本的预测结果有很大影响,进而说明重要程度比较高。

3.8.3 实例

随机森林是一种利用多棵树对样本进行训练并预测的分类器,被广泛用于解决分类与回归问题。本例承接集成学习章节应用实例,使用随机森林算法对房租大数据进行预测并对房租影响因子进行特征重要性评估,旨在揭示随机森林在处理多层次、多维度问题方面的能力。具体地,本实例以深圳市龙华区网上房屋租金清单作为数据源,选取教育设施、医疗设施、便利设施、就业机会、自然景观、公共交通、房屋结构七个方面的潜在房屋租金影响因子,基于随机森林、感知器神经网络、支持向量机算法来预测未知房租点处的房租值,比较三种机器学习算法的预测精度和计算性能,定量分析各类影响因子对于房租价格的相对重要性。

(1) 算法性能比较。基于十折交叉验证计算平均绝对误差 MAE、均方根误差 RMSE、决定系数 R^2、精度 P 来检验结果的可靠性,对比预测精度。结果如表 3-7 所示。

表 3-7　三种机器学习算法性能对比表

算法	MAE	RMSE	R^2	P
随机森林	8.97	11.73	0.76	0.83
感知器神经网络	9.91	12.86	0.72	0.80
支持向量机	10.10	13.01	0.70	0.78

从表中可以看出,随机森林的预测效果最佳。

(2) 房租影响因素分析。基于袋外数据错误率指标,利用随机森林算法评估房租影响因子特征的重要性。结果如图 3-27 所示。

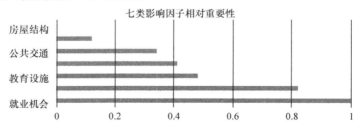

图 3-27　随机森林评估影响因子相对重要性(其他 3 类影响因子相对重要性为 0)

从图中可以看出,就业机会对房租的影响最大,其次是医疗设施、教育设施、自然景观、公共交通、便利设施、房屋结构。

3.9 提 升 方 法

3.9.1 Adaboost

Adaboost 算法是最具代表性的提升方法。对于分类问题而言，给定一个训练样本集，求比较粗糙的分类规则(弱分类器)比求比较精确的分类规则(强分类器)容易得多。提升方法就是从弱学习算法出发，反复学习，得到一系列弱分类器，然后组合这些分类器，构成一个强分类器，这一过程与集成学习(3.7 节)的思路类似，Adaboost 也是 boosting 集成方法的代表性算法。大多数的提升方法都是改变训练数据的概率分布(训练数据的权值分布)，针对不同的训练数据分布调用弱学习算法学习得到一系列弱分类器。

对于提升方法而言，有两个问题需要回答：①在每一轮如何改变训练数据的权值或概率分布；②如何将弱分类器组合成一个强分类器。关于问题①，Adaboost 的做法是，提高那些被前一轮弱分类器错误分类样本的权值，而降低那些被正确分类样本的权值。这样一来，那些没有得到正确分类的数据，由于其权值的加大而受到后一轮的弱分类器的更大关注，于是分类问题被一系列的弱分类器"分而治之"。对于回归问题也是一样。至于问题②，即弱分类器的组合，Adaboost 采取加权多数表决的方法。具体地，加大分类误差率小的弱分类器的权值，使其在表决中起较大的作用，减小分类误差率大的弱分类器的权值，使其在表决中起较小的作用。

现在叙述 Adaboost 算法。假设给定一个二类分类的训练数据集：

$$T = \{(x_1, y_1), (x_2, y_2), \cdots, (x_N, y_N)\} \tag{3.9.1}$$

其中，每个样本点由实例与标记组成。实例 $x_i \in \chi \subseteq R^n$；标记 $y_i \in \gamma = \{-1, +1\}$；$\chi$ 表示实例空间；γ 表示标记集合。Adaboost 利用以下算法步骤，从训练数据中学习一系列弱分类器，并将其线性组合成为一个强分类器。

(1) 初始化训练数据的权值分布：

$$D_1 = (w_{11}, \cdots, w_{1i}, \cdots, w_{1N}) \qquad w_{1i} = 1/N; \ i = 1, 2, \cdots, N \tag{3.9.2}$$

(2) 对 $m = 1, 2, \cdots, M$，计算如下。

使用具有权值分布 D_m 的训练数据集学习，得到弱分类器 $G_m(x): \chi \to \{-1, +1\}$。

计算 $G_m(x)$ 在训练数据集上的分类误差率：

$$e_m = \sum_{i=1}^{N} P[G_m(x_i) \neq y_i] = \sum_{i=1}^{N} w_{mi} I[G_m(x_i) \neq y_i] \tag{3.9.3}$$

计算 $G_m(x)$ 的系数：

$$\alpha_m = \frac{1}{2} \log \frac{1 - e_m}{e_m} \tag{3.9.4}$$

更新训练数据集的权值分布：

$$D_{m+1} = (w_{m+1,1}, \cdots, w_{m+1,i}, \cdots, w_{m+1,N}) \tag{3.9.5}$$

$$w_{m+1,i} = \frac{w_{mi}}{Z_m} \exp[-\alpha_m y_i G_m(x_i)] \qquad i = 1, 2, \cdots, N \tag{3.9.6}$$

其中，Z_m 表示规范化因子，$Z_m = \sum_{i=1}^{N} w_{mi} \exp[-\alpha_m y_i G_m(x_i)]$，它使 D_{m+1} 成为一个概率分布。

(3) 构建弱分类器的线性组合 $f(x) = \sum_{m=1}^{M} \alpha_m G_m(x)$，得到最终分类器：

$$G_m(x) = \text{sign}[f(x)] = \text{sign}\left[\sum_{m=1}^{M} \alpha_m G_m(x)\right] \tag{3.9.7}$$

对 Adaboost 算法作如下说明。

步骤(1)假设训练数据集具有均匀的权值分布，即每个训练样本在弱分类器的学习中作用相同，这一假设保证步骤(1)能够在原始数据上学习弱分类器 $G_1(x)$。

步骤(2) Adaboost 反复学习弱分类器，在每一轮 $m = 1,2,\cdots,M$ 顺次地执行下列操作。

使用当前分布 D_m 加权的训练数据集，学习弱分类器 $G_m(x)$。

计算弱分类器 $G_m(x)$ 在加权训练数据集上的分类误差率：

$$e_m = \sum_{i=1}^{N} P[G_m(x_i) \neq y_i] = \sum_{G_m(x_i) \neq y_i} w_{mi} \tag{3.9.8}$$

其中，w_{mi} 表示第 m 轮中第 i 个实例的权值，$\sum_{i=1}^{N} w_{mi} = 1$。这表明，$G_m(x)$ 在加权的训练数据集上的分类误差率是被 $G_m(x)$ 误分类样本的权值之和，由此可以看出数据权值分布 D_m 与弱分类器 $G_m(x)$ 的分类误差率的关系。

计算弱分类器 $G_m(x)$ 的系数 α_m。α_m 表示 $G_m(x)$ 在最终的强分类器中的重要性。由 $G_m(x)$ 的系数公式可知，当 $e_m \leq \frac{1}{2}$，$\alpha_m \geq 0$，并且 α_m 随着 e_m 的减小而增大，说明分类误差率越小的弱分类器在最终的强分类器中的作用越大。

更新训练数据的权值分布为下一轮作准备。$w_{m+1,i}$ 可以写为

$$w_{m+1,i} = \begin{cases} \dfrac{w_{mi}}{Z_m} e^{-\alpha_m}, & G_m(x_i) = y_i \\[2mm] \dfrac{w_{mi}}{Z_m} e^{\alpha_m}, & G_m(x_i) \neq y_i \end{cases} \tag{3.9.9}$$

由此可知，被弱分类器 $G_m(x)$ 误分类样本的权值得以扩大，而被正确分类样本的权值却得以缩小。两相比较，由 $G_m(x)$ 的系数公式知误分类样本的权值被放大 $e^{2\alpha_m} = \dfrac{1-e_m}{e_m}$ 倍。因此，误分类样本在下一轮学习中会起到更大的作用。不改变所给的训练数据，而不断改变训练数据权值的分布，使得训练数据在弱分类器的学习中起不同的作用，这是 Adaboost 的特点。

3.9.2 提升树

1. 提升树模型与算法

在 Adaboost 算法的框架下，以决策树为基函数的提升方法称为提升树(boosting tree)。对分类问题决策树是二叉分类树，对回归问题决策树是二叉回归树。由于树的线性组合可以很好地拟合训练数据，即使数据中的输入与输出之间的关系很复杂也是如此，提升树被认为是统计学习中性能最好的方法之一。提升树模型可以表示为决策树的加法模型：

$$f_M(x) = \sum_{m=1}^{M} T(x; \theta_m) \tag{3.9.10}$$

其中，$T(x; \theta_m)$ 表示决策树；θ_m 表示决策树的参数；M 表示树的个数。

　　提升树算法采用前向分步算法。首先确定初始提升树 $f_0(x) = 0$，第 m 步的模型是 $f_m(x) = f_{m-1}(x) + T(x; \theta_m)$，其中，$f_{m-1}(x)$ 为当前模型。通过经验风险极小化确定下一棵决策树的参数 θ_m：

$$\hat{\theta}_m = \arg\min \theta_m \sum_{i=1}^{N} L\big[y_i, f_{m-1}(x_i) + T(x; \theta_m)\big] \tag{3.9.11}$$

　　下面讨论针对不同问题的提升树学习算法，其主要区别在于使用的损失函数不同，包括用平方误差损失函数的回归问题，用指数损失函数的分类问题，以及用一般损失函数的一般决策问题。对于二分类问题，提升树算法只需要将 Adaboost 算法中的基本分类器限制为二分类树即可，可以说这是 Adaboost 算法的特殊情况，这里不再叙述。下面叙述回归问题的提升树。

　　已知一个训练数据集 $T = \{(x_1, y_1), (x_2, y_2), \cdots, (x_N, y_N)\}, x_i \in X \subseteq R^n$。如果将输入空间 X 划分为 J 个互不相交的区域 $R_1, R_2, \cdots, R_J$，并且在每个区域上确定输出的常量 c_j，那么树可以表示为 $T(x; \theta) = \sum_{j=1}^{J} c_j I\big(x \in R_j\big)$，其中参数 $\theta = \{(R_1, c_1), (R_2, c_2), \cdots, (R_J, c_J)\}$ 表示树的区域划分和各区域上的常数。J 是回归树的复杂度即叶结点个数。当采用平方误差损失函数时，$L(y, f(x)) = (y - f(x))^2$ 损失变为

$$L\big[y, f_{m-1}(x) + T(x; \theta_m)\big] = \big[y - f_{m-1}(x) - T(x; \theta_m)\big]^2 = \big[r - T(x; \theta_m)\big]^2 \tag{3.9.12}$$

其中，$r = y - f_{m-1}(x)$ 是当前模型拟合数据的残差。所以对回归问题的提升树算法来说，只需要简单地拟合当前模型的残差。因为要使得损失函数最小，就要使得回归树的预测值与残差尽可能接近，所以就可以使用回归树去拟合残差。算法的具体过程如下。

　　(1) 初始化 $f_0(x) = 0$。

　　(2) 对 $m = 1, 2, \cdots, M$：计算残差 $r_{mi} = y_i - f_{m-1}(x_i), i = 1, 2, \cdots, N$；拟合残差 r_{mi} 学习一个回归树，得到 $T(x; \theta_m)$；更新 $f_m(x) = f_{m-1}(x) + T(x; \theta_m)$。

　　(3) 得到回归问题提升树 $f_M(x) = \sum_{m=1}^{M} T(x; \theta_m)$。

　　注意到在上述过程中，并不像一般的 Adaboost 算法一样，最后再来累加基本分类器来得到最终分类器，而是在一步步迭代中已经在累加基本分类器了。

　　2. 梯度提升

　　当损失函数是平方损失或是指数损失函数时，每一步的优化是很简单的。但对于一般的损失函数而言，往往每一步优化并不容易。这里就可以使用梯度提升的方法，关键是利用损失函数的负梯度在当前模型的值 $-\left\{\dfrac{\partial L\big[y_i, f(x_i)\big]}{\partial f(x_i)}\right\}_{f(x) = f_{m-1}(x)}$，作为回归提升树算法中残差的近似值，拟合一个回归树。

　　使用该方法后，与原过程主要有以下两点不同。

　　(1) 在初始化时，$f_0(x)$ 应该被初始化为 $f_0(x) = \arg\min_c \sum_{i=1}^{N} L(y_i, c)$，即使用训练数据中类最多的那一个类作为预测的标签。

　　(2) 利用损失函数的负梯度值拟合回归树。

3. 提升树应用实例

训练一个提升树模型来预测年龄：训练集有 4 个人 A，B，C，D 的年龄分别是 14, 16, 24, 26；样本中有购物金额、上网时长、是否经常到百度知道提问等特征。提升树的过程如图 3-28 所示。

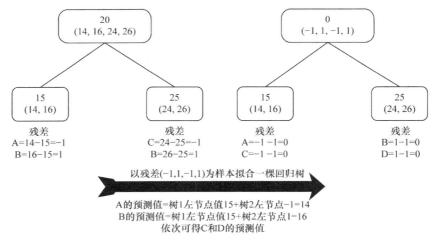

图 3-28　提升树过程示例图

该例子能很直观地看到预测值等于所有树值的累加，例如，A 的预测值即树 1 左节点值 15 加上树 2 左节点值–1 等于 14。因此，给定当前模型 $f_{m-1}(x)$，只需要简单地拟合当前模型的残差。

3.10　迁　移　学　习

3.10.1　概述

迁移学习(transfer learning)在最近几年引起了广泛的关注和研究。根据维基百科定义，迁移学习是运用已有的知识对不同但相关的领域问题进行求解的一种新的机器学习方法，迁移学习的目标是将从一个环境中学到的知识用来帮助新环境中的学习任务，迁移已有的知识解决目标领域中仅有少量有标签样本数据甚至没有样本数据的学习问题。迁移学习在人类的大脑思考中广泛存在，两个不同领域相关的方面越多，迁移学习就越容易实现；相关方面越少，则迁移学习就越困难，甚至可能产生副作用。例如，学会了轮滑的人，就很容易学会滑冰，但是有时看起来很相似的事情，却有可能产生"负迁移"现象。例如，习惯打羽毛球的人学习打网球时可能反倒会走弯路，因为发力的位置不同。

在机器学习中，常常需要一些条件来满足学习。在传统分类学习中，为了保证训练得到的分类模型准确可靠，所选取的样本都基于以下两点假设：①测试样本和训练样本独立分布，也就是说，样本必须和实际应用场景高度相似，否则不能保证算法的有效性。②样本数量必须足够大。但是在实际应用中发现，这两个条件满足起来非常困难。首先就是时效性。之前选取的样本可能随着时间的推移并不适用于现在的推理。例如，股票数据，利用前一年度的训练样本学习预测本年度的数据可能并不能得到很好的效果。这往往需要重新标注大量的训练数据以满足训练的需求，但标注新数据的成本是相当高的，需要大量的人力与物力。同时，有标签的样本数据往往很难获得。例如，要根据往年的高考报名数据来预测今年的报考数据，但并不能取得完整而有效的往年的报考数据样本。在 Web 数据挖掘中，一些新领域中的大量训练样本数据非常难得到。同时，大量新的 Web 领域不断涌现，从传统的新闻到网页、到图片、到微博等。传统的机器学习需要对每个领域都标注大量样本数据，而标注大量的样本数据又非常费时费力。如果缺少大量标注的样本数据，那么很多与机器学习相关的研究与应用都无法开展。为了机器学习，要花费人力物力不断地标注大量新的样本数据；同时，对于已有的样本数据，完全丢弃也是非常浪费的。如何合理地利用这些数据是迁移学习主要解决的问题。迁移学习可以从现有的样本数据中迁移知识到相关领域，用来帮助相关新领域的学习。利用好迁移学习，可以提高样本数据利用率，提高机器学习的效率。

为了更加直观地理解迁移学习，举一个关于照片情感分析的例子。源任务：你之前已经搜集了 N 种类型物品的图片进行了大量的人工标记(label)，耗费了巨大的人力物力，构建了源情感分类器(即输入一张照片，可以分析出照片的情感)。这里的情感不是指人物的情感，而是指照片中传达出来的情感，例如，这张照片是积极的还是消极的。目标任务：因为不同类型的物品在源数据集中的分布也是不同的，所以为了维护一个很好的分类器性能，经常需要增加新的物品。传统的方式是搜集 N+1 号物品的照片进行大量的人工标记建立模型。而迁移学习要做的是借鉴之前已经训练好的针对 N 种类型的分类器，来训练这个 N+1 号分类器，这样就节省了大量人工标注的成本。传统机器学习与迁移学习的对比如图 3-29 所示。

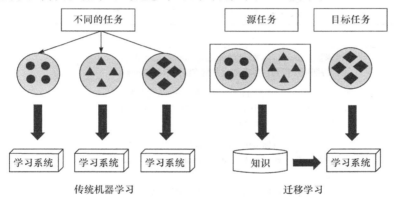

图 3-29　传统机器学习与迁移学习的对比

为了更好地表述迁移学习，先介绍迁移学习中几个相关的概念。

(1) domain D：包含一个特征空间 X 和一个边缘概率分布 $P(X)$，如果两个域不同，那么可能有不同的特征空间和边缘概率分布。

$$D = \{X, P(X)\}, X = \{x_1, x_2, \cdots, x_n\} \tag{3.10.1}$$

(2) task T：给定一个域 D，一个 task 包含两部分：一个标记空间 Y 和一个目标预测函数 $f(\cdot)$，$T = \{Y, f(\cdot)\}$，$f(\cdot)$ 可以用于预测一个新的实例 x 的 label $f(x)$，可以表示为 $P(y|x)$。

迁移学习是指：给定一个源域 DS 和一个学习任务(task)TS，一个目标域 DT 和一个目标学习任务 TT，然后利用 DS 和 TS 中的知识来提高目标预测函数 $f(\cdot)$ 在 DT 中的性能，其中 DS≠DT 或 TS≠TT。

3.10.2　分类

迁移学习根据领域和任务的相似性，可以按照图 3-30 进行划分。

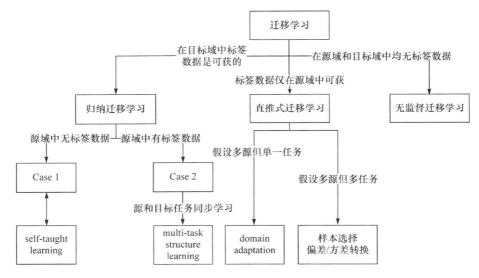

图 3-30 迁移学习分类图

根据技术方法，迁移学习的划分如表 3-8 所示。

表 3-8 迁移学习分类(按技术方法划分)

类型	说明	归纳式	直推式	无监督
基于样本的迁移学习	通过调整源 domain 标签(辅助)和目标 domain 标签的权重，协同训练得到目标模型。典型方法：TrAdaboost	√	√	
基于特征的迁移学习	找到"好"特征来减少源 domain 和目标 domain 之间的不同，能够降低分类、回归误差。典型方法：self-taught learning，multi-task structure learning	√	√	√
基于参数的迁移学习	发现源 domain 和目标 domain 之间的共享参数或先验关系。典型方法：learning to learn，regularized multi-task learning	√		
基于相关性的迁移学习	建立源 domain 和目标 domain 之间的相关知识映射。典型方法：mapping 方法	√		

(1) 基于样本的迁移学习。在源域中找到与目标域相似的数据，把这个数据的权值进行调整，即相似部分增加权值，使得在预测目标域时的比重加大，从而将新的数据与目标域的数据进行匹配。常用的一种算法是具有迁移能力的 boosting 算法，其具体原理见 3.7 节。优点是方法简单，实现容易；缺点在于权重的选择与相似度的度量依赖经验，且源域与目标域的数据分布往往不同。

(2) 基于特征的迁移学习。假设源域和目标域含有一些共同的交叉特征，通过特征变换，将源域和目标域的特征变换到相同空间，使得该空间中源域数据与目标域数据具有相同分布的数据分布，然后进行传统的机器学习。这种情况的迁移学习有多种算法，如 CoCC 算法、TPLSA 算法、谱分析算法与自学习算法等。其优点是对大多数方法适用，效果较好；缺点在于难于求解，容易发生过适配。

(3) 基于参数的迁移学习。假设源域和目标域共享模型参数，即将之前在源域中通过大量数据训练好的模型应用到目标域上进行预测，例如，利用上千万的图像训练好一个图像识别的系统，当遇到一个新的图像领域问题的时候，就不用再去找几千万个图像来训练了，只需把原来训练好的模型迁移到新的领域，在新的领域往往只需要几万张图片就够了，同样可以得到很高的精度。优点是可以充分利用模型之间存在的相似性；缺点在于模型参数不易收敛。

(4) 基于相关性的迁移学习。假设两个域是相似的，那么它们之间会共享某种相似关系，将源域中逻辑网络关系应用到目标域上来进行迁移，如从生物病毒传播到计算机病毒传播的迁移。

3.10.3　实例

1. 迁移学习理论研究价值

(1) 解决标注数据稀缺性。大数据时代，亿万级别规模的数据导致数据的统计异构性、标注缺失问题越来越严重。标注数据缺失会导致传统监督学习出现严重过拟合问题。目前解决数据稀缺性的方法有传统半监督学习、协同训练、主动学习等，但这些方法都要求目标域中存在一定程度的标注数据，而在标注数据稀缺的时候额外获取人工标注数据的代价太大。这时需要迁移学习来辅助提高目标领域的学习效果。

(2) 非平稳泛化误差分享。经典统计学习理论给出了独立同分布条件下模型的泛化误差上界保证。而在非平稳环境(不同数据域不服从独立同分布假设)中，传统机器学习理论不再成立，这给异构数据分析挖掘带来了理论风险。从广义上看，迁移学习可以看作传统机器学习在非平稳环境下的推广。因此在非平稳环境下，迁移学习是对经典机器学习的一个重要理论补充。

2. 迁移学习的实际应用

(1) 舆情分析。迁移学习可应用在舆情分析中的用户评价上。以电子产品和视频游戏产品用户评价为例，从电子产品(源域)中抽取评价中的关键词，如"好""积极""精彩""差""失望"等，将这些词作为标签来建立电子产品评价领域模型，然后将其应用到视频游戏领域(目标域)中，实现舆情大规模的迁移，并且在新的领域不需要标签。

(2) 推荐系统。迁移学习也可以用在推荐系统，在某个领域做好一个推荐系统，然后应用在稀疏的、新的垂直领域。例如，已成熟完善的电影推荐系统可以应用在书籍推荐系统中。

第4章 关联规则

关联规则是人类在认识客观事物中形成的一种认知模式。本章介绍的关联规则是智能计算的核心内容之一，其目的在于从一个数据集中找出项之间的关系，也称为购物篮分析(market basket analysis)。例如，购买鞋的顾客，有10%的可能也会买袜子；60%买面包的顾客，也会买牛奶。这其中最有名的就是"尿布和啤酒"的故事了，几乎在每本商业智能教材或者数据挖掘教材里都会讲到。当然其他类似于购物篮交易数据的案例也可以应用关联规则进行模式发现，如电影推荐、约会网站或者药物间的相互作用。可以说，关联规则反映的是一个事物与其他事物之间的相互依存性和关联性，如果两个或多个事物之间存在一定的关联关系，那么其中一个事物就能通过其他事物预测到。关联规则挖掘方法采用两个步骤的策略，第一步是从数据集中寻找所有频繁项集，第二步是由这些频繁项集生成强关联规则，算法的原理简单且易于实现。其中第一步频繁项集的生成是算法的关键，典型算法包括Apriori、FP-Growth等。本章结构如图4-1所示，首先介绍关联规则的定义和相关概念及类型，其次以Apriori算法为例介绍计算频繁项目集的基本算法，最后解释基于这些算法生成关联规则的方法。

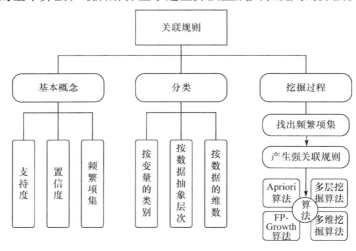

图4-1 本章结构

4.1 基 本 概 念

4.1.1 定义

关联规则(association rules)就是从给定的数据集发现频繁出现的项集模式知识，又称为关联分析(association analysis)。两个或两个以上变量的取值之间存在某种规律性，就称为关联。数据关联是数据库中存在的一类重要的、可被发现的知识，关联分析的目的是找出数据库中隐藏的关联网。一般用支持度(support)和置信度(confidence)两个阈值来度量关联规则的相关性，引入提高度或兴趣度(lift)、相关性等参数，使得所挖掘的规则更符合需求。

设 I_k 是第 k 个项目，则 $I = \{I_1, I_2, \cdots, I_n\}$ 是所有项目的集合，称为项集(itemset)。项目不仅可以表示购物篮中的日常商品，也可以表示事件、人、术语等一般的概念。I 中元素的个数称为项集的长度，长度为 k 的项集称为 k-项集。例如，每个商品就是一个项目，项集为 $I = \{$bread, beer, cake, cream, milk, tea$\}$，I 的长度为 6。

设 T 是每个事务(交易)。因此，T 是一个项目子集，由 I 包含 $(T \subseteq I)$。每一个事务(交易)具有唯一的事务标识 TID。设 D 为一个事务(交易)数据库，并将其认为是挖掘目标。那么 D 为所有事务的集合。

使用上述基本概念，关联规则表示为

$$R : A \Rightarrow B \ (A \text{ 隐含 } B) \tag{4.1.1}$$

其中，$A, B \in 2^I$(即 A 和 B 是由项目构成的集合，称为项集)且 $A \cap B = \varnothing$(空集)，表示项集 A 在某一交易中出现，则 B 也会以某一概率出现。用户关心的关联规则，可以用两个标准来衡量：支持度和置信度。支持度是包括 A 和 B 的数据库 D 上的事务的比率。这样的项目集可以表示为 $A \cup B$，而不是 $A \cap B$。置信度是在 D 中包含 A 的事务中包含 A 和 B 的事务的比率(即 if A ,then B 的概率)。换句话说，支持度是关联规则的重要性的度量，而置信度是关联规则的可靠性的度量。

使用概率 P，支持度和置信度可以用另一种方式表示：

$$\begin{aligned} \text{支持度}(A \Rightarrow B) &\equiv P(A \cup B) \\ \text{置信度}(A \Rightarrow B) &\equiv P(B \mid A) \end{aligned} \tag{4.1.2}$$

其中，$P(A \cup B)$ 和 $P(B \mid A)$ 分别表示概率和条件概率，后者是 B 在 A 发生的条件下发生的概率。

接下来，定义关联规则的强度。发现关联规则要求项集必须满足的最小支持度阈值，称为项集的最小支持度(minimum support)，把满足最小支持度阈值和最小置信度阈值的规则称为强规则。

项集的出现次数等于包含项集的事务数，被称为支持计数。如果项集的支持计数不小于最小支持度×$|D|$(称为最小支持计数)，则称为项集满足最小支持度。如果项集满足最小支持度，则称为频繁项集，并且通常由 L_k 表示，其中 k 表示构成项集的项目数。包含 k 个不同项目组成的项集称为 k-项集(k-itemset)。

设项集 A 的支持计数为 support_count(A)。以上介绍的支持度和置信度可以定义为

$$\text{支持度}(A \Rightarrow B) \equiv P(A \cup B) = \frac{\text{support\_count}(A \cup B)}{|D|} \tag{4.1.3}$$

$$\text{置信度}(A \Rightarrow B) \equiv P(B \mid A) = \frac{\text{support\_count}(A \cup B)}{\text{support\_count}(A)} \tag{4.1.4}$$

例如，"购买面包的顾客也购买了牛奶"的关联规则可以表示为

面包(顾客买面包) $\Rightarrow$ 牛奶(顾客买牛奶)[支持度=50%，置信度=75%]

4.1.2 分类

按照不同情况，关联规则可以进行如下方式的分类(图 4-2)。

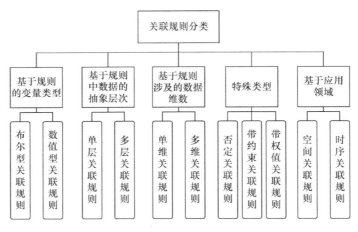

图 4-2　关联规则的分类

(1) 基于规则的变量类型，可以分为布尔型(离散型)关联规则和数值型关联规则。布尔型关联规则处理的值都是离散的、种类化的，它显示了这些变量之间的关系，可以取有限量的值。例如，性别="女"=>职业="秘书"，是布尔型关联规则。而数值型关联规则可以和多维关联或多层关联规则结合起来，对数值型字段进行处理，将其进行动态的分割，或者直接对原始的数据进行处理，当然数值型关联规则中也可以包含种类变量。例如，性别="女"=>avg(收入)=2300，涉及的收入是数值类型，所以是一个数值型关联规则。

(2) 基于规则中数据的抽象层次，可以分为单层关联规则和多层关联规则。在单层的关联规则中，所有的变量都没有考虑到现实的数据是具有多个不同的层次的，这种层次关系通常由专用知识库管理；而在多层的关联规则中，对数据的多层性已经进行了充分的考虑。例如，IBM 台式机=>Sony 打印机，是一个细节数据上的单层关联规则；台式机=>Sony 打印机，是一个较高层次和细节层次之间的多层关联规则。

(3) 基于规则中涉及的数据维数，可以分为单维关联规则和多维关联规则。在单维的关联规则中，只涉及数据的一个维，如用户购买的物品；而在多维的关联规则中，要处理的数据将会涉及多个维。换句话说，单维关联规则是处理单个属性中的一些关系；多维关联规则是处理各个属性之间的某些关系。例如，啤酒=>尿布，这条规则只涉及用户购买的物品；性别="女"=>职业="秘书"，这条规则就涉及两个字段的信息，是两个维上的一条关联规则。

4.1.3　挖掘过程

关联规则挖掘的核心就是识别或发现所有频繁项集。关联规则的挖掘是一个两步的过程：①找出所有频繁项集；②由频繁项集产生强关联规则。根据定义，这些规则必须满足最小支持度和最小置信度。

关联规则挖掘的第一阶段，必须从原始资料集合中找出所有高频项目组(large itemsets)。高频是指某一项目组出现的频率相对于所有记录而言，必须达到某一水平。以一个包含 A 与 B 两个项目的 2-itemset 为例，可以求得包含{A, B}项目组的支持度，若支持度大于等于所设定的最小支持度门槛值，则{A, B}称为高频项目组。一个满足最小支持度的 k-itemset，则称为高频 k-项目组(frequent k-itemset)，一般表示为 Large k 或 Frequent k。算法从 Large k 的项目组中再产生 Large k+1，直到无法再找到更长的高频项目组为止。

关联规则挖掘的第二阶段是要产生关联规则。从高频项目组产生关联规则，是利用前一步

骤的高频 k-项目组来产生规则，在最小置信度(minimum confidence)的条件门槛下，若一规则所求得的置信度满足最小置信度，称此规则为关联规则。例如，经由高频 k-项目组 $\{A,B\}$ 所产生的规则 AB，其置信度可经由式(4.1.4)求得，若置信度大于等于最小置信度，则称 AB 为关联规则。

值得注意的是，关联规则挖掘通常比较适用于记录数据库中的指标取离散值的情况。如果原始数据库中的指标值是取连续的数据，则在关联规则挖掘之前应该进行适当的数据离散化(实际上就是将某个区间的值对应于某个值)。数据的离散化是智能计算前的重要环节，离散化的过程是否合理将直接影响关联规则的挖掘结果。

4.2 相 关 算 法

4.2.1 Apriori 算法

1. 简介

Apriori 算法是最有影响的一种挖掘布尔关联规则频繁项集的算法。其核心是基于两阶段频繁项集思想的递推算法。该关联规则在分类上属于单维、单层、布尔关联规则。

该算法的基本思想是：首先找出所有的频繁项集，这些项集出现的频繁性至少和预定义的最小支持度一样。然后由频繁项集产生强关联规则，这些规则必须满足最小支持度和最小可信度。然后使用第一步找到的频繁项集产生期望的规则，产生只包含集合的项的所有规则，其中每一条规则的右部只有一项，这里采用的是中规则的定义。一旦这些规则被生成，那么只有那些大于用户给定的最小可信度的规则才被留下来。为了生成所有频繁项集，使用了递推的方法。

Apriori 算法可以产生相对较小的候选项目集，扫描数据库的次数由最大频繁项目集的项目数决定。因此，该算法适合于最大频繁项目集相对较小的数据集中的关联规则挖掘问题。不过，Apriori 算法存在两大缺点：①可能产生大量的候选集；②可能需要重复扫描数据库。

2. 具体步骤

1) 使用候选项集找频繁项集

这里给出两个适用于频繁项集的原理：①Apriori(原理)。频繁项集的所有子集都是频繁的。②向下单调性(原理)。更一般地，以下单调递减原理，称为向下单调性，对于支持计数而言成立。

$$X,Y \in 2^I \text{ 且 } X \subseteq Y$$
$$\Rightarrow \text{support\_count}(X) \geqslant \text{support\_count}(Y) \text{。}$$

Apriori 算法的显著特征之一是基于 Apriori 原理重复使用 k 项集查找 $k+1$ 项集的过程。也就是说，首先它找到频繁的 1 项集 L_1。接下来，它使用 L_1 找到频繁的 2 项集 L_2。进而，它使用 L_2 找到频繁的 3 项集 L_3。重复该过程，直到不能再找到频繁的 k 项集 L_k。这样就可以找到所有频繁项集 $L = \bigcup_k L_k$ 作为算法的结果。

Apriori 算法基本上重复以下两个步骤组成的过程。

(1) 连接步骤。如果获得频繁 $k-1$ 项集 L_{k-1}，则算法可以使用频繁的 k 项集 L_k 来找到候选项集 C_k。这里，令 l_1 和 l_2 是 L_{k-1} 的元素。

此外，设 $l_i[j]$ 表示 l_i 的第 j 项。另外，假设在项集和事务内，按照字典顺序(即字典的条目顺序)对项目进行排序。这里假设 L_{k-1} 是由 $k-1$ 个字段组成的数据库。

然后，连接 (L_{k-1}, L_{k-1}) 可以被认为是由第一个 $k-2$ 个字段作为连接键的同一表的自然连接操作。

在这种情况下的连接谓词可以指定为

$$(l_1[1] = l_2[1]) \text{and} (l_1[2] = l_2[2]) \text{and} \cdots \text{and} (l_1[k-2] = l_2[k-2]) \text{and} (l_1[k-1] < l_2[k-1])$$

这里，我们指定上述谓词中最后条件 $l_1[k-1] < l_2[k-1]$ 的选项集 l_1 与 l_2 不同。

作为连接操作的结果，获得 k 项集 $l_1[1]\ l_2[1] \cdots l_1[k-2]\ l_2[k-2]$。

(2) 修剪步骤。候选集 C_k 包括所有频繁的 k 项集 L_k。换句话说，C_k 还可以包括不频繁的项集。因此，有必要消除(即修剪)所有不频繁的项集，以便仅计算 L_k。为此，需要通过扫描数据库 D 来计算 D 中 C_k 的频率(即支持度计数)。此外，还需要确认候选集合所满足的最小支持度。如果至少有一个 $k-1$ 项集作为项集的子集不包含在 L_{k-1} 中，则该原理会确保包括在 C_k 中的该项集是不频繁的，因此可以从 C_k 中将它删除。

下面通过事务数据库的虚拟示例解释 Apriori 算法在实际工作中的应用(图 4-3)。每个事务中都包含"球"(准确地说是标识符)作为如图 4-3 所示的集合。数据库的每次扫描结果都由一对项集及其支持度计数表示，如图 4-4 所示。

项目ID	项目名称
I_1	篮球
I_2	足球
I_3	网球
I_4	羽毛球
I_5	乒乓球

事务ID	项目
T_1	I_1, I_2, I_4, I_5
T_2	I_2, I_3, I_5
T_3	I_1, I_2, I_4, I_5
T_4	I_1, I_2, I_3, I_5
T_5	I_1, I_2, I_3, I_4, I_5
T_6	I_2, I_3, I_4

图 4-3　事务数据库

第一次扫描

I_1	4
I_2	6
I_3	4
I_4	4
I_5	5

第二次扫描

I_1, I_2	4
I_1, I_3	2
I_1, I_4	3
I_1, I_5	4
I_2, I_3	4
I_2, I_4	4
I_2, I_5	5
I_3, I_4	2
I_3, I_5	3
I_4, I_5	3

第三次扫描

I_1, I_2, I_3	3
I_1, I_2, I_5	4
I_1, I_4, I_5	3
I_2, I_3, I_5	3
I_2, I_4, I_5	3

第四次扫描

I_1, I_2, I_4, I_5	3

图 4-4　执行 Apriori 算法

设最小支持计数为 3(即最小支持度=50%)。C_2 减去不频繁项集(即加下划线的项集)在第二次扫描时变为 L_2。以类似的方式通过四次扫描获得所有的频繁项集。

如图 4-5 所示，基于它们之间的集合包含关系，所有项集构成一个网格。在图 4-5 中，如

果由椭圆节点描绘的两个项集可以通过边连接,则上面的项集被下面的项集包含。也就是说,它们分别对应于子集(即上面的)和超集(即下面的)。简单起见,例如,I_1 被简单地表示为 1。这种网格能够让读者迅速知道项集是否频繁。例如,如果 $|I_1, I_3|$ 不频繁,则它的所有超集,如 $|I_1, I_2, I_3|$ 不是频繁的。相反,如果 $|I_1, I_2, I_4|$ 频繁,则它的所有子集,如 $|I_1, I_2|$ 是频繁的。

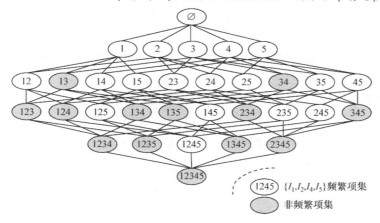

图 4-5　项集的网格

可以通过用哈希树管理频繁项集的候选集来提高子集的这种检查的效率(图 4-6)。也就是说,将项集存储在哈希树的叶节点中,并且将哈希表存储在非叶节点中。哈希表的每个块(bucket)包含指向子节点的指针。简单起见,将考虑以下散列函数。

$$H\ (item) = mod\ [ord\ (item),\ 3]$$

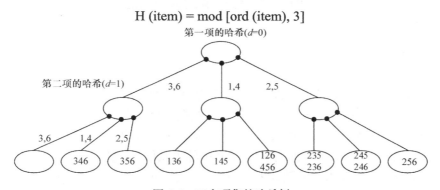

图 4-6　三个项集的哈希树

其中, ord $(i_k) = k$ 且 $mod(m, n)$ 等于 m 除以 n 的余数。

也就是说,根据散列函数应用于项集中第 d 个元素的结果,可以确定哈希树从距根的深度为 d 处的节点到子节点的向下进展。请注意,d 从 0 开始。如果已经达到搜索的叶节点中的项集,则将它们与当前项集进行比较,如果它们彼此匹配,则频率按加计数。否则,项集将会被新插入到叶节点,并且其频率计数被初始化为 1,这样就可以避免与候选频繁项集的伪比较。

2) 关联规则的生成

一旦上述 Apriori 算法发现了频繁项集, 则使用它们生成关联规则就是非常简单的。为了获得强规则,仅需要通过先前定义的置信公式计算规则的置信度。基于结果获得关联规则如下。

(1) 设除了空集之外的每个频繁 k 的项集的适当子集为 s。s 的数量为 2^{k-2}。

(2) 创建 $s \Rightarrow (l-s)$ 并通过以下置信度公式计算置信度。

$$置信度 (A \Rightarrow B) \equiv P(B|A) = \frac{support\_count(A \cup B)}{support\_count(A)}$$

也就是说，在上述公式中，令 A 和 B 分别为 s 和 $l-s$。

如果 $support\_count(l) / support\_count(s)$ 大于或等于指定的最小置信度(min_conf)，则此规则将是最终规则。

以这种方式获得的规则是从频繁项集中得出的，这意味着它们满足最小支持度和最小置信度，所以它们是强关联规则。

例如，从频繁项集 $\{I_2, I_3, I_5\}$ 可以生成以下 6 个规则。

$$I_2 \cup I_3 \Rightarrow I_5(3/4 = 75\%)$$
$$I_2 \cup I_5 \Rightarrow I_3(3/5 = 60\%)$$
$$I_3 \cup I_5 \Rightarrow I_2(3/3 = 100\%)$$
$$I_2 \Rightarrow I_3 \cup I_5(3/6 = 50\%)$$
$$I_3 \Rightarrow I_2 \cup I_5(3/4 = 75\%)$$
$$I_5 \Rightarrow I_2 \cup I_3(3/5 = 60\%)$$

只有置信度大于或等于最小置信度(如 70%)的规则才会变成强规则。

这里将考虑 Apriori 算法的计算成本。令最长频繁项集的大小为 MAX_k，则发现所有关联规则所需的计算复杂度为 $\mathrm{O}(\mathrm{MAX}_k \times |D|)$，而这基本上等于数据库扫描的成本。通过将该值除以阻塞因子(即每页的记录数)，可以获得确定实际处理时间的内存页面和次级存储器之间的 I/O(即输入/输出)成本。

4.2.2 FP-Growth 算法

1. 简介

针对 Apriori 算法的固有缺陷，FP-Growth 算法是一种不产生候选挖掘频繁项集的方法，弥补了 Apriori 算法中的固有缺陷，是大型数据库挖掘频繁项集的一个有效算法。

FP-Growth 算法采用分而治之的策略，在经过第一遍扫描之后，把数据库中的频繁项集压缩进一棵频繁模式树(FP-Tree)，同时依然保留其中的关联信息，随后再将 FP-Tree 分化成一些条件库，每个库和一个长度为 1 的频繁项集相关，然后再对这些条件库分别进行挖掘。当原始数据量很大的时候，也可以结合划分的方法，使得一个 FP-Tree 可以放入主存中。实验表明，FP-Growth 对不同长度的规则都有很好的适应性，同时在效率上较之 Apriori 算法有巨大的提高。FP-Growth 算法可以分为 FP-Tree 的生成、频繁项集的生成和关联规则的生成三大步骤。

2. 具体步骤

FP-Growth 算法使用 FP-Tree 直接发现频繁项集，避免了候选项集的产生。经典的 FP-Growth 算法的伪代码描述如下。

输入：事务数据库 D，最小支持度阈值 minsup；

输出：频繁项集 F_k。

1) 构造频繁模式树 FP-Tree

(1) 扫描数据库 D，计算每一个项的支持度计数，如果项的支持度大于最小支持度阈值，则该项为频繁项，将该项留在数据库中，如果项的支持度计数小于最小支持度阈值，那么该项就是非频繁项, 删除该项。在计算完毕之后将数据库中所有的频繁 1-项集按照支持度大小降序排列。

(2) 对于事务中的频繁 1-项集按照降序排列后的频繁项表记为$[p|P]$, 其中 p 是第一个元素, 而 P 是剩余元素的表。调用 insert_Tree($[p|P]$, T)将此元组对应的信息加入到 T 中。如果 T 有子女 N 使 N.item-name=p.item-name, N 的支持度计数加 1, 否则创建新的结点 N 并且设置支持度计数为 1, 并且使它的父结点为 T, 同时将其链接到具有相同 item-name 的结点。如果 $P \neq \varnothing$, 递归调用 insert_Tree(P, N)。如此重复, 直到事务数据 D 中的每条事务都在树上形成一条完整的路径, FP-Tree 构造完成。

2) 从 FP-Tree 中挖掘频繁项集

从 FP-Tree 挖掘频繁项集是根据将大问题转化为小问题来解决的, 过程为: ①生成每一个项的条件模式基; ②每个新构建的 FP-Tree 重复①这个过程; ③直到结果 FP-Tree 为空, 或只含唯一的一个路径(此路径的每个子路径对应的项目集都是频繁集)。

挖掘 FP-Tree 算法的核心是 FP-Growth 过程, 它通过递归调用的方式实现频繁模式。以 FP-Growth(Tree, α)为例。

第一步, IF(Tree 只含单个路径 P)THEN FOR 路径 P 中结点的每个组合(记作 β)DO 产生模式 $\beta \cup \alpha$, 其支持度 support=β 中结点的最小支持度。

第二步, ELSE FOR each a_i 在 FP-Tree 的项头表(倒序)DO BEGIN。首先, 产生一个模式 $\beta = a_i \cup \alpha$, 其支持度 support=a_i.support; 其次, 构造 β 的条件模式基, 然后构造 β 的条件 FP-Tree β; 最后, IF Tree $\beta \neq \varnothing$ THEN call FP-Growth(Tree β, β)。

下面给出一个算法实例。对于一个给定的事务数据库, 通过第一遍扫描后去掉不频繁的项目(该例的最小支持数阈值为 3), 并且把一个元组中的项目按出现的频率降序排列。表 4-1 给出了这个样本数据库的原始项集和整理后的项集。

表 4-1　样例数据

TID	原始项集	整理后的项集
100	{f, a, c, d, g, i, m, p}	{f, c, a, m, p}
200	{a, b, c, f, l, o}	{f, c, a, b, o}
300	{b, f, h, j, m, p}	{f, b, m, p}
400	{b, c, k, m, o, s}	{c, b, m, o}
500	{a, f, c, e, l, n, o, p}	{f, c, a, o, p}

根据 Build_Tree 算法构造对应的 FP-Tree 如下。

(1) 第 1 次扫描数据库, 导出频繁 1-项集 L=[f4,c4,a4,b3,m3,o3,p3](后面的数字代表支持数)。因此, 可以通过去掉不频繁的单项目来简化原始的数据库元组, 整理后的元组见表 4-1 的第 3 列。

(2) 创造树的根结点, 用 "root" 标记。第 2 次扫描数据库, 对每一个事务创建一个分支。①第一个事务 "T100: f, a, c, d, g, i, m, p" 按 L 的次序包含 5 个项{f, c, a, m, p}, 导致构造树的第一个分支<f1→c1→a1→m1→p1>。②对于第二个事务, 由于其排序后的频繁项表<f, c, a, b, o>与已有的分支路径<f, c, a, m, p>共享前缀<f, c, a>, 所以前缀中的每个结点计数加 1, 只创建两个新的结点 b1 和 o1, 形成分支链接在<f2→c2→a2→b1→o1>。③按此方法处理第 3~第 5 个事务, 并按要求连接到项头表并把相同的项目连接起来, 如图 4-7 虚线所示, 最终得到图 4-7

所示的 FP-Tree。

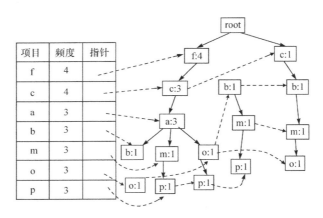

图 4-7　样例库对应的 FP-Tree

　　根据算法 FP-Growth，挖掘图 4-7 产生的 FP-Tree。因为原始参数 α=null，频繁模式树中没有一个单通路，所以在项头表搜索到最后一项 p。p 出现在 FP-Tree 中的三个分支(p 可以通过沿它的结点链找到)。如<f:4，c:3，a:3，m:1，p:1>，<f:4，c:3，a:3，o:1，p:1>和<c:1，b:1，m:1，p:1>。从第一个路径可以看出项集 "<f，c，a，m，p>"只在数据库中出现了一次。尽管项集<f，c，a>出现了三次，而且<f>出现了四次，但它们和 p 只出现了一次。所以在计算和 p 同时出现的项集时，只统计 p 的前缀路径<fcam:1>。同样地，p 的第二个和第三个前缀路径分别为<fcao:1>和<cbm:1>。它们共同形成 p 的条件模式基。由 p 的上面三个条件模式，可以导出包含 p 的频繁模式为：{(cp:3)}(这是因为 p 的条件 FP-Tree 只包含一个频度结点<c:3>)。以此类推，挖掘过程和结果总结在表 4-2 中。

表 4-2　挖掘 FP-Tree 示例

项	条件模式基	条件 FP-Tree	产生的频繁模式
P	{(fcam:1), (fcao:1), (cbm:1)}	<c:3>	cp:3
o	{(fcab:1), (fca:1), (cbm:1)}	<c:3>	co:3
m	{(fca:1), (fb:1), (cb:1)}	∅	∅
b	{(fca:1), (f:1), (c:1)}	∅	∅
a	{(fc:3)}	<fc:3>	fa:3，ca:3，fca:3
c	{(f:3)}	<f:3>	fc:3
f	∅	∅	∅

　　数据库很大时构造基于内存的 FP-Tree 是不现实的。这时应该将数据库划分成投影数据库的集合，然后在每个投影数据库上构造 FP-Tree，并在这些 FP-Tree 上分别进行挖掘。

　　FP-Tree 的结构有两个主要优点：①完备性，它不会打破交易中的任何模式，而且包含了挖掘序列模式所需的全部信息。②紧密性，它剔除不相关信息，不包含非频繁项，按支持度降序排列，支持度高的项在 FP-Tree 中共享的机会也高。

4.2.3　多层关联规则挖掘算法

对于很多应用来说,由于数据分布的分散性,很难在数据最细节的层次上发现一些强关联规则。当引入概念层次后,就可以在较高的层次上进行挖掘。虽然较高层次上得出的规则可能是更普通的信息,但是对于一个用户来说是普通的信息,对于另一个用户却未必如此。所以智能计算应该提供这样一种在多个层次上进行挖掘的功能。

多层关联规则的分类:根据规则中涉及的层次,多层关联规则可以分为同层关联规则和层间关联规则。多层关联规则的挖掘基本上可以沿用“支持度-置信度”的框架。不过,在支持度设置的问题上有一些要考虑的东西。

4.2.4　多维关联规则挖掘算法

对于多维数据库而言,除维内的关联规则外,还有一类多维的关联规则。例如,年龄(X,“20…30”),职业(X,“学生”)$\Longrightarrow$ 购买(X,“笔记本电脑”)在这里就涉及三个维上的数据:年龄、职业、购买。

根据是否允许同一个维重复出现,又可以细分为维间的关联规则(不允许维重复出现)和混合维关联规则(允许维在规则的左右同时出现)。如年龄(X,“20…30”)购买(X,“笔记本电脑”)$\Longrightarrow$ 购买(X,“打印机”) 这个规则就是混合维关联规则。

在挖掘维间关联规则和混合维关联规则的时候,还要考虑不同的字段种类:种类型和数值型。对于种类型的字段,原先的算法都可以处理,而对于数值型的字段,则需要进行一定的处理之后才可以进行。

第5章 优 化

在生活或者工作中存在着各种各样的最优化问题,如每个企业和个人都要考虑的一个问题——在一定成本下,如何使利润最大化。优化是一种数学思想,是研究如何在给定约束条件下,通过寻求某些变量使目标变量达到最优。大体上说,优化问题可分为函数优化问题和组合优化问题两大类,其中函数优化的对象是一定区间的连续变量,组合优化的对象则是解空间中的离散变量。针对最优化问题提出了最优化算法,最优化算法有三要素:变量(decision variable)、约束条件(constraints)和目标函数(objective function)。最优化算法,其实就是一种搜索过程或规则,它基于某种思想和机制,通过一定的途径或规则来得到满足用户要求的问题的解。在最优化算法中,首先提出了贪心算法(又称贪婪算法)的思想,即在对问题求解时,总是做出在当前看来是最好的选择。也就是说,不从整体最优上加以考虑,所做出的是在某种意义上的局部最优解。之后为了解决出现局部最优的问题,启发式算法进一步发展。根据算法发展历程,启发式算法可分为简单(传统)启发式算法、元启发式算法、超启发式算法。其中简单(传统)启发式算法经常陷于局部最优解的问题,超启发式算法仍处于探索发展阶段。因此本章主要针对目前已广泛使用的元启发式算法进行介绍。基于群体的常见算法有:群智能优化算法(如蚁群算法、人工鱼群算法、蜂群算法、粒子群优化算法)和进化算法(如遗传算法);基于个体的常见算法有:禁忌搜索算法、模拟退火算法。本章结构如图 5-1 所示。

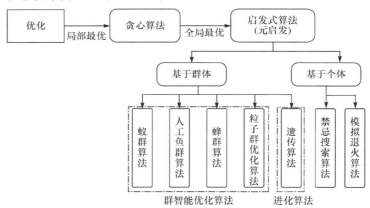

图 5-1 本章结构

5.1 算 法 分 类

5.1.1 贪心算法

贪心算法的研究基本都是基于爬山贪心算法,每一次选择能提供最大影响值的节点,通过局部最优解来近似全局最优解。贪心算法的优点是其精度相对较高,可以达到 $1-1/e-\varepsilon$ 的近似最优。然而贪心算法存在严重的效率问题,即算法复杂度高,执行时间长,从而导致在大规模社会网络中难以应用。针对贪心算法的效率问题，已存在大量的研究和相关优化，该问题也是当前研究的热点问题。

为了使读者能够更好地了解影响力最大化的贪心算法，本节首先介绍两个相关的重要概念：边际收益和子模函数，之后对经典贪心算法 BasicGreedy、CELF 和 MixGreedy 等进行详细介绍，再总结贪心算法的优缺点。

1. 贪心算法基础概念

概念 1：边际收益。影响值函数 $\sigma(\cdot)$ 的边际收益是指在当前活跃节点集合 S 的基础上，额外增加一个节点 v_i 作为初始活跃节点，所能带来的最终影响值增加量。即

$$\sigma_{v_i} = \sigma\left(S \cup \{v_i\}\right) - \sigma(S) \tag{5.1.1}$$

概念 2：子模函数。对于将有限集合 U 的子集映射为非负实数的任意函数 $f(\cdot)$，如果函数 $f(\cdot)$ 满足收益递减，则函数 $f(\cdot)$ 为子模函数。此处收益递减是指增加任一元素 v_i 到集合 S 所带来的边际收益不低于增加元素 v_i 到 S 的超集 $T \supseteq S$ 所带来的边际收益，即形式化描述为

$$f_{v_i}(S) \geq f_{v_i}(T) \tag{5.1.2}$$

或者

$$f\left(S \cup \{v_i\}\right) - f(S) \geq f\left(T \cup \{v_i\}\right) - f(T) \tag{5.1.3}$$

基础理论：如果函数 $f(\cdot)$ 是子模函数同时是单调函数(对于所有的集 S 和元素 v_i，均满足 $f\left(S \cup \{v_i\}\right) \geq f(S)$)，当试图定位大小为 K 的元素集合 S 以使 $f(S)$ 最大时，通过爬山贪心算法可以得到 $1 - 1/e - \varepsilon$ 的近似最优解，其中 e 是自然对数的底，ε 是任意正实数。

2. BasicGreedy 算法

贪心爬山近似(BasicGreedy)算法可以保证 $1 - 1/e - \varepsilon$ 的近似最优。算法从 S 为空集开始，之后执行 K 轮，每轮选择能提供最大边际收益的节点 v，并将其加入初始节点集合 S 中。为了计算图 G 各个节点的边际收益 s_v，可通过 R 轮模拟，计算每轮模拟中以集合 $S \cup \{v\}$ 作为初始活跃节点可以最终影响的节点个数，最后求平均值并选出边际收益最大的节点加入集合 S。

然而，BasicGreedy 算法复杂度很高，达到 $O(KnRm)$，其中，n 和 m 分别表示图 G 的节点数目和边数目，R 表示模拟次数，一般取值为 20000。因此，BasicGreedy 算法执行时间很长，无法应用于大规模社会网络。造成其耗时长的主要原因有两点：①该算法每轮需要为所有节点计算边际收益；②为每个节点计算边际收益时均需要进行 R 次模拟。所以，虽然贪心爬山近似算法精度上有较好的保障，但计算效率低成为其亟待解决的问题。而后续的贪心算法研究基本上都是在解决其效率问题。

3. CELF 算法

朱瑞·莱斯科维茨(Jure Leskovec) 等于 2007 年提出了 BasicGreedy 的优化方法——CELF (cost-effective lazy forward)算法。由于影响值函数 $\sigma(\cdot)$ 满足子模特性，随着初始活跃节点集合 S 的增大，任意节点 v 带来的影响值边际收益只能越来越小。基于此，CELF 算法不需要像 BasicGreedy 算法那样在每轮计算所有节点的影响值边际收益。如果节点 u 在之前轮次时的影响值边际收益小于节点 v 在当前轮次的影响值边际收益，则节点 u 在当前轮次的影响值边际收益必定小于节点 v 的影响值边际收益，因此节点 u 在当前轮次不可能成为边际收益最大的节点，其当前轮次的影响值边际收益不需要计算。CELF 算法正是运用影响力最大化目标函数的子模特性，大大降低每轮节点影响值边际收益的计算个数，减少节点的选择范围，从而降低

了整体计算的复杂度。实验结果表明 CELF 算法在精确度上和 BasicGreedy 算法基本一致，但是其计算效率远远高于 BasicGreedy 算法，可获得高达 700 倍的加速。然而即便如此，CELF 算法在拥有 3.7 万个节点的数据集中寻找最有影响的 50 个节点仍需要花费数小时的时间，其效率难以满足当代社会对于低运行时间的要求。

4. MixGreedy 算法

Wei Chen (陈卫)等提出了新型的贪心优化算法 NewGreedy 和 MixGreedy。在原来的 BasicGreedy 算法中，为了计算每一个节点的影响值边际收益需要进行 R 次模拟，因此对于网络中所有 n 个节点，总共需要 nR 次模拟，计算量大。NewGreedy 算法正是基于此进行改进，提升了算法效率。NewGreedy 算法的核心思想在于在每次模拟中为所有节点计算影响值边际收益，因此 NewGreedy 算法将 BasicGreedy 算法的 nR 次模拟减少到 R 次模拟。具体实现为在每次模拟中，从原始网络中删除所有影响未成功的边，得到网络传播图，然后从网络传播图中对每个节点进行宽度优先搜索(breadth first search，BFS)，即可得到各节点的影响值。考虑到为各个节点进行宽度优先搜索比较耗时，NewGreedy 算法采用了伊迪斯·科恩(Edith Cohen)等提出的随机算法对网络传播图中各节点可达的节点个数进行估计。采用 Cohen 的随机算法一方面使得 NewGreedy 算法的复杂度明显下降，从 BasicGreedy 的 $O(KnRm)$ 下降到 $O(KnTm)$，其中，T 表示 Cohen 随机算法的迭代次数，且 T 远小于 R；但是另一方面由于 Cohen 的随机算法采用估计方法，无法得到节点的精确影响值，其精度相应有所下降。

MixGreedy 算法是 NewGreedy 算法和 CELF 算法的结合体。CELF 算法的第一轮需要计算所有节点的影响值边际收益，因此计算量较大；但在第一轮之后受益于子模特性，有部分节点的影响值边际收益不需计算，计算量明显下降。而 NewGreedy 算法则需要每轮进行 R 次模拟以计算各节点的影响值边际收益。NewGreedy 和 CELF 两种算法的优点正交不冲突，因此 MixGreedy 算法取两个算法优点之和，在第一轮采用 NewGreedy 算法减少计算量，而在之后各轮采用 CELF 算法减少计算量，从而进一步降低了整体算法的复杂度。研究表明，NewGreedy 和 MixGreedy 两个算法能显著加速求解，同时保证与 BasicGreedy 基本一致的精度。

5. 其他贪心算法

Amit Goyal(阿密特·戈雅)等深入分析了 CELF 算法，并提出了针对 CELF 算法的优化方法——CELF++算法。CELF++算法再次利用了影响值函数 $\sigma(\cdot)$ 的子模特性，为所有节点分别记录了在当前迭代中该节点计算之后影响力最大的节点 ID：$preV_{best}$。如果在本轮迭代后，节点 v_i 的 $preV_{best}$ 节点被选为本轮影响力最大的节点，则在下一轮迭代中节点 v_i 的影响值不需要计算，因此可以避免 CELF 算法中许多不必要的影响值重新计算。实验证明，相比于 CELF 算法，CELF++算法可以减少 35%～55%的运行时间。

综上所述，BasicGreedy 算法奠定了影响力最大化近似算法的基础。虽然 BasicGreedy 算法可以保证较高的求解精度，然而该算法复杂度高、计算量大，导致运行时间很长。大量的后续研究工作针对该效率问题进行了优化，虽然取得了显著的加速效果，但是仍未满足应用对于算法高效率的要求。尤其是面对如今的大规模社会网络时，设计更加高效的影响力最大化求解算法仍是目前研究的核心目标。

5.1.2　启发式算法

虽然对于贪心算法的后续改进和优化有了十分明显的加速，然而由于贪心算法计算复杂度过高，优化之后的运行时间依然难以满足目前大规模社会网络对于低运行时间的要求。与此同时，为了追求更高的算法效率，许多优秀的启发式算法被提出以减少问题的求解时间。本节将对现有启发式算法的相关研究进行介绍。

1. DegreeDiscount 启发式

最基本的启发式算法是 David Kempe 等提出的 Random 启发式、Degree 启发式和 Centrality 启发式。其中 Random 启发式没有考虑任何影响度和影响传播的因素，而仅仅是从目标社会网络 G 的所有节点集合 V 中随机选择 K 个节点。相比之下，Degree 启发式和 Centrality 启发式更优，两者均依据节点的一些网络拓扑特性来定位网络中影响最大节点。Degree 启发式借鉴了社会学研究中以节点的度数来衡量节点影响力的思想，因此 Degree 启发式将网络中所有节点按照度数排序，选择度数最大的 K 个节点。与 Degree 启发式类似，Centrality 启发式认为网络中同其他节点平均距离最近的节点有更大的概率可以影响其他节点，因此 Centrality 启发式按照节点同网络中其他节点的平均距离进行排序，选择平均距离最近的 K 个节点。很明显，上述三种基本启发式算法设计思路简单，因此执行时间很短，仅仅需要几秒钟，甚至几毫秒。然而由于它们没有考虑节点的实际影响值及影响传播的因素，算法精度十分差。

基于 Degree 启发式，后有学者提出了一种针对独立级联模型的启发式算法——DegreeDiscount 启发式。该启发式的核心思想是：如果节点 v 的邻居节点中存在节点 u 被选为初始活跃节点，由于两者之间的影响力存在重叠，则需要对节点 v 的度数进行定量折扣。DegreeDiscount 启发式的算法精度比 Degree 启发式有大幅度改进，然而仍然无法同贪心算法相提并论。

2. PMIA 启发式

针对独立级联模型，有学者提出了一种新型启发式算法——PMIA 启发式。PMIA 启发式之所以计算效率高并具有良好可扩展性，是因为 PMIA 启发式以节点在其周边局部区域的影响值来近似其全局影响值，通过最大影响路径来构建最大影响子树 (maximum influence arborescence, MIA) 模型，并通过调控最大影响子树的大小来达到算法执行效率和算法精度之间的折中。研究证明在 MIA 模型下影响函数依然符合子模特性，因此贪心算法可以达到 $1-1/e-\varepsilon$ 的近似最优。为了追求更高的执行效率，学者便提出了基于 MIA 模型的 PMIA 启发式。PMIA 启发式仅仅需要计算节点在局部区域的影响值，并对局部相关的节点进行影响值更新，因此计算效率更高。不过，PMIA 启发式虽然以局部近似最优的方式提高了效率，但是不可避免地损失了精度，造成了算法精度过低的结果。

3. LDAG 启发式

由于在有向无环图(directed acyclic graph，DAG)中可以快速得到节点的影响值，有学者提出基于 DAG 图的针对线性阈值模型的高效 LDAG 启发式。该启发式基于局部性原理，首先通过删除部分权重低的边为社会网络中各个节点建立局部 DAG 图，其次在构建的 DAG 图中计算各个节点的影响值，选择影响值最大的节点作为算法结果。实验证明，LDAG 启发式可以显著加速线性阈值模型下的影响力最大化问题求解。然而，同 PMIA 启发式一样，LDAG 启发式获得的速度提升同样是以牺牲算法精度为代价的。

4. 其他启发式

在对 LDAG 启发式进行了深入分析后,发现其存在以下缺点:①采用贪心策略构建 DAG,从而影响了算法精度;②LDAG 启发式仅考虑了在 LDAG 之内的影响传播,然而实际中存在很多影响传播的路径,这些路径的影响传播被 LDAG 忽略;③需要存储所有的 DAG,存储空间占用大。针对上述问题,有学者设计了 SIMPATH 启发式,通过计数从种子节点开始的简单路径来准确估计节点的影响值。除此之外，还有节点覆盖(vertex cover)优化方法和前瞻 (look ahead)优化方法。其中，节点覆盖优化方法用于减少在第一轮迭代中影响值计算的次数，从而降低算法复杂度并缩短第一轮的算法执行时间。之后，前瞻优化方法在后续轮次的影响值计算过程中通过参数来进一步缩短算法执行时间。在真实数据集上进行的实验证明，SIMPATH 启发式在算法运行时间、算法精度和内存使用率等各方面均比 LDAG 等启发式更优。

Kyomin Jung 等于 2012 年基于独立级联模型设计了新的 IRIE 启发式。传统的启发式和 PMIA 启发式需要通过多轮模拟或者局部影响值计算的方式得到节点的影响值，从而选择出影响值最大的节点。然而针对大规模社会网络，计算所有节点的影响值是十分耗时的。因此，IRIE 启发式的新颖之处在于其不需要计算各节点的影响值，而是基于信任传播(belief propagation)方法，仅需要很少轮迭代即可对全局节点的影响值进行排序，之后选择排序最高的节点作为最有影响力的节点。同时 IRIE 启发式结合了影响力估计方法，在每轮排序完成之后，估计最有影响力节点对网络中其他节点的影响，然后根据结果调整下一轮的影响力排序。IRIE 启发式结合了影响力排序(influence ranking)和影响力估计(influence estimation)两种方法，因此同独立级联模型 PMIA 启发式比起来，其速度更快，平均高出两个数量级；同时其精度跟 PMIA 启发式持平。

虽然这些启发式算法有效缩短了算法的执行时间，但同时也导致了精度的严重下降，这是因为上述启发式算法通过近似估计节点影响值，或甚至根本不计算节点影响值的方式选择最具有影响力的节点。上述启发式算法复杂度低，运行时间短，但其精度无法得到保障，不能同贪心算法相媲美。

5.2　蚁　群　算　法

蚁群算法(ant colony algorithm，ACA)是受自然界中蚂蚁行为的启发而发展起来的一种启发式优化算法，由意大利学者 Dorigo 等首先提出。它是一种随机搜索方法，同其他启发式方法相同，是通过由候选解组成的群体的进化过程来寻找最优解。蚁群算法以其分布具并行性、易获得正反馈、鲁棒性强、通用性好、收敛速度快、易获得全局最优解等特性引起人们的关注，已成为国内外启发式算法研究的热点。虽然该算法的研究时间不长，但该算法已在著名的旅行商问题[①](travelling salesman problem，TSP)、单件生产车间调度、流水线生产车间调度、图着色问题、二次分配问题(quadratic assignment problem，QAP)及降水预报等一系列复杂困难问题和系统优化问题求解中取得了成效，显示出该算法在求解复杂优化问题，尤其是组合优化问题方面的优越性，是一种很有潜力的演化算法。

5.2.1　基本思想

蚂蚁在寻找食物过程中，总可以找到从食物源到巢穴间的最短距离。根据仿生学家的研究，蚂蚁的这种寻优能力的原理在于：蚂蚁在所经过的路径上会留下一种被称为信息素的挥发性分泌物，信息素会随着时间的推移逐渐减少，蚂蚁在觅食过程中能够感知信息素的存在及其强度，并以此来调整自己的运动方向，倾向于向信息素强度高的方向移动，即选择该路径的概率与当时这条路径上信息素的强度成正比。信息素强度越高的路径，选择它的蚂蚁就越多，则

---

① 旅行商问题：是指旅行家要旅行 n 个城市，要求各个城市经历且仅经历一次然后回到出发城市，并要求所走的路程最短。

在该路径上留下的信息素的强度也就越大；而高强度的信息素又会吸引更多的蚂蚁，从而形成一种正反馈，导致大部分的蚂蚁最终都会走一条最佳路径。蚁群算法概念如图 5-2 所示。

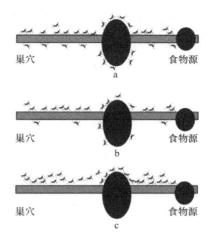

图 5-2　蚁群算法概念

5.2.2　算法原理

以求解 TSP 问题为例说明基本蚁群算法模型。n 个城市的 TSP 问题就是寻找通过 n 个城市各一次，且最后回到出发点的最短路径。蚁群算法中最关键的是路径选择规则和信息素更新规则。

1. 路径选择规则

设蚂蚁的数量为 m，$d_{ij}(i, j = 1, 2, 3, \cdots, n)$ 表示城市 i 和城市 j 之间的距离，$\tau_{ij}(t)$ 表示 t 时刻在城市 i 与城市 j 连线上信息素的强度。初始时刻，各条路径上信息素的强度相同，设 $\tau_{ij}(0) = C$（C 为常数）。蚂蚁 $k(k=1, 2, \cdots, m)$ 在运动过程中，根据各条路径上的信息素的强度决定转移方向。$P_{ij}^k(t)$ 表示 t 时刻蚂蚁 k 从城市 i 转移到城市 j 的概率，其计算公式为

$$P_{ij}^k = \begin{cases} \dfrac{\tau_{ij}^\alpha(t)\eta_{ij}^\beta(t)}{\displaystyle\sum_{s \in \text{allowed}_k} \tau_{is}^\alpha(t)\eta_{is}^\beta(t)} & j \notin \text{tabu}_k \\ 0 & \text{其他} \end{cases} \qquad (5.2.1)$$

其中，$\text{tabu}_k(k=1, 2, \cdots, m)$ 表示蚂蚁 k 已走过城市的集合；$\text{allowed}_k = \{0, 1, \cdots, n-1\} - \text{tabu}_k$ 表示蚂蚁 k 下一步允许选择的城市（开始时 tabu_k 中只有一个元素，即蚂蚁 k 的出发城市，随着选择的进行，tabu_k 中的元素不断增加）；η_{ij} 表示能见度（又称期望程度），在 TSP 问题中通常取路径 i–j 长度（城市 i 和 j 之间距离）的倒数，即 $\eta_{ij} = 1/d_{ij}$；α、β 分别表示调节信息素强度 τ_{ij} 与能见度 η_{ij} 的相对重要程度。因此转移概率 P 是能见度 η_{ij} 和信息素强度 τ_{ij} 的权衡。

2. 信息素更新规则

随着时间的推移，以前留在各条路径上的信息素逐渐消失，设信息素的保留系数为 $\rho(0 < \rho < 1)$，它体现了信息素强度的持久性；而 $1-\rho$ 则表示信息素的挥发程度。经过 Δt 时刻，蚂蚁完成一次循环，各路径上信息素的强度要根据式(5.2.2)和式(5.2.3)进行调整：

$$\tau_{ij}(t + \Delta t) = \rho \cdot \tau_{ij}(t) + \Delta \tau_{ij}(\Delta t) \qquad (5.2.2)$$

$$\Delta \tau_{ij}(\Delta t) = \sum_{k=1}^m \Delta \tau_{ij}^k \qquad (5.2.3)$$

其中，Δt 表示第 k 只蚂蚁在本次循环中留在路径 i–j 上的信息素的强度，$\Delta \tau_{ij}(\Delta t)$ 表示本次循环中 m 只蚂蚁在路径 i–j 上所留下的信息素强度之和。

Dorigo 曾给出三种不同的模型，分别称为蚁周系统模型(ant cycle system, ACS)，蚁量系统模型(ant quantity system, AQS)和蚁密系统模型(ant density system, ADS)。它们的差别在于：①信息素的更新时刻不同，ACS 是在蚂蚁走完全程，回到起点时按式(5.2.2)和式(5.2.3)更新信息素，而 AQS 和 ADS 则是在蚂蚁每到达一个城市就更新它所走过的路径上的信息素；

②每次信息素更新的量 $\Delta\tau_{ij}^{k}$ 不同，它们的区别在于后两种模型中利用的是局部信息，而前者利用的是整体信息。

在 ACS 中；$\Delta\tau_{ij}^{k}$ 为

$$\Delta\tau_{ij}^{k} = \begin{cases} \dfrac{Q}{L_k} & \text{若第}k\text{只蚂蚁经过路径}i-j \\ 0 & \text{否则} \end{cases} \tag{5.2.4}$$

在 AQS 和 ADS 中，$\Delta\tau_{ij}^{k}$ 分别为

$$\Delta\tau_{ij}^{k} = \begin{cases} \dfrac{Q}{d_{ij}} & \text{若第}k\text{只蚂蚁经过路径}i-j \\ 0 & \text{否则} \end{cases} \tag{5.2.5}$$

$$\Delta\tau_{ij}^{k} = \begin{cases} Q & \text{若第}k\text{只蚂蚁经过路径}i-j \\ 0 & \text{否则} \end{cases} \tag{5.2.6}$$

其中，L_k 表示蚂蚁 k 走过的路径总长度；Q 表示一个常数。在 ADS 中，Q 定义了蚂蚁 k 在经过路径 i–j 时释放信息素的量。在 ACS 与 AQS 中，分别用 L_k 与 d_{ij} 调节信息素的释放量。用基本蚁群算法求解 TSP 问题时，ACS 性能较好。

蚁群算法中 α、β、ρ 和 Q 等参数对算法性能有较大的影响。α 值的大小表明留在每个结点上的信息最受重视的程度，α 值越大，蚂蚁选择曾经过的路线的可能性越大，但过大又会使搜索过早陷于局部最小解；β 值的大小表明启发式信息受重视的程度，β 值越大，蚂蚁选择离它近的城市的可能性也越大；ρ 表示信息素的保留率，如果它的取值不恰当，得到的结果会较差。根据以上分析，研究参数 α、β、ρ 的最佳配置，对发挥蚁群算法在实际问题中的作用有很重要的意义。算法中的参数 α、β、ρ 和 Q 可以用实验方法确定其最优组合，也可以通过进化学习得到。由算法复杂度分析理论可知，该算法的时间复杂度为 $O(\text{nc} \cdot m \cdot n^2)$，其中 nc 表示循环次数。以上是针对 TSP 问题说明基本蚁群模型，对该模型稍作修正，便可以应用于其他问题。

3. 基本蚁群算法的主要步骤

步骤 1：置 nc=0(nc 为循环次数)，对各 τ_{ij} 和 $\Delta\tau_{ij}$ 赋初值，并将 m 个蚂蚁置于 n 个顶点上。

步骤 2：将各蚂蚁的初始出发点置于当前解集中。将每个蚂蚁 $k(k=1, 2, \cdots, m)$ 按式(5.2.1)的概率 P_{ij}^{k} 转移至下一顶点 j，将顶点 j 置于当前解集。

步骤 3：计算各蚂蚁 k 的目标函数值 $Z_k(k=1, 2, \cdots, m)$，记录当前的最优解。

步骤 4：按更新方程式修改路径 i–j 上的信息度强度。

步骤 5：对各路径 i–j，置 $\Delta\tau_{ij}$=0，nc=nc+1。

步骤 6：若 nc<预定的循环次数，则转至步骤 2。

这种算法也存在一些缺陷，例如，需要较长的搜索时间，当规模较大时易陷入局部最优解，即产生过早收敛等问题。蚁群中各个体的运动是随机的，在进化的初始阶段，各个路径上信息量相差不明显，信息正反馈使得较好路径上的信息量逐渐增大，当群体规模较大时，很难在较短的时间内从大量杂乱无章的路径中找出一条较好的路径。对基本蚁群算法的改进主要是克服算法的两个缺点：进化时间较长和容易产生过早收敛。

5.2.3　实例

以求解四个城市的 TSP 为例，理解蚁群算法。距离矩阵和城市如图 5-3 和图 5-4 所示。

$$D = \left(d_{ij}\right) = \begin{bmatrix} 0 & 3 & 1 & 2 \\ 3 & 0 & 5 & 4 \\ 1 & 5 & 0 & 2 \\ 2 & 4 & 2 & 0 \end{bmatrix}$$

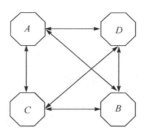

图 5-3　距离矩阵　　　　　　　　　　　图 5-4　有权重边的图

假设共 m=3 只蚂蚁，参数 $\alpha = 1, \beta = 2, \rho = 0.5$。

步骤 1：初始化。

首先使用贪婪算法得到路径(ACDBA)，则 C_{nn}=1+2+4+3=10，求得 $\tau_0 = m / C_{nn} = 0.3$，则

$$\tau(0) = \left(\tau_{ij}(0)\right) = \begin{bmatrix} 0 & 0.3 & 0.3 & 0.3 \\ 0.3 & 0 & 0.3 & 0.3 \\ 0.3 & 0.3 & 0 & 0.3 \\ 0.3 & 0.3 & 0.3 & 0 \end{bmatrix}$$

步骤 2：为每只蚂蚁随机选择出发城市，假设蚂蚁 1 选择城市 A，蚂蚁 2 选择城市 B，蚂蚁 3 选择城市 D。

步骤 3.1：为每只蚂蚁选择下一个访问城市，仅以蚂蚁 1 为例，当前城市 $i=A$，可访问城市集合 $J_1(i) = \{B,C,D\}$，计算蚂蚁 1 访问各个城市的概率：

$$A \Rightarrow \begin{cases} B: \tau_{AB}^{\alpha} \times \eta_{AB}^{\beta} = 0.3^1 \times (1/3)^2 = 0.033 \\ C: \tau_{AC}^{\alpha} \times \eta_{AC}^{\beta} = 0.3^1 \times (1/1)^2 = 0.300 \\ C: \tau_{AD}^{\alpha} \times \eta_{AD}^{\beta} = 0.3^1 \times (1/2)^2 = 0.075 \end{cases}$$

$$P(B) = \frac{0.033}{0.033 + 0.3 + 0.075} = 0.08$$

$$P(C) = \frac{0.300}{0.033 + 0.3 + 0.075} = 0.74$$

$$P(D) = \frac{0.075}{0.033 + 0.3 + 0.075} = 0.18$$

用轮盘赌法选择下一个访问城市，假设产生的随机数 q=0.05，则蚂蚁 1 会选择城市 B，用同样的方法为蚂蚁 2 和蚂蚁 3 选择下一访问城市，假设蚂蚁 2 选择城市 D，蚂蚁 3 选择城市 A。

步骤 3.2：为每只蚂蚁选择下一访问城市，仅以蚂蚁 1 为例，当前城市 $i=B$，路径记忆向量 $R' = (AB)$，可访问城市集合 $J_1(i)=\{C,D\}$，计算蚂蚁 1 访问 C，D 城市的概率。

$$B \Rightarrow \begin{cases} C: \tau_{BC}^{\alpha} \times \eta_{BC}^{\beta} = 0.3^1 \times (1/5)^2 = 0.012 \\ C: \tau_{BD}^{\alpha} \times \eta_{BD}^{\beta} = 0.3^1 \times (1/4)^2 = 0.019 \end{cases}$$

$$P(C) = \frac{0.012}{0.012 + 0.019} = 0.39$$

$$P(D) = \frac{0.019}{0.012 + 0.019} = 0.61$$

用轮盘赌法选择下一个访问城市，假设产生的随机数 $q=0.67$，则蚂蚁 1 会选择城市 D，用同样的方法为蚂蚁 2 和蚂蚁 3 选择下一访问城市，假设蚂蚁 2 选择城市 C，蚂蚁 3 选择城市 C。

此时，所有蚂蚁的路径都已构造完毕。

蚂蚁 1：$A \rightarrow B \rightarrow D \rightarrow C \rightarrow A$

蚂蚁 2：$B \rightarrow D \rightarrow C \rightarrow A \rightarrow B$

蚂蚁 3：$D \rightarrow A \rightarrow C \rightarrow B \rightarrow D$

步骤 4：信息素更新。

计算每只蚂蚁构建的路径长度：$C_1=3+4+2+1=10$；$C_2=4+2+1+3=10$；$C_3=2+1+5+4=12$。更新每条边上的信息素：

$$\tau_{AB} = (1-\rho) \times \tau_{AB} + \sum_{k=1}^{3} \Delta\tau_{AB}^{k} = 0.5 \times 0.3 + \left(\frac{1}{10} + \frac{1}{10}\right) = 0.35$$

$$\tau_{AC} = (1-\rho) \times \tau_{AC} + \sum_{k=1}^{3} \Delta\tau_{AC}^{k} = 0.5 \times 0.3 + \frac{1}{12} = 0.16$$

......

步骤 5：如果满足结束条件，则输出全局最优结果并结束程序，否则，转向步骤 2 继续执行。

5.3　人工鱼群算法

5.3.1　基本概念

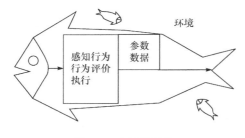

图 5-5　人工鱼结构

人工鱼群算法(artificial fish swarm algorithm)是受鱼群行为的启发，于 2002 年提出的一种基于动物行为的群体智能优化算法，是行为主义人工智能的一个典型应用，这种算法源于鱼群的觅食行为(图 5-5)。

鱼群的主要行为有觅食行为、集群行为、繁殖行为、躲避逃逸行为、洄游行为、追逐行为、随机游动和离开行为等。

人工鱼群算法常用的终止条件包括：①判断连续多次所得的均方差小于允许的误差；②判断一些区域的人工鱼群的数量达到某个比率；③连续多次所获取的值均不得超过已寻找的极值；④迭代次数到达设定的最大次数。

5.3.2　行为描述

人工鱼(artificial fish，AF)的主要行为如下。

(1) 随机行为(AF-random)：指人工鱼在视野内随机移动，当发现食物时，会向食物逐渐增多的方向快速移动。

(2) 觅食行为(AF-prey)：指鱼循着食物多的方向游动的一种行为，人工鱼 X_i 在其视野内随机选择一个状态 X_j，分别计算它们的目标函数值进行比较，如果发现 Y_j 比 Y_i 优，则 X_i 向 X_j 的方向移动一步；否则，X_i 继续在其视野内选择状态 X_j，判断是否满足前进条件，反复尝试 trynumber 次后，仍没有满足的前进条件，则进一步移动使 X_i 到达一个新的状态。

(3) 聚群行为(AF-swarm)：鱼在游动过程中为了保证自身的生存和躲避危害会自然地聚集成群。鱼群聚集时所遵守的规则有三条：①分割规则，尽量避免与邻近伙伴过于拥挤；②对准规则，尽量与邻近伙伴的平均方向一致；③内聚规则，尽量朝邻近伙伴的中心移动。人工鱼 X_i 搜索其视野内的伙伴数目 n_f 及中心位置 X_C，若 $Y_C/n_f > \delta Y_i$，表明伙伴中心位置状态较优且不太拥挤，则 X_i 朝伙伴的中心位置移动一步，否则执行觅食行为。

(4) 追尾行为(AF-follow)：鱼向其可视区域内的最优方向移动的一种行为。人工鱼 X_i 搜索其视野内所有伙伴中的函数最优伙伴 X_j。如果 $Y_C/n_f > \delta Y_i$，表明最优伙伴的周围不太拥挤，则 X_i 朝此伙伴移动一步，否则执行觅食行为。

另外，公告板是记录最优人工鱼个体状态的地方。每条人工鱼在执行完一次迭代后将自身当前状态与公告板中记录的状态进行比较，若优于公告板中的状态则用自身状态更新，否则公告板的状态不变。当整个算法的迭代结束后，输出公告板的值，就是所求的最优值。

5.3.3　算法步骤

步骤 1：确定种群规模 N，在变量可行域内随机生成 N 个个体，设定人工鱼的可视域 Visual，步长 step，拥挤度因子 δ，尝试次数 trynumber。

步骤 2：计算初始鱼群各个体适应值，取最优人工鱼状态及其值赋给公告板。

步骤 3：个体通过觅食行为、聚群行为、追尾行为更新自己，生成新鱼群。

步骤 4：评价所有个体。若某个体优于公告板，则将公告板更新为该个体。

步骤 5：当公告板上最优解达到满意误差界内，算法结束，否则转到步骤 3。

人工鱼群算法流程如图 5-6 所示。

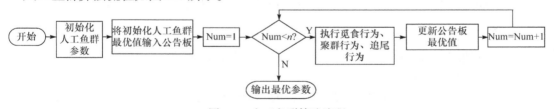

图 5-6　人工鱼群算法流程

5.3.4　比较分析

前面介绍了蚁群算法，通过算法流程简要了解了蚁群算法的仿生学思想，其本身在实际应用中具有一定特点。人工鱼群算法在创立初期也是基于仿生学思想，但其主要特点却区别于蚁群算法。下面就从几个方面对这两种智能优化算法进行比较，从中找出两者的相同点与不同点来加深理解。

蚁群算法的主要特点是具有发现较好解的能力。由于算法本身采用了正反馈并行自催化的机制，具有分布式计算机制、易于与其他仿生优化算法相融合的特点，加快了进程过程，而且不易陷入局部最优解。个体之间通过不断进行信息交流和传递，有利于发现较好解。单个个体容易收敛于局部最优，多个个体通过合作，可很快收敛于解空间的某一子集，有利于对解空间进一步搜索，从而发现较好解。

人工鱼群算法有良好的克服局部极值取得全局极值的能力，并且算法中只使用目标函数的函数值，无需目标函数的梯度值等特殊信息，对搜索空间具有一定的自适应能力。算法对初值无要求，对各参数的选择也不很敏感。但该算法获取的仅仅是系统的满意解域，对于精确解的获取还需要进行适当的改进，所以又有一些改进的算法被相继提出来。

1. 相同点

(1) 两种算法都是不确定的算法，它们的搜索过程都具有非确定性，都是利用仿生理论的记忆机制加强局部搜索或者抑制早熟收敛，从而使算法快速收敛到全局最优解。人工鱼群算法的公告板、蚁群算法的信息素就是这个作用，所以它们都具有避免陷入局部最优以收敛于全局最优(或次优)的能力。

(2) 两种算法都是从由多个个体所组成的初始种群起始的种群空间中的迭代过程，其搜索过程的每一步都利用了种群各个体所提供的信息。这些信息可以避免一些不必要搜索的点或区域，从而提高搜索效率，也在更大程度上避免陷入局部最优。

(3) 两种算法的鲁棒性都较强。由于仿生优化算法不依赖于优化问题本身的严格数学性质和所求解本身的结构特征，在求解不同问题时，只需对基本算法模型稍加修改，便可以应用于其他问题。

(4) 两种算法都具有并行性，易于并行实现。仿生优化算法的并行性主要表现在两个方面：一是仿生计算是内在并行的，即仿生优化算法本身非常适合大规模并行；二是演化计算的内含并行性，这使得仿生计算能以较少的计算获得较大的收益。

(5) 两种算法都很容易与多种启发式算法结合，以改善算法的性能。

2. 不同点

(1) 蚁群算法本身很复杂，一般需要较长的搜索时间。有时会出现停滞现象，即搜索进行到一定程度后，所有个体所发现的解完全一致，不能对解空间进行进一步搜索。

(2) 用人工鱼群算法解决离散优化问题时，该算法具有保持探索与开发平衡的能力较差和算法运行后期搜索的盲目性较大等缺点，从而影响了该算法搜索的质量和效率。

5.3.5 实例

为了更好地理解人工鱼群算法，以管理策略中的常见问题——最小费用问题为例，来说明人工鱼群算法的使用。

问题描述：为一家小型石油转运公司作咨询，该公司管理人员要求提供利用有限的空间存储不同类型的石油，并且存储费用最小的管理策略。

主要考虑因素包括：①每类石油的数量；②每类石油的成本；③取走每类石油的速率；④每类石油的存储费用；⑤每类石油的存储空间。

相关定义如下。x_i：第 i 类石油的数量；C_i：第 i 类石油的成本；V_i：单位时间内取走第 i 类石油的速率；H_i：第 i 类石油单位时间内的存储费用；t_i：每单位第 i 类石油所占用的存储空间；T：存储容器的总容量。

目标函数为 $\min f(x) = \sum_{i=1}^{k} \left(\dfrac{C_i V_i}{x_i} + \dfrac{H_i x_i}{2} \right)$。

约束条件为 s.t. $\quad T - 5 \leqslant \sum_{i=1}^{k} t_i x_i \leqslant T$ ；$C_i = -1.5i + 20$ ；$V_i = -0.5(i-5)^2 + 14$ 。

结果如图 5-7 所示。

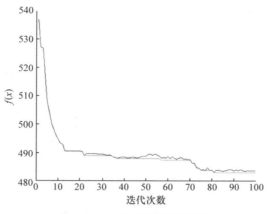

图 5-7　人工鱼群算法结果图

5.4　蜂 群 算 法

蜂群算法是一种模仿蜜蜂繁殖、采蜜等行为的较新的群智能优化算法。德国生物学家 Frisch(1946)破译了蜜蜂采蜜时跳舞所蕴含的信息，并因此获得 1973 年诺贝尔生理学奖。美国康奈尔大学的 Seeley(1955)提出了蜂群的自组织模型。Abbass(2001)提出了蜜蜂婚配优化(honey bee mating optimization, HBMO)算法，用于解决可满足性问题。Lucic 等(2001)针对蜜蜂行为建模，提出了一种基于蜂群采蜜行为的蜜蜂系统(bee system, BS)。土耳其埃尔吉耶斯大学的 Dervis Karaboga(2005)在 Seeley 蜂群自组织模型的基础上，系统地提出了人工蜂群(artificial bee colony，ABC)算法，并将其应用于数值优化领域，2006 年又扩展到约束性数值优化领域。此后，国内外学者针对基本蜂群算法提出了多种改进算法，并应用到神经网络训练、图像处理、无线通信、数据挖掘、组合优化、电子学、软件和控制工程等不同领域。目前，蜂群算法的研究还处于不断探索与改进的阶段。

蜂群算法中的每只蜜蜂都可以看作一个智能体(agent)，通过蜂群个体间协同作用达到群体智能的效果。蜂群算法主要是模仿蜜蜂繁殖与采蜜两种机理。基于蜜蜂繁殖机理的蜂群算法通过蜂王保持优良基因，使得蜂群更加适应环境。基于蜜蜂采蜜机理的蜂群算法则通过不同蜜蜂间的分工协作、角色转换两种机制寻找最优解。

5.4.1　基于蜜蜂繁殖机理的蜂群算法

1. 原理

一个完整的蜂巢一般由一只蜂王(或称为蜂后)、上千只雄蜂、10000～60000 只工蜂和幼蜂组成。这几种蜂分工明确，各司其职。蜂王是蜂群中唯一具有生殖能力的雌蜂，主要任务是与不同的雄蜂进行交配与产卵；雄蜂是整个蜂群的父亲和警卫，主要任务是和蜂王交配繁殖后代；工蜂主要负责清洁、哺育、筑巢、守卫和采蜜等各项工作。

蜂王的求偶过程称为婚飞。蜂王在空中起舞就标志着婚飞的开始，一群雄蜂追随其后。蜂王选择其中一只雄蜂进行空中交配，每次可以与 7～20 只雄蜂交配，直至纳满精子飞回蜂巢产卵。为了避免近亲繁殖，蜂王有时会寻找其他蜂群的雄蜂交配。刚开始交配时，蜂王飞行速度很快，每交配一次，蜂王的飞行速度有所衰减。当蜂王衰弱到一定程度时，则由成熟且胜任的幼蜂替代，即产生新一代蜂王，此时结束原蜂王的生命周期。蜂群繁殖进化过程也是蜂王不断更新的过程，如图 5-8 所示。其实，新蜂王的产生类似于进化计算中的一个优化过程，蜂王是优化过程中待求解问题的最优解。

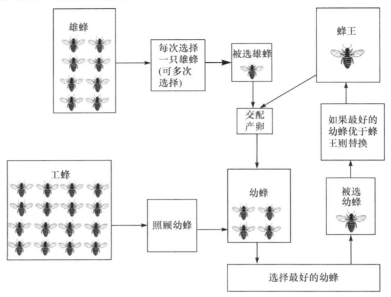

图 5-8　蜜蜂繁殖行为

在蜂群繁殖过程中，蜂王的婚飞起着关键作用。婚飞可看作在空间区域的一系列状态之间进行转移，蜂王以一定的速率穿梭于空间中的不同区域，并在各个区域内随机与碰到的雄蜂交配。在婚飞的开始时刻，算法给蜂王赋予较大的能量和速度，使其快速飞行，进行大范围跳跃，并随机寻找雄蜂。随着能量的逐渐降低，蜂王开始低速寻找雄蜂。在能量消耗至接近于零或在受精囊装满时，蜂王返回蜂巢。

在空间搜索的每一步，蜂王 Q 通过式(5.4.1)来计算选择雄蜂 D 进行交配的概率 $\mathrm{prob}(Q,D)$：

$$\mathrm{prob}(Q,D) = \mathrm{e}^{\frac{-\Delta(f)}{S(t)}} \tag{5.4.1}$$

其中，prob 表示成功交配的概率；$-\Delta(f)$ 表示雄蜂 D 所对应的适应度(通常为目标函数值)与蜂王 Q 所对应的适应度之差的绝对值；$S(t)$ 表示蜂王 Q 在时刻 t 的速度。

算法初始时刻，蜂王速度较快，跟多只雄蜂交配，种群的多样性能较好的保留下来；后期，蜂王速度较慢，雄蜂的适应度起主要作用，蜂群的良好基因得以保留。

从式(5.4.1)显然可以看出，在蜂王 Q 婚飞的开始时刻(此时速度较大)，如果雄蜂 D 的适应度和蜂王 Q 的适应度相同时，那么蜂王 Q 选择与雄蜂 D 交配的概率较大。但是随着时间推移，蜂王的速率 S 和能量 E 将分别根据式(5.4.2)和式(5.4.3)衰减。

$$S(t+1) = \alpha S(t) \tag{5.4.2}$$

$$E(t+1) = E(t) - \gamma \tag{5.4.3}$$

其中，α 表示速度衰减因子，$\alpha \in [0,1]$；γ 表示能量的递减量。

2. 蜜蜂婚配优化算法的流程

最常见的基于蜜蜂繁殖机理的蜂群算法是 Abbass(2001)提出的蜜蜂婚配优化算法，该算法假定只有一只蜂王，令蜂王代表待求解问题的当前最优解，该解可用蜂王的染色体进行描述。基本流程如下。

步骤 1：随机产生蜂王的染色体，即问题的最初解，并应用局部搜索算法优化该初始解，得到一个质量较高的蜂王。

步骤 2：当蜂王婚飞次数未达到预先给定的最大值时，进行如下操作。

(1) 初始化蜂王的能量和速度。

(2) 当蜂王的能量大于 0 时或者受精囊未装满时，蜂王在状态空间进行飞行，依据式(5.4.1)选择交配的雄蜂。

如果雄蜂被蜂王选中，则将该雄蜂的精子加入蜂王的受精囊。依据式(5.4.2)和式(5.4.3)更新蜂王的速度和能量。

(3) 通过单倍体交叉及变异操作产生多只幼蜂，工蜂来照顾各幼蜂。如果最优幼蜂(适应度最大的幼蜂)所对应的适应度大于蜂王所对应的适应度，则用最优幼蜂的染色体代替蜂王的染色体，即更新当前最优解。

(4) 杀死其他的幼蜂(增强解的多样性)；婚飞次数加 1，转步骤 1。

(5) 输出蜂王所对应的最优解，算法结束。

该算法流程的几点说明：①由于蜂王代表待求解问题的当前最优解，蜂王基因的优劣直接影响算法的收敛速度及最终结果。如果在初始时能给蜂王赋予较优的基因，也将大大加快算法的收敛，提高算法的性能。因此，在算法的步骤 1 采用了局部搜索算法对蜂王进行优化。②由于雄蜂是单倍体，雄蜂的精子只代表部分解，即未给出解的全部信息。③蜂王的受精囊中装入的是所有与其进行交配的雄蜂的精子。④所产生的各幼蜂，即为所产生的新解。

5.4.2　基于蜜蜂采蜜机理的蜂群算法

1. 原理

蜜蜂是一种群居昆虫，虽然单只昆虫的行为极其简单，但是由单个简单的个体所组成的群体却表现出极其复杂的行为。真实的蜜蜂种群能够在任何环境下，以极高的效率从食物源中采集花蜜；同时，它们能适应环境的改变。

蜂群产生群体智慧的最小搜索模型包含基本的三个组成要素：食物源、被雇佣的蜜蜂(employed foragers)和未被雇佣的蜜蜂(unemployed foragers)；两种最为基本的行为模型：为食物源招募蜜蜂和放弃食物源。

(1) 食物源。食物源的价值由多方面的因素决定，如它离蜂巢的远近、包含花蜜的丰富程度和获得花蜜的难易程度。使用单一的参数——食物源的"收益率"(profitability)来代表以上各个因素。

(2) 被雇佣的蜜蜂。也称引领蜂(leader)，在对应食物源上采蜜。引领蜂储存有某一个食物源的相关信息(相对于蜂巢的距离、方向、食物源的丰富程度等)并且将这些信息以一定的概率与其他蜜蜂分享。

(3) 未被雇佣的蜜蜂。其主要任务是寻找和开采食物源。有两种未被雇佣的蜜蜂：侦察蜂和跟随蜂(也被称为观察蜂)。侦察蜂搜索蜂巢附近的新食物源；跟随蜂等在蜂巢里面并通过与引领蜂分享相关信息找到食物源。一般情况下，侦察蜂的平均数目是蜂群的 5%～20%。

在群体智慧的形成过程中，蜜蜂间进行信息交换是最为重要的一环。如图 5-9 所示，舞蹈区是蜂巢中最为重要的信息交换地。蜜蜂的舞蹈称为摇摆舞。食物源的信息在舞蹈区通过摇摆舞的形式与其他蜜蜂共享，引领蜂通过摇摆舞的持续时间等来表现食物源的收益率，故跟随蜂可以观察到大量的舞蹈并依据收益率来选择到哪个食物源采蜜。收益率与食物源被选择的可能性成正比。因而，蜜蜂被招募到某一个食物源的概率与食物源的收益率成正比。

　　假设蜂群已找到两个蜜源 A 和 B。引领蜂与当前正在采集的蜜源联系在一起，它们携带了具体的蜜源信息，并通过摇摆舞和蜂巢中的其他蜜蜂分享这些信息。刚开始时，未被雇佣的蜜蜂没有任何关于蜂巢附近蜜源的信息，它有两种可能的选择：①转变成为侦察蜂并搜索蜂巢附近的食物源。其搜索可以由先验知识决定，也可以完全随机(图 5-9 中的 S 线)。②在观察完摇摆舞后被雇佣蜂转变成为跟随蜂，开始搜索对应食物源邻域并采蜜(图 5-9 中的 R 线)。

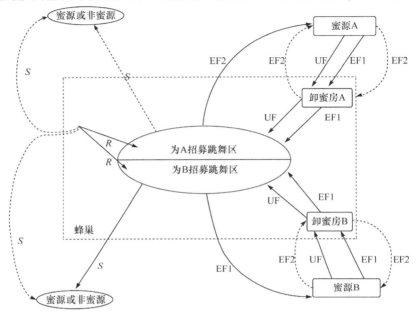

图 5-9　蜜蜂采蜜行为

　　经过一轮侦察后，若蜜蜂找到食物源，蜜蜂利用它本身的存储能力记录位置信息并开始采蜜。此时，蜜蜂将成为被雇佣的蜜蜂。蜜蜂在食物源采蜜后回到蜂巢卸下蜂蜜然后将有如下选择：①放弃食物源而成为未被雇佣的蜜蜂(图 5-9 中的 UF)；②跳摇摆舞为所对应的食物源招募更多的蜜蜂，然后回到食物源采蜜(图 5-9 中的 EF1)；③继续在同一个食物源采蜜而不进行招募(图 5-9 中的 EF2)。

　　上述蜜蜂的采蜜过程(即寻找高质量食物源的过程)类似于进化计算中的搜索待求解问题最优解的过程，可用数学模型表示，食物源位置对应待求解问题的可行解；食物源质量对应每个可能解的适应度，用来决定整个算法的优化方向；食物源质量的最大值对应求解问题的最优解；采蜜相当于搜索最优解，而采蜜的速度对应收敛速度。表 5-1 总结了蜂群采蜜行为与待优化求解问题的对应关系。

表 5-1　蜂群采蜜行为与待优化求解问题的对应关系

蜂群采蜜行为	待优化求解问题
食物源位置	可行解
食物源质量	适应度
食物源质量的最大值(最大收益度)	最优解
采蜜速度	收敛速度

2. 人工蜂群算法的流程

最常见的基于蜜蜂采蜜行为的蜂群算法是 Karaboga(2005)提出的人工蜂群算法，通常称该算法为标准(或原始)人工蜂群算法，其主要是为了解决多维和多模的函数优化问题。

标准的人工蜂群算法通过模拟实际蜜蜂的采蜜机制将人工蜂群分为三类：雇佣蜂、跟随蜂和侦察蜂。整个蜂群的目标是寻找花蜜量最大的蜜源。在标准的 ABC 算法中，雇佣蜂利用先前的蜜源信息寻找新的蜜源并与跟随蜂分享蜜源信息；跟随蜂在蜂房中等待并依据雇佣蜂分享的信息寻找新的蜜源；侦察蜂的任务是寻找一个新的有价值的蜜源，它们在蜂房附近随机地寻找蜜源。

算法主要包括以下四个部分。

(1) 蜜源初始化：初始化时，随机生成 SN 个可行解(等于雇佣蜂的数量)并计算适应度函数值。随机产生可行解的公式为

$$x_{ij} = x_{\min,j} + \text{rand}(0,1)(x_{\max,j} - x_{\min,j}) \tag{5.4.4}$$

其中，$x_i(i=1, 2, \cdots, \text{SN})$表示 D 维向量，D 表示优化参数的个数；$j \in \{1, 2, \cdots, D\}$。

(2) 新蜜源的更新搜索：蜜蜂记录自己到目前为止的最优值，并在当前蜜源邻域内展开搜索，基本 ABC 在蜜源附近搜索新蜜源的公式为

$$v_{ij} = x_{ij} + \varphi_{ij}(x_{ij} - x_{kj}) \tag{5.4.5}$$

其中，$j \in \{1, 2, \cdots, D\}$，$k \in \{1, 2, \cdots, \text{SN}\}$，$k$ 表示随机生成且 $k \neq i$；φ 表示[-1, 1]的随机数。

(3) 跟随蜂选择雇佣蜂的概率为

$$P_i = \frac{\text{fit}(x_i)}{\sum\limits_{n=1}^{\text{SN}} \text{fit}(x_n)} \tag{5.4.6}$$

其中，$\text{fit}(x_i)$表示第 i 个解的适应度，对应蜜源的丰富程度。蜜源越丰富，被跟随蜂选择的概率越大。按照式(5.4.7)计算适应度。

$$\text{fit}(x_i) = \begin{cases} \dfrac{1}{1+f_i} & f_i > 0 \\ 1+\text{abs}(f_i) & f_i < 0 \end{cases} \tag{5.4.7}$$

其中，f_i 是蜜源的适应值。

(4) 侦察蜂的产生：为防止算法陷入局部最优，当某蜜源迭代 limit 次没有改进时，便放弃该蜜源，并且将该蜜源记录在禁忌表中，同时该蜜源对应的雇佣蜂转变为侦察蜂，按式(5.4.4)随机产生一个新的位置代替原蜜源。

人工蜂群算法就是通过不断地角色转换和执行行为模式，最终找到最丰富食物源。在人工蜂群算法中，雇佣蜂有保持优良食物源的作用，具有精英特性；跟随蜂增加较好食物源对应的蜜蜂数，加快算法的收敛；侦察蜂随机搜索新食物源，帮助算法跳出局部最优。人工蜂群算法的算法流程如下。

步骤 1：根据式(5.4.4)初始化种群解 x_i，$i=1,\cdots,\text{SN}$。

步骤 2：计算种群中各个蜜蜂的适应值。

步骤 3：cycle = 1。

步骤 4：repeat。

步骤 5：雇佣蜂根据式(5.4.5)产生新的解 v_i 并计算适应值。

步骤 6：雇佣蜂根据贪心策略选择蜜源。

步骤 7：根据式(5.4.6)计算选择蜜源 x_i 的概率 P_i。

步骤 8：跟随蜂根据概率 P_i 选择蜜源 x_i，根据式(5.4.5)在该蜜源附近产生新的蜜源 v_i，并计算新蜜源 v_i 的适应值。

步骤 9：跟随蜂根据贪心策略选择蜜源。

步骤 10：决定是否存在需要放弃的蜜源，如果存在，根据式(5.4.4)随机产生一个蜜源替代它。

步骤 11：记录最优解。

步骤 12：cycle = cycle + 1。

步骤 13：达到最大循环数，until cycle = MCN。MCN 表示终止代数。

5.4.3 人工蜂群算法函数优化实例

本节以寻找 Rosenbrock 函数的极小值为例。

(1) 确定待优化函数。此例中，Rosenbrock 函数即为待优化函数，Rosenbrock 函数的极小值则为要寻找的最优解。Rosenbrock 函数表达式为

$$f_1(x) = \sum_{i=1}^{30} \left[100(x_{i+1} - x_i^2) + (x_i - 1)^2 \right], \quad -2.048 \leq x_i \leq 2.048 \quad (i = 1, 2, \cdots, 30)$$

(2) 参数初始化。本例中算法参数设置为：雇佣蜂的数量 SN=100；终止代数 MCN=300，防止陷入局部最优的次数 limit=100。将以上初始参数带入 5.4.2 节中的算法流程，得到优化结果。

(3) 得到寻优结果。函数 $f_1(x)$ 经过 50 次连续独立运算的结果为：平均最优解为 1.42×10^{-14}。

已知二维 Rosenbrock 函数 $f_1(x)$ 是一个非凸函数，它在(1,1)处达到极小值。可以看出，算法在最大迭代次数 MCN=300 处已经寻得最优解，算法结束并且找到全局最优解。

由此可验证此算法的成功率很高，随机选取一次最优个体的进化过程如图 5-10 所示。

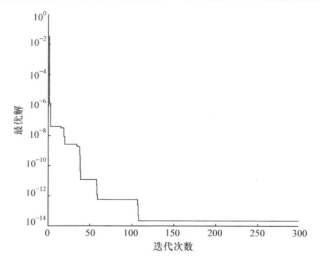

图 5-10   函数 $f_1(x)$ 最佳个体进化过程

5.5 粒子群优化算法

粒子群优化(particle swarm optimization，PSO)算法即用粒子群模拟鸟群捕食行为，通过各个粒子记忆、追踪当前最优粒子，不断更新自己，在解空间中搜索，直至找到最优解。粒子群算法最早是由 Kennedy 和 Eberhart 源于对鸟群捕食行为的模拟，而提出的一种基于群体智能的演化计算技术。粒子群算法初始化为一组随机解，然后在解空间中通过追随最优粒子进行迭代搜索，直到找到全局最优解。它的优势在于算法较为简单、容易实现，并且有深刻的智能背景，因而已被广泛应用于函数优化、数据挖掘、神经网络训练、模式分类、模糊系统控制等多个领域。

5.5.1 概述

1. 基本思想

粒子群优化算法的基本思想如下：设想一群鸟在空中随机搜寻食物，所有的鸟都不知道食物在哪里，因而这群鸟找到食物的最简单有效的策略就是搜寻当前离食物最近的鸟的周围区域。用于优化问题的粒子群优化算法从这种模型中得到启示。粒子群优化算法的潜在解都是搜索空间中的一只鸟，称为"粒子"。所有的粒子都有一个由被优化的函数决定的适应值(fitness value)。每个粒子还有一个速度决定它们飞翔的方向和距离。然后所有粒子就追随当前的最优粒子在解空间中反复迭代搜索。在每一次迭代中，粒子通过跟踪个体极值和全局极值来更新自己。个体极值就是粒子本身所找到的最优解，全局极值是整个群体目前找到的最优解。粒子群优化算法概念如图 5-11 所示。

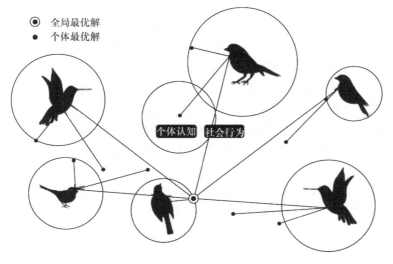

图 5-11　粒子群优化算法概念

2. 基本原理

假设在 D 维搜索空间中，有 m 个粒子组成一个粒子群，其中第 i 个粒子的空间位置为 $x_i=(x_{i1}, x_{i2}, x_{i3}, \cdots, x_{iD})$，$i=1,2,3,\cdots,m$，粒子 i 即为优化问题的一个潜在解。将它代入优化目标函数可以计算出相应的适应值，根据适应值可衡量 x_i 的优劣。第 i 个粒子所经历的最好位置称为其个体历史最好位置，记为 $P_i=(p_{i1},p_{i2},p_{i3},\cdots,p_{iD})$；第 i 个粒子的飞行速度 $v_i=(v_{i1},v_{i2},v_{i3},\cdots,v_{iD})$。

所有粒子经历过的位置中的最好位置称为全局历史最好位置，记为 $p_g=(p_{g1},p_{g2},p_{g3},\cdots,p_{gD})$，相应的适应值为全局历史最好适应值 f_g。对第 t 代的第 i 个粒子，其第 $t+1$ 代的 d 维($1\leqslant d\leqslant D$)的速度和位置根据式(5.5.1)和式(5.5.2)迭代。

$$v_{id}(t+1)=wv_{id}(t)+c_1r_1[p_{id}-x_{id}(t)]+c_2r_2[p_{gd}-x_{id}(t)] \tag{5.5.1}$$

$$x_{id}(t+1)=x_{id}(t)+v_{id}(t+1) \tag{5.5.2}$$

其中，w 表示惯性权重(inertia weight)；c_1 和 c_2 表示加速系数(acceleration coefficient)或加速度权重($c_1, c_2>0$)；r_1 和 r_2 表示两个在[0,1]变化的随机数。

搜索时，粒子的位置受最大位置和最小位置限制，如果某粒子在某维的位置超出该维的最大位置或最小位置，则该粒子的位置被限制为该维的最大位置或最小位置：$x_{d\min}\leqslant x_{id}\leqslant x_{d\max}$。类似地，粒子的速度也被最大速度和最小速度所限制：$v_{d\min}\leqslant v_{id}\leqslant v_{d\max}$。

式(5.5.1)的第一部分表示由粒子先前速度的惯性引起的"惯性"部分；第二部分表示粒子本身的"认知"部分，即粒子本身的信息对自己下一步行为的影响；第三部分表示粒子间的信息共享和相互合作的"社会"部分，即群体信息对粒子下一步行为的影响。可以看出，式(5.5.1)主要通过三部分来计算粒子 i 的新速度：①粒子 i 前一时刻的速度；②粒子 i 当前的位置与自己最好位置之间的距离；③粒子 i 当前位置与群体最好位置之间的距离。粒子 i 通过式(5.5.2)计算新位置的坐标，即下一步的运动位置。

3. 粒子群优化算法流程

基本粒子群优化算法流程如下。

步骤 1：初始化。设置粒子群体规模 m、惯性权重 w、加速系数 c_1 和 c_2，最大允许迭代次数或适应值误差限，各粒子的初始位置和初始速度等。

步骤 2：按目标函数评价各粒子的初始适应 f。

步骤 3：根据式(5.5.1)计算各粒子新的速度，并对各粒子新的速度进行限制。

步骤 4：根据式(5.5.2)计算各粒子新的位置，并对各粒子新的位置进行限制。

步骤 5：按目标函数重新评价各粒子的适应值。

步骤 6：对每个粒子，比较其当前适应值和其个体历史最好适应值，若当前适应值更优，则令当前适应值为其个体历史最好适应值，并保存当前位置为其个体历史最好位置 p_{best}。

步骤 7：比较群体所有粒子的当前适应值和群体经历过的历史最好适应值，若某个粒子的当前适应值更优，则令该粒子的当前适应值为全局历史最好适应值，并保存该粒子的当前位置为群体历史最好位置 g_{best}。

步骤 8：若满足停止条件，即适应值误差达到设定的适应值误差限，或迭代次数超过设定的最大迭代次数，搜索停止，输出搜索结果；否则返回步骤 3 继续搜索。

4. 粒子群优化算法的参数设置与分析

粒子群优化算法的参数主要根据经验设置如下。

1) 惯性权重 w

w 对粒子群优化能否收敛起重要作用。它使粒子保持运动惯性，使其有扩展搜索空间的趋势，有能力探索新的区域。若 w 值大，有利于全局搜索，收敛速度较快，但不易得到精确解；若 w 值小，有利于局部搜索和得到更为精确的解，但收敛速度慢，易陷入局部极值。合适的 w 值在搜索精度和搜索速度方面起协调作用。

在基本粒子群优化中，w 为常数。后来，有文献提出了 w 的自适应调整策略，刚开始时 w

较大，随着迭代的进行，w 线性减小。

$$w(t) = (w_{initial} - w_{end})(T_{max} - t) / T_{max} + w_{end}$$

其中，t 表示当前进化代数；T_{max} 表示最大进化代数；$w_{initial}$ 表示初始惯性权重；w_{end} 表示进化至最大代数时的惯性权重。线性惯性权重的引入使粒子群优化算法可以调节算法的全局与局部寻优能力。不过仍有两点不足：①迭代初期局部搜索能力较弱，即使初始粒子已接近于全局最优点，也可能错过；而在迭代后期，则因全局搜索能力变弱，而易陷入局部最优。②最大迭代次数较难预测，从而将影响算法的调节功能。

2) 加速系数 c_1、c_2

加速系数 c_1 和 c_2 对粒子群优化算法的收敛速度有很大影响，合适的加速系数有利于算法加快收敛和脱离局部极值。它们代表将每个粒子推向其个体历史最好位置和全局历史最好位置的统计加速项的权值。小的加速系数值允许粒子在被拉回之前在目标区域外徘徊，而大的加速系数值则可能导致粒子突然地冲向或越过目标区域。

若 $c_1=c_2=0$，粒子将一直以当前的速度按惯性飞行，直到到达边界；由于它只能在有限的区域内搜索，难以找到最优解。若 $c_1=0$，则粒子没有认知能力，只有社会部分，此时收敛速度比基本粒子群优化算法快，但对复杂问题，则比基本粒子群优化算法容易陷入局部极值。若 $c_2=0$，则粒子之间没有社会信息共享，只有认知部分，此时个体间没有交互，整个群体相当于多个粒子进行盲目的随机搜索，收敛速度慢，因而得到最优解的可能性小。

通常设置 $r_1=r_2=2$。随机数 r_1、r_2 可以保证粒子群体的多样性和搜索的随机性。最大和最小速度可以决定当前位置与最好位置之间区域的分辨率或精度。如果最大速度太高或最小速度太低，粒子可能会飞过最优解；如果最大速度太小或最小速度太大，则粒子不能在局部最好区间之外进行足够的探索，易导致陷入局部最优。限制的目的是防止计算溢出，改善搜索效率和提高搜索精度。

3) 粒子数(群体规模)m

粒子数一般取 20～40，多数问题取 10 已能取得好的结果；对于较难的复杂问题可以取 100～200。

4) 粒子的维数 D

粒子的维数由优化问题解的维数决定。

5) 粒子坐标范围

粒子坐标范围由优化问题决定，不同的维可以有不同的设定范围。

6) 粒子最大速度

粒子的最大速度决定粒子在一个循环中的最大移动距离，通常设定为粒子的范围宽度。例如，若粒子 x_1，$x_2 \in (-10，10)$，则最大速度为 20。

7) 中止条件

中止条件由具体问题确定，如可设定最大循环数或最小偏差要求。

5. 粒子群优化算法的特点

(1) 适用于处理连续优化问题。

(2) 具有良好的鲁棒性，对算法稍加改动可以适应于不同的应用环境。

(3) 具有很强的分布式能力，易于并行实现。

(4) 能快速收敛到优化值。

(5) 需要确定的参数不多，而且操作简单，使用比较方便。

(6) 采用实数编码，不需要采用二进制编码。

5.5.2 实例

求解如下四维 Rosenbrock 函数的优化问题。

$$\min f(x) = \sum_{i=1}^{3}\left[100\left(x_{i+1} - x_i^2\right)^2 + \left(x_i - 1\right)^2\right] \quad x_i = [-30, 30](i = 1, 2, 3, 4)$$

种群的数量：$m=5$。

编码：因为问题的维数是 4，所以粒子的位置和速度都是四维实数向量。

设定粒子的速度范围(一般为位置的范围)：$v_{max} = 60$。

对粒子群进行位置和速度的随机初始化，如下。

初始位置：

$$x_1^{(0)} = \{21.721, -9.13677, 6.62244, 3.84079\}$$
$$x_2^{(0)} = \{-13.5001, -23.6131, 17.4462, -29.0515\}$$
$$x_3^{(0)} = \{-29.6563, -0.871811, -27.891, 17.7425\}$$
$$x_4^{(0)} = \{23.6218, -16.4885, -22.7019, 25.4033\}$$
$$x_5^{(0)} = \{-28.0992, 22.6482, 0.675615, -8.43752\}$$

初始速度：

$$v_1^{(0)} = \{-19.9048, 29.562, -22.104, -5.45346\}$$
$$v_2^{(0)} = \{-20.5922, -28.6944, -26.3216, 19.0615\}$$
$$v_3^{(0)} = \{-7.83576, -55.7173, -40.9177, 28.255\}$$
$$v_4^{(0)} = \{-11.6373, -41.0138, 17.7311, -14.87\}$$
$$v_5^{(0)} = \{17.561, -13.5365, 51.2722, -56.098\}$$

至此，每个粒子的初始位置和初始速度都已确定，接下来根据目标函数 $f(x)$ 计算每个粒子的适应值：

$$f\left(x_1^{(0)}\right) = 2.38817 \times 10^7$$
$$f\left(x_2^{(0)}\right) = 4.45306 \times 10^7$$
$$f\left(x_3^{(0)}\right) = 1.35376 \times 10^8$$
$$f\left(x_4^{(0)}\right) = 6.56888 \times 10^7$$
$$f\left(x_5^{(0)}\right) = 8.50674 \times 10^7$$

可见，$f\left(x_1^{(0)}\right) = 2.38817 \times 10^7$ 为历史最优解，$P_g = x_1^{(0)}, P_i = x_i^{(0)}(i = 1, 2, 3, 4, 5)$。

从适应值上可以得出群体历史最优解 x_1 和个体历史最优解，即每个解本身。接下来更新粒子位置和速度：设 $w=1, c\_1=c\_2=2$，根据上面的速度位置更新函数，根据规则，每个粒子的速度和最优粒子位置超过限制将强行拉回边界，求解得到更新后的速度和位置如下：

$$v_1^{(1)} = \{-19.9048, 29.562, -22.104, -5.45346\}$$

$$v_2^{(1)} = \{40.0498, -3.76972, -44.9573, 60\}$$

$$v_3^{(1)} = \{14.8665, -59.3694, -25.667, 22.1122\}$$

$$v_4^{(1)} = \{-13.843, -32.4824, 51.7604, -39.892\}$$

$$v_5^{(1)} = \{60, -60, 60, -36.7907\}$$

$$x_1^{(1)} = \{1.81621, 20.4252, 6 - 15.4816, -1.61267\}$$

$$x_2^{(1)} = \{26.5497, -27.3829, -27.5112, 30.9485\}$$

$$x_3^{(1)} = \{-14.7898, -60.2412, -53.5582, 39.8547\}$$

$$x_4^{(1)} = \{9.77877, -48.971, 29.0584, -14.4887\}$$

$$x_5^{(1)} = \{30.9008, -37.3518, 60.6756, -45.2282\}$$

然后,根据新位置继续计算适应值,根据适应值替换全局历史最优粒子和个体历史最优粒子,直至达到最大迭代次数 G_max 或者最佳适应度值的增量小于某个给定的阈值时算法停止。

5.6　遗　传　算　法

遗传算法(genetic algorithm,GA)是一类借鉴生物界的进化规律——"适者生存,优胜劣汰"演化而来的随机搜索算法,是用于处理一般非线性数学模型的优化方法。其基本思想基于达尔文的进化论和曼德尔的遗传学,通过选择、交叉和变异等遗传算子的共同作用使种群不断进化,最终收敛到优化解。它对模型是否线性、连续、可微等不作限制,也不受优化变量数目和约束条件的束缚,直接在优化准则函数引导下进行全局自适应寻优。因此其解题能力强、适应性广,已广泛应用于函数优化、参数辨识、机器学习、数据挖掘、神经网络训练、网络结构设计和模糊逻辑系统等方面。

5.6.1　有关概念及实现过程

遗传算法是一种较新的全局优化求解方法。其实质是模仿自然界有机体优胜劣汰的自然选择,适者生存的进化机制,和在同一群体中个体之间的随机信息交换机制相结合,用以解决复杂问题的一种概率搜索算法。

遗传算法的实现过程是将问题的求解变为用二进制码串表示的"染色体",而问题的所有可能解构为"染色体群",并将它们置于问题的"环境"中,根据适者生存原则,对"染色体"进行交叉、变异、适应能力评价和选择等一系列操作,产生比父代群体更适应"环境"的新一代子代群体。这样一代一代地不断进化,最后收敛到一个最适应"环境"的个体上,求得问题的最优解。

1. 遗传算法基本概念

(1) 基因链码。生物的性状是由生物遗传基因的链码所决定的。使用遗传算法时需要把问题的每一个解编码成一个基因链码。例如,有一个整数"4"是某问题的解,可以用 4 的二进制形式"100"来表示这个解所对应的基因链码,其中每一位代表一个基因。而个体是由基因组成的,因此一个基因链码就代表问题的一个解,每个基因链码称为一个个体,也称为染色体。

(2) 群体。群体是若干个个体的集合。由于每个个体代表了问题的一个解,一个群体就是问题的解的集合。如 $P_1=(x_1, x_2, \cdots, x_{100})$ 就是由 100 个解(个体)构成的群体。

(3) 交叉。交叉又称杂交,生物体的繁衍是通过染色体的交叉完成的,交叉能使个体之间的遗传物质进行交换而产生更优良的个体。遗传算法中使用了交叉概念,并把它作为一个操作算子。实现方法如下:选择群体中两个个体 x_1、x_2,以这两个个体为双亲做基因链码的交叉,从而产生两个新个体 x_1'、x_2' 作为它们的后代。简单的交叉方法为:随机选取一个截断点,将 x_1、x_2 的基因链码在截断点切开,并交换其后半部分,从而组合成两个新的个体 x_1'、x_2',如图 5-12 所示。多数情况下交叉运算以一定概率发生,称为交叉概率。

图 5-12　交叉操作

(4) 变异。变异又称突变,在生物繁衍过程中,变异能使个体恢复失去的或未开发的遗传物质,防止个体在形成最优解的过程中过早收敛,因而在 GA 中变异是一个重要的步骤。通过在染色体上的某些基因位置产生突变,新产生的个体与其他个体会有所不同。实现方法如下:对于群体中的某个个体,即基因链码,随机选取某一位,即某个基因,该基因翻转(0→1),如图 5-13 所示。变异运算也以一定

图 5-13　变异操作

概率发生,称为变异概率。一般变异概率取值较小,常取 $P_m=0.001$。

(5) 适应度。生物体因对环境的适应度不同而表现出不同的存留竞争力。在遗传算法中,每个个体对应于优化问题的一个解 x_i,每个解 x_i 对应于一个函数值 f_i。对于求极大值问题,f_i 越大,则表明 x_i 越好,即对环境的适应度越高;对于求极小值问题,f_i 越小,则表明 x_i 越好,即对环境的适应度越高,所以可以用每个个体的函数值 f_i 作为它对环境的适应度。

(6) 选择。选择又称复制。选择体现“适者生存”原理,目的是从当前群体中选出优质的个体,而淘汰劣质个体,使优质个体有机会作为父代产生子代个体。判断个体优良与否的准则就是各自的适应度,即个体适应度越高,其被选择的机会就越多。作为一种算子,选择操作在遗传算法中有多种实现方式,其中最简单的一种方法就是采用和适应度成比例的概率方法来进行选择。具体地说,就是首先计算群体中所有个体适应度的总和 $\sum f_i$,再计算每个个体的适应度所占适应度总和的比例 $f_i/\sum f_i$,并以此作为相应的选择概率。这样就可以寻找具有最大适应度的个体。

2. 遗传算法包含的基本要素及实现过程

遗传算法包含以下六个基本要素:①对实参数 x 进行二进制编码。②初始群体的设定。③适应度函数的设计及计算(包括对初始种群中的各个体二进制码串解码得到相应的参数 x 的值,并计算相应各个体二进制码串的适应度值)。④控制参数设定(主要指群体规模和使用遗传操作的概率等)。⑤遗传算法操作设计,其中选择、交叉和变异是遗传算法的三个主要操作算子,它们使遗传算法具有优良特性。交叉体现了同一群体中不同个体之间的信息交换,而变异则维系着群体中信息的多样性。⑥评价,评价是遗传算法的驱动力,是遗传算法体现有向搜索,区别于随机游荡搜索的标志。它将同一群体中不同个体的优劣量化,为选择操作提供依据。评价独立于遗传算法,但依赖于要求解的问题。这六个要素构成了遗传算法的核心内容。遗传算法的实现过程如图 5-14 所示。

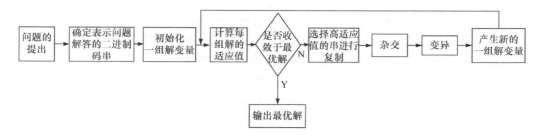

图 5-14 遗传算法的实现过程

3. 编码和解码

简单遗传算法的工作对象是字符串,每个字符串对应一个染色体。对于采用二进制的 0 或 1 字符编码的遗传算法,当问题为描述大小、优劣、多少等布尔型性质时,每一位 0 或 1 变量就代表一个性质;当问题的性质要用数值描述时,则涉及二进制数与十进制数的转换。十进制数与二进制数的转换关系为

$$x = x_{\min} + \frac{x_{\max} - x_{\min}}{2^l - 1} \mathrm{Dec}(y) = x_{\min} + \frac{x_{\max} - x_{\min}}{2^l - 1} (\sum_{i=1}^{l} b_i \cdot 2^{i-1}) \tag{5.6.1}$$

其中,$x_{\min}$ 和 $x_{\max}$ 分别表示最小与最大的十进制数值;y 表示对应于 x 的二进制数;Dec 表示将二进制数转换为十进制数;i 表示二进制字符串的第 i 位数,l 表示二进制字符串的长度(位数)。在此转换关系下,二进制表示法的精度 δ 为

$$\delta = \frac{x_{\max} - x_{\min}}{2^l - 1} \tag{5.6.2}$$

现在举个简单的例子说明基于二进制的编码、解码方法。

设目标函数为 $\max f(x) = 2x + 1$,要求满足约束条件 $-1 \leqslant x \leqslant 2.5$,设精度要求 $\delta = 1/10000$,则由式(5.6.2),对变量 x_1,有 $2^l = \frac{x_{\max} - x_{\min}}{\delta} + 1 = \frac{2.5 - (-1)}{1/10000} + 1 = 35001$,显然有 $2^{15} < 35001 < 2^{16}$。说明若要求精度 $\delta = 1/10000$,则 x 需用 16 位的 0 或 1 字符表示。

解码方法:设某一个个体为用二进制码表示的 1 位长的字符串:$y: b_1 b_2 \cdots b_{i-1} b_i$,若有字符串 $\underbrace{(0100010010110100)}_{x}$,则根据式(5.6.1)有

$$x = -1 + \frac{2.5 - (-1)}{2^{16} - 1} \mathrm{Dec}(0100010010110100)$$

$$= -1 + \frac{3.5}{2^{16} - 1} \times 17588 = -0.06069$$

5.6.2 基于实数编码的遗传算法

1. 基于实数编码的遗传算法(real coded genetic algorithm, RGA)的基本原理

实数(浮点数)编码(real coded)是指个体的每个基因值用某一范围内的一个浮点数来表示,而个体的编码长度等于其决策变量的个数。因为这种编码方法使用的是决策变量的真实值,也称为真值编码方法。

对于一些多维、高精度要求的连续函数优化问题,使用二进制编码来表示个体时将会有一些不利之处。二进制编码存在着连续函数离散化时的映射误差。个体编码长度较短时,可能达不到精度要求,而个体编码长度较长时,虽然能提高精度,但却使遗传算法的搜索空间急剧扩大。

　　浮点法，是指个体的每个基因值用某一范围内的一个浮点数来表示。在浮点数编码方法中，必须保证基因值在给定的区间限制范围内，遗传算法中所使用的交叉、变异等遗传算子也必须保证其运算结果所产生的新个体的基因值也在这个区间限制范围内。

　　浮点数编码方法有以下优点：①适用于在遗传算法中表示范围较大的数；②适用于精度要求较高的遗传算法；③便于较大空间的遗传搜索；④改善了遗传算法的计算复杂性，提高了运算效率；⑤便于遗传算法与经典优化方法的混合使用；⑥便于设计针对问题的专门知识的知识型遗传算子；⑦便于处理复杂的决策变量约束条件。

　　设一般有如下优化问题，其目标函数为

$$\begin{cases} \min f(x) & f(x)\text{非负} \\ a(j) \leqslant x(j) \leqslant b(j) & p\text{为优化变量数目}, j=1,2,\cdots,p \end{cases} \tag{5.6.3}$$

2. 算法的实现过程

步骤 1：编码。

利用如下线性变换把第 j 个优化变量 $x(j) \in [a(j), b(j)]$ 映射到 $y(j) \in [0,1]$：

$$y(j) = \frac{x(j) - a(j)}{b(j) - a(j)} \tag{5.6.4}$$

其中，$y(j)$ 表示基因；将优化问题所有变量对应的基因依次连接在一起，构成问题解的编码形式 $y(1)y(2)\cdots y(p)$，表示染色体或个体。基于实数编码的遗传算法直接对各优化变量的基因进行各种遗传操作。

步骤 2：父代群体的初始化。

设群体规模为 n，即可生成 n 组每组 p 个 $[0, 1]$ 区间上的均匀随机数 $u(j,i)$，$(j=1,2,\cdots,p; i=1,2,\cdots,n)$。把 $u(j,i)$ 作为初始父代个体值 $y(j,i)=u(j,i)$，代入式(5.6.4)的反变换得到优化变量值 $x(j,i)$，再由式(5.6.3)计算相应的目标值 $f(i)\{f(i)\}(i=1,2,\cdots,n)$ 按从小到大排序，对应的个体 $y(j,i)$ 也相应排列：

$$f^{(1)}(\leqslant)f^{(2)}(\leqslant)f^{(3)}(\leqslant)\cdots(\leqslant)f^{(n)}$$

$$y^{(1)}(j,i)y^{(2)}(j,i)y^{(3)}(j,i)\cdots y^{(n)}(j,i)$$

排序后最前面几个个体为满足目标函数式(5.6.3)的最优秀个体。

步骤 3：父代群体的适应度评价。

评价原则：目标函数值 $f(i)$ 值越小，表示该个体的适应度值越高，反之亦然。

定义：排序后第 i 个父代个体的适应度函数值 $F(i)$ 为

$$F(i) = \frac{1}{f(i) \times f(i) + 0.001} \tag{5.6.5}$$

设置数 0.001 是为了避免产生 $f(i)$=0 的情况。

步骤 4：进行选择操作，产生第 1 代子代群体。

$$\{y_1(j,i) \mid j=1,2,\cdots,p; i=1,2,\cdots,n\}$$

用比例选择方式，则父代个体 $y(j,i)$ 的选择概率 PS(i) 为

$$\text{PS}(i) = F(i) / \sum_{i=1}^{n} F(i) \tag{5.6.6}$$

$$令 P(i) = \sum_{k=1}^{i} PS(k) \tag{5.6.7}$$

则序列 $\{P(i)|i=1,2,\cdots,n\}$ 把区间[0,1]分成 n 个与父代个体一一对应的子区间。如图 5-15 所示，生成 $n-s$ 个随机数 $\{u(k)|k=1,2,\cdots,n-s\}$。

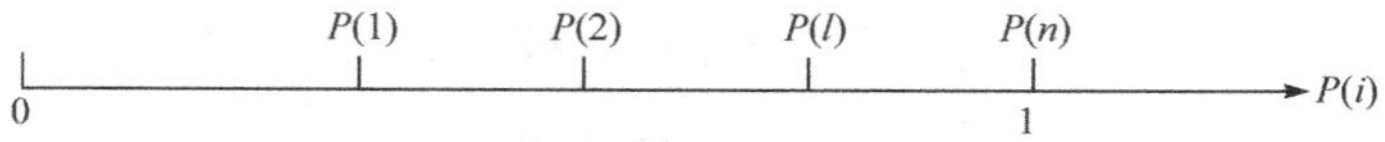

图 5-15　随机数生成

如果 $u(k)$ 在 $[P(i-1),P(i)]$ 中，则第 j 个个体 $y(j,i)$ 被选中，记为 $y_1(j,i)=y(j,i)$，这样，从父代群体 $\{y(j,i)\}$ 中以概率 $PS(i)$ 选择第 i 个个体，共选择 $n-s$ 个个体。

为增强进行持续全局优化搜索的能力，把最优秀的 s 个父代个体直接加入子代群体中，需要进行"移民"操作。

$$y_1(j,n-s+m) = y(j,i) \quad (i=1,2,\cdots,s) \tag{5.6.8}$$

步骤 5：进行杂交操作，产生第 2 代子代群体。

$$\{y_2(j,i)\,|\,j=1,2,\cdots,p;i=1,2,\cdots,n\} \tag{5.6.9}$$

交叉算子是指对两两配对的染色体按某种方式相互改变其部分基因，从而形成两个新的个体。交叉可以有多种方式：单点交叉、两点交叉、多点交叉、均匀交叉、部分映射交叉、顺序交叉、循环交叉、算术交叉等。基于实数编码的遗传算法在实际应用中一般多采用算术交叉，因此本节以算数交叉为例。

算术交叉主要用来处理基因连续变化的情况，算数交叉分为部分交叉和整体交叉。部分交叉是首先选择父解向量 $[V_1(j,i_1),V_2(j,i_1),\cdots,V_k(j,i_1),\cdots,V_n(j,i_1)]$ 和 $[V_1(j,i_2),V_2(j,i_2),\cdots,V_k(j,i_2),\cdots,V_n(j,i_2)]$，再选择部分分量进行交叉操作，如第 k 个分量以后的所有分量，并生成 $n-k$ 个[0,1]区间的随机数 $u_{k+1},u_{k+2},\cdots,u_n$，则两个后代可定义为

$$\begin{cases} y_2(j,i_1) = (V_1(j,i_1),V_2(j,i_1),\cdots,V_k(j,i_1),V_{k+1}(j,i_1)+(1-u_{k+1})V_{k+1}(j,i_2),\cdots,V_n(j,i_1)+(1-u_n)V_n(j,i_2)) \\ y_2(j,i_2) = (V_1(j,i_2),V_2(j,i_2),\cdots,V_k(j,i_2),V_{k+1}(j,i_2)+(1-u_{k+1})V_{k+1}(j,i_1),\cdots,V_n(j,i_2)+(1-u_n)V_n(j,i_1)) \end{cases} \tag{5.6.10}$$

整体交叉：先生成 n 个[0,1]的随机数，根据式(5.6.6)的选择概率，随机选择一对父代个体 $y(j,i_1)$ 和 $Y(j,i_2)$ 作双亲，进行如下随机线性组合，产生一对新的子代个体 $y_2(j,i)$：

$$\begin{cases} y_3(j,i) = u(j) & 当 u_m < P_m(i) \\ y_3(j,i) = y(j,i) & 当 u_m \geqslant P_m(i) \end{cases} \tag{5.6.11}$$

其中，$i=1,2,3,\cdots,n$。可以看出，两个父代个体产生两个子代个体，故由 n 个父代个体产生 n 个子代个体。

步骤 6：进行变异操作，产生第 3 代子代群体。

$$\{y_3(j,i)\,|\,j=1,2,\cdots,p;i=1,2,\cdots,n\} \tag{5.6.12}$$

简单的变异算子有基本位变异、均匀变异、高斯变异等。本节以均匀变异为例。任意一个父代个体 $y(j,i)$，若其适应度函数值 $F(i)$ 越小，即其选择概率 $PS(i)$ 越小。为了对这样适应度小的个体引进新基因，增强其变异性，则对该个体进行变异的概率 $P_m(i)$ 应更大。其方法是：采用 p 个随机数以 $P_m(i)=1-PS(i)$ 的概率来代替个体 $y(j,i)$，从而得到新的子代个体 $y_3(j,i)$，即

$$\begin{cases} y_3(j,i) = u(j) & 当 u_m < P_m(i) \\ y_3(j,i) = y(j,i) & 当 u_m \geqslant P_m(i) \end{cases} \tag{5.6.13}$$

其中，$u(j)(j=1,2,\cdots,p)$ 和 u_m 表示[0,1]的随机数。

式(5.6.13)的意义为：产生随机数 $u(j)$ 和 u_m 后，若随机数 $u_m<P_m(i)$，则用随机数 $u(i)$ 代替 $y_3(j,i)$，产生变异；若 $u_m\geqslant P_m(i)$，则父代个体 $y_3(j,i)$ 不变异。从式(5.6.13)中可以看出，$P_m(i)$ 越大，$u_m<P_m(i)$ 的概率越大，越易产生变异，即适应度越小的个体，越易产生变异。

步骤 7：演化迭代。

由步骤 4→步骤 6 得到的 $3n$ 个子代个体，按其适应度函数值从大到小排序，取排在最前面的 n 个子代个体作为新的父代群体，算法转入步骤 3，进入下一轮演化过程，重新进行父代群体的评价、选择、交叉和变异。如此反复演化，直到满足一定精度要求或给定的最大进化代数为止。

5.6.3　操作过程

遗传算法的一般操作过程如下。

步骤 1：随机产生 n 个初始个体 $x_1^{(k)},x_2^{(k)},\cdots,x_n^{(k)}$ 作为解群体，初始 $k=0$。

步骤 2：计算每个个体的适应值 $F_i^{(k)},i=1,2,\cdots,n$。

步骤 3：选择，从 $x_1^{(k)},x_2^{(k)},\cdots,x_n^{(k)}$ 中依概率大小选择 $x_{1'}^{(k)},x_{2'}^{(k)},\cdots,x_{n'}^{(k)}$，每个 $x_i^{(k)}$ 被选中的概率为

$$P\left(x_i^{(k)}\right) = f\left(x_i^{(k)}\right) / \sum_{j=1}^{n} f\left(x_j^{(k)}\right) \tag{5.6.14}$$

步骤 4：交叉，随机从 $x_{1'}^{(k)},x_{2'}^{(k)},\cdots,x_{n'}^{(k)}$ 中以相同概率选出两个个体，对这两个个体进行交叉运算，产生两个新个体，重复这一操作过程，直至形成新群体 $x_{1''}^{(k)},x_{2''}^{(k)},\cdots,x_{n''}^{(k)}$。

步骤 5：变异，按一定的变异概率 P_m 改变个体的值，产生新一代群体：$x_1^{(k+1)},x_2^{(k+1)},\cdots,x_n^{(k+1)}$。

步骤 6：检查是否满足收敛标准，若满足，则停止运算；否则，令 $k=k+1$，转向步骤 2。

若采用二进制编码的遗传算法，则上述过程中，需要交替地在编码空间和解空间中工作；对染色体的遗传(交叉和变异)运算需在编码空间进行，而评估和选择则在解空间中进行。

5.6.4　特点

传统的优化方法主要有：枚举法、启发式算法和搜索算法。

(1) 枚举法。枚举出可行解集合的所有可行解，以求出精确最优解。对于连续函数，该方法要求先对其进行离散化处理，这样就可能因离散处理而永远达不到最优解。此外，当枚举空间比较大时，该方法的求解效率比较低，有时甚至无法求解。

(2) 启发式算法。寻求一种能产生可行解的启发式规则，以找到一个最优解或近似最优解。该方法的求解效率比较高，但对每一个需求解的问题必须找出其特有的启发式规则，这个启发式规则一般无通用性。

(3) 搜索算法。寻求一种搜索算法，该算法在可行解集合的一个子集内进行搜索操作，以找到问题的最优解或者近似最优解。该方法虽然不能保证一定能够得到问题的最优解，但若适当地利用一些启发知识，就可以在近似解的质量和效率上达到一种较好的平衡。

遗传算法不同于传统的优化方法，主要区别如下。

(1) 遗传算法具有自组织、自适应和自学习性。应用遗传算法求解问题时，在编码方案、适应度函数及遗传算子确定后，算法将利用进化过程中获得的信息自行组织搜索。通常，适应度大的个体具有较高的生存概率，因而具有更适应环境的基因结构，并通过基因重组和基因突变等遗传操作，产生更适应环境的后代。遗传算法的这种自组织、自适应特征，使它同时具有能根据环境变化来自动发现环境的特性和规律的能力。自然选择消除了算法设计过程中需要事先描述问题的全部特点，并要说明针对问题的不同特点算法应采取的措施。因此利用遗传算法的方法，可以解决复杂的非结构优化问题。

(2) 遗传算法的本质是并行性。遗传算法按并行方式搜索一个种群数目的点，而不是单点。它的并行性表现在两个方面：一是遗传算法是内在并行的，即遗传算法本身非常适合大规模并行运算。这种并行处理方式对并行系统结构没有什么限制和要求，因此遗传算法适合在目前所有的并行式或分布式系统上进行并行处理，而且对并行效率没有太大影响。二是遗传算法的内含并行性。由于遗传算法采用种群的方式组织搜索，可同时搜索解空间内的多个区域，并相互交流信息。使用这种搜索方式，虽然每次只执行与种群规模 n 成比例的计算，但实质上已进行了大约 r 次有效搜索，这就使遗传算法能以较少的计算获得较大的收益。

(3) 遗传算法不需要求导等运算，而只需要影响搜索方向的目标函数和相应的适应度函数。

(4) 遗传算法强调概率转换规则，而不是确定的转换规则。

(5) 遗传算法对给定问题，可以产生许多潜在解，最终选择可以由使用者决定。

5.6.5 实例

为了更好地理解遗传算法，本书以一个生动形象的比喻作为例子来进行说明：为了找出地球上最高的山，一群有志气的小狗开始想办法，但途中小狗吃了失忆药片，且随机被发配到一些地方，它们不知道自己的使命是什么。但如果你过几年就召回一部分海拔低的小狗，多产小狗自己就会找到珠穆朗玛峰。这就是遗传算法。

遗传算法的伪码如下。

```
procedure genetic algorithm
begin
initialize a group and evaluate the fitness value; (1)
while not convergent (2)
begin
select; (3)
if random[0,1]<pc then
crossover; (4)
if random (0,1)<pm then
mutation; (5)
end;
end
```

上述程序中有五个重要的环节。

(1) 编码和初始群体的生成：遗传算法在进行搜索之前先将解空间的解数据表示成遗传空间的基因型串结构数据，这些串结构数据的不同组合便构成了不同的点。然后随机产生 N 个初始串结构数据,每个串结构数据称为一个个体,N个体构成了一个群体。遗传算法以这N个串结构数据作为初始点开始迭代。

例如,旅行商问题中,可以把商人走过的路径进行编码,也可以对整个图矩阵进行编码。编码方式依赖于问题怎样描述比较好解决。初始群体也应该选取适当,如果选取过小则杂交优势不明显,算法性能很差(数量上占了优势的老鼠进化能力比老虎强),群体选取太大则计算量太大。

(2) 检查算法收敛准则是否满足,控制算法是否结束。可以采用判断与最优解的适配度或者定一个迭代次数来达到。

(3) 适应性值评估检测和选择:适应性函数表明个体或解的优劣性,在程序的开始也应该评价适应性,以便和以后的适应性做比较。不同的问题,适应性函数的定义方式也不同,应根据适应性的好坏,进行选择。选择的目的是从当前群体中选出优良的个体,使它们有机会作为父代繁殖下一代子孙。遗传算法通过选择过程体现这一思想,进行选择的原则是适应性强的个体为下一代贡献一个或多个后代的概率大。选择体现了达尔文的适者生存原则。

(4) 杂交:按照杂交概率(P_c)进行杂交。杂交操作是遗传算法中最主要的遗传操作。通过杂交操作可以得到新一代个体,新个体组合了其父辈个体的特性。杂交体现了信息交换的思想。

可以选定一个点对染色体串进行互换、插入、逆序等杂交,也可以随机选取几个点杂交。杂交概率如果太大,种群更新快,但是高适应性的个体很容易被淹没,概率小了搜索会停滞。

(5) 变异:按照变异概率(P_m)进行变异。变异首先在群体中随机选择一个个体,对于选中的个体以一定的概率随机地改变串结构数据中某个串的值。同生物界一样,遗传算法中变异发生的概率很低。变异为新个体的产生提供了机会。

变异可以防止有效基因的缺损造成的进化停滞。比较低的变异概率就已经可以让基因不断变更,太大了会陷入随机搜索。想一下,生物界每一代都和上一代差距很大,会是怎样的可怕情形。就像自然界的变异适合任何物种一样,对变量进行了编码的遗传算法没有考虑函数本身是否可导,是否连续等性质,所以适用性很强;并且,它开始就对一个种群进行操作,隐含了并行性,也容易找到"全局最优解"。

5.7　禁忌搜索算法

禁忌搜索算法(tabu search/taboo search, TS)是一种模拟人类记忆功能特性的全局性搜索算法。它最初是由 Glover 提出的,主要用于解决组合优化问题,与局部优化法相比陷入局部极小值的概率更小,比遗传算法、模拟退火算法更易于利用问题的特殊信息。因此,它具有很强的全局搜索能力,在复杂问题和大型问题上有特殊的效果。

"禁忌"就是禁止重复前面的工作,是一种强加的限制。禁忌搜索算法采用了禁忌技术对解空间进行搜索,避免了陷入局部最优,从而具有全局搜索能力。"禁忌准则"和"特赦准则"使该算法具有很强的"爬山"能力,因而具有智能性。禁忌搜索算法通过局部搜索机制和相应的禁忌准则来避免迂回搜索,并通过特赦准则来释放一些被禁忌的优良解,进而保证多样化的有效搜索,但存在收敛速度较慢的缺陷。禁忌搜索算法已在组合优化、生产调度、资源规划、机器学习、数据挖掘、函数优化和生态环境评价等多个领域获得了广泛应用。

5.7.1 概述

1. 基本思想及其主要特点

禁忌搜索算法的基本思想是：假设给出一个解邻域，首先在解邻域中找出一个初始局部解 x 作为当前解，并令当前解为最优解，然后以这个当前解作为起点，在解邻域中搜索最优解 x'。当然，这个最优解可能与前一次所得的最优解相同，为了避免这种循环现象的出现，设置一个记忆近期操作的禁忌表，如果当前的搜索操作是记录在此表中的操作，那么这一搜索操作就被禁止；否则用 x 取代 x 作为当前解。但禁忌表有可能限制某些可以导致更好解的"移动"。为了尽可能不错过产生最优解的"移动"，若满足特赦规则，即使它处于禁忌表中，这个移动也可实现。

禁忌搜索算法的主要特点是：①在搜索过程中可接受劣解，因而具有较强的"爬山"能力。②新解不是在当前解的邻域中随机产生，而是或优于当前最优解，或是非禁忌的最佳解，因而获得优良解的概率远大于其他解。作为一种启发式算法，禁忌搜索算法也有明显不足：①对初始解有较强的依赖性，一个较差的初始解则会降低禁忌搜索的收敛速度。②迭代搜索过程是串行的，仅是单一状态的移动而非并行搜索。

2. 基本概念

禁忌搜索算法有关的基本概念包括：禁忌表(tabu list)、邻域(neighbourhood)、禁忌条件(tabu condition)、特赦规则(aspiration level)及终止规则(termination criterion)等。

禁忌表。禁忌表是禁忌搜索算法的核心，禁忌对象和禁忌长度是禁忌表的两个关键指标。禁忌表的长度可以固定，也可以改变。处在禁忌表中的移动在近期的迭代中是被禁止的，除非满足特赦准则。邻域结构、禁忌对象、禁忌长度、特赦准则和终止规则是与禁忌搜索算法的搜索效率和求解质量直接相关的关键要素。

邻域。对于 X 中的每一解 x 的邻域定义为：当前解 x 所有可行移动 $S(x)$ 而形成的解的集合称为解 x 的邻域 $N(x)$，通常表现为以解 x 为中心，r 为半径的球 $B(x, x')$。从而所有满足 $\|x'-x\| \leqslant r$ 的点 x 的集合均为 x 的邻域解。其中 $\| \cdot \|$ 为范数。

禁忌条件。禁忌条件是通过禁忌表来实现的。为了避免陷入局部极小点，算法禁止一定时间内走过的区域。每运行一步，都将当前点及其目标函数值放入禁忌表中，作为禁忌区域的中心。禁忌表的长度固定为 TL，当禁忌表已满，即里面有 TL 个元素时，将最早进入的元素从禁忌表中释放，并把新的元素放入表中。

可用两重判断准则来判断一个点 x 是否被禁忌。第一准则为首先判断点的目标函数值 $f(x)$。如果 $f(x)$ 跟禁忌表中的任一个函数值 $f_L(x^*)$ 都不接近，即对任一 $f_L(x^*)$ 都有 $|f(x) - f_L(x^*)| > \varepsilon$ (ε 为给定值)，则点 x 不被禁忌，否则判断第二准则。

第二准则判断点 x。如果 x 的目标函数值跟禁忌表中点的函数值接近，则判断点 x 跟点 x' 是否接近。如果对任一 $x_j(j=1,2,\cdots,n)$ 都有 $|x_j - x_j^*| \leqslant \varepsilon$，则点 x 被禁忌，否则不被禁忌。

两重准则可以减少计算量。例如，对于 n 维变量，判断一定点是否在一个矩形区域内要做 n 次比较，而函数值的比较只需要做一次计算即可。

特赦规则。特赦规则的作用是防止某些更优点被禁忌，满足特赦规则的点无需判断是否被禁忌，可以直接选取作为新的当前点。特赦规则可定义为：如果点 x 的目标函数值优于目前为止搜索到的最优点的目标函数值，说明点 x 满足特赦规则，则被选取为新的当前点。

终止规则当达到最大迭代步数，或在给定的迭代步数内算法搜索到的最优点没有改善时，算法将终止迭代。

3. 算法流程

基本禁忌搜索算法步骤如下。

步骤 1：随机生成一个初始点 x_0，计算它的目标函数值 $f(x_0)$，初始化当前点 $x = x_0$，最优点 $x_{best} = x_0$，最优点的目标函数值 $f(x_{best}) = f(x_0)$。

步骤 2：生成当前点 x 的邻域，计算出邻域内各点的目标函数值。

步骤 3：选邻域内目标函数值最优的点 x^*。

步骤 4：判断特赦规则。如果满足特赦规则，则新的当前点移到 x^*，即 $x = x^*$，同时更新最优点 $x_{best} = x^*$，$f(x_{best}) = f(x^*)$，转到步骤 6，否则转到步骤 5。

步骤 5：判断点 x^* 是否被禁忌，如果点 x^* 未被禁忌，则将新的当前点移动到 x^*，转到步骤 6，否则将 x^* 从邻域中删除，转到步骤 3。

步骤 6：更新禁忌表，并判断终止规则。若满足终止规则，则终止运算，否则转到步骤 2。

5.7.2 实例

为了更好地理解禁忌搜索算法，本节以一个生动形象的比喻作为例子来进行说明：为了找出地球上最高的山，一群有志气的小狗开始想办法。小狗知道一只狗的力量是渺小的，它们互相转告着，哪里的山已经找过，并且找过的每一座山它们都留下一只狗做记号。它们制定了下一步去哪里寻找的策略，这就是禁忌搜索。

为了找到"全局最优解"，就不应该执着于某一个特定的区域。局部搜索的缺点就是太贪婪地对某一个局部区域及其邻域搜索，导致一叶障目，不见泰山。禁忌搜索就是对于找到的一部分局部最优解，有意识地避开它(但不是完全隔绝)，从而获得更多的搜索区间。小狗们找到了泰山，它们之中的一只就会留守在这里，其他的再去别的地方寻找。就这样，一大圈后，把找到的几个山峰一比较，珠穆朗玛峰脱颖而出。

当小狗们再寻找的时候，一般都会有意识地避开泰山，因为它们知道，这里已经找过，并且有一只小狗在那里看着了，这就是禁忌搜索中"禁忌表(tabu list)"的含义。那只留在泰山的狗一般不会就安家在那里了，它会在一定时间后重新回到找最高峰的大军，因为这个时候已经有了许多新的消息，泰山毕竟也有一个不错的高度，需要重新考虑，这个归队时间，在禁忌搜索里面称为"禁忌长度(tabu length)"；如果在搜索的过程中，留守泰山的小狗还没有归队，但是找到的地方全是华北平原等比较低的地方，小狗们就不得不再次考虑选中泰山。也就是说，当一个有狗留守的地方优越性太突出，超过了"best_to_far"的状态，就可以不顾及有没有小狗留守，都把这个地方考虑进来，这就叫"特赦准则(aspiration criterion)"。这三个概念是禁忌搜索和一般搜索准则最不同的地方，算法优化的关键也在这里。

禁忌搜索算法的伪代码如下。

```
procedure tabu search;

begin
initialize a string vc at random,clear up the tabu list;
cur:=vc;

repeat
select a new string vn in the neighborhood of vc;

if va>best_to_far then {va is a string in the tabu list}
```

```
begin
cur:=va;
let va take place of the oldest string in the tabu list;
best_to_far:=va;
end else
begin
cur:=vn;
let vn take place of the oldest string in the tabu list;
end;
until (termination-condition);
end;
```

以上程序中有以下几个关键问题。

(1) 禁忌对象，可以选取当前的值(cur)作为禁忌对象放进 tabu list，也可以把和当前值在同一"等高线"上的都放进 tabu list。

(2) 为了降低计算量，禁忌长度和禁忌表的集合不宜太大，但是禁忌长度太小容易循环搜索，禁忌表太小容易陷入"局部极优解"。

(3) 上述程序段中对 best_to_far 的操作是直接赋值为最优的"解禁候选解"，但是有时候会出现没有大于 best_to_far 的，候选解也全部被禁的"死锁"状态，这个时候，就应该对候选解中最佳的进行解禁，以能够继续下去。

(4) 终止准则，禁忌搜索和遗传算法差不多，常用的有：给定一个迭代步数；设定与估计的最优解的距离小于某个范围时，就终止搜索；当与最优解的距离连续若干步保持不变时，终止搜索。

禁忌搜索算法是对人类思维过程本身的一种模拟，它通过对一些局部最优解的禁忌(也可以说是记忆)达到接纳一部分较差解，从而跳出局部搜索的目的。

5.8 模拟退火算法

模拟退火(simulated annealing，SA)算法最早是由 Metropolis 等借鉴统计力学中物质退火方法而提出的一种启发式随机搜索算法。该算法将组合优化问题和统计热力学中的热平衡问题类比，开辟了一条求解组合优化问题的新途径。其出发点是固体的退火过程，即在对固体物质进行退火处理时，首先将它加温，使其可自由运动；然后降温，粒子逐渐形成低能态的晶体。若在凝结点附近温度下降得足够慢，则固体物质一定会形成最低能量的基态。模拟退火算法能以随机搜索技术从概率的意义上找出目标函数的全局最优解。在搜索最优解的过程中，模拟退火算法除了可接受优化解外，还能够有限度地接受恶化解，且接受恶化解的概率慢慢趋于 0。因而从理论上讲，经过足够长时间后可跳出局部最优解，从而收敛到全局最优解。模拟退火算法是一种通用的优化算法，适合解决大型组合优化问题，目前已在生产调度、控制工程、图像处理等方面广泛应用。

5.8.1 基本原理

模拟退火算法的基本思想是从一定解开始，从邻域中随机产生另一个解，允许目标函数在有限范围内变坏。它由控制参数 T 决定，其作用类似于物理过程中的温度。对于控制参数的每一取值，算法持续进行"产生—判断—接受或舍弃"的迭代过程，对应着固体在某一恒定温度下趋于热平衡的过程。经过大量的解变换后，可以求得给定控制参数 T 值时优化问题的相对最优解；然后减小控制参数 T 的值，重复执行上述迭代过程，当控制参数逐渐减小并趋于 0 时，系统亦越来越趋于平衡状态，最后系统状态对应于优化问题的全局最优解。该过程也称为冷却过程。因为固体退火必须缓慢降温，才能使得固体在每一个温度下都达到热平衡，最终趋于平衡状态，所以模拟退火算法中的控制参数 T 也得缓慢衰减，才能使得模拟退火算法最终得到优化问题的整体最优解。

5.8.2　算法步骤

模拟退火算法的实现步骤如下。

步骤 1：初始化：给定模型每一个参数的变化范围，在这个范围内随机选择一个初始解 x，并计算相应的目标函数值 $E(x)$。设定初始温度 T_0，终止温度 T_f 产生随机数 $\xi(0,1)$ 作为概率阈值，设定降温规律。

步骤 2：在某温度 T 下，对当前解 x 进行扰动，产生一个新解 $c = x + \Delta x$，计算相应的目标函数值 $E(x')$ 与 $E(x)$ 的差，得到

$$\Delta E = E(x') - E(x)$$

步骤 3：若 $\Delta E < 0$，则新解 x' 被接受；若 $\Delta E > 0$，则新解 x' 按概率 $P = \exp(-\Delta E / K'T)$ 被接受，K' 为某一常数，通常取 1；T 为温度。若 $P > \xi$，则接受新解 x'。当解 x' 被接受时，置 $x = x'$。

步骤 4：在温度 T 下，重复一定次数的扰动和接收过程，即重复步骤 2 和步骤 3。

步骤 5：缓慢降低温度 T。

步骤 6：重复步骤 2～步骤 5，直至收敛条件满足为止。

模拟退火算法实质上分两次循环，随机扰动产生新解，并计算目标函数的变化；决定新解是否被接受。算法初温设计在高温条件使得能量 E 增大的解可能被接受，因而能舍去局部极小值，通过缓慢地降低温度，算法最终能收敛到全局最优解。

从上述步骤可看出模拟退火算法依据 Metropolis 准则接受优化解。为此，除了接受优化解外，还在一定限度内接受恶化解，这正是模拟退火算法与局部搜索算法的本质区别。开始的时候 T 值大，可能接受较差的恶化解；随着 T 的减小，则只能接受较好的恶化解，最后在 T 值趋于零时，就不再接受恶化解了，从而使得模拟退火算法能从局部最优的"陷阱"中跳出，最后得到全局最优解。

5.8.3　实例

为了提高城市居住环境质量，改善步行或自行车出行等慢行空间系统势在必行。本案例事先提取到地铁站的步行时间大于 15 分钟，骑行时间小于 15 分钟的小区，并通过设置公共自行车停放点来改善这些地区的公共交通出行机会。本例选用了模拟退火算法计算最优的公共自行车停放点的配置区域。该算法实现思路如图 5-16 所示。

首先，使用 K-means 方法求得了最佳的聚类个数 60(即拟新增 60 个自行车停放位置)；其次，将每一个停放点在空间中的坐标作为解，构建一个 120 维的解空间；最后，在解空间中以待优化居民点到拟新增自行车停放点的人数距离乘积和为优化目标函数，应用模拟退火算法输出最优的 60 个位置。为了模拟算法原理中的"随机扰动"条件，研究中将区域进行了离散

化描述，每次随机扰动被转化成为选取当前点 8 邻域位置的任意点作为一个新解。基于这一离散空间在加入随机扰动的情况下生成新解系的步骤如下。

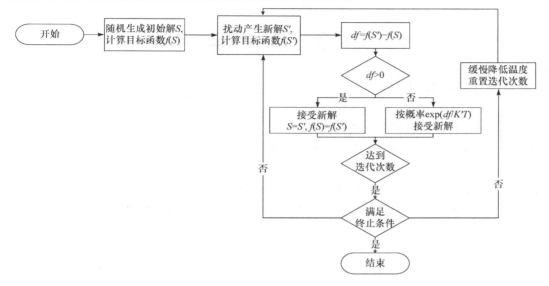

图 5-16 模拟退火算法思路

步骤 1：生成 1~987，1~807 的随机整数，判断这一位置处的点编号是否为 1，若为 0 则重复执行步骤 1，若为 1 则记录该点横轴坐标，直到记录的点数达到 60 个，将这 60 个点作为最初的初始解系。

步骤 2：对每一个解，生成一个 1~8 的随机整数，代表这一解的 8 邻域方向。如果这一位置没有出现在点表中且点编号为 1，则将该解替换到新的点，将新的点纳入点表，并更新解系。否则重复步骤 2，直到该解的 8 个方向都被遍历，如果仍未出现满足条件的点则生成 1~987，1~807 的随机整数，直到生成一个不在点表中且编号为 1 的一个新点。

步骤 3：经过步骤 2 将生成一个加入随机扰动的新的解系，计算全部小区到距离其位置的人数距离乘积之和作为目标函数，如果值减小则接受这一解系，如果值增大则以模拟退火算法中推荐的概率接受这一解系。

步骤 4：判断是否达到模拟退火的终止条件，达到则算法结束，反之则转到步骤 2。

基于模拟退火算法的自行车停放点优化配置结果如图 5-17 所示。

图 5-17 基于模拟退火算法的自行车停放点优化配置结果示例

第 6 章 深度学习

深度学习是机器学习中一种基于数据进行表征学习的方法，其概念源于人工神经网络的研究。深度学习的结构是一种含多隐层的多层感知器，通过对低层特征的组合形成抽象的高层表现特征，以发现数据的分布式特征表示。本章首先介绍深度学习的发展史，接着介绍深度学习的几种常用方法：用于隐含层特征探测的自动编码器、解决线性不可分问题的深度前馈神经网络、约减参数量降低过拟合风险的深度卷积神经网络、弱化梯度弥散现象的深度置信网络。进一步，在试图将深度神经网络的一些属性赋予传统的机器学习算法的方向上涌现了如深度 SVM 网络、深度森林等深度融合网络。另外，为充分发挥深度学习的感知能力和强化学习的决策能力，深度强化学习已在众多应用问题上取得突破，如无人驾驶、计算机围棋程序等，见第 16 章。这些方法的训练常基于一些深度学习仿真平台，如 TensorFlow、Caffe、Theano、Torch。本章通过对比四个平台的特点、语言环境，方便读者选择合适的平台搭建深度学习网络。本章结构如图 6-1 所示。

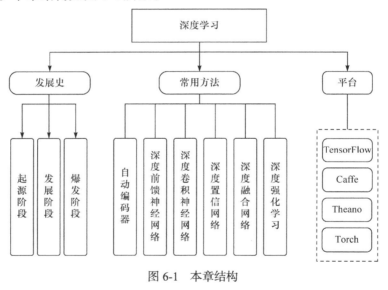

图 6-1　本章结构

6.1　深度学习发展史

6.1.1　起源阶段

1943 年，心理学家麦卡洛克和数学逻辑学家皮兹在《神经活动中内在思想的逻辑演算》中提出了神经网络的数学(M-P)模型。M-P 模型是模仿神经元的结构和工作原理形成的数学模型，本质上是一种"模拟人类大脑"的神经元模型。M-P 模型作为人工神经网络的起源，开创了人工神经网络新时代。

1949 年，加拿大著名心理学家唐纳德·赫布在《行为的组织》中提出了一种基于无监督学习的规则——海布规则(Hebb rule)。海布规则模仿人类认知世界的过程建立一种"网络模型"，该网络模型针对训练集进行大量的训练并提取训练集的统计特征，然后按照样本的相似程度进行分类，把相互之间联系密切的样本分为一类，这样就把样本分成了若干类。海布学习规则与"条件反射"机理一致，为以后的神经网络学习算法奠定了基础。

20 世纪 50 年代末，在 M-P 模型和海布规则的研究基础上，美国科学家罗森布拉特发明了一种类似于人类学习过程的学习算法——感知机学习，并于 1958 年正式提出了由两层神经元组成的神经网络，称为感知器。感知器(perceptron)本质上是一种线性模型，可以对输入的训练集数据进行二分类，且能够在训练集中自动更新权值。感知器的提出激发了大量科学家研究人工神经网络的兴趣。

在 1969 年，人工智能之父马文·明斯基和 LOGO 语言的创始人西蒙·派珀特共同编写了《感知器》一书，在书中他们证明了单层感知器无法解决线性不可分问题[如异或(XOR)问题]。由于这个致命的缺陷，以及没有及时将感知器推广到多层神经网络中，人工神经网络的研究热潮逐渐退去。

6.1.2　发展阶段

1982 年，著名物理学家约翰·霍普菲尔德发明了 Hopfield 神经网络。Hopfield 神经网络是一种结合存储系统和二元系统的循环神经网络。Hopfield 网络可以模拟人类的记忆，根据激活函数的选取不同，有连续型和离散型两种类型，分别用于优化计算和联想记忆。但由于容易陷入局部最小值的缺陷，该算法并未在当时引起很大的轰动。

在 1986 年，深度学习之父杰弗里·辛顿提出了一种适用于多层感知器的反向传播(back propagation, BP)算法。BP 算法在传统神经网络正向传播的基础上，增加了误差的反向传播过程。反向传播过程不断地调整神经元之间的权值和阈值，直到输出的误差减小到允许的范围之内，或达到预先设定的训练次数为止。BP 算法完美地解决了非线性分类问题，让人工神经网络再次获得了人们的广泛关注。

但是由于 20 世纪 80 年代计算机的硬件水平有限，运算能力跟不上，当神经网络的规模增大时，再使用 BP 算法会出现"梯度消失"的问题，这使得 BP 算法的发展受到了很大的限制。再加上 90 年代中期，以 SVM 为代表的其他浅层机器学习算法被提出，并在分类、回归问题上均取得了很好的效果，其原理又明显不同于神经网络模型，所以人工神经网络的发展再次进入了瓶颈期。

6.1.3　爆发阶段

直到 2006 年，杰弗里·辛顿及他的学生鲁斯兰·萨拉赫丁诺夫正式提出了深度学习的概念。杰弗里·辛顿团队在 *Science* 发表的文章上详细地给出了"梯度消失"问题的解决方案——通过无监督的学习方法逐层训练深度置信网络(deep belief network, DBN)，再使用有监督的反向传播算法进行调优。该深度学习方法的提出，立即在学术圈引起了巨大的反响，深度学习这一概念也得以真正普及。

2012 年，在著名的 ImageNet 图像识别大赛中，杰弗里·辛顿领导的小组采用深度学习模型 AlexNet 一举夺冠。AlexNet 采用修正线性单元(rectified linear unit, ReLU)激活函数，从根本上解决了"梯度消失"问题，并采用 GPU 极大地提高了模型的运算速度。同年，由斯坦福大学著名教授吴恩达和世界顶尖计算机专家 Jeff Dean 共同主导的深度神经网络(deeping neural network, DNN)在图像识别领域取得了惊人的成绩,在 ImageNet 评测中成功地把错误率从 26%降低到了 15%。深度学习算法在世界大赛的脱颖而出,再一次吸引了学术界和工业界对于深度学习领域的关注。

随着深度学习技术的不断进步及数据处理能力的不断提升,2014 年,Facebook 基于深度学习技术的 DeepFace 项目,在人脸识别方面的准确率已经能达到 97%以上,跟人类识别的准确率几乎没有差别。这样的结果也再一次证明了深度学习算法在图像识别方面的优势。2016年,随着谷歌公司基于深度学习开发的 AlphaGo 以 4∶1 的比分战胜了国际顶尖围棋高手李世石,深度学习的热度一时无两。接下来,AlphaGo 又接连和众多世界级围棋高手过招,均取得完胜。同年,中国政府将"人工智能"写入"十三五"规划,美国政府发布《国家人工智能研究与发展战略规划》文件。2017 年,基于强化学习算法的 AlphaGo 升级版 AlphaGo Zero横空出世。其采用"从零开始""无师自通"的学习模式,以 100∶0 的比分轻而易举打败了之前的 AlphaGo。除了围棋,它还精通国际象棋等其他棋类游戏,可以说是真正的棋类"天才"。此外,在这一年,深度学习的相关算法在医疗、金融、艺术、无人驾驶等多个领域均取得了显著的成果。所以,也有专家把 2017 年看作深度学习甚至是人工智能发展最为突飞猛进的一年。

深度学习的起源、发展与爆发总结如图 6-2 所示。

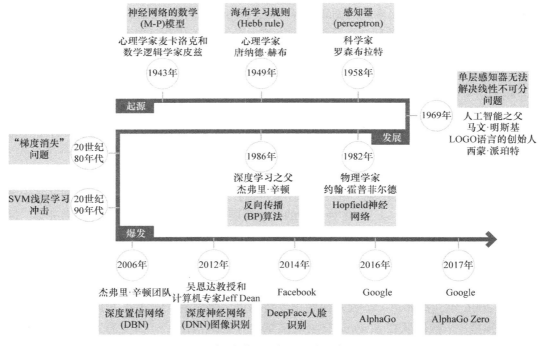

图 6-2　深度学习的起源、发展与爆发

6.2　深度学习的常用方法

6.2.1　自动编码器

深度学习最简单的一种方法是利用人工神经网络的特点,给定一个神经网络,假设其输出与输入是相同的，然后训练调整其参数，得到每一层的权重，即得到输入 I 的几种不同表示（每一层代表一种表示），这些表示就是特征。自动编码器(auto-coder)主要用于隐含层中的特征探测，即特征编码。为了实现输入的复现，自动编码器必须捕捉可以代表输入数据的最重要的因素，就像主成分分析那样，找到可以代表原信息的主要成分。具体过程简单说明如下。

(1) 给定无标签数据，用非监督方法学习特征。在有监督的学习方法里，对于一组给定了标签的数据，便能根据当前输出和标签之间的差去改变前面各层神经网络的参数，直到收敛，如图 6-3 所示。

如果是无标签数据，那么误差怎么得到呢？如图 6-4 所示。

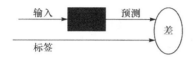 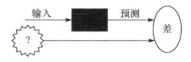

图 6-3　有标签的学习示意图　　　　　　图 6-4　无标签的学习示意图

如图 6-5 所示，将无标签数据输入编码器，就会得到一个编码(表示)。为了检验这个编码表示的是否为输入的数据，再通过一个解码重构数据，如果解码后的信息和输入的信号很像(理想情况下是一样的)，则认为这个编码可靠。因此，通过调整编码器和解码器的参数，使得重构误差最小，经编码器编码后的编码便可以作为输入信号的第一个表示。因为是无标签数据，所以误差是直接重构后与原输入相比得到的。

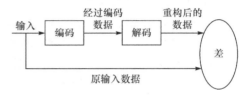

图 6-5　编解码过程

上述得到的编码就是第一层的编码，将此作为第二层的输入信号，同样最小化重构误差，就会得到第二层的参数，并且得到第二层的输入编码，也就是原输入信息的第二个表达。其他层用同样的方法进行，由于接下来的训练每层的参数都是固定的，解码器已经不再需要。

(2) 有监督微调。经过上面的方法，可以得到很多层。至于需要多少层(或者深度需要多少，这个目前还没有一个科学的评价方法)，需要自己试验调整。每一层都会得到原始输入的不同表达。

到这里，这个自动编码器还不能用来分类数据，因为它只学习获得了一个可以代表输入的特征，这个特征可以最大程度上代表原输入信号。为实现分类，自动编码器的最顶层编码层可添加一个分类器(如 logistic 回归、SVM 等)，通过标准的多层神经网络的监督训练方法(梯度下降法)去训练。最后一层的特征作为分类器的输入，通过有标签样本和监督学习进行微调。一旦监督训练完成，这个网络就可以用来分类。研究发现，在原有的特征中加入自动学习得的特征可以大大提高精确度。

自动编码器存在一些变体，在此主要介绍以下三种：稀疏自动编码器、降噪自动编码器和栈式自动编码器。

1. 稀疏自动编码器

稀疏自动编码器是指在自动编码器的基础上加入约束条件，如加上 $L1$ 的 Regularity 限制。$L1$ 主要用于约束隐含层中的节点，使其大部分为 0，只有少数不为 0，这就是名字中"稀疏"的来源。如果隐藏节点比可视节点(输入、输出)少的话，被迫降维，自动编码器会自动习得训练样本的特征(变化最大、信息量最多的维度)。但是当隐藏节点数目过多，甚至比可视节点数目还多的时候，自动编码器不仅会丧失这种能力，更可能会习得一种"恒等函数"——直接把输入复制过去作为输出。这时，需要对隐藏节点进行稀疏性限制。

稀疏性，就是对一对输入图像，使隐含节点中被激活的节点数(输出接近 1)远远小于被抑制的节点数目(输出接近 0)。使神经元通常处于抑制状态的限制被称为稀疏性限制。如图 6-6 所示，限制每次得到的表达编码尽量稀疏。因为稀疏的表达往往比其他的表达更有效。如对于人脑而言，某个输入只是刺激某些神经元，其他大部分的神经元是受到抑制的。

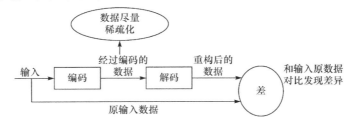

图 6-6　编解码中的稀疏表达

2. 降噪自动编码器

降噪自动编码器是指在自动编码器的基础上，对训练的输入数据加入噪声。即以一定概率分布(通常使用二项分布)去擦除原始输入矩阵，即每个值都随机置 0，这样看起来部分数据的部分特征丢失了。学习丢失的数据，将结果与原始输入数据做误差迭代，这样，网络就学习了这个破损的数据。过程示意如图 6-7 所示。

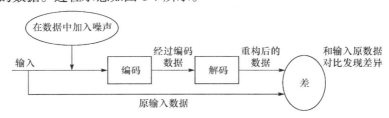

图 6-7　降噪自动编码器原理示意

这样做的优势主要有两点：①通过与非破损数据训练的对比，破损数据训练出来的权重噪声比较小，降噪因此得名。②破损数据一定程度上减轻了训练数据与测试数据的代沟。由于数据部分被擦除，破损数据一定程度上比较接近测试数据，这样训练出来的权重的鲁棒性便得到了提高。对训练数据加入噪声，自动编码器必须学习去除这种噪声而获得真正的没有被噪声污染的输入。因此，这就迫使编码器去学习输入信号的更加鲁棒的表达，这也是它的泛化能力比一般编码器强的原因。

3. 栈式自动编码器

栈式自动编码器是一个由多层稀疏自动编码器组成的神经网络，如图 6-8 所示，前一层自动编码器的输出作为其后一层自动编码器的输入。对于一个 n 层栈式自动编码器的编码过程就是，按照从前向后的顺序执行每一层自动编码器的编码步骤。自动编码器的隐含层 t 会作为 $t+1$ 层的输入层。第一个输入层就是整个网络的输入层。利用贪心算法训练每一层的步骤如下。

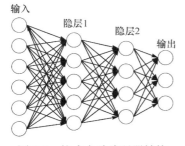

图 6-8　栈式自动编码器结构

步骤 1：通过反向传播的方法，利用所有数据对第一层的自动编码器进行训练(t=1, 隐层 1 连接部分)。

步骤 2: 训练第二层的自动编码器 t=2(隐层 2 连接部分), 由于 t=2 的输入层是 t=1 的隐含层, 不再关心 t=1 层, 也就是输入层, 可以从整个网络中移除。整个训练开始于将输入样本数据赋到 t=1 的输入层, 通过前向传播至 t=2 的输出层。t=2 的权重(输入→隐层和隐层→输出)使用反向传播的方法进行更新。t=2 的层和 t=1 的层一样, 都要通过所有样本的训练。

步骤 3: 对所有层重复步骤 1 和步骤 2, 即移除前面自动编码器的输出层, 用另一个自动编码器替代, 再用反向传播进行训练。

步骤 4: 步骤 1~3 称为预训练, 这将网络里的权重值初始化至一个合适的位置。但是通过这个训练并没有得到一个输入数据到输出标记的映射。例如, 一个网络的目标是被训练用来识别手写数字, 经过这样的训练后还不能将最后的特征探测器的输出(即隐含层中最后的自动编码器)对应到图片的标记上去。这样, 一个通常的办法是在网络的最后一层后面再加一个或多个全连接层。整个网络可以被看作一个多层的感知机, 并使用反向传播的方法进行训练。这一步也被称为微调。

栈式自动编码器提供了一种有效的预训练方法来初始化网络的权重, 这样便可以得到一个用来训练的复杂、多层的感知机。

6.2.2　深度前馈神经网络

1. 单隐层前馈神经网络

神经网络是以神经元为数学模型进行描述, 神经元是一个多输入-单输出的信息处理单元, 且对信息的处理是非线性的。神经网络模型由网络拓扑、节点特点、学习规则表示, 具体的数学公式为

$$\begin{cases} u = \sum_{i=1}^{m} x_i w_i + b \\ y = \varphi(u) \end{cases} \tag{6.2.1}$$

其中, x 表示输入; w 表示权值; b 表示偏置(或称阈值); φ 表示激活函数(或称响应函数)。

典型的激活函数有 Sigmoid 函数、Tanh 函数、径向基函数、小波函数、修正线性单元(ReLU)函数、Softplus 函数等, 对应的公式为

$$\begin{cases} \text{Sigmoid}(x) = \dfrac{1}{1 + e^{-x}} \\ \text{Tanh}(x) = \dfrac{e^x - e^{-x}}{e^x + e^{-x}} \\ \text{ReLU}(x) = \max(0, x) \\ \text{Softplus}(x) = \log(1 + e^x) \end{cases} \tag{6.2.2}$$

不同的激活函数有不同的适用范围和优缺点。Sigmoid 函数将实数压缩到 0~1, 绝对值很大的负数值越接近 0, 绝对值很大的正数越接近 1。Sigmoid 函数由于其强大的解释力, 常被用来表示神经元的活跃度程度: 从不活跃的 0 到假设上最活跃的 1。但 Sigmoid 函数存在易饱和、易出现梯度消失的特点, 且输出非 0 均值, 导致后层神经元的输入为非 0 均值的信号, 收敛缓慢。Tanh 函数将实数压缩到-1~1, 且为 0 均值, 但依然存在梯度饱和的问题。ReLU 函数在梯度下降上比 Tanh 函数和 Sigmoid 函数有更快的收敛速度, 且不会出现梯度消失。ReLU

会使一部分神经元的输出为 0,这样就造成了网络的稀疏性,并且减少了参数的相互依存关系,缓解了过拟合问题的发生。但 ReLU 函数较为脆弱,容易在训练中失效使得神经元不被激活。Softplus 函数的倒数为 Sigmoid 函数,名称源于它是修正线性单元(ReLU)的平滑形式,与 ReLU 函数的特征接近,但无稀疏激活特性。

神经网络根据网络连接的拓扑结构,可以分为前向网络(有向无环)和反馈网络(无向完备图,也称循环网络)。对于前向网络,源于简单非线性函数的多次复合,网络结构简单易于实现。单隐层前馈神经网络的数学公式为

$$
\begin{cases}
h^{(1)} = \varphi^{(1)}\left(\sum_{i=1}^{m} x_i \cdot w_i^{(1)} + b^{(1)} \right) \\
y = \varphi^{(2)}\left(\sum_{j=1}^{n} h_j^{(1)} \cdot w_j^{(2)} + b^{(2)} \right)
\end{cases}
\tag{6.2.3}
$$

其中,输入 $x \in R^m$;隐层输出 $h \in R^n$;输出 $y \in R^K$;$w^{(1)} \in R^{m \times n}$ 与 $b^{(1)} \in R^n$ 分别表示输入到隐层的权值连接矩阵和偏置;$w^{(2)} \in R^{K \times n}$ 与 $b^{(2)} \in R^K$ 分别表示隐层到输出层的权值连接矩阵和偏置;$\varphi^{(1)}$ 和 $\varphi^{(2)}$ 表示响应的激活函数。

输入与输出模型的数学公式为

$$
y = T(x, \theta) = \varphi^{(2)}\left[\sum_{j=1}^{n}\left(\sum_{i=1}^{m} x_i \cdot w_i^{(1)} + b^{(1)} \right) \cdot w_j^{(2)} + b^{(2)} \right]
\tag{6.2.4}
$$

其中的参数 $\theta = (w^{(1)}, b^{(1)}; w^{(2)}, b^{(2)})$ 可进一步优化,得到的优化目标函数(由损失项和正则项构成):

$$
\min_{\theta} J(\theta) = \frac{1}{N} \sum_{n=1}^{N} \| y^{(n)} - T(x^{(n)}; \theta) \|_F^2 + \lambda \sum_{l=1}^{2} \| w^{(l)} \|_F^2
\tag{6.2.5}
$$

然后通过无约束优化问题中最常用的梯度下降法,求解参数 θ。梯度是指对多元函数的参数求偏导数并以向量的形式表示,沿着梯度向量的方向更容易找到函数的最大值,相应的沿着梯度向量相反方向则容易找到函数的最小值。以下山为例直观解释梯度下降,即在下山途中每走到一个位置时求解当前位置的梯度,沿着梯度的负方向,也就是当前最陡峭的位置向下走一步,然后再求解当前位置的梯度,以此类推。梯度下降法就是沿着梯度下的方向迭代求解。梯度下降算法中主要有四个相关概念:①步长,步长决定在梯度下降迭代过程中,每一步沿梯度负方向前进的长度;②特征,指样本中的输入部分,如 x 为输入,y 为输出;③假设函数,在监督学习中为了拟合输入样本而使用的假设函数,也可理解为拟合函数;④损失函数,为了评估模型拟合的好坏,通常用损失函数来度量拟合的程度,损失函数极小化,意味着拟合程度最好,对应的模型参数为最优参数。若要求解损失函数的最小值则使用梯度下降一步步迭代求解,相应地,要求解损失函数的最大值则用梯度上升。因此用梯度下降的方法求解上述最小化的损失函数和模型参数值:

$$
\theta^k = \theta^{k-1} - \alpha \cdot \left. \frac{\partial L(\theta)}{\partial \theta} \right|_{\theta = \theta^{k-1}}
\tag{6.2.6}
$$

随着迭代次数 k 的增加,参数将收敛[间接可通过目标函数 $L(\theta_k)$ 来可视化进行观察],即 $\lim_{x \to \infty} \theta^k = \theta^*$。

当数据量小时可直接利用闭形式解(严格公式的解析解)进一步优化目标;当数据量大时常

利用随机梯度下降(每次从训练集中随机选择一个样本来学习从而更改模型参数)来求解。对于神经网络拓扑结构的确定, Hornik 等已证明: 若输出层采用线性激活函数, 隐层采用 Sigmoid 函数, 则单隐层神经网络能够以任意精度逼近任何有理函数。

2. 多隐层前馈神经网络

沿用单隐层前馈神经网络的分析, 当隐层个数超过两层(包括两层)时, 称为多隐层前馈神经网络, 或深度前馈神经网络(deep feedforward neural networks)。其拓扑结构为: 多隐层、全连接且有向无环。深度前馈神经网络输入与输出之间的模型为

$$
\begin{cases}
h^{(l)} = \varphi^{(l)}\left(\sum_{i=1}^{l^n-1} h_i^{(l-1)} \cdot w_i^{(l)} + b^{(l)}\right) & l = 1, 2, \cdots, L \\
h^{(0)} = x \\
h^{(L)} = y
\end{cases}
\tag{6.2.7}
$$

除去输入层 $h^{(0)}$ 与输出层 $h^{(L)}$, 隐层的个数共计 $L-1$ 层, 对应的超参数(层数、隐单元个数、激活函数)为

$$
\begin{cases}
L+1 & \rightarrow \text{层数(包含输入与输出)} \\
[n_0, n_1, \cdots, n_L] & \rightarrow \text{每一层上的维数} \\
[\varphi^{(1)}, \varphi^{(2)}, \cdots, \varphi^{(L)}] & \rightarrow \text{激活函数}
\end{cases}
\tag{6.2.8}
$$

同样地, 将输入与输出的关系记为 $f(x, \theta)$, 用损失项 $L(\theta)$ 和正则项 $R(\theta)$ 构成的优化目标函数为

$$
\min_{\theta} J(\theta) = L(\theta) + \lambda R(\theta)
\tag{6.2.9}
$$

注意, 损失函数有很多形式, 如能量损失、交叉熵损失等; 正则项分为基于富比尼斯范数的(防止过拟合)和稀疏正则。

针对优化目标函数如何求解? 首先要确定目标函数的凸性和非凸性, 如果可行域(即参数的选取范围)是凸集的话, 定义在该凸集上的凸函数为凸优化, 即求得的解不依赖于初值的选取且为全局最优解; 通常深度前馈神经网络的优化目标为非凸的, 所以参数的求解依赖于初始参数的设置(即可行域内存在大量的鞍点与局部极值点), 如果设置合理, 可以避免过早陷入局部最优。反向传播算法可以实现上述求解。反向传播算法的核心含义: 优化目标函数 $J(\theta)$ 中关于第 l 个隐层参数 θ_l 的梯度下降量, 分别由损失项 $L(\theta)$ 和正则项 $R(\theta)$ 关于第 l 个隐层参数 θ_l 的梯度(一阶导数)决定, 其中通过引入误差传播项来实现误差的反向传播。所以前馈神经网络的训练分为两步: 一是根据当前的参数值, 计算前向传播过程中每一层上的输出值; 二是根据实际输出与期望输出之间的差来反向传播计算每一层上的误差传播项, 结合每一层输出关于该层参数的偏导数, 实现每一层参数的更新; 重复这两步, 直至该过程收敛。需要注意的是, 当网络层数很深的时候, 误差关于每一层上参数的梯度下降量会随着输出端到输入端的传播过程逐渐衰减(即越靠近输出端, 下降量越大, 越靠近输入端, 下降量越小, 甚至下降量几乎为零), 使得整个网络很难通过训练获取较好的层级参数, 从而难以避免可行域上的鞍点与局部极值点陷入局部最优, 这就是梯度弥散问题。

3. 深度前馈神经网络的学习范式

深度前馈神经网络仍沿用机器学习的范式, 即数据、模型、优化、求解四个部分。机器

学习强调基于数据先验的特征学习(包括特征提取与筛选,得到可分性判别特征)与分类器的设计,并且模型的表达能力受限于(统计或变换,本质上为浅层)特征学习,优势在于优化目标函数可利用凸优化算法快速求解,其核心理念在于追求精度和速度。相较于机器学习,深度前馈神经网络减小了对数据先验的依赖性,模型对数据的表征能力(挖掘数据深层的语义信息或统计特性)随着层级的加深(线性与非线性逐层复合)而呈现越来越本质的刻画,同时也存在如下缺点。

(1) 训练阶段,有类标签的数据较少,网络模型参数较多,训练不充分,易出现过拟合现象。

(2) 优化目标函数为非凸优化问题,即局部最优值不一定是全局最优值,依赖于初值的选取。选择较好时,能避免过早地陷入局部最优,求得的解逼近最优解;若选择不好,网络易出现欠拟合。

(3) 利用反向传播算法优化求解时,易出现梯度弥散的现象,导致网络模型训练不充分,即参数更新时效性差。

数据的差异性对深度前馈神经网络有重要影响,如分类任务,类内的聚集特性越强,说明相似性程度越高,即共性特征占主要,个性化特征为辅;类间的疏散特性越大,说明类与类之间的差异性越明显,即个性化特性为主,共性特征为辅;对于利用深度前馈神经网络进行特征学习而言,层级参数的组合多样性、容许性强,使得权值参数带有判别特性,即类内强调共性,类间注重个性。参数组合下满意度最高的模型状态也间接说明二者(共性与个性)是矛盾统一的。本质上,深度前馈神经网络将数据的表示分级,高级的表示建立在低级的表示上,即将一个复杂的问题分成一系列嵌套的、简单的表示学习问题;例如,第一个隐层从图像的像素和邻近像素的像素值中识别边缘;第二个隐层将边缘整合起来识别轮廓;第三个隐层提取特定的轮廓作为抽象的高层语义特征;最后通过一个线性分类器识别图像中的目标。

从物理角度,深度前馈神经网络所有数学运算(包括线性和非线性)的意义在于以下五种形式:升维或降维、放大或缩小、旋转、平移、扭曲或弯曲(非线性操作完成,不同的激活函数对输入的扭曲程度不同)。

从实验角度观察,深度前馈神经网络的模型架构具有以下特点:

(1) 线性可分视角,深度前馈神经网络的学习就是学习如何利用线性变换和非线性变换(激活函数),将输入空间投向线性可分/稀疏的空间去分类/回归。

(2) 增加节点数,增加维度,即增加线性转换能力。

(3) 增加层数,增加激活函数的次数,即增加非线性转换次数。

6.2.3　深度卷积神经网络

卷积神经网络(convolutional neural networks, CNN)是一类包含卷积计算且具有深度结构的前馈神经网络。卷积神经网络的第一个实现网络是神经认知机。神经认知机将一个视觉模式分解成许多子模式(特征),然后进入分层递阶式相连的特征平面进行处理,这样就可以将视觉系统模型化,使其在物体有位移或轻微变形的时候,也能完成识别。通常神经认知机包含两类神经元,即承担特征抽取的 S-元和抗变形的 C-元。S-元中涉及两个重要参数,即感受区域参数与阈值参数,感受区域确定输入连接的数目,阈值则控制对特征子模式的反应程度。每个 S-元的感光区中由 C-元带来的视觉模糊量呈正态分布。也就是说,如果眼睛感受到物体是移动的，即已经感受到模糊和残影，S-元感光区会调整识别模式，这时它不会完整地提取所有特征给大脑，而只会获得一部分关键特征并传给大脑，屏蔽其他的视觉干扰。即眼睛在看到移动物体时，先由 C-元决定整体的特征感受控制度，再由 S-元感光区提取响应特征。S 层单元与 C 层单元组合能够进行特征提取和筛选，部分实现了卷积神经网络中卷积层和池化层的功能，被认为是启发了卷积神经网络的开创性研究。

1. 基本结构

卷积神经网络的基本结构通常如图 6-9 所示，顺序为输入→卷积层→池化层→卷积层→池化层→全连接层→输出。其中，卷积层和池化层为卷积神经网络特有。

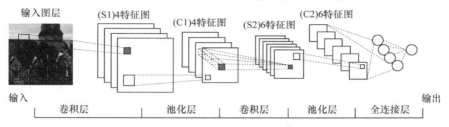

图 6-9 卷积神经网络示意图

1) 输入

卷积神经网络的输入层可以处理多维数据。与其他神经网络算法类似，由于使用梯度下降进行学习，卷积神经网络的输入特征需要进行标准化处理和数据集去冗余处理。标准化处理是指再将学习数据输入前进行归一化，这有利于提升算法的运行效率和学习表现；数据去冗余是指对给定训练数据集计算其均值，然后数据集中的每一个数据减去均值，得到的新数据集作为网络的输入，该处理对于输入拓扑结构简单的数据集效果明显。

2) 卷积层

卷积层的功能是对输入数据进行特征提取，其内部包含多个卷积核，组成卷积核的每个元素都对应一个权重系数和一个偏差量，类似于一个前馈神经网络的神经元。在数学中，卷积是一种重要的线性运算；数字信号处理中常用的卷积类型包括三种：Full 卷积、Same 卷积和 Valid 卷积。除了特别声明外，卷积流中常用的是 Valid 卷积。下面假设输入信号为一维信号，即 $x \in R^n$；且过滤器(用于定义一个范围内的最小特征值)为一维的，即 $w \in R^m$，则 Valid 卷积为

$$\begin{cases} y = \mathrm{conv}(x, w, 'valid') = [y(1), y(2), \cdots y(t), \cdots, y(n-m+1)] \in R^{n-m+1} \\ y(t) = \sum_{i=1}^{m} x(t+i-1)w(i) \quad t = 1, 2, \cdots, n-m+1 (n > m) \end{cases} \tag{6.2.10}$$

传统的神经网络使用矩阵乘法来建立输入与输出的连接关系。其中，参数矩阵中的每个单独的参数都描述了一个输入单元与一个输出单元间的交互，这意味着每一个输出单元与输入单元都产生交互。卷积神经网络具有稀疏交互(也称稀疏连接、稀疏权重、局部连接)的特征，通过约减不必要的权值连接，利用参数共享(也称权值共享)策略，减少参数量并相对提升数据量，从而可以避免过拟合现象的发生。参数共享是指在一个模型的多个函数中使用相同的参数。在传统的神经网络中，当计算一层的输出时，权重矩阵的每一个元素只使用一次，当它乘以输入的一个元素后就不再用到。在卷积神经网络中，参数共享也可理解为网络中含有绑

定的权重，用于一个输入的权重也会被绑定在其他的权重上。卷积操作中的参数共享保证了网络只需要学习一个参数集合，而不是对每一位置都需要学习一个单独的参数集合。如图 6-10 所示，图中分别给出全连接、局部连接和权值共享时所对应的参数，其中参数共享是指相邻神经元的活性相似，从而共享相同的权值参数。图 6-10 中，全连接(权值连接，不含偏置)的参数为 18 个，局部连接为 6 个，权值共享的参数为 3 个(三种不同的线共用参数)。

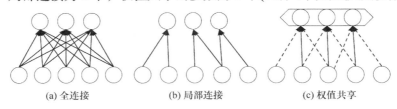

图 6-10　卷积神经网络连接类型

　　另外，卷积神经网络参数共享的特殊形式使得神经网络层具有对平移等变性，使学到的特征具有拓扑对应性、鲁棒性。如果函数 $f(x)$ 与 $g(x)$ 满足 $f[g(x)]=g[f(x)]$，则 $f(x)$ 对于变换 $g(x)$ 具有等变性。卷积对其他的一些变换并不是天然等变的，如对图像的放缩或者旋转变换，需要其他机制来处理这些变换。

　　卷积层参数包括卷积核大小、步长和填充，三者共同决定了卷积层输出特征图的尺寸，是卷积神经网络重要的超参数。其中卷积核大小可以指定为小于输入图像尺寸的任意值，卷积核越大，可提取的输入特征越复杂。卷积步长定义了卷积核相邻两次扫过特征图时位置的距离，卷积步长为 1 时，卷积核会逐个扫过特征图的元素，步长为 n 时会在下一次扫描跳过 $n-1$ 个像素。填充是指在特征图通过卷积核之前人为增大其尺寸以抵消计算中尺寸收缩影响的方法。填充依据其层数和目的可分为四类：①有效填充(valid padding)，即完全不使用填充，卷积核只允许访问特征图中包含完整感受野的位置。输出的所有像素都是输入中相同数量像素的函数。使用有效填充的卷积被称为"窄卷积"。②相同填充/半填充(same/half padding)，只进行足够的填充来保持输出和输入的特征图尺寸相同，相同填充下特征图的尺寸不会缩减，但输入像素中靠近边界的部分相比于中间部分对于特征图的影响更小，即存在边界像素的欠表达。使用相同填充的卷积被称为"等长卷积"。③全填充(full padding)，进行足够多的填充使得每个像素在每个方向上被访问的次数相同。使用全填充的卷积被称为"宽卷积"。④任意填充(arbitrary padding)，介于有效填充和全填充之间，是人为设定的填充，较少使用。

　　在卷积层中包含激活函数以协助表达复杂特征。激活函数的核心是层级(简单)非线性映射的复合使整个网络的(复杂)非线性刻画能力得到提升，若网络中没有非线性操作，更多的层级组合仍为线性逼近方式，表征或挖掘数据中高层语义特性的能力有限。在应用中，常用的激活函数有：修正线性单元 ReLU(加速收敛，内蕴稀疏性)、Softmax 函数(用于最后一层，为计算概率响应)、Softplus 函数(ReLU 的光滑逼近)、Sigmoid 函数(传统神经网络的核心所在，包括 Logistic-Sigmoid 函数和 Tanh-Sigmoid 函数)。

　　3) 池化层

　　池化层也称为子采样层。池化操作执行空间或特征类型的聚合，降低空间维度，减少计算量。本质上，池化函数使用某一位置的相邻输出的总体统计特征来代替网络在该位置的输出。池化的操作方式有多种形式，如最大池化、平均池化、范数池化和对数概率池化等，常用的池化方式为最大池化(一种非线性下采样的方式)，即给出相邻矩形区域内的最大值，如

图 6-11 所示。注意，图 6-11 示意的是无重叠的最大池化，池化半径为 2。在深度学习平台上，还有其他参数可以设置。读者可自行尝试。

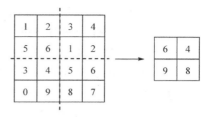

图 6-11　卷积神经网络最大池化图

池化能够刻画平移不变特性，当输入进行少量平移后，经过池化函数后的大多数输出并不会发生改变。例如，当判断一张图像是否包含人脸时，不需要知道眼睛的精确位置，而只需知道一只眼睛在脸的左边，一只眼睛在脸的右边即可。在很多任务中，池化对于处理不同大小的输入具有重要作用，例如，对不同大小的图像进行分类时，分类层的输入必须是固定的大小，这通常可通过调整池化区域的偏置大小来实现，这样分类层总能接收到相同数量的统计特征而不管最初的输入大小。对于输入规模的减小也可以提高统计效率并减少对于参数的存储需求。

4) 全连接层

卷积神经网络中的全连接层等价于传统前馈神经网络中的隐含层。全连接层通常搭建在卷积神经网络隐含层的最后部分，并只向其他全连接层传递信号。特征图在全连接层中会失去三维结构，被展开为向量并通过激励函数传递至下一层。在一些卷积神经网络中，全连接层的功能可部分由全局均值池化取代，全局均值池化会将特征图每个通道的所有值取平均。

5) 输出

卷积神经网络中输出层的上游通常是全连接层，因此其结构和工作原理与传统前馈神经网络中的输出层相同。对于图像分类问题，输出层使用逻辑函数或归一化指数函数(normalized exponential function)输出分类标签。在物体识别问题中，输出层可设计为输出物体的中心坐标、大小和分类。在图像语义分割中，输出层直接输出每个像素的分类结果。

2. 常见算法

卷积神经网络的一维算法主要有时间延迟网络(time delay neural network, TDNN)和 WaveNet。二维算法主要有 LeNet-5、AlexNet、ZFNet、VGGNet、GoogLeNet、ResNet 等。下面是对几个常见的二维深度卷积神经网络的简单介绍。

1) LeNet-5

LeNet-5 是一个应用于图像分类问题的卷积神经网络，其学习目标是从一系列由 32×32×1 灰度图像表示的手写数字中，识别和区分 0～9。LeNet-5 的隐含层由两个卷积层、两个池化层和两个全连接层组成，按如下方式构建：①(3×3)×1×6 的卷积层(步长为 1，无填充)，2×2 均值池化(步长为 2，无填充)，Tanh 激活函数；②(5×5)×6×16 的卷积层(步长为 1，无填充)，2×2 均值池化(步长为 2，无填充)，Tanh 激活函数；③2 个全连接层，神经元数量为 120 和 84。

2) AlexNet

AlexNet 是 2012 年 ILSVRC 图像分类和物体识别算法的优胜者，也是 LeNet-5 之后对现代卷积神经网络产生重要影响的算法。AlexNet 的隐含层由 5 个卷积层、3 个池化层和 3 个全连接层组成，按如下方式构建：①(11×11)×3×96 的卷积层(步长为 4，无填充，ReLU)，3×3 极大池化(步长为 2，无填充)，LRN；②(5×5)×96×256 的卷积层(步长为 1，相同填充，ReLU)，3×3 极大池化(步长为 2，无填充)，LRN；③(3×3)×256×384 的卷积层(步长为 1，相同填充，ReLU)；④(3×3)×384×384 的卷积层(步长为 1，相同填充，ReLU)；⑤(3×3)×384×256 的卷积层(步长为 1，相同填充，ReLU)，3×3 极大池化(步长为 2，无填充)；⑥3 个全连接层，神经元数量为 4096、4096 和 1000。

AlexNet 在卷积层中选择 ReLU 作为激活函数，使用了随机失活和数据增强技术，这些策略在其后的卷积神经网络中被广泛使用。AlexNet 也是首个基于 GPU 进行学习的卷积神经网络，此外 AlexNet 的 1～2 部分使用了局部响应归一化，在 2014 年后出现的卷积神经网络中，局部响应归一化已由分批归一化取代。

3) ZFNet

ZFNet 是 2013 年 ILSVRC 图像分类算法的优胜者，其结构与 AlexNet 相近，仅将第一个卷积层的卷积核大小调整为 7×7，步长减半。ZFNet 对卷积神经网络的贡献不在其构筑本身，而在于通过反卷积考察了 ZFNet 内部的特征提取细节，解释了卷积神经网络的特征传递规律，即由简单的边缘、夹角过渡至更为复杂的全局特征。上述理论对卷积神经网络的算法改进和应用拓展具有重要意义。

4) VGGNet、GoogLeNet

VGGNet、GoogLeNet 是 2014 年 ILSVRC 图像分类算法的双雄。VGGNet 构筑中仅使用 3×3 的卷积核并保持卷积层中输出特征图尺寸不变，通道数加倍，池化层中输出的特征图尺寸减半，简化了神经网络的拓扑结构并取得了良好效果。GoogLeNet 是首个以 Inception 模块进行堆叠形成的大规模卷积神经网络。两类模型结构有一个共同特点是层级开始走向"极深"。

5) ResNet

ResNet 是 2015 年 ILSVRC 图像分类和物体识别算法的优胜者。ResNet 是使用残差块建立的大规模卷积神经网络，其规模是 AlexNet 的 20 倍。深度残差网络的特点主要有：①网络层较深，但每一隐层较瘦，可以控制参数的数量；②存在层级，特征图个数逐层递进，保证输出特征表达能力；③使用了较少的池化层，大量使用下采样，提高传播效率；④利用批量归一化和全局平均池化进行正则化，加快了训练速度；⑤层数较高时减少了 3×3 卷积个数，并用 1×1 卷积控制了 3×3 卷积的输入输出特征图数量，称这种结构为"瓶颈"；⑥深度网络受梯度弥散问题的困扰，批量归一化、ReLU 等手段对梯度弥散缓解能力有限，而深度残差网络中的单位映射的残差结构可以从本源上杜绝该问题。

6.2.4　深度置信网络

深度置信网络是第一批成功应用深度架构训练的非卷积模型之一。2006 年深度置信网络的引入开始了深度学习的复兴。在引入深度置信网络之前，深度模型被认为太难优化，具有凸目标函数的核机器如 SVM 引领了研究前沿。深度置信网络引入了基于自动编码器的逐层初始化策略，以期获取的初始化参数能够避免过早地陷入局部最优，同时弱化或克服梯度弥散现象，解决了深度学习的两大难题。

1. 限制玻尔兹曼机

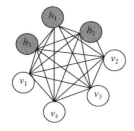

深度置信网络由若干个限制玻尔兹曼机(restricted Boltzmann machine, RBM)堆叠而成。玻尔兹曼机(Boltzmann machine，BM)是一个为整个网络定义"能量"的单元网络。玻尔兹曼机的节点产生二元结果(0 或 1)，一个玻尔兹曼机可以表示为带权重的无向图，如图 6-12 所示。玻尔兹曼机的结构为层间、层内全连接。h 表示隐含层，v 表示可视层。由于每个节点是二值的，一共有 2^n 个状态，对于一个节点 x_i，其值为 1 的时候表示这个节点是"on"，其值为 0 的时候表示这个节点是"off"。无连接约束(层间层内全连接)的玻

图 6-12　玻尔兹曼机示意图

尔兹曼机被证明在机器学习实际问题中效果不佳，但是如果节点的连接受到适当限制，则可提高学习效果来解决实际问题。

限制玻尔兹曼机是玻尔兹曼机的一种变体。区别于玻尔兹曼机，受限玻尔兹曼机可视节点和隐藏节点之间存在连接，而隐藏节点两两之间及可视节点两两之间不存在连接，也就是层间全连接，层内无连接。RBM 可以表示成一个二分图模型，如图 6-13 所示。所有可视层节点和隐藏层节点都有两种状态：处于激活状态时值为 1，未被激活状态值为 0。这里的 0 和 1 状态代表了模型会选取哪些节点来使用，处于激活状态的节点被使用，未处于激活状态的节点未被使用。节点的激活概率由可见层和隐藏层节点的分布函数计算，一般是伯努利分布。想要确定限制玻尔兹曼机模型，就需要确定模型的三个参数，分别是可视层与隐藏层之间的权重矩阵 $W_{m \times n}$，可视节点的偏移量 $b = (b_1, b_2, \cdots, b_n)$，隐藏节点的偏移量 $c = (c_1, c_2, \cdots, c_n)$。

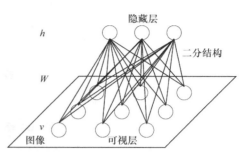

图 6-13 RBM 结构的可视层和隐藏层

由于 RBM 模型特殊的层间连接、层内无连接的结构，在给定可见单元的状态时，各隐藏层单元的激活状态之间是条件独立的，相应地，在给定隐藏层单元的状态时，可见单元的激活概率也是条件独立的，这个特点使得 RBM 的训练更加容易。

RBM 可用于降维、分类、回归、协同过滤、特征学习和主题建模。根据任务，RBM 可用于监督学习或无监督学习。RBM 可对数据进行编码从而达到降维的目的，类似于稀疏自动编码器机理，然后交给监督学习进行分类或回归。RBM 还可以通过学习将数据表示成概率模型，一旦模型通过无监督学习被训练或收敛到一个稳定的状态，它还可以被用于生成新数据。限制玻尔兹曼机和自动编码器一样是强大的隐含层特征探测器，现如今已经发现这些结构可以通过栈式叠加来实现深度网络。这些网络可以通过贪心算法的思想训练，每次训练一层，以克服之前提到的在反向传播中梯度消失及过度拟合的问题。这样的算法架构十分强大，可以产生很好的效果。

2. 深度置信网络结构

深度置信网络可以通过"堆叠"限制玻尔兹曼机并可选地通过梯度下降和反向传播来微调网络的参数，训练过程常采用逐层贪婪训练(greedy layer-wise training)法由低到高进行训练，如图 6-14 所示。

步骤 1：分别单独无监督地训练每一层 RBM 网络，确保特征向量映射到不同特征空间时，都尽可能多地保留特征信息。在本例中，隐含层 RBM_{H_0} 可以看作 RBM_{H_1} 的可见层，这里记作 $V_1, V_2, \cdots, V_n$，第一个 RBM 的输入层即是整个网络的输入层，层间贪心式的预训练的工作模式如下。

(1) 通过对比差异法对所有训练样本训练第一个 RBM_{H_0}。

(2) 训练第二个 RBM_{H_1}。由于 H_1 的可见层是 H_0 的隐含层，训练开始于将数据赋至 V_0 可见层，通过前向传播的方法传至 H_0 隐含层，然后作为 H_1 对比差异训练的初始数据。

(3) 对所有层重复前面的过程。

(4) 和栈式自动编码器一样，通过预训练后，网络可以通过连接到一个或多个层间全连接的 RBM 隐含层进行扩展。这构成了一个可以通过反向传播进行微调的多层感知机。

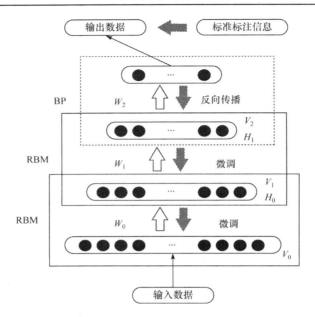

图 6-14　深度置信网络训练方法

步骤 2：在深度置信网络的最后一层设置 BP 网络，接受 RBM 的输出特征向量作为它的输入特征向量，有监督地训练实体关系分类器。每一层 RBM 网络只能确保自身层内的权值对该层特征向量映射达到最优，并不是对整个深度置信网络的特征向量映射达到最优，所以反向传播网络还将错误信息自顶向下传播至每一层 RBM，微调整个深度置信网络。RBM 网络训练模型的过程可以看作对一个深层 BP 网络权值参数的初始化，使深度置信网络克服 BP 网络因随机初始化权值参数而容易陷入局部最优和训练时间长的问题。

上述深度置信网络训练模型过程步骤 1 在深度学习中称为预训练，步骤 2 称为微调。最上面还有一层监督学习，根据具体的应用领域可以换成任何分类器模型，而不必是 BP 网络。此过程和栈式自动编码器很相似，只是用 RBM 将自动编码器进行替换，并用对比差异算法替换反向传播。Hinton 提出，深度置信网络的预训练过程是一种无监督的逐层预训练的通用技术，也就是说，不是只有 RBM 可以堆叠成一个深度网络，其他类型的网络也可以使用相同的方法来生成网络。

6.2.5　深度融合网络

深度神经网络在表现出优异学习能力的同时，相比传统的机器学习算法，如 SVM、决策树等，也更加复杂。深度神经网络存在以下几点不足：①需要有足够多的标记样本用以模型训练，使其在小规模数据集下存在一定的局限性；②深度学习一般需要拥有强大计算能力的硬件设施来支撑其训练；③深度学习模型性能的好坏与模型参数有很大的关系，深度神经网络通常涉及许多的超参数，为了提高学习性能往往需要花费大量的时间进行调参。深度融合网络试图将深度学习中的"深度"含义与机器学习算法相融合，将深度神经网络的一些属性赋予其他形式的学习模型，弥补深度神经网络的不足，力求在某些领域中能达到和深度神经网络相当的学习性能。本节将介绍几个常用的深度融合网络，包括深度 SVM 网络、深度森林。

1. 深度 SVM 网络

深度 SVM 网络由 Wiering 等于 2013 年提出。深度 SVM 网络也称深度神经支持向量机。简单地给出深度 SVM 网络的结构，如图 6-15 所示，是一个两层深度 SVM 的结构(严格意义上的深度 SVM 网络应该有多个隐层)，特征层由三个 SVM 组成，要解决的问题是精确预测即回归逼近。算法使用 SVM 学习从输入向量中提取更高级别的特征，然后将这些特征提供给主 SVM 来执行精确预测。整个模型由简单的梯度上升和梯度下降方法训练。不同于一般的 SVM 采用少量的核权重来训练，深度 SVM 可以使用几百个 SVM 作为第一层，且模型的复杂性与 SVM 数量呈线性关系。另外，主函数强大的正则化能力能避免过拟合问题。

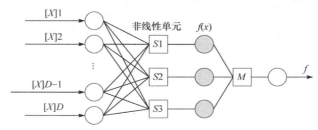

图 6-15 深度 SVM 网络结构

假设训练数据集为 $\{(x_1, y_1), \cdots, (x_n, y_n)\}$，$x_i$ 为输入向量，y_i 为输出向量。图 6-15 中，输入层包含 D 维的输入，非线性单元的每个 S_k 从一个输入 x 中提取一个特征 $f(x)_k$，主 SVM 使用提取的特征向量作为输入来近似估计目标函数。对于每一个特征 $f(x)_k$ 使用式(6.2.11)迭代计算。

$$f(x)_k = \sum_{i=1}^{n} \left[\alpha_i^*(k) - \alpha_i(k) \right] K(x_i, x) + b_k \tag{6.2.11}$$

其中，$\alpha_i^*(k)$ 和 $\alpha_i(k)$ 表示 S_k 的参数；b_k 表示偏置；$K(\cdot, \cdot)$ 表示核函数。模型结果为

$$g[f(x)] = \sum_{i=1}^{n} (\alpha_i^* - \alpha_i) K[f(x_i), f(x)] + b \tag{6.2.12}$$

为了最优化主 SVM 的目标函数 W，用梯度上升和梯度下降方法来调整所有 SVM 的系数：

$$\min_{f(x), \alpha, \alpha^*} \max W \,|\, (f(x), \alpha^{(*)}) = -\varepsilon \sum_{i=1}^{n} (\alpha_i^* + \alpha_i) + \sum_{i=1}^{n} (\alpha_i^* - \alpha_i) y_i - \frac{1}{2} \sum_{i=1}^{n} (\alpha_i^* - \alpha_i)(\alpha_j^* - \alpha_j) K(f(x_i), f(x_j))$$

$$\tag{6.2.13}$$

为了提升由多个浅层网络堆栈形成的深度 SVM 网络，通常激活函数的选取为径向基函数。深度 SVM 网络解决了 SVM 的两个缺点：①模型的性能取决于先验选择的核函数；②具有单层可调整的网络参数模型的表征能力有限。因此，深度 SVM 网络具有可有效预防过拟合现象和有效根据 SVM 个数自动确定模型尺寸的优点。实际应用中，由于数据量级的限制，对于深度 SVM 网络增加层级或进行数据扩张等策略与技巧，能否进一步提升网络的性能，需进一步研究。

2. 深度森林

深度森林由周志华等于 2017 年提出。深度森林也称多粒度级联森林，整个模型包括多粒度扫描和级联森林两个部分，通过级联森林结构进行特征学习，对于高维输入数据，则利

用多粒度扫描来学习上下文结构以进一步提升模型的学习性能。整个网络的架构如图 6-16 所示。

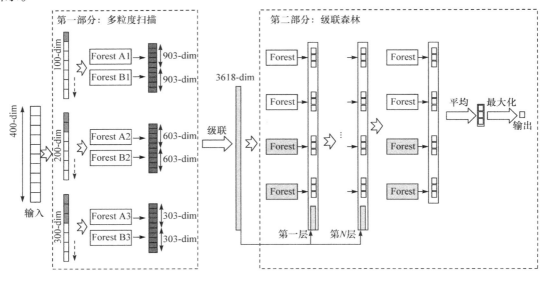

图 6-16 深度森林整体结构

1) 多粒度扫描

深度神经网络能很好地处理特征关系，对于图像数据，使用卷积方法可以有效地处理原始像素间的空间关系，而针对序列数据，则可通过递归方法来处理其中的顺序关系。受此启发，深度森林使用多粒度扫描流程实现和深度神经网络类似的功能。如图 6-17 所示，对于序列数据，如给定一个 400 维的序列数据作为原始特征，则使用特征长度为 100 的滑动窗口来对原始特征进行扫描。对于序列数据，滑动一个特征的窗口生成 100 维的特征向量，总共产生 301 个大小为 100 维的特征向量。

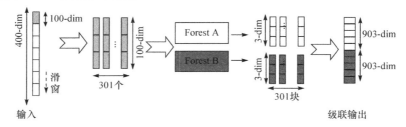

图 6-17 多粒度扫描

2) 级联森林

借鉴深度神经网络通过对原始特征逐层处理进行特征学习，深度森林采用级联森林结构，即由随机森林组成的多层结构。如图 6-18 所示，级联中的每一级接收由前一级处理的特征信息，并将该级的处理结果输出给下一级。级联森林结构的每一层都可看作随机森林的一个集合，则整个级联森林结构可以看作集合的集合。这里"深度"采用了 N 层，每一层上采用了 4 个随机森林，它们的差异性主要由基学习器(决策树)的形式和个数决定。另外，为了使得每一层上信息最大化地保留，将级联特征继续以级联的方式嵌入至网络中的每一层。假设模型的类别个数为 3，则整个网络中的每一个随机森林的输出都与分类任务所对应的类标签一致，即为 3。四个随机森林每一个都将产生一个三维的类向量，因此，级联的下一级将接收 12 = 3×4 个增强特征。所以经过 N 层处理后，得到的特征维数一直是 3630 维(级联特征的维数 3618 与 4 个随机森林输出维数 12 的和)。之后类似集成分类器，仍采用 4 个随机森林，对其输出进行平均值和最大化的操作。

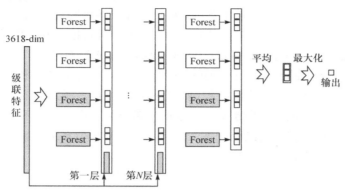

图 6-18 级联森林结构

为了降低过拟合风险，每个森林产生的类向量由 k 折交叉验证产生。具体来说，每个实例都将被用作 $k-1$ 次训练数据，产生 $k-1$ 个类向量，然后对其取平均值以产生作为级联中下一级的增强特征的最终类向量。需要注意的是，在扩展一个新的级后，整个级联的性能将在验证集上进行估计，如果没有显著的性能增益，训练过程将终止；因此，级联中级的数量是自动确定的。与模型的复杂性固定的大多数深度神经网络相反，深度森林能够适当地通过终止训练来决定其模型的复杂度，这使得深度森林能够适用于不同规模的训练数据，而不局限于大规模训练数据。但对于每一个森林来说，其基学习器(即决策树)的形式与个数决定着随机森林的性能及抗干扰水平，可以预知，基学习器个数越少，随机森林越难以收敛且性能越差，个数过多又将会影响整个网络的计算消耗。

6.2.6 深度强化学习

感知、认知和决策是衡量智能化的标准，为充分发挥深度学习的感知能力和强化学习的决策能力，深度强化学习应运而生。在后深度学习时代，其核心在于环境交互、生成数据和领域迁移，对应的深度强化学习、深度生成网络和深度迁移学习将继续成为人工智能领域的研究热点。本节介绍深度强化学习的基本概念和原理框架，旨在引导读者对深度强化学习形成基本的理解。深度强化学习已在众多应用问题上取得突破，如无人驾驶、计算机围棋程序和智能机器人等，相关介绍可见第 16 章。

在传统的机器学习分类中没有提到过强化学习，而在连接主义学习中，把学习算法分为三种类型，即非监督学习、监督学习和强化学习(reinforcement learning)。强化学习是智能体(agent)以"试错"的方式进行学习，通过与环境进行交互获得的奖赏指导行为，目标是使智能体获得最大的奖赏。强化学习不同于连接主义学习中的监督学习，强化学习中由环境提供的强化信号是个体对所产生动作的好坏做出一种评价(通常为标量信号)，而不是监督学习中给定标注数据，告诉个体如何去产生正确的动作。由于外部环境提供了很少的信息，个体必须靠自身的经历进行学习。通过这种方式，个体在行动-评价的环境中获得知识，改进行动方案以

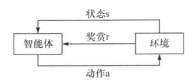

图 6-19　强化学习示意图

适应环境。强化学习系统学习的目标是动态地调整参数，以达到强化信号最大。如图 6-19 所示，若已知 r/a 梯度信息，则可直接使用监督学习算法。因为强化信号 r 与个体产生的动作 a 没有明确的函数形式描述，所以梯度信息 r/a 无法得到。因此，在强化学习系统中，需要某种随机单元，使用这种随机单元，个体在可能的动作空间中进行搜索并发现正确的动作。常见算法包括 Q-Learning、时间差分(temporal difference)学习、SARSA 算法。

　　深度强化学习(deep reinforcement learning)将深度学习的感知能力和强化学习的决策能力相结合，可以直接根据输入的图像进行控制，是一种更接近人类思维方式的人工智能方法。深度学习具有较强的感知能力，但是缺乏一定的决策能力；而强化学习具有决策能力，对感知问题束手无策。因此，将两者结合起来，优势互补，为复杂系统的感知决策问题提供了解决思路。深度强化学习的原理框架如图 6-20 所示。

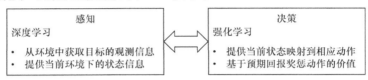

图 6-20　深度强化学习的框架

　　深度强化学习是一种端对端(end-to-end)的感知与控制系统，具有很强的通用性。深度强化学习原理框架如图 6-21 所示，可描述为：①在每一个时刻，智能体与环境交互得到一个高维度的观察，并利用深度学习方法来感知观察，以得到具体的状态特征表示；②基于预期回报来评价各动作的价值函数，并通过某种策略将当前状态映射为相应的动作；③环境对此动作做出反应，并得到下一个观察。通过不断循环以上过程，最终可以得到实现目标的最优策略。

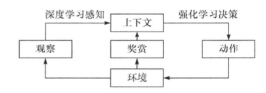

图 6-21　深度强化学习原理框架

6.3　深度学习平台

6.3.1　TensorFlow

　　TensorFlow 是相对高阶的机器学习库，用户可以方便地用它设计神经网络结构，而不必为了追求高效率的实现亲自写 C++或 CUDA 代码。它支持自动求导，用户不需要再通过反向传播求解梯度。其核心代码是用 C++编写的，使用 C++简化了线上部署的复杂度，并让手机这种内存和 CPU 资源都紧张的设备可以运行复杂模型(Python 则会比较消耗资源，并且执行效率不高)。除了核心代码的 C++接口，TensorFlow 还有官方的 Python、Go 和 Java 接口，是通过 SWIG(simplified wrapper and interface generator)实现的，这样用户就可以在一个硬件配置较好的机器中用 Python 进行实验，并在资源比较紧张的嵌入式环境或需要低延迟的环境中用 C++部署模型。SWIG 支持给 C/C++代码提供各种语言的接口，因此其他脚本语言的接口未来也可以通过 SWIG 方便地添加。不过使用 Python 时有一个影响效率的问题是，每一个 mini-batch

要从 Python 中 feed 到网络中，这个过程在 mini-batch 的数据量很小或者运算时间很短时，可能会带来影响比较大的延迟。

6.3.2 Caffe

Caffe 全称为 convolutional architecture for fast feature embedding，主要优势包括如下几点：①容易上手，网络结构都是以配置文件形式定义，不需要用代码设计网络；②训练速度快，能够训练 state-of-the-art 模型与大规模的数据；③组件模块化，可以方便地拓展到新的模型和学习任务上。

Caffe 的核心概念是 Layer，每一个神经网络的模块都是一个 Layer。Layer 接收输入数据，同时经过内部计算产生输出数据。设计网络结构时，只需要把各个 Layer 拼接在一起构成完整的网络(通过写 protobuf 配置文件定义)。正如它的名字 convolutional architecture for fast feature embedding 所描述的，Caffe 最开始设计时的目标只针对图像，没有考虑文本、语音或者时间序列的数据，因此 Caffe 对卷积神经网络的支持非常好，但对时间序列 RNN、LSTM 等支持的不是特别充分。Caffe 的一大优势是拥有大量的训练好的经典模型(AlexNet、VGG、Inception)乃至其他 state-of-the-art(ResNet 等)的模型，收藏在它的 Model Zoo(github.com/BVLC/caffe/wiki/Model-Zoo)中。在计算机视觉领域 Caffe 应用尤其多，可以用来做人脸识别、图片分类、位置检测、目标追踪等。Caffe 的底层是基于 C++的，因此可以在各种硬件环境编译并具有良好的移植性，支持 Linux、Mac 和 Windows 系统，也可以编译部署到移动设备系统如 Android 和 iOS上。和其他主流深度学习库类似，Caffe 也提供了 Python 语言接口 pycaffe，在接触新任务，设计新网络时可以使用其 Python 接口简化操作。Caffe 的配置文件不能用编程的方式调整超参数，也没有提供像 Scikit-learn 那样好用的 estimator 可以方便地进行交叉验证、超参数的 Grid Search 等操作。Caffe 在 GPU 上训练的性能很好(使用单块 GTX 1080 训练 AlexNet 时一天可以训练上百万张图片)，但是目前仅支持单机多 GPU 的训练，没有原生支持分布式的训练。庆幸的是，现在有很多第三方的支持，例如，雅虎开源的 CaffeOnSpark，可以借助 Spark 的分布式框架实现 Caffe 的大规模分布式训练。

6.3.3 Theano

Theano 的核心是一个数学表达式的编译器，专门为处理大规模神经网络训练的计算而设计。它可以将用户定义的各种计算编译为高效的底层代码，并链接各种可以加速的库，如 BLAS、CUDA 等。Theano 允许用户定义、优化和评估包含多维数组的数学表达式，它支持将计算装载到 GPU(Theano 在 GPU 上性能不错，但是在 CPU 上较差)。与 Scikit-learn 一样，Theano 也很好地整合了 NumPy，对 GPU 的透明让 Theano 可以较为方便地进行神经网络设计，而不必直接写 CUDA 代码。Theano 的主要优势如下：①集成 NumPy，可以直接使用 NumPy 的 ndarray，API 接口学习成本低；②计算稳定性好，例如，可以精准地计算输出值很小的函数[如 $\log(1+x)$]；③动态地生成 C 或者 CUDA 代码，用于编译成高效的机器代码。

因为 Theano 非常流行，有许多人为它编写了高质量的文档和教程，用户可以方便地查找 Theano 的各种常见问题解答，如如何保存模型、如何运行模型等。不过 Theano 更多地被当作一个研究工具，而不是当作产品来使用。虽然 Theano 支持 Linux、Mac 和 Windows 系统，但是没有底层 C++的接口，因此模型的部署非常不方便，依赖于各种 Python 库，并且不支持各种移动设备，所以几乎没有在工业生产环境的应用。Theano 在调试时输出的错误信息难以看懂，因此除错时非常痛苦。同时，Theano 在生产环境使用训练好的模型进行预测时性能比较差，因为预测通常使用服务器 CPU(生产环境服务器一般没有 GPU，而且 GPU 预测单条样本延迟高，反而不如 CPU)，但是 Theano 在 CPU 上的执行性能比较差。

Theano 在单 GPU 上执行效率不错，性能和其他框架类似，但是运算时需要将用户的 Python 代码转换成 CUDA 代码，再编译为二进制可执行文件，编译复杂模型的时间非常久。此外，Theano 在导入时也比较慢，而且一旦设定了选择某块 GPU，就无法切换到其他设备。目前，Theano 在 CUDA 和 cuDNN 上不支持多 GPU，只在 OpenCL 和 Theano 自己的 gpuarray 库上支持多 GPU 训练，速度暂时还比不上 CUDA 的版本，并且 Theano 目前还没有分布式的实现。不过，Theano 在训练简单网络(如很浅的 MLP)时性能可能比 TensorFlow 好，因为全部代码都是运行时编译，不需要像 TensorFlow 那样，每次 feed mini-batch 数据时都得通过低效的 Python 循环来实现。

6.3.4 Torch

Torch 给自己的定位是 LuaJIT 上的一个高效的科学计算库，支持大量的机器学习算法，同时以 GPU 上的计算优先。Torch 的历史非常悠久，但真正得到发扬光大是在 Facebook 开源了其深度学习的组件之后，此后包括 Google、Twitter、NYU、IDIAP、Purdue 等都大量使用 Torch。Torch 的目标是让设计科学计算算法变得便捷，它包含了大量的机器学习、计算机视觉、信号处理、并行运算、图像、视频、音频、网络处理的库，同时和 Caffe 类似，Torch 拥有大量的训练好的深度学习模型。它可以支持设计非常复杂的神经网络的拓扑图结构，再并行化到 CPU 和 GPU 上。在 Torch 上设计新的 Layer 是相对简单的。它和 TensorFlow 一样使用了底层 C++加上层脚本语言调用的方式，只不过 Torch 使用的是 Lua。Lua 的性能是非常优秀的(该语言经常被用来开发游戏)，常见的代码可以通过透明的 JIT 优化达到 C 的性能的 80%；在便利性上，Lua 的语法也非常简单易读，拥有漂亮和统一的结构，易于掌握，比写 C/C++简洁很多；同时，Lua 拥有一个非常直接的调用 C 程序的接口，可以简便地使用大量基于 C 的库，因为底层核心是 C 写的，所以也可以方便地移植到各种环境。Lua 支持 Linux、Mac 系统，还支持各种嵌入式系统(iOS、Android、FPGA 等)，只不过运行时还是必须有 LuaJIT 的环境，所以工业生产环境的使用相对较少，没有 Caffe 和 TensorFlow 那么多。

为什么不简单地使用 Python 而是使用 LuaJIT 呢？官方给出了以下几点理由。

(1) LuaJIT 的通用计算性能远胜于 Python，而且可以直接在 LuaJIT 中操作 C 的 pointers。

(2) Torch 的框架，包含 Lua 是自洽的，而完全基于 Python 的程序对不同平台、系统移植性较差，依赖的外部库较多。

(3) LuaJIT 的 FFI 拓展接口非常易学，可以方便地链接其他库到 Torch 中。Torch 中还专门设计了 N-Dimension array type 的对象 Tensor，Torch 中的 Tensor 是一块内存的视图，同时一块内存可能有许多视图(Tensor)指向它，这样的设计同时兼顾了性能(直接面向内存)和便利性。同时，Torch 还提供了不少相关的库，包括线性代数、卷积、傅里叶变换、绘图和统计等。

最后，总结以上开源框架的特点及性能，给出每个主流开源框架的评分，如表 6-1 所示。

表 6-1 几个主流开源框架评分

框架	机构	支持语言	性能	架构设计
TensorFlow	Google	Python/C++/Go/⋯	90	100
Caffe	BVLC	C++/Python	80	70
CNTK	Microsoft	C++	100	60
Theano	U. Montreal	Python	50	50
Torch	Facebook	Lua	70	90
MXNet	DMLC	Python/C++/R/⋯	80	90
DeepLearning4J	DeepLearning4J	Java/Scala	80	70

第7章 面向数据流的学习方法

计算机、通信、网络技术的迅猛发展，引发了信息数量爆炸式增长，原来针对静态数据的知识提取技术已经不能准确有效地分析和处理大规模的动态增长的数据。因此一种新的数据形式——数据流，被用来描述这种随着时间动态的、无规则的、无限增长的具有明显时间特征的数据。面对这种新的数据形式，传统静态学习方法的效果难以令人满意。因此，新技术和新思路的引入势在必行。面向数据流的学习方法应该提供一种合适的模式结构以加速整个系统的学习进程；保证数据流学习的效率和精度。本章将首先介绍一些数据流相关的基本概念，具体包括数据流处理的特点、面向数据流学习的主要技术、数据流的基本模型、数据流管理系统、面向数据流学习的研究方向；然后主要从处理技术和算法两个角度来介绍面向数据流学习应如何进行。最后，阐述分形技术如何解决面向数据流学习的问题。本章结构如图 7-1 所示。

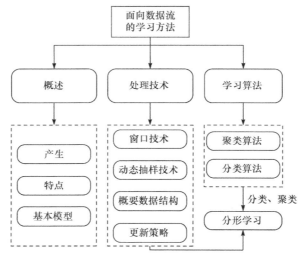

图 7-1　本章结构

7.1　概　　述

数据流最初是通信领域使用的概念，代表传输中所使用的信息的数字编码信号序列。然而，这里所提到的数据流概念与此不同。Henzinger 等于 1998 年在 *Computing on Data Stream* 中首次将数据流作为一种数据处理模型提出来，他将数据流定义为只能以事先规定好的顺序被读取一次的数据的一个序列。20 世纪末期，数据流问题引起了广大科研学者的关注，成为数据学习与数据库领域的一个热点研究方向。

数据流的产生是以下两个因素引起的。

(1) 持续自动产生大量的细节数据。这类数据最早出现于银行和股票交易领域，现在则广泛出现在地质测量、气象、天文观测等领域。尤其是互联网(网络流量监控、点击流等)和无线通信网等的出现，产生了大量的数据流类型的数据。

(2) 需要实时地对数据流进行复杂分析。一些新的研究领域对时间非常敏感，对这些领域的数据进行复杂分析，如互联网入侵检测、异常分析、趋势监控、探查性分析等，都需要实时地进行联机分析。

随着数据流应用的产生和发展，有学者对 Henzinger 提出的数据流的定义进行了修改。Gaba 等将数据流定义为只能被读取一次或少数几次的点的有序序列，这里放宽了前述定义中的"一次"限制。目前数据流的一般定义为大量连续到达的、潜在无限的数据的有序序列，这些数据或其摘要信息只能按照顺序存取并被读取一次或有限次。

与传统的静态数据相比，数据流具有以下特征。

(1) 数据流实时非匀速到达，在数据流紧密快速到达时，应用系统有可能无法及时接收和处理数据流从而导致系统的拥塞或数据的丢失，影响知识发现的效率和准确性。

(2) 数据流到达次序独立，不受系统控制，应用系统只能按照数据流的到达次序依次访问。

(3) 数据流持续到达，不可预知数据量，无法对其全部保存。

(4) 数据流原则上只能被访问一次。由于数据流的无限性，对其全部保存的代价太大，一般的数据流算法都是一遍扫描的。

7.1.1　数据流处理的特点

鉴于数据流本身的特点，许多传统的数据学习算法并不适合于数据流的学习。高效的数据流学习算法必须满足数据流的实时性、无限性、有序快速到达等特点及在线分析的应用需求。由于数据流海量动态，而内存大小固定，故研究的核心是设计高效的单遍扫描算法，建立一种概要数据结构。高效实时的数据流学习算法必须应对的诸多挑战如下。

(1) 单次线性扫描。算法只能按数据的流入顺序依次读取数据一次。由于数据流无限性的特点，保存全部数据的代价非常昂贵，许多数据没有被完全保存，无法重新访问。因此要求基于数据流的学习算法不能多次重复扫描数据，只能通过对数据进行一次扫描完成学习。

(2) 实时性。实时、连续地输出查询结果是数据流算法最基本的要求。对于数据流上到达的任一元组，要求数据流算法必须很快完成处理，否则，数据流不断到达，延时不断积累，最终将导致服务质量显著降低。另外，在大多数应用中，数据流速率会随着外部环境的变化而改变，如节假日的信用卡消费日志要比工作日的信用卡消费日志大得多。

(3) 低时空复杂度。数据流从理论上来说是无限的。算法应该是在线算法，为了匹配数据流的流速，算法处理每个数据项的时间不能太长，最好是常数时间。为保证算法持续稳定运行，数据流算法的空间复杂度要非常小，使得数据流算法的空间占用量的增长速度远远小于数据流自身规模的增长速度。

(4) 准确性。数据流模型下数据规模大、速率快，对于一些复杂问题不可能一次遍历就得到准确答案，但很多实际应用也并不需要误差为零的查询结果。数据流算法的一大特性就是它通常返回一个近似值，而非准确值。算法的精确度往往和内存空间紧密相连，当被分配更多内存空间时，算法准确度也更高。

(5) 适应性。对于数据流算法而言，当外部条件变化时，能够根据数据流变化及时调整参数，适应动态变化的数据与流速，进而提高性能是非常重要的。另外，数据流算法还必须能有效处理噪声与空值，这是一个健壮的算法所必须具有的能力。

(6) 通用性。建立的概要数据结构应具有一定的通用性。算法所构建的概要数据结构不仅能支持算法当前的目标计算，而且能支持其他的计算。算法能响应用户在线提出的任意时间段内的学习请求，在任何时刻都能给出当前数据的学习结果。

7.1.2　数据流的基本模型

数据流研究领域中存在多种数据流模型。不同的数据流模型具有不同的适用范围，需要设计不同的处理算法。

1) 按照数据流中数据描述现象的方式进行划分

数据流由一系列按序到达的数据组成，也可看作信息传输过程中经编码处理的数字信号串。令 t 表示任一时间戳，a_t 表示在该时间戳到达的数据，数据流可以表示为 $\{a_1, \cdots, a_{i-1}, a_i, a_{i+1}, a_N\}$，对应描述了一个隐函数 $A : [1, 2, \cdots, N] \to R^2$。根据 a_i 对函数 A 描述的不同，数据流模型可分为以下三类。

(1) 时间序列数据流。用来描述时间序列数据，如每分钟纳斯达克成交量、每 5 分钟所观测到的 IP 流量，有

$$a_i = (j, I_i) \tag{7.1.1}$$

其中，i 表示递增的时刻。

(2) Cash Register 数据流。这是一类应用普遍的模型，类似收银机记录，例如，对 IP 地址的监控，同一 IP 资源可对一个地址分时传送或向多个地址传送，有

$$a_i = (j, I_i),\ I_i \geqslant 0,\ A_i[j] = A_i - I[j] + I_i \tag{7.1.2}$$

(3) Turnstile 数据流。这是由拥挤的地铁站中记录乘客出入的十字转门的启发而得的。它可以有效研究动态的删除与插入操作，但是很难得到有意义的界，有

$$a_i = (j, U_i),\ I_i \geqslant 0,\ A_i[j] = A_i - I[j] + U_i \tag{7.1.3}$$

其中，U_i 可视作删除与插入符，数值可正可负。

前两种数据流模型具有很好的实际意义，特别是时间序列数据流，将数据流中的每个数据项看作一个独立的对象，经常用于数据流分类与聚类学习中。Turnstile 模型具有较好的理论价值，是最具一般性的数据流模型，其适用范围最广，也最难处理。

2) 按照算法处理数据流时所采用的时序范围进行划分

由于数据流是一个动态的、无限增长的过程，许多数据流学习算法在处理数据流时并不是将所有的数据流作为处理对象，而是采取分而治之的策略，根据不同的应用需求对数据流进行分段处理，选取某个范围内的数据流进行处理。按算法处理数据流时所选取的数据范围，数据流模型可分为以下几类。

(1) 快照模型(snapshot model)。处理数据的范围限制在两个预定义的时间戳之间。

(2) 界标模型(landmark mode)。处理以某个事先确定的时间戳为初始界标到当前时间戳为止的范围内的数据流。在每一个起始界标后数据流都需要初始化。

(3) 滑动窗口模型(sliding window mode)。数据范围由某个固定大小的滑动窗口确定，此滑动窗口的终点永远为当前时刻。其中，滑动窗口的大小可以由一个时间区间定义，也可以由窗口所包含的数据数量定义。滑动窗口的大小也可以根据应用需求而不断变化，称为变长滑动窗口模型。

3) 按照多数据流的传输模式进行划分

按照多数据流的传输模式进行划分，可以划分为两大类，即有序传输和无序传输。其中，有序传输又可以分为有序聚集传输和有序分散传输，无序传输同样也可以划分为无序聚集传输和无序分散传输。例如，在一个传感器网络中存在三个传感器 A、B 和 C(A<B<C)，传输数据格式为<传感器号，数据>。如果数据流到达的方式是<A,a_1>,<A,a_2>,<B,b_1>,<B,b_2>,<C,c_1>,<C,c_2>，则数据流的传输模式为有序分散。如果数据流到达的方式是<A,a_1>,<B,b_1>,<A,a_2>,<C,c_1>,< B,b_2>,<C,c_2>，则数据流的传输模式为无序分散。如果数据流到达的方式是<A,a_1+a_2>,<B, b_1+b_2>,<C,c_1+c_2>，则数据流的传输模式为有序聚集。如果数据流到达的方式是<B,b_1+b_2>,<A,a_1+a_2>,<C,c_1+c_2>，则数据流的传输模式为无序聚集。以上分类是针对同类型的数据流进行的划分，如果不同数据流的数据类型不相同，则应该进行更复杂的划分。

7.2　面向数据流的处理技术

数据流的特性决定了其处理技术的核心是满足时空复杂度的一次扫描算法，而且必须要解决数据规模的无限性与内存空间的有限性问题和学习效率与学习精度的问题，即在一个有限的内存空间里不断更新一个可以最大限度地代表无限数据流的概要数据结构，使得在任何时候都能够根据这个概要数据结构实时地获得近似查询结果。数据流处理技术的目的是在数据流分析中应用一系列改进技术或专有技术，包括窗口模型、近似抽样技术、概要数据结构、动态更新策略等，降低数据的复杂性，对数据进行转换、简化。

7.2.1　窗口技术

数据流规模的无限性决定了有限的内存空间不可能也不必要保存所有的数据。目前，解决这个问题的最流行的方法就是窗口技术，即利用不同的窗口模型对数据流进行划分，把满足条件的数据流静态地展示在窗口中，再利用各种处理技术对窗口中的数据流学习分析。基于窗口的数据流处理技术实际是在不同的窗口上连续地执行静态学习。

最基本的窗口模型分为三类：滑动窗口、界标窗口、快照窗口。

(1) 滑动窗口(sliding window)。窗口的尺寸固定不变，窗口内始终保存最新到达的数据流，窗口的起始点和终点随着新的数据流的不断进入而同步改变。如图 7-2 所示。

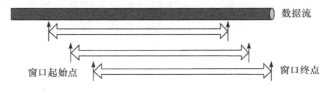

图 7-2　滑动窗口模型图

(2) 界标窗口(landmark window)。窗口的尺寸随着数据流的进入而不断增加，窗口内保存着满足一定条件的数据流，窗口的起始点不变，终点则是不断更新的。

(3) 快照窗口(snapshot window)。窗口的尺寸固定不变，窗口内的数据也是不变的，窗口的起始点和终点不会随着新的数据流的到来而改变。

在这三种窗口模型中，滑动窗口模型是一种最常用的数据流处理技术。由于数据流的数据是不断涌现的，直观地看，数据随时间的推移不断经过窗口，出现在窗口内的数据就是被计算的数据集合。其核心思想是最新到达的数据流更能反映数据流的当前状态。在滑动窗口模型下，随着新数据的不断进入，窗口不断地进行平移，窗口中的数据也不断地更新。因此，滑动窗口的一个最大特点就是数据的插入与删除操作并行存在。窗口内的数据流不可能全部保存，伴随着新数据的进入，旧数据必须同步删除。这一特点使得滑动窗口上的数据流学习技术必须具有动态即时更新的能力。滑动窗口尺寸的度量通常分为两类：基于时间(用时间差值来定义窗口尺寸)和基于计数(用窗口中的数据流数量来定义窗口的尺寸)。现有的研究多数都是基于计数的滑动窗口，而基于时间的滑动窗口也有其特定的应用需求，如高速公路的流量控制、网站的点击率等。

在这三种基本模型的基础上，研究人员针对不同的具体问题又提出了许多改进的窗口模型，如复合窗口、多时间粒度窗口、时间相关滑动窗口等。

7.2.2 动态抽样技术

抽样技术是生成概要数据结构最常用、最简单的方法。它从数据集中按照一定的规则选取一小部分可以代表总体的数据作为样本数据集合，并通过对样本数据集合进行的各种处理得到能够近似反映总体数据集的特性。对于数据流，预先不知道数据的规模和即将产生的数据的分布情况。如果抽取的样本过大，则不能合理地约简数据规模；如果抽取的样本过小，则不能精确地代表总体数据。因此，必须采用动态抽样技术，考虑对其周期区间进行动态抽样，以一定概率决定是否处理当前已到达的数据流。研究人员提出了许多方法实现这种动态抽样技术，典型的方法有以下几种。

1. 水库抽样法(reservoir sampling)

水库抽样法是一种均匀抽样方法，对窗口模型中的数据流进行一次扫描。该方法可以保证每个数据被抽取到样本中的概率是相同的，样本之间完全独立，彼此之间无一定的关联性和排斥性。水库抽样法的最大优点就是简单，通常只是在总体单位之间差异程度较小和数目较少时采用这种方法。但是水库抽样法对噪声和数据分布非常敏感，当数据流中包含噪声数据，或具有一定的偏倚性时，则有可能导致样本不能准确地表示当前数据流的特征。

2. 链式抽样方法(chain-sampling)

链式抽样方法是一种基于滑动窗口模型的均匀抽样方法。设窗口大小为 w，对于数据流中的第 n 个数据点，算法以 $1/\min(n,w)$ 的概率将其加入到样本集合。当数据流被选择到样本集合中的同时，必须决定一个备选数据，当该数据过期时，用备选数据替代该数据。每个样本数据都用一个简单的二维数据结构表示：$\langle n, \text{index\_list} \rangle$。其中，$n$ 表示被选中的样本数据；index_list 表示在样本 n 过期时用来代替 n 的数据的索引，称为索引列表。每个被选中的样本或备选样本都用这种数据结构表示，这在逻辑上就构成了一种链式结构，因此被称为链式抽样法。

由于数据流中的未来数据是不可预知的，滑动窗口中的每一个数据都有一个对应的索引，即下标。因此，链式抽样法实际上是从 $n+1,\cdots,n+w$ 中随机选取一个数 $n+i$ 作为备选元素的索引，当第 $n+i$ 个数据流到达 t 时，这个备选样本数据才最终被确定。

3. 基于密度的偏倚抽样方法(density based sampling)

在均匀抽样方法中，每个数据点被选入样本的概率都是相同的，这种方法在处理均匀分布的数据时具有很好的效果，但是当数据分布发生扭曲现象时，特别是数据流的分布都是未知的或发生概念转移的情况下，均匀抽样法就充分暴露出了其局限性。规模较小的聚类很可能没有数据进入样本，即使有很少的数据被选入样本集也会在数据挖掘时被当作离群点而丢弃，从而丢失了关于数据分布的重要信息，产生较大的误差。

基于密度的偏倚抽样方法是一种新的抽样策略，可以很好地对分布不均匀的数据集进行抽样。每个数据元素依据其局部密度来确定抽样概率，通过数据分布情况来产生抽样样本。该方法建立了每个数据的抽样概率和数据集局部密度的依赖关系，并允许用户对调节因子进行设置，以满足不同学习任务的需要。传统的基于密度的偏倚抽样方法需要多次扫描数据集，并且在数据集发生变化时数据分布密度不能增量更新，而必须重新计算，限制了其在数据流环境中的应用。有学者采用数据流上构造动态直方图的方法估计数据流空间的局部密度分布情况，并根据直方图信息结合不同的数据学习目的确定数据的抽样概率。该方法通过对数据流空间的动态划分，有效地维护数据流中的局部密度分布情况，可以准确地表示数据流的特征信息且抗噪声能力强。

4. 动态分层抽样方法(dynamic stratified sampling)

动态分层抽样方法是一种基于滑动窗口的数据流抽样方法。它的基本思想是将数据流划分为 $N(N > 1)$ 个彼此独立的不同层次，在每一层都保存一个规模为 M 的均匀抽样样本集合 S_N，则总的样本集合的规模为 NM。

动态分层抽样方法的关键问题在于分层边界的定位，它直接影响了样本的可靠性。动态分层抽样方法可以简单地分为两类：宽度分层抽样和深度分层抽样。宽度分层抽样是将数据流划分为相等宽度(时间间隔)的层。深度分层则是依据窗口内数据流的规模进行划分，每一层都拥有相等规模的数据流。一般情况下，宽度分层抽样实现和维护都较为简单，但抽样的可靠性没有深度分层抽样方法高。在数据流流速变化不定的情况下深度分层抽样表现更好，但实现和维护也更复杂。

7.2.3　概要数据结构

数据流处理技术主要包含两部分内容：一部分是监控数据流并在内存空间中生成一个远小于数据流规模且不断更新的代表数据集特征的结构——概要数据结构；另一部分是根据概要结构实时响应用户的查询请求和学习任务。因为数据流连续、快速到达，且很多应用场合要求快速获取响应结果，而有限的内存中只能临时存储少量数据，所以要在有限的内存空间中迅速获得近似处理结果。实现在线分析，必须要对无限规模的数据流进行压缩和约简。

概要数据结构是指可将数据流进行概括统计的数据结构，用这些数据结构代表原始数据。其基本思想是：只保存满足计算查询和学习任务所需要的最基本的数据信息，而不是保存数据流中的所有数据。显然，概要是经过压缩和约简的数据，一般情况下不能反向得到原来的数据流，因此从概要计算出来的结果只可能是近似结果。由于内存空间和数据流规模之间的不对称，概要数据结构要易于存取、方便更新，并且其复杂度至多是一次线性的。数据流学习算法的核心是概要数据结构的设计与生成，直方图方法、抽样方法、小波分析等都是生成概要数据结构的有效方法。

(1) 直方图方法。直方图方法是一种概要数据结构，可以用来近似表示数据流中元素值的频率分布，能够有效地表示数据流的分布轮廓。直方图可以很好地表示随机变量的概率分布，而且从直方图中还可以提取该分布的各种数字特征，如均值、方差等。直方图把原始数据流划分为多个相邻的桶，依照使用的划分规则，桶的宽度(桶的值域)和深度(每个桶中的元素个数)可以是不同的。根据桶的划分不同，可以分为：①等宽直方图，其中各个桶包含的数据量相同。等宽直方图使用对于异常数值不敏感的方式刻画数据分布。②压缩直方图，为频繁元素单独创建桶，对其他元素采用等宽直方图。③V 最优直方图，其划分桶的依据是使得各桶的方差和最小。V 最优直方图使用分段常值函数 $v(i)$ 来近似数据集 $V_1,\cdots,V_n$ 的分布，目标是使得均方差 $\sum_i V_i - v(i)$ 最小。④偏端直方图，这种直方图维护那些出现频率超过一定阈值的元素的精确计数，而对于低于阈值的元素计数采用均匀分布近似。这种维护高频元素的计数方法和冰山查询(iceberg query)有关。

(2) 抽样方法。抽样方法是从数据流中选取部分数据，建立概要数据结构，表征整个数据流的简便方法。抽样方法的主要原理是：维持原始数据流的一个较小的样本就能反映整个数据流的本质特征。传统的抽样方法可以依据数据集中各元素入选样本的概率将抽样方法分为均匀抽样(uniform sampling)和有偏抽样(biased sampling)两种。在均匀抽样方法中，数据集中各元素被选入样本的概率相同，而在有偏抽样方法中，不同元素的入选概率可能不同。

因为数据流的未来数据是不可预知的，所以样本的容量也是未知的，也就无法确定采样的概率，传统的方法也就无法使用，因此需要设计新的抽样方法。这些应用在数据流上新的抽样方法必须能够在未知样本容量和分布、数据规模无限的情况下抽取样本数据，并实时动态地更新样本。

(3) 小波分析。小波分析是一个重要的信号处理方法，它将原始数据变换成一系列小波参数，然后利用变换后生成的小波参数近似模拟原始信号。小波参数保留了原始数据的大部分特征，可以通过小波参数近似还原原始数据。小波分析技术对数据流窗口中的所有数据流进行小波变换，保存部分重要的小波参数，近似模拟原始数据流集合，推断原始数据流的某些特征。小波分析技术构建数据流概要数据结构的关键问题是在保证小波分析精度的前提下如何简化小波计算的复杂度，使其可以满足数据流计算的特点。

数据流概要数据结构的另一个值得关注的问题是如何维护已经生成的概要数据。由于数据流是无限到达的，其规模和分布都不可能预先知道，而且当数据流的分布发生改变，概念发生转移时，以前产生的概要数据就不能准确地表征当前的数据流了。因此，需要设计一种数据流更新策略，实时地维护和更新数据流概要数据结构，以便及时准确地完成计算和学习任务。

7.2.4　更新策略

数据流学习应该是一个在线的、连续的过程，而不是随机的过程。其概念和性质等特征也是随时间动态变化的，如分布的变化、概念的转移等。因此，在处理数据流时，要区分当前数据和历史数据，以及它们各自的作用。

数据流更新策略可以分为两类：基于数据的更新和基于学习结果的更新。

1) 基于数据的更新

滑动窗口是数据流学习上最常用的基于数据的更新方法，通过在数据流上设定的一个只包括数据流最近数据的区间来实现数据的更新。随着新的数据流到来，窗口向前移动，旧的数据流被新的数据流取代，实现了简单的数据更新。窗口以内的数据称为当前数据，被移出窗口的数据称为历史数据。

在多数基于滑动窗口技术的数据流研究中，窗口的滑动都是以元组为单位的，用一个当前产生的新元组取代最旧的元组。这种方法虽然简单，但是却给后续的技术和学习任务带来很多麻烦。每更新一个数据就要对窗口的数据流重新计算一次，这对高速到达的数据流是不可能的。因此，必须提出新的方法来应对这种快速窗口数据更新问题。

滑动窗口隐含的一个思想是当前数据才是用户最感兴趣的数据，因此有些研究将不同时间到达的数据流赋予不同的权值，历史越久远的数据的权值越小，对计算结果的影响也越小。常用的方法是设置一个衰减函数，以数据流到达的时间为参数，确定数据流的权重。衰减函数的常用形式为

$$f(t) = 2^{-\lambda t} \tag{7.2.1}$$

其中，$\lambda > 0$ 表示调节参数，λ 越高，历史数据的重要性就越低；t 表示数据流到达的时间。

函数值作为权值来表示历史数据的重要性，t 值越大(即时间越久远)，历史数据的重要性就越低。对数据赋予权重的思想很好地反映了数据流的时间特性和无限性的特点，但是每一个新时间戳到来都需要重新计算衰减函数以确定历史数据的权重，而且在参数 λ 的确定上也需要仔细考虑，λ 的取值会对数据学习的结果产生很大的影响。

基于滑动窗口的数据更新方法包括两部分内容：删除旧数据和插入新数据。它们都是比较耗费时间的操作，都需要不断地在滑动窗口中查询记录，执行删除操作或插入操作，而且都是逐步执行，执行效率低下。另外，这些方法都是将新到来的数据流按照一定的原则归入到已有的模式中，当有新的模式出现时，这些方法都不能够及时准确地将新数据归入到新模式中。

2) 基于学习结果的更新

基于学习结果的更新策略的主要思想是增量式更新方法，只考虑新到达的数据流对当前挖掘结果的影响，而不用对所有可以访问的数据流重新学习计算。增量更新不影响已经处理过的数据流，所需要的处理时间往往比使用完整处理要少得多。数据流增量更新的核心问题在于如何利用历史数据流的学习结果处理当前数据流。目前已有大量基于增量更新策略的数据流学习算法，在实验和应用中都取得了良好的效果。

历史数据通常很庞大，保存和再次访问的代价太大，要尽可能减少对历史数据的访问。因此，衡量一个数据流增量更新算法有效性的重要指标是增量更新的学习精度，以及增量更新数据的学习结果与历史学习结果的合并问题。

历史数据流的学习结果与增量更新的数据流的学习结果有如下关系：①匹配，指增量更新的数据流的学习结果已经在历史学习结果中出现过；②完全新，指增量更新的数据流的学习结果在历史学习结果中均未出现过；③部分新，指增量更新的数据流的学习结果与历史学习结果有部分重叠；④完全矛盾，指增量更新的数据流的学习结果与历史学习结果完全相反；⑤部分矛盾，指增量更新的数据流的挖掘结果与历史学习结果部分相反。

下面以数据流关联规则学习为例说明基于核集的增量更新方法的应用。

首先，通过滑动窗口技术采集原始数据流 S，并且对得到的数据流进行学习，得到近期有效的关联规则，即初始核集。

其次，充分利用已学习的核集(关联规则集合)，采用近测度方法和优化策略对新到来的数据流进行过滤和删除，删除可以被核集规约的数据流，将不能被规约的数据流更新到滑动窗口。随着窗口中数据流的不断加入，进行下一次关联规则学习，考虑到数据流核集的时效性，可以不断利用新学习的关联规则去更新核集。

新的数据流到来时，根据新数据流的类型可以从以下几个步骤来进行滑动窗口的更新

(基于核集的增量式更新)。具体描述如下：①如果新的数据流与核集的关联规则匹配，即满足近测度要求，则核集的关联规则保持不变；②如果新的数据流是一条完全新的纪录，则将其更新到滑动窗口中，在滑动窗口满足条件时再进行学习，将新的关联规则加入核集，并进行相应的更新；③如果新的数据流是部分新，则将其更新到滑动窗口中，在滑动窗口满足条件时再进行学习，覆盖核集中的关联规则或添加新的关联规则到核集并修改和更新相应的核集信息。

严格意义上说，基于核集的更新方法是一种抽样更新方法，通过设置过滤限制条件增量更新满足条件的数据，大大减少了学习需要处理的数据量。当数据流不发生明显的概念转移且核集达到满足学习精度的一定规模时，核集信息将不再发生变化，即核集此时已经包含了所有的数据模式，数据流学习也就变成了对未来数据的条件过滤。在实际数据流学习应用中还可以与粒度思想结合，设置不同的粒度以提高学习的效率。

7.3　面向数据流的学习算法

数据流学习就是在数据流上发现提取隐含在其中的、人们事先不知道的、但又潜在有用的信息和知识的过程。基于数据流学习的特点，传统的数据学习方法如果不改进，多数不适用于数据流环境。随着时间的变化，新数据将不断地被读入，许多算法在处理数据时不能将流入的所有数据堆积处理，即便算法有这样的能力，数据也会随着时间的变化不断更新，所以学习到的结果也在随时间不断地变化，并且不可能是绝对精确的。这就要求数据流的学习算法要有一定的修改能力，即伸缩性，同时要求算法的时间复杂度必须较低，能够在内存中实现，不能进行内外存数据交换，因为这样将耗费大量的时间和占用过大的内存。

7.3.1　数据流聚类算法

面向数据流的聚类算法，对于聚类的表示应该是简洁的，并且能快速处理新到达的数据，对噪声与离群数据应该是稳健的。数据流是随时间不断变化的无限过程，其中隐含的聚类可能会随时间发生变化，从而使得先前生成的聚类不再适用于当前情况，导致聚类质量的降低，所以要求数据流聚类算法必须能够及时捕捉和适应这些变化。

1. 数据流聚类算法的特点

Barbara 总结了数据流聚类算法的要求，并对一些可能适用于数据流的聚类算法做了总结。他认为数据流中的聚类算法应该满足以下三个要求。

(1) 紧密的表达。数据流聚类算法强调在线处理新到达的数据，因此一个好的数据流聚类算法必须要提供一个不仅仅是压缩的而且必须是不随着数据的快速增长而增长的簇的表达。

(2) 对新数据点快速、增量的处理过程。对新数据点快速、增量的处理是对数据流在线聚类的一个很自然的要求，然而这并不是一个很容易达到的要求。一个良好的数据流聚类算法应满足以下两点要求：①新数据的位置不需要通过访问数据流已流过的所有点之后才能决定；②判断新数据位置的函数必须有很好的性能表现。

(3) 清晰、快速地处理离群点。数据流可能会不断地改变其趋势，所以算法必须能快速、清晰地判断出离群点。大部分的数据流聚类算法都是通过计算数据距离阈值来判断新的数据是否是一个离群点，与此相关的是算法必须判断下一步需要对这些离群点进行什么操作。但这往往是与具体应用相关的，在某些情况下，如果离群点大量出现，那可能需要抛弃旧的聚类模型，重新构造当前数据流的聚类模型。

基于以上特点，数据流聚类算法可以分为两类：单遍扫描算法和演化分析算法。

单遍扫描算法在数据到达之后不再对任何历史数据进行访问，因而需要开辟一个缓存空间以存储部分新近的数据，这个缓存空间称为数据块。一些传统的计算复杂度低的聚类算法，采用分而治之的策略，可以对缓存空间上的数据进行聚类，并在这个小空间上得到聚类的近似结果。

演化分析算法把数据流的到达看作一个随时间不断变化的过程。现有的进化数据流聚类分析工作主要是以 CluStream 算法为代表的聚类分析算法。CluStream 是一种基于联机聚类查询的演化数据流聚类算法。其聚类过程分为联机和脱机两部分。联机部分使用微簇计算和存储数据流的汇总统计信息，并进行增量计算和维护微簇。脱机部分进行宏聚类，并利用存储的基于倾斜时间框架模型的汇总统计信息来回答各种用户查询。

2. 数据流聚类算法简介

针对以上数据流聚类的特点，研究人员提出了许多数据流聚类算法。

1) BIRCH 算法

BIRCH 是一个典型的一趟聚类、综合层次聚类算法。它试图利用有限的资源生成最好的聚类结果，尽可能减少 I/O 请求。它采用聚类特征树(CF-Tree)来概括聚类。聚类的特征向量定义为 $CF = (N, \overline{LS}, SS)$。其中，$N$ 表示类中的数据点的个数；$\overline{LS}$ 表示 N 个对象的属性值之和，反映了类的重心；SS 表示 N 个对象的平方和，反映了类直径的大小。

BIRCH 算法提供了解决数据流聚类问题的方法，虽然这种方法对于动态数据非常有效，但 BIRCH 算法仍有许多需要改进的地方。观察 BIRCH 算法对新数据的处理可以发现：它利用数据与类中其他所有数据的距离，以及一个预定的距离阈值来判断数据是否属于该子聚类，但距离某一聚类中心近的点不一定就属于该聚类。使用增量聚类算法进行聚类时，数据流的数据点的产生是动态的，利用不同的聚类算法得到的结果也是不同的；另外先产生的数据点使子聚类的中心发生偏移，而事先设定的阈值是固定的，无法对需要动态更改阈值的情况进行适应。针对上述问题，一种基于 BIRCH 算法的改进算法被提出，其目的是根据动态数据的情况，动态地改变事先设定的阈值，这样就可以有效地解决 BIRCH 算法不能动态更改阈值的问题。算法的核心思想是通过将 BIRCH 算法第一次聚类的结果进行再次分析，以求获取更准确的聚类结果。

算法描述：该算法使用以下四个参数：阈值 T、数据点与类内其他数据点的平均距离 d_{new}、当前类中平均距离 d_{avg} 及百分比 P。对每一个新来的数据点，先计数，然后进行下面的处理。如果它属于现有的一个聚类块(根据预先设定的阈值 T，通过 BIRCH 算法进行预运算)，那么修改该聚类块的聚类特征值，将该数据点归入该聚类块；否则，获取该数据点与当前聚类块中所有数据点的平均距离 d_{new}，并将其与当前聚类块的平均距离 d_{avg} 做比较。如果 d_{new} 小于 d_{avg} 与预先设定的百分比 P 的乘积，那么修改该聚类块的聚类特征值，将该数据点归入该聚类块；否则，将该数据点与下一个聚类块进行计算，如果都不符合的话，可以为它创建一个新的聚类块。

2) STREAM 算法

Guha 等提出了基于 K-means 的 STREAM 算法，使用质心和权值(类中数据个数)表示聚类。STREAM 算法采用批处理方式，每次处理的数据点个数受内存大小的限制。对于每一批数据

B_i，STREAM 算法对其进行聚类，得到加权的聚类质心集 C_i。STREAM 算法采用分级聚类的方法，如图 7-3 所示。

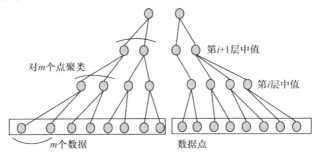

图 7-3　STREAM 算法聚类示意图

　　首先对最初的 m 个输入数据进行聚类得到 $O(K)$ 个 1 级带权质心，然后将上述过程重复 $m/O(K)$ 次，得到 m 个 1 级带权质心，对这 m 个 1 级带权质心再进行聚类得到 $O(K)$ 个 2 级带权质心。同理，每当得到 m 个 i 级带权质心时，就对这些质心进行一次聚类得到 $O(K)$ 个 $i+1$ 级带权质心。重复这一过程直到得到最终的 $O(K)$ 个质心。对于每个第 $i+1$ 级带权质心而言，其权值是与它对应的 i 级质心的权值之和。

　　3) CluStream 算法

　　Aggarwal 等提出了数据流聚类算法 CluStream，把数据流看作一个随时间变化的过程，而不是一个整体进行聚类分析。该算法有很好的可扩展性，尤其是在数据流随时间变化较大时可产生高质量的聚类结果。CluStream 算法不仅能给出整个数据流聚类的结果，而且还可以给出任意时间范围内的聚类结果，以及进行数据流的进化分析。该算法由在线和离线两部分构成，在线部分用 micro-cluster 定时存储数据流的摘要信息，对数据的处理和更新是增量式的，离线部分 macro-cluster 通过对在线部分保存的中间结果进行再处理得到用户感兴趣的聚类结果。

　　通常最近的数据比历史数据更重要，为了既体现数据流进化的过程又不消耗过多的存储空间，Aggarwal 等提出了倾斜时间窗口的概念，用不同的时间粒度对数据流信息进行存储和处理，最近的数据变化以较细的时间粒度刻画，而离现在较远的数据以较粗的时间粒度刻画。CluStream 算法采用特殊的倾斜时间窗口——金字塔型时间窗口分级保存摘要信息。

　　3. 基于移动网格的数据流聚类算法

　　目前已提出的多数数据流聚类算法都是基于 K-means 聚类思想的，并在此基础上对它们进行改进以适应数据流的特点。尽管这些算法的设计适应了数据流的特点，并取得了不错的效果，但划分的方法决定了它们都有一个共同的缺点，那就是需要确定聚类个数。对于分布不同的数据，很可能将一个自然的类分开，并且对于非球形的聚类效果不好，同时无法对高维数据进行聚类。通过分析传统的聚类方法，可以发现在处理数据流时采用基于网格和密度的处理方法具有较大的优越性。这种方法中的网格数量独立于数据对象的数量，从而使得算法的计算量不会随着数据对象个数的增加而无限增加，即处理速度独立于数据集的大小。同时，这种方法对数据的输入顺序是不敏感的，可伸缩性强。另外，基于网格和密度的方法也适用于处理任意形状的聚类。下面将主要介绍一种基于网格和密度的数据流聚类新方法。

　　1) 相关概念

　　设 $A=(A_1,A_2,\cdots,A_n)$ 为欧氏空间下的属性集合，相应的 n 维数据空间 $S=(A_1\times A_2\times\cdots\times A_n)$。

n 维数据流 $X = (x_1, x_2, \cdots, x_k)$ 表示 S 上的数据流 t 时刻的一个点集，其中 $x_i = (x_1, x_2, \cdots, x_k)$ 表示一个数据点，x_{ij} 表示数据点 x_i 的第 j 维的值。

(1) 权重与衰减系数。为了避免历史数据对当前的计算造成影响，对数据流中的历史数据赋予较小的权重，使其对于整个数据流中数据的影响逐步减小，这样网格单元可以更好地反映当前数据的分布情况。

设数据在时刻 t 的权重为 $\lambda^{t-t_p}(t \geqslant t_p)$，$t_p$ 表示数据对象 p 的到达时间，λ 表示数据权重的衰减系数($0 < \lambda < 1$)。设数据的初始权重为 1，数据权重随着时间的推移逐渐减少。其中，衰减系数 λ 是通过数据的生命周期与权重阈值来设定的，数据的生命周期为 τ，权重阈值为 ω，并满足 $\lambda^\tau \leqslant \omega$，即数据在经过 τ 之后，其权重将不大于 ω。通过不同的 τ 和 ω 可以设置相应的 λ，衰减系数与权重阈值共同作用，可以减弱历史数据对当前计算的影响。

(2) 网格单元。将数据空间中的每一维分成若干个相等的小区间，从而可以将整个空间分成有限个不相交的超矩形单元。在 n 维数据空间中用一个多维数组 $U([u_1][u_2]\cdots[u_n])$ 在逻辑上表示该网格结构，各维按 $u_1, u_2, \cdots, u_n$ 顺序排列，每一维上的小区间按边界值大小顺序排列。数组中每一个元素都可对应到数据空间中的某个格子。每个格子的存储结构定义如下：

$$\text{Grid} : (\text{id}, \text{count}, U_c, U_b, t_l) \tag{7.3.1}$$

其中，id 表示格子编号；count 表示落入该网格中的数据点数；U_c 与 U_b 分别表示该网格单元的中心点与重心点；t_l 表示该网格最近一次的更新时间。

(3) 网格单元密度。设在某一时刻，一个网格单元的密度为 density，定义为

$$\text{density} = \frac{\text{单元格内的数据点数}}{\text{数据空间中的数据点数}} \tag{7.3.2}$$

设密度阈值为 ε，当 $\text{density} > \varepsilon$ 时，该格子是一个密集单元。

(4) 单元中心点和重心点。一个网格单元 U 中包含 m 个数据点 $d_1, d_2, \cdots, d_m$，该单元的中心点 U_c 是一个 n 维向量 $(u_{c1}, u_{c2}, \cdots, u_{cn})$，重心点 U_b 是一个 n 维向量 $(u_{b1}, u_{b2}, \cdots, u_{bn})$。其中，$u_{ci} = (l_i + h_i)/2$，$l_i$ 与 h_i 分别表示该网格单元第 i 维上的最小值与最大值；$u_{bi} = (d_{1i} + d_{2i} + \cdots + d_{ni})/m$，$u_{ci}$ 与 u_{bi} 均表示向量在第 i 维上的值。

(5) 邻接单元。设 n 维空间中存在任意两个网格单元 U_1 和 U_2，当这两个网格单元在同一维上有交集或是具有一个公共面时，称它们为邻接单元。如果网格单元 U_1 和 U_2 是邻接单元，U_2 与该空间中另外一个网格单元 U_3 也是邻接单元，则 U_1 和 U_3 是联通的，U_1 和 U_3 也是邻接单元。

2) 基于移动网格与密度的数据流聚类算法过程

基于移动网格与密度的数据流聚类算法分为两个部分：记录当前数据流聚类特征的在线过程和供用户进行离线查询的离线过程。在线过程快速接收输入数据流，并将其产生的聚类结果作为学习的中间结果保存起来，供用户离线查询。通过在线和离线两个过程实现动态快速地处理数据流，同时可以很好地满足用户对数据流分析的需求。

a. 在线过程

(1) 初始化数据流。初始时，一次性读入若干数据，并对其进行分割，形成初始网格，计算每个网格单元的特征向量。

(2) 加入新的数据对象。随着新的数据对象的流入，每个数据点将会根据其本身的信息定位到相应的空间格子中，同时对网格单元的特征向量进行实时更新。由于数据流的数据量

大且具有不可预知性，如果存储所有的网格，需要很大的存储空间，为了节省存储空间，在该算法中只存储有数据点的网格单元。

(3) 移动非密集单元。由于网格互补重叠的划分，数据点对于周围空间的一些影响可能丢失，同时也可能使原本属于某一个类的数据点不均匀地分布到不同的格子中，这种影响对于网格单元的边缘数据尤为明显。如图 7-4(a) 与图 7-4(d) 所示，格子划分后各个点的位置情况已经确定，它们的密度分布情况都如图 7-4(c) 所示。从图 7-4(a) 可以看出点 C 对点 B 的影响远大于点 A，但是由于网格的划分我们忽视了这种情况，使得它们的密度分布等同于图 7-4(d)，也就极有可能在处理的时候没有将点 B 与点 C 分到同一类中，导致聚类结果不精确。

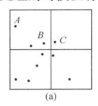 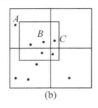 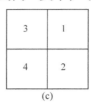 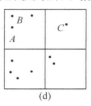

图 7-4 移动网格聚类分析

为了让类似于图 7-4(a) 这种情况中的数据点可以分到同一类中，当单元的密度小于定义的阈值 ε 时，计算该网格单元的重心点与中心点向量。如果它们不在同一位置，进行移动操作。以该单元的重心作为新的中心点重新画一个单元，使得其中的数据点分布尽可能均匀。该操作相当于将原来的单元向密集单元移动，最终可以使属于同一个类的数据靠得更近一些，聚类结果可以更加精确。在图 7-4(b) 中，新的网格单元是在图 7-4(a) 的基础上做出的，是以包含点 A 和点 B 的格子的重心点作为中心点重新画的一个网格，该网格单元密度为 5，如果设密度阈值为 4，此时该网格即为密集网格单元，避免将边界点 C 作为离群点处理。

对网格单元进行移动操作后，产生新的网格单元，计算网格单元向量及其密度，此时可以不用扫描整个数据集，只要查看该网格单元邻近的数据单元即可。随着数据点的不断到来，数据权重不断衰减，为了节省时间开销，只需每隔一段时间对非密集网格单元进行处理。

(4) 更新网格单元特征向量。在连续数据流条件下，在对整个数据空间进行移动操作后，该数据空间就由最初的密集单元和新增的单元组成。由于引入了衰减系数，历史数据权重不断减少，网格单元的特征向量不断变化，为了节省时间成本，我们只是每隔一定时间对网格单元特征向量进行更新，记录它最近一次的更新时间。

(5) 标识聚类。移动非密集网格单元后，数据空间就由最初的密集网格单元和新增的网格单元构成。根据深度优先遍历算法查找相关联的密集单元，找到所有与单元 U 相关联的密集单元，合并这些单元，生成一个簇。

b. 离线过程

根据金字塔型时间窗口的策略选取某些特定时刻的聚类的中间结果，并储存起来供用户分析查询，用户根据自己的需要设定参数和学习时间窗口，得到对应时刻的数据流学习结果，分析数据流的变化情况。离线过程是相对独立的，对于中间结果的分析可以采取任意一种聚类算法来进行。

3) 算法性能分析

由于对数据空间采用了网格化处理，每当新数据对象到达，则可直接定位其所属的网格单元, 时间复杂度为常数 1。假设 N 是一段时间内到达的数据点数, 扫描一遍数据集合并把它们映射到相应的单元中, 算法的时间复杂度为 $O(N)$。

假设数据流中的数据点是 d 维数据, 每一维上划分为 m 个区间, 则共有 $Q=md$ 个网格单元。在移动非密集网格单元阶段, 移动一个非密集网格单元需要扫描 $2d$ 个相邻的网格单元中的数据来计算移动后单元中的数据的个数。每个单元平均包含 N/Q 个数据点, 移动一个非密集单元的时间复杂度为 $O(2dN/Q)$。设非密集网格单元的所占百分比为 P, 则需要移动 PQ 个非密集网格单元, 总的时间复杂度为 $O(P \cdot Q \cdot 2dN/Q)$。在生成聚类时, 检查所有与它相关联的密集单元。与一个单元相关联的单元个数最大值为 $2d$, 设密集单元的个数为 M, 则总的存取数据结构的个数为 $2dM$。从上面的分析可以看出算法的总的时间复杂度为 $O(N+2dN/Q+2dM)$。

7.3.2　数据流分类算法

数据流分类学习的基本任务是在有限的内存空间中构造一个分类模型, 对持续到达的和随时间推移不断变化的数据流的趋势和模式进行分类。数据流分类是数据流学习的一个重要问题, 在诸多领域都有着广泛的应用, 如网络入侵检测、垃圾邮件过滤、信用卡欺诈检测和Web 网页分类等。

1. 数据流分类的概念及特点

分类即通过有指导的学习, 标签已知的样本训练集产生分类模型, 通过测试集对分类模型进行评价, 对未知类标签的新样本使用所训练的分类模型进行分类。传统的分类分析工具反复扫描全体数据, 需要耗费大量内存, 对于持续不断的数据流, 这些工具并不适合。在处理数据流分类时面临的主要挑战是数据规模宏大和概念漂移, 其中概念漂移是数据流的显著特征, 大规模的数据流中不可避免地隐含着知识概念的变化, 因而针对概念漂移问题开展的数据流分类算法研究已成为目前的重要课题。

数据流自身的特殊性, 如实时、连续、有序、时变等, 使得在数据流上进行分类学习时必须解决一些关键问题, 同时揭示了数据流分类应该着重研究的内容。

(1) 面对实时性要求和内存限制等问题, 数据流分类算法必须具有较小的时间复杂度和空间复杂度。如何更快速地计算评估函数, 以及如何更有效地压缩存储属性, 需要进行深入研究。

(2) 对于数据流在线训练、测试、分类的速度等问题, 大规模高维数据流容易造成维数灾难, 需要设计高效的降维方法。

(3) 当数据流发生概念转移时, 分类模式会快速发生转变, 单纯使用误差率作为概念转移的指导, 调整模型构建的频度和窗口尺寸, 不足以适应数据流的变化。如何更快速准确地判断概念转移, 更有效地分析概念转移的变化趋势等都是值得深入研究的问题。

(4) 降低更新模型对类标签数据的需求量。当数据流发生显著变化时, 需要进行及时的更新或重建一个有效的新模型。模型的更新或重建依赖于类标签已知的训练数据——类标签数据, 而确定数据的类标签需要较高的代价来——标记资源。因此如何降低类标签数据的需求量是数据流分类的关键问题。

前两个问题是关于性能的, 后两个问题是关于适应数据流变化的。传统的数据分析和学习技术主要用于数据量有限, 且数据的概率分布模型相对稳定的情形, 无法解决数据流分类中的这些问题, 因此这些问题都具有严峻的挑战性。

2. 数据流分类算法

数据流分类主要有两种方式：批处理方式和增量处理方式。批处理方式一般用于训练数据可驻留内存的数据分析，构建模型之前，训练数据一次性地提供给学习算法，推导出一个模型。增量处理方式，即在训练过程中，训练数据是增量式地输入学习算法，随着新数据的不断到达，学习模型不断地被更新或改进。在相同的环境下，采用批处理方式构建的模型具有较高的精度，但是增量式处理方式具有较低的时空复杂度。增量式处理方式的这些特点非常适合数据流上的各种学习任务，因此大多数的数据流分类算法是基于增量处理方式的。

1) ID4 算法

ID4 是增量决策树学习算法，根据每个新样本更新决策树。该增量学习算法的理论基础是信息论中的知识：评估不需要基于所有的样本获取，只需用到其中的一个子集即可。ID4 算法旨在增量式地构造决策树，每接受一个新的训练实例就更新一次决策树。

在 ID4 的决策树中，每个节点都保存了可以用于计算信息增益 $\mathrm{Gain}(X, T)$ 值的属性的信息，这些信息包括属性的每个取值都对应的正例数和反例数。根据节点上保存的信息，就可以判断出哪个属性 $\mathrm{Gain}(X, T)$ 值最大，从而确定用当前哪个属性来进行划分：

$$\mathrm{Gain}(X,T) = \mathrm{Info}(T) + \mathrm{Info}(X,T) \tag{7.3.3}$$

其中

$$\mathrm{Info}(T) = I(p), p = (|C_1|/|T|, \cdots, |C_k|/|T|)$$
$$\mathrm{Info}(X,T) = \sum [(|T_i|/|T|) \cdot \mathrm{Info}(T_i)]$$

ID4 算法的基本流程如下。

步骤 1：将根节点作为当前节点。

步骤 2：对当前节点的每个可用属性，根据新增训练实例的该属性的取值更新正例和反例计数。

步骤 3：如果当前节点包含的所有实例都是正例或者都是反例，则当前节点就是叶子节点，不再进行划分，算法结束。

步骤 4：如果当前节点不是叶子节点，存在以下几种情况：①如果当前节点本来是叶子节点，则用 $\mathrm{Gain}(X, T)$ 值最大的属性做进一步的划分；②如果当前节点本来已经用于划分的属性的 $\mathrm{Gain}(X, T)$ 值不是最大，则抛弃当前节点下所有已经存在的子树，用 $\mathrm{Gain}(X, T)$ 值最大的属性对当前节点做进一步的划分；③如果当前节点还有未搜索过的子节点，则将一个未搜索的子节点作为当前节点。

步骤 5：转步骤 2。

ID4 不需要保存样本值，在根节点，所有的样本值都被用于计算信息增益，当各属性间有统计意义上的区别时，就可以选定根节点的测试属性。随着新样本的不断到达，可能会出现一个新属性比某个子树的根节点的测试属性具有更大信息增益的情形。在这种情况下，因为新增实例后，当某节点上用来划分的属性 $\mathrm{Gain}(X, T)$ 值不是最大时，则需要改变用来划分的属性，该节点下的所有子树都将被抛弃，所以如果实例集组织不恰当，就会反复地抛弃生成的子树，导致算法低效，不能稳定地进行学习。

2) VFDT 算法与 CVFDT 算法

对决策树学习算法进行改进，将它改进为可以适应数据流一趟处理的 Hoeffding 树，即

VFDT 树(very fast decision tree)。使用恒定的内存和时间处理每个样本，有效地解决了时间、内存和样本对高速数据流上的数据学习的限制。VFDT 算法使用信息熵选择属性，通过建立 Hoeffding 树来进行决策支持，并使用 Hoeffding 约束来保证高精度地处理高速数据流。

VFDT 算法使用了 Hoeffding 树算法，仅仅使用部分样本，近似地选取相关属性来构建决策树。给定一个样本流，第一批样本被用来选择根节点，一旦确定了根属性，那么接下来的样本就会传递到相应的叶子上，并进行相应属性的选择，以此递归。为了确定每个节点上到底需要多少样本来支持该节点的分类和变化，VFDT 算法使用 Hoeffding 界来解决该难题。

Hoeffding 界：对于一个取值范围 R 的随机变量 r，假设有这个变量的 n 个独立的观测值，它们的平均值是 r'，那么 Hoeffding 界是指 R 的真实期望 E 以 $1-\delta$ 的概率大于等于 $r'-\varepsilon$。其中，$\varepsilon = \sqrt{\dfrac{R^2 \ln(1/\delta)}{2n}}$。Hoeffding 界在建立初始决策树的性能上表现良好。

Hoeffding 界在算法里的具体应用如下：①在查看了 n 个样本之后，令 G 最大化，X_a 是具有最大观测值 G 的属性，X_b 是第二大观测值 G 的属性；②设 $\Delta G = G(X_a) - G(X_b) \geqslant 0$ 是描述所观测到的两个启发式度量的差值；③给定一个误差，Hoeffding 界能保证在节点上查看 n 个样本后，且 $\Delta G > \varepsilon$，在概率 $1-\delta$ 下，X_a 是最好的选择。

因此，一个节点需要从数据流中积累样本，直到 ε 小于 ΔG（ε 是 n 的单调减函数)。至此，节点可以选用当前最好的属性来进行分裂，并且接下来的样本被传递到新的叶子节点上，继续进行分裂。

具体地说，VFDT 算法使用信息增益作为选择分割属性的标准，并使用 Hoeffding 界来确定选择节点所需要的样本数。设 $G(X_i)$ 是用来选择测试属性的启发式度量，算法的目的是在概率 $1-\delta$ 下，确保使用 n(n 尽可能的小)个样本选择的属性和使用无限样本选择的属性是一样的。简而言之，确定什么时候需要将某节点确定为分类属性。

VFDT 树通过 Hoeffding 界以增量的形式不断改变树模型所维护的概念，具有以下优点：①结果良好，在高可信度下，VFDT 算法所产生的决策树能逐渐逼近传统的批处理模式所产生的决策树；②效率较高，至多只需要一次扫描磁盘，也可通过二次抽样，重新扫描数据集，因此可以处理非常庞大的数据集；③随时可用，不断优化，它是一个实时算法，在学习了最初的样本之后，就提供了一个随时可用、不断优化的决策树。

但是，VFDT 算法也有一些需要改进的地方，随着样本数目的增多，Hoeffding 树对于每个节点选择不同测试的可能性将呈指数下降趋势。VFDT 算法采用单一的树模型来维护数据流中概念的变化。在一定情况下，数据流中出现的概念会混杂在同一个树模型中，导致 VFDT 树模型的概念与数据流中的真实概念发生偏差。这是因为数据产生的规律或机制在改变，当前数据和历史数据的分布规律可能完全不同。

针对 VFDT 算法存在的问题，以 VFDT 树作为基础，学者又提出了 CVFDT(concept-adapting very fast deasion tree)算法。CVFDT 算法以高效的窗口样本数据来保持一个决策树处于最新状态的方式来工作，不但保持了 VFDT 算法的速度和正确度的优势，而且增加了探测和响应样本生成过程中变化的能力。

CVFDT 算法通过保持其模型与窗口样本一致来工作，不需要每当有一个新样本到来的时候都学习一个新模型。它在其节点处以增加对应于新样本的计数方式来更新其统计，并且在窗口中减少对应旧样本的计数，保证模型中所有节点的信息都与当前窗口样本的信息是一致的，并以此维护和更新模型。

CVFDT 算法相比较 VFDT 算法主要在三个方面进行了改进：①为所有节点保留统计信息；②每个内部节点都有一个替代子树的列表，以备定期更新；③设置一个窗口，通过增加减少计数来保证所得的决策树是最新的。

3. 概念转移问题

理想情况下，数据流的类分布保持稳定不变，则可以采用静态数据处理的方法对这种稳态数据流进行分类。这时，可以采用批处理方法，在数据流的开始阶段把一段时间内流入的数据确定为训练数据集，并在它之上训练分类模型，然后使用这个模型对后面流入的类标签未知的数据进行分类。但在大多数应用中，数据流的生成、传输和使用等环境是十分复杂的，数据流的分布会随着时间发生变化，这种现象称为概念转移。

概念转移的相关定义如下。

在数据流 S 中，不同的数据块 S_i 和 S_{i+1} 分别属于不同的分类模型 $F_i(x)$ 利 $F_{i+1}(x)$，如果两个数据块中存在相同的对象 x_k，但它们具有不同的类标签，即 $x_k \in (S_i \cap S_{i+1})$ 满足：

$$F_{i+1}(x_k) \neq F_i(x_k) \tag{7.3.4}$$

则称数据块 S_i 到 S_{i+1} 发生了概念变化或概念转移；否则，若 $\forall x_k \in (S_i \cap S_{i+1})$，则有

$$F_{i+1}(x_k) = F_i(x_k) \tag{7.3.5}$$

称数据块 S_i 到 S_{i+1} 没有发生概念转移。

概念转移问题是数据流学习中一个非常重要的研究领域，如何针对数据流的特性解决概念转移问题是非常具有挑战性的。在很多应用中，分类模型都依赖于某些隐藏因素，这些隐藏因素共同影响着分类模型。一个典型的例子是天气预测的规则会随着季节的不同而发生变化，季节的特性决定着分类模型。当这些因素发生变化时，分类模型必须随之调整，以反映某些潜在因素。

处理数据流概念转移的关键问题在于如何区分噪声数据和概念转移。分类模型不能太敏感，必须正确地处理噪声数据，避免错误地将噪声数据当作概念转移。模型也不能太过稳定，虽然可以避免受噪声数据的影响，但是当真正的概念转移发生时，无法及时地对模型进行调整。因此，数据流上的分类模型必须能够随着概念转移的发生，及时地对模型进行调整，使得它可以实时准确地反映新的分类信息。

7.4　分　形　学　习

分形思想最初是由美籍法国数学家 Mandelbrot 提出的，随后他又提出了分形几何学的完整思想，因而分形技术最初是为了描述非规则几何形体的，然而随着它的发展，其中的一些观点和思想已经成为一种方法论。谢和平等在其著作中提到分形理论发展的三个阶段：第一个阶段，1875～1925 年，是分形现象的初步认识阶段，这个阶段人们试图对一些无法用传统几何学解释的分形集进行描述；第二阶段，1926～1975 年，是分形深入研究的阶段，这个阶段主要是从数学的角度来研究分形，在这一阶段维数理论得到了很大发展；第三阶段，1975年至今，是分形的应用阶段，研究者将分形理论应用于不同的领域，如管理、计算机等，在

应用的过程中形成了相应的方法和技术。其中分形学习技术就是分形应用于学习领域中所形成的相关技术，本节将对分形学习技术进行介绍。

7.4.1　分形聚类算法

2000 年，有研究者提出了一种利用分形维数进行聚类(fractal clustering，FC)的方法。该方法的基本思想是同类数据点间的自相似性要比不同类数据点间的自相似性强。因此，如果一个点加入后该类分形维数没有发生很大变化，则说明该点属于这个类；反之，若发生了很大变化则说明该点不属于这个类。FC 算法不受任何聚类形状的限制，能够处理内部密度不均匀的情况，同时由于分形维数能很好地描述高维数据集，其对高维数据聚类也是有效的。

FC 算法通常由两个阶段组成：一是初始聚类阶段，该阶段取数据集中的部分，利用任意一种聚类方法将这些数据划分为几个簇；二是增量聚类阶段，该阶段根据分形维数将尚未聚成类的数据分配到相应的簇中。分配的原则是定义一个阈值 ε，对每一个点，选择出该点加入前后分形维数变化最小的一簇 C_i，对应的变化值记为 v_i。若 $v_i < \varepsilon$，则将该点加入 C_i，否则认为该点为离群点。

从 FC 算法执行过程可以看出，其动态增量阶段使得该算法适合于对动态数据进行学习。但是，其初始化阶段又使得该算法对初始聚类结果比较敏感。

下面介绍几种分形聚类算法，这些算法在 FC 算法的基础上进行了扩展和改进。

1. 基于网格和分形维数的聚类算法

基于网格和分形维数的聚类算法(grid and fractal dimension based cluste-ring，GFDC)，结合了网格聚类和分形聚类两者的思想，在分形聚类过程中将网格中的所有点作为一个整体处理，具有速度快、可扩展性好，能识别不同形状及分布较远的聚类的优点，且能有效地处理高维、海量的数据。

1) 相关数据结构及概念

设 $A = (A_1, A_2, \cdots, A_d)$ 是有界域的集合，那么 $S = A_1 \times A_2 \times \cdots \times A_d$ 是一个 d 维数据空间，其中 $A_1, A_2, \cdots, A_d$ 表示 S 的 d 个维或 d 个属性域。

$X = (x_1, x_2, \cdots, x_n)$ 表示 S 上的 N 个点的集合，其中 $x_i = (x_{i1}, x_{i2}, \cdots, x_n)$ 表示一个数据点，x_i 的第 j 维分量 $x_{ij} \in A_j$。

设点集 X 第 j 维的所有分量的最大值为 $D_{j\max} \in A_j$，则对 $\forall x_{ij} \in A_j$，有 $D_{j\max} \geqslant x_{ij}$。同理，设点集 X 第 j 维的分量的最小值 $D_{j\min} \in A_j$，对 $\forall x_{ij} \in A_j$，有 $D_{j\min} \leqslant x_{ij}$，则点集 X 第 j 维的值域长度 $D_j = D_{j\max} - D_{j\min}$。将点集 X 中所有数据点按照其各维坐标值映射到空间 S 中，构建多层网格结构，将数据集空间整体视为第 1 层网格，则第 j 维坐标上第 k 层网格的边长为 $r_{kj} = \dfrac{D_j}{2^{k-1}}$，此时空间 S 中共有 $2^{(k-1)d}$ 个网格。

以二维数据空间为例，为描述方便，设 $D_1 = D_2 = 1$，则嵌套的下层网格的边长按照如下方式划分：$1, 1/2^1, \cdots, 1/2^{m-1}$。其中 m 是网格结构的层数。图 7-5 给出二维空间从底层网格坐标逐层映射为其高层网格坐标(二维嵌套网格结构)的过程($m=4$)。顶层网格对应数据空间整体，包含 4 个第二层网格(边长为 $1/2^{(2-1)}$)，可见上层的每一个网格均包含其直接下层的 $4(2^2$，d 维空间为 $2^d)$ 个网格(边长为上层网格边长减半)。

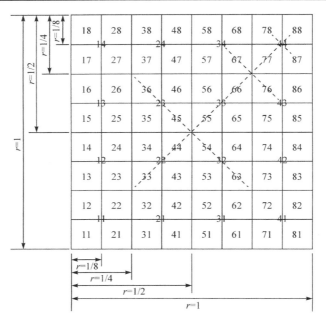

图 7-5 二维嵌套网格结构及网格编号

设点集 X 构建的多层网格结构共 m 层,则底层网格共 $2^{(m-1)d}$ 个单元格。该层第 j 维网格的边长为 r_{mj}。设定数据点 x_i 所在底层网格的坐标编号为 $(g_{m1}, g_{m2}, \cdots, g_{md})$。其中,$g_{mj}$ 是点 x_i 第 j 维分量所在的底层网格的坐标编号,则 $g_{mj} = \dfrac{x_{ij} - D_{j\min}}{r_{mj}}$。

该算法只需在创建初始的底层网格结构时,扫描一遍点集 X,记录每个数据点所属的网格坐标,统计每个网格中包含的数据点数,其他任意一层的网格坐标及其统计信息都可由底层网格映射得到。若第 k 层的某一网格 Grid 的坐标编号为 $(g_{k1}, g_{k2}, \cdots, g_{kd})$,其中,$g_{kj}$ 表示该网格在第 j 维坐标上的编号;而该网格所属的直接上层,即第 $k-1$ 层的网格坐标编号为 $(g_{(k-1)1}, g_{(k-1)2}, \cdots, g_{(k-1)d})$,其中,$g_{(k-1)j}$ 表示其在第 j 维坐标上的编号,则从第 k 层向第 $k-1$ 层的映射按照式(7.4.1)进行。

$$g_{(k-1)j} = \text{int}\left(\frac{g_{kj}}{2}\right) + (g_{kj} \bmod 2) \tag{7.4.1}$$

网格 Grid$_i$ 的密度 $\text{density}(\text{Grid}_i) = \dfrac{S_i}{N}$,其中 S_i 表示网格 Grid$_i$ 所包含的数据点数,N 表示数据集的数据点数。

2) GFDC 算法描述

GFDC 算法分为初始聚类阶段和扩展聚类阶段。在初始聚类阶段通过一次扫描数据集来创建初始的底层网格结构,利用网格和密度的聚类技术在整个数据集中寻找部分点来生成初始类。在扩展阶段,利用初始阶段创建的网格结构,结合分形理论,将其他数据点以网格为单位添加到初始类中去,最终形成在整个数据集上的聚类结果。

(1) 初始聚类。

第一步,扫描数据集,构建 m 层网格结构。计算点集 X 中的每个点所在的底层网格坐标

$\text{Grid}_i = (g_{m1}, g_{m2}, \cdots, g_{md})$，并统计每个底层网格所包含的数据点数 S_i。

第二步，计算底层网格密度 $\text{density}(\text{Grid}_i)$，以网格密度最大的网格 Grid_h 为中心，扫描其邻近的网格 Grid_l，若 $|\text{density}(\text{Grid}_h) - \text{density}(\text{Grid}_l)| < \tau$，则聚为一类，其中 τ 为密度差别阈值。

第三步，上一步聚得的类记为 C_i，在剩余网格中选取单元网格密度最大的单元 Grid_h，若 $|\text{density}(\text{Grid}_i) - \text{density}(\text{Grid}_h)| < \tau$，则将 Grid_h 并入类 C_i，然后重新搜寻剩余网格中密度最大者，否则将其与邻近网格的密度相比较，若差值小于密度差别阈值，则合并为一个新类。

第四步，重复第三步，直至初始类别数达到用户设定的初始聚类数 k。

(2) 扩展聚类。扩展聚类阶段是在初始聚类的基础上，对于数据集中没有被划分的网格逐个进行处理，如果它属于某个类，即它所具有的内在结构与整体的结构是相似的，那么将它加入到现有类中不会引起类的分形维数值的剧烈变化；相反，如果它与某个类不具有相同的内在结构，那么它的加入会引起这个类的分形维数值的较大变化。在扩展阶段利用初始阶段创建的多层网格结构可以大大加快分形维数的计算效率。

第一步，分别计算在初始聚类阶段得到的 k 个初始类的分形维数 $f_i (i = 1, 2, \cdots, k)$。

第二步，对于底层网格中没有被划分的网格逐个分别加入到各个初始类中，此时再计算各类的分形维数 $f_i' (i = 1, 2, \cdots, k)$。令 $\Delta f_i = f_i' - f_i (i = 1, 2, \cdots, k)$。

第三步，选取出 Δf_i 最小的类，对设定的阈值参数 δ，若 $\min(\Delta f_i) < \delta (i = 1, 2, \cdots, k)$，则将该网格中的数据点加入到这个类中；否则，新建一类，把该网格中数据点加入到新类。

第四步，重复第二步和第三步，直至所有的网格都被归类。

第五步，由第四步得到聚类数 L 和各类的分形维数 $F_i (i = 1, 2, \cdots, L)$，此时若 $L \geq 5k$，则令 $\Delta = |F_i - F_j| (i, j = 1, 2, \cdots, L)$。对于给定的阈值参数 ε，当 $\Delta < \varepsilon$ 时，则将 F_i 和 F_j 合并为一类，以合并后得到的结果作为最终的聚类结果。

基于网格和分形维数的聚类算法只需对数据集进行一次扫描来建立网格结构，并且自始至终都以网格单元为整体进行运算，而这样的多层网格结构大大降低了分形维数计算的空间复杂度和时间复杂度，并且具有良好的可扩展性。

2. 基于分形维数的数据流聚类算法

FClustream 算法采用 CluStream 算法的数据流聚类框架，分为在线聚类和离线聚类两个过程。在线聚类过程采用分形维数作为聚类度量，通过判断数据流中数据点对各个聚类的分形维数的影响程度，对数据流进行聚类和发现噪声点。离线分析过程从存储在磁盘上的数据流快照得到与设定参数对应的学习结果和给定时间段内到达数据点的聚类情况，从而分析数据流聚类情况和变化过程。

1) 数据流环境下分形维数的计算

利用 FClustream 算法，首先必须解决流环境下分形维数的计算。FClustream 算法采用 de Sousa 等提出的一种计算流环境下分形维数(stream intrinsic dimension，SID)的方法来计算数据流的分形维数。SID 方法利用树形结构存储点落入的情况(简称分形树)。树的根节点记为 r_0，树中的每一层 j 用于记录当盒子(为描述方便以下称为单元格)边长为 $r_j (r_j = r_{j-1}/2)$ 时数据点落入的情况。树中的每一个节点由四个域组成。一个域存放单元格标记用数组 $[b_1 b_2 \cdots b_E]$ 表示，E 表示数据集的维数，b_i 表示单元格第 i 维坐标的编码，编码取值为 0 或 1，分别表示单元格第 i 维坐标位于第 i 维属性取值范围的下半部分还是上半部分。一个域用来记录落入每个单元格中的数据点数，为了适应流式环境，采用窗口的方式，因而该域用数组 $C[k]$ 来存储最近 k 个时间窗口下单元格中落入点的数量。一个域存放指向下一层第一个节点的指针 P_c；一个域存放指向同一层的兄弟节点指针 P_b。

用这种存储结构计算分形维数时，先计算出数据点每一个属性的最大值 rh_i 和最小值 rl_i，得到 $r_0 = \max(rh_i - rl_i)(i = 1, 2, \cdots, E)$，将每维的取值范围 2^j 等分 $[j = (0, 1, \cdots, \text{level} - 1)]$；然后构建分形树，分形树的每一层由 2^{Ej} 个单元格的信息组成。因此，在理论上，整个数据流的数据集合被分为 $\dfrac{2^{E \times \text{level}} - 1}{2^E - 1}$ 个单元格，其中 level 为分形树的层数，但在实际中只记录计数数组 $C[k] > 0$ 的单元格。令 C_{r_j}, i 为数据集中的数据点落入第 j 层的边长为 r_j 的第 i 个单元格中的数据点数。对每一层中的单元格进行统计可以得到一系列点对 $\{d_0, d_1, \cdots, d_j, \cdots, d_{\text{level}-1}\}$，其中，

$$d_j = \left\langle \log\left(\sum_{i=0}^{i < 2^{Ej}} C_{r_j, i}^2 \right), \log(r_j) \right\rangle (j = 0, 1, \cdots, \text{level} - 1)。对 \{d_0, d_1, \cdots, d_j, \cdots, d_{\text{level}-1}\} 进行拟合，则近似$$

为直线部分的斜率可以作为数据集的关联维的值。

图 7-6 是一个二维数据集被网格划分的情况，其中 $r_0 = \max(rh_i - rl_i)(i = 1, 2)$。根据该划分情况，可以得到图 7-7 的分形树，Data 域表示数组 $c[k]$。

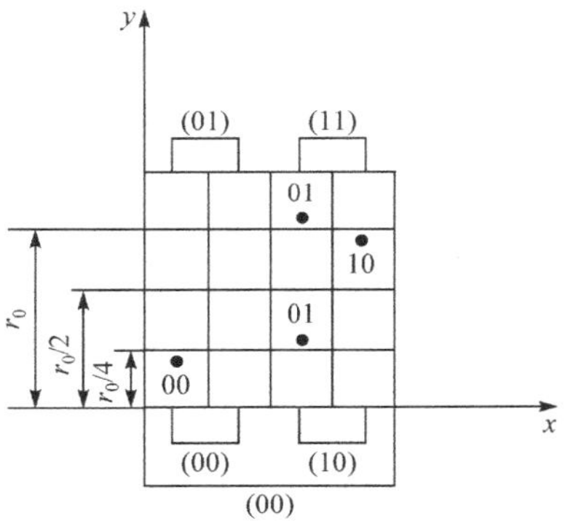

当有新的数据流入时，SID 方法不用重新划分网格，而是根据新数据的坐标插入节点或改变节点中的计数。当窗口滑动后出现空节点时，则将节点释放。

2) 相关的数据结构及概念

设 $A = \{A_1 \times A_2 \times \cdots \times A_E\}$ 是有界域的集合，$S = A_1 \times A_2 \times \cdots \times A_E$ 是一个 E 维数据空间，其中 $A_1, A_2, \cdots, A_E$ 表示 S 的 E 个属性域或 E 个维。$X = \{x_1, x_2, \cdots, x_N\}$ 表示 S 上的 N 个点的集合，其中 $x_i = \{x_{i_1}, x_{i_2}, \cdots, x_{i_E},\}$ 表示一个数据点，$x_{i_j} \in A_j$ 表示数据点 x_i 的第 j 维的值。为了便于计算数据流的分形维数，用 SID 算法构建分形树，方法如 1)所述。

图 7-6 二维数据集网格划分图

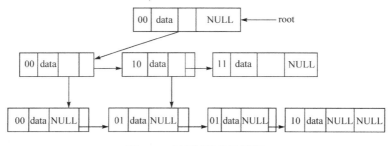

图 7-7 分形树的构造情况

数据点 e 加入数据集 X 得到新数据集 X'，$F_q(X)$ 和 $F_q(X')$ 分别为数据集 X 和新数据集 X' 的分形维数，数据点 e 对数据集 X 的分形影响度 FI 定义为

$$\text{FI} = \left| F_q(X') - F_q(X) \right| \tag{7.4.2}$$

根据 1) 的描述可知 SID 方法能动态计算出加入一个点后的分形维数, 从而得到数据点的分形影响度。

对于数据点来说, 它对不同类的分形影响度是不同的。分形影响度的大小直接地反映了数据点(部分)和该类(整体)之间的自相似性。分形影响度越小, 自相似性就越大。分形影响度越大, 自相似性就越小。

3) FClustream 算法描述

FClustream 算法主要分为初始聚类、在线聚类和离线分析三个过程, 其中初始聚类过程可以使用当前的任何一种聚类算法。FClustream 算法的具体描述如下。

(1) 初始聚类。先积累一段时间的数据流, 然后使用当前的任何一种聚类算法进行聚类。设共聚为 k 个类, 记为 $\{C_1, C_2, \cdots, C_k\}$, 分别对初始化的类计算其分形维数, 并建立分形树 $\{FTree_1, FTree_2, \cdots, FTree_k\}$, 第 i 个类的分形维数记为 $F_d(C_i)$。

(2) 在线聚类。在线聚类阶段利用分形聚类的思想, 即同一类数据的分形维数不会因为空间维数和位置不同而发生显著的变化。属于该类的数据点对该类的分形影响度是非常小的。具体操作步骤如下。

第一步, 把数据流的数据点存储在大小为 W, 时间跨度为 Δt_c 的滑动时间窗口 $W(t_i)$ 中。$W(t_i)$ 按时间先后划分成 η 个等宽的子窗口, 称为基本窗口。基本窗口的时间跨度为 $\dfrac{\Delta t_c}{\eta}$。

第二步, 对于每一个点 $e \in W(t_i)$, 将 e 加入每一个类中, 得到 $C_i' = C_i \cup \{e\}$, 并对每一棵分形树 $FTree_i$ 进行更新。分形树的每一个单元格只保持最近的 λ 个基本窗口(时间跨度根据实际需求定义)的 $C[k](m)(k=1,\cdots,\lambda)$, 其中 m 表示单元格所在的层数, 因此计数器数组 $C[k]$ 有 λ 个数组成员。记录最近的时间跨度为 $\lambda \times \Delta t_c / \eta$ 的数据流计数情况, 每一个数组成员对应一个小的时间跨度落入单元格的数据点数。当 λ 个基本窗口的数据点计算结束, 开始计算下一个基本窗口的数据点时, 应丢弃与最早的基本窗口相对应的计数器。该单元格的根节点及其左右子树中与数据点落入位置对应的单元格也要进行相同的操作。

第三步, 计算 C_i' 的分形维数 $F_d(C_i')$。

第四步, 在 k 个类中找到 e 加入后使得原来类的维数变化最小的一个类, 即分形影响度最小的一个类, 记为 $\hat{i}$, $\hat{i} = \min_i FI = \min_i \left| F_q(C_i') - F_q(C_i) \right|$。

第五步, 如果 FI 小于预定的阈值 ε, 则认为 $e \in C_i$, 对 $i \neq \hat{i}$ 的分形树 $FTree_i$ 进行还原, 还原成未添加 e 之前的状态, 否则, 认为该点是离群点, 删除离群点, 还原每一个分形树 $FTree_i$, 还原成未添加 e 之前的状态。

(3) 离线分析。如果完成 $W(t_i)$ 中的所有数据点的聚类, 就将 $\{FTree_1, FTree_2, \cdots, FTree_k\}$ 存储到磁盘, 并按照 CluStream 算法提出的金字塔型时间窗口的策略组织这些结果。

用户可以根据自己设定的参数和查询时间跨度, 从存储在磁盘上的数据流快照得到与设定参数对应的学习结果和给定时间段内到达数据点的聚类情况, 从而分析数据流聚类情况和变化过程。

4) 算法时间复杂度分析

FCluStream 算法的时间复杂度主要用于计算聚类结果的分形维数影响, 在计算分形维数时需要对不同层次的单元格进行扫描。因为算法对每层单元格的半径进行了有规律的划分, 同时记录下了每一个单元格的兄弟指针和孩子指针, 所以对分形树每层的扫描时间复杂度为

$O(N \log N)$，其中，N 表示聚类中数据点的总数。要对整个分形树进行扫描工作，总的时间复杂度是 $O(\text{level} \cdot N \log N)$，其中，level 表示分形树的层数。

5) 空间复杂度分析

FCluStream 算法的空间复杂度主要在于存储分形树。分形树中的每层单元格最大为聚类中数据点的总数 N。存储一个聚类对应的分形树所需的主内存存储空间是 $O(\text{level} \cdot N)$，其中，level 表示分形树的层数。因为 FCluStream 算法只更新数据点对应的单元格中的计数器，不存储数据点的具体信息，所以算法所需的存储空间独立于数据点的维数。算法对每个聚类建立一棵分形树，那么整个算法的空间复杂度是 $O(\text{level} \cdot N \cdot \text{cluster})$，其中，cluster 表示聚类的个数。

3. 基于多重分形的聚类层次优化算法

本小节介绍的聚类算法与前两节有所不同。这种方法是在假设已经用聚类算法聚好类的情况下，对聚类结果进行再处理，目的是对初始不准确的聚类划分进行更正。处理时的依据仍然是每一个类的分形维数。

其基本思想是利用初始聚类结果之间的相似性对相似的初始聚类进行合并操作，即如果初始分形维数比较接近的两类在合并之后仍然得到变化不大的分形维数，则说明这两个类具有极强的相似性，可以进行合并。同时，数据集在单一维数下有时很难区分，如果运用多重分形维数则很容易区分，因而在算法中采用的是多重分形维数 D_{-10}, D_{10}, D_2。在进行聚类合并操作时首先利用 D_{-10}, D_{10}, D_2 三个维数判断出可能需要合并的类。可能需要合并的类是指两个类的多重分形维数 D_{-10}, D_{10}, D_2 都较为接近；再使用 D_{10}, D_2 两个维数判断合并是否有效，有效的条件是合并后所得的新的类分别与合并前两类的多重分形维数 D_{10}, D_2 接近。上述过程可以通过设置一定的阈值来衡量分形维数是否接近。通过这种聚类的后处理算法，可以使得到的聚类结果更为准确。

但是算法中仍存在着值得探讨的地方。

(1) 在算法中不同 q 阶维数（$q = -10, 10, 2$）的取值在判断聚类是否能合并中取的权值都一样，接下来可以研究不同权重对结果有何影响。

(2) 如何选取分形维数，这也是难点。目前利用多重分形进行数据分析时，维数的选择并没有很好的标准，但由于多重分形维数是随着 q 值的增大而减小的，当 q 值达到一定大小后，分形维数变化会非常缓慢，在实际应用时不需要选择太大的 q 值。可以尝试先分析各初始聚类分形维数随着 q 值变化而变化的规律，再进行分形维数的选择。

(3) 该算法要求在初始聚类中不能存在相互重叠的部分。因此，下一步可以考虑将类的分割算法与该融合算法结合使用。

7.4.2　分形分类

分类应用于数据流学习领域可以描述重要数据类的模型或预测未来的数据趋势。分形分类技术仍然是根据分形维数的意义进行的。利用分形技术进行分类的基本思路有两种。一种是将分形维数作为分类对象的一个属性或者说指标，然后利用常用的分类技术，如神经网络、线性分类器等进行分类。在这种情况下，分形维数通常作为分类器的输入变量。另一种是利用类与类之间维数的差异来判断被分类对象所属的类别，即计算训练集中每一个类别的分形维数。当有新的测试样本要进行分类时，根据该样本与每个类别之间的关系决定样本属于哪一个类。

　　上述两种思路中前者应用最为广泛，人们在研究中发现将分形维数作为一个特征量，往往可以得到更加准确的分类结果。此外，在一些研究中，人们还发现仅仅用单一的维数来描述分类对象，有时不够准确，如果以多重分形维数作为分类指标所得到的结果往往比利用单分形维数更加准确。目前人们已将这种方法应用于图像分类、故障诊断、信号分类等领域中。例如，结合分形维与神经网络对数字信号进行分类；在图像分类中三种分形维数提取方法的基础上，将分形维数与模糊均值算法相结合对 SAR 图像进行分类；利用分形维数和线性最小分类器对金属断口进行识别；利用复杂网络和多标度分形对物体形状进行分类。

　　虽然第一种思路取得了广泛应用，但是它将测试样本视为独立对象，分形维数作为描述该对象的属性，整个过程并没有通过对训练样本点的学习来进行分类，且测试样本多为图像或带有时序特征的信号数据，分形维数较易求出。然而在数据流学习领域，分类分析通常是通过对训练样本的学习提取出相关规则，建立相应的模型，然后根据规则和模型对测试样本进行分类。因而，利用分形维数进行分类的第二种思路是将训练集中同类样本作为整体进行学习，从而得到一定的规则，然后根据该规则，对测试样本进行分类。在这种思路中，Traina等提出的分类方案最具有代表性、可解释性和可实施性，它先根据训练样本求出每一类的分形维数，再将每一个测试样本作为一个点，通过分析点与各类的异同，对其进行分类。下面将详细阐述该方法。

　　Traina 等提出的分类方法主要是利用一种 cross-plot 工具进行的。cross-plot 是一条描述两个数据集空间关系的曲线。其定义如下

$$\text{cross}_{A,B}(r,p,q) = \frac{\log(N_A \cdot N_B)}{\log(N_A^p \cdot N_B^p)} \cdot \log\left(\sum_i C_{A,i}^p \cdot C_{B,i}^p\right) \text{vs.} \log r \tag{7.4.3}$$

其中，A，B 表示两个多维数据集；p, q 表示阶数；N_A，N_B 表示数据集 A 和 B 中点的个数；$C_{A,i}$ 和 $C_{B,i}$ 表示落入第 i 个盒子中属于数据集 A 和 B 的数据点数。因而式(7.4.3)反映了两个数据集中点接近的频率。特别地，当 $p=q=1$ 时，式(7.4.3)可以表示为

$$\text{cross}_{A,B}(r,1,1) = \log\left(\sum_i C_{A,i} C_{B,i}\right) \text{vs.} \log r \tag{7.4.4}$$

可以认为 $\text{cross}_{A,B}(r,1,1)$ 正比于数据集 A 和 B 中两点间距离小于 r 的点对数($\sum_i C_{A,i} C_{B,i}$ 表示同时落入第 i 个盒子中的 AB 点对总数)。AB 点对数是指点对中一个点属于 A 数据集，一个点属于 B 数据集。当 $p=q=1$ 且 $A=B$ 时，式(7.4.4)考虑的是一个单独的数据集。这时因为一个数据集中两点间距离小于 r 的点对数可以表示为 $\sum_i \dfrac{C_{A,i}(C_{A,i}-1)}{2}$，所以

$$\text{cross}_{A,A}(r,1,1) = \log\left(\frac{\sum_i C_{A,i}(C_{A,i}-1)}{2}\right) \text{vs.} \log r = \text{self}_A(r) \tag{7.4.5}$$

　　由于 self-plot 描述的是单一数据集，其斜率为该数据集的关联维数，而 cross-plot 描述的是两个数据集，其斜率与两数据集的相对关系有关。因而在分析两个数据集关系时，通常会将 cross 和 self 曲线结合起来使用。设有数据集 A 和 B，若要分析这两个数据集的关系，则可以绘制曲线 self_A、self_B 和 cross_{AB}。这三条曲线分别为数据集 A 的 self 曲线、数据集 B 的 self 曲线和两者之间的 cross 曲线。根据这三条曲线可提出如下观点：在通常情况下 cross_{AB} 的斜率

有两种情况，即大于 self_A 和 self_B 的斜率与近似等于 self_A 和 self_B 两者中斜率较大者。利用这三条曲线的斜率关系可以学习出一些有用的规则，表 7-1 为在这两条曲线共同作用下可能得到的规则。

表 7-1　规则表

规则序号	条件	结论
A	数据集 A 和数据集 B 是相似的，即 self_A、self_B 两条曲线的斜率相等	
1	如果 cross_{AB} 和 self_A（self_B）具有相同的斜率	数据集 A 和数据集 B 可能在统计意义上是相同的
2	如果 cross_{AB} 具有与 self_A 和 self_B 可比的斜率	数据集 A 和数据集 B 具有相同的分形维数，但 A、B 两者是不同的
3	如果 cross_{AB} 的斜率远大于 self_A 和 self_B 的斜率	数据集 A 和数据集 B 是不相交的
B	数据集 A 和数据集 B 是相似的，即 self_A、self_B 两条曲线的斜率不同	
1	如果 cross_{AB} 具有与 self_A 或 self_B 相同的斜率	数据集 A 和数据集 B 中分形维数较小的一个可能是另一个的子集
2	如果 cross_{AB} 具有与 self_A 和 self_B 曲线可比的斜率	还需进一步分析
3	如果 cross_{AB} 的斜率远大于 self_A 和 self_B 的斜率	数据集 A 和数据集 B 是不相交的

上述规则对于分析两数据集的关系具有很大帮助，且可以直接将它应用于分类问题。在分类问题中，每个类作为一个数据集，测试集中的每一个预测样本可以作为一个含有单点的数据集。对于单点数据集无须计算分形维数，但是可以绘制出该点与其他类的 cross 曲线，进而求出 cross 曲线的斜率。从表 7-1 列出的规则中不难发现当 cross 曲线斜率远大于 self 曲线的斜率时，两数据集肯定不相关，即该点与此类不是同一个类别；当 cross 曲线斜率与 self 曲线的斜率越相近时，说明两者越可能成为一个类别。因而对点进行分类时，算法可以描述如下。

设数据集中有 L 个类，self_i 曲线表示第 i 个类的自相似曲线，对每一个数据点 p 执行下列操作。

步骤 1：计算 $\text{cross}_{p,i}$ 的斜率 $k_{pi}(i=1,\cdots,L)$。

步骤 2：计算 self_i 的斜率 $k_i(i=1,\cdots,L)$。

步骤 3：记 $\hat{i}=\min_i(k_{pi}-k_i)$，$\delta=\min(k_{pi}-k_i)$。

步骤 4：如果 $\delta>$ 阈值 τ，则该点为拒识点；否则，将该点分到第 $\hat{i}$ 个类中。

第8章 概率推理

在某些问题研究中,计算的条件只能一部分被观察到或者条件本身就是不确定的。例如,自动驾驶的出租车要把乘客按时送到会议目的地,算法需要规划线路,将乘客按时送达,它可能做一个规划 S_1:在会议开始前 30 分钟出发,并且以合理的速度驶向目的地。但是算法肯定不会计算出这样的结论:S_1 一定将会按时送乘客到会议目的地,它只会得到:在车辆不抛锚,汽油不耗尽,没有遇到交通事故的情况下,S_1 有多大的概率可能完成任务。在这个例子中,希望规划 S_1 可以尽量地考虑所有方面的性能度量,这包括按时到达目的地,避免太早去而等待,路上不超速等目标。信念度(即概率)是指估计某事发生的概率,对于规划 S_1,它应该可以提供各种目标的信念度程度,同时根据各种目标的相对重要性,进行理性决策且正确行动。

本章主要介绍不确定知识的建模量化(理论基础),推理(概率计算)和决策(结果判断)。8.1节首先介绍了如何使用概率量化不确定性问题,同时介绍了完全联合概率分布和朴素贝叶斯模型等进行推理的理论基础。8.2 节详细描述了表示不确定知识的贝叶斯网络和使用其进行精确推理和近似推理的具体算法,如枚举法、似然加权、模拟隐马尔可夫链。8.3 节引申到关于时序概率推理的一般问题,并重点讲述了时序概率推理的三个模型:隐马尔可夫模型、卡尔曼滤波器,以及动态贝叶斯网络。本章结构如图 8-1 所示。

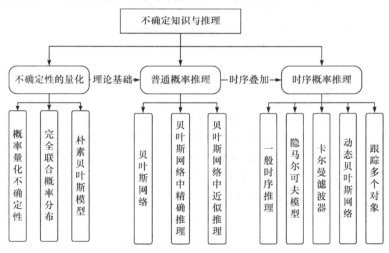

图 8-1 本章结构

8.1 不确定性的量化

8.1.1 推理的不确定性

推理是人类的思维过程,其本质是从已知事实出发,运用相关知识逐步得出某个结论的

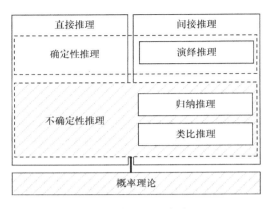

图 8-2　推理理论框架

过程。推理能够从已知到未知，更加清晰地认识世界并做出决策。传统逻辑学一般将推理划分为直接推理(由一个前提推得一个结论)和间接推理(多个前提推得一个结论)两大类(图 8-2)。间接推理又有演绎推理(从一般到特殊，其结论必定为真)、归纳推理(从特殊到一般，其结论不一定为真)、类比推理(根据事物某些属性的相似性，推论另一属性也相似)。本节不是依照传统逻辑学对推理进行划分，而是聚焦于推理的结论是否一定为真这一属性。

通过前提得到必然为真的结论时，便是在进行确定性推理。例如，地图上都有指北针，有人拿着一份地图，那么拿着的地图上一定有指北针。相较于确定性推理，平常遇到的更加普遍的推理是不确定性的推理。不确定性可以理解为在缺少足够信息的情况下做出判断，这是智能问题的本质特征。不确定性推理就是从不确定性初始证据出发，通过运用不确定性的知识，最终推出具有一定程度的不确定性但却是合理或者近乎合理的结论的思维过程。一位医生，根据病人出现的各种症状，判断病人有一定可能患某种疾病便是一种典型的不确定性推理。

推理的不确定性是惰性和无知所造成的。不同的症状并不能唯一确定地反映某种病症，为了确保得到一个没有任何意外的推理规则，需要列出所有症状与疾病的集合，但这项工作工作量极大且这样的规则难以实践——这便是惰性。对于某些疾病，尚未形成完整的理论，因此无法得到完整的病症与疾病的集合——这便是无知。考虑到不确定性推理的普遍存在，为了更好地研究和掌握不确定性推理从而使得决策更加理智，需要一种方法，去形式化地表述这种不确定性。

8.1.2　利用概率量化不确定性

试想现在有 A、B 两支股票而你只能购买其中一支。如果 A 股在未来 1 年内一定会上涨 50%，而 B 股一定会上涨 40%，那么为了收益最大化，你一定会购买 A 股而不是 B 股。换成另一种描述，A 股在未来 1 年内有 40% 的概率上涨 50%，而 B 股有 80% 的概率上涨 40%。那么，如果你是理性的决策者，你就会选择购入 B 股，因为 B 股的预期收益是 32%，而 A 股的预期收益只有 20%——决策理论的核心是实现期望效用最大化。在这个购买股票的例子中，通过将股票上涨的不确定性量化，获得了理性的决策，而这种量化方法便是概率。大量的理论与实践显示，概率论是进行不确定性推理的合适基础，而不确定性的量化应当使用概率。

概率断言与逻辑断言一致，都是关于可能情况的断言。但是逻辑断言严格排除所有断言不成立的情况，如"若袋子里的苹果是红色的，则……"。而概率断言，考虑的是可能情况的可能性具体有多大，如"若袋子里的苹果有 50% 的概率是红色，则……"。在概率论中，所有可能情况构成的集合称为样本空间，用 Ω 表示。样本空间中的一个样本，即一个可能情况，用 ω 表示。概率理论的基本公理规定，每一个可能事件具有一个介于 0 和 1 的概率 $P(\omega)$，且样本空间中可能事件概率之和为 1：

$$\begin{cases} 0 \leqslant P(\omega) \leqslant 1 \\ \sum_{\omega \in \Omega} P(\omega) = 1 \end{cases} \tag{8.1.1}$$

概率理论中不同可能情况的集合称为事件。在概率推理中，总是用形式语言的命题来表示这些集合。对于每个命题，对应集合的成员就是使命题成立的可能情况。与某个命题相关联的概率是使该命题成立的可能情况的概率之和。对于任意命题 ϕ，有

$$P(\phi) = \sum_{\omega \in \phi} P(\omega) \tag{8.1.2}$$

值得注意的是获得某个命题的概率，并不要求指导每个可能情况的概率。接下来引入两个概率中至关重要的概念。试想抛掷两次骰子，A 同学关注的是两次点数之和是否为 8，B 同学在第一次抛掷落定为 4 后，关注第二次是否依旧为 4。则称 $P(A) = P(\text{Value1} + \text{Value2} = 8)$ 为无条件概率或先验概率，而称 $P(B) = P(\text{Value2} = 4 \mid \text{Value1} = 4)$ 为条件概率或后验概率。非条件概率指在不知道任何其他信息的情况下对命题的信念度，而条件概率是获取相关知识后对命题的信念度。在数学表述上，条件概率由无条件概率定义：

$$P(A \mid B) = \frac{P(AB)}{P(B)} \tag{8.1.3}$$

上述定义可以轻易导出概率的乘法公式：

$$P(AB) = P(A \mid B)P(B) \tag{8.1.4}$$

建立概率的基本概念后，进一步讨论概率断言中的命题语言。概率论中的变量称为随机变量，在抛掷骰子过程中，一次抛掷的结果 Value 就是一个随机变量。随机变量具有一个定义域，例如，一个布尔随机变量的定义域为 {true,false}。可以把可能情况表示为键-值对的集合(要素化表示)，从而将命题转化为数学表述。如"抛掷一次骰子其结果为 5"可以被转化为 Value=5，"抛出两个骰子，点数相同"表示为 double=true，可简写为 double，而"抛出两个骰子，点数不同"则简写为 ¬double。除了定义域有限的情况外，随机变量的定义域还可以是离散无限或连续无限的。

可以通过命题逻辑中的连接符号对基本命题进行组合。例如，"如果患者是一位没有腿疼(Legache)的老年人(Old)，那么他患有风湿病(Rheumatism)的概率为 0.1"表示为

$$P(\text{Rheumatism} \mid \neg \text{Legache} \wedge \text{Old}) = 0.1 \tag{8.1.5}$$

有时候，需要讨论一个随机变量可能取值的具体概率。例如，天气(Weather)的定义域为 {晴(sunny)，雨(rain)，其他(other)}，则讨论的问题描述为

$$P(\text{Weather} = \text{sunny}) = 0.55$$
$$P(\text{Weather} = \text{rain}) = 0.21 \tag{8.1.6}$$
$$P(\text{Weather} = \text{other}) = 0.24$$

或可简写为

$$P(\text{Weather}) = \langle 0.55, 0.21, 0.24 \rangle \tag{8.1.7}$$

式(8.1.7)中的向量 P 定义了随机变量 Weather 的一个概率分布。对于有无限可能的情况，无法用一个向量写出整个分布。这时，为了描述的方便，可以把一个随机变量取某个值 x 的概率定义为一个以 x 为参数的函数，这个函数称为概率密度函数，如式(8.1.8)所示。

$$P(\text{NoonTemp} = x) = \text{Uniform}_{[20℃, 25℃]}(x) \tag{8.1.8}$$

其中，NoonTemp 表示中午温度；Uniform 表示均匀分布函数。这是一个概率密度函数，表示"中午温度均匀分布在 20～25℃之间"的概率。

除了单个变量的分布外，还需要合适的符号来表示多个变量的分布。一般地，使用逗号来分隔不同的变量。例如，P(Weather, Rheumatism)表示天气状况和是否有风湿病的取值的所有组合的概率。P(Weather, Rheumatism)是一个 3×2 的概率表格，称为 Weather 和 Rheumatism 的联合概率分布。利用乘法公式，可以比使用概率表格或大量单个等式更加简便的方式来表示联合概率：

$$P(\text{Weather, Rheumatism})=P(\text{Weather}|\text{Rheumatism})P(\text{Rheumatism}) \tag{8.1.9}$$

讨论了概率断言与概率命题的语法，定义了部分语义，接下来，可以直接借用命题逻辑的语义，集中精力探讨不确定性推理的具体计算问题。

8.1.3 使用完全联合分布进行计算

概率推理的一种简单方法是根据已有的证据直接计算命题的后验概率。在计算中，使用完全联合概率分布作为知识库——由于一个概率模型完全由所有随机变量的联合分布决定，这种分布称为完全联合概率分布。

考虑一个由三个布尔量 Legache(腿疼)、Rheumatism(风湿病)和 Equipment(检测仪器出问题)构成的问题域，其完全联合概率分布是一个 2×2×2 的表格，如表 8-1 所示。

表 8-1 检测风湿病问题的完全联合概率分布

布尔量	Legache		¬Legache	
	Equipment	¬Equipment	Equipment	¬Equipment
Rheumatism	0.108	0.012	0.072	0.008
¬Rheumatism	0.016	0.064	0.144	0.576

上一节中讨论到"某个命题相关联的概率是使该命题成立的可能情况的概率之和"，便是利用完全概率分布进行计算的方法——在分布中识别哪些使命题为真的可能情况，将其相加即可。例如，使命题 Rheumatism ∨ Legache 成立的可能事件有 6 个：

$$P(\text{Rheumatism} \vee \text{Legache}) = 0.108 + 0.012 + 0.072 + 0.008 + 0.016 + 0.064 = 0.28 \tag{8.1.10}$$

除上述命题计算外，一种常见的任务是提取关于某个随机变量某个子集或某个特定值的概率。例如，将表 8-1 的第一行相加，就可以得到关于风湿病(Rheumatism)的无条件概率：

$$P(\text{Rheumatism})= 0.108+0.012+0.072+0.008=0.2 \tag{8.1.11}$$

上述过程称为边缘化或求和消元——将除了 Rheumatism 以外的其他变量每个可能的取值相加，使得它们从公式中被消除。对于任何两个变量集合 Y 和 z 可以写出通用边缘化规则为

$$P(Y) = \sum_{z \in Z} P(Y, z) \tag{8.1.12}$$

将关于风湿病的无条件概率写成式(8.1.3)的形式，为

$$P(\text{Rheumatism}) = \sum_{z \in \{\text{Rheumatism, Legache}\}} P(\text{Rheumatism}, z) \tag{8.1.13}$$

根据乘法公式，使用条件概率而不是完全联合概率重写边缘化规则为

$$P(Y) = \sum_z P(Y \mid z)P(z) \tag{8.1.14}$$

式(8.1.14)被称为条件化。对于概率命题的表示和计算，边缘化和条件化是经常使用的规则。

在多数情况下，会对已知一些变量的证据而计算另一些变量的条件概率感兴趣。接下来讨论的问题是如何利用完全联合概率计算条件概率。

首先，条件概率可以如此计算：使用条件概率的无条件概率定义，得到一个基于无条件概率的表达式，然后由完全概率分布对表达式求值。例如，已知有腿疼的证据，可以计算有风湿病的概率：

$$P(\text{Rheumatism} \mid \text{Legache}) = \frac{P(\text{Rheumatism} \wedge \text{Legache})}{P(\text{Legache})} = \frac{0.108 + 0.012}{0.108 + 0.012 + 0.016 + 0.064} = 0.6$$

$$\tag{8.1.15}$$

式(8.1.15)中 $P(\text{Rheumatism} \wedge \text{Legache})$ 与 $P(\text{Legache})$ 是根据完全联合概率和边缘化规则进行计算的。注意到 $P(\text{Rheumatism} \mid \text{Legache})$ 与 $P(\neg\text{Rheumatism} \mid \text{Legache})$ 之和为 1，且 $P(\neg\text{Rheumatism} \mid \text{Legache})$ 的表达式与 $P(\text{Rheumatism} \mid \text{Legache})$ 拥有共同的分母 $P(\text{Legache})$。如果用 α 表示 $1/P(\text{Legache})$，则 $P(\text{Rheumatism} \mid \text{Legache})$ 与 $P(\neg\text{Rheumatism} \mid \text{Legache})$ 可以合并写为

$$\begin{aligned} P(\text{Rheumatism} \mid \text{Legache}) &= \alpha P(\text{Rheumatism}, \text{Legache}) \\ &= \alpha[P(\text{Rheumatism}, \text{Legache}, \text{Equipment}) \\ &\quad + P(\text{Rheumatism}, \text{Legache}, \neg\text{Equipment})] \\ &= \alpha(<0.108, 0.016> + <0.012, 0.064>) \\ &= \alpha <0.12, 0.08> = <0.6, 0.4> \end{aligned} \tag{8.1.16}$$

上述过程称为条件概率的归一化，其中 α 称为归一化系数。基于完全概率分布使用归一化方法求解条件概率，一方面能够简化计算，另一方面使得某些概率无法估算的时候[如此处的 $P(\text{Legache})$]，概率演算依然能够进行下去。

现在考察使用完全联合概率分布进行推理计算的复杂度。对于一个由 n 个布尔变量所描述的问题域，它需要一个大小为 $O(2^n)$ 的表作为输入(空间复杂度)，同时还需要 $O(2^n)$ 的时间来处理这个表(时间复杂度)。当问题规模较小时，使用完全联合概率分布进行推理计算是可行的，但是随着问题规模的扩大，计算量和所需的空间呈指数级上涨，这使得对于复杂问题，完全联合概率分布难以在有限时间空间内完成推理。这时需要利用其他方法降低概率推理的计算量。

8.1.4 使用朴素贝叶斯模型降低计算量

一种重要的降低概率推理计算量的方法称为朴素贝叶斯模型，它能够使得利用完全概率分布进行概率推理的复杂程度从 $O(2^n)$ 降低为 $O(n)$，这使得进行大型推理成为可能。为了理解朴素贝叶斯模型，需要引入两个概念，其一为贝叶斯规则，其二为条件独立性。

在医疗诊断中，有两个要素，一个是病因，一个是症状。从因果关系上看，病因导致了症状，例如，患脑膜炎会导致多种症状，一个脑膜炎患者有一定概率出现脖子僵硬的症状。但是，在医疗诊断中，医生往往关心的是通过不同的症状，推断病人有多大概率、是否患上某种特定的疾病。记症状为 symptoms，疾病为 disease，用概率符号表示医疗诊断中的问题就是 $P(\text{disease} \mid \text{symptoms})$。为了求得结果，先将原式写为其先验概率定义式，在对无法求解的

分子使用乘法公式进一步拆分：

$$P(\text{disease} \mid \text{symptoms}) = \frac{P(\text{disease} \wedge \text{symptoms})}{P(\text{symptoms})} = \frac{P(\text{symptoms} \mid \text{disease})P(\text{disease})}{P(\text{symptoms})} \quad (8.1.17)$$

如果脑膜炎有 70%的概率引起脖子僵硬[$P(\text{symptoms}|\text{disease})=0.7$]，任何一个病人出现脖子僵硬症状的先验概率为 1%[$P(\text{symptoms})=0.01$]且病人患脑膜炎的先验概率为 0.002%[$P(\text{disease})=0.00002$]，那么现有一个患者，仅出现脖子僵硬的症状，想知道自己是不是得了脑膜炎，则医生做出的诊断为

$$P(\text{disease} \mid \text{symptoms}) = \frac{0.7 \times 0.00002}{0.01} = 0.0014 \quad (8.1.18)$$

考虑到该病人在现有证据下，只有 0.14%的概率患上脑膜炎，因此判断不太可能患有脑膜炎。上述过程的一般形式可以写为

$$\text{P}(\text{cause} \mid \text{effect}) = \frac{P(\text{effect} \mid \text{cause})P(\text{cause})}{P(\text{effect})} \quad (8.1.19)$$

这便是贝叶斯规则，利用贝叶斯规则进行的上述推理又称为溯因推理。对于多值随机变量且以某个证据 e 为条件的更通用情况，贝叶斯规则可以写为

$$\text{P}(Y \mid X, e) = \frac{P(X \mid Y, e)P(Y \mid e)}{P(X|e)} \quad (8.1.20)$$

回到 8.1.3 小节讨论完全联合概率分布时使用的例子——腿疼与检测仪器及风湿的关系。如果已知病人存在风湿病，那么腿疼和检测仪器出问题就是独立的——每个变量都是风湿病导致的，但是它们间无直接联系：腿疼依赖于腿神经的状态，检测仪器是否出问题取决于医生的技术。这样的性质可以写为

$$P(\text{Legache}, \text{Equipment} \mid \text{Rheumatism}) = P(\text{Legache} \mid \text{Rheumatism})P(\text{Equipment} \mid \text{Rheumatism})$$

上述在给定条件下相互独立的性质称为条件独立性，在已知病人腿疼且探针不洁的情况下讨论病人是否有风湿病，在使用归一化的前提下引入贝叶斯规则和条件独立性，则该问题可以描述为

$$P(\text{Rheumatism} \mid \text{Legache} \wedge \text{Equipment}) = \alpha P(\text{Rheumatism}, \text{Legache} \wedge \text{Equipment})$$
$$= \alpha P(\text{Legache} \wedge \text{Equipment} \mid \text{Rheumatism})P(\text{Rheumatism})$$
$$= \alpha \text{P}(\text{Legache} \mid \text{Rheumatism})P(\text{Equipment} \mid \text{Rheumatism})P(\text{Rheumatism})$$

$$(8.1.21)$$

使用式(8.1.21)，将原来的完全概率分布拆解为三个较小的表，且独立的数值从 7(8 个数的和为 1，因此只有 7 个独立)降低到了 5(2+2+1)。从 7 到 5 看起来仅仅是微小的进步，但事实上，考虑给定 Rheumatism 下彼此条件独立的 n 种症状时，使用该式可以将问题规模从 $O(2^n)$ 降低到 $O(n)$。这种模式的一般形式为

$$P(\text{Cause}, \text{Effect}_1, \cdots, \text{Effect}_n) = P(\text{Cause})\prod_i P(\text{Effect}_i \mid \text{Cause}) \quad (8.1.22)$$

其中，Cause 表示起因，如 disease；Effects 表示起因造成的结果，如 symptoms。式(8.1.22)就是朴素贝叶斯模型。称之为朴素，是因为该模型经常用于结果变量在给定原因下实际上并不是条件独立的情况。在实践中，基于朴素贝叶斯模型的系统工作一般较好——即便条件独立性假设不成立。

8.2 普通概率推理

8.2.1 贝叶斯网络

1. 使用贝叶斯网络表示不确定知识

在 8.1.3 节中我们了解到,完全联合概率分布能回答关于问题域的任何问题,但是随着变量增多会增大到不可操作的程度。变量之间的独立性和条件独立关系可以大大减少为定义完全联合概率分布所需指定的概率数目。本节介绍一种贝叶斯网络的数据结构,用于表示变量之间的依赖关系。贝叶斯网络可以从本质上简明扼要地表示所有的完全联合概率分布。

贝叶斯网络是一个有向图,其中每个结点都标注了定量的概率信息。其完整的说明如下。

(1) 每个结点对应一个随机变量,这个变量可以是离散的或者连续的。

(2) 一组有向边和有向边连接的结点对,如果有从结点 X 指向结点 Y 的箭头,则称 X 是 Y 的父结点。在有向图中没有有向闭环回路。

(3) 每个结点 X_i 都有一个条件概率分布 $P(X_i, \text{Parents}(X_i))$,量化其父结点对该结点的影响。网络的拓扑结构,即结点和有向边的集合,用一种精确简洁的方式描述了在问题域中成立的条件独立关系,箭头的直观含义通常表示 X 对 Y 有直接的影响,这意味着原因应是结果的父结点。

举一个实际的例子。假如你在家里安装了一个防盗报警器,这个报警器(Alarm)对于探测小偷(Burglary)的闯入是很可靠的,但是偶尔也会对轻微的地震(Earthquake)有反应。你还有两个邻居张三(J)和李四(M),他们承诺在你工作时如果听到警报声(Alarm)就给你打电话。但是他们有时候会因为电话铃声给你打电话,或者有时根本听不见警报声。给定了他们是否给你打电话的证据,估计有人入室行窃的概率。这个问题域的贝叶斯网络见图 8-3。网络结构显示小偷和地震直接影响到警报的概率,同时张三和李四是否打电话只取决于警报声,他们不直接感知小偷,也不会注意到轻微的地震,并且他们不会在打电话之前交换意见。

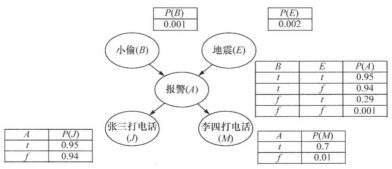

图 8-3 防盗报警贝叶斯网络

图 8-3 中的条件概率分布是用条件概率表(conditional probability table, CPT)给出的。CPT 中的每一行包含了结点的每个取值对于一个条件事件(conditioning case)的条件概率。条件事件就是所有父结点的一个可能的取值组合。每一行的概率加起来的和必须为 1,因为每一行中的条目代表了对应变量的所有的取值情况组成的集合。这是个典型的贝叶斯网络,显示了拓扑结构和 CPT。在 CPT 表中,字母 B, E, A, J, M 分别表示小偷(Burglary)、地震(Earthquake)、

警报(Alarm)、张三打电话(J)、李四打电话(M)。

2. 贝叶斯网络表示完全联合概率分布

从"语法"上看，贝叶斯网络是一个每个结点都附有数值参数的有向无环图。定义贝叶斯语义的一种方法是定义它对所有变量的具体的联合分布的表示方式。为此，首先需要收回对每个结点所关联的参数的一些说法，即这些参数对应于条件概率 $P[X_i \mid \text{Parents}(X_i)]$；这种说法是正确的，但在从整体上对网络赋予语义之前，应该仅仅把它们看作数值 $\theta[X_i \mid \text{Parents}(X_i)]$。

联合分布中的一个一般条目是对每个变量赋一个特定值的合取概率，如 $P(X_1 = x_1 \wedge \cdots \wedge X_n = x_n)$。用符号 $Px_1, \cdots, x_n$ 作为这个概率的简化表示。这个条目的值为

$$P(X_1, \cdots, X_n) = \prod_{i=1}^{n} \theta(X_i \mid \text{Parents}(X_i)) \tag{8.2.1}$$

$P(X_1, \cdots, X_n)$ 表示变量出现在 $x_1, \cdots, x_n$ 中 P 的取值。于是联合概率分布中的每个条目都可表示为贝叶斯网络的 CPT 中适当元素的乘积。

从这个定义，不难证明参数 $\theta[X_i \mid \text{Parents}(X_i)]$ 就是联合分布蕴含的条件概率 $P[X_i \mid \text{Parents}(X_i)]$。

因此，公式可以写为

$$P(X_1, \cdots, X_n) = \prod_{i=1}^{n} P[X_i \mid \text{Parents}(X_i)] \tag{8.2.2}$$

换句话说，根据公式定义的语义，这些表示条件概率的表格是 CPT。为了说明这一点，可以计算报警器响了，但既没有小偷闯入，也没有发生地震，张三和李四都给你打电话的概率。将联合分布中的一些条目相乘：

$$P(J, M, A, \neg B, \neg E) = P(J, A)P(M \mid A)P(A \mid \neg B \wedge \neg E)P(\neg B)P(\neg E) \tag{8.2.3}$$

在 8.1.3 节中阐释了可以利用完全联合概率回答关于问题域的任何查询，如果贝叶斯网络是联合概率分布的一种表示，那么它也可以用于回答任何查询，对相关的所有联合条目进行求和。

3. 一种构造贝叶斯网络的方法

式(8.2.2)定义了一个给定的贝叶斯网络是什么含义，下一步将解释如何构造一个贝叶斯网络，以使所产生的联合分布是对给定问题域的好的表示。现在将说明式(8.2.2)蕴含了一定的条件独立关系，这些条件独立关系可以用于指导知识工程师构造网络的拓扑结构。首先，利用乘法规则基于条件概率重写联合概率分布：

$$P(X_1, \cdots, X_n) = P(X_n \mid X_{n-1}, \cdots, X_1)P(X_{n-1}, \cdots, X_1) \tag{8.2.4}$$

其次，重复这个过程，把每个合取概率归约为更小的条件概率和更小的合取概率。最后，得到一个大的乘法式：

$$P(X_1, \cdots, X_n) = P(X_n \mid X_{n-1}, \cdots, X_1)P(X_{n-1} \mid X_{n-2}, \cdots, X_1) \cdots P(X_2 \mid X_1)P(X_1)$$
$$= \prod_{i=1}^{n} P(X_i \mid X_{i-1}, \cdots, X_1) \tag{8.2.5}$$

这个等式称为链式规则(chain rule)，它对于任何一个随机变量集合都是成立的，将它与式(8.2.2)进行比较就会看到，联合分布的详细描述等价于一般断言：对于网络中的每个变量

X_i，倘若 $\text{Parents}(X_i) \subseteq \{X_{i-1}, \cdots, X_1\}$，则

$$P(X_i \mid X_{i-1}, \cdots, X_1) = P[X_i \mid \text{Parents}(X_i)] \tag{8.2.6}$$

只要按照与蕴含在图结构中的偏序一致的顺序对结点进行编号，这个断言中的条件 $\text{Parents}(X_i) \subseteq \{X_{i-1}, \cdots, X_1\}$ 就能得到满足。

式(8.2.6)说明，只有当给定了父结点之后，每个结点条件独立于结点排列顺序中的其他祖先结点时，贝叶斯网络才是问题域的正确表示，可以用下面的贝叶斯网络构造方法来满足这个条件。

(1) 结点(Nodes)。首先确定为了对问题域建模所需要的变量集合。对变量进行排序得到 $\{X_{i-1}, \cdots, X_1\}$，任何排列顺序都是可以的，但如果变量的排序使得原因排列在结果之前，则得到的网络会更加紧致。

(2) 边(Links)。$i=1, 2, \cdots, n$，执行：①从 $X_1, \cdots, X_i$ 中选择 X_i 的父结点的最小集合，满足式(8.2.6)；②在每个父结点与 X_i 之间插入一条边；③写出条件概率表(CPT)。

直观上，结点 X_i 的父结点应该包含 $X_1, \cdots, X_i$ 中所有直接影响 X_i 的结点。还是以之前构建的贝叶斯网络为例，张三打电话(J)肯定受到是否有小偷(B)或者地震(E)的影响，但这种影响不是直接的。直观上，问题域的知识告诉，这些事件只通过对报警器(A)产生影响而影响张三打电话(J)的行为。而且，已知报警器的状态，张三是否打电话对李四打电话的行为没有任何影响。形式上，认为下面的条件独立性语句成立：

$$P(M, J, A, E, B) = P(M \mid A)$$

在这种条件下，报警器(A)是李四打电话(M)的唯一父结点。因为每个结点只与排在它前面的结点相连。这种构造方法保证构造出的网络是无环的贝叶斯网络的另一个重要属性是，网络中没有冗余的概率值。如果没有冗余，就不会出现不一致。

同时，贝叶斯网络除了是问题域的一种完备而且无冗余的表示之外，还比完全联合概率分布紧致。正是这个特性使得贝叶斯网络能够处理包含许多变量的问题域。贝叶斯网络的紧致性是局部结构化(locally structured)系统的一般特性的一个实例。在一个局部结构化系统中，每个子部件只与有限数量的其他部件之间有直接的相互作用，而不是与所有部件都有直接的相互作用。在复杂度上，局部结构通常与线性增长(而不是指数增长)有关。在贝叶斯网络的情况下，假设大多数问题域中每个随机变量受到至多 k 个其他随机变量的影响是合理的，其中 k 是某个常数。简单起见，假设有 n 个布尔变量，那么指定每个条件概率表所需的信息量至多是 2^k 个数值，整个网络可以用至多 $n \times 2^k$ 个数值描述，相反，联合概率分布中将包含 2^n 个数值。假设有 $n=30$ 个结点，每个结点有 5 个父结点($k=5$)，那么贝叶斯网络需要 960 个数值，而完全联合概率分布需要的数值将超过 10 亿个。

8.2.2　贝叶斯网络中的精确推理

1. 通过枚举进行推理

任何概率推理系统的基本任务都是要在给定某个已观察到的事件后，也就是一组证据变量(evidence variables)赋值后，计算一组查询变量(query variables)的后验概率分布。本小节通过枚举进行推理示例。

前一节中解释了任何条件概率都可以通过将完全联合概率分布中的某些项相加而计算得

到，更确切地说由式(8.2.7)计算得到。

$$P(X \mid e) = \frac{P(X,e)}{P(e)} = aP(X,e) = a\sum_y P(X,e,y) \tag{8.2.7}$$

令 $\dfrac{1}{p(e)}$ 表示参数 α；X 表示查询变量；e 表示一个观察到的特定事件；y 表示非证据非查询变量集 Y_1，Y_2，$\cdots$，Y_n(有时称为隐藏变量，hidden variable)；典型的查询是询问后验概率 $P(X \mid e)$。例如，在前面的例子防盗贝叶斯网络中，可能观察到事件张三打电话为真(J=true)且李四打电话为真(M=true)，然后可以问出现小偷的概率是多少。

现在，贝叶斯网络给出了完全联合概率分布的完整表示。更具体地，式(8.2.2)表明联合概率分布中的项 $P(x,e,y)$ 可以写为网络中的条件概率的乘积形式，因此，可以在贝叶斯网络中通过计算条件概率的乘积再求和来回答查询。

考虑查询 $P(B \mid J$=true, M=true)，该查询的隐藏变量是地震(Earthquake)和警报(Alarm)，根据式(8.2.7)，并使用变量的首字母简化表达式，得到

$$P(B \mid J,M) = \alpha P(B,J,M) = \alpha \sum_E \sum_A P(B,J,M,E,A) \tag{8.2.8}$$

于是贝叶斯网络的语义[式(8.2.2)]给出了一个由条件概率表描述的表达式。为了简化，仅给出 B=true 的情况的计算过程：

$$P(B \mid J,M) = \alpha \sum_E \sum_A P(B)P(E)P(A \mid B,E)P(J \mid A)P(M \mid A)$$

为了计算这个表达式，需要对 4 个项求和，而每一项都是通过 5 个数相乘计算得到，在最坏情况下需要对所有的变量进行求和，因此对于有 n 个布尔变量的网络而言算法的复杂度是 $O(n^2)$。

不过根据下面这个简单的观察可以得到对算法的改进：$P(B)$ 项是常数，因此可以移到对 A 和 E 的求和符号的外面，而 $P(E)$ 项也可以移到对 A 的求和符号的外面。因此得到

$$P(B \mid J,M) = \alpha P(B) \sum_E P(E) \sum_A P(A \mid B,E)P(J \mid A)P(M \mid A) \tag{8.2.9}$$

这个表达式可以如此计算：按顺序循环遍历所有变量，循环中将条件概率表中的条目相乘。对于每次求和运算，还需要对变量的可能取值进行循环。利用 8.2.1 节防盗贝叶斯网络的数据，得到 $P(B \mid J,M) = \alpha \times 0.00059224$，$P(\neg B \mid J,M) = \alpha \times 0.0014919$。因此：

$$P(B \mid J,M) = \alpha < 0.00059224, 0.0014919 > \approx < 0.284, 0.716 >$$

也就是说，在两个邻居都给你打电话的条件下，出现盗贼的概率大约是 28%。

2. 通过变量消元算法进行推理

上面介绍了通过枚举进行推理，但是发现过程中有很多重复计算，如果消除可以大大提高枚举算法的效率。其思想非常简单：只进行一次计算，并保存计算结果以备后面使用。这是一种动态规划的形式，其中最简单的是变量消元法(variable elimination algorithm)。变量消元法的工作方式是按照从右到左的次序计算式(8.2.9)，中间结果被保存下来，而对每一个变量的求和只需要依赖于这些变量的表达式部分进行。

以防盗贝叶斯网络为例描述这个过程。计算表达式为

$$P(B \mid J,M) = \alpha \underbrace{P(B)}_{f_1(B)} \sum_E \underbrace{P(E)}_{f_2(E)} \sum_A \underbrace{P(A \mid B,E)}_{f_3(A,B,E)} \underbrace{P(J \mid A)}_{f_4(A)} \underbrace{P(M \mid A)}_{f_5(A)} \tag{8.2.10}$$

注意已经用对应的因子名标出了表达式的每一部分；每个因子式是用参变量值为索引下标的矩阵。例如，对应 $P(J \mid A)$ 和 $P(M \mid A)$ 的因子 $f_4(A)$ 和 $f_5(A)$ 只依赖于 A，因为查询已经固定了 J 和 M。因此它们是二元向量：

$$f_4(A) = \begin{pmatrix} P(J \mid A) \\ P(J \mid \neg A) \end{pmatrix} = \begin{pmatrix} 0.9 \\ 0.05 \end{pmatrix}, \quad f_5(A) = \begin{pmatrix} P(M \mid A) \\ P(M \mid \neg A) \end{pmatrix} = \begin{pmatrix} 0.7 \\ 0.01 \end{pmatrix}$$

$f_3(A, B, E)$ 将是一个 $2 \times 2 \times 2$ 的矩阵。根据因子，查询表达式可以写为

$$P(B \mid J, M) = \alpha f_1(B) \times \sum_E f_2(E) \times \sum_A f_3(A, B, E) \times f_4(A) \times f_5(A) \tag{8.2.11}$$

其中的运算符"×"不是普通的矩阵相乘，而是逐点相乘。表达式的计算过程是一个从右到左针对因子逐点相乘中的变量进行求和消元而产生新因子的过程，计算过程最终得到单个因子即为解，也就是查询变量的后验概率。计算步骤如下。

(1) 首先，针对 f_3, f_4, f_5 逐点相乘中的 A 求和消元，得到一个新的 2×2 的因子 $f_6(B, E)$，其索引范围是 B 和 E：

$$\begin{aligned} f_6(B, E) &= \sum_a f_3(A, B, E) \times f_4(A) \times f_5(A) \\ &= [f_3(A, B, E) \times f_4(A) \times f_5(A)] + [f_3(\neg A, B, E) \times f_4(\neg A) \times f_5(\neg A)] \end{aligned} \tag{8.2.12}$$

现在剩下表达式：

$$P(B \mid J, M) = \alpha f_1(B) \times \sum_e f_2(E) \times f_6(B, E)$$

(2) 其次，针对 f_2 和 f_6 逐点相乘中的 E 求和消元：

$$\begin{aligned} f_7(B) &= \sum_e f_2(E) \times f_6(B, E) \\ &= f_2(E) \times f_6(B, E) + f_2(\neg E) \times f_6(B, \neg E) \end{aligned} \tag{8.2.13}$$

表达式变为

$$P(B \mid J, M) = \alpha f_1(B) \times f_7(B) \tag{8.2.14}$$

这个表达式可以通过逐点相乘和规范化得到计算结果。发现需要两种基本的计算操作：对两个因子逐点相乘，以及针对因子逐点相乘中的变量进行求和消元。

两个因子 f_1 和 f_2 逐点相乘得到一个新因子 f，新因子的变量集是 f_1 和 f_2 的变量的并集，新因子的元素由两个因子的对应元素相乘而得到。假设这两个因子有公共变量 $Y_1, \cdots, Y_k$，那么有

$$f(X_1, \cdots, X_j, Y_1, \cdots, Y_k, Z_1, \cdots, Z_n) = f_1(X_1, \cdots, X_j, Y_1, \cdots, Y_k) f_2(Y_1, \cdots, Y_k, Z_1, \cdots, Z_n) \tag{8.2.15}$$

如果所有的变量都是二值的，那么 f_1 和 f_2 各有 2^{j+k} 和 2^{k+n} 个元素，它们逐点相乘就有 2^{j+k+n} 个元素。

针对因子相乘中的一个变量求和消元可以这样进行：将该变量依次固定为它的一个取值，得到一个子矩阵，然后将这些子矩阵相加。唯一值得注意的技巧是，任何不依赖于求和变量的因子可以移到求和符号外面。例如，防盗贝叶斯网络中，开始时如果要针对 E 求和消元，表达式的相关部分将是

$$\sum_E f_2(E) \times f_3(A, B, E) \times f_4(A) \times f_5(A) = f_4(A) \times f_5(A) \times \sum_E f_2(E) \times f_3(A, B, E) \tag{8.2.16}$$

现在只需要计算求和符号里面的逐点相乘，求和变量在求和结果矩阵中消去。注意，知

道需要将变量从累加乘积中消去之前不会进行矩阵相乘。因此，只对含有需要消元的变量的矩阵进行相乘运算。

8.2.3 贝叶斯网络中的近似推理

1. 似然加权

似然加权(likelihood weighting)只生成与证据 e 一致的事件，从而避免拒绝采样算法的低效率。拒绝采样是蒙特卡罗方法的一种，它是在更大范围内按照均匀分布随机采样。例如，通过采样的方法来计算 p_i 值，在 1×1 的正方形内有一个内切圆，在正方形的范围内均匀随机采样很多点，如果它到中心点的距离小于 1，说明它在圆内，则接受它，最后通过接受点的占比来计算圆形的面积，从而根据公式反算出预估 p_i 的值，随着采样点的增多，p_i 值最后的结果会越精准。而似然加权是重要性采样的一般统计技术的特殊情况，是为贝叶斯网络推理量身定制的。先描述算法的工作机理，然后说明其产生一致的估计概率。

似然加权算法固定证据变量 E 的值，然后只对非证据变量采样，这保证了生成的每个事件都与证据一致。然而，并非所有事件都有相同的地位。在对查询变量的分布计数之前，每个事件以它与证据吻合的似然为权值，用每个证据变量给定其父结点之后的条件概率的乘积度量这个权值。故对不可能的事件给予较低的权值。

现在将算法应用于图 8-4 所示的多联通网络，草地湿润(WetGrass)受是否下雨(Rain)和是否洒水(Sprinkler)影响，求解查询 $P(\text{Rain}\,|\,\text{Cloudy=true,WetGrass=true})$，假设变量的拓扑顺序是 Cloudy、Sprinkler、Rain、WetGrass。过程是这样的，将权值 w 设为 1.0，生成一个事件。

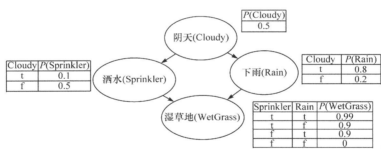

图 8-4　一个多联通网络

(1) Cloudy 是一个证据变量，其值为 true。因此设置 $w \leftarrow w \times P(\text{Cloudy=true})=0.5$。

(2) Sprinkler 不是一个证据变量，因此从 $P(\text{Sprinkler|Cloudy=true})=<0.1,0.9>$ 中采样；假设返回 false。

(3) 类似地，从 $P(\text{Rain}\,|\,\text{Cloudy=true}) =<0.8,0.2>$ 中采样；假设返回 true。

(4) WetGrass 是一个证据变量，其值为 true。因此设置 $w \leftarrow w \times P(\text{WetGrass = true}\,|\,\text{Sprinkler = false,Rain=true})=0.45$。

在 Weihgted-Sample 中，对每个非证据变量，根据给定其已采样的父结点值的条件分布进行采样，同时为每个证据变量根据似然积累一个权值。这里 Weihgted-Sample 返回权值为 0.45 的事件[true,false,true,true]，它将被计入 Rain=true 中去。

为理解似然加权的可行性，从检查 Weihgted-Sample 的采样概率 S_{ws} 开始。记住证据变量 E 的值固定为 e。将非证据变量记作 Z。给定其父结点的值后，算法对 Z 中的每个变量进行采样：

$$S_{\text{ws}}(z,e) = \prod_{i=1}^{1} P[z_i|\text{parents}(Z_i)] \tag{8.2.17}$$

其中，z 为非证据变量集，$Z_1,\cdots,Z_i$ 为非证据变量值。注意到 parents(Z_i) 可能同时包含非证据变量和证据变量。和先验分布 $P(z)$ 不同，一方面，分布 S_{ws} 关心证据，每个 Z_i 的采样值会受到 Z_i 祖先结点中的证据的影响。例如，采样 Sprinkler 时，算法关心父变量中的证据 Cloudy=true；另一方面，S_{ws} 对证据的关心要少于对真正的后验概率 $P(z|e)$ 对证据的关心，因为每个 Z_i 的采样值都忽略了子结点变量中的证据 WetGrass=true；这意味着算法会产生许多满足 Sprinkler=false 和 Rain=false 的样本，尽管证据 WetGrass=true 实际上排除了这种情况。

似然权值 w 补偿了真实分布与期望采样分布之间的差距。对一个由 z 和 e 组成的给定样本 x 而言，它的权值等于每个证据变量在给定其父结点条件下的似然的乘积：

$$w(z,e) = \prod_{i=1}^{m} P[e_i \mid \text{parents}(E_i)] \tag{8.2.18}$$

将式(8.2.17)与式(8.2.18)相乘，发现样本的加权概率具有一个特别方便的形式：

$$S_{\text{ws}}(z,e)w(z,e) = \prod_{i=1}^{1} P[z_i \mid \text{parents}(Z_i)]\prod_{i=1}^{m} P[e_i \mid \text{parents}(E_i)] = P(z,e) \tag{8.2.19}$$

因为这两个乘积覆盖了网络中的所有变量，允许使用式(8.2.2)计算联合概率分布。

现在不难证明似然加权估计是一致的。对于 X 的任一特定的取值，其估计后验概率可以计算为

$$
\begin{aligned}
\hat{P}(x\mid e) &= \alpha \sum_{y} N_{\text{ws}}(x,y,e)w(x,y,e)\text{(根据likelihood \quad weighting)} \\
&\approx \alpha' \sum_{y} S_{\text{ws}}(x,y,e)w(x,y,e)\text{(当N很大时)} \\
&= \alpha' \sum_{y} P(x,y,e)\text{[根据式(8.2.10)]} \\
&= \alpha' P(x,e) = P(x\mid e)
\end{aligned}
\tag{8.2.20}
$$

因此，似然加权返回一致估计。

由于似然加权中使用了生成的所有样本，它比拒绝采样算法要高效得多。然而，当证据变量的个数增加时它的性能仍然会大幅度下降。因为大多数样本的权值都非常小，从而加权估计中起主导作用的是那些所占比例很小的、与证据相符合的、似然程度不是非常小的样本。如果在变量顺序中证据变量出现在比较靠后的位置，这个问题尤其严重，因为这时非证据变量将没有父结点证据和祖先证据来指导生成样本，这意味着采样样本将是相似度很小的，对证据所暗示的现实的仿真。

2. 通过模拟马尔可夫链进行推理

马尔可夫链蒙特卡罗(Markov chain Monte Carlo, MCMC)算法与拒绝采样和似然加权的工作方式有很大差异。马尔可夫链蒙特卡罗算法不是白手起家生成样本，而是通过对前一个样本进行随机改变而生成样本。因此可把 MCMC 算法想象成：在特定的当前状态每个变量的取值都已确定，然后随机修改当前状态而生成下一个状态。这里将描述一种特殊形式的 MCMC 算法，称为 Gibbs 采样，它特别适合贝叶斯网络。接下来描述该算法的作用，并解释它的效果。

贝叶斯网络的 Gibbs 采样算法从任意的状态(将证据变量固定为观察值)出发，通过对一个非证据变量 X_i 随机采样而生成下一个状态。对 X_i 的采样条件依赖于 X_i 的马尔可夫链中的变量的当前值(一个变量的马尔可夫覆盖由其父结点、子结点，以及子结点的父结点组成)。因此，算法是在状态空间中每次随机修改一个变量的值，但保持证据变量的值固定不变。

考虑应用图 8-4 所示的网络查询 P(Rain | Sprinkler = true, WetGrass=true)。证据变量 Sprinkler 和 WetGrass 固定为它们的观察值，而非证据变量 Cloudy 和 Rain 则随机初始化。例如，分别初始化为 true 和 false，因此，初始状态为[true,true,false,true]。现在，以任意顺序对非证据变量采样。例如，对 Cloudy 采样，给定它的马尔可夫链变量的当前值：在这里，是从 P(Cloudy|Sprinkler=true，Rain=false)采样，假设采样结果为 Cloudy=false。那么新的当前状态为[false,true,false,true]。又如，对 Rain 采样，给定它的马尔可夫链变量的当前值：在这里，是从 P(Rain|Cloudy=false,Sprinkler=true,WetGrass=true) 中采样，假设采样结果为 Rain=true。新的当前状态为[false, true, true, true]。

这个过程中所访问的每一个状态都是一个样本，能对查询变量 Rain 的估计做贡献，如果该过程访问了 20 个 Rain 为真的状态和 60 个 Rain 为假的状态，则所求查询的解为 NORMALIZE(<20,60>)=<0.25,0.75>。

需要阐明 Gibbs 采样能够得到一致估计的后验概率。本节基本观点非常直接：采样过程最终会进入一种"动态平衡"，处于这样的平衡下，长期来看在每个状态上消耗的时间都与其后验概率成正比。这个显著的特性来自于特定的转移概率(transition probability)，也就是采样过程从一种状态转移到另一种状态的概率，这个概率由当前被采样变量在给定其马尔可夫链下的条件分布而定义。

令 $q(x{\rightarrow}x')$ 为过程从状态 x 转移到状态 x' 的概率。这个转移概率定义了状态空间上的马尔可夫链。现在假设马尔可夫链已经运行了 t 步(时刻 t)，并令 $\Pi_t(x)$ 为系统在时刻 t 处于状态 x 的概率。类似地，令 $\Pi_{t+1}(x')$ 表示在时刻 $t+1$ 处于状态 x' 的概率。给定 $\Pi_t(x)$，可以使用求和来计算 $\Pi_{t+1}(x')$：对于所有在时刻 t 能到达的可能状态，处于该状态的概率乘以该状态转移到状态 x' 的概率：

$$\Pi_{t+1}(x')=\sum_x \Pi_t(x)q(x \rightarrow x') \tag{8.2.21}$$

当 $\Pi_t = \Pi_{t+1}$ 时，说明马尔可夫链到达了其稳态分布，称为稳态分布 Π。因此其定义公式可以写为

$$\Pi(X')=\sum_x \Pi(x)q(x \rightarrow X') \quad (对于所有 x') \tag{8.2.22}$$

其中，只要转移概率 q 是可遍历的——也就是说，从每个状态出发都一定可以到达其他每个状态，并且其中没有严格周期性的环(strictly periodic cycle)，那么对于任何给定的 q，恰好存在一个分布 Π 满足这个公式。式(8.2.22)可以这样解读：每个状态(也就是当前的"总体")的期望"流出"等于来自于所有状态的期望"流入"。一个明显满足这个关系的方式是任何两个状态之间沿两个方向的期望流相等。

$$\Pi(x)q(x \rightarrow x') = \Pi(x')q(x \rightarrow x') \quad (对于所有 x, x') \tag{8.2.23}$$

当这些等式都成立时，称 $q(x{\rightarrow}x')$ 是具有分布 $\Pi(x)$ 的全面平衡(detailed balance)。简单地通过对式(8.2.23)中的 x 求和，就可以发现全面平衡中蕴含着稳态分布：

$$\sum_x \Pi(x)q(x \to x') = \sum_x \Pi(x')q(x' \to x) = \Pi(x')\sum_x q(x' \to x) = \Pi(x') \qquad (8.2.24)$$

其中得到最后一步是因为由 x' 出发的转移是保证会发生的。

Gibbs-ask 中采样步骤定义的转移概率 $q(x \to x')$ 实际上是 Gibbs 采样的更一般定义的一种特殊情况，根据这个采样步骤，每个变量是在给定所有其他变量的当前值的条件下被采样。从证明 Gibbs 采样的一般定义满足全面平衡等式且稳态分布等于 $P(x \mid e)$(非证据变量的真正的后验概率)开始，将容易地观察到，对于贝叶斯网络，以所有变量当前值为条件的采样等价于以变量当前值组成的马尔可夫链为条件的采样。

为了分析一般的 Gibbs 采样器，采样器逐次以转移概率 q_i 采样每个变量 X_i，转移概率 q_i 以所有其他变量为条件，定义 $\overline{X}_i$ 为除证据变量以外的所有其他变量；当前状态下它们的值为 $\overline{x}_i$，如果以包括证据变量在内的所有其他变量为条件采样 X_i 的一个新值 x'_i，则有

$$q_i(x \to x') = q_i[(x_i, \overline{x}_i) \to (x'_i, \overline{x'_i})] = P(x'_i \mid \overline{x}_i, e) \qquad (8.2.25)$$

现在证明 Gibbs 采样器每一步的转移概率达到具有真实后验概率的全面平衡：

$$\begin{aligned}
\Pi(x)q_i(x \to x') &= P(x \mid e)P(x'_i \mid \overline{x}_i, e) \\
&= P(x_i, \overline{x}_i \mid e)P(x'_i \mid \overline{x}_i, e) \\
&= P(x_i \mid \overline{x}_i, e)P(\overline{x}_i \mid e)P(x'_i \mid \overline{x}_i, e)(\text{对第一项使用链式规则}) \qquad (8.2.26) \\
&= P(x_i \mid \overline{x}_i, e)P(x'_i, \overline{x}_i \mid e)(\text{反向使用链式规则}) \\
&= \Pi(x')q_i(x' \to x)
\end{aligned}$$

8.3 时序概率推理

8.3.1 转移模型与传感器模型

事件中的变化状态是通过用一个变量集表示每个时间点的状态来处理的。将事件看作一系列的时间步，每张时间步都有可观察和不可观察的。简单地，用 X_t 来表示在时刻 t 的不可观察状态变量集，符号 E_t 表示可观察的证据变量集。时刻 t 的观测结果为 E_t。在这里举个例子：如果在某机构建筑设施里面，想知道外面今天是否下雨，但是了解外界的唯一通道是主管是否带伞。在时间 t，集合 E_t 只包含单一证据变量是否带雨伞 Umbrella$_t$ 或 U_t，而集合 X_t 只包含单一状态变量是否下雨 Rain$_t$ 或 R_t。

一旦确定了给定问题的状态变量与证据变量的集合，转移模型便是要指定事件如何演变，传感器模型便是证据变量如何得到它们的取值。用符号 $a:b$ 来表示从 a 到 b 的整数序列，于是符号 $X_{a:b}$ 表示从 X_a 到 X_b 的一组变量。例如，符号 $U_{1:3}$ 对应 U_1, U_2, U_3。转移模型描述在给定过去的状态变量的值之后，确定最新状态变量的概率分布 $P(X_t \mid X_{0:t-1})$。但是由于随机时间的增长，集合 $X_{0:t-1}$ 的大小没有约束。于是，使用马尔可夫假设(Markov assumption)解决这个问题，即当前状态只依赖于有限的固定数量的过去状态。换句话说，提供了足够信息使该状态的未来条件独立于该状态的过去。假如当前状态只取决于前一状态(一阶)，有

$$P(X_t \mid X_{0:t-1}) = P(X_t \mid X_{t-1}) \qquad (8.3.1)$$

因此，在一阶马尔可夫过程中，转移模型就是条件分布 $P(X_t \mid X_{t-1})$，二阶马尔可夫过程的转移模型是条件分布 $P(X_t \mid X_{t-2}, X_{t-1})$。同时，为了使每个时间 t 值都由同样的规律变化支

配，需要假设变化过程是稳态过程，规律是不随时间变化的。在雨伞事件中，下雨的条件概率 $P(R_t,R_{t-1})$ 对于所有的时间步 t 都是相同的，因此只需要指定一个条件概率表就可以了。

现在来看传感器模型。当前的观测值，即证据变量 E_t 可能依赖于前面的观测变量，也依赖于当前的状态变量，但当前状态肯定产生当前的传感器值(由下雨推断带伞)。因此，做式(8.3.2)所示的传感器马尔可夫假设(sensor Markov assumption)：

$$P(E_t \mid X_{0:t}, E_{0:t-1}) = P(E_t \mid X_t) \tag{8.3.2}$$

因此，$P(E_t \mid X_t)$ 是传感器模型(有时也被称为观察模型)。图 8-5 给出了雨伞例子的转移模型和传感器模型。注意状态和传感器之间的依赖方向："箭头"从事件的实际状态指向传感器的取值，因为事件的状态造成传感器具有特定取值：下雨造成雨伞出现(当然，推理过程是按照相反的方向进行的；模型依赖性方向与推理方向的区别是贝叶斯网络的主要优点之一)。

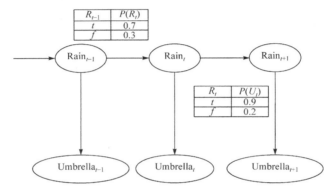

图 8-5　描述雨伞事件的贝叶斯网络结构及条件分布

转移模型为 $P(\text{Rain}_t \mid \text{Rain}_{t-1})$，而传感器模型为 $P(\text{Umbrella}_t \mid \text{Rain}_t)$。指定时刻 0 时的先验概率分布 $P(X_0)$，就能确定所有变量完整的联合概率分布。对于任何 t，有

$$P(X_{0:t}, E_{1:t}) = P(X_0) \prod_{i=1}^{t} P(X_i \mid X_{i-1}) P(E_i \mid X_i) \tag{8.3.3}$$

式(8.3.3)右边的三项分别为初始状态模型 $P(X_0)$，转移模型 $P(X_i \mid X_{i-1})$ 和传感器模型 $P(E_i \mid X_i)$。图 8-5 的结构是一个一阶马尔可夫过程——假设下雨的概率只依赖于前一天是否下雨，这样的假设是否合理取决于问题域本身。一阶马尔可夫假设认为，状态变量包含了刻画下一个时间步的概率分布所需要的全部信息，有时候这个假设完全成立——例如，粒子沿 x 轴方向执行随机行走，在每个时间步都会发生 ±1 的位置改变，那么可以用粒子的 x 坐标作为状态来给定一阶马尔可夫过程，有时候这个假设仅仅是近似，如同仅仅根据前一天是否下过雨来预测今天是否会下雨的情形一样。有两种方法可以提高近似的精确程度。

(1) 提高马尔可夫过程模型的阶数。例如，可以通过结点时刻 t 是否下雨 Rain_t，增加父结点时刻 $t-2$ 是否下雨 Rain_{t-2}，并以此构造一个二阶马尔可夫模型，这或许能够提供稍微精确些的预测。通常，有些地方很少连续下两天以上的雨。

(2) 扩大状态变量集合。例如，可以增加变量时刻 t 的季节状态 Season_t，以允许结合考虑雨季的历史记录，或者可以增加 Temperature_t(时刻 t 的温度)、Humidity_t(时刻 t 的湿度)、Pressure_t(时刻 t 的气压)以允许使用降雨条件的物理模型。

8.3.2　一般时序推理

建立了一般时序模型的结构之后，基本推理任务可以分为如下几种形式。

(1) 滤波(filtering)：滤波的任务是计算信念状态(belief state)——即给定目前为止的所有证据，计算当前状态的后验概率分布。滤波也称为状态估计(state estimation)。在 8.3.1 节的例子中，希望计算 $P(X_t \mid e_{1:t})$。在雨伞事件的例子中，这将意味着给定目前为止对雨伞携带者过去的所有观察数据，计算今天下雨的概率。可以发现，一个几乎相同的计算也能够得到证据序列的似然 $P(e_{1:t})$。

(2) 预测(prediction)：预测的任务是给定目前为止的所有证据，计算未来状态的后验分布，也就是希望对某个 $k>0$ 计算 $P(X_{t+k} \mid e_{1:t})$。在雨伞例子中，这也许意味着给定目前为止对雨伞携带者的过去的所有观察数据，计算今天开始三天以后下雨的概率。基于期望的结果评价可能的行动过程，预测是非常有用的。

(3) 平滑(smoothing)：平滑的任务是给定目前为止的所有证据，计算过去某一状态的后验概率。也就是说，希望对某个满足 $0 \leqslant k<t$ 的 k 计算 $P(X_k \mid e_{1:t})$。在雨伞例子中，这也许意味着给定目前为止对雨伞携带者过去的所有观察数据，计算过去三天下雨的概率。平滑为该状态提供了一个比当时能得到的结果更好的估计，因为它结合了更多的证据。

(4) 最可能解释：给定观察序列，可能希望找到最可能生成这些观察结果的状态序列，也就是说，算法的目的是计算出概率最大时候的状态变量集 $\arg\max_{x_{1:t}} P(X_{1:t}, E_{1:t})$。例如，如果前三天每天都出现雨伞，但第四天没出现，那么最可能的解释是前三天下了雨，而第四天没有下。这个任务的算法在很多应用中都是有用的，包括语音识别，其目标是给定声音序列，找到最可能的单词序列及通过噪声信道传输的比特串的重构。

除了这些推理任务以外，还需要学习，如果还不知道转移模型和传感器模型，则可以从观察中学习。推理就是为哪些转移确实会发生和哪些状态会产生传感器读数提供了估计，而且这些估计可以用于对模型进行更新。更新过的模型又提供新的估计，这个过程迭代至收敛。整个算法是期望最大化算法的一个特例。学习需要的是平滑，而不是滤波，因为平滑提供了对过程状态更好的估计。通常实现的学习可能不会正确地收敛。例如，考虑谋杀案侦破的学习问题，要根据可观察变量来推断谋杀场景中发生的事情总是需要平滑的，除非你是目击者。

接下来，介绍四个推理任务的通用算法，与具体模型无关。

1. 滤波

一个有用的滤波算法需要维持当前状态估计并进行更新，而不是每次更新时从头回顾整个感知过程。换句话说，给定直到时刻 t 的滤波结果，需要根据新的证据 e_{t+1} 来计算时刻 $t+1$ 的滤波结果。也就是说，存在某个函数 f 满足：

$$P(X_{t+1} \mid e_{1:t+1})=f[e_{t+1}, P(X_t \mid e_{1:t})] \tag{8.3.4}$$

这个过程被称为递归估计(recursive estimation)。可以把相应的计算分为两个部分。

首先，将当前的状态分布由时刻 t 向前投影到时刻 $t+1$；其次，通过新的证据 e_{t+1} 进行更新。如果重排公式，这个过程很容易得到：

$$P(X_{t+1} \mid e_{1:t+1}) = P(X_{t+1} \mid e_{1:t}, e_{t+1}) \text{(证据分解)}$$
$$= \alpha P(e_{t+1} \mid X_{t+1}, e_{1:t}) P(X_{t+1} \mid e_{1:t}) \text{(使用贝叶斯规则)} \qquad (8.3.5)$$
$$= \alpha P(e_{t+1} \mid X_{t+1}, e_{1:t}) P(X_{t+1} \mid e_{1:t}) \text{(根据传感器马尔可夫假设)}$$

其中，α 表示一个归一化常数以保证所有概率的和为 1；$P(X_{t+1} \mid e_{1:t})$ 表示对下一个状态的单步预测，而第一项则通过新证据对其更新；$P(e_{t+1} \mid X_{t+1})$ 可从传感器模型中直接得到。现在可以通过将当前状态 X_t 条件化，得到下一个状态的单步预测结果：

$$P(X_{t+1} \mid e_{1:t+1}) = \alpha P(e_{t+1} \mid X_{t+1}) \sum_{X_t} P(X_{t+1} \mid X_t, e_{1:t}) P(X_t \mid e_{1:t})$$
$$= \alpha P(e_{t+1} \mid X_{t+1}) \sum_{X_t} P(X_{t+1} \mid X_t) P(X_t \mid e_{1:t}) \text{(马尔可夫假设)} \qquad (8.3.6)$$

在这个求和模型中，第一个因子来自转移模型，第二个因子来自当前状态分布。可以认为滤波估计是沿着序列向前传播的"消息"$f_{1:t}$，它在每次转移时得到修正，并根据每个新的观察进行更新。这个过程为

$$f_{1:t+1} = \alpha \text{FORWARD}(f_{1:t}, e_{t+1}) \qquad (8.3.7)$$

其中，FORWARD 是实现了式(8.3.6)中的更新过程的函数，开始时 $f_{1:0} = P(X_0)$。若所有的状态变量都是离散的，每次更新所需要的时间也就是常数，所需要的空间也是常数。

用雨伞例子说明这个滤波过程。计算 $P(R_2 \mid U_{1:2})$：

(1) 在第 0 天，观察还没开始，只有警卫的先验信念，假设 $P(R_0) = \langle 0.5, 0.5 \rangle$。

(2) 在第 1 天，出现了雨伞，所以 $U_1 = \text{true}$。从 $t = 0$ 到 $t = 1$ 的预测结果为：

$$P(R_1) = \sum_{r_0} P(R_1 \mid R_0) P(R_0) = \langle 0.7, 0.3 \rangle \times 0.5 + \langle 0.3, 0.7 \rangle \times 0.5 = \langle 0.5, 0.5 \rangle$$

然后更新步骤用 $t = 1$ 时刻证据的概率相乘并规范化，得到更新结果，如式(8.3.5)所示：

$$P(R_1 \mid U_1) = \alpha P(U_1 \mid R_1) P(R_1) = \alpha < 0.9, 0.2 > < 0.5, 0.5 >$$
$$= \alpha < 0.45, 0.1 > \approx < 0.818, 0.182 >$$

(3) 在第 2 天，又出现了雨伞，因此 $U_2 = \text{true}$。由 $t = 1$ 到 $t = 2$ 的预测结果为

$$P(R_2 \mid U_1, U_2) = \alpha P(U_2 \mid R_2) P(R_2 \mid U_1) = \alpha < 0.9, 0.2 > < 0.627, 0.373 >$$
$$= \alpha < 0.565, 0.075 > \approx < 0.883, 0.117 >$$

直观上看，由于持续降雨，下雨的概率从第 1 天到第 2 天提高了。

2. 预测

预测的任务可以被简单地认为是没有增加新证据的条件下的滤波。事实上，滤波过程已经包含了一个单步预测，并且根据对时刻 $t+k$ 的预测能够容易地推导出对时刻 $t+k+1$ 的状态预测，其递归计算过程为

$$P(X_{t+k+1} \mid e_{1:t}) = \sum_{X_{t+k}} P(X_{t+k+1} \mid X_{t+k}) P(X_{t+k} \mid e_{1:t}) \qquad (8.3.8)$$

自然地，这个计算只涉及转移模型，不涉及传感器模型。

除了滤波和预测以外，还可以利用一种前向递归的方法对证据序列的似然 $P(e_{1:t})$ 进行计算。如果想要比较可能产生相同证据序列的不同的时序模型(如持续下雨的两个不同模型)，这是一

个很有用的统计量。在这个递归过程中用到一种似然消息 $l_{1:t}(X_t) = P(X_t, e_{1:t})$，不难证明，这个消息的计算与滤波的计算是相同的：

$$l_{1:t+1} = \text{FORWARD}(l_{1:t}, e_{t+1}) \tag{8.3.9}$$

计算出 $l_{1:t+1}$ 之后，通过求和消元消去 X_t 得到实际似然值：

$$L_{1:t}(X_t) = P(e_{1:t}) \sum_{X_t} l_{1:t}(X_t) \tag{8.3.10}$$

3. 平滑

平滑是给定直到现在的已知证据，来计算过去状态分布的过程；也就是说，对于 $0 \leqslant k < 1$ 计算 $P(X_k \mid e_{1:t})$。预测另一个递归的消息传递方法，可以将这个计算分成两个部分，直到时刻 k 的证据，以及从时刻 $k+1$ 到时刻 t 的证据，通过平滑对 $P(X_k \mid e_{1:t})$ 进行计算，即在给定从时刻 1 到时刻 t 的完整观察序列后计算过去某个时刻 k 的状态的后验分布：

$$\begin{aligned}
P(X_k \mid e_{1:t}) &= P(X_k \mid e_{1:k}, e_{k+1:t}) \\
&= \alpha P(X_k \mid e_{1:k}) P(e_{k+1:t} \mid X_k, e_{1:k}) (\text{使用贝叶斯规则}) \\
&= \alpha P(X_k \mid e_{1:k}) P(e_{k+1:t} \mid X_k) (\text{使用贝叶斯规则}) \\
&= \alpha f_{1:k} \times b_{k+1:t}
\end{aligned} \tag{8.3.11}$$

其中，"×"表示向量的逐点相乘。

类似于前向消息 $f_{1:k}$，这里定义"后向"消息 $b_{k+1:t} = P(e_{k+1:t} \mid X_k)$。根据式(8.3.6)，前向消息 $f_{1:k}$ 可以通过从时刻 1 到 k 的前向滤波过程计算。而后向消息 $b_{k+1:t}$ 可以通过一个从 t 开始向后运行的递归过程来计算：

$$\begin{aligned}
P(e_{k+1}:t \mid X_k) &= \sum_{X_{k+1}} P(e_{k+1:t} \mid X_k, X_{k+1}) P(X_{k+1} \mid X_k) (\text{将} X_{k+1} \text{条件化}) \\
&= \sum_{X_{k+1}} P(e_{k+1:t} \mid X_{k+1}) P(X_{k+1} \mid X_k) (\text{根据条件独立性}) \\
&= \sum_{X_{k+1}} P(e_{k+1}, e_{k+2:t} \mid X_{k+1}) P(X_{k+1} \mid X_k) \\
&= \sum_{X_{k+1}} P(e_{k+1} \mid X_{k+1}) P(e_{k+2:t} \mid X_{k+1}) P(X_{k+1} \mid X_k)
\end{aligned} \tag{8.3.12}$$

其中最后一步遵循给定 X_{k+1} 下的证据 e_{k+1} 和 e_{k+2} 之间的条件独立性。在这个求和式的三个因子中，第一个和第三个是从模型直接得到的，而第二个则是"递归调用"，使用消息符号，有

$$b_{k+1:t} = \text{BACKWARD}(b_{k+2:t}, e_{k+1}) \tag{8.3.13}$$

其中，BACKWARD 实现了式(8.3.12)描述的更新过程的函数。和前向递归相同，后向递归中每次更新所需要的时间与空间都是常量，因此与 t 无关。

可以看出，式(8.3.10)中的两个项都可以通过对时间进行递归而计算，其中一个项是通过滤波公式(8.3.6)从时刻 1 到时刻 k 向前进行计算，另一个项则通过式(8.3.11)从时刻 t 到时刻 $k+1$ 向后进行计算。现在将这个算法应用到雨伞例子中，给定第一天和第二天都观察到雨伞，要计算 $k=1$ 时下雨概率的平滑估计，根据式(8.3.10)有

$$P(R_1 \mid u_1, u_2) = \alpha P(R_1 \mid u_1) P(u_2 \mid R_1) \tag{8.3.14}$$

由前面描述的前向滤波过程，已知第一项等于<0.818,0.182>。通过应用式(8.3.12)中的后向递归过程可以计算出第二项：

$$P(U_2|R_1) = \sum_{R_2} P(U_2 \mid R_2)P(\mid R_2)P(R_2 \mid R_1)$$
$$= (0.9 \times 1 \times <0.7,0.3>) + (0.2 \times 1 \times <0.3,0.7>)$$
$$= <0.69,0.41>$$

将其代入式(8.3.14)，发现第 1 天下雨的平滑估计为

$$P(R_1|U_1,U_2) = \alpha <0.818,0.182> \times <0.69,0.41> \approx <0.883,0.117>$$

因此，在这个案例中第 1 天下雨的平滑估计高于滤波估计<0.818>。这是因为第 2 天出现雨伞的证据使第 2 天下雨的可能性增大了；进一步，下雨天气倾向于持续又使得第 1 天下雨的可能性也增大了。

前向递归和后向递归在每一步中花费的时间量都是常数：因此关于证据 $e_{1:t}$ 的平滑算法的时间复杂度是 $O(t)$。这是对一个特定时间步 k 进行平滑的复杂度。如果想平滑整个序列，一个显然的方法就是对每个要平滑的时间步运行一次完整的平滑过程，这导致时间复杂度为 $O(t^2)$。更好的方法可以应用非常简单的动态规划方法，将复杂度降低到 $O(t)$。

在前面对雨伞例子的分析中出现了一条线索，即能够重复使用前向滤波阶段的结果。

线性时间算法的关键是记录对整个序列进行前向滤波的结果，然后从时刻 t 到 1 运行后向递归，在每个步骤 k，根据已经计算出来的后向消息 $b_{k+1:t}$ 和所存储的前向消息 $f_{1:k}$，计算平滑估计。这个算法也被称作前向-后向算法(forward-backward algorithm)。

4. 寻找最可能序列

假设[true, true false, true, true]是警卫观察到的前五天的雨伞序列。解释这个序列的最可能的天气序列是什么？第 3 天没有出现雨伞是否意味着这天没有下雨？或是主管忘记了带伞？如果第 3 天没有下雨，也许(因为天气的持续性)第 4 天也不会下雨，而主管第 4 天带了雨伞只是以防万一。可选择的天气序列共有 2^5 个，是否有方法能找到最可能的序列而不用把所有序列枚举出来？

可以用平滑算法找到每个时间步上的天气后验分布，然后用每个时间步上与后验分布最可能一致的天气来构造这个序列。因为通过平滑计算得到的是单个时间步上的后验分布，然而要寻找最可能序列，必须考虑所有时间步上的联合概率。

寻找最可能序列是存在线性时间算法的，依赖于产生高效滤波和平滑算法相同的马尔可夫特性。思考这个问题最简单的方法是将每个序列视为以每个时间步上的可能状态为结点所构成的图中的一条路径，图 8-6(a)显示了为雨伞事件绘制的图。现在考虑寻找穿过这个图的最可能路径的任务，其中任何一条路径的似然是沿该路径的转移概率和每个状态的给定观察结果的概率的乘积。把注意力特别集中在能够到达状态 $Rain_5=true$ 的路径上，由于马尔可夫特性，最可能到达状态 $Rain_5=true$ 的路径包含了到达时刻 4 的某个状态的最可能路径，紧跟着到状态 $Rain_5=true$ 的转移；而时刻 4 将成为到达 $Rain_5=true$ 的路径的一部分的状态，就是使该路径的似然达到最大值的那个状态。也就是说，在到达每个状态 x_{t+1} 的最可能路径与到达每个状态 x_t 的最可能路径之间存在一种递归关系。可以把这种关系写成与路径的概率有关联的公式：

$$\max P(X_1,\cdots,X_t,X_{t+1}\,|\,e_{1:t+1})$$
$$=\alpha P(e_{t+1}\,|\,X_{t+1})\max_{X_t}[P(X_{t+1}\,|\,X_t)\max_{X_1\cdots X_{t-1}}P(X_1,\cdots,X_{t-1},X_t\,|\,e_{1:t})] \tag{8.3.15}$$

除了以下区别外，式(8.3.15)和滤波公式(8.3.6)是相同的。

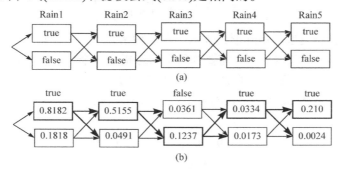

图 8-6   针对雨伞的观察序列的 viterbi 算法

(1) 前向消息 $f_{1:t}=P(X_t\,|\,e_{1:t})$ 被 $m_{1:t}=\max\limits_{X_1\cdots X_{t-1}}P(X_1,\cdots,X_{t-1},X_t\,|\,e_{1:t})$ 代替，即到达每个状态 X_t 的最可能路径的概率。

(2) 式(8.3.6)中 x_t 之上的求和被式(8.3.15)中 x_t 之上的极大值代替。

因此，计算最可能序列的算法和滤波是相似的：它沿着序列向前运行，使用式(8.3.15)计算每个时间步上的消息 m，图 8-6(b)显示了这个计算过程。最后，它将获得到达每个最终状态的最可能序列的概率。于是能够很容易地选择总体上的最可能序列(粗箭头画出的状态)。为了标明实际序列而不只是计算其概率，算法还需要为每个状态记录通向该状态的最佳状态：在图 8-6(b)中用粗线箭头标出。从最佳的最终状态开始向后沿这些粗线箭头可以确定最可能序列，这种算法称为 viterbi 算法。和滤波算法类似，它的时间复杂度与序列长度 t 呈线性关系。与滤波算法不同的是，其空间需求同样与 t 呈线性关系，而滤波算法使用常数量级的空间。这是因为 viterbi 算法需要保存标明到达每个状态的最佳序列的指针。对每个时间步 t 给出消息 $m_{1:t}$ 取值，$m_{1:t}$ 给出时刻 t 到达每个状态的最佳序列概率。同样对于每个状态，指向它的粗箭头指出了其最佳先辈结点，由前面序列的概率与转移概率相乘来度量最佳先辈结点。从 $m_{1:5}$ 中最可能的状态出发，沿着粗箭头反方向就可以得到最可能序列。

8.3.3 隐马尔可夫模型

8.3.2 小节描述了进行时序概率推理的、与转移和传感器模型具体形式无关的通用框架。接下来，讨论更具体的模型与应用。隐马尔可夫模型(hidden Markov model, HMM)是用单个离散随机变量描述过程状态的时序概率模型，该变量的可能取值就是事件的可能状态。因此 8.3.2 节所描述的雨伞例子是一个隐马尔可夫模型，因为它只有一个状态变量：Rain_t。如果你的模型有两个或多个状态变量，多个变量可能组合成一个总的状态变量，使其仍然符合马尔可夫模型。隐马尔可夫模型的这种受限制结构能够得到所有基本算法的一种非常简单而明快的矩阵实现。

使用单个的、离散的状态变量 X_t，能够给出表示转移模型、传感器模型，以及前向与后向消息的具体形式。设状态变量 X_t 的值用整数 $1,\cdots,S$ 表示，其中 S 表示可能状态的数目，转移模型 $P(X_t\,|\,X_{t-1})$ 成为一个 $S\times S$ 的矩阵 T，其中：

$$T_{ij} = P(X_t = j \mid X_{t-1} = i)$$

也就是说，T_{ij} 是从状态 i 转移到状态 j 的概率。例如，雨伞事件的转移矩阵为

$$T = P(X_t \mid X_{t-1}) = \begin{pmatrix} 0.7 & 0.3 \\ 0.3 & 0.7 \end{pmatrix}$$

同样可以将传感器模型用矩阵形式表示。在这种情况下，由于证据变量 E_t 的取值在 t 时刻是已知的，称为 e_t，传感器模型只需要为每个状态指定这个状态使 e_t 出现的概率是多少。

为了数学计算方便，将这些值放入一个 $S{\times}S$ 的矩阵 O_t 中，它的第 i 个对角元素为 $P(e_t \mid X_t = i)$，其他元素为 0。例如，在雨伞事件中的第 1 天，U_1=true，而在第 3 天，U_3=false，因此，有

$$O_1 = \begin{pmatrix} 0.9 & 0 \\ 0 & 0.2 \end{pmatrix}, \quad O_3 = \begin{pmatrix} 0.1 & 0 \\ 0 & 0.8 \end{pmatrix}$$

现在，如果用列向量表示前向消息和后向消息，整个计算过程将变成简单的矩阵向量运算。这样，前向公式(8.3.6)变为

$$f_{1:t+1} = \alpha O_{t+1} T^{\mathrm{T}} f_{1:t} \tag{8.3.16}$$

而后向公式(8.3.12)则变为

$$b_{k+1:t} = T O_{k+1} b_{k+2:t} \tag{8.3.17}$$

由这些公式，可以看到应用于长度为 t 的序列时，前向后向算法的时间复杂度为 $O(S^2 t)$，因为每一步都要将一个 S 元向量与一个 $S{\times}S$ 矩阵相乘。算法的空间需求为 $O(St)$，因为前向过程保存了 t 个 S 元向量。

除了为隐马尔可夫模型的滤波和平滑算法提供一种简练的描述以外，矩阵形式还揭示了改进算法的机会，例如，前向-后向算法的一种简单变形，使算法能够在常数空间内执行平滑，而与序列长度无关。其思想是，根据式(8.3.11)，对任何特定的时间步 k 的平滑都需要同时给出前向和后向消息，即 $f_{1:k}$ 和 $b_{k+1:t}$。前向-后向算法是通过将前向过程中计算出来的 f 保存起来以便在后向过程中使用而实现。实现这一目标还有另一种方法，即只运行一次，这一次里同时向相同的方向传递 f 和 b。例如，如果让式(8.3.16)向另一个方向执行，"前向"消息也可以后向传递：$f_{1:t} = \alpha'(T^{\mathrm{T}})^{-1} O_{t+1}^{-1} f_{1:t+1}$。

修改后的平滑算法先执行标准的前向过程以计算 $f_{t:t}$(抛弃所有中间结果)，然后对 b 和 f 同时执行后向过程，用它们来计算每一时间步的平滑估计。每个消息都只需要一份拷贝，因而存储需求就是不变的(即与序列长度 t 无关)，不过这个算法有两个显著的限制：它要求转移矩阵必须是可逆的，而且传感器模型没有零元素，也就是说，在每个状态下每个观察值都是可能的。

矩阵形式揭示算法可改进的第二个地方是在有固定延迟的联机平滑中，平滑能够在常数空间里进行事实提示，联机平滑应该存在一种高效的递归算法，即一种时间复杂度与延迟长度无关的算法。假设延迟为 d，要对时间步 $t{-}d$ 进行平滑，其中 t 表示当前时间，根据式(8.3.16)，需要为时间步 $t{-}d$ 计算：$\alpha f_{1:t-d} \times b_{t-d+1:t}$。

当有了新的观察后，需要为时间步 $t{-}d{+}1$ 计算：$\alpha f_{1:t-d+1} \times b_{t-d+2:t+1}$。

接下来介绍如何通过增量方式实现。可以通过标准的滤波过程，即式(8.3.6)，由 $f_{1:t-d}$ 计算 $f_{1:t-d+1}$。

用增量方式计算后向消息则需要更多的技巧,因为在旧的后向消息 $b_{t-d+1:t}$ 和新的后向消息 $b_{t-d+2:t+1}$ 之间并不存在简单关系。反过来,将考查旧的后向消息 $b_{t-d+1:t}$ 和序列前端的后向消息 $b_{t+1:t}$ 之间的关系。为了实现这一点,将式(8.3.17)应用 d 次得

$$b_{t-d+1:t}=\left(\prod_{i=t-d+1}^{t} TO_i\right)b_{t+1:t}=B_{t-d+1:t}l \tag{8.3.18}$$

其中,矩阵 B_{t-d+1} 为 T 和 O 矩阵序列的乘积。B 可以认为是一个"变化算子",它将后来的后向消息变换为早先的后向消息。当有了下一个观察之后,对于新的后向消息有类似的公式成立:

$$b_{t-d+2:t+1}=\left(\prod_{i=t-d+2}^{t+1} TO_i\right)b_{t+2:t+1}=B_{t-d+2:t+1}l \tag{8.3.19}$$

观察式(8.3.18)和式(8.3.19)中的乘积表达式,发现它们有一个简单关系:要得到第二个乘积,只要用第一个乘积"除以"第一项 TO_{t-d+1},然后再乘以第二个乘积的最后一项 TO_{t+1}。使用矩阵语言,新旧矩阵 B 之间有一个简单关系:

$$B_{t-d+2:t+1}=O_{t-d+1}^{-1}T^{-1}B_{t-d+1:t}TO_{t+1} \tag{8.3.20}$$

式(8.3.20)提供了对 B 矩阵的增量式更新,并进而通过式(8.3.19)允许计算新的后向消息 $b_{t-d+2:t+1}$。

8.3.4 卡尔曼滤波器

想象黄昏时观察一只鸟穿过浓密的丛林:只能看到小鸟断断续续地闪现。我们试图努力猜测小鸟在哪里,以及下个时刻它会出现在哪里,追寻着它的行踪。人们经常遇到需要根据随时间变化并且带有噪声的观察数据去估计状态变量的问题,如雷达观测、开普勒行星观测、鸟类飞行。如果变量是离散的,可以用8.3.3 节的隐马尔可夫模型进行建模。本节主要介绍卡尔曼滤波器对连续变量的处理方法。

1. 高斯分布

小鸟的飞行可以用每个时间点的六个连续变量来描述,三个变量用于位置(X_t, Y_t, Z_t),三个变量用于速度 $(\dot{X}_t, \dot{Y}_t, \dot{Z}_t)$。还需要合适的条件概率密度来表示转移模型和传感器模型,在这里使用线性高斯分布,意味着下个状态 X_{t+1} 必须是当前状态 X_t 的线性函数,再加上某个高斯函数噪声,实践表明这种状况是相当合理的。例如,考虑小鸟的 X 坐标,暂时先忽略其他坐标。令观测的间隔为 Δ,并假设在观测间隔里速度不变,那么位置更新由 $X_{t+\Delta} = X_t + \dot{X}_\Delta$ 给出。增加高斯噪声后,得到一个线性高斯转移模型:

$$P(X_{t+\Delta} = x_{t+\Delta} \mid X_t = x_t, \dot{X}_t = \dot{x}_t) = N(x_t + \dot{x}_t, \sigma^2)(x_{t+\Delta})$$

线性高斯分布家族有一个关键性质:在标准贝叶斯网络操作下这个分布家族保持封闭。所需的性质与式(8.3.6)中的两步滤波计算相对应。

(1) 如果当前分布 $P(X_t \mid e_{1:t})$ 是高斯分布,并且转移模型 $P(X_{t+1} \mid x_t)$ 是线性高斯分布,那么由式(8.3.21)给出的单步预测分布也是高斯分布。

$$P(X_t \mid e_{1:t})=\int_{X_t} P(X_{t+1} \mid X_t)P(X_t \mid e_{1:t})\mathrm{d}X_t \tag{8.3.21}$$

(2) 如果预测分布 $P(X_{t+1} \mid e_{1:t})$ 是高斯分布,传感器模型 $P(e_{1:t} \mid X_{t+1})$ 是线性高斯的,那么条

件化新证据后，更新后的分布式(8.3.22)也是高斯分布：

$$P(X_{t+1}|e_{1:t+1})=\alpha P(e_{t+1}|X_{t+1})P(X_{t+1}|e_{1:t}) \tag{8.3.22}$$

可见，卡尔曼滤波器的 FORWARD 算子选取一个高斯前向消息，该消息由均值 μ_t 和协方差矩阵 Σ_{t+1} 确定。因此，如果从高斯先验概率 $f_{1:0}=P(X_0)=N(\mu_0,\Sigma_0)$ 出发，用一个线性高斯模型进行滤波，在任何时间步都会产生一个高斯状态分布。

2. 一个简单的一维实例

卡尔曼滤波器的 FORWARD 算子将一个高斯分布映射到另一个新的高斯分布，这被转变为一个根据原有的均值与协方差矩阵计算新的均值与协方差矩阵的过程。要得到一般(多元)情况下的更新规则需要相当多的线性代数知识，因此暂时只讨论一元情况，后面会给出一般情况下的结论。

考虑的时序模型描述了有噪声观察 Z_t 的单一连续状态变量 X_t 的随机变化。一个可能的例子是"消费者信心"指数，可以为它建立模型，信心指数每个月发生一次随机的服从高斯分布的变化，同时通过一个随机的消费调查来度量，这个调查也会引入一个高斯采样噪声。假设其先验分布为具有方差 σ_0^2 的高斯分布：

$$P(X_0)=\alpha e^{-\frac{1}{2}\left[\frac{(x_0-\mu_0)^2}{\sigma_0^2}\right]} \tag{8.3.23}$$

为了简化，本节所有的归一化常数都使用 α 来表示。转移模型在当前状态中增加了一个具有常数方差 σ_x^2 的高斯扰动：

$$P(x_{t+1}|x_t)=\alpha e^{-\frac{1}{2}\left[\frac{(x_{t+1}-x_t)^2}{\sigma_x^2}\right]} \tag{8.3.24}$$

假设传感器模型具有方差为 σ_z^2 的高斯噪声：

$$P(x_{t+1}|x_t)=\alpha e^{-\frac{1}{2}\left[\frac{(x_{t+1}-x_t)^2}{\sigma_x^2}\right]} \tag{8.3.25}$$

已知先验分布 $P(X_0)$，可以使用式(8.3.21)计算单步预测分布：

$$P(x_1)=\int_{-\infty}^{\infty}P(x_1|x_0)P(x_0)dx_0=\alpha\int_{-\infty}^{\infty}e^{-\frac{1}{2}\left[\frac{(x_1-x_0)^2}{\sigma_x^2}\right]}e^{-\frac{1}{2}\left[\frac{(x_0-u_0)^2}{\sigma_0^2}\right]}dx_0$$

$$=\alpha\int_{-\infty}^{\infty}e^{-\frac{1}{2}\left[\frac{\sigma_0^2(x_1-x_0)^2+\sigma_x^2(x_0-u_0)^2}{\sigma_x^2\sigma_0^2}\right]}dx_0 \tag{8.3.26}$$

式(8.3.26)看起来相当复杂。关键是要注意指数部分是两个 x_0 的二次表达式的和，因此这个和仍然是 x_0 的二次多项式。一个非常简单的技巧是：通过大家熟知的配方法，将二次多项式 $ax_0^2+bx_0+c$ 改写为平方项 $a\left(x_0-\dfrac{-b}{2a}\right)^2$ 与独立于 x_0 的余项 $c-\dfrac{b^2}{4a}$ 之和。余项部分可以从积分中移除，于是得

$$P(x_1)=\alpha e^{-\frac{1}{2}\left(c-\frac{b^2}{4a}\right)}\int_{-\infty}^{\infty}e^{-\frac{1}{2}\left[a\left(x_0-\frac{-b}{2a}\right)\right]^2}dx_0 \tag{8.3.27}$$

式(8.3.27)的积分部分就是一个全区间上的高斯分布积分，也就是1。因此只留下了二次多项式的余项。然后得

$$P(x_1) = \alpha e^{-\frac{1}{2}\left[\frac{(x_1-\mu_0)^2}{\sigma_x^2+\sigma_0^2}\right]} \tag{8.3.28}$$

也就是说，这个单步预测分布是一个具有相同均值 μ_0 的高斯分布，而其方差等于原来的方差 σ_0^2 和转移方差 σ_x^2 的和。

为了完成更新步骤，还需要将第 1 个时间步的观察即 z_1 条件化。根据式(8.3.22)，有

$$P(x_1 \mid z_1) = \alpha P(z_1 \mid x_1)P(x_1)dx_0 = \alpha e^{-\frac{1}{2}\left[\frac{(z_1-x_1)^2}{\sigma_z^2}\right]} e^{-\frac{1}{2}\left[\frac{(x_1-\mu_0)^2}{\sigma_0^2+\sigma_x^2}\right]} \tag{8.3.29}$$

再一次合并指数，并进行配方，得

$$P(x_1 \mid z_1) = \alpha e^{-\frac{1}{2}\left\{\frac{\left[x_1 - \frac{(\sigma_0^2+\sigma_x^2)z_1+\sigma_z^2\mu_0}{\sigma_0^2+\sigma_x^2+\sigma_z^2}\right]^2}{(\sigma_0^2+\sigma_x^2)\sigma_z^2/(\sigma_0^2+\sigma_x^2+\sigma_z^2)}\right\}} \tag{8.3.30}$$

于是经过一轮更新，得到了状态变量的一个新的高斯分布。

由式(8.3.30)的高斯表达式发现，新的均值和标准差可以由原来的均值和标准差按照式(8.3.31)计算得到。

$$\mu_{t+1} = \frac{(\sigma_t^2+\sigma_x^2)z_{t+1}+\sigma_z^2\mu_t}{\sigma_0^2+\sigma_x^2+\sigma_z^2} \text{ 和 } \sigma_{t+1} = \frac{(\sigma_t^2+\sigma_x^2)\sigma_z}{\sigma_0^2+\sigma_x^2+\sigma_z^2} \tag{8.3.31}$$

3. 一般情况

前面的推导描述了作为卡尔曼滤波器工作基础的高斯分布的关键性质：指数是二次多项式形式的。这一点不只对一元的情况成立，完整的多元高斯分布具有式(8.3.32)所示的形式。

$$N(\mu, \Sigma)(x) = \alpha e^{-\frac{1}{2}[(x-\mu)^T \Sigma^{-1}(x-\mu)]} \tag{8.3.32}$$

把指数中的项乘出来，可以清晰地看到指数部分也是 x 中的 x_i 的二次函数，和一元情况中相同。这里的滤波更新过程保留了状态分布的高斯特性。

首先用卡尔曼滤波定义一般的时序模型。转移模型和传感器模型都允许一个附加的高斯噪声的线性变换，因此有

$$P(x_{t+1} \mid x_t) = N(Fx_t, \Sigma_x)x_{t+1}$$
$$P(z_t \mid x_t) = N(Hx_t, \Sigma_z)z_t \tag{8.3.33}$$

其中，F 和 Σ_x 表示描述线性转移模型和转移噪声协方差的矩阵；H 和 Σ_z 表示传感器模型的相应矩阵。现在的均值与协方差的更新公式为

$$\mu_{t+1} = F\mu_t + K_{t+1}(Z_{t+1} - HF\mu_t)$$
$$\Sigma_{t+1} = (I - K_{t+1}H)(F\Sigma_t F^T + \Sigma_x) \tag{8.3.34}$$

其中，$K_{t+1} = (F\Sigma_t F^T + \Sigma_x)H^T[H(F\Sigma_t F^T + \Sigma_x)H^T + \Sigma_z]^{-1}$ 被称为卡尔曼增益矩阵。这些公式很复杂，但是具有直观含义。例如，考虑关于均值状态估计 μ 的更新过程：项 $F\mu_t$ 是 $t+1$ 时刻的预测状态，所以 $HF\mu_t$ 是预测观察值。因此，项 $Z_{t+1} - HF\mu_t$ 表示预测观察值的误差。可以将其乘以 K_{t+1} 来修正这个预测状态，因此 K_{t+1} 是相对于预测来说对一个新的观察值的重视程度的度量。如式(8.3.30)所示，还有方差更新独立于观察的性质，因此 Σ_t 和 K_{t+1} 的值序列可以脱机计算，而联机跟踪期间需要的实际计算量是比较适度的。

8.3.5 动态贝叶斯网络

动态贝叶斯网络(dynamic Bayesian network, DBN)，是一种表示连续描述时序概率模型的贝叶斯网络。本节其实已经讲述了动态贝叶斯的一些例子，如卡尔曼滤波网络。总的来说，动态贝叶斯网络的每个时间步可以具有任意数量的状态变量 X_t 与证据变量 E_t。

需要注意，每个隐马尔可夫模型都可以表示为只有一个状态变量和一个证据变量的动态贝叶斯网络。另外，每个离散变量的动态贝叶斯网络都可以表示为一个隐马尔可夫模型。这两者的区别在于，通过将复杂系统的状态分解为一些组成变量，动态贝叶斯网络能充分利用时序概率模型中的稀疏性。例如，假设一个动态贝叶斯网络有 20 个布尔状态变量，每个变量都在前一个时间步中有三个父结点，那么动态贝叶斯网络的转移模型有 $20 \times 2^3 = 160$ 个概率，而对应的隐马尔可夫模型有 2^{20} 种状态，因此在转移矩阵中有 2^{40} 个概率。动态贝叶斯网络和隐马尔可夫模型之间的关系类似于普通贝叶斯网络与表格形式的完全联合概率分布之间的关系。

每个卡尔曼滤波都可以在一个具有连续变量和线性高斯条件分布的动态贝叶斯网络中表示，但是并非每个动态贝叶斯网络都可以用卡尔曼滤波器模型来表示。在卡尔曼滤波器中，当前状态分布总是一个单一的多元高斯分布，在特定位置有单一的"拐点"。另外，动态贝叶斯网络也可以对任意数据分布建模。

1. 构造动态贝叶斯网络

要构造一个动态贝叶斯网络，必须指定三类信息：状态变量的先验分布 $P(X_0)$，转移模型 $P(X_{t+1}|X_t)$，以及传感器模型 $P(E_t|X_t)$。为了指定转移模型和传感器模型，还必须要指定相继时间步之间、状态变量与证据变量之间的连接关系的拓扑结构。因为假设转移模型和传感器模型都是稳态的，那么只要为第一个时间步指定这些信息就可以了。如图 8-7 所示的三结点网络给出的关于雨伞例子的动态贝叶斯网络的完整信息，从这些信息来看，具有无限时间步的完整的动态贝叶斯网络可以根据需要，通过按照复制第一个时间步的方式构造出来。

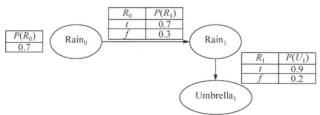

图 8-7 对于雨伞动态贝叶斯网络的先验概率、转移模型，以及传感器模型

再看一个例子：监控一个在 X-Y 平面上运动的电池驱动机器人，状态变量包含位置信息 $X_t=(X_t,Y_t)$ 和速度信息 $\dot{X}_t=(\dot{X}_t,\dot{Y}_t)$，假设通过某种方式测量位置(通过摄像头或者 GPS)获得测量值 Z_t。机器人下一步的位置依赖于当前的速度和电池状态，如同卡尔曼滤波器模型中的一样。但是下一时间步的速度依赖于当前的速度和电池状态。增加变量 $Battery_t$ 来表示电池实际的充电水平，其父结点为上一时间步的电池水平和速度；再增加一个变量 $BMeter_t$ 来表示电池充电水平的测量值。就可以得到如图 8-8 所示的基本模型。

为了简化，假设 $Battery_t$ 和 $BMeter_t$ 都取 0 到 5 之间的离散值。对于连续测量，可以用一个具有较小方差的高斯分布；对于离散变量，可以用一个误差概率以合适的方式逐渐降低的分布来逼近高斯分布，以使大误差出现的概率非常低。在实际测量过程中，传感器很容易发生故障，最简单的一类故障是瞬时故障，传感器会返回一些无用的数据。例如，即使在电池充满电的情况下，电池电量水平传感器在产生碰撞时可能也会产生一个零电量信号。

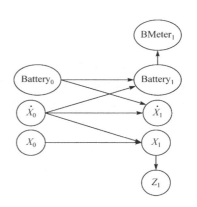

图 8-8 一个关于 $X\text{-}Y$ 平面上机器人运动的简单动态贝叶斯网络

观察在没有考虑到瞬时故障的高斯误差模型中发生故障的情况，假设对这个机器人电池电量连续测量了 20 次，都为 5。然后电量表发生了一次短暂突变，下次读数 $\text{BMeter}_{21}=0$。在这个简单的高斯误差模型中，对 Battery_{21} 的信念依赖于传感器模型 $P(\text{BMeter}_{21}=0 \mid \text{Battery}_{21})$，也依赖于预测模型 $P(\text{Battery}_{21} \mid \text{BMeter}_{1:20})$。如果出现大的传感器错误的概率明显低于转移到状态 $\text{Battery}_{21}=0$ 的概率，即使后者非常不可能发生，那么后验分布也会为电池耗尽赋予较大的概率。在 $t=22$ 且再次读为 0 时会使这个结论几乎完全肯定。但如果 $t=23$ 时电池电量读数为 5，那电池电量水平的估计值会很快回到 5。尽管故障恢复了，还是存在电池耗尽的时刻，假设这时会让它自动关机，那这个传感器模型就让机器人错误操作。所以为了让系统能够正确地处理传感器故障，传感器模型必须考虑故障的可能性。

传感器模型最简单的故障模型只考虑一个传感器返回某个完全不正确的值的概率，而不管真实状态是什么。例如，如果电池电量计发生故障，返回 0，可能认为 $P(\text{BMeter}_t=0 \mid \text{Battery}_t=5)=0.03$ 这个值比简单高斯误差模型给出的概率大得多，称为瞬间故障模型。假设根据到目前为止的读数计算出的电池耗尽的预测概率比 0.03 小得多，那么对于观察值 $\text{BMeter}_{21}=0$ 最好的解释是传感器发生了暂时性的故障，不会灾难性地突变。

当传感器发生持续性故障时该如何处理呢？例如，如果测量 20 次读数为 5，紧接着再测量 20 次为 0，之前讲的瞬时传感器模型将导致机器人相信电池耗尽，实际情况可能是电量计失效了。如图 8-9 所示，为了建立持续故障模型，需要一个表示电池电量计状态的附加变量 BMBroken 来补充系统状态。持续故障必须用连接 BMBroken_0 到 BMBroken_1 的边来建模。这条持续边的条件概率表给出了一个在任一给定时间步发生故障的微小概率，如 0.001，但是也规定了一旦传感器发生故障，故障状态就会持续。如果在暂时突变为 0 的情况下，出现第二个 0，传感器发生故障的概率显著上升；如果又观察到读数 5，故障概率又很快降到 0；如果故障持续，传感器故障概率很快上升为 1 并保持，此时机器人就被假定以一般速度消耗电量。

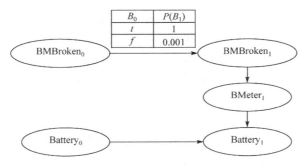

图 8-9 电池传感器持续故障动态贝叶斯网络建模

2. 动态贝叶斯网络中的精确推理

前面已经讲过贝叶斯网络中的推理算法，动态贝叶斯网络属于贝叶斯网络。给定一个观察序列，通过复制时间步，可以构造动态贝叶斯网络的全贝叶斯网络表示，直到网络容纳该观测序列。如图 8-10 所示的方法称为"摊开"(unrolling)。一旦动态贝叶斯网络被摊开，就可以使用贝叶斯网络中的推理算法。

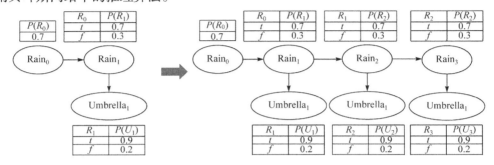

图 8-10 摊开一个动态贝叶斯网络

不幸的是，摊开的应用并不特别高效。如果想要对一个很长的观察序列 $e_{1:t}$ 进行滤波或者平滑，通过摊开得到的网络将需要 $O(t)$ 的存储空间，而且因此随着更多观察结果的不断加入，所需的存储空间将无限增长。另外，如果每当新的观察结果加入时只是简单地重新运行推理算法，那么每次更新所需的推理时间也会像 $O(t)$ 一样增长。当计算过程可以通过递归方式实现时，每次滤波更新都能够在常数时间和空间内完成。本质上，式(8.3.6)中滤波更新的工作机制是对前一时间步中的状态变量进行求和消元，以得到新时间步上的分布。对变量的求和消元其实就是变量算法所做的事情，而且按照变量的时序次序运行变量消元恰恰模仿了式(8.3.6)中的递归滤波更新操作。在任意时刻，修改后的算法在内存中至多保存两个时间步：从时间步 0 开始，加入时间步 1，通过求和消去时间步 0，再加入时间步 2，然后通过求和消去时间步 1，依此类推。通过这种方式，能够在常数时间和空间内完成每次滤波更新。

然而，在几乎所有的情况下，每次更新所需要的常数时间复杂度与空间复杂度，其实是状态变量个数的指数级。随着变量消元算法的推进，这些因子会逐渐增长以包含所有的状态变量(或者更准确地说，所有那些在前一个时间步有父结点的状态变量)。最大因子的规模为 $O(d^{n+k})$，而每一步总的更新代价为 $O(nd^{n+k})$，其中，d 表示变量的问题域规模的大小；k 表示任一状态变量具有的最大父结点数。

当然，这比隐马尔可夫模型的更新代价 $O(d^{2n})$ 要低得多，但当变量个数很多时仍是不可行的，它意味着即使可以使用动态贝叶斯网络表示非常复杂的、具有许多相互间联系很稀疏的变量的时序过程，仍然不可能对这些过程进行高效而准确的推理。表示在所有变量上的先验联合分布的动态贝叶斯网络模型本身可以分解成构成它的条件概率表，但是给定观察序列为条件的后验联合率分布，即前向消息是不可分解的。到目前为止，还没有人找到绕过这个问题的途径。因此，必须求助于近似方法。

3. 动态贝叶斯网络中的近似推理

8.2.3 节贝叶斯网络推理描述了两种近似算法：似然加权和马尔可夫链蒙特卡罗算法(MCMC)。这两种方法中，前者最容易适应动态贝叶斯网络的上下文。然而，还是需要将标准的似然加权算法进行一些改进使其更为实用。

回顾一下，似然加权算法的工作方式是按拓扑次序对网络中的非证据结点进行采样，并根据每个样本观察到的证据变量的似然而对其赋以权值。和精确算法一样，可以将似然加权算法直接应用于未摊开的动态贝叶斯网络，但这同样会遇到每次更新所需的时间与空间随观察序列增长而增长的问题。问题是，标准算法在对整个网络的处理过程中依次处理每个样本。可以简单地每次一个时间步地沿动态贝叶斯网络一起处理全部 N 个样本。修正后的算法与滤波算法的一般模式一致，其中 N 个样本组成的集合可看作前向消息。那么，第一个关键的创新是，使用样本本身作为当前状态分布的近似表示，这满足每次更新的"常数"时间要求，尽管这个常数依赖于为了保持准确近似所需要的样本数。这里同样不需要摊开动态贝叶斯网络，因为在内存中只需要保存当前时间步和下一个时间步。

在前面关于似然加权的讨论中，指出如果证据变量位于被采样变量的"下游"，那么算法的精度会受损，因为在这种情况下生成的样本不受证据的任何影响，观察上面雨伞动态贝叶斯网络的典型结构，发现前面的变量的采样确实不会从后面的证据变量中获益。事实上，观察得更仔细点，会发现任何状态变量的祖先结点中都不包含任何证据变量。因此，尽管每个样本的权值应依赖于证据，实际生成的样本集合却完全不依赖于证据。例如，即使主管每天都带着伞进来，但你还是会认为外面是晴天。实践中，这意味着与真实事件序列保持相当接近的样本比例随 t 呈指数下降。所以为了维持一定的精度水平，需要的样本数随 t 呈指数增加。假如实时运行的滤波算法只能使用固定数目的样本，这会使算法误差在很少的几次更新步骤之后放大。

显然，需要一个更好的解决方法，将采样集合聚焦于状态空间的高概率区域。为了做到这一点，可以根据观察值扔掉一些权值非常低的样本，同时增加高权值的样本。通过这种方式，样本的总体能够保持与现实相当的接近，如果将样本看作对后验概率进行建模的资源，那么使用更多后验概率较高的状态空间区域中的样本是有意义的。

一个称为粒子滤波(particle filtering)的算法家族就是为此而设计的，粒子滤波算法的工作机理如下。首先，从先验分布 $P(X_0)$ 中采样得到 N 个初始状态样本构成的总体，然后为每个时间步重复下面的更新循环：①对于每个样本，通过转移模型 $P(X_{t+1}|X_t)$，在给定样本的当前状态值 X_t 的条件下，对下一个状态值 X_{t+1} 进行采样，使得该样本前向传播；②对于每个样本，用它赋予新证据的似然值 $P(e_{t+1}|x_{t+1})$ 作为权值；③对总体样本进行重新采样以生成一个新的 N 样本总体，每个新样本是从当前的总体选取的，某个特定样本被选中的概率与其权值成正比，新样本没有被赋权值。

图 8-11 用实例解释了算法在雨伞动态贝叶斯网络上的操作，$N=10$ 时雨伞贝叶斯的粒子滤波更新循环，图中显示了每个状态的样本总体。图 8-11(a)在时刻 t，8 个样本指示 true(下雨)，2 个样本指示 false(不下雨)。通过转移模型对下一个状态进行采样，每个样本都向前传递。在时刻 $t+1$，6 个样本指示 true，4 个样本指示 false。图 8-11(b)在时刻 $t+1$ 观察到 ¬Umbrella。根据每个样本与这个观察的似然程度给样本赋予权值，图中用圆圈大小表示。图 8-11(c)通过对当前的样本集合进行加权随机选择得到一个 10 样本的新集合，结果有两个样本指示 true，8 个样本指示 false。

通过考虑算法在一轮更新循环中所发生的事情，可以证明这个算法是一致的，当 N 趋于无穷大时算法可以给出正确的概率。假设样本总体开始于在时间 t 的前向消息 $f_{1:t} = P(X_t|e_{1:t})$ 的正确表示。用 $N(x_t|e_{1:t})$ 表示处理完 $e_{1:t}$ 之后具有状态 x_t 的样本个数，因此对于足够大的 N 有

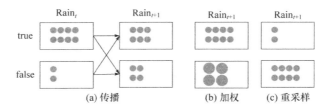

图 8-11 粒子滤波在雨伞动态贝叶斯网络上的操作

$$N(x_t \mid e_{1:t})/N = P(x_t \mid e_{1:t}) \tag{8.3.35}$$

现在，在给定时刻 t 的样本的条件下，通过在时刻 $t+1$ 对状态变量进行采样而将每个样本向前传播。从每个 X_t 到达 X_{t+1} 的样本个数等于转移概率乘以 x_t 的总量，因此到达状态 x_{t+1} 的总样本数为

$$N(x_{t+1} \mid e_{1:t}) = \sum_{X_t} P(x_{t+1} \mid x_t) N(x_t \mid e_{1:t}) \tag{8.3.36}$$

现在根据每个样本对于时刻 $t+1$ 的证据的似然为其赋予权值。处于状态 X_{t+1} 的样本得到权值 $P(e_{t+1} \mid x_{t+1})$，因此在观察到证据 e_{t+1} 后处于状态 X_{t+1} 的样本总权值为

$$W(x_{t+1} \mid e_{1:t+1}) = P(e_{t+1} \mid x_{t+1}) N(x_{t+1} \mid e_{1:t}) \tag{8.3.37}$$

现在考虑重采样步骤。既然每个样本都以与其权值成正比的概率被复制，重采样后处于状态 X_{t+1} 的样本数与重新采样前状态 X_{t+1} 中的总权值成正比：

$$\begin{aligned}
N(x_{t+1} \mid e_{1:t+1})/N &= \alpha W(x_{t+1} \mid e_{1:t+1}) \\
&= \alpha P(e_{1:t+1} \mid x_{t+1}) \sum_{X_t} P(x_{t+1} \mid x_t) N(x_t \mid e_{1:t}) \\
&= \alpha N P(e_{t+1} \mid x_{t+1}) \sum_{X_t} P(x_{t+1} \mid x_t) N(x_t \mid e_{1:t}) [\text{根据式}(8.3.33)] \\
&= \alpha' P(e_{t+1} \mid x_{t+1}) \sum_{X_t} P(x_{t+1} \mid x_t) N(x_t \mid e_{1:t}) \\
&= P(x_{t+1} \mid e_{1:t+1}) [\text{根据式}(8.3.6)]
\end{aligned} \tag{8.3.38}$$

因此，经过一轮更新循环后的样本总体正确地表示了时刻 $t+1$ 的前向消息。粒子滤波算法是一致的，同时它也是高效的。在实际应用中，这个问题的答案似乎是肯定的：粒子滤波似乎能够通过常数数目的样本保持对真实后验概率的良好近似。在某些假设下，转移模型和传感器模型中概率严格大于 0 而小于 1，证明这个近似以很高的概率维持着一个误差界限。

4. 动态贝叶斯网络中的学习

一个状态变化的模型往往包含一些必要的参数 θ，用以定义状态变化的转移概率模型 $P(x_t \mid x_{t-1})$ 和观测概率模型 $P(Y_t \mid X_t)$。学习意味着从大量的数据中估计这些参数 θ，这也被称为系统辨识。通常使用的方法是应用最大可能性(maximun likelihood, ML)算法，其适用于存在大量数据的离线学习模型。例如，在语音识别或生物序列分析中，现在已经获得了 N_{train} 个序列样本，观测值为 $Y = (Y_{1:T}^1, Y_{1:T}^2, Y_{1:T}^3, \cdots, Y_{1:T}^{N_{\text{train}}})$，学习的目的是计算：

$$\theta_{\text{ML}}^* = \arg\max_{\theta} P(Y \mid \theta) = \arg\max_{\theta} \log P(Y \mid \theta) \tag{8.3.39}$$

其中，

$$\log P(Y\,|\,\theta) = \log \prod_{m=1}^{N_{\text{train}}} p(y_{1:T}^m\,|\,\theta) = \sum_{m=1}^{N_{\text{train}}} \log p(y_{1:T}^m\,|\,\theta) \tag{8.3.40}$$

动态贝叶斯网络的学习分为以下几类：①参数学习(parameter learning)和结构学习(structure learning)。参数学习，顾名思义就是学习模型里面的一些变量、数学分布等，很多模型仅仅涉及参数学习。结构学习是指对网络拓扑进行学习，也称为模型选择(model selection)。②观测完全和观测不完全。在某些问题中，模型的每一个参数都有供学习的足够样本。但是在某些问题中，并不是所有的参数都有观测样本，可能会缺失部分样本。这类问题相对较难。一般用 EM 算法或者梯度算法来学习。③有向网络和无向网络。在无向网络中，如果观测完全，那将是一个非常简单的问题，不需要进行推导，学习问题可以分解到每个条件概率分布(conditional probability distribution)中进行，但是在有向网络中，就算观测完全，归一化变量仍跟网络中的所有参数有关。

1) 样本统计学习法

如果样本数足够多，可以使用样本数的比值来近似概率值：

$$\begin{aligned}P(X_1 = x_1\,|\,X_2 = x_2) &= \frac{P(X_1 = x_1, X_2 = x_2)}{P(X_2 = x_2)}\\&= \frac{\text{NUM}(X_1 = x_1, X_2 = x_2)}{\text{NUM}(X_2 = x_2)}\end{aligned} \tag{8.3.41}$$

这里的 NUM(x)指满足 x 的样本个数。如果样本个数比较少，可以使用狄利克雷分布(Dirichlet distribution，一组连续多变量的概率分布)，每个变量的局部概率分布由式(8.3.42)计算。

$$P[X_i = x_1\,|\,\text{Pa}(X_i), \theta_i, S^k] = \theta_{ijk} \tag{8.3.42}$$

其中，θ_i 表示 X_i 概率分布参数；S^k 表示网络的拓扑结构。θ_i 可以看作一个矩阵，列向量表示 X_i 的可能状态，行向量则表示父结点 $\text{Pa}(X_i)$ 的分布。于是，θ_{ijk} 可以表征网络中所有变量的概率分布参数，其中 i 遍历所有节点变量，j 遍历 $\text{Pa}(X_i)$ 的状态，k 遍历 X_i 的状态。即

$$P[X_i^k\,|\,\text{Pa}^j(X_i), \theta_i, S^k] = \theta_{ijk} \tag{8.3.43}$$

学习的目的是使后验概率分布 $P(\theta\,|\,D, S^k)$ 最大化，假设各个参数是独立的，那么：

$$P(\theta\,|\,D, S^k) = \prod_{i=1}^{|X|} \prod_{j=1}^{|\text{Pa}^j(x_i)|} P(\theta_{ij}\,|\,D, S^k) \tag{8.3.44}$$

式(8.3.44)中的因子用狄利克雷分布来描述，所以：

$$P(\theta_{ij}\,|\,D, S^k) = \text{Dir}(\theta_{ij}\,|\,\alpha_{ij1} + N_{ij1}, \alpha_{ij2} + N_{ij2}, \cdots, \alpha_{ij|x_i|} + N_{ij|x_i|}) \tag{8.3.45}$$

其中，N_{ijk} 表示 D 中[$x_i = k, \text{Pa}(X_i) = j$]出现的次数；$\alpha_{ijk}$ 表示在还不知道 D 的情况下，对[$x_i = k, \text{Pa}(X_i) = j$]出现概率的先验置信度。由式(8.3.44)和式(8.3.45)得

$$P(X\,|\,D, S^k) = \prod_{i=1}^{|X|} \frac{\alpha_{ijk} + N_{ijk}}{\alpha_{ij} + N_{ij}} \tag{8.3.46}$$

2) 搜索模型空间学习法

当网络结构未知时，训练贝叶斯网络首先必须确定：两个网络结构哪个好的判别标准和确定网络结构的搜索算法。当网络节点确定后，任意两个节点间可以有边连接，也可以没有

边连接，这样就构成了一个包括所有潜在网络拓扑的集合，显然，随着节点的增加，这个网络拓扑集合的元素呈指数增加。

(1) 判别标准。连接概率被提出来评价一个网络结构的好坏，即连接概率越高，网络结构越好，越合理；反之，越不合理，越不能反映数据之间的真实关系。若用 D 表示样本数据，S^k 表示网络结构，则连接概率表示为

$$\log P(D, S^k) = \log P(D \mid S^k) + \log P(S^k) \tag{8.3.47}$$

式(8.3.47)由两部分组成，前半部分是样本的后验概率，后半部分是网络结构的先验概率，样本后验概率 $\log P(D \mid S^k)$ 可以采用贝叶斯信息论原则计算：

$$\log P(D \mid S^k) \approx \log P(D \mid \theta_s, S^k) - \frac{d}{2 \log N} \tag{8.3.48}$$

其中，θ_s 表示网络参数；d 表示 $g(\theta_s) \equiv \log[P(D \mid \theta_s, S^k) P(\theta_s \mid S^k)]$ 的维数；N 表示样本数。对于计算网络结构的先验概率，可以有两种方法：①先按照专家知识，确定一个网络拓扑集合，然后假设所有在这个集合内的网络结构的先验知识相等，而不在这个集合内的网络结构的先验概率为 0；②事先确定先验的网络结构，把待评价的网络结构与先验结构之间的差异作为这个结构的先验概率。

(2) 网络结构的搜索算法。在这个过程中，样本是完全的，所以网络中的节点是已知的，目的是寻求一个优化的边的集合，属于组合优化的范畴。有些近似算法可以使用，如贪婪算法、BOA 算法等。网络结构往往揭示了变量的因果关系。

(3) 结构化 EM 算法。在网络结构未知、样本不完全的情况下，结构化 EM(structural EM) 算法利用网络结构已知、样本已知的训练方法，可以按照下面的过程来同时学习网络结构和节点的概率分布：添加一个节点到网络中；根据这个节点集，寻求最优网络拓扑；一直迭代，直到网络不再优化。

对观测不完全的情况，模型的 log 似然值为

$$L = \sum_m \log P(D_m) = \sum_m \log \sum_h P(H = h, V = D_m) \tag{8.3.49}$$

其中，H 表示隐节点；V 表示观测节点(样本)；D_m 表示观测值。对于这类情况，一般可以用 EM 算法或者梯度算法，但是梯度算法使用不多。EM 算法的基本思想是利用 Jensen 不等式：设等式的一个下界 ε，然后迭代地最大化这个下界，最后得到一个局部最优解。Jensen 不等式是对一个凹函数 f，有

$$f(\sum_j \lambda_j y_j) \geqslant \sum_j \lambda_j f(y_j) \tag{8.3.50}$$

其中，$\sum_j \lambda_j = 1$。因为凹函数的性质，有以上(8.3.50)的不等式，同时 log 函数也是凹函数，也有类似性质，所以式(8.3.40)化为

$$\begin{aligned}
L &= \sum_m \log \sum_h P_\theta(H = h, V_m) \\
&= \sum_m \log \sum_h q(h \mid V_m) \frac{P_\theta(H = h, V_m)}{q(h \mid V_m)} \geqslant \\
&\sum_m \sum_h q(h \mid V_m) \log \frac{P_\theta(H = h, V_m)}{q(h \mid V_m)} = \\
&\sum_m \sum_h q(h \mid V_m) \log P_\theta(H = h, V_m) - \sum_m \sum_h q(h \mid V_m) \log q(h, V_m)
\end{aligned} \tag{8.3.51}$$

其中，q 表示满足 $\sum\limits_h q(h|V_m)=1$，且 $1 \geqslant q(h|V_m) \geqslant 0$ 的任意函数。最大化下界，对 q 来说，就是 $q(h|V_m)=P_\theta(h|V_m)$，这就是期望过程。最大化下界，对 θ' 来说相当于最大化期望 log 似然度：

$$Q(\theta'|\theta) = \sum_m \sum_h P(h|V_m,\theta)\log P(h,V_m|\theta') \tag{8.3.52}$$

8.3.6 跟踪多个对象

8.3.3～8.3.5 节考虑了涉及单个对象的状态估计问题。本节中，探讨当两个或多个对象形成观察值时的问题。在控制论中，这是数据关联问题，即将观察数据与产生它的对象相关联的问题。

数据关联问题在雷达跟踪问题中被研究过，旋转的雷达天线以固定的时间间隔检测反射脉冲。在每一个时间步，屏幕上可能出现多个光点，但没有关于时刻 t 的光点和时刻 $t-1$ 光点的直接联系。图 8-12 给出了 5 个时间步，每个时间有两个光点的例子。设时间为 t 时两个光点的位置为 e_t^1 和 e_t^2。假设，这个时候恰好两个飞行器 A 和 B 产生了这个光点，它们的真实位置为 X_t^A 和 X_t^B。为了使问题简单化，假设每个飞行器根据之前卡尔曼滤波中使用的线性高斯模型作为转移模型而独立地飞行。

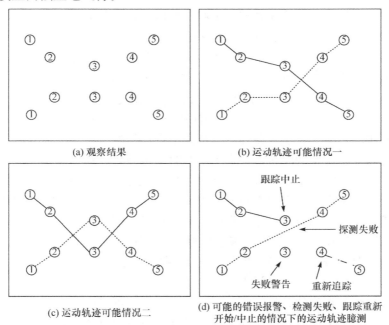

图 8-12　二维空间中 5 个时间步上的对象轨迹臆测

假设试图为这个场景写出全面的概率模型，就像在式(8.3.3)中使用的一般时序过程一样。联合分布还是分解为对各时间步的贡献：

$$P(x_{0:t}^A,x_{0:t}^B,e_{1:t}^1,e_{1:t}^2)=P(x_0^A)P(x_0^B)\prod_{i=1}^t P(x_i^A|x_{i-1}^A)P(x_i^B|x_{i-1}^B)P(e_i^1,e_i^2|x_i^A,x_i^B) \tag{8.3.53}$$

$P(x_{0:t}^A,x_{0:t}^B,e_{1:t}^1,e_{1:t}^2)$ 指飞行器 A 和 B 显示光点和真实位置的联合概率。想将真实位置对显示光点的观察项条件概率 $P(e_i^1,e_i^2|x_i^A,x_i^B)$ 分解为两个项的乘积，每个对象一个项，但这需要知道

哪个观察是哪个对象产生的。使用将观察情况与对象所有关联方式进行求和的方式来替代性解决这一问题。图8-12给出了一些关联方式。通常，对于n个对象和T个时间步，有$(n!)^T$种关联方式。

从数学上，"观察与对象间的联系方式"就是对标识每个观察来源的未观察随机变量的收集。用ω_t表示在时间步t从对象到观察的一一映射，用$\omega_t(A)$和$\omega_t(B)$表示ω_t赋值给A和B的观察。因为对观察的标注"1"和"2"是任意的，所以ω_t的先验概率是均匀分布的，并且独立于对象的状态X_t^A和X_t^B。因此观察项$P(e_i^1, e_i^2 | x_i^A, x_i^B)$可以将$\omega_t$作为条件，然后再化简：

$$P(e_i^1, e_i^2 | x_i^A, x_i^B) = \sum_{\omega_i} P(e_i^1, e_i^2 | x_i^A, x_i^B, \omega_i) P(\omega_i | x_i^A, x_i^B)$$

$$= \sum_{\omega_i} P(e_i^{\omega_i(A)} | x_i^A) P(e_i^{\omega_i(B)} | x_i^B) P(\omega_i | x_i^A, x_i^B) \qquad (8.3.54)$$

$$= \frac{1}{2} \sum_{\omega_i} P(e_i^{\omega_i(A)} | x_i^A) P(e_i^{\omega_i(B)} | x_i^B)$$

将其代入式(8.3.53)，会得到一个只与各对象和观察的转移模型与传感器模型有关的表达式。

关于所有概率模型，推理意味着进行求和消元消去查询和证据变量以外的变量。对于隐马尔可夫模型和动态贝叶斯网络中的滤波，能够通过简单的动态规划技巧求和消去从1到$t-1$的状态变量；对于卡尔曼滤波器，利用高斯分布的特殊性质，对于数据关联，没有(已知的)高效的精确算法，这和切换卡尔曼滤波器没有高效精确算法的原因一样：对象A的滤波分布$P(x_t^A | e_{1:t}^1, e_{1:t}^2)$最终会是指数级数量的分布的混合，赋予$A$的每种观察序列一个分布。

由于精确推理的复杂度太高，各种近似方法得到了应用，最简单的方法是在每个时间步，给定对当前时间步的预测对象位置条件下，选择单个最佳的赋值。这个赋值将观察与对象相关联，且能够更新每个对象的轨迹，并为下一个时间步预测。对于选择"最佳"赋值，最常用的方法是最近邻滤波器(nearest-neighbor filter)，它反复地选择最近的预测位置和观察位置对，并将其加入赋值中。当在状态空间中对象分得比较开，并且预测不确定性和观察误差都很小时，即没有混淆，最近邻滤波器工作得很好。对于正确赋值有更多不确定性时，更好的方法是选择赋值，使给定预测位置下当前观察的联合概率最大化，使用匈牙利算法(Hungarian algorithm)可以高效地完成这个任务，即使有$n!$种赋值可供选择。

在更困难的情形下，在每个时间步只选择单个最佳赋值的任何算法都会失败。特别是，如果算法选择了一个不正确的赋值，下一个时间步的预测可能会是明显错误，这会导致更加不正确的赋值，如此下去形成恶性循环。两个最新的方法会更加有效：粒子滤波算法为数据关联维持当前可能赋值的一个大集合；MCMC算法搜索历史赋值的空间，然后可以更改以前的赋值决策。目前的MCMC数据关联方法可以实时处理数百个对象，且能够得到对真实后验分布的良好近似。

目前为止描述的情景是在每个时间步n个已知对象产生n个观察。实际应用中的数据关联往往会复杂得多，所报告的观察经常包含错误报警(false alarm)，它们不是由真实对象产生的，也可能发生检测失败，这意味着对于真实对象可能得不到对观察结果的报告。最终新对象出现了而旧对象消失了。图8-12说明了这些现象，这使得我们需要考虑更多的可能性。

第9章 复 杂 决 策

复杂决策本质上是一个有目的的认知过程，也是一个重复博弈的过程。一般来讲，复杂决策问题具有问题结构非线性、问题系统动态开放、知识不完备等特点。因此，复杂决策问题具有多种求解方法。本章首先介绍几种基于集合论来求解复杂决策问题的方法：模糊集、智集、粗糙集。其中，模糊集和粗糙集都是研究系统中不确定性和不精确性问题的重要方法，推广了经典集合论；智集是对直觉模糊集的一种拓展。接着本章重点介绍多维决策分析常用方法：层次分析法、模糊层次分析法、变异系数法、熵权法、突变级数法、物元分析、集对分析和灰色理论；层次分析法是一种主观决策分析方法，模糊层次分析法在层次分析法的基础上结合了模糊综合评价，解决了当评价体系指标较多时评价思维的不一致性问题；变异系数法、熵权法直接利用指标信息客观赋权进行综合评价；突变级数法结合突变理论与模糊数学进行综合量化运算；物元分析通过建立可拓决策处理不相容问题；集对分析把确定性与不确定性作为一个系统来处理，深刻反映其对立统一关系；灰色理论主要应用于研究信息部分清楚、部分不清楚并带有不确定性现象的问题，如灰色关联度分析和灰色决策。本章结构如图 9-1 所示。

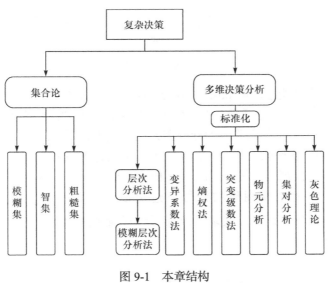

图 9-1 本章结构

9.1 模 糊 集

9.1.1 定义

众所周知，经典集合 A 与其特征函数 χ_A 是一一对应的，由于 χ_A 只取 0 和 1 两个值，经典集合 A 只能用来描述界限分明的研究对象，对界限不分明的对象无能为力。例如，对"年轻"这个模糊概念，用经典集合就无法给出合理的描述。而在自然界和现实生活中，模糊现象是普遍存在的。因此，必须把经典集合扩充，使之能够刻画模糊现象和解决模糊性问题。

为了定量地刻画模糊概念和模糊现象，美国计算机与控制论专家，加利福尼亚大学伯克利分校的 Zadeh 教授于 1965 年提出了模糊集合概念，具体定义如下。设 U 为论域，则称由如下实值函数 $\mu_A : U \to [0,1]$，$u \to \mu_A(u)$ 所确定的集合 A 为 U 上的模糊集合，而称 μ_A 为模糊集合 A 的隶属函数，$\mu_A(u)$ 称为元素 u 对于 A 的隶属度。

由此可见，模糊集合 A 是一个抽象的概念，其元素是不确定的，只能通过隶属函数 μ_A 来认识和掌握 A。$\mu_A(u)$ 数值的大小反映了论域 U 中的元素 u 对于模糊集合 A 的隶属程度，$\mu_A(u)$ 的值越接近 1，表示 u 隶属于 A 的程度越高；而 $\mu_A(u)$ 的值越接近于 0，表示 u 隶属于 A 的程度越低。特别地，若 $\mu_A(u)=1$，则认为表示 u 完全属于 A；若 $\mu_A(u)=0$，则认为表示 u 完全不属于 A。因此，经典集合可看作特殊的模糊集合。换言之，模糊集合是经典集合的推广。如图 9-2 所示，income 的模糊真值表示 income 值关于类别{low，medium，high}的隶属度。每个类别表示一个模糊集。注意，给定的 income 值 x 可能隶属于多个模糊集。x 在每个模糊集的隶属值的总和不必为 1。

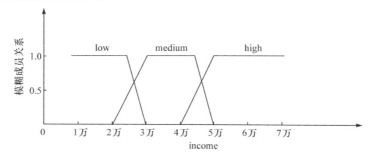

图 9-2　income 的模糊真值

模糊集合理论也称可能性理论(possibility theory)，它允许处理高层抽象，并且提供一种处理数据的不精确测量的手段。最重要的是，模糊集理论允许处理模糊或不精确的事实。例如，高收入集的成员是不精确的(如果收入 50000 美元是高收入，则收入 49000 美元或 48000 美元如何？)。不像传统的"明确的"集合，元素或者属于集合 S 或者属于它的补，在模糊集合论中，元素可以属于多个模糊集。例如，income 值 49000 美元属于模糊集 medium 和 high，但具有不同的隶属度。使用模糊集的记号，这可以表示为 $m_{\text{medium\_income}}(\$49000)=0.15$ 而 $m_{\text{high\_income}}(\$49000)=0.96$，其中 m 是隶属函数，分别在模糊集 medium_income 和 high_income 上计算。

1. 模糊集及模糊评价概述

模糊集用隶属函数确定的隶属度描述不精确的属性数据，重在处理空间数据挖掘中不精确的概率。模糊性是客观的存在，系统的复杂性越高，它的精确化能力就越低，模糊性就越强。在空间数据挖掘中，模糊集可用来模糊评判、模糊决策，模糊模式识别、模糊聚类分析合成证据和计算置信度等。模糊集在 GIS 中把类型、空间实体分别视为模糊集合、集合元素，空间实体对备选类论域的连续隶属度区间为[0,1]。每个空间实体与一组元素的隶属度有关，元素隶属度用于表示实体属于某类型的程度，它越接近于 1，实体就越属于该类型。具有类型混合、居间或渐变不确定性的实体可用元素隶属度来描述，例如，一块含有土壤和植被的土地，可以由两个元素隶属度表示。传统的集合具有精确定义的界线，为 0、1 二值逻辑，即给定一个元素，要么完全属于集合，要么完全不属于。因反映空间非匀质分布的地理属性不确定性的概率是可变的，类别变量的不确定性主要源于自定义数据所固有的主观臆断性、易混淆性和模糊性，故没有明确定义界限的模糊集合论，较传统集合论更适于研究非匀质分布和模糊类别。对于遥感图像的计算机分类处理，模糊类别域的生成可凭借所使用的分类器不同而输出不同的中间结果，如统计分类器中有某像素隶属于各备选类别的似然值，神经元网络分类器中的类别激活水平值。

模糊隶属度一旦确定，模糊集合的后续数值计算实际上已经把不确定性抛开，并没有继续向前传送至结果。而且模糊集合主要处理具有模糊性的属性不确定性，对于同时含有模糊性和随机性的不确定性空间数据挖掘，它只能丢弃随机性，这是不合适的。

模糊综合评价法是模糊数学中最基本的数学方法之一，该方法以隶属度来描述模糊界限。由于评价因素的复杂性、评价对象的层次性、评价标准中存在的模糊性，以及评价影响因素的模糊性或不确定性、定性指标难以定量化等一系列问题，人们难以用绝对的"非此即彼"来准确地描述客观现实，经常存在着"亦此亦彼"的模糊现象，其描述也多用自然语言来表达，而自然语言最大的特点是它的模糊性，而这种模糊性很难用经典数学模型加以统一量度。因此，建立在模糊集合基础上的模糊综合评判方法，利用多个指标对被评价事物隶属等级状况进行综合性评判。它把被评判事物的变化区间做出划分，一方面可以顾及对象的层次性，使得评价标准、影响因素的模糊性得以体现；另一方面在评价中又可以充分发挥人的经验，使评价结果更客观，符合实际情况。模糊综合评判可以做到定性和定量因素相结合，扩大信息量，使评价速度得以提高，评价结论可信。

2. 简单的模糊评价模型

在城市发展、环境评估等社会自然问题的空间数据挖掘中，人口、资源、环境与经济等方面的发展水平及协调程度是一个内涵明确而外延不明确的模糊概念，因此城市发展、环境评估等协调发展水平适合用模糊集理论来描述。

简单的模糊评价模型如下。

设指标集为 $U = \{u_1, u_2, \cdots, u_i, \cdots, u_n\}$ $(i = 1, 2, \cdots, n)$，其中，u_i 表示被评价的指标。

评价集为 $V = \{v_1, v_2, \cdots, v_j, \cdots, v_m\}$ $(j = 1, 2, \cdots, m)$，其中，v_j 表示被评价的结果。

$A = \{a_1, a_2, \cdots, a_i, \cdots, a_n\}$ $\left(0 \leqslant a_i \leqslant 1, \sum_{i=1}^{n} a_i = 1\right)$ 为权数分配，a_i 称为指标 u_i 被考虑的权数。

从 U 到 V 的一个模糊映射向量 $R(u_i) = \{r_{i1}, r_{i2}, \cdots, r_{ij}, \cdots, r_{im}\}$ $(0 \leqslant r_{ij} \leqslant 1,\ i = 1, 2, \cdots, n;\ j = 1, 2, \cdots, m)$ 是 V 上的模糊子集，其中，r_{ij} 表示第 i 个指标对于第 j 个评价 v_j 的隶属度。称由单指标评价组成的矩阵 $R = r_{ij}$ 为综合评价的变换矩阵。应用模糊矩阵的复合运算可以得出模糊综合评价的初始模型为

$$B = A \cdot R = (b_1, b_2, \cdots b_j, \cdots, b_m)$$

$$b_j = \vee(a_i \wedge r_{ij}) \quad (0 \leqslant b_j \leqslant 1)$$

其中，$\wedge$、$\vee$ 表示模糊分析算子，可以采取矩阵乘运算。

3. 多层次模糊评价模型

通过对因素层的分层划分，可以将初始模型扩展为多层次模糊综合评价模型，即把下一层的评价结果作为上一层评价的输入，直到最上层为止。在对因素集 $U = \{u_1, u_2, \cdots, u_j\}$ 做一次

划分时，可得到二层次模糊综合评价模型：

$$B_s = A \cdot R = A \cdot \begin{vmatrix} A_1 \cdot R_1 \\ A_2 \cdot R_2 \\ \vdots \quad \vdots \\ A_n \cdot R_n \end{vmatrix}$$

其中，A 表示 $U/p=\{U_1,U_2,\cdots,U_n\}$ 中 n 个元素 U_i 的权数分配；A_i 表示 $U=\{u_{i1},u_{i2},\cdots,u_{ik}\}$ 中 k 个因素 u_{ij} 的权数分配；R 和 R_i 分别表示 U/p 和 U_i 的综合评价变换矩阵；B_s 表示综合评价结果。

9.1.2　模糊综合评价法

模糊综合评价法具有结果清晰、系统性强的特点，能较好地解决模糊的、难以量化的问题，适合各种非确定性问题的解决。图 9-3 是采用此方法进行道路安全等级评价的应用案例。

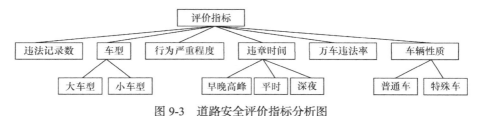

图 9-3　道路安全评价指标分析图

计算步骤如下。

步骤 1：确定评价指标因素集 U。

步骤 2：确定评语集 V，道路安全等级分为四类，分别是优、良、中、差。

步骤 3：确定评价指标权重集 W，W 的确定采用层次分析法。

步骤 4：建立模糊关系矩阵 R。由评价主体按照已经制定的评语集对指标进行模糊评定。评定所得结果用隶属度表示，模糊评定矩阵由隶属度组成，用矩阵表示为

$$\begin{bmatrix} r_{11} & r_{12} & \cdots & r_{1m} \\ r_{21} & r_{22} & \cdots & r_{2m} \\ \vdots & \vdots & & \vdots \\ r_{n1} & r_{n2} & \cdots & r_{nm} \end{bmatrix} \quad 1 \leqslant i \leqslant n \ , \ 1 \leqslant j \leqslant m$$

其中，隶属度表示多个评价主体对某个评价对象在第 i 个评价指标下做出第 j 等级评定的可能性程度。

步骤 5：计算模糊综合评定向量 S。

$$S=WoR$$

其中，"o" 表示模糊合成算子。常见的模糊合成算子有四种，经过综合考虑，采用加权平均型 $(\times,\otimes)$，这种合成算子能明显体现权值的作用，综合程度高。$\times$ 和 $\otimes$ 分别为模糊集的代数积和代数和。具体运算方法为将 W 与 R 相乘后全部叠加，所得的值作为 j 级别的隶属度。

步骤 6：模糊综合评价结果向量分析。本例采用加权平均原则法，四类等级优、良、中、差分别赋值为(4,3,2,1)，则

$$\delta = \frac{s_{i1}^k * 4 + s_{i2}^k * 3 + s_{i3}^k * 2 + s_{i4}^k}{s_{i1}^k + s_{i2}^k + s_{i3}^k + s_{i4}^k}$$

由公式可知，δ 的最大值为 4，最小值为 1。将结果区间分为四类，当 $\delta=1$ 时，对象 i 的安全等级为差；当 $\delta=2$ 时，对象 i 的安全等级为中；当 $\delta=3$ 时，对象 i 的安全等级为良；当 $\delta=4$ 时，对象 i 的安全等级为优。为了体现各评定向量的差异，本例中 k 的取值为 2。

9.2　智　　集

9.2.1　定义

随着社会信息多元化的发展，许多事物的概念在现实世界中是不确定的，人们难以准确表达。虽然模糊集合论可以较好地处理由于模糊引起的不确定性，但是模糊集只考虑隶属度而忽略非隶属度，易导致信息缺失。于是 Atanassov 进一步对模糊集进行了拓展，提出通过隶属度和非隶属度两个参数描述模糊信息的直觉模糊集(intuitionistic fuzzy sets，IFS)。IFS 同时考虑隶属度和非隶属度两个参数，为模糊信息的描述提供更多选择，使得直觉模糊集相比传统模糊集，在处理模糊不确定信息时具有更强的表现能力。在实际应用中，尤其是当非隶属度与隶属度同等重要时，IFS 能应用于多属性决策、信息融合等领域。

尽管直觉模糊集理论已得到了充分推广和概括，但其仍不能解决现实中的所有不确定问题。例如，在对某一事件进行投票时，40%的人投赞成票，30%的人投否定票，10%的人弃权，剩下 20%的人未确定，这时便难以用模糊集理论准确表达。因为在直觉模糊集中，只考虑了隶属度和非隶属度，当这两者确定时，不确定度也就间接地确定为 "1–隶属度–非隶属度"。为此，Smarandache(1998)在直觉模糊集的基础上引入独立的不确定度元素，首次提出考虑真实程度、不确定程度和失真程度三个参数的中智集合的概念，也叫智集(neutrosophic logic and set)。在智集中，不确定程度即定义为不确定的概率，与取真或取假的概率相互独立，因此，相比于模糊集，智集更具有一般性，对于取真、不确定、取假的概率均可在[0,1]自由取值，智集是模糊集合论、并行相容性集合论和直觉集合论的概括总结。相对于模糊集理论，它能更好地描述不确定性，可作为进行不确定分析的一般性框架，也可用于处理大数据问题。

令 X 表示全集，基于 X 中的 $A = \{< x, t_A(x), i_A(x), f_A(x) >| x \in X\}$ 为智集，其中 $t_A(x)$、$i_A(x)$、$f_A(x)$ 分别表示 X 中元素 x 隶属于 A 的集合的真隶属度函数、不确定性隶属度函数和假隶属度函数；$t_A(x)$、$i_A(x)$、$f_A(x)$ 表示 $[0^-, 1^+]$ 的标准和非标准实数子集。

1. 单值智集的定义

智集中的元素可以是区间值、单一元素、各子集的并集或交集等，因此可被拓展为单值智集、区间型智集、多值智集等形式。单值智集中真实程度、不确定程度和失真程度均为[0,1]的标准实数，在处理不确定信息方面更具灵活性和实用性。下面给出单值智集的定义，其中包括完备性概念和运算方法。

定义 1　令 X 表示全集，基于 X 中的智集 A，其为真的隶属度函数为 t_A，不确定性隶属度函数为 i_A，其为假的隶属度函数为 f_A，三个隶属度函数 $t_A, i_A, f_A : X \to [0,1]$，且有 $\forall x \in X$，$x \equiv x[t_A(x), i_A(x), f_A(x)] \in A$ 是单值智集 A 中的单值智集元素。全域 X 中的单值智集为

$$A = \sum_{i=1}^{n} \frac{x_i}{< t_A(x), i_A(x), f_A(x) >}$$

例如，假设 $X = \{x_1, x_2, x_3\}$ 表示服装，其中 x_1 为服装质量，x_2 为品牌影响力，x_3 为服装价

格，x_1, x_2, x_3 的值为[0,1]，通过面向专家以问卷调查的形式获得这些值，包括"质量好""不确定""质量差"三个得分，则有单值智集 A 定义：

$$A = \frac{x_1}{<0.3, 0.4, 0.5>} + \frac{x_2}{<0.5, 0.2, 0.3>} + \frac{x_3}{<0.7, 0.2, 0.2>}$$

定义 2 单值智集(single-valued neutrosophic set，SVNS)的完备性通过 A^C 定义：

$$t_{A^C}(x) = f_A(x), \quad i_{A^C}(x) = 1 - i_A(x), \quad f_{A^C}(x) = t_A(x), \quad \forall x \in X$$

定义 3 假设有另一单值智集 B，单值智集 A 属于单值智集 B，表示为 $A \subset B$，当且仅当 $t_A(x) \leqslant t_B(x)$，$i_A(x) \leqslant i_B(x)$，$f_A(x) \leqslant f_B(x)$，$\forall x \in X$ 时，$A \subset B$；当且仅当 $A \subset B, B \subset A$ 时，$A = B$。

定义 4 智集和运算与减运算，如单值智集 A 和单值智集 B 加和为单值智集 C 的和运算，表示为 $C = A \bigcup B$，定义为 $t_C(x) = \max[t_A(x), t_B(x)]$，$i_C(x) = \max[i_A(x), i_B(x)]$，$f_C(x) = \max[f_A(x), f_B(x)]$，$\forall x \in X$；单值智集 A 和单值智集 B 相减为单值智集 C 的减运算，表示为 $C = A \bigcap B$，$t_C(x) = \min[t_A(x), t_B(x)]$，$i_C(x) = \min[i_A(x), i_B(x)]$，$f_C(x) = \min[f_A(x), f_B(x)]$，$\forall x \in X$。

2. 多个单值智集的距离和相似性

距离、熵与相似度是智集理论研究的三大重要课题，距离是评价准则，相似性是用来估计多个单值智集间的相似性程度大小的量，熵是衡量和表达数据中不确定性的重要概念。

1) 两个单值智集的距离

对于全集 $X = \{x_1, x_2, \cdots, x_n\}$，有两个单值智集 A 和 B，$A = \sum_{i=1}^{n} \frac{x_i}{<t_A(x), i_A(x), f_A(x)>}$，$B = \sum_{i=1}^{n} \frac{x_i}{<t_B(x), i_B(x), f_B(x)>}$。

A 与 B 之间的汉明距离为

$$d_N(A, B) = \sum_{i=1}^{n} \{|t_A(x_i) - t_B(x_i)| + |i_A(x_i) - i_B(x_i)| + |f_A(x_i) - f_B(x_i)|\}$$

A 与 B 之间的归一化汉明距离为

$$l_N(A, B) = \frac{1}{3n} \sum_{i=1}^{n} \{|t_A(x_i) - t_B(x_i)| + |i_A(x_i) - i_B(x_i)| + |f_A(x_i) - f_B(x_i)|\}$$

A 与 B 之间的欧氏距离为

$$e_N(A, B) = \sqrt{\sum_{i=1}^{n} \{[t_A(x_i) - t_B(x_i)]^2 + [i_A(x_i) - i_B(x_i)]^2 + [f_A(x_i) - f_B(x_i)]^2\}}$$

A 与 B 之间的归一化欧氏距离为

$$q_N(A, B) = \sqrt{\frac{1}{3n} \sum_{i=1}^{n} \{[t_A(x_i) - t_B(x_i)]^2 + [i_A(x_i) - i_B(x_i)]^2 + [f_A(x_i) - f_B(x_i)]^2\}}$$

且有 $0 \leqslant d_N(A, B) \leqslant 1$，$0 \leqslant l_N(A, B) \leqslant 1$，$0 \leqslant e_N(A, B) \leqslant \sqrt{3n}$，$0 \leqslant q_N(A, B) \leqslant 1$。

单值智集 A 的最小基数表示为 $\min \sum \text{count}(A)$ 或 c^l，定义为 $c^l = \sum_{i=1}^{n} t_A(x_i)$。$A$ 的最大基数表示为 $\max \sum \text{count}(A)$ 或 c^{ll}，定义为 $c^{ll} = \sum_{i=1}^{n} \{t_A(x_i) + [1 - i_A(x_i)]\}$。单值智集的基数定义为区间

$[c^l, c^{ll}]$。对于 A^C，其最小和最大基数表示为 $\min \sum \text{count}(A^C) = \sum_{i=1}^{n} f_A(x_i)$，$\max \sum \text{count}(A^C) = \sum_{i=1}^{n} \{f_A(x_i) + [1 - i_A(x_i)]\}$。

例如，令 $X = \{a, b, c, d\}$ 表示全集，A, B 是全集中的两个单值智集，定义为

$$A = \{\frac{a}{<0.5, 0.2, 0.9>}, \frac{b}{<0.8, 0.4, 0.2>}, \frac{c}{<0.3, 0.8, 0.7>}, \frac{d}{<0.6, 0.3, 0.5>}\}$$

$$B = \{\frac{a}{<0.7, 0.4, 0.2>}, \frac{b}{<0.5, 0.5, 0.3>}, \frac{c}{<0.1, 0.2, 0.3>}, \frac{d}{<0.8, 0.1, 0.6>}\}$$

则有 A 和 B 之间的距离为 $d_N(A, B) = 0.33$，$l_N(A, B) = 0.0275$，$e_N(A, B) \approx 1.15$，$q_N(A, B) \approx 0.33$；单值智集 A 的最小基数和最大基数计算如下：

$$c^l = \sum_{i=1}^{n} t_A(x_i) = 0.5 + 0.8 + 0.3 + 0.6 = 2.2$$

$$c^{ll} = \sum_{i=1}^{n} \{t_A(x_i) + [1 - i_A(x_i)]\} = 1.3 + 1.4 + 0.5 + 1.3 = 4.5$$

2) 两个单值智集的相似性

两个单值智集间的相似性定义为一个函数，$S: N(X^2) \rightarrow [0,1]$，该函数满足以下属性：① $S(A, B) \in [0,1]$；② $S(A, B) = 1 \Leftrightarrow A = B$；③ $S(A, B) = S(B, A)$；④ $A \subset B \subset C \Rightarrow S(A, C) \leqslant S(A, B) \wedge S(B, C)$。

每一个相似性的计算方法都满足以上四条属性。目前有多种手段可以计算相似性，其中广泛应用的三种方法是基于距离、匹配函数、隶属度值。

3) 基于距离的相似性

相似性与距离成反比，根据四种距离(汉明距离、归一化汉明距离、欧氏距离、归一化欧氏距离)的定义，两个单值智集 A, B 之间的相似性 s^1 可以定义为

$$s^1(A, B) = \frac{1}{1 + d(A, B)}$$

例如，若采用汉明距离来计算 A, B 单值智集间的相似性，则

$$s^1_N(A, B) = \frac{1}{1 + d_N(A, B)}$$

基于距离定义两个单值智集 A, B 之间的相似性 s^1，满足如下属性：① $0 \leqslant s^1(A, B) \leqslant 1$；② $s^1(A, B) = 1, A = B$；③ $s^1(A, B) = s^1(B, A)$；④ $A \subset B \subset C \Rightarrow s^1(A, C) \leqslant s^1(A, B) \wedge s^1(B, C)$。

证明：根据已有概念易证属性①②③，以下仅给出属性④的证明。令 $A \subset B \subset C$，对于所有的 $x \in U$，则有

$$t_A(x) \leqslant t_B(x) \leqslant t_C(x), i_A(x) \leqslant i_B(x) \leqslant i_C(x), f_A(x) \leqslant f_B(x) \leqslant f_C(x)$$

$$|t_A(x) - t_B(x)| \leqslant |t_A(x) - t_C(x)|, |t_B(x) - t_C(x)| \leqslant |t_A(x) - t_C(x)|$$

$$|i_A(x) - i_B(x)| \leqslant |i_A(x) - i_C(x)|, |i_B(x) - i_C(x)| \leqslant |i_A(x) - i_C(x)|$$

$$|f_A(x) - f_B(x)| \leqslant |f_A(x) - f_C(x)|, |f_B(x) - f_C(x)| \leqslant |f_A(x) - f_C(x)|$$

因此，可得

$$d(A,B) \leqslant d(A,C) \Rightarrow s^1(A,C) \leqslant s^1(A,B)$$

$$d(B,C) \leqslant d(A,C) \Rightarrow s^1(A,C) \leqslant s^1(B,C)$$

即

$$s^1(A,C) \leqslant s^1(A,B) \wedge s^1(B,C)$$

4）基于匹配函数的相似性

考虑全集中每一个元素 x_i 都有权重 w_i，单值智集 A,B 之间的加权相似性可以采用匹配函数进行定义：

$$s^w(A,B) = \frac{\sum\limits_{i=1}^{n} w_i [t_A(x_i) \cdot t_B(x_i) + i_A(x_i) \cdot i_B(x_i) + f_A(x_i) \cdot f_B(x_i)]^2}{\sum\limits_{i=1}^{n} w_i \{[t_A(x_i)^2 + i_A(x_i)^2 + f_A(x_i)^2] \times [t_B(x_i)^2 + i_B(x_i)^2 + f_B(x_i)^2]\}}$$

例如，对全集 $X = \{a,b,c,d\}$ 中的元素 a,b,c,d 分别具有权重 0.1，0.3，0.4，0.2，则两个单值智集 A,B 之间的相似性计算如下：

$$s^w(A,B) = \frac{0.1 \times 0.3721 + 0.3 \times 0.4356 + 0.4 \times 0.16 + 0.2 \times 0.6561}{0.1 \times 0.759 + 0.3 \times 0.4956 + 0.4 \times 0.1708 + 0.2 \times 0.707} \approx 0.84$$

基于匹配函数的两个单值智集 A,B 之间的相似性 s^w，满足如下属性：① $0 \leqslant s^w(A,B) \leqslant 1$；② $s^w(A,B) = 1$，$A = B$；③ $s^w(A,B) = s^w(B,A)$。

5）基于隶属度值的相似性

两个单值智集基于隶属度值的相似性 s^2 的计算方法为

$$s^2(A,B) = \frac{\sum\limits_{i=1}^{n} \{\min[t_A(x_i),t_B(x_i)] + \min[i_A(x_i),i_B(x_i)] + \min[f_A(x_i),f_B(x_i)]\}}{\sum\limits_{i=1}^{n} \{\max[t_A(x_i),t_B(x_i)] + \max[i_A(x_i),i_B(x_i)] + \max[f_A(x_i),f_B(x_i)]\}}$$

例如，基于上述公式，计算两个单值智集 A,B 之间的相似性值：

$$s^2(A,B) = \frac{3.8}{7.1} \approx 0.535$$

两个单值智集 A,B 之间的基于隶属度值的相似性 s^2 满足如下属性：① $0 \leqslant s^2(A,B) \leqslant 1$；② $s^2(A,B) = 1$，$A = B$；③ $s^2(A,B) = s^2(B,A)$；④ $A \subset B \subset C \Rightarrow s^2(A,C) \leqslant s^2(A,B) \wedge s^2(B,C)$。

3. 单个单值智集的熵

单值智集的熵可以定义为函数 $E_N : N(X) \rightarrow [0,1]$，满足如下公理：① $E_N(A) = 1,[t_A(x),i_A(x),f_A(x)] = (0.5,0.5,0.5), \forall x \in A$；② $E_N(A) \geqslant E_N(B)$，当 B 的不确定性强于 A 时，$t_A(x_i) + f_A(x_i) \leqslant t_B(x_i) + f_B(x_i), |i_A(x_i) + i_{A^C}(x_i)| \leqslant |i_B(x_i) + i_{B^C}(x_i)|$；③ $E_N(A) = E_N(A^C)$，$\forall A \in N(X)$。

在单值智集中，有两个方面的不确定性来源：一是隶属度和非隶属度，二是定性因子。在这两方面因素条件下，单值智集 A 中的熵 E_1 为

$$E_1(A) = 1 - \frac{1}{n} \sum_{x_i \in X} (t_A(x_i) + f_A(x_i)) \times |i_A(x_i) - i_{A^C}(x_i)|$$

熵准则满足上述熵的所有公理：①如果 A 满足 $(t_A(x),i_A(x),f_A(x)) = (0.5,0.5,0.5), \forall x \in X$，则 $t_A(x_i) + f_A(x_i) = 1$，且 $i_A(x_i) - i_{A^C}(x_i) = 0.5 - 0.5 = 0$，$\forall A \in X$，即 $E_1(A) = 1$；② $E_1(A) \geqslant E_1(B)$，当

B 的不确定性强于 A 时，$t_A(x_i)+f_A(x_i) \leqslant t_B(x_i)+f_B(x_i)$，$|i_A(x_i)+i_{A^C}(x_i)| \leqslant |i_B(x_i)+i_{B^C}(x_i)|$；③$E_1(A)=$ $E_1(A^C)$。

因此，E_1 是定义在 $N(X)$ 上的熵函数。

例如，令 $X=\{a,b,c,d\}$ 为全集，A 为全集 X 中的单值智集，则有

$$A=\left\{\frac{a}{<0.5,0.2,0.9>},\frac{b}{<0.8,0.4,0.2>},\frac{c}{<0.3,0.8,0.7>},\frac{d}{<0.6,0.3,0.5>}\right\}$$

因此，单值智集 A 的熵 $E_1(A)=1-0.52=0.48$。

9.2.2　区间值智集软集

区间值智集软集(interval valued neutrosophic soft set，IVNSS)是集成区间智集和软集的混合概念，智集能够量化"不确定性"，而软集是一种参数化工具，两者在决策支持、智能信息处理中有广泛的应用。

1. 软集

Molodtsov 于 1999 年提出软集是一种对全集进行参数化表达的工具。令 U 表示初始全集，E 表示其中的参数集合。令 $P(U)$ 表示幂集。当且仅当 F 是 $F:A \to P(U)$ 的映射时，(F,A) 称为 U 上的软集。换言之，软集是 U 上的参数化的子集族，对于 $e \in A$，$F(e)$ 是 U 中具有属性 e 的元素构成的集合。

例如，假设由五所房子构成软空间的论域 $U=\{h_1,h_2,h_3,h_4,h_5\}$，参数集合 $E=\{e_1,e_2,e_3,e_4,e_5,e_6\}$，其中 e_1,e_2,e_3,e_4,e_5,e_6 分别代表属性"价格昂贵""设计时尚""位置优越""价格便宜""环境好""交通方便"。假设某人想购买房子，他对这些房子的评价可表示为一个软集 (F,A)，其中 $A=\{e_1,e_2,e_3,e_4\}$ 是他感兴趣的属性集合。假设：$F(e_1)=\{h_1,h_3\}$，$F(e_2)=\{h_2,h_4\}$，$F(e_3)=\{h_3,h_4,h_5\}$，$F(e_4)=\{h_1,h_3,h_5\}$。

于是，软集 (F,A) 就是 U 的一个参数化的子集族 $\{F(e_i);1 \leqslant i \leqslant 4\}$，从参数化的角度刻画了同一事物的几个侧面。$F(e_2)=\{h_2,h_4\}$ 意味着房子 h_2、h_4 是价格昂贵的。

2. 区间值智集软集

令 X 表示全集，基于 X 中的 $A=\{<x,T_A(x),I_A(x),F_A(x)>|x \in X\}$ 为智集，其中，$T_A(x)$、$I_A(x)$ 和 $F_A(x)$ 分别表示 X 中元素 x 隶属于 A 的集合的真隶属度函数、不确定性隶属度函数和假隶属度函数；$T_A(x)$、$I_A(x)$、$F_A(x)$ 为[0,1]的临近子区间。

例如，假设 $X=\{x_1,x_2,x_3\}$ 表示服装，其中 x_1 为服装质量，x_2 为品牌影响力，x_3 为服装价格，x_1,x_2,x_3 是[0,1]的临近子区间，通过面向专家以问卷调查的形式获得这些值，包括"质量好""不确定""质量差"三个得分，则全集 X 中区间智集 A 定义为

$$A=\frac{<[0.2,0.4],[0.3,0.5],[0.3,0.5]>}{x_1}+\frac{<[0.2,0.4],[0.2,0.3],[0.6,0.8]>}{x_2}$$
$$+\frac{<[0.5,0.7],[0,0.2],[0.2,0.3]>}{x_3}$$

区间智集与其他集合的关系如图 9-4 所示。

图 9-4　区间智集与其他集合的关系

9.2.3 智集在复杂决策中的应用

区间值智集软集可以很好地面向不确定性因素数据进行不确定性分析，并通过各种参数集合进行调试。下面以机器选择为例，介绍区间值智集软集在决策支持中的应用。

现有三台机器 $X = \{x_1, x_2, x_3\}$，各参数通过参数集合 $E = \{e_1, e_2, e_3\}$ 进行测试，其中，e_1 表示高强度，e_2 表示高温，e_3 表示高压；x_1, x_2, x_3 是[0,1]中的临近子区间。以问卷调查形式向专家收集了以上信息，专家对三台机器不同环境条件下的情况进行打分，选项包括"服务质量好""不确定""服务质量差"，打分分值为[0,1]。定义全集 X 中区间智集软集为

$$G = \{G(e_1), G(e_2), G(e_3)\}$$

其中，$G(e_1), G(e_2), G(e_3)$ 表示三台机器分别在高强度、高温、高压环境下的得分。

$$G(e_1) = \frac{<[0.4,0.7],[0.3,0.6],[0.3,0.5]>}{x_1} + \frac{<[0.5,0.7],[0.1,0.2],[0.2,0.3]>}{x_2}$$
$$+ \frac{<[0.2,0.8],[0.2,0.3],[0.2,0.3]>}{x_3} \tag{9.2.1}$$

$$G(e_2) = \frac{<[0.4,0.6],[0.2,0.5],[0.4,0.6]>}{x_1} + \frac{<[0.4,0.7],[0.2,0.5],[0.2,0.5]>}{x_2}$$
$$+ \frac{<[0.2,0.7],[0.4,0.6],[0.2,0.5]>}{x_3} \tag{9.2.2}$$

$$G(e_3) = \frac{<[0.4,0.9],[0.2,0.3],[0.1,0.4]>}{x_1} + \frac{<[0.3,0.7],[0.1,0.2],[0.1,0.4]>}{x_2}$$
$$+ \frac{<[0.4,0.8],[0.2,0.4],[0.1,0.5]>}{x_3} \tag{9.2.3}$$

以 $G(e_1)$ 即在高强度情况下为例，式(9.2.1)表示在高强度情况下，专家对于 x_1 机器的服务质量好的打分为[0.4,0.7]，不确定其服务质量的概率为[0.3,0.6]，而服务质量差的打分为[0.3,0.5]。

将其写成矩阵形式，即

$$G = \{G_1, G_2, G_3\}$$

其中，

$$G_1 = \begin{bmatrix} [0.4,0.7],[0.3,0.6],[0.3,0.5] \\ [0.4,0.6],[0.2,0.5],[0.4,0.6] \\ [0.4,0.9],[0.2,0.3],[0.1,0.4] \end{bmatrix}$$

$$G_2 = \begin{bmatrix} [0.5,0.7],[0.1,0.2],[0.2,0.3] \\ [0.4,0.7],[0.2,0.5],[0.2,0.5] \\ [0.3,0.7],[0.1,0.2],[0.1,0.4] \end{bmatrix}$$

$$G_3 = \begin{bmatrix} [0.2,0.8],[0.2,0.3],[0.2,0.3] \\ [0.2,0.7],[0.4,0.6],[0.2,0.5] \\ [0.4,0.8],[0.2,0.4],[0.1,0.5] \end{bmatrix}$$

G_1, G_2, G_3 分别表示三台机器；每个矩阵行表示不同参数；矩阵列表示"好""不确定""差"三种选项；每个元素表示在不同参数下对不同选项的打分区间。

下面要从这三台机器中选择最佳的一台，需要计算每个机器的参数得分和最终得分，每个参数的得分计算公式为

$$S_e(x) = \frac{T_A^+(x) - F_A^+(x) + T_A^-(x) - F_A^-(x)}{2} \times \left[1 - \frac{I_A^+(x) + I_A^-(x)}{2}\right]$$

其中，$T_A^+(x) = \sup T_e^A(x)$；$T_A^-(x) = \inf T_e^A(x)$；$I_A^+(x) = \sup I_e^A(x)$；$I_A^-(x) = \inf I_e^A(x)$；$F_A^+(x) = \sup F_e^A(x)$；$F_A^-(x) = \inf F_e^A(x)$。

X 中每个机器 x 的最终得分为

$$S(x) = \sum_{e \in E} S_e(x)$$

计算结果如表 9-1 所示，根据计算结果，显然第二台机器的得分最高，应当选择第二台机器。

表 9-1 得分和最终评分的计算结果

S	x_1	x_2	x_3
e_1	0.0825	0.2975	0.1875
e_2	0	0.13	0.05
e_3	0.3	0.2125	0.21
总和	0.3825	0.64	0.4475

9.3 粗 糙 集

9.3.1 基础理论

粗糙集是一种研究不精确、不确定性知识的数学工具，由波兰科学家 Pawlak 在 1982 年首先提出。粗糙集一经提出就立刻引起数据挖掘研究人员的注意，并被广泛讨论。粗糙集的知识形成思想可以概括为：一种类别对应于一个概念(类别一般表示为外延即集合，而概念常以如规则描述这样的内涵形式表示)，知识由概念组成；如果某知识中含有不精确概念，则该知识不精确。粗糙集对不精确概念的描述方法是通过下近似(lower approximation)和上近似(upper approximation)概念来表示的。一个概念(或集合)的下近似概念(或集合)中的元素肯定属于该概念(或集合)，而一个概念(或集合)的上近似概念(或集合)只是可能属于该概念。

首先，要了解一些关于粗糙集的重要概念：粗糙集把客观世界抽象为一个信息系统。一个信息系统 S 是一个四元组，$S = <U, A, V, f>$。U 表示对象(或事例)的有限集合，记为 $U = \{x_1, x_2, \cdots, x_n\}$；$A$ 表示属性的有限集合，记为 $A = \{A_1, A_2, \cdots, A_m\}$；$V$ 表示属性的值域集，记为 $V = \{V_1, V_2, \cdots, V_m\}$；$f$ 表示信息函数(information function)，即 $f: U \times A \to V, f(x_i, A_j) \in V_j$。属性 A 常常又划分为两个集合 C 和 D，即 $A = C \cup D, C \cap D = \varnothing$，$C$ 表示条件属性集；D 表示决策属性集。D 一般只有一个属性。对应于一个数据库系统，$f(a, e)$ 的值确定记录 e 关于属性 a 的取值。对于属性集 A 中的任意一个属性 a，如果记录 e_i 和记录 e_j 对于属性 a 的取值相同，称 e_i 和 e_j 基于属性集相等。基于某个属性集 A 的所有等价记录的集合，被定义为等价类。属于同一

等价类的记录归为一类，此分类称为 R 基于属性集 A 的划分，常被表示为 $R = \{R_1, R_2, \cdots, R_n\}$。

利用粗糙集刻画了近似空间(approximation space)。近似空间由一个二元组 $<U, R(B)>$ 给出：U 是对象(或事例)的有限集合，记为 $U = \{x_1, x_2, \cdots, x_n\}$；$B$ 是 A 的属性子集，$R(B)$ 是 U 上的二元等价关系，即 $R(B) = \{(x_1, x_2) \mid f(x_1, b) = f(x_2, b), \ b \in B\}$，也称无区别关系(indiscernibility relation)。$R(B)$ 把 U 划分为 k 个等价类 $x_1, x_2, \cdots, x_k$，记 $R^*(B) = \{X_1, X_2, \cdots, X_k\}$。若无特别指明，本章描述中有时将 $R(B)$ 简称为 R，$R^*(B)$ 简称为 R^*。对任意的 $x_1, x_2 \in X_i$，有 $(x_1, x_2) \in R$；对任意的 $x_1 \in X_i$，$x_2 \in X_j$，$i \neq j$，有 $(x_1, x_2) \notin R$。

对任意一个概念(或集合) O，B 是 U 的一个子集，对其作如下定义。

O 的下近似定义为：$\underline{B}O = \{x \in U \mid [x]_{R(B)} \subset O\}$，其中 $[x]_{R(B)}$ 表示 x 在 $R(B)$ 上的等价类。

O 的上近似定义为：$\overline{B}O = \{x \in U \mid [x]_{R(B)} \cap O \neq \varnothing\}$。

设有两个属性集 B_1、B_2，B_1 是 B_2 的真子集，如果 $R(B_1) = R(B_2)$，则称 B_2 可归约为 B_1。如果属性集 B 不可进一步归约，则称 B 是 U 的一个约简或归约子。

设有两个属性集 P 和 Q，则 P 对 Q 的属性依赖度定义为 $\gamma_P(Q) = \dfrac{\#\text{POS}_P(Q)}{\#U}$，其中，$\text{POS}_P(Q) = \bigcup\limits_{X \in R^*(Q)} \underline{P}X$，$\underline{P}X$ 表示集合 X 在属性集上的下近似。

设属性集 $B \subseteq C$，C 表示条件属性集，D 表示决策属性集，则属性重要度(attributes significance) 定义为 $\gamma_{AS} = \gamma_B(D) - \gamma_{C-B}(D)$，表明从 C 中去除 B 后对分类决策的影响程度。

约简是粗糙集中一个非常重要的概念。约简即极小属性集，也就是去掉约简中的任何一个属性，都将使该属性集对应的规则覆盖反例，即导致规则与例子的不一致。而对于极大属性集，向它加入任何一个不属于它的属性，则会使该属性集对应的规则覆盖更少的正例。称约简对应的规则为极小规则，极大属性集对应的规则为极大规则。人们常常希望获得的极小规则具有尽可能简洁的形式(即极小属性集尽可能小)，这也是机器学习中很多归纳学习方法所追求的目标之一。在生成规则时要使用启发式的属性选择方法进行搜索，而各种选择方法都是一种偏向(bias)，有各自的特点和适用范围。基于极小规则和极大规则的概念，就可以实现极小规则和极大规则的生成。

9.3.2　方法概述

粗糙集理论可以用于分类，发现不准确数据或噪声数据内的结构联系，主要应用于离散值属性。因此，连续值属性必须在使用前离散化。粗糙集理论以给定训练数据内部的等价类为基础，也就是说，对于描述数据的属性，这些样本是等价的。给定现实世界数据，通常有些类不能被可用的属性区分，粗糙集可以用来近似地或"粗略地"定义这些类。给定类 C 的粗糙集定义用两个集合来近似：C 的下近似和 C 的上近似。C 的下近似由一些这样的数据元组成：根据其属性的知识，它们毫无疑问属于 C。C 的上近似由所有这样的元组组成：根据其属性的知识，它们不可能被认为不属于 C。C 的下近似和上近似如图 9-5 所示，其中每个矩形区域代表一个等价类。可以对每个类产生决策规则。通常，使用决策表表示这些规则。

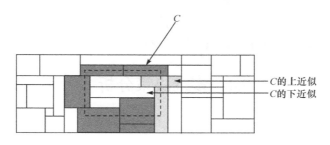

图 9-5　C 的上近似和 C 的下近似说明图

粗糙集也可以用于属性子集选择(或特征归纳，可以识别和删除无助于给定训练数据分类的属性)和相关分析(根据分类任务评估每个属性的贡献或显著性)。找出可以描述给定数据集中所有概念的最小属性子集(规约集)问题是困难的，然而，学者提出了一些降低计算强度的算法。例如，有一种方法使用识别矩阵(discernibility matrix)存放每对数据元组属性值之差，不是在整个训练集上搜索，而是搜索矩阵，检测冗余属性。

9.3.3　实例

用一个具体的实例说明粗糙集的概念：在粗糙集中使用信息表(information table)描述论域中的数据集合。根据学科领域的不同，它们可能代表医疗、金融、军事、过程控制等方面的数据。信息表的形式和关系数据库中的关系数据模型很相似，是一张二维表格，如表 9-2 所示。表格的数据描述了一些人的教育水平及是否找到了较好工作，旨在说明两者之间的关系。其中王治、马丽、赵凯等称为对象(objects)，一行描述一个对象。表中的列描述对象的属性。粗糙集理论中有两种属性：条件属性(condition attribute)和决策属性(decision attribute)。本例中"教育水平"为条件属性；"是否找到了好工作"为决策属性。

表 9-2　教育程度与是否找到好工作的关系

姓名	教育水平	是否找到了好工作
王治	高中	否
马丽	高中	是
李得	小学	否
刘保	大学	是
赵凯	博士	是

设 O 表示找到了好工作的人的集合，则 $O=\{$马丽，刘保，赵凯$\}$，设 I 表示属性"教育水平"所构成的一个等效关系，根据教育水平的不同，该论域被分割为四个等效类：$\{$王治，马丽$\}$，$\{$李得$\}$，$\{$刘保$\}$，$\{$赵凯$\}$。王治和马丽在同一个等效类中，他们都为高中文化水平，是不可分辨的，则集合 O 的下逼近(即正区)为 $I^P(O) = POS(O) = \{$刘保，赵凯$\}$；集合 O 的负区为 $NEG(O) = \{$李得$\}$；集合 O 的边界区为 $BND(O) = \{$王治，马丽$\}$；集合 O 的上逼近为 $I^3(O) = POS(O) + BND(O) = \{$刘保，赵凯，王治，马丽$\}$。

根据表 9-2，可以归纳出下面几条规则，揭示了教育水平与是否能找到好工作之间的关系。

规则 1：IF(教育水平=大学)OR(教育水平=博士)THEN(可以找到好工作)；

规则 2：IF(教育水平=小学)THEN(找不到好工作)；

规则 3：IF(教育水平=高中)THEN(可能找到好工作)。

从这个简单的例子中还可以体会到粗糙集理论在数据分析、寻找规律方面的作用。

9.4 多维决策分析

9.4.1 标准化

多维决策分析前应先进行数据的标准化(normalization)，这是指将数据按照一定规则缩放，使之落入一个小的特定区间。这样能去除数据的单位限制，将其转化为无量纲的纯数值，便于不同单位或量级的指标能够进行比较和加权。不同的标准化方法用在不同的情况下，下面主要介绍几种常用的方法。

1. Min-Max 标准化

Min-Max 标准化(Min-Max normalization)也称离差标准化，是对原始数据的线性变换，使结果落到[0,1]，转换函数为

$$y_i = \frac{x_i - \min\{x_j\}}{\max\{x_j\} - \min\{x_j\}} \quad 1 \leqslant j \leqslant n \tag{9.4.1}$$

其中，$\max\{x_j\}$ 表示样本数据的最大值；$\min\{x_j\}$ 表示样本数据的最小值。这种方法有一个缺陷，就是当有新数据加入时，max 和 min 可能变化，需要重新定义。

2. Z-score 标准化

Z-score 标准化(zero-mean normalization)也叫标准差标准化，经过处理的数据符合标准正态分布，即均值为 0，标准差为 1，其转化函数为

$$y_i = \frac{x_i - \overline{x}}{s} \quad 1 \leqslant i \leqslant n \tag{9.4.2}$$

其中，$\overline{x}$ 表示所有样本数据的均值；s 表示所有样本数据的标准差。经过 Z-score 标准化后，各变量将有约一半观察值的数值小于 0，另一半观察值的数值大于 0，变量的平均数为 0，标准差为 1。经标准化的数据都是没有单位的纯数值。它是当前用得最多的数据标准化方法。如果特征非常稀疏，并且有大量的 0(现实应用中很多特征都具有这个特点)，Z-score 标准化的过程几乎就是一个除 0 的过程，结果不可预料。

3. 归一标准化

转化函数为

$$y_i = \frac{x_i}{\sum\limits_{i=1}^{n} x_i} \tag{9.4.3}$$

则新序列 $y_1, y_2, \cdots, y_n \in [0,1]$ 且无量纲，并且显然有 $\sum\limits_{i=1}^{n} y_i = 1$。

归一化方法在确定权重时经常用到。针对实际情况，也可能有其他量化方法，或者要综合使用多种方法，总之最后的结果都是无量纲。对数据进行标准化处理后，即可使用多维决策方法进行分析。

9.4.2　层次分析法

美国运筹学家 Saaty 提出的层次分析法(analytic hierarchy process, AHP)，是一种定性与定量相结合的系统化、层次化决策分析方法。它常常被运用于多目标、多准则、多要素、多层次的非结构化的复杂决策问题，特别是战略决策问题的研究，具有十分广泛的实用性。AHP 是一种将决策者对复杂问题的决策思维过程模型化、数量化的过程。这种方法可以将复杂问题分解为若干层次和若干因素，在各因素之间进行简单的比较和计算，就可以得出不同方案重要性程度的权重，从而为决策方案的选择提供依据。由于在处理复杂的决策问题上的实用性和有效性，AHP 很快在世界范围得到重视。它的应用已遍及经济管理、能源政策和分配、行为科学、军事指挥、运输、农业、教育、人才、医疗和环境等领域。AHP 作为解决复杂的非结构化的地理决策问题的重要方法，是空间决策建模的主要方法之一。

1. AHP 定义

AHP 是将决策问题按总目标、各层子目标、评价准则直至具体的备投方案的顺序分解为不同的层次结构，然后使用求解判断矩阵特征向量的办法，求得每一层次的各元素对上一层次某元素的优先权重，最后再使用加权和的方法递阶归并各备择方案对总目标的最终权重，最终权重最大者即为最优方案。这里的"优先权重"是一种相对的量度，它表明各备择方案在某一特点的评价准则或子目标下，优越程度的相对量度，以及各子目标对上一层目标而言重要程度的相对量度。AHP 比较适合于具有分层交错评价指标的目标系统，而且目标值又难于定量描述的决策问题。其用法是构造判断矩阵，求出其最大特征值，以及其所对应的特征向量 W，归一化后，即为某一层次指标对于上一层次某相关指标的相对重要性权值。

AHP 的基本思路与人对一个复杂的决策问题的思维、判断过程大体上是一样的。不妨以假期旅游为例：假如有三个旅游胜地 A、B、C 供你选择，你会根据诸如景色、费用和居住、饮食、旅途条件等一些准则去反复比较这三个候选地点。首先，你会确定这些准则在你的心目中各占多大比重，如果你经济宽绰、醉心旅游，自然分外看重景色条件，而平素俭朴或手头拮据的人则会优先考虑费用，中老年旅游者还会对居住、饮食等条件寄以较大关注。其次，你会就每一个准则将三个地点进行对比，譬如 A 景色最好，B 次之；B 费用最低，C 次之；C 居住等条件较好等。最后，你要将这两个层次的比较判断进行综合，在 A、B、C 中确定最佳地点。

2. AHP 基本步骤

建立层次结构模型。在深入分析实际问题的基础上，将有关的各个因素按照不同属性自上而下地分解为若干层次，同一层的诸因素从属于上一层的因素或对上层因素有影响，同时又支配下一层的因素或受到下层因素的作用。最上层为目标层，通常只有一个因素，最下层通常为方案或对象层，中间可以有一个或几个层次，通常为准则或指标层。当准则过多时(譬如多于九个)应进一步分解出子准则层。

(1) 构造成对比较矩阵。从层次结构模型的第二层开始，对于从属于(或影响)上一层每个因素的同一层诸因素，用成对比较法和 9 分位标度法构造成对比较矩阵，直到最下层。

(2) 计算权向量并做一致性检验。对于每一个成对比较阵计算最大特征根及对应特征向量，利用一致性指标、随机一致性指标和一致性比率做一致性检验。若检验通过，特征向量(归一化后)即为权向量；若不通过，需重新构造成对比较矩阵。

(3) 计算组合权向量并做组合一致性检验。计算最下层对目标的组合权向量，并根据公式做组合一致性检验，若检验通过，则可按照组合权向量表示的结果进行决策，否则需要重新考虑模型或重新构造那些一致性比率较大的成对比较矩阵。

3. AHP 实例

在了解了 AHP 的原理与基本步骤后，接下来通过一个简单的场址选择问题来帮助读者理解这种方法在生产生活中的应用。

(1) 建立层次结构模型。某企业准备在 A、B、C 三地中选择一个建设新厂房，在充分调研的基础上，专家们一致认为有以下五个因素需要考虑：区域位置、面积及周围条件、交通、供电供水、环境气候。首先建立该决策问题的层次分析结构图，如图 9-6 所示。

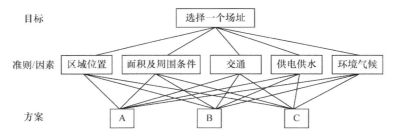

图 9-6　决策问题分析结构图

(2) 构造判断矩阵。比较准则层任意两个因素相对目标层的重要性，使用符号 α_{ij} 表示因素 i 与因素 j 重要性比较结果，并按照 9 分位标度法排定各因素的相对优劣顺序，以此构造出判断矩阵 A。9 分位标度及含义如表 9-3 所示。

表 9-3　9 分位标度及含义

标度	含义
1	表示两个因素相比，具有相同的重要性
3	表示两个因素相比，前者比后者稍重要
5	表示两个因素相比，前者比后者明显重要
7	表示两个因素相比，前者比后者强烈重要
9	表示两个因素相比，前者比后者极端重要
2,4,6,8	表示上述相邻判断的中间值
倒数	若因素 i 与因素 j 的重要性之比为 α_{ij}，那么因素 j 与因素 i 重要性之比为 $\alpha_{ij}=1/\alpha_{ij}$

对于该选址问题，构造出的判断矩阵 A 为

$$\begin{pmatrix} 1 & 2 & 7 & 5 & 5 \\ 1/2 & 1 & 4 & 3 & 3 \\ 1/7 & 4 & 1 & 1/2 & 3 \\ 1/5 & 1/3 & 2 & 1 & 1 \\ 1/5 & 1/3 & 3 & 1 & 1 \end{pmatrix} \tag{9.4.4}$$

(3) 权重分配与一致性检验。一致性检验的目的是保证构造的判断矩阵满足一致性。一致性是指：假如因素 i：因素 j=4：1，因素 j：因素 k=2：1，如果满足一致性，则因素 i：因素 k=8：1，但实际在构造判断矩阵时，很难完全满足这种要求。因此，允许判断矩阵存在一定

程度的不一致性。实际操作过程中，使用 CR 值来衡量不一致程度，例如，CR<0.1，则认为判断矩阵具有满意的一致性，否则需要重新调整判断矩阵，直到达到满意的一致性为止。

CR 值的计算公式为

$$\mathrm{CR} = \frac{\mathrm{CI}}{\mathrm{RI}} \tag{9.4.5}$$

其中，$\mathrm{CI} = \frac{\lambda_{\max} A - n}{n-1}$，$\lambda_{\max}$ 表示判断矩阵 A 的最大特征值；RI 的值可以通过查表获得。该例中，CR=0.016<0.1，说明 A 的一致性可以接受。此时，A 的最大特征值对应的特征向量 U=(0.8409,−0.4658,−0.0951,−0.1733,−0.1920),该特征向量标准化后变为 U=(0.475,0.263,0.051,0.103,0.126),该标准化后的向量即可表示五个因素相对目标的权重。在做权重分配计算时，除了以上介绍的特征向量法以外，还可通过简单的计算方法(和法、根法等) 实现，这里不再详细介绍。

(4) 方案排序及决策。第(3)部分已经计算出五个因素对于目标值的相对重要性，要从场址 A、B 和 C 中选择一个最满足上述五个因素的方案，还需要对三个候选方案分别比较其区域位置、面积及周围条件、交通、供电供水、环境气候。

先比较三个方案的区域位置，构造判断矩阵 B_1 为

$$\begin{pmatrix} 1 & 1/3 & 1/8 \\ 3 & 1 & 1/3 \\ 8 & 3 & 1 \end{pmatrix} \tag{9.4.6}$$

通过特征向量计算和一致性检验，矩阵 B_1 最大特征值对应的特征向量经标准化后为 W_1=(0.082,0.244,0.674)。类似地，分别比较三个候选方案的面积及周围条件、交通、供电供水和环境气候得到相应的构造矩阵,通过特征向量计算和一致性检验，可以得到相应的特征向量经标准化后分别为 W_2=(0.606,0.265,0.129)；W_3=(0.429,0.429,0.143)；W_4=(0.636,0.185,0.179)；W_5=(0.167,0.167,0.667)。

最后，可以根据权重分配表 9-4 计算各候选方案的综合得分。得分如表 9-5 所示(如场址 A 得分=0.457×0.082+0.263×0.606+⋯+0.126×0.167=0.305)。

表 9-4 权重分配表

	区域位置	面积及周围条件	交通	供电供水	环境气候
权重	0.457	0.263	0.051	0.103	0.126

表 9-5 得分表

方案	区域位置	面积及周围条件	交通	供电供水	环境气候	总得分
场址 A	0.082	0.606	0.429	0.636	0.167	0.305
场址 B	0.244	0.265	0.429	0.185	0.167	0.243
场址 C	0.674	0.129	0.143	0.179	0.667	0.452

通过比较不同场址的最终得分发现，场址 C 是首选。

至此，通过层次分析法给出了选址问题的选择方案，我们基本熟悉了 AHP 解决问题的一

般流程，也不难发现，层次分析法是对人们的思维过程进行了加工整理，提出了一套系统分析问题的方法。但是，由于判断矩阵的构建依赖于人的主观思维，缺乏客观性，另外，如果候选方案或影响因素过多，构造判断矩阵时将非常耗费精力。因此，AHP 也存在局限性。

9.4.3　模糊层次分析法

模糊层次分析法(fuzzy analytic hierarchy process，FAHP)是在层次分析法的基础上结合了模糊综合评价，它仍使用层次分析法来确定各指标的权重，然后用模糊综合评价的方法对模糊指标进行评定。FAHP 能够解决当评价体系指标较多时评价思维的不一致性问题，具体步骤如下。

(1) 建立层次结构。将复杂问题分解意味着要建立一个层级之间相互联系的多层次结构。

(2) 建立两两比较模糊判断矩阵。判断每一层次中各因素的相对重要性，与 AHP 不同的是建立模糊一致判断矩阵，矩阵元素确定条件为

$$a_{ij} = \begin{cases} 1 & b(i) > b(j) \\ 0.5 & b(i) < b(j) \\ 0 & b(i) = b(j) \end{cases} \tag{9.4.7}$$

其中，$b(i), b(j)$ 表示两指标因素 i, j 的标度，通常用 $1, 2, \cdots, 9$ 表示，标度数值越大重要性越高；a_{ij} 为两个因素之间的相对重要程度。

接着由优先关系矩阵 $A=(a_{ij})_{m \times n}$ 通过式(9.4.8)和式(9.4.9)转换成模糊一致矩阵 $B=(b_{ij})_{m \times n}$。因为该矩阵满足一致性条件，所以不用进行 AHP 中的一致性检验。

$$b = \sum_{j=1}^{m} a_{ij} \quad i = 1, 2, \cdots, m \tag{9.4.8}$$

$$b_{ij} = \frac{b_i - b_j}{2^m} + 0.5 \tag{9.4.9}$$

(3) 计算模糊互补判断矩阵的权重，其公式为

$$W_i = \frac{\sum_{j=1}^{m} b_{ij} + \frac{m}{2} - 1}{m(m-1)} \tag{9.4.10}$$

(4) 对指标数据进行标准化处理，消除量纲。

(5) 计算综合评价指数。根据确定的权重和标准化后的指标计算最终的评价指数 I：

$$I = \sum_{k=1}^{n} \left(b_k \sum_{i=1}^{n} a_{ki} X_{ki} \right) \tag{9.4.11}$$

其中，a_{ki} 表示判断矩阵中第 k 项指标大类中的第 i 个次级指标的权重；b_k 表示判断矩阵中第 k 项指标(指标大类)的权重，均由式(9.4.11)计算；X_{ki} 表示各标准化后的指标数值。

相较于传统的 AHP，FAHP 有如下优缺点。优点：①模糊评价通过精确的数字手段处理模糊的评价对象，能对蕴藏信息呈现模糊性的资料做出比较科学、合理、贴近实际的量化评价；②评价结果是一个矢量，而不是一个点值，包含的信息比较丰富，既可以比较准确地刻画被评价对象，又可以进一步加工，得到参考信息。缺点为：①计算复杂，对指标权重矢量的确定主观性较强；②当指标集较大，即指标集个数较多时，在权矢量和为 1 的条件约束下，

相对隶属度权系数往往偏小，权矢量与模糊矩阵不匹配，结果会出现超模糊现象，分辨率很差，无法区分谁的隶属度更高，甚至造成评判失败，此时可用分层模糊评估法加以改进。

9.4.4　变异系数法

变异系数是对数据分布频率和可能性的一个标准化度量，它可以被看作标准差和平均值的比率[式(9.4.12)]。与标准差比较，它能够更好地提供指标所包含的信息，特别是当资料中的单位和平均值不同时，可以消除这种差异对其资料变异程度比较的影响。因此，由变异系数法得到的各评价指标的权重 W_j 可用式(9.4.13)表示。

$$CV = \frac{\delta}{\mu} \tag{9.4.12}$$

其中，CV 表示变异系数；δ 表示标准差；μ 表示变量的平均值。

$$W_j = \frac{CV_j}{\sum\limits_{j=1}^{m} CV_j} \tag{9.4.13}$$

其中，W_j 表示第 j 项指标的权重；CV_j 表示第 j 项指标的变异系数；m 表示指标的个数。

9.4.5　熵权法

"熵"在信息论中用来度量系统的无序程度，其值越小代表指标所含的信息量越大。同样地，若将其应用到综合评价中，一个指标的熵值越小则说明它所表达的信息越大，在指标评价体系中的重要程度较高，因此赋予的权重应该越大。这里，利用"熵"来确定权重，即根据各个剥夺指标的差异程度来确定其权重值，主要步骤如下。

(1) 标准化原始数据矩阵。设原始数据为 m 个指标，n 个对象，组成的数据矩阵为 $X = \{x_{ij}, i=1,2,\cdots,m;\ j=1,2,\cdots,n\}$，通过最大最小标准化得到其标准化矩阵 $Y = \{y_{ij}, i=1,2,\cdots,m;\ j=1,2,\cdots,n\}$，其中 y_{ij} 为

$$y_{ij} = \frac{x_{ij} - \min x_i}{\max x_i - \min x_i} \tag{9.4.14}$$

(2) 计算熵值。第 i 个指标的熵 H_i 为

$$H_i = -k\sum_{j=1}^{n} p_{ij} \ln p_{ij} \quad i=1,2,\cdots,m \tag{9.4.15}$$

其中，$p_{ij} = \dfrac{y_{ij}}{\sum\limits_{j=1}^{n} y_{ij}}$；$k$ 表示常数，$k = 1/\ln n$。

(3) 确定权重。计算了第 i 个指标的熵 H_i 之后，其熵权 W_i 为

$$W_i = \frac{1 - H_i}{m - \sum H_i} \quad i=1,2,\cdots,m \tag{9.4.16}$$

9.4.6　突变级数法

突变级数法是一种对评价目标进行多层次矛盾分解，然后利用突变理论与模糊数学相结

合产生突变模糊隶属函数，再由归一公式进行综合量化运算，最后归一为一个参数，即求出总的隶属函数，从而对评价目标进行排序分析的一种综合评价方法。该方法的特点是没有对指标采用权重，但它考虑了各评价指标的相对重要性，从而减少了主观性又不失科学性、合理性，而且计算简易准确，应用范围广泛。

1. 突变理论简介

1972 年，由法国著名数学家托姆(Thom)发表的一份题为《结构稳定性和形态形成学》的著作标志着突变理论(catastrophe theory)的诞生。该理论以结构稳定性理论为基础，从量的角度研究系统中各种事物在满足一定条件下发生的不连续变化，并试图用统一的数学模型来描述它们，从而说明稳定态与非稳定态、渐变与突变的特征及其相互关系，揭示系统发生突变的规律和特点。在对事物的变化进行分析并建模时，托姆将引起事物变化的因素视为控制变量，将事物本身视为状态变量，而用来表示二者之间关系的函数称为该系统的势函数。经过严格的数学推导，托姆证明了一个重要的数学定理：当状态变量不大于 2，控制变量不大于 4 时，自然界形形色色的突变过程都可以用其中最基本的数学模型来描述。

2. 多目标突变决策模型

1) 决策模型

在多目标方案比选中，尖点型、燕尾型和蝴蝶型三种突变模型(表 9-6)具有比较广泛的实用性，下面将以这三种模型为例对多目标突变决策模型进行论述。

表 9-6 三种突变模型

突变类型	状态变量个数	控制变量个数	势函数
尖点型	1	2	$F(x)=x^4+ux^2+vx$
燕尾型	1	3	$F(x)=x^5+ux^3+vx^2+wx$
蝴蝶型	1	4	$F(x)=x^6+wx^4+tx^3+ux^2+vx$

注：x, y 为状态变量；u,v,w,t 为控制变量

现假设 X_u, X_v, X_w, X_t 分别为控制变量 u, v, w, t(代表决策中的目标)所对应的状态变量 X 的值，则对应尖点突变模型的决策模型为 $X_u=\sqrt{u}$，$X_v=\sqrt[3]{v}$；对应燕尾突变模型的决策模型为 $X_u=\sqrt{u}$，$X_v=\sqrt[3]{v}$，$X_w=\sqrt[4]{w}$；对应蝴蝶突变模型的决策模型为 $X_u=\sqrt{u}$，$X_v=\sqrt[3]{v}$，$X_w=\sqrt[4]{w}$，$X_t=\sqrt[3]{t}$。

2) 基本原理

X 值越大，说明同一质态下量的程度越高，方案越可取。根据突变理论，在尖点突变模型中 u 表示决策的主要影响因素，v 表示决策的次要影响因素；同理，燕尾突变模型的三个控制变量的主次排序为 u、v、w,蝴蝶突变模型的四个控制变量的主次排序为 u、v、w、t。

3) 利用原则

(1) 非互补决策。当一个系统的各控制变量之间不可相互替代时，要从各控制变量(如 u,v, w,t)对应的 X 值(如 X_u, X_v, X_w, X_t)中选取最小的一个作为整个系统的 X 值。

(2) 互补决策。当一个系统的各控制变量之间可以相互替代时，取 X_u, X_v, X_w, X_t 的平均值作为整个系统的 X 值。

(3) 阈值互补决策。只有在系统的各控制变量达到一定的阈值后方可互补。若各控制变

量具有替代性,则阈值的大小反映了决策者在控制变量相互替代时对其功能相似程度要求的高低。

决策技术路线如下。

步骤1:列举出所有备选项作为决策评选的方案。

步骤2:将影响决策的所有因素归类、细分,在对每个方案进行评价时,要综合考虑影响决策的各种因素。这些因素应按相互间的逻辑关系归为几个大类,再由上往下逐层细分直到可以具体量化为止。每层因素应分别进行主次排序,其依据是该层因素在上一层因素中体现的地位和作用。具体可以运用专家意见法、总体结构等级分析法和层次分析法排出其主次关系。

步骤3:对目标层的各控制变量进行量化分析,确定其效用函数值。效用函数值是多目标决策中用来进行量化分析的一个相对指标值,取值范围为0~1,0表示影响因素对决策最不利,1表示影响因素对决策最有利。计算时应先采用专家打分法或模糊决策综合评价法确定各因素在四个方案中的原始数值。由于各评价指标涉及多方面因素,原始数值度量单位不一致,为把各因素纳入统一的评价体系,就必须对原始数值进行无量纲化处理,将绝对的有量纲指标转化为相对的无量纲指标。若将指标分为发展型指标、制约型指标和适度型指标,则效用函数值 Y 的计算公式如下。

对于发展型指标,有

$$Y(D_i) = \frac{D_i - D_{min}}{D_{max} - D_{min}} \tag{9.4.17}$$

对于制约型指标,有

$$Y(D_i) = \frac{D_{max} - D_i}{D_{max} - D_{min}} \tag{9.4.18}$$

对于适度型指标,有

$$\begin{cases} Y(D_i) = \dfrac{D_i - D_{min}}{D_0 - D_{min}} & \text{当} D_i \leqslant D_0 \\[2mm] Y(D_i) = \dfrac{D_{max} - D_i}{D_{max} - D_0} & \text{当} D_i \geqslant D_0 \end{cases} \tag{9.4.19}$$

其中,D_{max}、D_{min}、D_0 分别表示指标可观测的最大值、最小值、适中值。

步骤4:利用突变决策模型由下往上逐层计算突变决策级数。

步骤5:比较各方案总目标突变决策级数,选择突变决策级数值最大的方案作为最优决策方案。

4) 模型应用

城市空间发展方向决策是多目标方案比选问题,每一个目标方案代表一种城市发展的质态,因此可以通过分析城市空间发展方向(状态变量)及其影响因素(各控制变量)之间的关系,运用多目标突变决策模型对其进行量化,最终确定城市空间发展方向。本例选取甲城市空间发展方向作为应用研究内容。图9-7表示了影响甲城市空间发展的各种因素(包括经济因素、自然环境因素和社会因素),以及各因素的细分因素与其相互间的逻辑关系。图中控制变量按其主次关系从左至右排序,以便识图和计算。

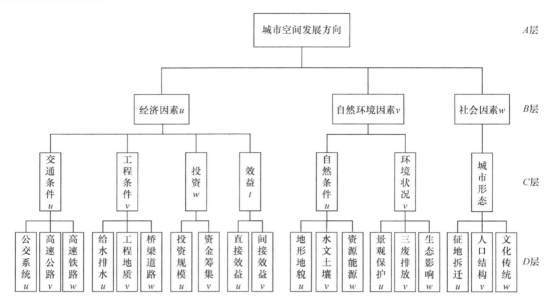

图 9-7　城市空间发展方向模型

甲城市空间发展方向可以分为东进、西扩、南下、北上四个方案。按照决策技术路线和利用原则计算 D 层控制变量的效用函数值和各层目标突变决策级数，最终计算得出 A 层总目标的突变决策级数为 $X^{A东}=0.9594$，$X^{A南}=0.9381$，$X^{A西}=0.9170$，$X^{A北}=0.8603$。

由于突变决策级数的大小排序为 $X^{A东}>X^{A南}>X^{A西}>X^{A北}$，按照突变决策模型的基本原理，甲城市空间应优先向东发展，然后是向南发展，向西发展和向北发展宜作为城市用地的中、远期发展战略。

9.4.7　物元分析

物元分析理论是中国学者蔡文教授创立的一门新学科，它介于数学和实验科学之间，其基本理论框架主要包含两点：一是研究物元及其变换的物元理论；二是建立在可拓集合理论基础上的数学工具。利用物元分析方法，可以建立事物某特征多指标性能参数的评定模型，分量表征评定结果，较完整地反映事物的综合水平，实现科学评价。物元分析法通过建立多指标参数的综合物元模型，对单指标的关联函数进行计算得到相应的评价水平，再通过模型集成得到多指标的综合评价水平，从而更加客观和科学地反映被评价事物的综合水平。较之其他综合评价方法，在目标需精细刻画时，物元分析法具有较大优势。目前，物元分析法已广泛应用于环境质量综合评判、综合交通系统评价和农业资源评价。

1. 物元分析理论

1) 可拓集合理论

在现实世界中，事物是可变的，事物具有某种性质的程度也是可变的。在一定条件下，具有某种性质的事物可以改变为不具有该性质的事物；不具有该性质的事物也可以改变为具有该性质的事物。要解决不相容问题，就必须考虑"是"与"非"的相互转化。为此必须建立可拓集合的概念，使讨论对象为不属于经典子集而又能转化到该子集中的元素。对于每一个元素 $\alpha \in U$，若有命题：①α具有性质 P；②α不具有性质 P；③可使原来不具有性质 P 的

元素 α 变为具有性质 P 的元素。只要上述三个命题成立，这样建立起来的集合 U 就是可拓集合。

可拓集合是人们用来解决不相容问题的过程定量化和形式化的数学工具。采用扩展到 $(-\infty,\infty)$ 的关联函数值的大小可以衡量元素和集合的关系，使经典集合中"属于"和"不属于"集合的定性描述扩展为定量描述。当可拓集合的元素是物元时，则构成可拓物元集。可拓物元集能比较合理地描述自然和社会现象中各种事物的内部结构和彼此间的关系及事物的变化。经典集合用值域是 {0,1} 的特征函数描述现实世界中事物的确定性；模糊集合用值域为 [0,1] 的隶属函数描述事物的模糊性；可拓集合则采用关联函数来描述事物的量变和质变的可变性过程。关联函数的取值范围是整个实数轴 $(-\infty,\infty)$。用代数式来表示可拓集合的关联函数，使解决不相容问题的过程定量化成为可能。

物元分析是建立在可拓学的概念基础上的，可拓学与经典数学和模糊数学的根本区别在于它是直接面向问题而不是面向数据或空间形式的，它利用目的物元、条件物元、对象物元等概念及关系问题的定量分析方法给出问题的形式化模型，利用物元可拓集和关联函数给出不相容问题的定量分析方法。可拓学通过物元变换把不相容问题化为相容问题。

物元可拓概念为识别和综合评价问题提供了新的途径。这种方法把描述的对象、各特征和对象关于特征的量值组成一个整体——物元来研究。该方法的数据处理用可拓集合的关联度的大小来描述各种特征参数与所研究的对象的从属关系，从而把属于或不属于的定性描述扩展为定量描述。该方法直接采用实测数据，计算出问题的关联度，作为对象所研究的问题、现象和事物的综合分析、识别、评定或预测的结论。它能改进传统算法的近似性，排除人为因素对分析、评定或预测结果的干扰。

2) 物元分析的定义

给定事物的名称 M，它的 n 个特性 $c_1, c_2, \cdots, c_n$ 和相应的量值 $v_1, v_2, \cdots, v_n$ 以有序数组表示为：事物 M 关于特征 C 的量值 $V=C(M)$，以有序三元组 $R=(M,C,V)$ 作为描述事物的基本元，简称物元。一个客观的事物有多个特征，用 n 维物元表示其有限特征及对应的量值，即为

$$R = (M,C,V) = \begin{bmatrix} M & c_1 & v_1 \\ & c_2 & v_2 \\ & \vdots & \vdots \\ & c_n & v_n \end{bmatrix} \tag{9.4.20}$$

事物的名称、特征和量值称为物元三要素。物元的可拓性提出了解决不相容问题的方向和途径，而物元变换才是解决不相容问题的基本工具。物元变换实际上是对物元的要素，即事物、特征和量值或它们的组合施以置换、分解、增删和扩缩四种基本运算。

2. 物元分析过程

在物元分析中，所描述的事物 M 及其特征 C 和量值 V 组成物元 R，其表达形式为 $R=(M,C,V)$。

(1) 首先确定物元矩阵。如果一个事物 M 需用 n 个特征 $c_1, c_2, \cdots, c_n$，以及其相应的量值 $v_1, v_2, \cdots, v_n$ 来描述，则称 M 为 n 维物元，并可用物元矩阵来表示：

$$R = \begin{bmatrix} M & c_1 & v_1 \\ & c_2 & v_2 \\ & \vdots & \vdots \\ & c_n & v_n \end{bmatrix} \tag{9.4.21}$$

(2) 确定经典域对象物元矩阵和节域对象物元矩阵。经典域对象物元矩阵可表示为

$$R = \begin{bmatrix} M_B & c_1 & [a_{B1}, b_{B1}] \\ & c_2 & [a_{B2}, b_{B2}] \\ & \vdots & \vdots \\ & c_n & [a_{Bn}, b_{Bn}] \end{bmatrix} \tag{9.4.22}$$

其中，M_B 表示标准对象；$v_{Bi} = [a_{Bi}, b_{Bi}]$ 表示关于标准对象 M_B 的特征 c_i 的量值范围。

节域对象物元矩阵可表示为

$$R = \begin{bmatrix} M_p & c_1 & [a_{p1}, b_{p1}] \\ & c_2 & [a_{p2}, b_{p2}] \\ & \vdots & \vdots \\ & c_n & [a_{pn}, b_{pn}] \end{bmatrix} \tag{9.4.23}$$

其中，M_p 表示由标准事物加上可转化为标准的事物组成的节域对象；$v_{pi} = [a_{pi}, b_{pi}]$ 表示节域对象关于特征 c_i 的量值范围，有 $v_{Bi} \subset v_{pi}(i = 1, 2, \cdots, n)$。

(3) 确定关联函数及关联度。在物元评价中，关联函数表示物元的量值取为实轴上一点时，物元符合要求的取值范围程度，它使解决不相容问题的结果量化。各评价因子量纲不尽相同，有的因子期望值越大越好，而有的因子期望值越小越好，因而关联函数形式也应不同。若采用线性关联函数，$k(v_i) = \dfrac{v_i - a_i}{b_i - a_i}$ 表示正向因子，$k(v_i) = \dfrac{a_i - v_i}{b_i - a_i}$ 表示逆向因子。

若区间 $v_0 = [a, b]$，$v_1 = [c, d]$，且 $v_0 \subset v_1$，则关联函数 $k(v)$ 定义为

$$k(v) = \begin{cases} -\dfrac{\rho(v, v_0)}{|v_0|} & v \in v_0 \\[3mm] \dfrac{\rho(v, v_0)}{\rho(v, v_p) - \rho(v, v_0)} & v \notin v_0 \end{cases} \tag{9.4.24}$$

点 v 到区间 $v_0 = [a_0, b_0]$ 的距离定义为

$$\rho(v, v_0) = \left| v - \frac{1}{2}(a_0 + b_0) \right| - \frac{1}{2}(b_0 - a_0) \tag{9.4.25}$$

点 v 到区间 $v_p = [a_p, b_p]$ 的距离定义为

$$\rho(v, v_p) = \left| v - \frac{1}{2}(a_p + b_p) \right| - \frac{1}{2}(b_p - a_p) \tag{9.4.26}$$

有界区间 $v = [a, b]$ 的模定义为 $|v| = |b - a|$。v、v_0、v_p 表示待评价事物物元的量值、经典域物元的量值范围和节域物元的量值范围。

(4) 计算综合评价的综合关联度并确定评价等级。综合评价的综合关联度可表示为

$$\alpha = \sum_{i=1}^{n} \omega_i k(v_i) \tag{9.4.27}$$

其中，ω_i 表示因子 i 的权系数，并且满足 $\sum_{i=1}^{n} \omega_i = 1$；关联函数 $k(v_i)$ 表示评价事物 P_0 关于 c_i 的具体值 v_i 符合 P 的程度。

若

$$K_j = \max\left[k_j(x_i) \right] \quad j = 1, 2, \cdots, n \tag{9.4.28}$$

则评价对象第 i 指标属于标准等级 j。

若

$$K_j = \max\left[k_j(N_x) \right] \quad j = 1, 2, \cdots, n \tag{9.4.29}$$

则评价对象 N_x 属于标准等级 j。

3. 物元分析实例

本节以某市的生态水平评价为例，展示物元评价分析实例过程。

该市共有六个生态评价指标，指标的原始值如表 9-7 所示。

表 9-7　生态水平评价指标原始值

指标	C_1	C_2	C_3	C_4	C_5	C_6
权重	725	39	2670	7373	41	9

根据城市土地生态水平的可拓性，将生态水平划分为 4 个等级，即 1~4 级。将城市土地生态水平评价问题概述为：设 P 为城市的生态水平等级集合，待评对象 P={优秀→良好→一般→较差}，N_1={优秀}，N_2={良好}，N_3={一般}，N_4={较差}，则对于任何 p 属于 P，判断 p 属于 N_1, N_2, N_3 还是 N_4，并计算隶属度。

城市生态水平评价经典域范围的确定参照原国家环境保护总局《生态县、生态市、生态省建设指标(试行)》标准，具体如表 9-8 所示。

表 9-8　城市生态水平评价经典域范围

指标	1 级	2 级	3 级	4 级
C_1	6400~11200	4500~6400	2500~4500	0~2500
C_2	580~1150	350~580	180~350	0~180
C_3	11000~20000	8000~11000	5000~8000	0~5000
C_4	24000~35000	18000~24000	10000~18000	0~10000
C_5	60~75	35~60	35~45	0~35
C_6	30~60	17~30	12~17	0~12

该市的生态水平评价经典域物元矩阵 R_1, R_2, R_3, R_4 分别为

$$R_1 = \begin{cases} N_1 & C_1 & <6400,11200> \\ & C_2 & <580,1150> \\ & \vdots & \vdots \\ & C_6 & <30,60> \end{cases} \quad R_2 = \begin{cases} N_2 & C_1 & <4500,6400> \\ & C_2 & <350,580> \\ & \vdots & \vdots \\ & C_6 & <17,30> \end{cases}$$

$$R_3 = \begin{cases} N_3 & C_1 & <2500,4500> \\ & C_2 & <180,350> \\ & \vdots & \vdots \\ & C_6 & <12,17> \end{cases} \quad R_4 = \begin{cases} N_4 & C_1 & <0,2500> \\ & C_2 & <0,180> \\ & \vdots & \vdots \\ & C_6 & <0,12> \end{cases}$$

根据经典域可以得知该市生态水平评估的节域物元矩阵 R 为

$$R = \begin{cases} N & C_1 & <0,11200> \\ & C_2 & <0,1150> \\ & \vdots & \vdots \\ & C_6 & <0,60> \end{cases}$$

根据该市各项指标的具体数值，城市生态水平评价物元矩阵 R 为

$$R = \begin{cases} P & C_1 & 725 \\ & C_2 & 39 \\ & C_3 & 2670 \\ & C_4 & 7373 \\ & C_5 & 41 \\ & C_6 & 9 \end{cases}$$

将待评价物元 R 的具体数值代入物元模型，即可得到相应的关联度和生态水平等级评定，如表 9-9 所示。

表 9-9　某市生态评价水平计算结果

关联度	N_1	N_2	N_3	N_4	水平级别
$K(C_1)$	−0.06	−0.06	−0.05	0.02	较差
$K(C_2)$	−0.05	−0.05	−0.04	0.01	较差
$K(C_3)$	−0.03	−0.02	−0.02	0.02	较差
$K(C_4)$	−0.02	−0.02	−0.01	0.01	较差
$K(C_5)$	−0.02	−0.01	0.03	−0.01	一般
$K(C_6)$	−0.05	−0.03	−0.02	0.02	较差

表 9-9 中，$K(C_i)(i=1,2,\cdots,6)$ 表示第 i 个指标对应的 4 个评价等级的关联度。$K_j(P)(j=1,2,3,4)$ 表示该市所有生态评价指标综合加权求和对应第 j 个评价等级的关联度。由此可知该市生态评价水平所有指标对应各评价等级的综合关联度 $K_1(P) = -0.04$，$K_2(P) = -0.04$，$K_3(P) = -0.05$，$K_4(P)=0.01$，根据式(9.4.29)，$K_j = \max[K_j(P)]=$较差，则待评对象 P 属于标准等级较差水平。

9.4.8 集对分析

集对分析是我国学者赵克勤提出的一种针对确定与不确定问题进行同异反定量分析的数学理论，其解决问题的思路是"客观承认，系统描述，定量刻画，具体分析"，把确定性与不确定性作为一个系统来处理。由于集对分析全面而深刻地反映了客观世界中大量存在的确定、不确定性系统的对立统一关系，已在评价、管理、预测、决策和规划等诸多领域获得广泛应用。

集对分析的核心思想是把确定、不确定系统，从同异反三个方面来分析事物之间的联系与转化。在这个系统中，将确定性分为"同一"与"对立"两个方面，将不确定性称为"差异"，从同、异、反三个方面分析事物及其系统。同、异、反三者相互联系、相互影响、相互制约，又在一定条件下相互转化。通过引入联系度及其数学表达统一描述各种不确定性，从而将不确定性的辩证认识转化为具体的数学公式。因此集对分析是指在一定的问题背景下，对所论及的两个集合所具有的特性进行既有确定又有不确定的分析，即同、异、反分析，并建立这两个集合在所论问题背景下的同、异、反联系度表达式：

$$\mu = a + bi + cj = \frac{S}{N} + \frac{F}{N}i + \frac{P}{N}j \tag{9.4.30}$$

其中，a, b, c 满足归一化条件 $a+b+c=1$；N 表示集对所具有的特性总数；S 表示集对中两个集合共同具有的特性数；P 表示集对中两个集合相互对立的特性数；$F=N–S–P$ 表示集对中两个集合既不共同具有也不互相对立的特性数。因而 a,b,c 分别称为这两个集合在同一问题背景下的同一度、差异度和对立度。它们从不同侧面刻画两个集合的联系状况。式(9.4.30)中 i 表示差异不确定度系数，在[–1, 1]视不同情况取值，有时仅起差异标记作用；j 表示对立度系数，运算时恒取值 $j = –1$，有时仅起对立标记作用；联系度 μ 一般情况下等于右边的那个式子，特殊情况下才是一个数值，此时称为联系数。

本节介绍集对分析用于发展评价的两种模型。第一种是集对同异反态势排序评价模型。该模型基于集对分析联系度的同异反态势排序法，使用由态势度表示的协调模型。第二种是熵权集对分析评价模型。其建立各指标相对于各评价等级的联系度表达式，并由同一级别的各指标联系度加权汇总获得总体联系度，从而根据最大总体联系度，确定综合水平。其中联系度表达式的确定和差异度系数 i 的确定至关重要。

1. 集对同异反态势排序评价模型

根据联系度表达式中 a、b、c 的大小关系而进行的一种状态排序称为同异反态势排序。若对每一种排序用 0.1～1 的一个相应实数值表示，则每一个数值称为态势度。在联系度表达式 $\mu = a + bi + cj$ 中，若 $a>c$，则集对的两个集合在指定问题背景下具有同势；若 $a=c$，则集对的两个集合在指定问题背景下具有均势；若 $a<c$，则集对的两个集合在指定问题背景下具有反势。集对的同势的意义是指：所论两个集合在同异反联系中存在"同一"的趋势，是否为主要的趋势应结合差异度系数 b 的大小来讨论。集对的反势的意义是指：所论两个集合在同异反联系中存在"对立"的趋势，是否为主要的趋势应结合差异度系数 b 的大小来讨论。集对的均势的意义是指：所论两个集合在同一趋势和对立的趋势呈现出"势均力敌"的状态，这时，可根据差异度系数值的大小进一步分出准均势、强均势、弱均势、微均势等。对于集对的同势和反势，类似于均势的划分还可根据差异度 b 的大小进一步分出准同势、强同势、弱同势、微同势和准反势、强反势、弱反势、微反势，如表 9-10 所示。

表 9-10　集对势的等级和次序关系

序号	集对势	等级划分	集对势	a, b, c 的大小关系		态势度
1		一级	准同势	$a>c$	$b=0$	1.0
2	同势	二级	强同势	$a>c$	$c>b>0$	0.9
3		三级	弱同势	$a>c$	$a>b>c$	0.8
4		四级	微同势	$a>c$	$b>a$	0.7
5		一级	准均势	$a=c$	$b=0$	0.6
6	均势	二级	强均势	$a=c$	$a>b>0$	0.5
7		三级	弱均势	$a=c$	$b=a$	0.4
8		四级	微均势	$a=c$	$b>a$	0.4
9		一级	准反势	$a<c$	$b>c$	0.3
10	反势	二级	强反势	$a<c$	$c>b>a$	0.3
11		三级	弱反势	$a<c$	$a>b>0$	0.2
12		四级	微反势	$a<c$	$b=0$	0.1
13		不确定，同一势		$c=0$	$a>b$	0
14		不确定，不确定势		$c=0$	$a\leqslant b$	0

　　在制订了评价标准的基础上，若设定 i 级评价标准，当 N 个指标中符合 i 级标准的指标数目 N_i 为集对中两个集合共同具有的特征数时：高于 i 级标准的评价指标数目为集对中两个集合既不对立，也不共同具有的特性数目；低于 i 级标准的评价指标数目为集对中两个集合相互对立的特性数目。因此，若 N 个指标中，符合一级、二级、三级标准的指标数目分别为 N_1、N_2 和 $N_3(N_1+N_2+N_3=N)$，把不同等级作为评价标准时，不同等级的联系度表达式中的同一度 a、差异度 b 和对立度 c 也不同。

　　例如，制订了三级评价标准，在 N 个指标中，符合三级标准的指标数 N_3 作为集对中的两个集合共同具有的特性数；符合一级标准的指标数目 N_1 为集对中的两个集合相互对立的特性数；符合二级标准的指标数 N_2 为集对中的两个集合既不共同具有，也不相互对立的特性数。因此综合评价的联系度表达式中的 a, b, c 分别为 $a=\dfrac{N_3}{N}$，$b=\dfrac{N_2}{N}$，$c=\dfrac{N_1}{N}$。最后将各指标的态势度代入评价模型中，即可实现综合评估。

2. 熵权集对分析评价模型

假设划分为三个评价等级。则评价指标 m 对一级的联系度为

$$\mu_{m1}=\begin{cases}1 & x \in [0, S_1] \\ 1+\dfrac{2(x-S_1)}{S_1-S_2} & x \in [S_1, S_2] \\ -1 & x \in [S_2, +\infty]\end{cases} \tag{9.4.31}$$

评价指标 m 对二级的联系度为

$$\mu_{m2} = \begin{cases} 1 + \dfrac{2(x-S_1)}{S_1} & x \in [0, S_1] \\ 1 & x \in [S_1, S_2] \\ 1 + \dfrac{2(x-S_2)}{S_2-S_1} & x \in [S_2, S_3] \\ -1 & x \in [S_3, +\infty] \end{cases} \tag{9.4.32}$$

评价指标 m 对三级的联系度为

$$\mu_{m3} = \begin{cases} 1 + \dfrac{2(x-S_2)}{S_2-S_1} & x \in [S_1, S_2] \\ 1 & x \in [S_2, S_3] \\ -1 & x \in [S_3, +\infty] \text{或} [0, S_1] \end{cases} \tag{9.4.33}$$

其中，μ_m 表示第 m 项指标的联系度；x 表示第 m 项指标的实测值；S_1, S_2, S_3 分别表示评价指标的界限值。

合理确定指标权重是综合评价的关键因素，可采用多种方法结合指标的相对重要程度确定各指标的权重。例如，熵权法和 AHP：熵权法计算待评价指标的客观权重，AHP 计算评价指标的主观权重。

假设待评价事物的平均联系度为 $\bar{\mu}$，根据式(9.4.31)～式(9.4.33)计算第 i 项指标联系度 μ_i，确定各项待评价指标的权重 ω_i，且满足 $\sum\limits_{i=1}^{n} \omega_i = 1$。构造出基于权重的集对分析模型进行综合评价：

$$p = \max\{a, b, c, d\} \tag{9.4.34}$$

其中，n 表示待评价指标的数量；ω_i 表示第 i 个指标的权重。

针对所要评价的事物，比较 $\bar{\mu}$ 中 a，b，c，d 取值的大小，即可判断出该事物所属级别，评估等级 $p = \max\{a, b, c, d\}$。

3. 集对分析实例

1) 集对同异反态势排序评价实例

以某班 41 位学生必修课的成绩为例，利用同异反态势排序分析学生成绩。在把学生成绩用同异反联系度表示后，可以利用同异反态势排序表开展有关分析。规定 81～100 分成绩为优，60～80 分成绩为中，0～59 分成绩为差，并以优为参考，则实际成绩为优的为同，实际成绩为中的为异，实际成绩为差的为反。统计每门课的同、异、反数目，即可得到这 41 位学生各门课成绩的同异反联系度表达式。

假定数学课上有 7 名学生成绩在 81～100 分，有 31 名学生成绩在 60～80 分，有 3 名学生成绩在 0～59 分。则根据式(9.4.31)，41 名学生数学课的同异反联系度表达式为

$$\mu = 7/41 + 31/41i + 3/41j = 0.17 + 0.76i + 0.07j$$

其中，$a=0.17$，$b=0.76$，$c=0.07$，$a>c$，$a<b$，处于微同势。从以上计算结果可以看出，数学课处于微同势这一同异反态势级上。在教学中，如果稍有放松，就有可能进入"均势"状态。因此，该班学生的数学成绩不够理想。

2) 熵权集对分析评价实例

以某地下水水样检测结果为例，进行基于熵权集对的地下水质量分析。

选择对水质影响较大的四个指标 c_1，c_2，c_3，c_4 为评价指标进行评价。假定该测点的水质检测结果为 $c_1=60.2$，$c_2=86.0$，$c_3=189.0$，$c_4=524.0$，以相关部门颁布施行的地下水环境质量标准将地下水分为三级，分级标准如表 9-11 所示。

表 9-11　地下水环境质量分级标准

指标	1 级	2 级	3 级
c_1	≤50	≤150	>150
c_2	≤50	≤150	>150
c_3	≤50	≤300	>300
c_4	≤300	≤500	>500

根据该测点的水质测量结果，计算其水质综合评价等级，根据式(9.4.31)～式(9.4.33)计算各项指标对于各评价等级的联系度，计算结果如表 9-12 所示。

表 9-12　测点各指标对应各等级联系度

指标	1 级	2 级	3 级
c_1	0.80	1	−0.80
c_2	0.28	1	−0.30
c_3	0.48	1	−0.50
c_4	−1	0.90	1

根据计算得到的各评价指标的信息熵和权重如表 9-13 所示。

表 9-13　各指标的信息熵和权重

指标	信息熵	权重
c_1	0.93	0.53
c_2	0.97	0.20
c_3	0.98	0.16
c_4	0.99	0.11

因此采样点各等级加权平均联系度分别为 0.45，0.99，−0.45。由此可见，该测点水样对二级水的加权平均联系度最大，因此将该测点水样的水质定为 2 级水。

9.4.9　灰色理论

1. 基本概念

"灰色理论"自 1982 年诞生以来，其理论研究不断取得新的进展，"灰色理论"已经跨出控制范畴，逐渐渗透到社会、经济、气象、生态等众多领域，该理论主要应用于灰色关联分析、灰色生成、灰色建模、灰色预测、灰色决策、灰色控制等方面。本节以灰色理论概要和灰色系统数学描述为基础，以灰色决策和灰色预测两种方法为例来介绍灰色理论。

"灰"的含义："白"指信息完全确知；"黑"指信息完全不确知；"灰"则指信息部分确知，部分不确知，或者说是信息不完全，这是"灰"的基本含义。对不同问题，在不同场合，

"灰"可以引申为不同含义，例如，从结果看："唯一"是白；"无数"是黑，那么"非唯一"则是灰。从过程看："新"是白；"旧"是黑，那么"新旧交替"则是灰。这类例子很多，但就其基本含义而言，"灰"是信息不完全与非唯一性，这种性质也是人们在认识与改造客观世界的过程中经常遇到的，如抽象派的画，意境朦胧是文化艺术中的灰现象；军事系统更是一个充满灰现象的系统，因为一切军事决策、战略部署、指挥行动都是在部分信息已知，部分信息未知的情况下做出的。

客观世界是物质的世界，也是信息的世界。信息完全明确的系统称为白色系统，如一个家庭，其人口、收入、支出、父母与子女的关系等完全明确；信息不完全明确的称为黑色系统，如遥远的某星球，其体积、重量、与地球距离等全然不确知；灰色系统是介于上述两者之间的，即信息部分明确、部分不明确的系统，如人体，其身高、体重、年龄等外部参数都是已知的，这是明确的信息，但是人体的穴位多少，生物信息的传递、温度场、意识流等尚未确知或知道的不透彻，因此这是灰色系统。灰色系统可按系统是否具有物理原型而分为非本征性灰系统和本征性灰系统。具有物理原型的系统为非本征性系统，如电路系统；而没有物理原型的系统称为本征性系统，如社会系统。

灰数、灰元、灰关系是灰现象的特征，是灰色系统的标识。灰数，指信息不完全的数，例如，今天的温度在 15℃到 20℃之间，这"15℃到 20℃之间"就是灰数。灰元，指信息不完善的因素，那些经过某种命定之后，才有某种特殊价值、特殊功能的元素，都是信息不完善的元素，即灰元，如货币、商标、邮票等都是灰元。灰关系，指信息不完全的关系。如多种经济成分并存的经济关系。任何事物或事物的状态，都是有序与无序在不同程度的辩证统一，这种统一的程度就是灰度。在灰色系统中，"灰度"代表系统"灰"的程度，或者说，用"灰度"来度量系统"灰"的程度。

区分白色系统与灰色系统的重要标识是系统中各因素间是否具有确定的关系，因素间具有确定映射关系的系统是白色系统，没有确定映射关系的系统是灰色系统，同时，要注意理解灰色系统与模糊数学、黑箱方法的区别，三者的区别主要在于对系统内涵与外延的处理态度不同，研究对象内涵与外延的性质不同。灰色系统着重研究内涵不明确，外延明确的对象。例如，"这个人的年龄在 18 岁左右"，这是灰色系统的命题。因为是指"这个人"，而不是"其他人"，所以外延是明确的。然而对这个人确切的出生日期又不清楚，这表明内涵不明确。在研究方法上，灰色系统采取补充信息转化性质的方法。例如，对"这个人"补充出生日期的信息，便可将此人灰的内涵转化为白的内涵。模糊数学着重研究内涵明确，外延不明确的对象，例如，"年轻人"这个概念，人人都明确，因此内涵是明确的，然而到底多少岁的人能算作"真正的年轻人"，则很难划分，这表明外延不明确。在研究方法上，模糊数学采取模糊集来描述"年轻人"，而不是采取补充信息使命题性质转化的方法。黑箱方法是着重系统外部行为数据的处置方法，是因果关系的量化方法，是扬外延而弃内涵的处置方法，而灰色系统是外延与内涵均扬的方法。具体来说，就建模基础而言，灰色系统按生成数列建模，黑箱方法按原始数据建模；就建模概念而言，灰色系统可以对单端对象(单序列)建模，而黑箱方法只适用于对双端对象(双序列)建模。

客观世界大量存在着灰色系统，这类系统无法用传统方法建模，这就导致了灰色理论的问世。从白化的角度看，灰色理论的研究内容包括下述六个方面。

(1) 一个系统因素很多，各种因素关系不清，影响不明，通过灰色系统理论的方法使关系量化、序化，这是因素关系的白化，相应的方法称为关联度分析法。

(2) 抽象的因素、现象，通过对应量(或称映射量)，使其数据化、量化，这称为抽象到数量的白化，灰色系统理论称此为灰映射。

(3) 系统的行为数据可能杂乱无章，没有直观的规律，通过数据处理，整理出较明显的规律，这是数字序列的白化，灰色系统理论称为生成。

(4) 经过处理后的数据列，虽然有了初步的规律，但不一定能够用数学关系做出更为精确的表达。灰色系统理论将这些加工后的数据列，建立数学关系，这是模型的白化，相应的模型称为灰色模型，这个建模过程称为灰色建模。

(5) 情况不够明确，对策不够完善，在这种情况下做出决策，这是局势的白化，相应的决策称为灰色决策。

(6) 对未来发展，通过模型作定量预测，这是发展的白化，相应的预测称为灰色预测。概括起来，灰色系统理论的研究内容，包括关联分析、生成、灰色建模、灰色预测、灰色决策和灰色控制等。

2. 灰色系统的数学理论基础

1) 灰数

灰数是客观系统中大量存在着的、随机的、含混的、不确知的参数的抽象。所以灰数不是一个数，而是在制定范围内变化的所有白数(确知数值数)的全体，或者说是一群数、一个整体数。其定义为：某个只知大概范围，而不知其准确数值的全体实数，称为灰数，记为 $\otimes$。令 α 为区间，α_i 为 α 中的数，若灰数 $\otimes$ 在 α 内取值，则称 α_i 为 $\otimes$ 的一个可能的白化值。

灰数的灰度。设 $\otimes(x)$ 为 $u \in U$ 上的灰数，若满足：$N\otimes(x) = 0.5$ (当 $\alpha = \beta$ 时)，$N\otimes(x) = 1$ (当 $\alpha = 0$ 时)，$N\otimes(x) = 0$ (当 $\beta = 0$ 时)，$0 \leqslant N[\otimes(x)] < 0.5$ (当 $\alpha > \beta$ 时)，$0.5 \leqslant N[\otimes(x)] < 1$ (当 $\beta > \alpha$ 时)，其中 α, β 表示集 α 与集 β 的测度(或集中元素的个数)；N 为映射，则映射 $N : \otimes(x) \rightarrow [0,1]$ 称为灰色度，简称为灰度。

根据上述定义，可以给出满足上述五个条件的计算灰度的公式：

$$g° = 1 - \left[0.5 + \frac{(\alpha^* - \beta^*)}{2} \right] \tag{9.4.35}$$

其中，$\alpha^* = \dfrac{\alpha}{\alpha + \beta}$；$\beta^* = \dfrac{\beta}{\alpha + \beta}$；$\alpha^* + \beta^* = 1$。

事实上，将 α^* 及 β^* 代入式(9.4.35)有

$$g° = 1 - \frac{1}{2}\left(1 + \frac{\alpha - \beta}{\alpha + \beta} \right) \tag{9.4.36}$$

显然，当 $g° = 1$ 时，灰数的灰度达最大；$g° = 0$ 时，说明没有灰度；$g° = 0.5$ 时，说明灰度适中；$g° > 0.5$ 时，说明灰度较大；$g° < 0.5$ 时，说明灰度较小。由此可见，$g°$ 是对灰数所含"灰"性大小的度量。

灰函数的定义。设 R 为实数集，l 为所有闭区间族所成的集，映射 $f_l : X \rightarrow l(X \subset R)$，即 $\forall x \in X$，$\exists I \in l$，$x \xrightarrow{f_l} I$，使 $I = f_l(x)$，则称 f_l 为区间灰函数，简称灰函数，记为 $\otimes[f(x)]$。

仿照一般映射的表示，上述灰函数也可以表示为

$$\left\{ (x, I_x) \,\middle|\, x \in R, I_x \in l, I_x = f_l(x) \right\}$$

注意：灰函数不是每一点皆"灰"，它在有的点也许是"白"的。显然，一般的白函数是

灰函数的特例。

灰代数方程是含有灰数(或灰元)的方程。例如, $\otimes x+1=0$ 是含一个灰数的一元一次灰代数方程。显然, 灰代数方程并不是一个方程, 而是多个方程的代表符号, 它代表的方程数目, 取决于灰元 $\otimes$ 的取值。

含灰导数的微分方程称为灰微分方程。如

$$\otimes[a^{(2)},K]+a\otimes[a^{(1)},K]+b\otimes[a^{(0)},K]=u \quad \forall K$$

其中, $\otimes[a^{(i)},K](i=0,1,2)$ 表示 i 阶灰导数; a,b,u 表示白系数。

含有灰元的矩阵称为灰矩阵。如 $A(\otimes)=\begin{bmatrix} \otimes_{11} & a_{12} \\ a_{21} & a_{22} \end{bmatrix}$ 是灰矩阵。

因为矩阵 A 中含有灰元, 所以 $a_{11}=\otimes_{11}\otimes(A)=\begin{bmatrix} \otimes(a_{11}) & \otimes(a_{12}) \\ \otimes(a_{21}) & \otimes(a_{22}) \end{bmatrix}$ 也是灰矩阵。

$A=\begin{bmatrix} a_{11} & a_{12} \\ a_{21} & a_{22} \end{bmatrix}$ 是以 A 为白化矩阵的灰矩阵。

2) 灰线性空间

记 $E(\otimes)$ 为性质与元素符号不指定的灰集合, 对于 $\forall \otimes_1,\otimes_2,\otimes_3 \in E(\otimes)$, 若有: ① $\otimes_1+\otimes_2=\otimes_2+\otimes_1$; ② $(\otimes_1+\otimes_2)+\otimes_3=\otimes_1+(\otimes_2+\otimes_3)$; ③ $E(\otimes)$ 中存在零元素 "0", 使 $\otimes_1+0=\otimes_1$; ④ $\forall \otimes \in E(\otimes)$, $E(\otimes)$ 中存在负元素 "$-\otimes$", 使 $\otimes+(-\otimes)=0$ 。

对于 $\forall \otimes_\alpha$, $\otimes_\beta \in E_1(\otimes)$, $\forall \otimes \in E_2(\otimes)$ 都有集合 E 中元素 $\otimes_\alpha\otimes$ 与之对应, 且有: ① $\otimes_\alpha(\otimes_\beta\otimes)=(\otimes_\alpha\otimes_\beta)\otimes$; ② $1\cdot\otimes=\otimes$; ③ $(\otimes_\alpha+\otimes_\beta)\otimes=\otimes_\alpha\otimes+\otimes_\beta\otimes$; ④ $\otimes_\alpha(\otimes_1+\otimes_2)=\otimes_\alpha\otimes_1+\otimes_\alpha\otimes_2$ 。则称 E 为灰线性空间, $\otimes_i$ 为取数一致灰数。

3) 灰集合

灰元的集合称为灰集合。记为

$$A=\{\otimes\}\cup R^1$$

其中, R^1 表示全体确知实数的集合。

有时记 $E_T(\otimes,\alpha)$ 为元素符号 α , 具有性质 T (按指定方式考虑灰数具体值的性质)的灰元的集合。而记 $E_T(0,\alpha)$ 为元素符号 α , 具有性质 T 的白数的集合。

在灰代数中, 对任意一个灰集合, 如果赋予一个适合一定条件的运算, 使它成为一个灰色群、环等, 就是说这个灰集合具有了一个代数结构, 就可以在其中进行代数问题的研究。

4) 灰色数列

若用 N 表示自然数集, 用 $\{a(t),t\in N\}$, $\forall a(t)\geq 0$ 表示非负数列, 则 $\{a(t),t\in N\}$, $\forall t\in N$, $a(t)\geq 0$ 称为非负白色数列; $\{a(t),t\in N\}$, $\forall t\in N,\exists a(\tau)=\otimes(\tau)\geq 0$, $a(t)\geq 0$, $t\neq\tau$, $t,\tau\in N$, 称为非负灰色数列; $\{a(t),t\in N\}$, $\forall t\in N$, $\exists a(\tau)=\otimes(\tau)$, $a(t)\geq 0$, $t\neq\tau$, $t,\tau\in N$ 有变换 $\{\otimes(\tau)\}\rightarrow\{a(t)\}$, $\tau\in\{l,l+m\}\subset N$ 。其中, $\{\otimes(\tau)\}$ 表示灰数的全体。$\{a(i)\}$ 表示白数集, 则称数列 $\{a(i),i\in N\}$ 为灰色数列 $\{a(t),t\in N\}$ 的白化数列。

3. 灰色关联度分析

1) 灰色关联度分析概述

灰色关联度分析的目的是寻求系统中各因素间的主要关系, 找出影响目标值的重要因素,从而掌握事物的主要特征，促进和引导系统迅速而有效地发展。灰色关联度分析是对一个系统发展变化态势的定量描述和比较的方法。按照规范性、偶对对称性、整体性和接近性这四条原则，确定参考数列(母数列)和若干比较数列(子数列)之间的关联系数和关联度。

灰色理论的灰色关联度分析与数理统计的相关分析之区别：①理论基础不同，灰色关联度分析基于灰色系统的灰色过程，而相关分析则基于概率论的随机过程；②分析方法不同，灰色关联度分析进行因素间时间序列的比较，而相关分析则进行因素间数组的比较；③数据量要求不同，灰色关联度分析不要求太多数据，而相关分析则需要足够的数据量；④研究重点不同，灰色关联度分析主要研究动态过程，而相关分析则以静态研究为主。

2) 关联系数与关联度

两个系统或两个因素间关联性大小的量度，称为关联度。关联度描述了系统发展过程中，因素间相对变化的情况，也就是变化大小，方向与速度等的相对性。如果两者在发展过程中，相对变化基本一致，则认为两者关联度大；反之，两者关联度就小。

若记经数据变换的母数列为 $\{x_0(t)\}$，子数列为 $\{x_i(t)\}$，则在时刻 $t=k$ 时，$\{x_0(t)\}$ 与 $\{x_i(t)\}$ 的关联系数 $\xi_{0i}(k)$ 的计算公式为

$$\xi_{0i}(k) = \frac{\Delta_{\min} + \rho\Delta_{\max}}{\Delta_{0i}(k) + \rho\Delta_{\max}}$$

其中，$\Delta_{0i}(k)$ 表示 k 时刻两个序列的绝对差，即

$$\Delta_{0i}(k) = |x_0(k) - x_i(k)|$$

其中，$\Delta_{\max}, \Delta_{\min}$ 分别表示各个时刻的绝对差中的最大值与最小值，因为进行比较的序列在经数据变换后相互相交，所以一般 $\Delta_{\min}=0$；ρ 表示分辨系数，其作用在于提高关联系数之间的显著差异性，$\rho \in (0,1)$，一般情况取 0.1~0.5，通常取 0.5。

关联分析的实质，是对时间序列数据进行几何关系的比较。若两个序列在各个时刻点都重合在一起，即关联系数均为 1，那么两个序列的关联度也必等于 1。同时，两个比较序列任何时刻也不可能垂直，所以关联系数均大于 0，故关联度也都大于 0。因此，两个序列的关联度可用两个比较序列各个时刻的关联系数之平均值计算(反映全过程的关联程度)。即

$$r_{0i} = \frac{1}{N}\sum_{k=1}^{N}\xi_{0i}(k)$$

其中，r_{0i} 表示子序列 i 与母序列 0 的关联度；N 表示序列的长度即数据个数。

显然，关联度与下列因素有关：①母序列 x_0 不同，则关联度不同；②子序列 x_i 不同，则关联度不同；③数据变换不同(即参考点 0 不同)，则关联度不同；④数列长度不同(即数据个数 N 不同)，则关联度不同；⑤分辨系数 ρ 不同，则关联度不同。

一般来说，关联度满足等价"关系"三公理：①自反性，$r_{00}=1$；②对称性，$r_{0i}=r_{i0}$；③传递性，$r_{0a} > r_{0b}$，$r_{0b} > r_{0c}$，则 $r_{0a} > r_{0c}$。

3) 灰色关联度分析实例

以总能源生产量(x_0)为参考序列(母序列)，以煤炭产量(x_1)、石油产量(x_2)、天然气产量(x_3)、水电产量(x_4)为比较序列。《中国统计年鉴 1986》公布的 1978~1985 年的数据如表 9-14 所示。

表 9-14 中国 1978～1985 年能源数据

比较序列	1978	1979	1980	1981	1982	1983	1984	1985
总能源生产量 x_0	62770	64562	63721	63223	66772	71263	77847	85538
煤炭产量 x_1	44127	45322	44222	44332	47541	51024	56361	62271
石油产量 x_2	14876	15172	15165	14478	14623	15179	16425	17877
天然气产量 x_3	1820	1936	1911	1707	1602	1639	1634	1710
水电产量 x_4	1945	2130	2421	2655	3004	3420	3425	3678

做关联度计算得 $r(x_0,x_1)=0.817$；$r(x_0,x_2)=0.604$；$r(x_0,x_3)=0.436$；$r(x_0,x_4)=0.283$。关联序为 $r(x_0,x_1)>r(x_0,x_2)>r(x_0,x_3)>r(x_0,x_4)$。

该结果表明煤炭产量与总能源的关联度最大，说明煤炭在总能源中的地位十分重要，煤炭工业的状况和总能源的发展关系最为密切。因此，在这一时期，抓能源要重视煤炭工业的发展。

4. 灰色决策

按照灰色系统的思想和方法进行的决策，称为灰色决策。根据灰色系统信息不完全原理和过程非唯一原理，灰色决策有如下三个特点：①决策方法非唯一，这里有两层含义，微观层面上，是灰元、灰参数、灰过程的处理方法非唯一决定的；宏观层面上，是一个问题可依不同决策理论结合灰思想从多角度建立模型。②决策结果非唯一，决策结果非唯一包括决策方案的非唯一和实现目标途径的非唯一。③决策者非唯一。

灰色决策的类型包括：灰色局势决策、灰色统计决策、灰色聚类决策、灰色关联决策、灰色层次决策、灰色规划决策、灰色模型决策、灰色区间决策、灰色区划等。

下面以灰色局势决策为例，进行详细介绍。

1) 基本概念、原理和方法

记 a_i 为事件，b_j 为对付事件 a_i 的对策，称二元组合 $s_{ij}=(a_i,b_j)$ 为局势，表示用第 j 个对策去对付第 i 个事件的局势。若事件集 $A=\{a_i|i=1,2,\cdots,m\}$，对策集 $B=\{b_j|j=1,2,\cdots,n\}$，则由 A 与 B 产生的局势集为 A 与 B 的笛卡儿集：$s=A\times B=\{s_{ij}=(a_i,b_j)|i=1,2,\cdots,m;j=1,2,\cdots,n\}$。发生了事件 a，采用一组对策去对付，从中挑选一个效果最好的对策去对付，便是决策。但效果的好坏是按目标来衡量的，因此，事件、对策、目标、效果便构成了决策四要素。

若记 r_{ij} 为局势 (a_i,b_j) 的效果测度，则定义局势与效果测度的全体 $\dfrac{r_{ij}}{s_{ij}}=\dfrac{r_{ij}}{(a_i,b_j)}$ 为决策元。若 $A=\{a_i|i=1,2,\cdots,n\}$，$B=\{b_j|j=1,2,\cdots,m\}$，则 $A\times B$ 的局势及其相应的效果测度构成决策矩阵：

$$D=\begin{bmatrix} b_1 & b_2 & \cdots & b_m \\ \dfrac{r_{11}}{s_{11}} & \dfrac{r_{12}}{s_{12}} & \cdots & \dfrac{r_{1m}}{s_{1m}} \\ \dfrac{r_{21}}{s_{21}} & \dfrac{r_{22}}{s_{22}} & \cdots & \dfrac{r_{2m}}{s_{2m}} \\ \vdots & \vdots & & \vdots \\ \dfrac{r_{n1}}{s_{n1}} & \dfrac{r_{n2}}{s_{n2}} & \cdots & \dfrac{r_{nm}}{s_{nm}} \end{bmatrix} \begin{matrix} a_1 \\ a_2 \\ \vdots \\ a_n \end{matrix}$$

记 D 中的决策行为 $S_i = \left(\dfrac{r_{i1}}{s_{i1}}, \dfrac{r_{i2}}{s_{i2}}, \cdots, \dfrac{r_{im}}{s_{im}} \right)$，表示对事件 a_i，用 $b_1, b_2, \cdots, b_m$ 对策分别去对付所构成的决策元向量。

记 D 中的决策列为 $\theta_j = \left(\dfrac{r_{1j}}{s_{1j}}, \dfrac{r_{2j}}{s_{2j}}, \cdots, \dfrac{r_{nj}}{s_{nj}} \right)^{\mathrm{T}}$，表示用对策 b_j 分别去匹配事件 $a_1, a_2, \cdots, a_n$ 所构成的决策元向量。

这样，D 又可写作 $D = \left[S_i, \theta_j \right]$。

由于对目标的要求不同，对不同目标的效果测度也不同。目标效果测度可视情况而定，一般可采用如下几个指标测度。

(1) 上限效果测度。

$$r_{ij} = \frac{u_{ij}}{u_{\max}}$$

$$u_{\max} = \underset{i}{\mathrm{Max}}\, \underset{j}{\mathrm{Max}}\, \{u_{ij}\}$$

其中，u_{ij} 表示局势 S_{ij} 的实测效果值，上限效果测度适用于"越大越好"这类目标。

(2) 下限效果测度。

$$r_{ij} = \frac{u_{\min}}{u_{ij}}$$

$$u_{\min} = \underset{i}{\mathrm{Min}}\, \underset{j}{\mathrm{Min}}\, \{u_{ij}\}$$

其中，u_{ij} 表示局势 S_{ij} 的实测效果值，下限效果测度适用于"越小越好"这类目标。

(3) 适中效果测度。

$$r_{ij} = \frac{\mathrm{Min}\{u_{ij}, u_0\}}{\mathrm{Max}\{u_{ij}, u_0\}}$$

其中，u_0 表示效果样本 u_{ij} 中指定的适中值，适中效果测度适用于"不能太大也不能太小"这类目标。

(4) 稳态效果测度。若已知局势的效益 (a_i, b_j) 的效益时间序列为 $\{X_{ij}(t)\}$，对 $\{X_{ij}(t)\}$ 建立 $GM(1,1)$ 模型，有

$$\frac{dX_{ij}^{(1)}(t)}{dt} + aX_{ij}^{(1)}(t) = u$$

$$\begin{pmatrix} a \\ u \end{pmatrix} = (B^{\mathrm{T}} B)^{-1} B^{\mathrm{T}} Y_N$$

若 $\lim\limits_{t \to \infty} \dfrac{\hat{X}_{ij}^{(1)}(t)}{u} = \dfrac{1}{a}$，则称 $r_{ij} = \dfrac{1}{a}$ 为稳态效益测度。

(5) 时间序列效果测度。给定参考序列 $\{X_{0j}(k)\}$ 及比较序列 $\{X_i(k)\}$，则 X_i 对 X_{0i} 的时间序列效果测度用关联系数 $\zeta_{ij}(k) = \dfrac{\Delta\min + \rho\Delta\max}{\Delta_{ij}(k) + \rho\Delta\max}$ 来表示，即 $r_{ij}(k) = \zeta_{ij}(k)$。

若评价局势的效果有若干个目标时，则对每个目标 P，有相应的决策元 $\dfrac{r_{ij}^{(p)}}{S_{ij}^{(p)}}$ 及相应的决

策矩阵 $D^{(P)} = \left[S_i^{(P)}, \theta_j^{(P)} \right]$，这是多目标局势决策的综合矩阵 $D^{(\Sigma)}$，$D^{(\Sigma)} = \left(\dfrac{r_{ij}^{(\Sigma)}}{S_{ij}} \right) n \times m$，其中，

$r_{ij}^{(\Sigma)} = \dfrac{1}{N} \sum\limits_{P=1}^{N} r_{ij}^{(P)}$，由矩阵加法知，$D^{(\Sigma)} = \dfrac{1}{N} \sum\limits_{P=1}^{N} D^{(P)}$。决策准则为：①行决策，对 $D^{(\Sigma)}$ 中的 S_i，

选择 $r_{ij}^{(\Sigma)*} = \underset{j}{\mathrm{Max}}\, r_{ij}^{(\Sigma)} = \mathrm{Max}\left\{ r_{i1}^{(\Sigma)}, r_{r2}^{(\Sigma)}, \cdots, r_{im}^{(\Sigma)} \right\}$，相应的 S_{ij}^* 为行最优局势；②列决策，对 $D^{(\Sigma)}$ 中

的 θ_j，选择 $r_{ij}^{(\Sigma)*} = \underset{i}{\mathrm{Max}}\, r_{ij}^{(\Sigma)} = \mathrm{Max}\left\{ r_{1j}^{(\Sigma)}, r_{2j}^{(\Sigma)}, \cdots, r_{nj}^{(\Sigma)} \right\}$，相应的 S_{ij}^* 为列最优局势。

2) 灰色决策实例

有三个经济区Ⅰ、Ⅱ、Ⅲ，发展林、牧、工副三种作业，其目标为人均收入(单位：10 元)、每百元人力(单位：个)、每百元产值(单位：10 元)，样本见表 9-15，试确定各区的满意作业。

表 9-15　样本数据

经济区	目标	林	牧	工副
Ⅰ	1	0.55	22.4	3.9
	2	0.3	1.8	1
	3	0.8	3	3.5
Ⅱ	1	0.9	4.4	14
	2	0.7	1	1.4
	3	0.1	0.9	5
Ⅲ	1	1.14	5.3	4.9
	2	0.9	1.4	0.8
	3	0.1	0.9	5

记Ⅰ、Ⅱ、Ⅲ区分别为事件 a_1, a_2, a_3；对策分别为 $b_1 =$ 林，$b_2 =$ 牧，$b_3 =$ 工副；目标 1 = 人均收入，目标 2 = 百元人力，目标 3 = 百元产值。则对目标 1，有

$$u^{(1)} = (u_{11}^{(1)}, u_{12}^{(1)}, u_{13}^{(1)}, u_{21}^{(1)}, u_{22}^{(1)}, u_{23}^{(1)}, u_{31}^{(1)}, u_{32}^{(1)}, u_{33}^{(1)}) = (0.55, 22.4, 3.9; 0.9, 4.4, 14; 1.14, 5.3, 4.9)$$

$$u^{(2)} = (u_{11}^{(2)}, u_{12}^{(2)}, u_{13}^{(2)}, u_{21}^{(2)}, u_{22}^{(2)}, u_{23}^{(2)}, u_{31}^{(2)}, u_{32}^{(2)}, u_{33}^{(2)}) = (0.3, 1.8, 1; 0.7, 1, 1.4; 0.9, 1.4, 0.8)$$

$$u^{(3)} = (u_{11}^{(3)}, u_{12}^{(3)}, u_{13}^{(3)}, u_{21}^{(3)}, u_{22}^{(3)}, u_{23}^{(3)}, u_{31}^{(3)}, u_{32}^{(3)}, u_{33}^{(3)}) = (0.8, 3, 3.5; 0.1, 0.9, 5; 0.1, 0.9, 5)$$

第一步，求效果测度。

对目标 1，应要求越大越好，采用上限效果测度。

因 $u_{\max}^{(1)} = \underset{i}{\mathrm{Max}}\,\underset{j}{\mathrm{Max}}\left\{ u_{ij}^{(1)} \right\} = 22.4$，故 $r_{ij}^{(1)} = \dfrac{u_{ij}^{(1)}}{u_{\max}^{(1)}} = \dfrac{u_{ij}^{(1)}}{22.4}$，于是，$D^{(1)} = \begin{pmatrix} \dfrac{r_{11}^{(1)}}{s_{11}} & \dfrac{r_{12}^{(1)}}{s_{12}} & \dfrac{r_{13}^{(1)}}{s_{13}} \\[2mm] \dfrac{r_{21}^{(1)}}{s_{21}} & \dfrac{r_{22}^{(1)}}{s_{22}} & \dfrac{r_{23}^{(1)}}{s_{23}} \\[2mm] \dfrac{r_{31}^{(1)}}{s_{31}} & \dfrac{r_{32}^{(1)}}{s_{32}} & \dfrac{r_{33}^{(1)}}{s_{33}} \end{pmatrix} =$

$$\begin{pmatrix} 0.02455 & 1 & 0.17 \\ 0.04 & 0.1964 & 0.625 \\ 0.0508 & 0.2366 & 0.218 \end{pmatrix}。$$

对目标 2，应要求适中，采用适中效果测度，取适中值 $u_0^{(2)}=1.03$，由 $r_{ij}^{(2)} = \dfrac{\mathrm{Min}(u_{ij}^{(2)},1.03)}{\mathrm{Max}(u_{ij}^{(2)},1.03)}$，

得，$D^{(2)} = \begin{pmatrix} 0.291 & 0.572 & 0.97 \\ 0.679 & 0.97 & 0.7357 \\ 0.8737 & 0.7357 & 0.776 \end{pmatrix}。$

对目标 3，应要求越小越好，采用下限效果测度，因为 $\mathrm{MinMin}\,u_{ij}^{(3)}=0.1$，

$$D^{(3)} = \begin{pmatrix} 0.125 & 0.033 & 0.02857 \\ 0.166 & 0.05 & 0.025 \\ 1.0 & 0.11 & 0.02 \end{pmatrix}。$$

第二步，求 $D^{(\Sigma)}$。因 $D^{(\Sigma)} = \dfrac{1}{3}\left(D^{(1)}+D^{(2)}+D^{(3)}\right)$，故 $D^{(\Sigma)} = \begin{pmatrix} 0.1466 & 0.5351 & 0.3895 \\ 0.295 & 0.405 & 0.4619 \\ 0.6415 & 0.3607 & 0.338 \end{pmatrix}。$

第三步，决策。行决策：对第一行，$r_1^{(\Sigma)\cdot}=r_{12}^{(\Sigma)}=0.5351$；对第二行，$r_{2j}^{(\Sigma)\cdot}=r_{23}^{(\Sigma)}=0.4619$；对第三行，$r_{3j}^{(\Sigma)}=r_{31}^{(\Sigma)}=0.6415$；即行最优局势为(Ⅰ区，牧)，(Ⅱ区，工副)，(Ⅲ区，林)。对列决策，对第一列，$r_{i1}^{(\Sigma)}=r_{31}^{(\Sigma)}=0.6415$；对第二列，$r_{i2}^{(\Sigma)}=r_{12}^{(\Sigma)}=0.5351$；对第三列，$r_{i3}^{(\Sigma)}=r_{23}^{(\Sigma)}=0.4619$；即列最优局势为(Ⅲ区，林)，(Ⅰ区，牧)，(Ⅱ区，工副)，行列最优局势一致。

第 10 章　多目标求解

单目标求解问题，只有一个目标函数，通常只需要寻找满足该目标函数的最优解即可。而实际应用中，往往需要考虑多个条件的限制。因为存在多个目标函数和约束条件，当一个目标达到最优时很有可能令其他目标处于最劣，各个目标彼此间互相牵制和影响，难以实现所有目标的最优化，所以不能根据一个目标是否实现最优化来评价函数解的优劣程度。进行多目标求解问题的基本思想是将多目标转化为单目标。本章对三种常用方法进行介绍：线性规划法、目标规划法和灰色规划法，主要从概念、数学模型、方法应用这几方面进行介绍。总的来说，可将这三种方法的特点总结如下：线性规划法实际上就是求多变量线性函数在线性约束条件下的最优值。目标规划法主要适用于已知大量约束条件，在约束框架下求解最大或最小值；与灰色规划法相比，它需要大量已知信息，因此适用范围受到限制，但其优势在于可以解决复杂的、系统性的问题，且其精度较高。灰色规划法可以在已知信息基础上对未知信息进行推断，在数据的预测方面精度较优。本章结构如图 10-1 所示。

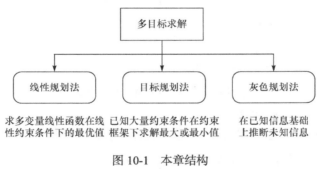

图 10-1　本章结构

10.1　线性规划法

线性规划是运筹学中发展较快、应用较广和比较成熟的一个分支。早在 20 世纪 30 年代末，就有人从运输问题开始研究线性规划方法。自单纯形法(simplex method)作为求解线性规划问题的一般方法被提出之后，线性规划在理论和算法上趋于成熟，在实际应用中日益广泛与深入，同时也是地理学中解决有关规划与决策问题的重要方法之一。

10.1.1　线性规划的数学模型

线性规划研究的问题主要有两类：一是某项任务确定后，如何统筹安排，以最少的人力、物力和财力去完成该项任务；二是面对一定数量的人力、物力和财力资源，如何安排利用使得完成的任务最多。实际上，这是一个问题的两个方面，它们都属于最优规划的范畴。线性规划的实例有很多，如运输问题、资源利用问题、生产布局问题、连续投资问题等，即使占用再大的篇幅，也无法把它们一一列举出来。不过，尽管各种线性规划问题的表现形式不尽相同，但它们都具有一些共同的特征。

每一个问题，都可以用一组未知变量 $(x_1, x_2, \cdots, x_n)$ 表示某一规划方案。这组未知变量的一组定值代表一个具体的方案，而且通常要求这些未知变量的取值是非负的。

每一个问题，都有两个主要组成部分：一是目标函数，按照研究问题的不同，常常要求目标函数取最大或最小值；二是约束条件，它定义了一种求解范围，使问题的解必须在这一范围之内。

每一个问题的目标函数和约束条件都是线性的。

根据上述问题的三个基本特征，可以抽象出线性规划问题的数学模型。它一般可表示为：在线性约束条件 $\sum_{j=1}^{n} a_{ij}x_i \leqslant (\geqslant, =)b_i (i = 1, 2, \cdots, m)$ 及非负约束条件 $x_j \geqslant 0(j = 1, 2, \cdots, n)$ 下求一组未知变量 $x_j(j = 1, 2, \cdots, n)$ 的值，使 $Z = \sum_{j=1}^{n} c_j x_j \to \max(\min)$；若采用矩阵记号，上述线性规划模型的一般形式可进一步描述为：在约束条件 $AX \leqslant (\geqslant, =)b$ 及 $X \geqslant 0$ 下，求未知向量 $X = [x_1, x_2, \cdots, x_n]^T$，使得 $Z = CX \to \max(\min)$，其中，$b = [b_1, b_2, \cdots, b_m]^T$，$C = [c_1, c_2, \cdots, c_n]$。

$$A = \begin{bmatrix} a_{11} & a_{12} & \cdots & a_{1n} \\ a_{21} & a_{22} & \cdots & a_{2n} \\ \vdots & \vdots & & \vdots \\ a_{m1} & a_{m2} & \cdots & a_{mn} \end{bmatrix} \tag{10.1.1}$$

10.1.2 线性规划的解及其性质

1. 线性规划的解

(1) 可行解与最优解。在线性规划问题中，称满足约束条件(即满足线性约束和非负约束)的一组变量 $x = [x_1, x_2, \cdots, x_n]^T$ 为可行解。所有可行解组成的集合称为可行域。使目标函数取最大(或最小)值的可行解称为最优解。

(2) 基解与基可行解。如果把约束方程组的 $m \times n$ 阶系数矩阵 A 写为由 n 个列向量组成的分块矩阵 $A = [P_1, \ P_2, \cdots, P_n]$，其中，$P_j = [a_{1j}, a_{2j}, \cdots, a_{mj}]^T (j = 1, 2, \cdots, m)$，则 P_j 表示对应变量 x_j 的系数列向量。

如果 B 是 A 中的一个 $m \times m$ 阶的非奇异子阵，则称 B 为该线性规划问题的一个基。

不失一般性，不妨设 $B = \begin{bmatrix} a_{11} & a_{12} & \cdots & a_{1m} \\ a_{21} & a_{22} & \cdots & a_{2m} \\ \vdots & \vdots & & \vdots \\ a_{m1} & a_{m2} & \cdots & a_{mm} \end{bmatrix} = [P_1, P_2, \cdots, P_m]$，则称 $P_j(j = 1, 2, \cdots, m)$ 为基向量，与基向量相对应的向量 $x_j(j = 1, 2, \cdots, m)$ 为基变量，而其余的变量 $x_j(i = m+1, m+2, \cdots, n)$ 为非基变量。

如果 $X_B = [x_1, x_2, \cdots, x_m]^T$ 是方程组 $BX_B = b$ 的解，则 $X = [x_1, x_2, \cdots, x_m, 0, 0, \cdots, 0]^T$ 就是方程组 $AX = b$ 的一个解，被称为对应于基 B 的基解。满足非负约束条件的基解，称为基可行解。对应于基可行解的基，称为可行基。

线性规划问题的以上几个解的关系，可用图 10-2 来描述。

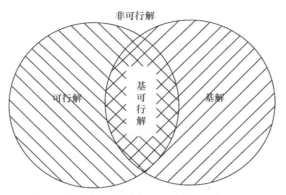

图 10-2 线性规划问题的几种解之间的关系

2. 线性规划解的性质

为了说明线性规划解的性质，需要引入凸集和顶点的概念。

若连接 n 维点集 S 中的任意两点 $x^{(1)}$ 和 $x^{(2)}$ 之间的线段仍在 S 中，则称 S 为凸集。例如，三角形、平行四边形、正多边形、圆、球体、正多面体等都是凸集，而圆环、空心球等都不是凸集。

若凸集 S 中的点 $x^{(0)}$ 不能成为 S 中任何线段的内点，则称 $x^{(0)}$ 为 S 的顶点或极点。例如，三角形、平行四边形、正多边形、正多面体的顶点，以及圆周上的点都是极点。可以证明，线性规划问题的解具有以下性质：①线性规划问题的可行解集(可行域)为凸集；②可行解集 S 中的点 X 是顶点的充要条件是基可行解；③若可行解集有界，则线性规划问题的最优值一定可以在其顶点上达到。

由于线性规划的基的个数是有限的，基可行解也是有限的，这就是说可行解集的顶点数目是有限的。所以，如果线性规划问题有最优解，就只需从其可行解集的有限个顶点中去寻找。

10.1.3 线性规划问题的求解方法

1. 单纯形法的计算步骤

单纯形法求解线性规划问题的计算步骤如下。

第一步，找出初始可行基 $B = [P_{j1}, P_{j2}, \cdots, P_{jm}]$ ，建立初始单纯形表。

第二步，判别、检验所有的检验数 $b_{0j}(j = 1, 2, \cdots, n)$ 。

(1) 如果所有的检验数 $b_{0j} \geqslant 0 (j = 1, 2, \cdots, n)$ ，则由最优性判定定理知，已获最优解，即此时的基可行解就是最优解。

(2) 若检验数 $b_{0j}(j = 1, 2, \cdots, n)$ 中，有些为负数，但其中某一负的检验数所对应的列向量的各分量均非正，则线性规划问题无解。

(3) 若检验数 $b_{0j}(j = 1, 2, \cdots, n)$ 中，有些为负数，且它们所对应的列向量中有正的分量，则需要换基、进行迭代运算。

第三步，选主元。在所有 $b_{0j} < 0$ 的检验数中选取最小者 b_{0s} ，其对应的非基变量为 x_s ，对应的列向量为 $P_s = [b_{1s}, b_{2s}, \cdots, b_{ms}]^{\mathrm{T}}$ 。如果 $\theta = \min \left\{ \dfrac{b_{i0}}{b_{is}} \Big| b_{is} > 0 \right\} = \dfrac{b_{r0}}{b_{rs}}$ ，则确定 b_{rs} 为主元项。

第四步，在基 B 中调进 P_s ，换出 P_j 得到一个新的基

$$B' = [P_{j_1}, P_{j_2}, \cdots, P_{j_{r-1}}, P_s, P_{j_{r+1}}, \cdots, P_{j_m}]$$

第五步，在单纯形表上进行初等行变换，使第 s 列向量变为单位向量，又得到一张新的单纯形表。

第六步，转入第二步。

10.2　目标规划法

目标规划法是解决多目标规划的重要方法之一。这一方法是美国学者 Charnes 等在线性规划的基础上提出来的。后来，Jasskelainen 和 Lee 进一步给出了求解目标规划问题的一般性方法——单纯形方法。

在有关地理问题的决策中，常常需要考虑多个目标，如经济效益目标、生态效益目标、社会效益目标等。为了解决这类问题，必须运用多目标规划法。其中，目标规划法是解决这类地理决策问题的重要方法之一。

目标规划的基本思想是，给定若干目标及实现这些目标的优先顺序，在有限的资源条件下，使总的偏离目标值的偏差最小。

10.2.1　描述目标规划模型的有关概念

为了建立目标规划数学模型，引入有关概念。

(1) 偏差变量。在目标规划模型中，除了决策变量外，还需要引入正、负偏差变量 d^+、d^-。其中，正偏差变量 d^+ 表示决策值超过目标值的部分；负偏差变量 d^- 表示决策值未达到目标值的部分。因为决策值不可能既超过目标值同时又未达到目标值，故 $d^+ \times d^- = 0$ 成立。

(2) 绝对约束和目标约束。绝对约束，是指必须严格满足的等式约束和不等式约束。例如，线性规划问题的约束条件都是绝对约束，不能满足这些约束条件的解称为非可行解。所以它们是硬约束。目标约束是目标规划所特有的，可以将约束方程右端项看作追求的目标值。在达到此目标值时允许发生正的或负的偏差，因此在这些约束条件中加入正、负偏差变量。它们是软约束。线性规划问题的目标函数,在给定目标值和加入正、负偏差变量后可以转化为目标约束，也可以根据问题的需要将绝对约束转化为目标约束。

10.2.2　优先因子(优先等级)与权系数

一个规划问题，常常有若干个目标，决策者对各个目标的考虑，往往是有主次或轻重缓急的。一般要求第一位达到的目标赋予优先因子 p_1，次位的目标赋予优先因子 p_2……并规定 $p_l \gg p_{l+1}(l = 1, 2, \cdots, L)$ 表示 p_l 比 p_{l+1} 有更大的优先权。这就是说，先保证 p_1 级目标的实现，这时可以不考虑次级目标；而 p_2 级目标是在实现 p_1 级目标的基础上考虑的；依此类推。若要区别具有相同优先因子 p_1 的目标的差别，就可以分别赋予它们不同的权系数 $\omega_{lk}(k = 1, 2, \cdots, K)$，这些优先因子和权系数都由决策者按照具体情况而定。

10.2.3　目标函数

目标规划的目标函数(准则函数)是按照各目标约束的正、负偏差变量和赋予相应的优先因子而构造的。当每一目标确定后，决策者的要求就是尽可能缩小与目标值的偏离。因此，目标

规划的目标函数只能是

$$\min Z = f(d^+, d^-) \tag{10.2.1}$$

其基本形式有以下三种。

(1) 要求恰好达到目标值，就是正、负偏差变量都要尽可能小，即

$$\min Z = f(d^+, d^-) \tag{10.2.2}$$

(2) 要求不超过目标值，即允许达不到目标值，就是正偏差变量要尽可能小，即

$$\min Z = f(d^+) \tag{10.2.3}$$

(3) 要求超过目标值，也就是超过量不限，但负偏差变量要尽可能小，即

$$\min Z = f(d^-) \tag{10.2.4}$$

在实际问题中，可以根据决策者的要求，引入正、负偏差变量和目标约束，并给不同目标赋予相应的优先因子和权系数，构造目标函数，建立模型。

10.2.4　目标规划模型的一般形式

通过上述讨论，可以给出目标规划模型的一般形式。

假定有 K 个目标，L 个优先级($L \leqslant K$)，n 个决策变量。在同一优先级 p_l 中，不同目标的正、负偏差变量的权系数分别为 ω_{lk}^+、ω_{lk}^-，则多目标规划问题可以表示为以下几种形式。

目标函数：$\min Z = \sum\limits_{l=1}^{L} p_l \sum\limits_{k=1}^{K} \left(\omega_{lk}^- d_k^- + \omega_{lk}^+ d_k^+ \right)$

目标约束：$\sum\limits_{j=1}^{n} c_j^{(k)} x_j + d_k^- - d_k^+ = g_k (k = 1, 2, \cdots, K)$

绝对约束：$\sum\limits_{j=1}^{n} a_{ij} x_j \leqslant (=, \geqslant) b_i (i = 1, 2, \cdots, m)$

非负约束：$x_j \geqslant 0 (j = 1, 2, \cdots, n)$，$d_k^+, d_k^- \geqslant 0 (k = 1, 2, \cdots, K)$

其中，ω_{lk}^+、ω_{lk}^- 分别表示赋予 p_l 优先因子的第 k 个目标的正、负偏差变量的权系数；g_k 表示第 k 个目标的预期值；x_j 表示决策变量；d_k^+、d_k^- 分别表示第 k 个目标的正、负偏差变量；$c_j^{(k)}$、a_{ij}、b_i 分别表示目标约束和绝对约束中决策变量的系数及约束值；$i = 1, 2, \cdots, m$；$j = 1, 2, \cdots, n$；$l = 1, 2, \cdots, L$；$k = 1, 2, \cdots, K$。

10.2.5　求解目标规则的单纯形方法

目标规划模型的结构与线性规划模型的结构没有本质的区别，所以可以用单纯形方法求解目标规划问题。但考虑到目标规划模型的特点，在用单纯形方法求解目标规划时，应作以下规定：①因为目标规划模型的目标函数都是求最小值，所以，以检验数 $c_j - z_j \geqslant 0 (j = 1, 2, \cdots, n)$ 为最优判别准则。②因为非基变量的检验数中含有不同等级的优先因子，$p_1 \gg p_2 \gg \cdots \gg p_L$，所以从每个检验数的整体来看，其值的正、负首先决定于 p_1 的系数 β_{1j} 的正、负，若 $\beta_{1j} = 0$，则其值的正、负就取决于 p_2 的系数 β_{2j} 的正、负，依此类推。

据此，可以总结出求解目标规划问题的单纯形方法的计算步骤。

第一步，建立初始单纯形表，并在表中将检验数行按优先因子个数分别排成 L 行，置 $l = 1$。

第二步，检查该行中是否存在负数，且对应的前 $l-1$ 行的系数皆为零。若有，取其中最小

者对应的变量为换入变量，转第三步。若无负数，则指向第五步。

第三步，按最小比值规则(θ规则)确定换出变量，当存在两个和两个以上相同的最小比值时，选取具有较高优先级别的变量为换出变量。

第四步，按单纯形法进行基变换运算，建立新的计算表，返回第二步。

第五步，当$l=L$时，计算结束，表中的解即为满意解。否则置$l=l+1$，返回第二步。

10.3 灰色规划法

10.3.1 概念及方法

一般的线性规划存在的问题为：①一般线性规划是静态的，不能反映约束条件随时间变化的情况，因而所得的结果往往因条件改变而失效。②如果规划模型中出现灰数，如约束条件中的技术系数、约束值等为灰数，则一般线性规划难以处理。③由于模型技术或计算技巧问题，在实际计算过程中往往出现无解或无法求解现象。

上述问题如果用灰色系统的思想和建模方法来解决，就概括地称为灰色线性规划。

灰色线性规划的形式如下。

目标函数：$f(x)=cx \rightarrow \max(\text{or}\min)$

约束条件：$\otimes(A)x < b; x \geqslant 0$

问题的提法是：在满足$\otimes(A)x<b$，$x \geqslant 0$的条件下，寻找一组x，使$f(x)$达极大(或极小)。上述关系式中：

$$X = [x_1, x_2, \cdots, x_n]^{\text{T}}$$

$$C = [c_1, c_2, \cdots, c_m] \ (c_i \text{可以是灰数}) \tag{10.3.1}$$

约束条件的系数矩阵$\otimes(A)$为

$$\otimes(A) = \begin{bmatrix} \otimes_{11} & \otimes_{12} & \cdots & \otimes_{1n} \\ \otimes_{21} & \otimes_{22} & \cdots & \otimes_{2n} \\ \vdots & \vdots & & \vdots \\ \otimes_{m1} & \otimes_{m2} & \cdots & \otimes_{mn} \end{bmatrix}$$

$$= \begin{bmatrix} \otimes_{(a_{11})} & \otimes_{(a_{12})} & \cdots & \otimes_{(a_{1n})} \\ \otimes_{(a_{21})} & \otimes_{(a_{22})} & \cdots & \otimes_{(a_{2n})} \\ \vdots & \vdots & & \vdots \\ \otimes_{(a_{m1})} & \otimes_{(a_{m2})} & \cdots & \otimes_{(a_{mn})} \end{bmatrix} \tag{10.3.2}$$

$\otimes(A)$的白化矩阵A为

$$A = \tilde{\otimes}(A) = \begin{bmatrix} a_{11} & a_{12} & \cdots & a_{1n} \\ a_{21} & a_{22} & \cdots & a_{2n} \\ \vdots & \vdots & & \vdots \\ a_{m1} & a_{m2} & \cdots & a_{mn} \end{bmatrix} \tag{10.3.3}$$

约束量b为$b = [b_1, b_2, \cdots, b_m]^{\text{T}}$，它可以通过如下过程得到。

若对于约束指标b_i，有下述白化序列：

$$b_i^{(0)} = [b_i^{(0)}(1), b_i^{(0)}(2), \cdots, b_i^{(0)}(N)] \tag{10.3.4}$$

则对 $b_i^{(0)}$ 作 AGO 得

$$b_i^{(1)} = [b_i^{(1)}(1), b_i^{(1)}(2), \cdots, b_i^{(1)}(N)] \tag{10.3.5}$$

以 $b_i^{(1)}$ 数据作 GM(1,1) 建模，再从预测模型求出预测值 $\{b_i^{(0)}(k)\}; k > N$。

做规划计算时，按下述约束条件：

$$\otimes(A)X \leqslant \begin{bmatrix} \hat{b}_1^{(0)}(k) \\ \hat{b}_2^{(0)}(k) \\ \vdots \\ \hat{b}_m^{(0)}(k) \end{bmatrix} \tag{10.3.6}$$

可求出 k 时刻的灰色线性规划解。在 $k>N$ 的条件下取不同值时，可以得到未来发展的各种线性规划解。

10.3.2　灰色线性规划的特点

(1) 弥补了一般线性规划的不足。一般线性规划是一种确定的、静态模型，它要求目标函数中的效益系数、约束条件之中的技术系数及其他限制量等都固定下来。但实际上，由于系统关系的多变性、系统因素之间的复杂性，所求出的解往往可能与实际不符，或者甚至无解。而灰色线性规划是在技术系数是可变的灰数、约束值是发展的情况下进行的，是一种动态的线性规划。因此，它弥补了一般线性规划的不足。

(2) 不仅可以知道既定条件下的最优结构，而且可以知道最优结构的发展变化情况。因为灰色线性规划中约束条件的约束值可以是变动的，有的可用时间序列描述，这样的线性规划，不仅可以反映一种特定的情况，而且可以反映约束条件发展变化的情况。这样的线性规划解，不是一个值，而是一组值，并且是一组时间序列值。这样的解，不但可以知道现在条件下的最优结构，而且可以知道最优结构关系的发展变化情况。

(3) 给定一组信息，就可得到一组优化方案，有众多的调整余地。灰色线性规划中的约束条件系数是灰区间数，既可按下限规划，又可按上限规划，还可按区间内的任何一白化值进行规划。在区间内，只要可以得到一组白化值，便可得到一组优化方案，从而使规划灵活多变，有众多的调整余地，可适应情况的发展变化。

10.3.3　灰参数线性规划

目标函数 f 与约束条件矩阵 A 中含有区间灰数的线性规划，称为灰参数线性规划，其模型为

$$f = \otimes(c)X$$
$$\otimes(A)X \leqslant b; X \geqslant 0$$
$$\otimes(c) = [\otimes(c_1), \otimes(c_2), \cdots, \otimes(c_n)]$$
$$\tilde{\otimes}(c_i) = [\underline{c_i} \ \overline{c_i}]$$

$$\otimes(A) = \begin{bmatrix} \otimes_{(a_{11})} & \otimes_{(a_{12})} & \cdots & \otimes_{(a_{1n})} \\ \otimes_{(a_{21})} & \otimes_{(a_{22})} & \cdots & \otimes_{(a_{2n})} \\ \vdots & \vdots & & \vdots \\ \otimes_{(a_{m1})} & \otimes_{(a_{m2})} & \cdots & \otimes_{(a_{mn})} \end{bmatrix} \tag{10.3.7}$$

$$\tilde{\otimes}(a_{ij}) \in [\underline{a}_{ij} \overline{a}_{ij}]$$

若记 $\tilde{\otimes}(c_i) = \underline{c}_i + \alpha(\overline{c}_i - \underline{c}_i)$ ($i=1,2,\cdots n$)，$\tilde{\otimes}(a_{ij}) = \underline{a}_{ij} + \alpha(\overline{a}_{ij} - \underline{a}_{ij})$ ($i=1,2,\cdots,n$；$j=1,2,\cdots,m$)，则称 α 为白化值的摄取系数，$\alpha \in (0,1)$；$\overline{c}_i$ 为 $\tilde{\otimes}(c_i)$ 的上界；$\underline{c}_i$ 为 $\tilde{\otimes}(c_i)$ 的下界；$\overline{a}_{ij}$ 为 $\tilde{\otimes}(a_{ij})$ 的上界；$\underline{a}_{ij}$ 为 $\tilde{\otimes}(a_{ij})$ 的下界。

上述两式为摄取函数。

$\alpha = 0$，则 $\tilde{\otimes}$ 取下界；$\alpha = 1$ 则 $\tilde{\otimes}$ 取上界；$\alpha = 0$，则 x 取最大值，f 取最小值，$\alpha = 1$，则 x 取最小值，f 取最大值；$\alpha = 0$，则 $\tilde{\otimes}(c_i)$ 取最小值；$\alpha = 1$，则 $\tilde{\otimes}(c_i)$ 取最大值；如果 $\otimes(c_i)$ 与 $\otimes(a_{ij})$ 取数非一致，且以 $\alpha = 1$ 为 $\tilde{\otimes}(c_i)$ 的摄取系数，以 $\alpha = 0$ 为 $\tilde{\otimes}(a_{ij})$ 的摄取系数，则 f 取最大值，记为 $f_{\max}$。

对 $\otimes(c_i)$ 与 $\otimes(a_{ij})$ 取数一致，则 f 必满足 $f \leqslant f_{\max}$。若记 f_α 为摄取系数为 α 的 f 值，则称 $\mu_\alpha = \dfrac{f_\alpha}{f_{\max}}$ 为灰参数线性规划的可信度；称 $f_{\alpha^*} = \max\limits_\alpha f_\alpha$ 与 $\mu_{\alpha^*} = \max\limits_\alpha \mu_\alpha$ 分别为灰参数线性规划的优化目标值与最终可信度。

解灰参数线性规划时，先求出 $f_{\max}$ 及给定下限可信度 $\mu_{\alpha 0}$，即 $f_\alpha \geqslant \mu_{\alpha 0} f_{\max}$，称 f_α 为灰参数线性规划可行解的目标值。

10.3.4 实例

某地有 x_1 与 x_2 两种产品，生产 x_1 耗电 4 千瓦，耗煤 1～9 吨，需劳力 3 人；生产 x_2 耗电 5 千瓦，耗煤 4 吨，需劳力 10 人；现已知该地电能发展情况，如表 10-1 所示。

表 10-1　某地电能发展情况 1981～1984 年数据

年份	1981	1982	1983	1984
耗电/千瓦	168	171	180	190

x_1 的价值为 700 元/公斤，x_2 的价值为 1200 元/公斤，现有煤 360 吨，劳力 300 人，给定目标区间为 400～500，试用灰色线性规划方法对 x_1 与 x_2 作 1985 年与 1986 年的计划，保证收益落入目标区内。

这个灰色线性规划问题的解法如下。

目标函数：$f = c_1 x_1 + c_2 x_2 = 7x_1 + 12x_2 = \otimes(\max)$，$C = [c_1, c_2] = [7,12]$。

约束条件：煤，$\otimes x_1 + 4x_2 \leqslant 360$　$\otimes \in [1,9]$；劳力，$3x_1 + 10x_2 \leqslant 300$；电，$4x_1 + 5x_2 \leqslant \hat{b}^{(0)}(1985)$；$4x_1 + 5x_2 \leqslant \hat{b}^{(0)}(1986)$。

或者改写如下。

目标函数：$f = CX = [c_1, c_2]\begin{bmatrix} x_1 \\ x_2 \end{bmatrix} = [7,12]\begin{bmatrix} x_1 \\ x_2 \end{bmatrix} = \otimes(\max)$。

约束条件：$\otimes(A)X \leqslant b, X \geqslant 0$。其中，$\otimes(A) = \begin{bmatrix} \otimes & 4 \\ 3 & 10 \\ 4 & 5 \end{bmatrix}$；$\otimes \in [1,9]$，$b = \begin{bmatrix} b_1 \\ b_2 \end{bmatrix}$；$b_1 = \begin{bmatrix} 360 \\ 300 \\ \hat{b}^{(0)}(1985) \end{bmatrix}$；

$b_2 = \begin{bmatrix} 360 \\ 300 \\ \hat{b}^{(0)}(1986) \end{bmatrix}$；$b_1$ 表示 1985 年的规划约束向量；b_2 表示 1986 年的规划约束向量。下面进行求解。

第一步，求 $\hat{b}^{(0)}(1985)$ 与 $\hat{b}^{(0)}(1986)$，由 $b^{(0)} = [b^{(0)}(1), b^{(0)}(2), b^{(0)}(3), b^{(0)}(4)] = [b^{(0)}(1981),$ $b^{(0)}(1982), b^{(0)}(1983), b^{(0)}(1984)] = (168, 174, 180, 190)'$ 建立 GM(1,1)得 $\hat{b}^{(1)}(k+1) = 3829.125e^{0.0442k} - 3661.125$，从模型可得预测值：$\hat{b}^{(0)}(1985) = 197.95717 = 198$，$\hat{b}^{(0)}(1986) = 206.91825 = 207$。

第二步，取定 $\otimes(A)$ 的白化值，现取 $\tilde{\otimes} = 9$，有 $\tilde{\otimes}(A) = \begin{bmatrix} 9 & 4 \\ 3 & 10 \\ 4 & 5 \end{bmatrix}$。

第三步，构造规划模型。为计算方便，将目标函数 f 从求极大转化为求极小，即将目标函数的正号换为负号，则规划模型的目标函数：$-f = -7x_1 - 12x_2 = \min$，1985 年规划约束条件为

$$\begin{cases} 9x_1 + 4x_2 \leqslant 360 \\ 3x_1 + 10x_2 \leqslant 300 \\ 4x_1 + 5x_2 \leqslant 198 \\ x_i \geqslant 0, i = 1, 2, 3, 4, 5 \end{cases} \tag{10.3.8}$$

第四步，求解，为使 $-f$ 尽可能小，应增大 x_2，而 x_2 的约束条件为 $x_2 \leqslant 90$，$x_2 \leqslant 30$，$x_2 \leqslant 39.6$，由上可见，若 $x_2 \leqslant 30$，则 x_2 满足所有约束条件，为此，取 $x_2 \leqslant 30$，为了进一步确定决策值，引入松弛变量，将非等式约束转化为等式约束，有

$$\begin{cases} 9x_1 + 4x_2 + x_3 = 360 & (10.3.9) \\ 3x_1 + 10x_2 + x_4 = 300 & (10.3.10) \\ 4x_1 + 5x_2 + x_5 = 198 & (10.3.11) \end{cases}$$

取 $x_2 \leqslant 30$ 所对应的等式约束式(10.3.10)，将结果代入其他约束式中，以消去 x_2，得 $x_5 = 48 - 2.5x_1 + 0.5x_4$，代入目标函数式有 $-f = -7x_1 - 12x_2 = -360 - 3.4x_1 + 1.2x_4$，由上式看出，为使 $-f$ 尽可能小，应增大 x_1，而 x_1 的约束条件为

$$\begin{cases} x_2 = 30 - 0.3x_1 - 0.1x_4 \\ 0.3x_1 \leqslant 30 \\ x_1 \leqslant 100 \\ x_3 = 240 - 7.8x_1 + 0.4x_4 \\ 7.8x_1 \leqslant 240 \\ x_1 \leqslant 30.76 \\ x_5 = 48 - 2.5x_1 + 0.5x_4 \\ 2.5x_1 \leqslant 48 \\ x_1 \leqslant 19.2 \end{cases} \tag{10.3.12}$$

由上可见，若取 $x_1 \leqslant 19.2$，则满足 x_1 的所有约束条件，为此取 $x_1 \leqslant 19.2$。又 $x_1 \leqslant 19.2$ 所对应的等式约束式为 $x_5 = 48 - 2.5x_1 + 0.5x_4$，即 $x_1 = 19.2 + 0.2x_4 - 0.4x_5$，以 x_1 代入 $-f$ 式，有 $-f = -425.8 + 0.52x_4 + 1.36x_5$，表明只有 $x_4 = 0$，$x_5 = 0$ 时，$-f$ 才为最小，为此从 $x_1 = 19.2 + 0.2x_4 - 0.4x_5$ 中令 $x_4 = 0$，$x_5 = 0$，得出 $x_1 = 19.2$，又从 $x_2 = 30 - 0.3x_1 - 0.1x_4$ 中令 $x_4 = 0$，$x_1 = 19.2$，得出 $x_2 = 21.24$，由此得出结论：1985 年电力预测值为 198 千瓦的前提下，最优决策可为 $x_1 = 19.2$，$x_2 = 21.24$，此时最大效益为 $f = 7x_1 + 12x_2 = 425.28$；同理可得，在 1986 年电力预测值为 207 千瓦的前提下，$x_1 = 22.76$，$x_2 = 23.172$，此时最大效益为 $f = 437.384$。对照 1985 年与 1986 年两年规划可看出：①电力增加，允许 x_1 增加，x_2 减少一些，但 $x_1 + x_2$ 增大。②电力增加能使总效益 f 增大，由 425.28 增大到 437.384。③增加电能投入，是提高效益的有效途径。④两个决策均满足灰目标 400～500 的要求。

第11章 感　　知

　　人类通过视觉、听觉、触觉、味觉、嗅觉等感觉器官感知外部世界从而获取外部信息，再经过大脑加工来获得大部分知识。对于人造系统而言，感知(perception)是通过各种光、声、磁波和电等媒介的传感器对多样化的动态信息进行实时采集和存储，从而提供真实世界的相关信息的。传感器的主要原理是通过将敏感元件监测到的信息按一定规律转换为电信号，以满足信息的传输、处理、存储、显示、记录和控制等要求。本章结构如图11-1所示，围绕感知的认识与发展，介绍地学领域类人感官的物理感知和基于人本思想的社会感知的产生和发展，以及学术界、产业界所运用的新思想、新技术。多样化的感知手段为人工智能技术、大数据和深度学习技术的发展提供了大量的空间数据，人们可以通过这些空间大数据对现实世界进行准确的预测和干预，从而实现人的感官向自然和社会经济系统的进一步延伸。

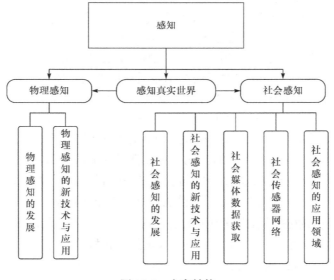

图 11-1　本章结构

11.1　物　理　感　知

　　真实世界是一个动态开放的网络社会，如图11-2所示。在这个人、地、社会三元系统中，一方面，人们应用社会调查，以及近几年兴起的互联网、物联网、导航设备、可穿戴设备和视频监控等工具获取各类人类活动及社会经济信息；另一方面，人们采用遥感、测量、实地调查和最近兴起的传感技术获取物理世界的信息。这些信息形成了多种多样的海量时空大数据，成为对物理世界和人类社会认知与推理的重要依据。

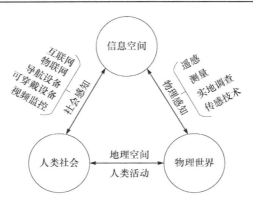

图 11-2　真实世界的感知手段

11.1.1　物理感知的发展

　　物理感知是人们针对物体的各种物理特性,通过模拟人的感官能力,设计相应的传感器感知物体相关信息的方法和技术。其中尤以视觉感知的研究较为突出,本节讨论的技术都与视觉(或电磁波)相关,并不是针对所有感官一并探讨。

　　机器视觉又称为计算机视觉,是一门研究用摄影机和电脑代替人眼对目标进行识别、跟踪和测量的学科。广义上的计算机视觉包括图像处理、目标重建与识别、图像理解等内容,而狭义的计算机视觉往往是通过对采集的图片或者视频进行处理以获得相应场景的三维信息。20世纪 40 年代,贝尔实验室的 Julesz 发现任意视差图都可恢复立体感,无须事先识别单幅图像的含义;而此前心理学家和神经学家认为人需要先感知才能产生立体感。由此 Marr 认识到复杂的神经和心理过程可用直接的数学计算表达,并提出三维重建的计算视觉理论。Marr 在 1982年发表的《视觉:从计算的视角研究人的视觉信息表达与处理》中详细分析了二维图像的表达、立体图像的对应和重建、算法及硬件的实现,是计算机视觉的开山之作。

　　与计算机视觉相似,在地学领域,摄影测量学是一门利用光学像片研究被摄物体的形状、位置、大小、特性及相互位置关系的学科。简而言之,摄影测量学以摄影为工具,以测量为目的。19 世纪早期,德国教授舒尔兹发现银的混合物在日光下会变黑;1839 年,法国画家达盖尔发明了银版摄影法,并制作了世界上第一台真正的照相机;19 世纪中叶,法国测量学家和摄影测量学的先驱 Fourcade 首先发现了用立体照片可重建立体视觉,从而促进了摄影测量学的诞生。在其后的漫长的岁月里,相机和照片帮助人们将地球表层地形地物在室内重建三维立体,从而将野外测量工作搬运至室内。"内业"工作成为主体,照片和摄影测量仪器替代了三脚架、经纬仪和标尺,成了主要的研究对象。随着航空航天技术的发展,以航空航天飞行器为载体的摄影测量应运而生。第一次世界大战期间,首台航空摄影仪问世,立体坐标测量仪和1318 立体测图仪投入使用,标志着航空摄影测量学的理论、方法与技术体系初步形成。1957年,第一颗卫星被发射到外太空,同时开启了卫星摄影测量时代。

　　20 世纪 90 年代以来,计算机视觉和摄影测量学的发展都受到计算机技术的强大推动。仅几何而言,两门学科具有同样的理论基础,即小孔成像和双目视觉原理。但在应用和技术细节上,两者存在区别。例如,数字摄影测量主要用于相对静态的地形地物测绘,使用航空和航天平台,所用的相机通常为专业测量相机;而计算机视觉主要以普通相机、手动和车载移动平台为主,用于运动目标的实时重建与识别,应用领域包括人脸识别、机器人和无人驾驶车等大众应用领域。进入 21 世纪后，两者的融合速度又得到进一步提升，它们之间的技术交叉点是无人机和车载移动平台。摄影测量的一个重要发展方向是地面移动测量系统，它可以用来采集道路和街景；而计算机视觉同样关注道路信息的提取与重建，并应用于机器人、城市地图、智能交通和自动驾驶汽车中。

11.1.2 物理感知的新技术与应用

1. 激光雷达

激光雷达(light detection and ranging，LiDAR)是指光波探测与测距，常常以激光为工作介质，也称为激光测距仪。LiDAR 通常以航空器或者汽车作为搭载平台，其所测得的数据为数字表面模型(digital surface model，DSM)的离散点，数据中含有空间三维信息和激光强度信息，具有主动性强、探测精度高、作业周期短等优势。

机载 LiDAR 系统是一种快速发展的新型探测工具，通过与全球卫星定位系统、惯性测量系统(inertial measurement unit，IMU)及高精度时间系统协同工作，实时确定空中激光发射中心的准确空间坐标及姿态参数，然后根据激光束测得的地面目标与激光发射中心的准确距离联合解算得到地面目标的准确大地坐标；由于 LiDAR 高频激光头的发射频率可达到 100Hz 以上，在每秒钟即可获得数十万地面点的空间坐标数据，每平方米的点云密度可达数十个；LiDAR 系统配备的航空摄影测量相机可获得高分辨率的地面影像数据，结合点云和影像数据即可高精度地反映地表详细形态和各种细节。车载 LiDAR 系统能够在高速移动状态下获取道路及道路两侧地物的三维信息，可以有效补充机载 LiDAR 缺失的侧面信息，在城市中能充分发挥其数据精度高、获取速度快的优势，是感知地面信息，进行大规模三维建筑物重建的有效手段。

2. 同时定位与地图构建

同时定位与地图构建(simultaneous localization and mapping，SLAM)技术，指搭载特定传感器的主体在没有环境先验知识的情况下，通过自身的运动建立环境模型。随着不同的传感器(相机、激光雷达等)不断出现，搭载传感器的机器人从未知位置开始移动，在移动过程中根据位置估计和传感器数据进行自身定位，同时构建增量式地图。SLAM 技术有两个核心，一是定位，即机器人必须知道自己在环境中的位置；二是测绘，即机器人必须记录环境中特殊的位置。有趣的是，移动机器人自定位与环境建模问题是紧密相关的，环境模型的准确性依赖于定位精度，而定位的实现又离不开环境模型。因为在未知环境中，机器人无法取得稳定有效的参照物，只能依靠自己的运动，以及运动过程中传感器收集到的数据来获取外界信息，如同一个盲人在一个陌生环境中摸索。这种通过主动感知外部环境为自身构建知识并利用的问题吸引了许多学者的注意。在实际中，这种问题的解决方法可分为两类：一类方法是利用自身携带的多种内部传感器(如里程仪、罗盘、加速度计等)，通过融合多种传感器的信息减少定位的误差。其中使用的融合算法多为基于卡尔曼滤波器的方法，这种方法的缺点是在长时间的漫游后会积累较大误差；另一类方法是在依靠内部传感器估计自身运动的同时，使用外部传感器(如激光测距仪)感知环境，对获得的信息进行分析提取环境特征并保存，并通过比对环境特征校正自身位置。

11.2　社　会　感　知

11.2.1　发展历史

由于互联网的快速发展,世界各地每时每刻都有数亿人活跃在网络空间,人与人之间正在建立一种新型的"远程"社会关系。随着网络行为的演化和发展,这种关系必将深刻地影响未来人们的交往方式、相互关系及社会的组织形式和活动机制。布什(Bush)、里克利德(Licklider)和恩格尔巴特(Engelbart)是现代互联网的先驱。第二次世界大战末期,时任美国科学研究与发展局负责人的布什向美国总统提交著名报告《科学:无边的领域》(*Science: The Endless Frontier*),建议成立国家科学基金会(National Science Foundation, NSF)和国防部先进研究项目署(Advanced Research Proiats Agenoy, ARPA,也即当前 DARPA 的前身,直接组织了互联网雏形——阿帕奇网的实施)。布什的工作为包括阿帕网在内的许多"Big Science"项目创造了条件。但布什的直接影响是他于 1945 年发表的科技散文《随便我们想》(*As We May Think*),特别是文中提出的通过关联加强人记忆能力的装置"Memex",被认为是个人计算机的原始模型。正是读了布什的散文,鼠标的发明人恩格尔巴特才意识到利用计算机来管理信息在处理数字之外的无比潜力。后来,恩格尔巴特在里克利德的支持下,直接参与了阿帕奇网的实施。此外,超文本(hypertext)的主要发明人纳尔逊(Nelson)也把他的工作归功于布什散文的启示。个人计算机的出现被看作"Memex"的一种简化,而万维网被看作其初级实现方式。随着万维网的不断发展,单凭经验与直觉已无法管理复杂动态的现代化网络社会,从而使社会感知成为社会管理与发展所必须面对且必不可少的手段和工具。"把传统上限于语言层次和静态的知识,不管是书本上还是社会上、解析型还是经验型、历史的还是现实的,都数字化、网络化和动态化。并用于各种复杂社会问题的建模、分析和决策支持。"这是布什写作那篇散文的主要动机与目的。1960 年,里克利德开展了开创性研究"人机合作"(man-computer symbiosis),两年后他应邀加入 ARPA,开始为实施阿帕奇网奠定基础。里克利德认为,计算机及其网络就是一种可建模的可塑介质,是一种大家都可以贡献并进行试验的公共介质。显然,这些思想为实现社会感知提供了条件。里克利德从人与人、人与机、人与物理和精神实体的互动角度出发,隐含地阐明了社会感知的意义、应用及实现途径。在此基础上,恩格尔巴特进一步发挥,从人的智力扩展角度完成了著名报告《增强人类智慧:一个概念架构》(*Augmenting Human Intellect: A Conceptual Framework*)。报告中指出,必须在计算机发展中融入心理与组织发展,并提出"人工物品与社会文化语言活动共同演化"的概念。从鼠标的发明、第一个超文本系统(on-line system, NLS)的成功开发,再到以 NLS 为基础的阿帕奇网的实施,提出建立美国国家信息中心的设想,恩格尔巴特的一生都在为实现理想中的计算模式而努力。

社会感知、计算及应用旨在架起社会科学和信息技术之间的桥梁,从基础理论、实验手段及领域应用等各个层面突破社会科学与信息科学交叉借鉴的困难。2007 年 4 月,国内学者在北京组织了以"社会计算的基础理论和应用"为主题的香山科学会议;此后,国际上也开始关注这方面的研究。2007 年底,美国哈佛大学举办了计算社会学研讨会;2008 年 4 月,美国军方在亚利桑那州立大学举办了社会计算、行为建模和预测国际研讨会;2009 年 2 月,*Science* 杂志发表了一篇利用网络数据研究群体社会行为及演化规律的文章。自此,信息科学与社会科学的交叉融合逐渐成为国际瞩目的前沿研究和应用热点。

11.2.2　技术与应用

1. 移动互联网

移动互联网技术涉及移动通信技术与互联网技术。用户采用多种多样的移动终端，通过移动通信网络访问互联网并使用互联网业务。智能手机、平板电脑、可穿戴设备等智能终端已经集成了越来越多的传感器，而且这些设备的计算能力和感知能力持续增强，使得群体感知进入了以移动计算为核心的阶段。大量用户把智能终端作为基础感知单元，与移动网络协同完成分布的感知任务，以采集和使用感知数据。移动互联网终端的可移动性为人类带来空前的便捷性。移动互联网的出现，使得个体连接网络、使用网络不受时间和空间的限制。随着智能终端的不断更新，移动互联网的用户不断攀升，覆盖的群体范围不断扩大。

智能终端的使用者拥有各自的社会网络，也更加明显地显示出网络之间的关联性，成为互联网应用开发的基础和新的增长点，个体社交网络也逐步成为互联网创新应用的新领域。移动互联网的发展让基于位置的服务(location based services，LBS，或称定位服务)和位置应用迅速起飞，传统的地理信息市场也由此迎来新一轮发展高潮。在社会需求和信息技术的双重驱动下，移动互联网与地理空间信息的集成成为必然，移动空间信息服务将取得突飞猛进的发展。移动地理空间信息集成服务本质上不是单纯的某一项技术，而是由多学科、多技术领域交叉构成的复杂技术服务系统。移动互联网为用户提供的各种服务具备体验性、沟通性、差异性、创造性和关联性等特性，大大推动了地理信息服务融入人们的工作和生活；科技进步和需求的增加也将强劲驱动 LBS 等地理空间信息应用的普及，且极大地提升了地理空间信息的价值。在日益强大的智能终端硬件性能(如 GPS 模块支持、三维加速)和系统软件(如触控界面)的支持下，移动位置的应用能为用户提供更清晰、更翔实的地图，能够提供更完整的地图展现、更友好的仿真界面及三维效果；并且智能手机能够将移动位置服务与 Web2.0 理念结合起来，极大地丰富了 LBS 等地理空间信息服务的应用空间和实际价值。

2. 物联网

随着技术的进步，以传感器等核心电子元器件为代表的物联网基础器件高度集成，为现代科学提供强有力的数据保障。1999 年，MIT Auto ID Center 将物联网定义为：在计算机互联网的基础上，利用射频识别(radio frequency identification，RFID)技术、无线数据通信等技术，构造一个覆盖万事万物的网络(internet of things，IOT)，以实现物品的自动识别和信息的互联互享。物联网就是基于互联网的物品与物品之间的信息交换，是物物相连并延伸扩展的互联网。物联网具备三个特征，一是全面感知，即利用 RFID、传感器、二维码等设备随时随地获取物品的信息；二是可靠传递，通过各种传感网络与互联网融合，将物品当前的信息实时准确地传递出去；三是智能处理，利用云计算、模糊识别等智能计算技术，对海量的数据和信息进行分析和处理并实时智能化控制。在物联网时代，网络规模变得巨大无比，移动性增长迅速，各种不同的网络出现深度的融合，移动互联网、云计算及 5G 网络的发展都将对物联网时代产生深远的影响。

物联网时代，实体对象可以通过传感器相互交互，使得人与人(H2H)、人与物(H2T)、物与物(T2T)之间得以通信。最重要的是，在任何时间、任何地点都能以较低的代价连接上任何物体(图 11-3)。与传统互联网在技术实现上有较大区别的是，传统互联网是机器与机器之间的连接，而物联网是各种实体、设备或者计算机之间的相互连接，可以通过为每个实体对象添加射频识别标签、传感器或者全球定位系统(GPS)来实现。IPV6 作为下一代互联网协议，其所能产

生的 2^{128} 个 IP 可以为地球上所有的对象标定唯一的网络地址。

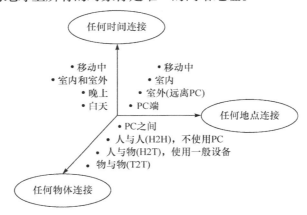

图 11-3　物联网将任何物体在任何时间、任何地点实现互联的物理布局

随着科技的发展，人们所能使用到的设备越来越多，如计算机、冰箱、电视机、移动手机、身份证等，这些物体都可以通过某种感知手段(如 RFID、传感器网络及 GPS 等)主动或被动感知其他对象和收集相应信息，借由移动电信网络、互联网或者专用信息网络，向对应云平台发送和更新设备的相关信息，在有人或者无人干预的情况下自动回应"真实的/物理的世界"的事件从而实现各种各样的应用(图 11-4)。这些感知信息将成为研究者的新型研究工具，为揭示社会生活的规律、提升生活智慧化程度做出贡献。

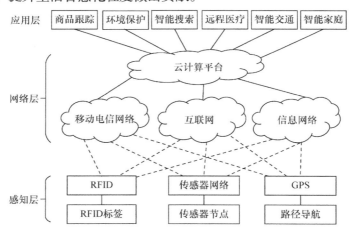

图 11-4　物联网架构及其蕴含的技术

本节重点介绍物联网背景下几种常见的感知技术或手段及其应用场景。

(1) RFID 技术。RFID 技术是一种射频识别技术，可以在很大的范围内自动识别和定位对象，目前被广泛地运用在工业和商业系统中，在物流、防盗、电子支付等大众场景中都可以见到 RFID 相关技术。典型的 RFID 应用包括一个 RFID 标签、一个 RFID 阅读器和一个后台应用程序系统。只要一个简单的射频芯片和一个天线，附着在物体上的 RFID 标签就可以存储和标识该物体的信息。有三种 RFID 标签：被动标签、主动标签、半主动标签。被动标签通过阅读器发来的射频信号获得能源。主动标签由嵌入式电池提供能源，因而有更大的存储容量，功能也多一些。半主动标签与 RFID 阅读器的通信类似于被动标签，但仍由内部电池支撑着附加模块。当它在 RFID 阅读器的工作范围之内时，标签中存储的信息会传送到阅读器，进一步输送到后台计算机进行处理。例如，在无人智能超市，你购买了一盒牛奶。牛奶的包装上有一个 RFID 标签，上面含有的信息是牛奶的保质期和价格。当你从货架上取下牛奶，货架将显示牛奶的保质期。当你离开杂货店，通过商店的门时，门上的嵌入式标签阅读器会把你购物车中所有商品的价格列出来，并把账单传送到银行。同时，商店的管理者也对消费者购买的商品一清二楚，可以及时对商品进行补充，同时也能辅助超市运营，避免浪费。

(2) 传感器与传感器网络。过去十年里，微传感器的使用越来越广泛，逐渐在分布式系统的数据收集和处理中占据绝对地位。只有传感器节点的价格足够低廉，才有望被部署于各种环境中。无线传输网络是空间中分布的一组传感器装置以自组织方式构成的系统，这些传感器监视着物理环境状态，如温度、声音、气压，并将这些数据通过网络传送给主节点。

在无线传感器网络中，带有通信设施的特定变换器节点分布在不同地点，监视和记录各种状态信息。通常要监视的数据包括温度、湿度、气压、风向、风速、光照强度、振动强度、声音强度、电网电压、化学物浓度、污染程度和机体重要功能等。传感器网络由作为节点的多功能监测站构成，这些站点体积小、重量轻、可携带。每个传感器节点内都含有传感器、微型计算机、无线电收发器和电源。传感器根据感知到的数据产生电信号，并将数据传输到相应的站点进行储存。

(3) 物联网与智慧城市。为了构建智慧城市，建设一个高度智能、以人为本的人居环境，可以借助物联网和云平台来实现。表 11-1 中列举了智慧城市应具有的特征。

表 11-1 运用物联网设备和云平台构建智慧社区和城市

物联网特性	功能需求	感知设备或框架
环境监测	温度、一氧化碳、火灾危险、噪声控制、气流、地震等	传感器、计量表、传感器网络、监测站等
交通强度监测	交通容量、道路占有量、车辆速度、队列长度、人行横道等	RFID、城市主要人口的传感器、GPS 接收器等
河流、海洋和气象监测	水质、水位、水流传感器、气候和洪水预警、飓风、龙卷风、海啸等	测量设备、传感器(如 pH 传感器)、流量计量表等
室外停车与管理	停车时间、支付、违章、盗窃、空闲停车场指引等	停车传感器、计费表、指引标记、监控摄像机等
智慧居民群体感知	检测和阻止意外、骚乱等	智能电话、GPS 等
智慧垃圾管理	城市污水处理、垃圾收集、地面监控等	垃圾桶中的传感器、垃圾车、排污口等

11.2.3 社会媒体数据获取

互联网与移动技术提供了信息传递、内容产生、交互式通信的技术平台，促进了社会媒体的发展。社会媒体是用户自生产内容(user generated content，UGC)的重要展现方式，其主要载体有：①群体智慧，如维基百科、百度百科等；②社交网络站点，如 Facebook、QQ 空间、人人网等；③社会网络与多媒体内容共享站点，如优酷网、哔哩哔哩网等；④微博客，如 Twitter、微博、Lofter 等；⑤生活服务，如大众点评、美团网等。社会媒体已经成为信息生态圈的关键部分，其平台及应用在用户、消费者、商务人士、政府机关和非营利组织中得到广泛应用，大众对社会媒体的相关研究与应用的兴趣也日益浓厚。营利性公司正以社会媒体作为信息发布源头和商务执行平台，并在此基础上进行产品设计与创新、消费者关系维护及市场营销等。对政治家、政治党派和政府而言，社会媒体是一种理想的传播媒介和信息渠道，可用于评估公众对政策和政治人物的观点。智库、社会科学和商业研究者则将社会媒体视为传感网络及实验室，同时进行自然实验以发现有价值的信息，并测试社会交互的理论假设。对个人而言，社会媒体已成为应对信息及认知过载问题的独特信息来源，有助于发现更多有价值的社会经济交换机会。此外，通过分享知识与观点，社会媒体已成为个人建立网络、发起多种动态对话的平台。

11.2.4　社会传感器网络

社会媒体分析的实际研究需求出于两方面。一方面，互联网公司致力于优化社会媒体应用，改善用户体验，吸引更多用户的访问，以获取经济利益。在这些商业公司的大力推动下，许多研究者开始分析社会媒体中的用户交互数据，推断用户兴趣及需求以辅助设计人性化的社会媒体应用。另一方面，社会媒体作为开放的信息发布平台，支持用户发表和传播不同类型的信息。这些信息中包含大量对现实世界的当前状态及已发生事件的描述，可帮助决策者跟踪社会最新进展，为决策者提供有价值的情报，以辅助决策制定。本节介绍社会传感器网络，并初步介绍社会传感器网络技术。

1. 社会传感器的概念

人不仅是社会的参与者、改变者和创造者，也在日常活动中不停地感知、理解自然和社会，并通过人际交往传播和集成这些感知信息，因此可视为一种智能的传感器。在传统社会中，大量个体或小群体的感知信息仅在小范围里传播，很难被实时采集到；而报纸、电台、电视等传统媒体，也只是实现了信息有选择性地单向扩散，同样难以对人类感知进行全面探测和采集。互联网及社会媒体应用的出现，实现了用户感知信息的共享和双向流动，使用户不仅能迅速发布个体感知信息，还能直接参与到感知信息的集成与传播过程中。

在人类社会中，每个人都不同程度地拥有地理知识，对自己生活、工作的自然和社会环境有着详细的了解。同时，每个人也可以通过自己的感受器官对环境变化进行全面的感知，来获取新的知识：如地形特征、交通拥堵、社会活动、自然灾害等，这些信息都是难以用自动化手段获取的专题信息。因此，可以将每个人都看作一个能在社会和自然环境中自主移动，并且能够感知、集成和解读信息，通过社会网络进行信息交换的智能传感器。这种"以人作为传感器"的观点称为 human as sensor 或者 citizen as sensor。由人类全体(数十亿人)构成的巨大传感器群落，不仅覆盖了世界的大部分区域，而且其传感能力还延伸到社会、经济、军事、人文等方面。因此，人作为传感器，不仅能对局部世界的物理特性进行感知，还能对大范围的人类社会进行全面感知。

在"以人作为传感器"的概念中，信息的获取和共享成为传统手段难以解决的痛点。社会媒体的出现，为原本不可能实现的传感信息收集和汇总提供了一种可行的渠道。由于社会媒体强调个性参与、充分共享与互动交流，使信息的双向流动成为可能；其受众不仅能够快速获取信息，还能直接参与信息的制造、处理与传播。尤其是当社会媒体与移动网络相结合后，用户可以通过手机等移动通信设备，将感知到的地理环境、社会事件等信息发送到社会媒体，进一步促进了以人类自身为中心的社会传感体系形成。即大量人类个体借助社会媒体，将自身感知到的社会信息，以文本、声音或视频方式进行收集、分析和报告，并通过真实社会网络和虚拟社会网络进行信息传播和集成。而个体在完成社会传感器功能的同时，也构成了一个庞大的社会传感器网络。与一般传感器网络相比，社会传感器网络在社会覆盖程度上更具广度和深度。

从社会传感器网络中获取信息存在着较大的技术挑战，这主要来源于人作为传感器与物理传感器之间的区别。首先，人作为传感器的个体对于信息的感知具有一定偏好性，即个体在感知社会时往往存在兴趣和偏好导向的特点。这种个体兴趣偏好可能会降低信息采集的密度，从而导致数据稀疏甚至失真。其次，不同个体对于信息的接收处理能力不同，信息处理能力上的差异决定了其对信息的解读、集成和融合程度；信息处理结果还受到个体情感、体验等主观因素的影响。这些因素使得人作为传感器，即使针对同一对象所感知的信息内容，仍然具有很高的个性化倾向，所以通常传感器技术中的基于统计和归纳的分析方法并不完全适用。再次，人作为传感器采集和处理后的信息是模糊的、无结构的，且具有多种媒体表现形式，如自然语言文本、语音、图片和视频。此外，跨媒体的语义抽取和关联分析也仍然是一个难题。最后，作为传感器的个体数量巨大，且地域分布广阔，使得所采集到的信息在收集和汇总上，即使采用抽样的方式，也无法有效实现。

2. 社会传感器网络技术

社会网络传感器模型框架最底层是真实的人类社会，其中人类个体构成数量庞大的社会传感群，实现无时无处不在的社会感知，并且通过社会交互进行小范围的感知信息交换和集成。个体在自我展现等动力驱动下，将个体感知和集成的信息在微博、博客、社会性网络等社会媒体上共享，推动感知信息的传播，同时进行更大范围内的信息交换和集成。各类社会媒体组成了模型化的社会媒体层。为了跟踪社会媒体上的感知信息，并获取其传播演化过程，需要设计和部署高效的网络爬虫对各类社会媒体(如微博、博客、各类论坛、网络地图及其他资源)进行面向主题的监测和垂直搜索，从而构成社会媒体监测层。在社会媒体中，人类感知信息的载体包括文字、图片、声音和视频等多种形式，并且大部分都不具备明确的结构化语义，因此还需要对爬虫获取的原始数据进行语义提取与整合，将其转换为形式化描述格式，最终形成具有明确语义结构的社会网络数据库，从而为进一步的分析和跨媒体信息结构化展示和应用奠定基础(图 11-5)。

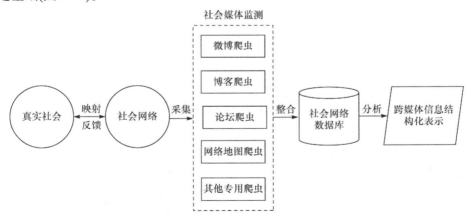

图 11-5　社会传感器网络模型框架

在真实社会中，由于社会传感器个体在信息感知上具有偏好，可能会降低信息采集的密度，甚至导致数据失真。因此，首先，应该研究社会传感器运行的社会机理与激励机制。例如，可以针对特定的社会媒体进行目标受众分析，以研究在社会媒体传播驱动下，目标受众的文化冲突和心理变迁，从而建立目标受众群体进行社会传感的行为动力学模型。其次，从技术角度看，社会传感器网络需要横跨社会心理学、社会物理学等多个跨学科领域展开研究，需要在网络爬虫技术、复杂网络分析与跨媒体语义理解等领域具有较深的技术积累。在社会媒体数据获取中，由于各种类型社会媒体表现形式、系统架构和使用流程都不尽相同，需要结合特定社会媒体应用的 API 接口和相应的爬虫技术，研究应用于不同社会媒体的爬虫。为了提高爬虫的准度和精度，加强监测的实时性，需重点研究爬虫协同和自部署优化技术等。最后，跨媒体信息的结构化处理包括结构化元数据抽取，并在此技术上进一步对数据进行语义挖掘，如情感分析，以充分利用其中的信息。同时，传感信息的时空分析及社区发现也是较为热门的研究领域 (图 11-6)。

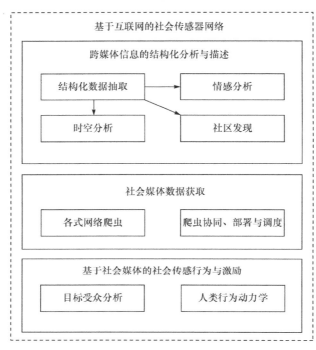

图 11-6　社会传感器网络技术体系

11.2.5　应用领域

从数据获取、建模分析、决策支持及社会感知计算的应用层面来看，目前社会感知的研究和应用主要集中在社会数据感知与知识发现、个体与群体社会建模、社会文化建模与分析、社会交互及其规律分析等领域。

(1) 社会数据感知与知识发现。对社会数据的获取和规律性知识的挖掘，包括社会学习、社会媒体分析与信息挖掘、情感及观点挖掘、行为识别和预测等。社会数据的主要形式包括文本、图像、音视频等，其来源除网络媒体信息(包括博客、论坛、新闻网站等)外，还包括专用网络、传统媒体和应用部门的闭源数据等。为了有效利用数据源所隐含的社会化信息的结构特征，研究者提出仿照物理学传感器的原理，构建社会传感网络的思想。通过对重要节点信息进行动态监控，实现对社会数据的全方位、分层次感知。基于社会数据的知识发现包括对社会个体或群体行为和心理的分析与挖掘，多种学习算法已用于预测组织行为。在行为预测的基础上，规划推理方法可以识别行为的目标和意图等深层信息。社会群体心理分析主要面向文本信息(包括语音识别后转化成的文本)，通过分析大量社会媒体信息，挖掘网民群体的观点及情感倾向。

(2) 个体与群体社会建模。个体与群体的社会建模包括构建社会个体或群体的行为、认知和心理模型, 以及对社会群体的行为特点的分析, 还包括对社区结构、交互模式、个体间的社会关系等的建模。许多社会科学的理论模型都与个体和群体的社会建模相关。例如, 社会心理学揭示社会认知与心理的形成机制及其发展的基本规律; 社会动力学研究人类社会发展的动态过程及其演化规律; 社会物理学研究社会稳定的机理, 以及人类行为模式与社会稳定的关系。从计算角度研究社会个体与群体的工作大多基于文本数据, 近期工作的趋势是面向多媒体数据和群体行为特点的分析与建模。

(3) 社会文化建模与分析。社会文化建模与分析包括基于社会文化因素的建模、基于智能体的人工社会建模、计算实验分析、人工社会系统与计算实验平台设计等。利用计算技术来研究文化冲突和变迁, 分析不同文化背景的国家或组织的决策过程, 探寻其行为所依赖的社会文化因素已成为社会计算建模的重要研究方向。由于社会事件的出现往往具有突发性和不可重复性, 采用传统方法对其演化过程进行实验分析和评估十分困难。针对复杂社会系统的实验分析困境, 我国学者提出以社会学基本模型为基础的人工社会(artificial societies)＋计算实验(computational experiments)＋平行执行(parallel execution)的 ACP 方法对社会文化进行建模与分析。人工社会是一种自下而上的基于智能体的建模方法, 适用于动态刻画社会事件中的涌现行为; 计算实验利用人工社会中实验的可设计性和可重复性特点, 为人工系统设计不同的实验方案; 平行执行就是按不同指标体系对复杂社会事件的演化规律进行可量化的实验分析。

(4) 社会交互及规律分析。社会交互及规律分析是对人群交互行为的特点及社会事件演化规律进行分析, 也包括对社会网络结构、信息扩散和影响复杂网络与网络动态性离群体交互和协作等的分析。计算社会学认为网络上的大量信息, 如博客、论坛、聊天、消费记录、电子邮件等, 都是现实社会的人或组织行为在网络空间的映射, 这些网络数据可用来分析个人和群体的行为模式, 从而深化人们对生活、组织和社会的理解。计算社会学的研究涉及人们的交互方式、社会群体网络的形态及其演化规律等问题。社会事件演化规律分析主要针对事件产生、发展、激化、维持和衰减的过程和机理进行分析与评估。例如, 在分析群体活动演化规律方面, 研究者借助社会动力学, 基于对 10 万个移动用户终端的长期跟踪检测, 对人类时空运行轨迹的规律进行分析, 发现了人们的活动方式遵循可重复的模式。此外, 研究者已采用过多种模型分析信息在网络中的传播、扩散规律及其影响因素。

第 12 章　文本分类与情感分析

在地理信息科学中，文本大数据是一个重要的数据来源。不管是从文本中获取关于位置的信息，如以东 100m 这种方位指定词，还是其他对事物属性描述或思想观点的表达信息，都可能成为良好的科学研究数据。例如，如果要对一个范围内餐厅、酒店的口碑进行分析，就可以使用用户在点餐或团购网站上的评论数据进行研究。本章主要对自然语言处理中与地理信息系统较相关的文本分类和情感分析进行介绍。

随着互联网的发展，如何对海量大数据的文献资料进行自动分类组织和管理，已经成为一个具有重要用途的研究课题。本章结构如图 12-1 所示，具体介绍文本分类(text categorization)和文本情感分析(sentiment analysis)两部分。对文本自动分类简称文本分类，是模式识别与自然语言处理密切结合的研究课题。传统的文本分类是基于文本内容的，研究如何将文本自动划分为政治、经济、军事、体育、娱乐等各种类型。文本情感分析是近年来国内外研究的热点。其任务是借助计算机帮助用户快速获取、整理和分析相关评价信息，对带有情感色彩的主观性文本进行分析、处理、归纳和推理。情感分析包含较多的任务，如情感分类(sentiment classification)、观点抽取(opinion extraction)、观点问答和观点摘要等。

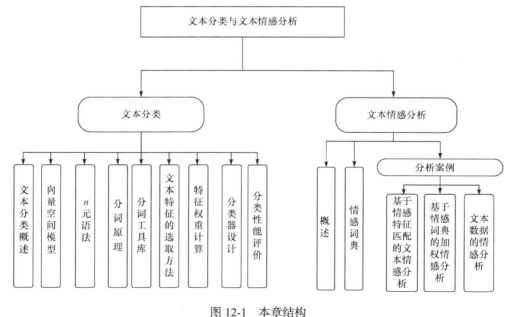

图 12-1　本章结构

12.1　文 本 分 类

12.1.1　文本分类概述

文本分类是在预定义的分类体系下，根据文本的内容或属性，将给定文本与一个或多个类别相关联的过程。因此，文本分类研究涉及文本内容理解和模式分类等若干自然语言理解和模式识别问题。一个文本分类系统不仅是一个自然语言系统，也是一个典型模式识别系统。系统的输入是需要进行分类处理的文本，系统的输出则是与文本关联的类别。

文本分类的任务可以理解为

$$\Phi : D \times C \to \{T, F\} \tag{12.1.1}$$

其中，$D = \{d_1, d_2, \cdots, d_{|D|}\}$ 表示需要进行分类的文档；$C = \{c_1, c_2, \cdots, c_{|C|}\}$ 表示预定义分类体系下的类别集合；$|D|$ 和 $|C|$ 分别表示分类的文档和类别集合的数量；T 表示对于 $\langle d_j, c_i \rangle$ 来说，文档 d_j 属于类 c_i；F 表示对于 $\langle d_j, c_i \rangle$ 而言，文档 d_j 不属于类 c_i。也就是说，文本分类的最终目的是找到一个有效的映射函数，准确地实现域 $D \times C$ 到 T 或 F 的映射。这个映射函数实际上就是通常所说的分类器。在这个过程中，主要有两个步骤：一个是文本的表示；另一个是分类器设计。一个文本分类系统可以简略地用图 12-2 表示。

图 12-2　文本分类系统示意图

12.1.2　向量空间模型

一个文本表现为一个由文字和标点符号组成的字符串。由字或者字符组成词，由词组成短语进而形成句、段、节、章、篇的结构。要使计算机能高效地处理真实文本，就必须找到一种理想的形式化表示方法。这种表示既要能够真实地反映文档的内容，又要有对不同文档进行区分的能力。目前常用的文本表示是向量空间模型(vector space model, VSM)。VSM 是 20 世纪 60 年代末期提出的，当前已成为自然语言处理中的常用模型。

下面给出 VSM 涉及的一些基本概念。

(1) 文档(document)：通常是文章中具有一定规模的片段，如句子、句群、段落、段落组直至整篇文章。

(2) 项/特征项(term/feature term)：特征项是 VSM 中最小的不可分的语言单元，可以是字、词、词组等。一个文档的内容被看作它含有的特征项所组成的集合，表示为 Document = $D(t_1, t_2, \cdots, t_k)$，其中，t_k 表示特征项，$1 \leqslant k \leqslant n$。

(3) 项的权重(term weight)：对于含有 n 个特征项的文档 $D(t_1, t_2, \cdots, t_n)$，每一个特征项 t_k 都依据一定的原则被赋予一个权重 ω_k，表示它们在文档中的重要程度。这样一个文档 D 可用它含有的特征项及其特征项所对应的权重来表示，$D(t_1, \omega_1; t_2, \omega_2; \cdots; t_n, \omega_n)$，简记为 $D(\omega_1, \omega_2, \cdots, \omega_n)$，其中，$\omega_k$ 表示特征项 t_k 的权重，$1 \leqslant k \leqslant n$。

一个文档在以上定义下可以看作 n 维空间中的一个向量，这就是向量空间的模型。给定一个文档 $D(t_1, \omega_1; t_2, \omega_2; \cdots; t_n, \omega_n)$，$D$ 符合以下两条约定：①各个特征项 $t_k (1 \leqslant k \leqslant n)$ 互异，即没有重复；②各个特征 t_k 无先后顺序关系，即不考虑文档内部结构。

可以把特征项 $t_1, t_2, \cdots, t_n$ 看作一个 n 维坐标系，而权重 $\omega_1, \omega_2, \cdots, \omega_n$ 为相应的坐标系，一个文档就可以表示为 n 维空间的一个向量。称 $D(\omega_1, \omega_2, \cdots, \omega_n)$ 为文档 D 的向量表示或向量空间模型(图 12-3)。

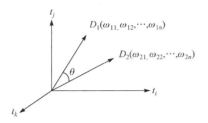

图 12-3　文档的向量空间
　　　模型示意图

任意两个文档 D_1 和 D_2 之间的相似系数 $\mathrm{Sim}(D_1, D_2)$ 指两个文档内容的相关程度。设文档 D_1 和 D_2 表示 VSM 中的两个向量 $D_1 = D_1(\omega_{11}, \omega_{12}, \cdots, \omega_{1n})$，$D_2 = D_2(\omega_{21}, \omega_{22}, \cdots, \omega_{2n})$，可以借助于 n 维空间中的两个向量之间的某种距离来表示文档间的相似系数。常用方法是使用向量之间的内积来计算：

$$\mathrm{Sim}(D_1, D_2) = \sum_{k=1}^{n} \omega_{1k} \times \omega_{2k} \qquad (12.1.2)$$

如果考虑向量归一化，可以使用两个向量夹角的余弦值来表示相似系数：

$$\mathrm{Sim}(D_1, D_2) = \cos\theta = \frac{\sum_{k=1}^{n} \omega_{1k} \times \omega_{2k}}{\sqrt{\sum_{k=1}^{n} \omega_{2k}^{2} \sum_{k=1}^{n} \omega_{1k}^{2}}} \qquad (12.1.3)$$

总结起来，采用向量空间模型进行文档表示时，需要经过以下两个步骤：①根据训练样本集生成文档表示所需要的特征项序列 $D = \{t_1, t_2, \cdots, t_d\}$；②依据文档特征项序列，对训练文档集和测试样本集中的各个文档进行权重赋值、规范化处理，将其处理为机器学习算法所需要的特征向量。

除了 VSM 文档表示方法以外，研究比较多的还有另外一些表示方法，如词组表示法，概念表示法等。但是这些方法的提高效果并不显著，故此处不作展开。

12.1.3　n 元语法

用向量空间模型表示文档时，首先对各个文档进行词汇化处理，在汉语中主要是汉语自动分词技术。因此，n 元语法被用于文本分类来表示文本单元，即词。n 元语法是将一个词的前 $n-1$ 个词作为判断这个词的之前文本历史的依据。一个字符串 s 的概率分布为 $p(s)$，反映的是字符串 s 作为一个句子出现的频率。对于一个由 l 个基元构成的句子 $s = \omega_1 \omega_2 \cdots \omega_l$，其概率计算公式可以表示为

$$p(s) = p(\omega_1) p(\omega_2 | \omega_1) p(\omega_3 | \omega_1 \omega_2) \cdots p(\omega_l | \omega_1 \cdots \omega_{l-1}) = \prod_{i=1}^{l} p(\omega_i | \omega_1 \cdots \omega_{i-1}) \qquad (12.1.4)$$

其中，产生第 $i(1 \leqslant i \leqslant l)$ 个词的概率是由已经产生的 $i-1$ 个词 $\omega_1 \omega_2 \cdots \omega_{i-1}$ 决定的。把前 $i-1$ 个词称为第 i 个词的历史。但是随着历史长度的增加，不同的历史数目按指数增加。所以需要将 $\omega_1 \omega_2 \cdots \omega_{i-1}$ 映射到等价类 $E(\omega_1 \omega_2 \cdots \omega_{i-1})$，而让等价类的数目远远小于之前历史的数目。

在实际中的做法是将两个历史 $\omega_{i-n+2} \omega_{i-1} \cdots \omega_i$ 和 $\omega_{k-n+2} \omega_{k-1} \cdots \omega_k$ 映射到同一个等价类，当且仅当两个历史最近的 $n-1(1 \leqslant n \leqslant l)$ 个词相同，即如果 $E(\omega_{i-n+2} \omega_{i-1} \cdots \omega_i) E(\omega_{k-n+2} \omega_{k-1} \cdots \omega_k)$，当且仅当 $(\omega_{i-n+2} \omega_{i-1} \cdots \omega_i) = (\omega_{k-n+2} \omega_{k-1} \cdots \omega_k)$。满足上述条件的语言模型称为 n 元语法(n-gram)。通常情况下，n 不能太大，否则等价类也会太多。故一般 $n=3$ 的情况较多。当 $n=1$ 时，出现在 i 位上的词 ω_i 独立于历史；当 $n=2$ 时，即出现在第 i 位上的词 ω_i 只与前面的一个历史词 ω_{i-1} 有关，二元语法模型也被称为一阶马尔可夫链。当 $n=3$ 时，即出现在第 i 位置上的词 ω_i 仅与它前面的两个历史词 $\omega_{i-2} \omega_{i-1}$ 有关，被称为二阶马尔可夫链。

以二元语法模型为例，根据前面的解释，可以近似地认为，一个词的概率只依赖于它前

面的一个词：

$$p(s) = \prod_{i=1}^{l} p(\omega_i | \omega_1 \cdots \omega_{i-1}) \approx \prod_{i=1}^{l} p(\omega_i | \omega_{i-1}) \tag{12.1.5}$$

为了使 $p(\omega_i | \omega_{i-1})$ 对于 $i=1$ 有意义，在句子开头加上一个句首标记$\langle \text{BOS} \rangle$，即假设 ω_0 就是$\langle \text{BOS} \rangle$。另外，为了使得所有字符串的概率之和 $\sum_s p(s)$ 等于 1，需要在句子结尾再放一个句尾标记$\langle \text{EOS} \rangle$，并且使之包含在式(12.1.5)的乘积中。例如，要计算概率 $p(\text{I read a book})$，可以这样：

$$p(\text{I read a book}) = p(\text{I} | \langle \text{BOS} \rangle) \times p(\text{read} | \text{I}) \times p(\text{a} | \text{read})$$
$$\times p(\text{book} | \text{a}) \times p(\langle \text{EOS} \rangle | \text{book}) \tag{12.1.6}$$

为了估计 $p(\omega_i | \omega_{i-1})$ 条件概率，可以简单地计算二元语法 $\omega_{i-1} \omega_i$ 在某一文本中出现的频率，然后归一化。如果用 $c(\omega_{i-1} \omega_i)$ 表示二元语法 $\omega_{i-1} \omega_i$ 在给定文本中的出现次数，则计算公式为

$$p(\omega_i | \omega_{i-1}) = \frac{c(\omega_i \omega_{i-1})}{\sum_{\omega_i} c(\omega_i \omega_{i-1})} \tag{12.1.7}$$

用于构建语言模型的文本称为训练语料(training corpus)。对于 n 元语法模型，使用的训练语料规模一般要有几百万个词。式(12.1.5)用于估计 $p(\omega_i | \omega_{i-1})$ 的方法称为 $p(\omega_i | \omega_{i-1})$ 的最大似然估计(maximum likelihood estimation，MLE)。

对于 $n>2$ 的 n 元语法模型，条件概率中要考虑前面 $n-1$ 个词的概率。为了使式(12.1.5)对 $n>2$ 成立，取

$$p(s) = \prod_{i=1}^{l+1} p(\omega_i | \omega_{i-n+1}^{i-1}) \tag{12.1.8}$$

其中，ω_{i-n+1}^{i-1} 表示词 $\omega_{i-n+1} \ldots \omega_{i-1}$，约定 ω_{-n+2} 到 ω_0 为$\langle \text{BOS} \rangle$，取 ω_{l+1} 为$\langle \text{EOS} \rangle$。为了估计概率 $p(\omega_i | \omega_{i-n+1}^{i-1})$，采用与式(12.1.7)类似的等式：

$$p(\omega_i | \omega_{i-n+1}^{i-1}) = \frac{c(\omega_{i-n+1}^i)}{\sum_{\omega_i} c(\omega_{i-n+1}^i)} \tag{12.1.9}$$

求和表达式 $\sum_{\omega_i} c(\omega_{i-n+1}^i)$ 等于计算历史 $c(\omega_{i-n+1}^{i-1})$ 的数目。

下面给出一个例子。假设训练语料 S 由三个句子："JACK WRITES SENTENCES"，"ROSE WRITES A NOVEL"，"HE WRITES A NOVEL BY COMPUTER"构成，用计算最大似然估计的方法计算概率 $p(\text{JACK WRITES A NOVEL})$：

$$p(\text{JACK} | \langle \text{BOS} \rangle) = \frac{c(\langle \text{BOS} \rangle \text{JACK})}{\sum_{\omega} c(\langle \text{BOS} \rangle \omega)} = \frac{1}{3}$$

$$p(\text{WRITES} | \text{JACK}) = \frac{c(\text{JACK WRITES})}{\sum_{\omega} c(\text{JACK} \omega)} = 1$$

$$p(\text{A} | \text{WRITES}) = \frac{c(\text{WRITES A})}{\sum_{\omega} c(\text{WRITES} \omega)} = \frac{2}{3}$$

$$p(\text{NOVEL}|A) = \frac{c(\text{A NOVEL})}{\sum_{\omega} c(\text{A}\omega)} = \frac{1}{2}$$

$$p(\langle\text{EOS}\rangle | \text{NOVEL}) = \frac{c(\text{NOVEL}\langle\text{EOS}\rangle)}{\sum_{\omega} c(\text{NOVEL}\,\omega)} = \frac{1}{2}$$

因此：

$$p(\text{JACK WRITES A NOVEL})$$
$$= p(\text{JACK}\,|\,\langle\text{BOS}\rangle) \times p(\text{WRITES}\,|\,\text{JACK}) \times p(\text{A}\,|\,\text{WRITES})$$
$$\times p(\text{NOVEL}\,|\,\text{A}) \times p(\langle\text{EOS}\rangle\,|\,\text{NOVEL})$$
$$= \frac{1}{3} \times 1 \times \frac{2}{3} \times \frac{1}{2} \times \frac{1}{2} \approx 0.06$$

12.1.4　分词原理

中文分词(chinese word segmentation)，即将一个汉字序列进行切分，得到一个个单独的词。表面上看，分词很简单，但分词效果好不好对信息检索、实验结果有很大的影响，同时分词的背后涉及各种各样的算法。

中文分词与英文分词有很大的不同。对英文而言，一个单词就是一个词，而汉语是以字为基本的书写单位，词语之间没有明显的区分标记，需要人为切分。根据汉语特点，可以把分词算法分为四大类：基于规则的分词方法、基于统计的分词方法、基于语义的分词方法、基于理解的分词方法。下面对这几种方法分别进行介绍。

1. 基于规则的分词方法

这种方法又称机械分词方法或基于字典的分词方法，它是按照一定的策略将待分析的汉字串与一个"充分大"的机器词典中的词条进行匹配。若在词典中找到某个字符串，则匹配成功。该方法有三个要素，即分词词典、文本扫描顺序和匹配原则。文本的扫描顺序有正向扫描、逆向扫描和双向扫描。匹配方法主要有最大匹配法、逆向最大匹配法、逐词遍历法、设立切分标识法和最佳匹配法。

最大匹配法。其基本思想是：假设自动分词词典中的最长词条所含汉字的个数为 i，则取被处理材料当前字符串序列中的前 i 个字符作为匹配字段。查找分词词典，若词典中有这样一个 i 字词，则匹配成功，匹配字段作为一个词被切分出来；若词典中找不到这样的一个 i 字词，则匹配失败，匹配字段去掉最后一个汉字。剩下的字符作为新的匹配字段，再进行匹配。如此进行下去，直到匹配成功为止。

逆向最大匹配法。该方法的分词过程与最大匹配法相同，不同的是从句子(或文章)末尾开始处理，每次匹配不成功时去掉的是前面的一个汉字。

逐词遍历法。用按照由长到短递减的顺序排列词典中的词逐字搜索整个待处理的材料，一直到把全部的词切分出来为止。不论分词词典多大，被处理的材料多小，都要把这个分词词典匹配一遍。

设立切分标识法。切分标识有自然和非自然之分。自然切分标识是指文章中出现的非文字符号，如标点符号等；非自然标识是利用词缀和不构成词的词，如单音词、复音节词及象声词等。设立切分标识法首先收集众多的切分标识；分词时先找出切分标识，把句子切分为一些较短的字段；再用最大匹配法、逆向最大匹配法或其他的方法进行细加工。这种方法并非真正意义上的分词方法，只是自动分词的一种前处理方式而已。它要额外消耗时间扫描切分标识，增加存储空间存放那些非自然切分标识。

最佳匹配法。此法分为正向的最佳匹配法和逆向最佳匹配法。其出发点是在词典中按词频的大小顺序排列词条，以求缩短对分词词典的检索时间。可以达到最佳效果，从而降低分词的时间复杂度，加快分词速度。实质上，这种方法也不是一种纯粹意义上的分词方法，它只是一种对分词词典的组织方式。最佳匹配法的分词词典每条词的前面必须有指明长度的数据项，所以其空间复杂度有所增加。但这对提高分词精度没有影响，分词处理的时间复杂度有所降低。此种方法的优点是简单，易于实现。但缺点有很多：匹配速度慢；存在交集型和组合型歧义切分问题；词本身没有一个标准的定义，没有统一标准的词集；不同词典产生的歧义也不同；缺乏自学习的智能性。

2. 基于统计的分词方法

该方法的主要思想：词是稳定的组合，在上下文中，相邻的字同时出现的次数越多，就越有可能构成一个词，因此字与字相邻出现的概率或频率能较好地反映成词的可信度。可以对训练文本中相邻出现的各个字组合的频度进行统计，计算它们之间的互现信息。互现信息体现了汉字之间结合关系的紧密程度。当紧密程度高于某一个阈值时，便可以认为此字组可能构成了一个词。该方法又称为无字典分词。

该方法所应用的主要的统计模型有：n 元文法模型、隐马尔可夫模型、最大熵模型、条件随机场模型等。

在实际应用中此类分词算法一般是将其与基于词典的分词方法结合起来，既发挥匹配分词切分速度快、效率高的特点，又利用了无词典分词结合上下文识别生词、自动消除歧义的优点。

3. 基于语义的分词方法

语义分词法引入了语义分析，对自然语言自身的语言信息进行更多的处理，如扩充转移网络法、知识分词语义分析法、邻接约束法、综合匹配法、后缀分词法、特征词库法、矩阵约束法、语法分析法等。

扩充转移网络法。该方法以有限状态机概念为基础。有限状态机只能识别正则语言，对有限状态机做的第一次扩充使其具有递归能力，形成递归转移网络(recursive transfer network, RTN)。在 RTN 中，弧线上的标识不仅可以是终极符(语言中的单词)或非终极符(词类)，还可以调用另外的子网络(如字或字串的成词条件)。这样，计算机在运行某个子网络时，就可以调用另外的子网络，还可以递归调用。词法扩充转移网络的使用，使分词处理和语言理解的句法处理阶段的交互成为可能，并且有效地解决了汉语分词的歧义。

矩阵约束法。其基本思想是先建立一个语法约束矩阵和一个语义约束矩阵。其中元素分别表明具有某词性的词和具有另一词性的词相邻是否符合语法规则，属于某语义类的词和属于另一词义类的词相邻是否符合逻辑，机器在切分时以这些语法规则和逻辑来约束分词结果。

4. 基于理解的分词方法

基于理解的分词方法是通过让计算机模拟人对句子的理解，达到识别词的效果。其基本思想就是在分词的同时进行句法、语义分析，利用句法信息和语义信息来处理歧义现象。它通常包括三个部分：分词子系统、句法语义子系统、总控部分。在总控部分的协调下，分词子系统可以获得有关词、句子等的句法和语义信息来对分词歧义进行判断，即它模拟了人对句子的理解过程。这种分词方法需要使用大量的语言知识和信息。目前基于理解的分词方法主要有专家系统分词法、神经网络分词法和神经网络专家系统集成式分词法等。

专家系统分词法。从专家系统角度把分词的知识(包括常识性分词知识与消除歧义切分的启发性知识,即歧义切分规则)从实现分词过程的推理机中独立出来,使知识库的维护与推理机的实现互不干扰,从而使知识库易于维护和管理。它还具有发现交集歧义字段和多义组合歧义字段的能力和一定的自学习能力。

神经网络分词法。该方法是通过模拟人脑并行分布处理数据和建立数值计算模型的原理来工作的。它将分词知识所包含的方法存入神经网络内部,通过自学习和训练修改内部权值,以达到正确的分词结果。最后给出神经网络自动分词结果,如使用门控循环单元(gated recurrent units, GRU)、长短时记忆 (long short-term memory, LSTM)等神经网络模型等。

神经网络专家系统集成式分词法。该方法首先启动神经网络进行分词,当神经网络对新出现的词不能给出准确切分时,激活专家系统进行分析判断。专家系统依据知识库进行推理,得出初步分析,并启动学习机制对神经网络进行训练。该方法可以较充分地发挥神经网络与专家系统二者的优势,进一步提高分词效率。

12.1.5 分词工具库

1. 结巴分词

专用于分词的 Python 库, GitHub 地址链接为 https://github.com/fxsjy/jieba, 分词效果较好。

支持三种分词模式:①精确模式,试图将句子最精确地切开,适合文本分析;②全模式,将句子中所有可能成词的词语都扫描出来,速度非常快,但是不能解决歧义;③搜索引擎模式,在精确模式的基础上,对长词再次切分,提高召回率,适用于搜索引擎分词。另外结巴分词支持繁体分词,支持自定义词典。

2. SnowNLP

SnowNLP(snow natural language processing)可以方便地处理中文文本内容。它是受到了一款 Python 的文本处理工具 TextBlob 的启发而编写的。现在大部分的自然语言处理库基本都是针对英文的,于是一个方便处理中文的类库被编写出来。和 TextBlob 不同的是,这里没有用自然语言处理工具包(natural language toolkit, NLTK)。所有的算法都是自己实现的,并且自带了一些训练好的字典。GitHub 地址为 https:// githud.com/isnowfy/snownlp。

3. THULAC

THULAC(THU lexical analyzer for Chinese)是由清华大学自然语言处理与社会人文计算实验室研制推出的一套中文词法分析工具包。GitHub 链接为 https://github.com/thunlp/THULAC-Python,具有中文分词和词性标注功能。THULAC 具有如下几个特点:①能力强,利用已集成的目前世界上规模最大的人工分词和词性标注中文语料库(约含 5800 万字)训练而成,模型标注能力强大;②准确率高,该工具包在标准数据集 Chinese Treebank(CTB5)上分词的 F1 值可达 97.3%,词性标注的 F1 值可达到 92.9%,与该数据集上最好的方法效果相当;③速度较快,同时进行分词和词性标注速度为 300KB/s,每秒可处理约 15 万字,只进行分词速度可达到 1.3MB/s。

4. NLPIR

自然语言分析与信息检索(natural language processing and information retrieval, NLPIR)分词系统,前身为 2000 年发布的中国科学院计算技术研究所汉语词法分析系统(Institute of Computing Technology, Chinese lexical analysis system, ICTCLAS), GitHub 链接为 https:// github.com/NLPIR-team/NLPIR,是由北京理工大学张华平博士研发的中文分词系统,经过十余年

的不断完善，拥有丰富的功能和强大的性能。NLPIR 是一整套对原始文本集进行处理和加工的软件，提供了中间件处理效果的可视化展示，也可以作为小规模数据的处理加工工具。主要功能包括：中文分词、词性标注、命名实体识别、用户词典、新词发现与关键词提取等。另外对于分词功能，它有 Python 实现的版本，GitHub 链接为 https://github.com/tsroten/pynlpir。

5. LTP

语言技术平台(language technology platform，LTP)是哈尔滨工业大学社会计算与信息检索研究中心历时十年开发的一整套中文语言处理系统。LTP 制定了基于可标记扩展语言(extensible markup language，XML)的语言处理结果，并在此基础上提供了一整套自底向上的、丰富而且高效的中文语言处理模块(包括词法、句法、语义等六项中文处理核心技术)，以及基于动态链接库(dynamic link library，DLL)的应用程序接口、可视化工具，并且能够以网络服务(web service)的形式使用。网站地址为 http://www.ltp-cloud.com/。

12.1.6 文本特征的选取方法

在 12.1.1 节中，向量空间中表示文本的特征可以选择字、词、短语，甚至"概念"等多种元素。但是如何选取特征，各种特征又该赋予多大权重，选取不同的特征对文本分类系统性能的影响等仍待讨论。这节先来看文本特征的选取方法。目前已有的特征选取方法比较多，常用的有基于文档频率(document frequency, DF)的特征提取方法、信息增益(information gain, IG)方法、χ^2 统计量方法和互信息(mutual information, MI)方法。以下简单介绍这些方法。

(1) 基于 DF 的特征提取方法。DF 是指出现某个特征项的文档的频率。基于文档频率的特征提取方法通常的做法是：从训练语料中统计出包含某个特征的文档的频率，即出现个数。然后根据设定的阈值进行筛选。当该特征值的 DF 小于某个阈值时，从特征空间中去掉该特征项。因为该特征项使文档出现的频率太低，没有代表性；当该特征项使文档出现的频率太高，同样去掉，因为没有区分度。

基于文档频率的特征选择方法可以降低向量计算的复杂度，并可能提高分类的准确率，因为按这种选择方法可以去掉一部分噪声特征。这种方法简单，容易操作。但严格地讲，这种方法只是一种借用算法，其理论根据不足。例如，某些特征虽然出现频率低，但往往包含较多信息，对于分类的重要性大。这类特征不应该使用 DF 方法将其直接排除在外。

(2) IG 方法。IG 方法根据某特征项 t_i 为整个分类所能提高的信息量多少来衡量该特征项的重要程度，从而决定对该特征项的取舍。某个特征项 t_i 的信息增益是指有该特征或没该特征时，为整个分类所能提供的信息量的差别。其中，信息量的多少由熵来衡量。因此，信息增益即不考虑任何特征时文档的熵和考虑该特征后文档的熵的差值：

$$\text{Gain}(t_i) = \text{Entropy}(S) - \text{Expected Entropy}(S_{t_i})$$

$$= \left\{ -\sum_{j=1}^{M} P(C_j) \times \log P(C_j) \right\} - \left\{ P(t_i) \times \left[-\sum_{j=1}^{M} P(C_j \mid t_i) \times \log P(C_j \mid t_i) \right] \right. \qquad (12.1.10)$$

$$\left. + P(\overline{t_i}) \times \left[-\sum_{j=1}^{M} P(C_j \mid \overline{t_i}) \times \log P(C_j \mid \overline{t_i}) \right] \right\}$$

其中，$P(C_j)$表示 C_j 类文档在语料中出现的概率；$P(t_i)$表示语料中包含特征项 t_i 的文档的概率；$P(C_j \mid t_i)$ 表示文档包含特征项 t_i 时属于 C_j 类的条件概率；$P(\overline{t_i})$ 表示语料中不包含特征项 t_i 的文档的概率；$P(C_j \mid \overline{t_i})$表示文档不包含特征项 t_i 时属于 C_j 的条件概率；M 表示类别数。

从信息增益的定义可知，一个特征的信息增益实际上描述的是它所包含的能够帮助预测类别属性的信息量。从理论上讲，信息增益应该是最好的特征选取方法。但实际上因为许多信息增益比较高的特征出现频率往往较低，所以当使用信息增益选择的特征数目较少时，往往会存在数据稀疏问题，此时分类效果也比较差。因此，有些系统实现时，先对训练语料中出现的每个词(以词为特征)计算其信息增益，再指定一个阈值，从特征空间中移除那些信息增益低于此阈值的词条，或者指定要选择的特征个数，按照增益值从高到低的顺序选择特征组成特征向量。

(3) χ^2 统计量方法。χ^2 统计量衡量的是特征项 t_i 和类别 C_j 之间的相关联程度，并假设 t_i 和 C_j 之间符合具有一阶自由度的 χ^2 分布。特征项对于某类的 χ^2 统计值越高，它与该类之间的相关性越大，携带的类别信息也较多，反之越少。如果令 N 表示训练语料中文档的总数；A 表示属于 C_j 类且包含 t_i 的文档频数；B 表示不属于 C_j 类但包含特征项 t_i 的文档频数；C 表示属于 C_j 类但不包含 t_i 的文档频数；D 表示既不属于 C_j，也不包含 t_i 的文档频数。上述四种情况可以用表 12-1 表示。

表 12-1 特征与类关系示意图

特征项	C_j	$\sim C_j$
t_i	A	B
$\sim t_i$	C	D

特征项 t_i 对 C_j 的 χ^2 值为

$$\chi^2(t_i,C_j) = \frac{N\times(A\times D - C\times B)^2}{(A+C)\times(B+D)\times(A+B)\times(C+D)} \tag{12.1.11}$$

对于多类问题，基于 χ^2 统计量的特征提取方法可以采用两种实现方法：一种方法是分别计算 t_i 对于每个类别 C_j 的 χ^2 值，然后在整个训练语料上计算：

$$\chi^2{}_{\text{Max}}(t_i) = \max_{j=1}^{M}[\chi^2(t_i,C_j)] \tag{12.1.12}$$

其中，M 表示类别数。从原始特征空间中去除统计量低于给定阈值的特征，保留统计量高于给定值的特征作为文档特征。

另一种方法是，计算各特征对于各类别的平均值：

$$\chi^2{}_{\text{AVG}}(t_i) = \max_{j=1}^{M} P(C_j)\chi^2(t_i,C_j) \tag{12.1.13}$$

以这个平均值作为各类别的 χ^2 值，但有研究表明，后一种方法的表现不如前一种方法。

(4) MI 方法。MI 方法的基本思想是：MI 越大，特征 t_i 和类别 C_j 共现的程度越大。如果 A、B、C、N 的含义和 χ^2 统计量中的约定相同，那么 t_i 和 C_j 的 MI 为

$$
\begin{aligned}
I(t_i,C_j) &= \log\frac{P(t_i,C_j)}{P(t_i)P(C_j)} \\
&= \log\frac{P(t_i\,|\,C_j)}{P(t_i)} \\
&\approx \log\frac{A\times N}{(A+C)\times(A+B)}
\end{aligned}
\tag{12.1.14}
$$

如果特征 t_i 和类别 C_j 无关，则 $P(t_i, C_j) = P(t_i) \times P(C_j)$。那么，$I(t_i, C_j) = 0$。为了选出对多类文档识别有用的特征，与上面基于 χ^2 统计量的处理方法类似，也有最大值的方法和平均值的方法两种：

$$I_{\max}(t_i) = \max_{j=1}^{M} \left[P(C_j) \times I(t_i, C_j) \right] \tag{12.1.15}$$

$$I_{\text{avg}}(t_i) = \sum_{j=1}^{M} P(C_j) I(t_i, C_j) \tag{12.1.16}$$

以上是文本分类中比较经典的一些特征选取方法。实际上还有很多其他文本特征选取方法，例如，转换点距离法(distance to transition point, DTP)方法、期望交叉熵法、文本证据权法、优势率方法，以及国内学者提出的"类别区分词"的特征提取方法、组合特征提取方法、基于粗糙集(rough set)的特征提取方法等。

12.1.7 特征权重计算

特征权重用于衡量某个特征项在文档表示中的重要程度或者区分能力的强弱。权重计算的一般方法是利用文本的统计信息，主要是词频，给特征项赋予一定的权重。常见的权重计算方法见表 12-2。各变量说明如下：ω_{ij} 表示特征项 t_i 在文本 D_j 中的权重；tf_{ij} 表示特征项 t_i 在训练文本 D_j 中出现的频度；n_i 表示训练中出现特征项 t_i 的文档数；N 表示训练集中的总的文档数；M 表示特征项的个数；nt_i 表示特征项 t_i 在训练集中出现的次数。

表 12-2 常用的特征权重计算方法

名称	权重函数	说明
布尔权重	$\omega_{i,j} \begin{cases} 1, tf_{ij} > 0 \\ 0, 否则 \end{cases}$	如果文本中出现了该特征项,那么文本向量的该分量为1，否则为0
绝对词频(TF)	tf_{ij}	使用特征项在文本中出现的频度表示文本
倒排文档频度(IDF)	$\omega_{i,j} = \log \dfrac{N}{n_i}$	稀有特征比常用特征还有较新的信息
TF-IDF	$\omega_{i,j} = tf_{ij} \times \log \dfrac{N}{n_i}$	权重与特征项在文档中出现的频率成正比，与在整个语料中出现该特征项的文档数成反比
TFC	$\omega_{i,j} = \dfrac{tf_{ij} \times \log(N/n_i)}{\sqrt{\sum_{t_i \in D_j} \left[tf_{ij} \times \log(N/n_i) \right]}}$	对文本长度进行归一化处理后的 TF-IDF
ITC	$\omega_{i,j} = \dfrac{\log(tf_{ij} + 1.0) \times \log(N/n_i)}{\sqrt{\sum_{t_i \in D_j} \left[\log(tf_{ij} \times 1.0) \times \log(N/n_i) \right]^2}}$	在 TFC 的基础上用 tf_{ij} 的对数形式代替 tf_{ij}
熵权重	$\omega_{ij} = \log(tf_{ij} + 1.0) \times \left\{ 1 + \dfrac{1}{\log N} \sum_{j=1}^{N} \left[\dfrac{tf_{ij}}{n_i} \log(\dfrac{tf_{ij}}{n_i}) \right] \right\}$	建立在信息论的基础上

名称	权重函数	说明
TF-IWF	$\omega_{i,j} = tf_{ij} \times \left[\log\left(\dfrac{\sum\limits_{i=1}^{M} nt_i}{nt_i} \right) \right]^2$	在 TF-IDF 算法的基础上，用特征项频率倒数的对数值 IWF 代替 IDF；并且用 IWF 的平方平衡权重值对于特征项频率的倚重

因为布尔权重(Boolean weighting)计算方法无法体现特征项在文本中的作用程度，所以在实际运用中 0、1 值逐渐地被更精确的特征项的频率所替代。在绝对词频(term frequency, TF)方法中，无法体现低频特征项的区分能力。因为有些特征项虽然频率较低，但分类能力却很强。倒排文档频度(inverse document frequency, IDF)是计算词与文献相关权重的经典计算方法，在信息检索领域占有重要地位。该方法在实际使用中，常用公式 $L + \log\dfrac{N - n_i}{n_i}$ 代替。其中 L 表示经验值，一般情况下取 1。IDF 的权重随着包含某几个特征的文档数量 n_i 的变化呈反向变化。在极端情况下，只在一篇文档中出现的特征含有最高的 IDF 值。TFC 方法和 ITC 方法都是 TF-IDF 方法的变种。TF-IWF(inverse word frequency)权重算法也是在 TF-IDF 算法的基础上提出来的。TF-IWF 与 TF-IDF 的不同主要体现在两个方面：①TF-IWF 算法中用特征频数的倒数值来代替文档频数；②TF-IWF 算法中采用了 IWF 的平方，而不像 IDF 中采用一次方，这样可以平衡权重值对于特征项频率的倚重。

12.1.8　分类器设计

由于文本分类问题本身就是一个分类问题。因此，一般的模式分类方法都可以用于文本分类研究。常用的文本分类器包括：朴素贝叶斯分类器(naive Bayesian classifier)、基于支持向量机(support vector machines, SVM)的分类器、K-邻近(K-nearest neighbor, KNN)分类器、神经网络(neural networks)分类器、线性最小平方拟合分类器、决策树(decision tree)分类器、模糊分类器(fuzzy classifier)、Rocchio 分类器和基于投票的分类器等，如表 12-3 所示。

表 12-3　常用的文本分类器

分类器名称	说明
朴素贝叶斯分类器	利用特征项和类别的联合概率来估计给定文档的类别概率。分为两种情况：采用 DF 向量表示法和采用 TF 向量表示法
基于支持向量机的分类器	在向量空间中找到一个决策平面(decision surface)，这个平面能"最好"地分割两个分类中的数据点。由于支持向量机算法是基于两类模式识别问题的，因而多类模式识别问题通常需要建立多个两类分类器
K-邻近分类器	给定一个测试文档，系统在训练集中查找离它最近的 k 个邻近文档，并根据这些邻近文档的分类来给该文档的候选类别评分。把邻近文档和测试文档的相似度作为邻近文档所在类别的权重。如果这 k 个邻近文档中的部分文档属于同一个类别，则将该类别中每个邻近文档的权重求和，并作为该类别和测试文档的相似度，然后通过对候选分类评分的排序，给出一个阈值
神经网络分类器	给每一类文档建立一个神经网络，输入通常是单词或者是更为复杂的特征向量，然后通过机器学习获得从输入到分类的非线性映射

续表

分类器名称	说明
线性最小平方拟合分类器	从训练集和分类文档中学习，得到多元回归模型(multivariate regression model)。其中训练数据用输入/输出向量表示。输入向量是用传统向量空间模型表示的文档，输出向量则是文档对应的分类(带有 0-1 权重)
决策树分类器	决策树是一棵树。树的根节点是整个数据集合空间，每个分节点是对一个单一变量的测试。该测试将数据集合空间分割为两个或更多类别，即决策树可以是二叉树也可以是多叉树。每个叶节点是属于单一类别的记录。构造决策树分类器时，要先通过训练生成决策树，再通过测试集对决策树进行修剪。一般可通过递归分割的过程构建决策树，其生成过程通常是自上而下的。选择分割的方法有很多种，但是目标都是一致的，就是对目标文档进行最佳分割。从根节点到叶节点都有一条路径，这条路径就是一条决策规则
模糊分类器	按照模糊分类方法的观点，任何一个文本都可以通过其特征关键词来描述其内容特征。因此，可以用一个定义在特征关键词类上的模糊集来描述它们。判定分类文本 T 所属的类别可以通过计算文本 T 的模糊集 F_T 分别与其他每个文本类的模糊集 F_k 的关联度来实现。两个类的关联度越大说明这两个类越贴近
Rocchio 分类器	先为每个训练文本 C 建立一个特征向量，再使用训练文本的特征向量为每个类建立一个原型向量(类向量)。当给定一个待分类文本时，计算待分类文本和各个类别的原型向量之间的距离。其距离可以是向量点积、向量之间夹角余弦或者其他相似度计算函数，根据计算出来的距离值决定待分类文本属于哪一类别
基于投票的分类器	基于投票的分类方法是在研究分类器组合时提出的，其核心思想是：k 个专家判断的有效组合应该优于某个专家个人的判断结果。投票算法主要有两种：Bagging 算法和 Boosting 算法

12.1.9 分类性能评价

针对不同目的，人们提出了多种文本分类器性能评价方法，包括召回率、正确率、F-测度值、微平均和宏平均、平衡点(break-even point)、11 点平均正确率(11-point average precision)等。下面介绍其中几种方法。

1. 召回率、正确率和 F-测度值

假设一个文本分类器输出的各种统计结果如表 12-4 所示。

表 12-4 文本分类器输出统计结果

文本与类别实际关系 分类器对二者关系的判断	属于	不属于
标记为 YES	a	b
标记为 NO	c	d

表 12-4 中，a 表示分类器将输入文本正确分类的个数；b 表示分类器将输入文本错误的分类到某个类别中的个数；c 表示分类器将输入文本错误的排除在某个类别之外的个数；d 表示分类器将输入文本正确地排除在某个类别之外的个数。该分类器的召回率、正确率和 F-测度值的计算公式分别为

$$召回率：r = \frac{a}{a+c} \times 100\% \tag{12.1.17}$$

$$正确率：p = \frac{a}{a+b} \times 100\% \tag{12.1.18}$$

$$F\text{-测度值}: \quad F_\beta = \frac{(\beta^2 + 1) \times p \times r}{\beta^2 \times p + r} \tag{12.1.19}$$

其中，β 表示调整正确率和召回率在评价函数中所占比重的参数，通常 $\beta = 1$。

2. 微平均和宏平均

因为在分类结果中每个类别都会有一个对应的召回率和正确率，所以可以根据每个类别的分类结果评价分类器的整体性能。通常的方法有两种：微平均和宏平均。微平均是指根据正确率和召回率计算公式直接计算出总的正确率和召回率值，即利用被正确分类的总文本个数 a_{all}、被错误分类的总文本个数 b_{all}，以及应当被正确分类实际上却没正确分类的文本个数 c_{all} 和式(12.1.17)～式(12.1.19)中的 a、b、c 得到的正确率和召回率。宏平均是指先计算出每个类别的正确率和召回率，再对正确率和召回率分别取平均得到总的正确率和召回率。微平均更多地受分类器对一些常见类(这些类的语料通常比较多)分类效果的影响，而宏平均则可以更多地反映对一些特殊类的分类效果。在对多种算法进行对比时，通常用微平均算法。

12.2　文本情感分析

12.2.1　概述

情感分类是指根据文本所表达的含义和情感信息将文本划分为褒义的或贬义的两种或几种类型。它是对文本作者倾向性和观点、态度的划分，因此有时也被称为倾向性分析(opinion analysis)。情感分类作为一种特殊的分类问题，既有一般模式分类的共性问题，也有其特殊性，如情感信息表达的隐蔽性、多义性和极性不明显等。按机器学习方法所使用的训练样本的标注情况，情感文本分类可以大致分为监督学习方法、半监督学习方法和无监督学习方法三类。

情感文本分类是文本分类中的一个重要课题，有着许多应用场景。通过手机商品评论、微博等信息，对人或物这些主题进行客观的分析，可获得合适的反馈并改进。但是之前的研究发现，只依靠单一的方法(如统计机器学习，或是借助于词库词典)对文本进行研究已经不能达到需要的效果。采用深度学习的方法对文本进行情感分析具有更重要的研究价值。

12.2.2　情感词典

情感词典在基于语义的情感识别研究中是必不可少的。为了提高情感识别的准确性及文本处理过程中对感情的可理解性，需要构建情感词典。比较有名的中文情感词典有以下几个：①《学生褒贬义词典》，包含褒义词 728 条，贬义词 942 条，兼具褒贬义的词 2 条；②董振东研制的"知网"，中文词集包含正面情感词 836 条，负面情感词 1254 条，正面评价词 3730 条，负面评价词 3116 条，程度级别词 219 条，主张性词 38 条；③台湾大学研制的"简体中文情感极性词典"，包含正面情感词 2812 条，负面情感词 8276 条；④清华大学自然语言处理与社会人文计算实验室研制的"中文褒贬义词典 v1.0"，包含正面情感词 5567 条，负面情感词 4469 条。此外，应该利用程度副词词库和否定词词库来精确分析文本真实的感情倾向，程度副词词库有权重值。在构建情感词典融合的过程中，由于发现原始资料中存在部分词汇情感倾向不显著、词汇重复的情况，需要筛选删除部分词汇。除此之外，在特定的领域，仅仅依靠基础情感词典来识别一个句子里面的情感词是不够的，有些并非基础的情感词也有情绪倾向。具体问题可能需要包含不同的领域情感词典。表 12-5 展示了部分情感词示例，表 12-6 为否定词示例，表 12-7 为程度词示例，图 12-4 为情感词典。

表 12-5　部分情感词示例

情感类别	情感词
正面	爱不释手、爱戴、爱抚、爱护、拜服、拜贺、表扬、表彰、称颂、称叹、喜气洋洋、手舞足蹈、眉飞色舞、喜笑颜开、神采奕奕、欣喜若狂、喜出望外、斗志昂扬、意气风发、容光焕发
负面	焦虑、紧张、愤怒、沮丧、悲伤、痛苦、抱怨、自责、悔恨、担忧、不安、郁闷、伤心、难过、失望、堕落、烦躁、生气

表 12-6　否定词示例

否定词	不、没、无、非、莫、弗、勿、毋、未、否、别、休、难道

表 12-7　程度词示例

程度词	百分之百、倍加、备至、不得了、不堪、不可开交、不亦乐乎、不折不扣、彻头彻尾、充分、到头、地地道道、非常、极、极度、极端、极其、极为、截然、尽、惊人地

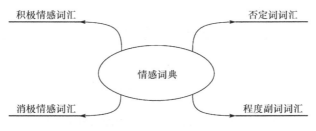

图 12-4　情感词典

12.2.3　基于情感特征匹配的文本情感分析

以学生论坛的情感分析为例进行情感特征的匹配分析之前，需要对学生的发帖数据进行预处理。删除原始数据中的噪声数据以得到最终的有效讨论数据，如删除无成绩学生的发帖数据，最终获得有效帖子及有效评论。

为了计算一个时间跨度内所有帖子文本的情感密度，首先以词汇为单位将每个帖子的文本内容分割成词汇序列。为了充分捕捉学生在论坛中发表的帖子中的情感特征，采用构建的中文情感词典对词汇序列中的有效情感特征进行匹配。在正、负面情感特征的匹配中，若一个正面情感的词汇(如"高兴""容易""成功""理解"等)前接有否定意义的词缀(如"不""难""非""不是很""不太"等)，则将否定词缀及其后的正面情感词自动组合形成新的负面情感特征；反之，如果一个负面词汇前接有否定意义的词缀，则将否定词缀及其后的负面情感词自动组合形成新的正面情感特征。这些新匹配的情感特征将自动补充进情感词典，以便于后续语句或文本中情感特征的匹配。某个群体在时间跨度 h 内，s 类情感密度 SD 的计算方法为

$$\mathrm{SD}_s^{\ h} = \frac{1}{\|\mathrm{PostNum}(h)\|} \sum_{p \in \mathrm{PostNum}(h)} \mathrm{SentiFeaRatio}(p)_s^{\ h}, s \in \{p, n\} \qquad (12.2.1)$$

$$\mathrm{SentiFeaRatio}(p)_s^{\ h} = \frac{\mathrm{SentiFeaNum}(p)_s^{\ h}}{\mathrm{WordNum}(p)^h} \qquad (12.2.2)$$

由以上公式可以统计学生论坛所发帖子中蕴含的情感特征数量，以刻画群体情感的演化

趋势。其中，PostNum(h)表示一个时间跨度内(一天24小时或一周7天)的帖子总数；SentiFeaRatio(p)$_s^h$表示在h时间段内第p个帖子中s类情感特征出现的比率，该比率实际为h时间段内第p个帖子中s类情感特征SentiFeaNum(p)$_s^h$在该帖子总体词汇集WordNum(p)^{h}中的占比，即出现第s类情感的概率。公式可以分别计算出正、负面情感在h时间段内的平均情感密度。

12.2.4　基于情感词典的加权情感分析

在有了之前的情感词典后，可以通过情感词典简单地进行情感分析，也可以给情感词典赋予权重。其中，否定词权重为−1，正面情感词权重为1，负面情感词权重为−1，程度副词权重为0~1。这样就可以通过计算加权得分来判断文本的整体倾向。

(1) 分词过滤。先对所有文本进行分词，再去除停用词。分词可以使用之前提到的分词工具——基于Python的结巴分词工具。停用词是指在信息检索中，为节省存储空间和提高搜索效率，在处理自然语言数据(或文本)之前或之后会自动过滤掉某些字或词。这些字或词即被称为停用词(stop words)。这些停用词都是人工输入、非自动化生成的，生成后的停用词会形成一个停用词表。去除停用词是为了去除不相关的词汇，保留关键信息，同时还会提高效率。表12-8为一些停用词示例。

表12-8　停用词示例

停用词示例	的、是、而且、但是、虽然、如果、即使、和、接着、第二、一直、一个、一些、许多、种、有的是、也就是说、啊、阿、哎、哎呀、哎哟、唉、按、按照、吧、吧嗒、把、罢了、被、本、本着、比、比方、比如、而且

(2) 分类。对第一步分词后的结果进行分类，找出情感词、否定词和程度副词。

(3) 计算得分。设置初始权重W为1。从第一个情感词开始，用权重W乘以该情感词的情感值作为得分，判断与下一个情感词之间是否有程度副词及否定词。如果有否定词，将W乘以−1；如果有程度副词，将W乘以程度副词的程度值。此时的W作为下一个情感词的权重值进行加权得分。接着在判断上一个情感词之后，W还是初始化为1，W乘以两个情感词之间的否定词和程度副词的程度值，如此循环直到遍历完所有的情感词。每次遍历过程中的得分加起来的总和算作这篇文本的情感得分。图12-5是基于情感词典的加权情感分析流程图。

图12-5　基于情感词典的加权情感分析流程图

12.2.5　文本数据的情感分析

本节主要介绍对文本数据的情感极性分析处理过程。总体而言，对于用户评论文本，首先对经过筛选后的评论文本进行分句分词处理，再利用台湾大学的正负向情感词词典、哈尔滨工业大学的同义词词林、知网的停用词表和否定词表并配合自定义的微博表情符号规则测试各条评论的情感极性。并介绍对特定群体情感极性分析的一个案例，该案例是在获取微博数据的基础上，将微博文本作为研究对象，发掘其内容信息和空间信息，对某特定(同性)群体的微博情感进行分析。

1. 文本关键词提取

在确定爬虫的文本搜索入口词集合时，采用 TextRank 算法来提取关键词组成搜索入口词集合，其原理与网页重要性排序算法类似。首先将文本拆分为句子，因为关键词多为动词和名词，所以根据词性和停用词表去除干扰词，结果可得到单词集合 $(w_1, w_2, w_3, w_4, w_5, \cdots, w_n)$。设定窗口大小为 k，同一窗口内的词可以视作构成一张无向图，即得到无向图 $(w_1, w_2, \cdots, w_k)$，$(w_2, w_3, \cdots, w_{k+1})$，$(w_3, w_4, \cdots, w_{k+2})$。

$$S(V_i) = (1-d) + d \times \sum_{j \in \mathrm{In}(V_i)} \frac{1}{\left|\mathrm{Out}(V_j)\right|} S(V_j) \tag{12.2.3}$$

其中，$S(V_i)$ 表示词 i 的重要性；d 表示阻尼系数(通常取 0.85)；$\mathrm{In}(V_i)$ 表示存在指向单词 i 的边的词集；$\mathrm{Out}(V_j)$ 表示存在由单词 j 出发的边所指向的词集。对式(12.2.3)反复迭代即可得到关键词。将相邻的关键词合并，就可以得到关键短语。初始时设置每个词的重要性相等，均为 1。迭代 100 次后得到前 100 个重要短语。再将这些短语逐个代回文本中，观察其出现的位置，判断其是否应作为主题候选词。经过这步人工筛选后，最终得到搜索入口词集合。

2. 评论情感极性分析

由于对微博文本缺乏合适的情感词典数据，可以采用基于表情符号规则和情感词典相结合的方法。本例首先加载词典，加载知网的停用词表和否定词表及台湾大学的正负向情感词典。考虑到情感词数量太少，又扩充了大连理工大学的情感词典和哈尔滨工业大学的同义词词林。这两个词典词语数量较多，补充了很多短语及一些网络新词。因为哈尔滨工业大学同义词词林相对比较庞大，所以存放在数据库中。同时为了加快计算，建立了两张表。一张表是在编码列建立索引，可以快速由编码找对应的词集；另一张表是在词语列建立索引，可以快速检索一个词对应的多个编码。

词典初始化完成后便开始计算各条评论的情感极性。具体计算的方法是先分句再分词，所有词加起来的极性就代表了这一句的情感极性，所有句子的极性再相加就代表了这条评论的情感极性。分句时直接利用标点符号，对分好的句子再利用 Ansj 包分词。利用停用词表过滤掉无关的词，剩下的词如果碰到否定词，那么先记录下来；后续的词语如果是情感词，那么乘以−1；如果在情感词之前再遇到否定词，则视为双重否定，恢复正值；如果碰到的是情感词典中的词，直接得到情感值；如果该词既不是停用词、否定词，也不在情感词典里，那么需要到同义词词林里检索这个词的所有编码，再利用这些编码逐一检索编码相同或者只差最后一位的词(视为同义词)。这些同义词集里如果仍然没有情感词，那么该词直接略过。否则对同义词集里的情感词按照与该词的邻近程度排序，最邻近的那个情感词的值就视为该词的情感值。计算完成后再把这个词也加入情感词典，这样下次计算碰到的时候就可以快速得到该词的情感值。最后汇总结果的正负性，视为该条评论的情感态度。

为了进一步提高情感识别的精度，又加入了情感符号的规则。因为有相当数量的评论会带有微博的表情符号 (在爬取的文本中会有【 】标出，如【开心】【吐】等)，利用这些符号的情感极性可以直接判定评论的情感倾向。所以随机抽取了 300 个带有表情符号的样本，结合网络常识，对微博表情中显著带有情感偏向的符号分为正负两类。这样，当一条评论中带有情感倾向的表情符号时，直接利用该符号的正负性判断即可。这样既提高了效率，又提高了精度。计算完成后，随机抽取 100 条样本验证准确率，识别准确的有 70~80 条(有部分评论单独抽出来人工也很难看出其表达的是正向、负向还是中立)。

3. 对特定群体的微博情感极性分析

本例在获取微博数据的基础上，将微博文本作为研究对象，发掘其内容信息和空间信息，以对某特定群体的微博情感进行分析为目的。

(1) 整体实验设计。微博大 V 是指在微博平台上获得个人认证，拥有众多粉丝的微博用户。大 V 往往是在一定群体内具有较大影响力的象征，本实验从该群体内的大 V 入手，获取大 V 账户的粉丝列表，通过粉丝的学历等相关信息了解关注这个群体的人群的社会经济地位。同时，尝试从这些大 V 的微博文本中找到相关热门微博(转发、点赞或评论超过 100 的话题)的文本，通过提炼得到关键词，利用这些关键词作为搜索词获取 1 年以内微博上的所有相关微博，并通过网络数据挖掘的方法获取微博发布者的 id 信息，进而根据这些用户的地理标记，研究特定群体及相关子话题在全国范围内各个地市和省区尺度上的关注情况。图 12-6 是微博情感分析技术路线图。

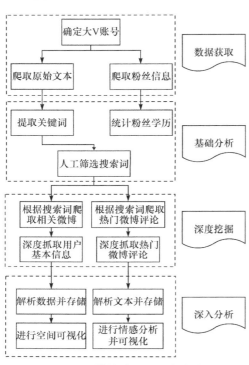

图 12-6　微博情感分析技术路线图

(2) 数据获取。因为本例需要利用用户的个人资料栏的地理标记代替传统的签到数据作为空间位置信息，所以需要根据用户 id 获取用户简介数据。新浪 API 有提供 users/show 接口返回访问用户的性别、生日、地理标记等部分信息，因此针对用户信息的采集可调用 API 完成。由于最新版本的 API 全面引入了 OAuth2.0 认证，访问任意 API 时都得先获得认证授权参数。首先需要在新浪开放平台上注册应用，应用注册成功后可以获得 appkey 和 appid。利用这两个值可拼接 URL 字符串，访问认证授权页面，用户同意授权填入微博账号密码，如果用户名密码正确，页面会重定向到注册应用时填写的回调地址并返回一个有效时间非常短的 code 值，利用 code 值和 appkey, appid, callback 值拼接 URL 参数访问获得授权码的地址，成功后即可返回 JSON 格式的 access_token 值。拿到 access_token 后即可与其他参数值结合，传入 Restful API 地址获取相应的值。Restful API 即指符合表现层状态转化(represent ational state transfer, Rest)架构规范的 API 设计。Rest 的核心包含 Resource、Representation 和 Transfer。Resource 的含义即将网站上的所有数据视为一种资源，这类资源通过 URL 地址唯一指定，也可以通过 HTML 或是 XML、JSON 多种方式展现。要得到或是修改这些数据可以使用 GET、POST、PUT、DELETE 等四个 HTTP 协议动词来实现。新浪 API 即采用这种架构设计，如需要指定 uid 用户数据的时候，利用 GET 方式传入 uid 和 access_token 参数，即可得到 JSON 格式的用户信息。图 12-7 是 API 获取用户信息调用流程图。

(3) 评论情感极性分析。对于用户评论，获取所有相关话题下转发、点赞或评论大于 100 的微博作为热门微博并获取热门微博下用户的 id 和原始评论文本，这些用户的信息可以用同样的方法得到。经过筛选的评论文本进行分词分句处理，利用台湾大学的正负向情感词典和哈尔滨工业大学的同义词词林测试各条评论的情感极性，从而得到全国范围内对于该群体的公众情感倾向。图 12-8 是评论情感分析计算流程图。

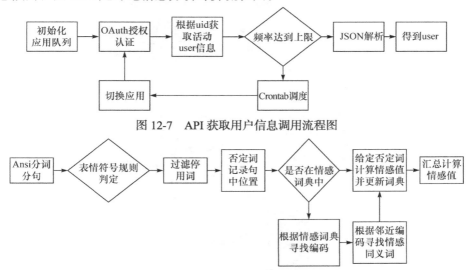

图 12-7　API 获取用户信息调用流程图

图 12-8　评论情感分析计算流程图

(4) 空间可视化。采用文本处理与空间信息结合的方式在 GIS 软件中可视化分析结果，进而了解当今中国对该群体的基本认知情况。

从该特定群体及其热门话题的分布(图 12-9)来看，北京市、上海市、广东省、江苏省、山东省、重庆市、天津市对该群体的关注程度较高。从情感正负属性倾向的空间分布上来看(图 12-10)，北京市、广东省、重庆市更为正向，没有省份表现为负向。

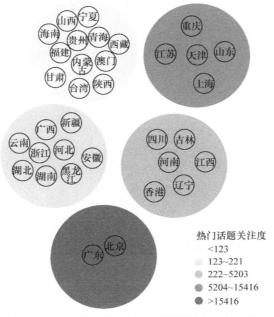

图 12-9　关于该群体所有热门话题的省份关注度

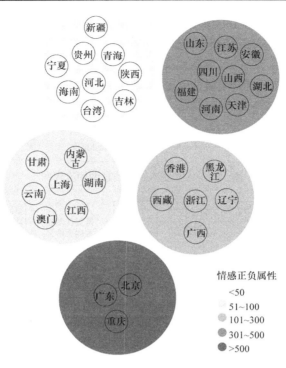

图 12-10 关于该群体的情感正负属性倾向

第13章 社 会 网 络

社会网络分析是由社会学家根据数学方法、图论等发展起来的定量分析方法。"社会结构"的概念从心理学、社会计量学、社会学、人类学、数学、统计学、概率论等不同的领域不断深化，形成了一套系统的理论、方法和技术，也成为一种重要的社会结构研究范式。近年来，该方法在许多领域被广泛应用。其在区域旅游流研究、城市群结构研究、区域经济网络、企业网络，以及产业集群研究等传统地理学研究领域也发挥了重要作用。在空间大数据分析中，常常利用社会网络分析方法探究数据的复杂网络关系。社会网络可以用社群图和矩阵两种形式表达。要挖掘隐藏在网络中的特征，可以通过对网络的各种性质进行统计描述，主要包括整体特征分析、节点特征分析、中心性分析、凝集子群等。本章结构如图13-1所示，首先介绍社会网络的基本概念，然后介绍社会网络分析的方法，最后简要介绍用于社会网络分析的应用。

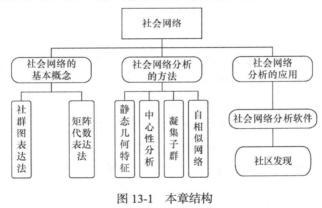

图 13-1 本章结构

13.1 社会网络的基本概念

社会网络指的是社会行动者(social actor)及其间的关系(tie)的集合。也可以说，一个社会网络是由多个点(社会行动者)和各点之间的连线(行动者之间的关系)组成的集合。用点和线来表达网络，这是社会网络的形式化界定。一般来说，当行动者之间存在关系(ties)的时候，"关系"常常代表的是关系的具体内容(relational content)或者实质性的现实发生的关系。关系有多种表现。对多元关系网络的研究，特别是整体网模型研究是当今社会网络分析中最具潜力的前沿领域。社会网络研究者利用多维量表(multi dimensional scale，MDS)、矩阵代数(matrix algebra)、聚类分析(cluster analysis)等多种方法来研究多元关系网络数据。也有很多学者利用概率论、数理统计技术及计算机技术研究网络变量的统计性质，构建多种网络模型。

研究的重点不同，关注的"关系"也不同。如果研究整体网络(whole network)，即研究所有行动者之间的关系，那么研究者需要分析具有整体意义的关系的各种特征，如互惠性、关系的传递性等。如果研究个体网络(ego-network)，即关注个体行动者，则需要分析个体网络的一些关系特征，如关系的密度、同质性等。这种研究可以利用随机抽样方法。

从数学角度上讲，有两种方法可以描述社会网络：社群图表达法和矩阵代数表达法。社群图(sociogram)是由莫雷诺最早使用的，现在已经在社会网络中得到广泛使用。用一个二维矩阵表达每一种关系，称为社群矩阵(sociomatrix)。社群图矩阵是一些关于图(graph)的连接矩阵(adjacency matrices)。矩阵代数(matrix algebra)表达法用来研究多元关系，研究两种关系或者多种关系的结合。这两种方法在表达网络数据的时候有以下三个优势：①矩阵和图都比较简洁，有系统性，可以迅速地、轻松地汇总并展示信息。它们迫使人们在描述社会关系的模式方面要具有系统性和全面性。②矩阵和图允许人们利用计算机来分析数据。大多数分析的工作都是重复性的、耗费时间的，但是却需要有精确性，这些工作都适用于计算机进行分析，人工进行分析往往不可行。③矩阵和图拥有自己的规则和约定。有时候，这些约定可帮助人们进行明确的交流。

13.1.1 社群图表达法

图可以有多种类型，如各种"变量图"。网络图主要由点(代表行动者)和线(代表行动者之间的关系)构成(图 13-2)。线记载的是各个点之间是否存在关系，可以是多值，也可以是二值；可以有方向，也可以无方向；可以是 1-模的，也可以是 2-模的。网络分析者把根据这种思想得到的图称为社群图。具体可以参考关于"图论"的相关资料。

图 13-2 社会网络图

根据不同的标准，社群图的种类也不同。

根据关系(线)的方向，可以分为"有向图"(directed graph, digraph)[图 13-3(b)和图 13-3(d)]和"无向图"(undirected graph)[图 13-3(a)和图 13-3(c)]。

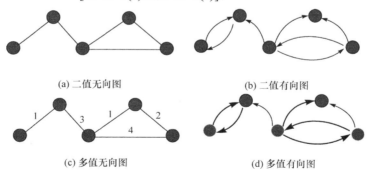

(a) 二值无向图 　　　　(b) 二值有向图

(c) 多值无向图 　　　　(d) 多值有向图

图 13-3 社群图的有向图与无向图

根据关系紧密的"程度"，可以把关系图分为"二值图"(binary graph)[图 13-3(a)和图 13-3(b)]、符号图(signed graph)及多值图(valued graph)[图 13-3(c)和图 13-3(d)]。

有的图中的线可以既有向又多值。如果关系既是有方向的，关系的"程度"也很重要，那么，可以赋予线一定的数值和方向，研究者可以据此建构一个多值有向图[图 13-3(d)]，把一定的数值赋予每条线上。

根据网络中各个成员之间联系的紧密度，可以把图分为"完备图"(complete graph)和"非完备图"(non-complete graph)。具体地说，如果一个图中的任何两个点之间都相连，称这样的图为完备图，否则为非完备图。也就是说，"完备图"指的是所有点都连接在一起的图。

13.1.2 矩阵代数表达法

如果社群图涉及的点很多,那么图形就相当复杂,很难分析出关系的结构,这是社群图的一个缺点。在这种情况下,最好利用矩阵表达关系网络。

矩阵中的行与列都代表"社会行动者",即图中的各点。行与列对应的要素代表的就是各个行动者之间的"关系"。这种网络是前面介绍的1-模网络。如果行和列代表来自两个行动者集合的"社会行动者",那么矩阵中的要素代表的就是两个行动者集合中各个行动者之间的"关系",这种网络是2-模网络。如果"行"代表来自一个行动者集合的"社会行动者","列"代表行动者所属的"事件",那么矩阵中的要素指的是行动者隶属于"事件"的情况,这种网络也是2-模网络,具体地说是"隶属关系网络"。

13.2 社会网络分析

社会网络分析是社会科学中的一种独特视角,之所以说其独特,是因为社会网络分析建立在如下假设的基础之上:在互动的单位之间存在的关系非常重要,关系是网络分析理论的基础。社会网络可以分为三类:个体网络、局域网络(partial network)(如二方关系网络、三方关系网络和子群网络等)和整体网络(whole network)。

整体网络研究往往事先具有较明确的边界,一般不能通过随机抽样的方法得到样本,因为对随机样本进行整体网络研究没有实际意义。研究表明有充分的理由假设抽样可能导致不可信的数据,一个有代表性的个体样本并不能给出一个有用的关系样本。原因在于随机抽样的关系数据存在稀疏性。伯特曾经进行粗略估计,通过抽样而丧失的关系数据量等于 100–k 个百分点,其中 k 表示样本量占总体的百分比。

个体网络研究得到的结论具有统计推断意义(因为个体网络数据往往是随机抽样得到的),而整体网络研究得到的结论往往不具有统计推断意义,只适用于所研究的群体。整体网络研究不是为了推断,而是为了描述和揭示所研究群体的结构。

整体网络研究必须首先规定整体的边界,列举出整体中的全部成员名单,调查他们之间的各种关系,即整体网络的规模是研究前就有所了解的,而个体网络往往是调查后才能有所了解。整体网络研究中,网络规模一般不会超过 1000。因为研究大量个体之间的整体网络没有实际意义。

实际网络都具有确定和随机两大特征,确定性的法则或特征通常隐藏在统计性质中,因此,对复杂网络各种性质的统计描述十分重要。本节将介绍社会网络分析方法中常用到的统计描述特征。

13.2.1 静态几何特征

静态几何特征的基本分析概念包括三个:度分布(degree distribution)、平均路径长度(average path length)和簇系数(clustering coefficient),其中度分布则是衡量网络"无标度"(scale-free,SF)特征的指标,而平均路径长度和簇系数是衡量网络是否具有"小世界"(small-world,SW)特征的指标。

1. 度分布

度(degree)为节点衔接的边数目，网络中节点度的分布用概率分布函数 $p(k)$ 来描述。随机网络的 $p(k)$ 具有近似的二项分布或泊松分布，而 $p(k)$ 的幂律分布称为"无标度"分布，具有幂律分布的网络称为"无标度"网络。幂律分布即 $p_k \sim k^{-\alpha}$，研究表明，实际网络中具有无标度特征的大多符合 $2 \leqslant \alpha \leqslant 3$。为避免网络规模较小引起的误差，常用 $p(k)$ 的累积分布函数 $P(k)$ 表示度分布，即

$$P(k) = \sum_{k'=k}^{\infty} p(k') \tag{13.2.1}$$

幂律分布在累积分布中也存在，所不同的是幂为 $\alpha - 1$，而不是 α：

$$P(k) \sim \sum_{k'=k}^{\infty} k'^{-\alpha} \sim k^{-(\alpha-1)} \tag{13.2.2}$$

有些网络度分布服从指数分布，即 $p_k \sim e^{-k/\kappa}$，其累积分布也存在相同的指数形式：

$$P(k) \sim \sum_{k'=k}^{\infty} e^{-k'/\kappa} \sim e^{-k/\kappa} \tag{13.2.3}$$

近几年的大量研究表明，许多实际网络的度分布明显不同于泊松分布。图 13-4 给出了两种分布在同一坐标系下的对比。

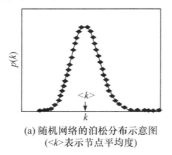
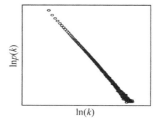

(a) 随机网络的泊松分布示意图　　　　　　(b) 无标度网络的幂律分布示意图
(<k>表示节点平均度)　　　　　　　　　　　(双对数坐标)

图 13-4　泊松分布与无标度网络

现实世界中，铁路线路设施网络表现为随机网络，大部分车站衔接的路段较少，且几乎所有车站衔接的路段数目大体相等。城市航空网络中，城市衔接航线数平均较小，但有若干枢纽连接了大量的航线，网络呈现明显的"无标度"特征。

2. 平均路径长度

平均路径长度也称为特征路径长度，计算公式为

$$L = \frac{\sum_{i>j} d_{ij}}{n(n-1)/2} \tag{13.2.4}$$

其中，L 表示网络的平均路径长度，即任意两个节点之间距离的平均值；d_{ij} 表示网络中 i、j 两点之间的距离，即连接这两个点的最短路径的边数。

网络中任意两个点之间距离的最大值称为网络的直径 D。平均路径长度和直径用来衡量整个网络的传输性能与效率，L 值越小，表示网络中任意节点之间的拓扑距离越小，网络的整体可达性较好。

例　对于图 13-5 所示的包含 6 个节点和 8 条边的网络，求网络直径 D 和平均路径长度 L。

解 首先构造图 13-5 对应的图 G=(V, E)的邻接矩阵:

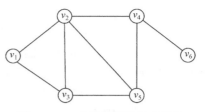

图 13-5 一个简单网络的直径与平均路径长度

$$W = \begin{bmatrix} 0 & 1 & 1 & 0 & 0 & 0 \\ 1 & 0 & 1 & 1 & 1 & 0 \\ 1 & 1 & 0 & 0 & 1 & 0 \\ 0 & 1 & 0 & 0 & 1 & 1 \\ 0 & 1 & 1 & 1 & 0 & 0 \\ 0 & 0 & 0 & 1 & 0 & 0 \end{bmatrix}$$

然后应用 Floyd 算法求出任意节点之间的最短距离,如表 13-1 所示。其中的最大距离为网络直径,网络直径 $D = d_{16} = d_{36} = 3$,把所有节点对之间的距离求和(只需求对应矩阵上三角元素的和),再除以对应完全图的边数 C_6^2,求得网络的平均路径长度 $L=1.6$。

表 13-1 6 个节点对之间的最短距离

节点	v_1	v_2	v_3	v_4	v_5	v_6
v_1	0	1	1	2	2	3
v_2	1	0	1	1	1	2
v_3	1	1	0	2	1	3
v_4	2	1	2	0	1	1
v_5	2	1	1	1	0	2
v_6	3	2	3	1	2	0

3. 簇系数

簇系数也称为集聚系数,用于衡量网络节点集聚情况。一个节点 i 的簇系数是指其 k_i 个邻节点之间连边的数目 E_i 占可能的最大连边数目的比值,即

$$C_i = \frac{E_i}{k_i(k_i-1)/2} \tag{13.2.5}$$

C_i 值越大,表示该节点的邻节点之间相互联系越紧密。在完备图中,所有节点的簇系数都等于 1。定义度为 0 和 1 的节点其簇系数为 0,图的簇系数定义为所有节点簇系数的平均值,即

$$C = \frac{\sum_i C_i}{n} \tag{13.2.6}$$

C 值越大,表示整个网络中各节点之间形成短距离联系的概率越大。

13.2.2 中心性分析

"中心性"是社会网络分析的重点之一。个人或组织在其社会网络中具有怎样的权力,或者说居于怎样的中心地位,这一思想是社会网络分析者最早探讨的内容之一。中心性可以通过中心度和中心势两个指标来刻画。

个体的中心度(centrality)测量个体处于网络中心的程度,反映了该点在网络中的重要性程度。中心度越高,则该点在网络中越居于核心地位。因此一个网络中有多少个行动者/节点,就有多少个个体的中心度。除了计算网络中个体的中心度外,还可以计算整个网络的集中趋势,可简称为中心势(centralization)。与个体中心度刻画的是个体特性不同,网络中心势刻画的

是整个网络中各个点的差异性程度，因此一个网络只有一个中心势。这两个概念常容易令人混淆。如果把"中心度"这一术语严格地限制为点的中心度，而"中心势"特指一个作为整体的图的中心度，那么，所有的混淆都将消失。因此，"中心势"指的并不是点的相对重要性，而是图的总体整合度或者一致性。例如，图可以或多或少地围绕某些特殊点达到一定的中心势。

中心度和中心势都可以分为三种：点度中心度/点度中心势、中间中心度/中间中心势、接近中心度/接近中心势。

1. 点度中心性

在一个社会网络中，如果一个行动者与其他行动者之间存在直接联系，那么该行动者就居于中心地位，在该网络中拥有较大的"权力"。在这种思路的指导下，网络中一个点的点度中心度，就可以用网络中与该点之间有联系的点的数目来衡量。这就是点的度数中心度(point centrality)。度数中心度可以分为两类：绝对中心度和相对中心度(图 13-6)。前者仅仅指的是一个点的度数，后者为前者的标准化形式。简单地说，如果一个点与其他许多点直接相连，就说该点具有较高的度数中心度。

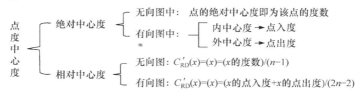

图 13-6　点度中心度的分类

(1) 点的绝对度数中心度(C_{ADi})：点 A 的绝对中心度即与点 A 相连的关系的数目(此处忽略了间接相连的点数，为局部度数中心度)。有向图分为点出度和点入度。

$$C_{ADi} = d(i) = \sum_j X_{ij} \tag{13.2.7}$$

其中，X_{ij} 表示与 i 点相连的关系。

(2) 点的相对度数中心度(C_{RDi})：点 A 的绝对中心度即与图中点的最大可能的度数之比。在一个 n 点图中，任何一点的最大可能的度数一定是 $n-1$。

$$C_{RDi} = d(i)/(n-1) \tag{13.2.8}$$

上面分析的是点的中心度。有时候人们关注的不是点而是整个图，研究不同图是否有不同的中心趋势。网络中心势指的是网络中点的集中趋势，它是根据以下思想进行计算的：首先找到图中的最大中心度数值；其次计算该值与任何其他点的度数中心度的差，从而得出多个"差值"；再次计算这些"差值"的总和；最后用这个总和除以各个"差值"总和的最大可能值。

由点的绝对度数中心度得出的为图的绝对度数中心势 C_{AD}，由点的相对度数中心度得出的为图的相对度数中心势 C_{RD} (C_{AD} 除以 $n-1$ 可得)。

$$C_{AD} = \frac{\sum_i (C_{AD\max} - C_{ADi})}{(n-1)(n-2)} \tag{13.2.9}$$

$$C_{RD} = \frac{\sum_i (C_{RD\max} - C_{RDi})}{n-2} \tag{13.2.10}$$

星形网络图中，"核心点"的度数中心度最大，其他点的度数中心度都为 1，该图具有较大的度数中心势；n 点完备图中，任何点的度数都等于 $n-1$，该图没有什么度数中心势，即度数中心势为 0。

2. 中间中心性

在网络中，如果一个行动者处于许多其他两点之间的路径上，可以认为该行动者居于重要地位，因为他具有控制其他两个行动者之间交往的能力。根据这种思想来刻画行动者个体中心度的指标是中间中心度，它测量的是行动者对资源控制的程度。一个行动者在网络中占据这样的位置越多，就代表它具有越高的中间中心性，就有越多的行动者需要通过它才能发生联系。

中间性(betweenness)的概念主要由美国社会学家、加利福尼亚大学欧文分校的林顿·弗里曼(Freeman, 1979)教授提出。该概念测量的是一个点在多大程度上位于图中其他点的"中间"。他认为，如果一个行动者处于多对行动者之间，那么他的度数一般较低。这个相对来说度数比较低的点可能起到重要的"中介"作用，因而处于网络的中心。

中间中心势也是分析网络整体结构的一个指数，其含义是网络中中间中心性最高的节点的中间中心性与其他节点的中间中心性的差距。该节点与别的节点的差距越大，网络的中间中心势越高，表示该网络中的节点可能分为多个小团体而且过于依赖某一个节点传递关系，该节点在网络中处于极其重要的地位。

在测量点的中心度的各种指标中，中间中心度可能是最难计算的一个指标。一个点对 X 和 Z 之间可能存在多个短程线(捷径)，假设为 n 个。一个点 Y 相对于一个点对 X 和 Z 的中间性指的是该点处于此点对的捷径上的能力。具体地说，可以利用"中间性比例"(betweenness proportion)这个概念来刻画这种"能力"，其定义为：经过点 Y 并且连接这两点的短程线占这两点之间的短程线总数之比。它测量的是 Y 在多大程度上位于 X 和 Z 的"中间"，这就是"中间中心度"。

(1) 点的绝对中间中心度：

$$C_{ABi} = \sum_{j<k} b_{jk}(i) = \sum_{j<k} g_{jk}(i)/g_{jk} \tag{13.2.11}$$

其中，$b_{jk}(i)$ 表示点 i 对于点 j 和点 k 的中间性比例；$g_{jk}(i)$ 表示经过点 i 的点 j 和点 k 之间的捷径数；g_{jk} 表示点 j 和点 k 之间的捷径数。

(2) 点的相对中间中心度(C_{RBi})：在星形网络中，"核心点"的绝对中间中心度达到最大值 $C_{max} = (n-1)(n-2)/2$。

$$C_{RBi} = 2C_{ABi}/[(n-1)(n-2)] \tag{13.2.12}$$

(3) 图的中间中心势：

$$C_B = 2\sum_i (C_{AB\,max} - C_{ABi})/[(n-1)^2(n-2)] = 2\sum_i (C_{RB\,max} - C_{RBi})/(n-1) \tag{13.2.13}$$

星形网络具有最大中间中心势指数 1，即一个行动者是所有其他者的桥接点。环形网络具有最小中间中心势指数 0。

(4) 线的中间中心势：一条线出现在一条捷径上的次数。

3. 接近中心性

前面介绍的度数中心度刻画的是局部的中心指数，测量网络中行动者自身的交易能力，没有考虑到能否控制他人。"中间中心度"虽然考虑到这一点，但是，没有考虑到避免受到控制。可以认为，如果网络中的一个行动者在交易的过程中较少依赖于他人，此人就具有较高的中心度。一个非核心位置的成员"必须通过他人才能传递信息"。这样，核心位置的成员在传递信息上就较少依赖于他者。因此，应该考虑该行动者与他人的接近性程度。可以认为，一个点越是与其他点接近，该点就越不依赖于他人。这就是"接近中心性"(也称为整体中心性)思想。

度数中心度仅仅是点中心度的一种测量，还有其他测量方法。有时候可能更关注一个行动者与网络中所有其他行动者的接近性程度，这就引出点 x 的接近中心度(closeness centrality)：一种不受他人控制的测量。由"1.点度中心性"小节可知，在测量某点的"局部中心度"的时候，根据的是该点的度数，而弗里曼等学者对"接近中心度"的测量却是根据点与点之间的"距离"(distances)。两点之间一般存在一条捷径，捷径的长度就是两点之间的距离。如果一个点与网络中所有其他点的距离都很短，则称该点具有较高的整体中心度(又称为接近中心度)。在图中，这样的点与许多其他点都"接近"。

在计算接近中心度的时候，关注的是捷径，而不是直接关系。如果一个点通过比较短的路径与许多其他点相连，就说该点具有较高的接近中心性。对一个社会网络来说，接近中心性越高，表明网络中节点的差异性越大，反之，则表明网络中节点间的差异越小。

(1) 点的绝对接近中心度(C_{APi}^{-1})：点与图中所有其他点的捷径距离之和。

$$C_{APi}^{-1} = \sum_j d_{ij} \tag{13.2.14}$$

(2) 点的相对接近中心度(C_{RPi}^{-1})：在星形网络中，"核心点"的接近中心度达到最小，即 $n-1$。

$$C_{RPi}^{-1} = C_{APi}^{-1} / (n-1) \tag{13.2.15}$$

(3) 图的接近中心势(C_c)：

$$C_c = \frac{\sum_i (C_{RC\max}' - C_{RCi}')}{(n-2)(n-1)}(2n-3) \tag{13.2.16}$$

星形网络具有最大的接近中心趋势 1，完备网络具有最小的接近中心趋势 0。

最后，总结一下三种中心度的区别，如图 13-7 所示。一般来讲，上述三种中心度是相关的，如果它们不相关(或相关系数较小)，则可能表明网络具有特殊的结构，如表 13-2 所示。

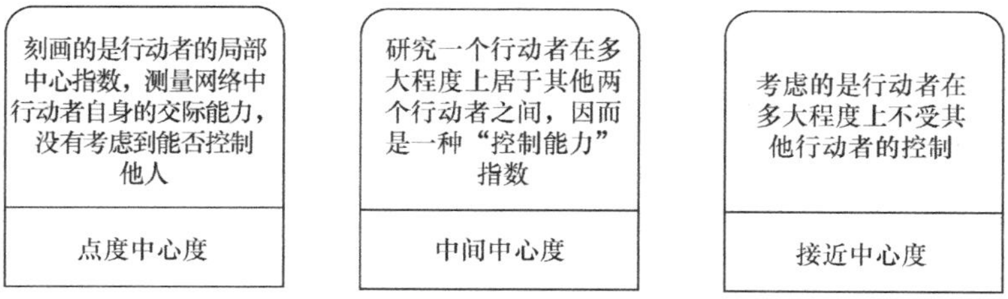

刻画的是行动者的局部中心指数，测量网络中行动者自身的交际能力，没有考虑到能否控制他人	研究一个行动者在多大程度上居于其他两个行动者之间，因而是一种"控制能力"指数	考虑的是行动者在多大程度上不受其他行动者的控制
点度中心度	中间中心度	接近中心度

图 13-7　三种中心度的区别

表 13-2　三种中心度的关联方式

项目	度数中心度低	接近中心度低	中间中心度低
度数中心度高		所嵌入的聚类远离网络中的其他点	"自我"的联络人是绕过其他人的冗余的交往关系
接近中心度高	是与重要的他者有关联的关键人物		在网络中可能存在多条途径，自我与很多点都接近，但是其他点与另外一些点也很近
中间中心度高	"自我"的少数关系对于网络流动来说至关重要	这样的格值极少见，意味着"自我"垄断了从少数人指向很多人的关系	

以上探讨了三类中心度及中心势的定义和测度。问题在于，在实际操作过程中，到底应该选择哪种指数进行测量？这里只能给出一些原则性的说明。

必须明确这三种测度的含义。度数中心度测量的是一个点与其他点发展交往关系的能力。接近中心度和中间中心度刻画的是一个点控制网络中其他行动者之间交往的能力，依赖于行动者与网络中的所有行动者之间的关系，而不仅仅是与邻点之间的直接关系。有时候，接近中心度测量的结果没有中间中心度测量的结果精确。但是，总体来说，三种中心度测量的结果相差不大。

再强调一次，在实际测量"中心性"的时候，到底应该选择哪种测度？本书还是坚持弗里曼的观点：这依赖于研究问题的背景，如果关注交往活动，可采用以度数为基础的测度；如果研究对交往的控制，可利用中间中心度；如果分析相对于信息传递的独立性或者有效性，可采用接近中心度。不管怎样，对于上述三种测度来说，星形网络的中心都最居于核心地位。

还需要注意，在测量的时候，上述三类指标可能产生不一致的结果，并且它们也没有考虑到行动者之间的交换或者交往的规模，因而仅仅适用于对二值图网络的测量。

13.2.3 凝聚子群

广义地说，"凝聚子群"(cohesive subgroups)研究是一种社会结构研究。理解社会结构及个体的嵌入性的一个重要工具就是子结构(或者子群、派系等)的思想。一个派系的一般性定义也很简单：一个派系无非是一个行动者的子集合，子集合中的行动者之间的联系相对比较紧密。但是派系的精确定义，以及对该定义的推广就稍微复杂一些。这些定义都属于"凝聚子群"的范畴。大体上说，"凝聚子群"是满足如下条件的一个行动者子集合，即在此集合中的行动者之间具有相对较强、直接、紧密、经常的或者积极的关系。

1. 建立在互惠性基础上的凝聚子群

派系(cliques)这个概念是在讨论图论的社会学意义的时候提出来的。一般来说，对于二元有向关系网络来说，"派系"常常指这样的一个子群体，即其成员之间的关系都是互惠的，并且不能向其中加入任何一个成员，否则将改变这个性质。派系是最基本的凝聚子群概念。

(1) 无向关系网。对于不同性质的网络来说，派系的定义也不同。在一个图中，至少包含三个点的最大完备子图(maximal complete sub-graph)为"派系"。因此，派系拥有如下性质：①派系密度群为 1；②n 点派系中的任何一个成员都与其他 $n-1$ 个成员相连；③派系内任何两点的距离都为 1；④派系内关系到派系外关系的比例达到最大；⑤派系内的所有三方组都是传递性三方组。

(2) 有向关系网。上述派系概念只是针对无向网络图来说的，有向网络图中派系的含义稍有不同。在一个无向图中，所有点之间的关系都是相互的，所以考察派系要用到图中所有线。在有向图区分出来的派系称为强派系(strong cliques)，在无向图中区分出来的派系称为弱派系(weak cliques)。

(3) 多值关系网——m-核。上述的网络主要是二值关系网。但是，在现实生活中，关系常常是有多种取值的。在一个多值网络中，凝聚子群研究的目的是为了找到其中存在的一些相互联系比较紧密的具有凝聚力的小群体。因此，子群成员之间的关系应该具有较大的值。根据关系是否存在方向，可以把多值网络分为有向多值网和无向多值网两种。为了简单起见，下面对凝聚子群的分析主要针对的是无向多值网。在多值关系网中，任何一点对之间的关系强度(多元度)都不小于 m 的最大子图；子图外的任何一点到该子图中的所有点的关系强度都小于 m。

2. 建立在可达性基础上的凝聚子群

1) n-派系(n-cliques)

如前所述，派系是最大的完备子图，这个概念比较严格。因此，有人从"可达性"这个角度对此概念进行了推广。建立在可达性基础上的凝聚子群要求一个子群的成员之间的距离不能太大。这样，可以设定一个临界值 n 作为凝聚子群中的成员之间距离的最大值。这就引出了对派系概念做出最早推广的 n-派系概念。与上述类似，无向网络和有向网络中的 n-派系的含义有所不同。下面分别进行介绍。

(1) 无向关系网。任何两点之间在总图中距离不超过 n 的最大子图。其中，n 越大对派系成员限制的标准就越松散，$n=2$ 是较好的临界值，2-派系是最常用的 n-派系。

(2) 有向关系网。在一个有向关系网络中，点 i 到点 j 的一条"途径"指的是从 i 点出发指向 j 点的、各不相同的点和线但方向相同的系列。途径的长度是其中包含的线的条数。点 i 到点 j 的一条"半途径"(semipath)指的是从 i 点出发指向 j 点的、由各不相同的点和线构成的系列。也就是说，有向网络中的途径要考虑到关系的方向，而"半途径"则不考虑方向。半途径的长度也是其中包含的线的条数。对于一对点 i 和 j 来说，连接二者之间的长度为 n 的途径可能有如下四类：①n-弱关联的，如果它们之间通过一条长度不超过 n 的半途径连接在一起。②单向 n-关联的，如果它们之间存在一条从 i 指向 j 的、长度不超过 n 的途径，或者存在一条从 j 指向 i 的、长度不超过 n 的途径。③n-强关联的，如果它们之间存在一条从 i 指向 j 的、长度不超过 n 的途径，并且存在一条从 j 指向 i 的、长度不超过 n 的途径；从 i 指向 j 的途径中包含的点和线可能不同于从 j 指向 i 的途径中的点和线。④n-回返关联的，如果它们是 n-强关联的，并且从 i 指向 j 的途径与从 j 指向 i 的途径包含相同的点和线，只是方向相反。

对应地，有向关系网络中的 n-派系也有四类：弱关联的 n-派系；单向关联的 n-派系；强关联的 n-派系；回返关联的 n-派系。

(3) 多值关系网。在一个多值关系网络中，如果两点之间存在一条 c 层次的途径的话，就说这两个点在 c 层次上是可达的(reachable at level c)。那么，c 层次的 n-派系就是如下这种子群，即其中所有点之间的捷径上的所有线的取值都不小于 c。因此，在一个多值图中，一个 c 层次的 n-派系就包含了所有那些相互之间通过长度不超过 n 的途径在 c 层次上可达的成员，或者说其中的每对成员之间都存在一条 c 层次的派系，即其中所有点之间的捷径上的所有线的取值都不小于 c。

2) n-宗派(n-clan)

n-宗派是一个 n-派系，进一步要求在该 n-派系中任何两点之间的距离都不超过 n，这种做法可以避免 n-派系的一些缺点。

3. 建立在点度数基础上的凝聚子群

本节介绍建立在点的度数基础上的凝聚子群概念。这种概念是通过对子群中的每一个成员的邻点个数进行限制而得到的。

(1) k-丛(k-plex)。k-丛是指每个点至少与除了 k 个点之外的其他点直接相连的最大子图。k-丛比 n-派系更能体现凝聚力。

(2) k-核(k-core)。k-核指的是子图中的每个点至少与该子图中的 k 个其他点邻接的最大子图。一般来说，作为一类凝聚子群，k-核有自己的优势所在。k 值不同，得到的 k-核显然也不同。研究者要根据自己的数据自行决定 k 值的大小，往往可以从中发现一些有意义的凝聚子群。

4. 建立在子群内外关系基础上的凝聚子群

(1) 成分(component)——关联图。如果一个图可以分为几个部分,每个部分的内部成员之间存在关系,而各部分之间没有任何联系,这些部分称为成分,也称为关联图。成分分析的结果是把图看作由一个或多个成分和一些孤立点构成的。紧密的图一般由一个大的单个成分占据主导地位。

在一个图中,如果拿走其中的某点,那么整个图的结构就分为两个互不关联的子图(成分),则称该点为切点(cut point)或桥(bridge)。一般来讲,切点是节点,桥是线,但一般也经常把节点称为桥。

环成分(cyclic component)是一条返回到其初始点循环路径,根据其长度可称为 k-环(一般分析是 3-环或 4-环)。和桥相似可定义桥线。环成分分析的结果包括环成分、悬挂点、桥点、独立树和独立点五种情况。有向图中分为强环成分和弱环成分。

(2) 块模型(block models)。如果一个图分为一些相对独立的子图的话,则称各个子图为"块"(blocks)。用来构建"块"的程序模型称为块模型(block models)。

(3) LS 集合。点集 S 内的每个真子集合 S_s 中存在的到"该真子集合 S_s 在点集 S 中的补集"的关系都多于该真子集合 S_s 到"点集 S 外"的关系。LS 集合具备如下性质:①LS 集合中的所有子集合内部的关系都要多于外部的关系,因此它们都是稳健的,不包含分裂型的群体;②在一个既定的图中可能存在多个 LS 集合,在各个 LS 集合之间有以下重要的关系:任何两个 LS 集合之间或者没有任何共同成员,或者一个 LS 集合包含另外一个 LS 集合。即 LS 集合不能交叉重叠(不同于前面派系等凝聚子群),却可以存在一个系列等级嵌套的 LS 集合。

(4) Lambda 集合(λ 集合)。点集 N_s 自身内部的任何一对点的边关联度都比任何一个由 N_s 内部的一个点和 N_s 外部的一个点构成的点对的边关联度要大。

边关联度:一对点 i 和 j 的"边关联度"标记为 $\lambda(i,j)$,它等于为了使得这两点之间不存在任何路径因而必须从图中去掉的线的最小数目。$\lambda(i,j)$ 值越大,两点之间的关系就越稳健。

5. 分派指数

(1) 单类网络——E-I 指数(external-internal index)。

$$\text{E-I Index}=(EL-IL)/(EL+IL)=子群密度/整体密度$$

其中,EL 表示子群之间的关系数;IL 表示子群内部的关系数。

E-I 指数取值范围为[-1, 1]。越接近 1,表明关系趋向发生于群体之外,派系林立的程度越小;越接近 0,表明派系内外关系数量差不多,看不出派系林立的情形;越接近-1,表明子群之间的关系越少,关系倾向于发生在群体之内,派系林立的程度越大。

E-I 指数是网络一项重要的危机指标,当它太高时,就表示网络中的子群有可能结合紧密而开始"图谋"团体私利,从而伤害整个网络的利益。

(2) 多类网络——分派指数(segregation)。

$$\text{Seg} =[E(X) - X]/E(X)$$

其中,$E(X)$ 表示群体之间期望出现的关系数;X 表示群体之间实际出现的关系数。

Seg 越接近-1,表明子群内部不存在关系,关系存在于子群之间,派系林立的程度越小;越接近 0,表明不存在分派;越接近 1,表明关系存在于子群内部,子群之间不存在关系,派系林立的程度越大。

13.2.4　自相似网络

尽管众多的网络演化模型已经被用来分析和研究可能潜藏的演化规律，但这些研究仍然忽视了一些重要因素。例如，计算机网络节点之间的连接，如果是按照择优连接概率，则新的节点会全部连接到同一个节点上，但现实网络并非如此，而是形成不同的集散节点。这个现象说明了网络节点之间的连接有可能是基于一些相似的性质，节点与节点之间有某种共性才相连。因此建立并研究基于相似性的网络演化模型有利于更好地认识现实世界中的复杂网络。

1. 分形

简单说来，分形(fractal)是指"其局部结构放大以某种方式与整体相似的形体"。用Mandelbrot(1967)给其下的数学定义来说，就是"分形是其豪斯道夫(Hausdorff)维(D_f)大于拓扑维(D_t)的集，即 $D_f > D_t$"。不过一些人认为以上两种定义都存在缺陷，而精确定义分形又是困难的，那样做几乎总要排除一些是分形的例子。因此他们建议对分形的界定采取列举性质的做法，而不是试图给出它的精确定义。一般认为分形具有以下典型性质：①具有精细结构，即有任意小的比例的细节；②不规则，以致它的整体和局部都不能用传统的几何语言来描述；③通常具有自相似的形式，可能是近似的或统计的自相似；④一般地，分形维数(以某种方式定义)大于它的拓扑维数；⑤在大多数令人感兴趣的情形下，以非常简单的方式定义，可能由迭代产生；⑥其大小不能用通常的测度(如面积、长度、体积等)来量度。

无论如何，分形理论所研究的是一类病态的、破碎的和不规则的几何结构，对它们无法采用传统的欧氏几何进行准确描述。分形维数才是描述它们的有力工具。

因此，分形体具有两个明显的特征。一是自相似性(self-similarity)或自仿射性(self-affinity)，标度不变性或称对尺度的非依赖性，即分形结构具有尺度不变性，只有大小的区别，而没有形状上的不同。这些特征是分形理论与经典欧氏几何的主要区别所在。二是缺乏平滑性(no-smoothing)，分形总是弯弯曲曲且到处不连续，具有不可微分的性质。

自相似性就是局部与整体相似，局部中又有相似的局部。每一小局部中包含的细节并不比整体所包含的少，不断重复的无穷嵌套，形成了奇妙的分形图案。它不但包括严格的几何相似性，而且包括通过大量的统计而呈现出的自相似性。

对于分形体复杂结构进行刻画的主要工具是分维(fractal dimension)，又称为分形维数。维数定义有很多种，它们往往只存在细微的差别，大致可分为两类：一类是从纯粹几何学的要求导出的，例如，布劳威尔、勒贝格等定义的拓扑维数是一个整数，而豪斯道夫、贝西科维奇等从容量出发定义的维数则不一定是整数；另一类是和信息论相关的，对一个概率分布规定一个维数，完全脱离了经典几何学的考虑。对同一物体以不同方式定义的分形维数各不相同。

2. 复杂网络的自相似性

复杂网络的自相似性是指某种结构或过程的特征从不同的空间角度或时间尺度来看都是相似的，或者某系统或结构的局域性质或局域结构与整体类似。一般情况下自相似是比较复杂的表现形式。并不是说局部放大到一定倍数后与整体完全重合，而是说在它的不规则中存在着一定的规则性。同时暗示了自然界中一切形状及现象都能以较小或部分的细节来反映整体的不规则性。

许多现实网络，如 WWW、社会网络、蛋白质网等都呈现出这种自相似性。尽管小世界模型与无标度模型刻画了复杂网络的基本性质，但它们都是基于对现实复杂网络进行理想化的前提下得出的结论。然而，对于复杂网络的自相似分形特征研究则是利用网络节点之间的互动特性来解释网络的微观演化过程。复杂网络的分形与自相似是复杂网络在演化成小世界网络时整体和部分、部分和部分之间呈现出来的某种相似性。实际上，诸如 Internet 等许多真实系统，如果撇开网络的几何位置，它们在拓扑上都表现出一定的自相似性。

现实中的网络是动态增长的。为了测量复杂网络的自相似性，通常测量不同阶段网络的自相似维数，例如，Hausdorff 维数给出了分形维数的刻画方法，盒子维数(box dimension)则给出了分形维数的常用计算方法。

3. 拓扑维数

首先介绍拓扑维数。数学知识告诉我们，一个几何对象的拓扑维数等于确定其中一个点的位置所需要的独立坐标数目。例如，对于二维平面中的一条曲线 $y=f(x)$，要确定其中任一点 (x_i, y_i) 的位置，需要在 x 轴和 y 轴上各取一个值。同时这对数的取值要满足 $y_i = f(x_i)$ 这个关系。所以，这个几何对象虽然用了两个坐标，但独立的只有一个，因此它的维数是 1。在三维空间中描述一条曲线需要两个方程，因此在三个坐标中独立的也只有一个。通常把上述定义的维数也称为拓扑维数。

对于一个二维几何体——边长为一个单位长度的正方形。若用尺度 $r=1/2$ 的小正方形去分割，则覆盖它所需要的小正方形的数目 $N(r)$ 和尺度 r 满足：

$$N\left(\frac{1}{2}\right) = 4 = \frac{1}{\left(\frac{1}{2}\right)^2}$$

若 $r = 1/4$，则 $N(1/4) = 16 = \dfrac{1}{\left(\frac{1}{4}\right)^2}$

当 $r = 1/k \ (k=1,2,3,\cdots,k)$ 时，$N(1/k) = k^2 = \dfrac{1}{\left(\frac{1}{k}\right)^2}$

可以发现，尺度 r 不同，小正方形数 $N(r)$ 不同，但它们的-2 次指数关系保持不变。这个指数 2 正是正方形的维数。

对于一个三维几何体——边长为单位长度的正方体，同样可以验证，尺度 r 和覆盖它所需要的小立方体的数目 $N(r)$ 满足：

$$N(r) = \frac{1}{r^3}$$

一般地，如果用尺度为 r 的小盒子覆盖一个 d 维的几何对象，则覆盖它所需要的小盒子数目 $N(r)$ 和所用尺度 r 的关系为

$$N(r) = \frac{1}{r^d} \tag{13.2.17}$$

将式(13.2.17)两边取对数，就可以得到

$$d = \frac{\ln N(r)}{\ln(1/r)} \tag{13.2.18}$$

式(13.2.18)就是拓扑维数的定义。

4. Hausdorff 维数

从上述讨论可以看到，几何对象的拓扑维数有两个特点：一是 d 为整数；二是盒子数虽然

随着测量尺度变小而不断增大，但几何对象的总长度(或总面积、总体积)保持不变。从上述对海岸线的讨论可知，它的总长度会随测量尺度的变小而变长，最后将趋于无穷大。因此，对于分形几何对象，需要将拓扑维数的定义式(13.2.18)推广到分形维数。

因为分形本身就是一种极限图形，所以对式(13.2.18)取极限，就可以得出分形维数 D_0 的定义

$$D_0 = \lim_{r \to 0} \frac{\ln N(r)}{\ln(1/r)} \tag{13.2.19}$$

式(13.2.19)就是 Hausdorff 给出的分形维数的定义，故称为 Hausdorff 分形维数，通常也简称分维。拓扑维数是分维的一种特例，分维 D_0 大于拓扑维数而小于分形所位于的空间维数。

5. 盒子维数

盒子维数又称计盒维数，是应用最广的维数之一。取边长为 r 的盒子(可以理解为拓扑维为 d 的小盒子)，把分形覆盖起来。由于分形内部有各种层次的空洞和裂隙，有些小盒子是空的，有些小盒子覆盖了分形的一部分。数出非空小盒子的数目，记为 $N(r)$。然后缩小盒子的尺寸 r，所得 $N(r)$ 自然要增大，当 $r \to 0$ 时，得到计盒维数定义的分维为

$$D_b = -\lim_{r \to 0} \frac{\log N(r)}{\log r} \tag{13.2.20}$$

实际计算中只能取有限的 r，通过一系列的 r 和 $N(r)$ 在双对数坐标中用最小二乘法拟合直线，所得直线的斜率即所求分形维数。

6. 信息维数

通过上述讨论可以看出，对分维的测算方法是：用边长为 r 的小盒子把分形覆盖起来，并把非空小盒子的总数记作 $N(r)$，则 $N(r)$ 会随尺度 r 的缩小不断增加，在双对数坐标中作出 $\ln N(r)$ 随 $\ln(1/r)$ 的变化曲线，那么，其直线部分的斜率就是分维 D_0。

如果将每一个小盒子编号，并记分形中的部分落入第 i 个小盒子的概率为 P_i，那么用尺度为 r 的小盒子所测算的平均信息量为

$$I = -\sum_{i=1}^{N(r)} P_i \ln P_i \tag{13.2.21}$$

若用信息量 I 取代式(13.2.21)中的小盒子数 $N(r)$ 的对数，这样，就可以得到信息维数 D_i 的定义：

$$D_i = \lim_{r \to 0} \frac{-\sum_{i=1}^{N(r)} P_i \ln P_i}{\ln(1/r)} \tag{13.2.22}$$

如果把信息维数看作 Hausdorff 维数的一种推广，那么 Hausdorff 维数应该看作是一种特殊情形因而被信息维数的定义所包括。对于一种均匀分布的分形，可以假设分形中的部分落入每个小盒子的概率相同，即

$$P_i = \frac{1}{N} \tag{13.2.23}$$

将式(13.2.23)代入式(13.2.22)得到

$$D_i = \lim_{r \to 0} \frac{-\sum_{i=1}^{N(r)} P_i \ln P_i}{\ln(1/r)} = \lim_{r \to 0} \frac{\ln N}{\ln(1/r)} \qquad (13.2.24)$$

可见，在均匀分布的情况下，信息维数 D_i 和 Hausdorff 维数 D_0 相等；在非均匀情况下 $D_i < D_0$。

13.3　社会网络分析的应用

13.3.1　社会网络分析软件

物质、能量、信息是构成世界的三大要素，它们有很大一部分是依靠网络传播的。特别是在社会经济高速发展的今天，人们生活在一个由各种各样网络交织而成的网络世界中，如传输物质的交通网络、传输能量的电力网络，特别是传输信息的通信网络。人类的生活生产紧紧依赖这个网络世界。其中，网络中的地理网络和关系网络是两种不同的并行空间。地理网络空间传输是需要花费时间、金钱等成本的。但关系网络空间是不依赖于地理空间的，在一定程度上可以认为是反地理空间的。但两者又是不可分割的，是相互促进的，因为地理网络主要传输物质流和能量流，而关系网络主要传输信息流。现实世界中物质流、能量流和信息流又是相互交织的，关系网络的发展促进了信息流加速，从而增加了物质流和能量流的可能性，扩大了其流动范围。但物质流和能量流的前提条件是地理网络的改善。表 13-3 对比了各大网络类型的差别。

表 13-3　各大网络类型对比

网络类型	道路、铁路网 (典型地理网络)	电网、水网、油气网	航空网、航海网 (地理和关系网络交叉)	万维网、电话网 (典型关系网络)
网络传输对象	人流、物质流	能量流、资源流	人流、物质流	信息流
地理空间依赖	强	较强	较强	弱
基础设施依赖	终端、中继、路径	终端、中继、路径	终端、中继	终端、中继
地理空间范围	局域	局域	广域	泛在
社会发展阶段	始终	始终	高级	高级

社会网络分析是一种多层次的分析方法，能够建立起宏观与微观之间的链接，识别资源流动的来源和去向，鉴别资源流动过程中的结构性限制。方法上的独特性使其成为分析空间联系和地域组织优化的重要工具。目前最常用的社会网络分析软件是 UCINET(University of California at Irvine NETwork)。

UCINET 是一种功能强大的社会网络分析软件。它最初由加利福尼亚大学欧文分校社会网络研究的权威学者 Freeman 编写，后来主要由波士顿大学的 Borgatti 和威斯敏斯特大学的 Everett 维护更新。它是菜单驱动的 Windows 程序，是最常被使用的处理社会网络数据和其他相似性数据的综合性分析程序。与 UCINET 捆绑在一起的还有 Pajek、Mage 和 NetDraw 等三个软件。UCINET 能够处理的原始数据为矩阵格式，提供了大量数据管理和转化工具。该程序本身不包含网络可视化的图形程序，但可将数据和处理结果输出至 NetDraw、Pajek、Mage 和 KrackPlot 等软件作图。UCINET 包含大量包括探测凝聚子群(cliques、clans、plexes)和区域

(components、cores)、中心性分析(centrality)、个人网络分析和结构洞分析在内的网络分析程序。UCINET 还包含为数众多的基于过程的分析程序，如聚类分析、多维标度、二模标度(奇异值分解、因子分析和对应分析)、角色和地位分析(结构、角色和正则对等性)和拟合中心-边缘模型。此外，UCINET 提供了从简单统计到拟合模型在内的多种统计程序。全部数据都用矩阵形式来存储、展示和描述，可处理 32767 个点的网络数据。

13.3.2　社区发现

随着复杂网络相关研究的不断深入，学者发现现实世界中的许多复杂系统都存在社区结构(community structure)，如社交网络、科学合作网络及互联网等都在不同程度上体现出社区特性。社区结构是指整个复杂网络可以被划分成若干个社区。对于同一个社区，各个节点之间存在着较为紧密的连接，即连边数较多；但对于不同社区，各个节点之间则可能存在着较为稀疏的连接，即连边数较少。发现这些存在于复杂网络中的社区结构，对于网络的理解与深入都有很大的帮助。

对社区的认识主要分为以下三种：①从局部来认识社区，即将一个全连通的子图定义为社区，或将每个节点的内连接都多于外连接的局部网络定义为社区，或将内连接总数多于外连接数的局部网络定义为社区。②从网络整体来认识社区，采取与基准网络比较的方式来区分。基准网络一般设为随机网络，如果某网络社区的特征与基准网络存在显著差异，则认为该网络具有社区结构。③从节点的相似性来认识网络社区，即假定社区内节点都是相似的，采用某种指标来衡量网络节点间的相似性，再根据节点相似性划分社区。

复杂网络中的社区发现问题最早由 Girvan 和 Newman 在 2002 年提出。他们基于实证数据发现，复杂网络中普遍存在社区结构，即复杂网络的结构普遍具有"同一社区内的节点相互紧密连接，而不同社区间的节点相互稀疏连接"的特点。该发现促使其他研究者对社区发现问题进行深入探索，并引发了研究热潮。近年来，研究者从层次聚类、优化算法、随机游走、仿生计算、信息传播、信息论、统计推理等不同的视角提出了多种社区发现方法，并在很多特定网络社区上成功应用。研究角度正逐步从对单一关系、单一类型节点社区结构的研究扩展到对多层次、多种类型节点和关系的网络，包括有向网络、加权网络、符号网络、二分网络、多关系网络、异质网络等的研究。

本节将介绍基于中心节点的社区发现算法。该算法首先根据节点度和节点相似度度量方式获取中心节点，其次根据局部模块度进行局部社区扩张。最后再进行特殊节点的处理，从而获取整个复杂网络的社区划分。该算法可以在保证整个网络社区划分的基础上，保证社区划分的准确度，具有一定的可行性。

1) 选取中心节点

Reihaneh 等于 2010 年首先提出了基于中心节点的社区定义，即可以把社区看作由一个潜在领导者，以及聚集在领导者周围的跟随者组成的，而社区的中心节点则扮演领导者的角色。中心节点不但处于社区的中心位置，且其对于社区的各个连接起着至关重要的作用。如若删去某个社区的中心节点，该社区将会被分割为很多规模小且相互之间无连接的子社区。因此中心节点应该具有度数大、凝聚性强的特点。然而因为每个社区包含节点的不同，相比距离较远的节点，各个中心节点对其附近的节点具有更大的影响力。所以中心节点具有距离远且相对度数大的特点。

以下算法采用一种基于邻居节点的相似度度量方式判断节点之间的远近：

$$\mathrm{sim}(v_i, v_j) = \frac{\left| S(v_i) \bigcap S(v_j) \right|}{\left| S(v_i) \bigcup S(v_j) \right|} \tag{13.3.1}$$

其中，$S(v_i) = \{v_i\} \bigcup N(v_i)$；$N(v_i)$ 表示节点 v_i 的邻居节点集；$\left| S(v_i) \bigcap S(v_j) \right|$ 表示节点 v_i 与 v_j 的共有邻居节点数；$\left| S(v_i) \bigcup S(v_j) \right|$ 表示节点 v_i 与 v_j 各自的邻居节点数。

根据以上描述，按照以下两个步骤对中心节点进行选取：①根据度数对节点进行筛选，生成中心节点候选集；②计算各候选节点之间的相似度，将相似度偏小的节点选作中心节点，具体步骤如下。

输入：网络 G 的邻接矩阵。

输出：中心节点集。

步骤 1：计算网络节点度。

步骤 2：根据节点度对节点进行升序排序。

步骤 3：取前 10% 节点生成候选节点集。

步骤 4：计算候选节点间相似度。

步骤 5：若相似度大于阈值，则删除度数小的节点；否则保留节点对。

步骤 6：重复步骤 4 和 5，直到计算完所有候选节点对为止。

2）基于中心节点的局部优化算法

在一个社区中将一部分紧密连接的节点组成的网络子图用局部社区来表示。若一条边的两个顶点都属于同一个社区，则称这条边为该社区的内部边；若一条边的两个顶点属于不同的社区，则称这条边为两个顶点各所属社区的外部边。局部社区 L 内的节点可分为两部分：内部节点集 C 和边缘节点集 B。内部节点集中的节点都只与内部边有联系，而边缘节点集中的节点都至少与一条外部边有联系。所有与社区有连接但不属于该社区的节点组成邻居节点集 N。其中，实线表示内部边，虚线表示外部边，如图 13-8 所示。

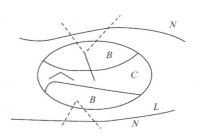

图 13-8 局部社区示意图

此算法需要以一个中心节点作为基准，即将其看作由一个节点组成的待扩张局部社区。然后不断地将其邻近节点归入该社区，进而实现社区规模的扩大。因此，为了有效地评估将一个节点归入局部社区后对整个社区的影响，提出了局部社区贡献度的概念。

(1) 对于原始社区，计算其局部模块度：

$$\mathrm{LM} = \frac{\mathrm{Side\_in}}{\mathrm{Side\_out}} \tag{13.3.2}$$

其中，Side_in 表示内部边个数；Side_out 表示外部边个数。

(2) 对于加入节点后的新社区，计算其局部模块度：

$$\mathrm{LM}' = \frac{\mathrm{Side\_in + side\_in}}{\mathrm{Side\_out}' + \mathrm{side\_out}} \tag{13.3.3}$$

其中，side_in 表示加入节点后社区增加的内部边个数；side_out 表示加入节点后社区增加的外部边个数；Side_out'=Side_out−side_in，表示加入节点后社区的外部边个数。

(3) 计算加入节点后，社区的局部模块度增益，即局部社区贡献度：

$$\Delta LM = LM' - LM = \frac{side\_in \times (Side\_in + Side\_out) - side\_out \times Side\_in}{Side\_out \times (Side\_out + side\_out - side\_in)} \tag{13.3.4}$$

其中，LM′ 表示加入节点后的新社区的局部模块度；LM 表示原始社区的局部模块度。

在该算法中，局部社区扩张的途径是依次访问邻居节点集中的节点，即将邻居节点逐个放入社区并计算该节点对本社区的贡献值。若节点的贡献值大且与局部社区的共同邻居数多，则放入该局部社区。然后对局部社区的结构进行更新，直到剩下的节点中没有对该局部社区做出的贡献值大于特定值的节点为止，具体实现过程如下。

输入：网络 G 的邻接矩阵，中心节点 v_c。

输出：以 v_c 为中心节点的局部社区 C。

步骤 1：将中心节点 v_c 放入社区 C。

步骤 2：do。

步骤 3：get neigh(C)：//获取邻居节点集。

步骤 4：for $i \in$ neigh。

步骤 5：calculate ΔLM //计算贡献度。

步骤 6：if 贡献度高于阈值，则将节点放入候选集。

步骤 7：将候选集中与社区 C 之间共同邻居最多的节点加入社区。

步骤 8：update C //社区更新。

步骤 9：until 贡献度高于阈值的节点不存在。

3）处理特殊类型节点

由于局部社区发现算法执行完毕后，仍可能会有部分节点未被划分至社区，这些节点称为孤立节点。为了实现网络的全局社区划分，即每一个节点都有其隶属社区，需要对孤立节点进行特殊的处理。对于孤立节点，若节点与某个社区的共同邻居数越多，节点属于该社区的可能性就越大。因此，先计算出每个孤立节点与各个局部社区之间的共同邻居数，然后找出与之共同邻居数最多的社区就是孤立节点的隶属社区。

在社区划分后，有些节点可能不只与一个社区有联系，且这些节点不一定就是重叠社区节点。因此，还需要对这些节点做进一步的判断。首先采用节点平均度指标作为衡量社区对于节点的吸引力：

$$avgd(v) = \frac{degree(v)}{|community(v)|} \tag{13.3.5}$$

其中，degree(v) 表示节点度数；|community(v)| 表示包含该节点的社区数目。若该节点与社区内其他节点组成的边数与 avgd(v) 的比值大于等于某阈值，则表示该社区对此节点具有强吸引力，该社区保留该节点；若比值小于该阈值，则表示该社区对节点具有弱吸引力，需要将节点从该社区删除。

社区发现是一个非常活跃、快速发展的领域。除了本节介绍的算法外，还有一些基于统计推理等思路进行社区发现的算法。这些方法大多数只在某个领域或某些条件下表现较优，且许多算法的计算复杂度较高。因此，网络中的社区发现问题仍然是摆在研究者面前的巨大挑战。社区发现是一种社会网络建模与分析方法，能够揭示信息在网络上传播的宏观现象和微观行为，帮助信息管理者有效地进行网络用户行为预测和信息传播控制管理。

第 14 章　复杂地理计算

大多数自然系统并非是单一的简单系统，而是具有非线性、非平衡、自相似、自组织等复杂性特征的空间复杂系统。这些特点决定了面向地理空间系统的计算是一个复杂性问题，而基于统计学、牛顿力学和微分方程的数学地理模型缺乏时空上外推的能力，无法满足解决这些问题的需求。特别地，这类模型对土地利用变化、区域可持续发展、城市扩张等问题显得力不从心。因此，需要有稳健的算法或工具用于描述、模拟地理空间的复杂系统及其规律。

复杂现象是从极为简单的元素群中通过相互作用而发生的。冯·诺依曼(von Neumann)在 20 世纪 40 年代首先提出一种离散模型，被称为元胞自动机(cellular automata, CA)。地理元胞自动机这一时空模拟模型就是基于这种思想建立起来的，因其高性能的并行计算能力，被广泛应用于交通、林火及土地利用等领域，并逐渐成为地理学界对复杂适应系统研究的前沿和热点课题。多智能体系统(multi-agent system)来源于复杂适应系统理论，这种方法根据微观的个体或智能体(agent)的相互作用来解析宏观空间格局的形成，与现实地理世界非常接近，体现了复杂空间系统的突变性。同时，它能根据局部环境条件的不同及变化采取一定的对策和行动，从而影响和改变自然环境条件，体现了复杂空间系统的进化性。这些特性也都是复杂系统的重要特性，因此多智能体系统方法特别适合于地理空间复杂系统的模拟。

本章围绕复杂地理计算，首先介绍地理元胞自动机的定义及原理。然后在介绍地理元胞自动机转换规则的基础上详细介绍其在城市发展(扩展)模拟中的应用以及常见软件。最后介绍多智能体的基本概念、建模过程和主流仿真模拟平台。本章结构如图 14-1 所示。

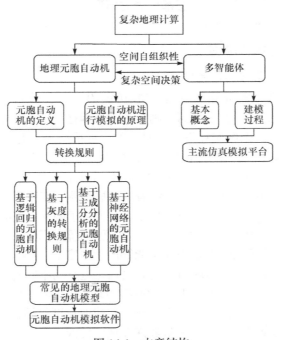

图 14-1　本章结构

14.1　地理元胞自动机

14.1.1　元胞自动机的定义

(1) 物理学定义。元胞自动机(CA)是定义在一个由具有离散、有限状态的元胞组成的元胞空间上，按照一定局部规则，在离散的时间维上演化的动力学系统。

(2) 数学定义(基于集合论的定义)。设 d 表示空间维数；k 表示元胞的状态，并在一个有限集合 S 中取值；r 表示元胞的邻域半径；Z 表示整数集并表示一维空间；t 表示时间。为叙述和理解上简单起见，在一维空间上考虑元胞自动机，即假定 $d=1$。那么整个元胞空间就是在一维空间，将整数集 Z 上的状态集 S 的分布记为 S^Z。元胞自动机的动态演化就是在时间上状态组合的变化，可以记为

$$F : S_t^Z \rightarrow S_{t+1}^Z \tag{14.1.1}$$

这个动态演化又由各个元胞的局部演化规则 f 决定。这个局部函数 f 通常被称为局部规则。对于一维空间，元胞及其邻域可以记为 S_{2r+1}，则局部函数可以记为

$$F(S_i^{t+1}) = f(s_{i-r}^t, \cdots, s_i^t, \cdots, s_{i+r}^t) \tag{14.1.2}$$

其中，s_i^t 表示在 t 时刻位置 i 处的元胞；S_i^{t+1} 则表示下一个时刻 $t+1$ 的 i 处元胞，至此，就得到了一个元胞自动机模型。

对于局部规则 f 来讲，函数的输入、输出集均为有限集合。实际上，它是一个有限的参照表。例如，$r=1$，f 的形式则为

[0,0,0]→0；[0,0,1]→0；[0,1,0]→1；[1,0,0]→0；[0,1,1]→1；[1,0,1]→0；[1,1,0]→0；[1,1,1]→0。对元胞空间内的元胞，独立施加上述局部函数，则可得到全局的演化。

元胞自动机是一种时间、空间、状态都离散的模型，具有强大的空间建模和计算能力，能够模拟具有时空特征的复杂动态系统。

14.1.2　元胞自动机进行模拟的原理

1. 生命游戏模型——最经典的元胞自动机

1970 年前后，英国数学家 John Conway 和他的学生在"细胞自动装置"的研究过程中提出生命游戏。它的规则很简单：假设平面上画好了方形网格，这个世界中的每个方格居住着一个活着的或死了的细胞。一个细胞在下一个时刻的生死取决于相邻八个方格中活着的或死了的细胞的数量。如果相邻方格活着的细胞数量过多，这个细胞会因为资源匮乏而在下一个时刻死去；但是，如果周围活细胞过少，这个细胞会因太孤单而死去。实际中，定义了如下三种转换规则：①生存规则，周围有两个或者三个活着的邻居细胞，该活着的细胞将在下一时刻继续生存；②死亡规划，周围活着的细胞有三个以上，或者少于两个，该活着的细胞将在下一时刻死亡；③繁殖规则，周围存活邻居数达到三个，该死亡细胞在下一时刻被激活过来。

尽管它的规则看上去很简单，但是该模型能够产生丰富的、有趣的动态图案和动态结构的元胞自动机模型。在游戏中，以上的规则将被应用到元胞空间中的每个细胞。在每个细胞更新之后，结果将以图形的形式显示在屏幕上。生命游戏规则引人注目的一面是它的行为从三条简单规则演化出的巨大可变性与复杂性。计算机执行游戏的速度足够快，细胞随时间和空间演化的模式将产生复杂的动画效果。克隆的细胞或许以规则的或者混乱的方式成长，它们或许会灭亡，或许会像冯·诺依曼思考的原始结构一样自我复制。

　　生命游戏模型已经在多方面得到应用。该演化规则近似地描述了生物群体的生存繁殖规律：在生命密度过小(相邻元胞数<2)时，由于孤单、缺乏配种繁殖机会、缺乏互助会出现生命危机，元胞状态值由 1 变为 0；在生命密度过大(相邻元胞数>3)时，由于环境恶化、资源短缺及相互竞争会出现生存危机，元胞状态值由 1 变为 0；只有处于个体数目适中(相邻元胞数为 2 或 3)的位置，生物才能生存(保持元胞的状态值为 1)和繁衍后代(元胞状态值由 0 变为 1)。正由于它能够模拟生命活动中的生存、灭绝、竞争等复杂现象，因而得名"生命游戏"。Conway还证明，这个元胞自动机具有通用图灵机的计算能力，与图灵机等价，也就是说给定适当的初始条件，生命游戏模型能够模拟任何一种计算机，这为计算机的设计提供了理论。

　　从数学模型的角度看，该模型将平面划分为方格棋盘，每个方格代表一个元胞。元胞状态有两种：0 表示死亡，1 表示活着；邻域半径：1；邻域类型：摩尔型；演化规则为

$$若 S^t = 1，则 S^{t+1} = \begin{cases} 1, S = 2,3 \\ 0, S \neq 2,3 \end{cases}；若 S^t = 0，则 S^{t+1} = \begin{cases} 1, S = 3 \\ 0, S \neq 3 \end{cases}$$

其中，S^t 表示 t 时刻元胞的状态；S 为 8 个相邻元胞中活着的元胞数。

　　元胞自动机由四个基本要素构成：元胞、状态、邻域和转换规则。

　　元胞。元胞又可称为单元或基元，是元胞自动机的最基本的组成部分。一个元胞就是一个存储元件，可以记录状态。元胞分布在离散的一维、二维或多维欧氏空间的晶格点上。标准元胞自动机的元胞是规则的网格单元，可以是三角形、正方形和六角形等。

　　状态。状态可以是{0,1}的二进制形式，或是$\{s_0,s_1,\cdots,s_i,\cdots,s_k\}$整数形式的离散集。所有的元胞都在离散时间上进行变化。标准元胞自动机的元胞只能有一个状态变量。但在实际应用中，往往将其进行了扩展，每个元胞可以拥有多个状态变量。

　　邻域。元胞及状态只表示了系统的静态成分，为将"动态"引入系统，必须加入演化规则。在元胞自动机中，这些规则是定义在空间局部范围内的，即一个元胞下一时刻的状态决定于本身状态和它的邻域元胞的状态。因而，在指定规则之前，必须定义一定的邻域规则以明确哪些元胞属于该元胞的邻居。在一维元胞自动机中，通常以一定的半径来确定邻域。二维元胞自动机的邻域定义较为复杂，但通常有以下几种形式(以最常用的规则四方网格划分为例)。

　　邻域包括冯·诺依曼邻域和摩尔邻域。冯·诺依曼邻域是由中心元胞相连的周围 4 个元胞组成[图 14-2(a)]，摩尔邻域则是由中心元胞周围相邻的 8 个元胞组成[图 14-2(b)]。

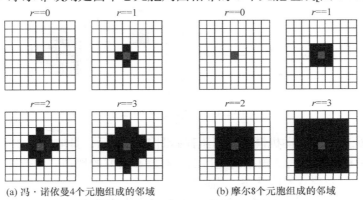

(a) 冯·诺依曼4个元胞组成的邻域　　　　　　(b) 摩尔8个元胞组成的邻域

图 14-2　冯·诺依曼邻域和摩尔邻域

14.1.3　地理元胞自动机的原理及应用

　　元胞自动机在地理学中应用的核心是通过构建系列空间概念体系，表达地理实体信息，从而得以模拟和预测复杂的地理过程。主要基于几何特性的标准元胞自动机很难真实有效地表

达地理空间的主要信息。因此对元胞概念进行扩展，提出元胞实体的概念。定义如下：元胞空间 L 代表一真实地理空间 G，G 空间是关于地理变量 Z_i 的离散空间，元胞 C 是该空间 G 的一个独立单元，那么元胞 C 及其在 C 上的地理变量 Z_i 值 $p(C, Z_i)$ 称为元胞实体。类似于元胞的定义，元胞实体是代表地理空间的最小逻辑单元，具有以下三个特征：①元胞实体标识唯一的地理空间单元；②元胞实体具有一组属性，元胞依靠属性唯一对应于元胞实体；③元胞实体的完整描述包括元胞、属性域及值域、状态和局部的邻域关系。其中属性域是描述该元胞所代表的地理空间的主要地理变量的集合，值域是每一属性的可能取值范围。

一个典型元胞实体的概念模式为

```
{
标识符       整型
元胞状态    字符型
 属性 1      字符型
……
属性项 n    字符型
 邻域关系    字符型
转换规则    字符型
}
```

地理元胞自动机的基本特点为：①元胞分布在按照一定规则划分的离散的元胞空间上；②系统的演化按照等间隔时间分布进行，时间变量取等长的时刻点；③每个元胞都有明确的状态，并且元胞的状态只能取有限个离散值；④元胞的下一时刻演化的状态值是由确定的转换规则所决定的；⑤每个元胞的转换规则只由局部邻域内的元胞状态决定(图 14-3)。

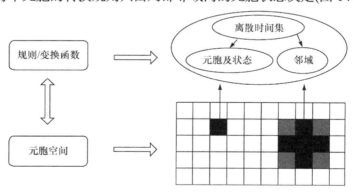

图 14-3　元胞自动机的构成

基于地理特征的元胞自动机模型应用流程如图 14-4 所示，具体内容如下。

(1) 构建元胞和元胞空间。根据研究目的、对象和研究的地理空间范围，确定元胞大小、形状和元胞空间，以及建立元胞状态的描述指标。

(2) 研究和设计元胞实体属性项。研究地理空间演化的机制，确定邻域状态演化的控制因素层。将因素用相关指标进行量化，作为元胞实体属性表的状态转换信息类属性项。在地理空间转换机制研究的基础上，探讨地理空间单元作用的方式，设计出合理的体现元胞邻域关系的属性项，作为元胞实体属性表的邻域间接信息类属性项。

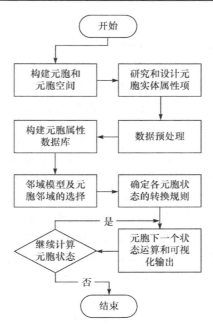

图 14-4　地理元胞自动机计算流程

(3) 数据预处理。将表达各属性信息的地图转化成栅格地图，以颜色来表达属性值，并使之与元胞空间对应，一个栅格对应一个元胞。

(4) 构建元胞属性数据库。根据基本元胞信息、邻域直接信息、邻域间接信息和状态转换信息四类属性项，设计元胞属性数据表结构，并自动将栅格地图的颜色信息读入元胞属性数据库。

(5) 邻域模型及元胞邻域的选择。首先确立基于几何方式的邻域模型，其次定义属性方式的邻域模型，最后在综合的基础上自动搜索出每个元胞的邻域，并进行标识，自动给元胞属性表的邻域直接信息类属性项赋值。

(6) 确定各元胞状态的转换规则。在研究地理空间演化机制的基础上，将状态演化信息类属性项的值引入元胞自动机的局部转换规则，确定各元胞状态的转换规则。

(7) 元胞下一个状态运算和可视化输出。根据各元胞的状态转换规则，并行计算各元胞的下一个状态，计算结果输入元胞实体属性数据库，并根据数据库中各元胞的状态值进行可视化输出。

地理元胞自动机模型具有强大的空间复杂系统的模拟能力和灵活的扩展能力，允许建模者在模型的框架下，对模型的各个组成部分进行灵活的扩展。例如，用各领域的专业知识和规律来构建转换规则，集成已有的各种专业模型等，从而建立相应的专题元胞自动机扩展模型。地理元胞自动机最常见的应用就是城市模拟。除了模拟现有的城市格局外，地理元胞自动机还可以用来设计结构更加优化的城市格局，为城市规划提供服务。在地理元胞自动机的转换规则中，嵌入规划目标，可以模拟出相应的城市发展格局。另外，地理元胞自动机在交通领域、森林火灾模拟、景观模拟、地表流模拟、传染病传播等方面均得到了相关应用。用地理元胞自动机模拟自然现象需要结合各种自然现象的不同特征而构建相应的模型，如模型中元胞形状的定义、邻域的定义，以及转换函数的确定等都应密切围绕各种自然过程本身。因此，熟悉相关的自然过程，掌握过程演化的基本步骤和关键环节，并用简单的、恰当的转换函数来描述自然过程，不仅是模拟的基础，也是模拟的关键和难点。

1. 地理元胞自动机的转换规则

转换规则即根据元胞当前状态及其邻域状况确定下一时刻该元胞状态的动力学函数,简单讲,就是一个状态转移函数。元胞自动机的核心是定义转换规则。然而,目前元胞自动机的转换规则有多种形式,根据不同的应用目的需要定义不同的转换规则。传统元胞自动机的转换规则只考虑冯·诺依曼邻域或摩尔邻域的影响,函数表达式为

$$S_{ij}^{t+1} = f_N\left(s_{ij}^t\right) \tag{14.1.3}$$

记 S 表示元胞 ij 的状态; N 表示元胞的邻域,作为转换函数的一个输入变量; f 表示转换函数,可称为元胞自动机的局部映射或局部规则,定义元胞从时刻 t 到下一时刻 $t+1$ 状态的转换。

利用元胞自动机进行模拟的步骤中最重要的是转换规则的定义,这也是元胞自动机的核心。元胞自动机的特点是通过一些十分简单的局部转换规则,可以模拟出十分复杂的空间结构。但在模拟真实的城市或地理现象时,元胞自动机需要使用很多空间变量,这些变量往往对应着许多参数。这些参数值反映了不同变量对模型的"贡献"程度。研究表明,元胞自动机的模拟结果受模型参数的影响很大。对元胞自动机进行校正,可以获得合适的参数值,使得元胞自动机能产生真实性的模拟结果。

元胞自动机在进行地理模拟时不引入空间因素和驱动力的影响,因此不能单独进行地理模拟。为了解决这一缺陷,一些研究者通过将元胞自动机与经验统计模型结合来提高逻辑决策的科学性。

接下来,以城市发展(扩展)为例进行具体介绍。

1) 基于逻辑回归的元胞自动机

通常来讲,在城市土地利用发展模拟中,具有较高发展适宜性的元胞相应有较高的发展概率。发展适宜性可以根据一系列因子来度量,这些因子包括交通条件、水文、地形及经济指标等。可采用多准则判断方法来获得发展适宜性。该模型假设一个区位的发展概率是一系列独立变量(如离市中心的距离、离高速公路的距离、地形高程和坡度等)所构成的函数。但在实际应用中,因变量是二项分类常量,即将土地利用分为发展的(developed)与未发展的(undeveloped)。它不满足正态分布的条件,这时可用逻辑回归分析,利用逻辑回归技术对元胞自动机的转换规则进行校正。

在一般的多元回归中,若以 P(概率)为因变量,则方程为 $P = b_0 + b_1 x_1 + b_2 x_2 + \cdots + b_k x_k$。但用该方程计算时,常会出现 $P>1$ 或 $P<0$ 的不合理情形。为此,对 P 作对数单位转换,即 $\log P = \ln(P/1-P)$。通过逻辑回归模型,一个区位的土地开发适宜性为

$$P_g(s_{ij} = \text{urban}) = \frac{\exp(z_{ij})}{1 + \exp(z)} = \frac{1}{1 + \exp(-z_{ij})} \tag{14.1.4}$$

其中, P_g 表示全局性的开发概率(开发适宜性); s_{ij} 表示单元 (i, j) 的状态; z 表示描述单元 (i, j) 开发特征的向量。

$$z = a + \sum_k b_k x_k \tag{14.1.5}$$

其中, a 表示一个常量; b_k 表示逻辑回模型的系数; x_k 表示一组空间距离变量。

把一系列约束性条件和随机变量添加到模型中,式(14.1.5)可修改为

$$p_{d,ij}^t = [1 + (-\ln\gamma)^a] \times \frac{1}{1 + \exp(-z_{ij})} \times \text{con}(s_{ij}^t) \times \Omega_{ij}^t \tag{14.1.6}$$

其中，Ω_{ij}^{t} 表示 t 时刻元胞(ij)的 3×3 窗口内的开发强度；con( )表示总约束条件，其值为 0~1；γ 表示值在 0~1 的随机数。

这种转换规则的第一步是采集样本数据。最方便的方法是在两个年份的遥感影像中通过随机采样，获取一定样本量的空间变量与土地利用变化的经验数据。利用逻辑回归可对元胞自动机进行校正，以得到合适的参数。

抽样数目(样本量)的确定一般取决于被调查事物总体之间的差异程度和容许误差大小。被调查事物总体中各个体之间的差异程度越大、越不均衡，需要抽取来调查的样本数目也就越多；反之，需要抽取调查的样本数目也越小。关于误差问题，若容许误差越小，则抽样数目应当越多；相反，抽样数目也应当越小。考虑到整个样本的采集和分析流程都由计算机自动执行，对于较高性能的计算机通常能够很快完成整个计算过程。所以，可以选取较大的样本量以便提高逻辑回归模型的精度。这里可按照总体数据 20%的样本量来采集数据。

2) 基于灰度的转换规则

一般的元胞自动机的状态只有 0 或 1(发展或不发展)，不能反映连续变化的值。这里定义灰度值 $G_{d}^{t}\{x,y\}$ 来反映单元$\{x,y\}$状态的连续变化。当灰度值 $G_{d}^{t}\{x,y\}$ 从 0 逐渐变为 1 时，表示该单元最终转变为城市用地。

在该模型中，发展程度(灰度)的增加 $\Delta G_{d}^{t}\{x,y\}$ 与发展概率 $P_{d}^{t}\{x,y\}$ 和总约束性系数值 $\mathrm{CONS}_{d}^{t}\{x,y\}$ 成正比：

$$\Delta G_{d}^{t}\{x,y\} = P_{d}^{t}\{x,y\} \times \mathrm{CONS}_{d}^{t}\{x,y\} \tag{14.1.7}$$

其中，发展概率 $P_{d}^{t}\{x,y\}$ 由常规的元胞自动机来计算：

$$P_{d}^{t}\{x,y\} = f(S\{x,y\}^{t}, N) \tag{14.1.8}$$

利用迭代运算来预测某时刻 $t+1$ 的 $G_{d}^{t}\{x,y\}$ 值：

$$G_{d}^{t+1}\{x,y\} = G_{d}^{t}\{x,y\} + \Delta G_{d}^{t}\{x,y\} \quad G_{d}^{t}\{x,y\} \in (0,1) \tag{14.1.9}$$

在 $t+1$ 时刻单元$\{x,y\}$的状态为

$$S^{t+1}\{x,y\} = \begin{cases} \text{developed}, & G_{d}^{t}\{x,y\} = 1 \\ \text{partly developed}, & 0 < G_{d}^{t}\{x,y\} < 1 \\ S^{t}\{x,y\}, & G_{d}^{t}\{x,y\} = 0 \end{cases} \tag{14.1.10}$$

3) 基于主成分分析的元胞自动机

当准则较多时，确定各个准则的权重将很困难。而且，当准则之间有较大的相关性时，所选取的权重也会不准确。主成分分析(principal component analysis，PCA)方法可以有效地解决这个问题。PCA 方法通过正交旋转变换的方法来消除原数据中的相关性或冗余度。利用 PCA 可以生成一系列独立不相关的新变量(主成分)。将新变量代替原变量用于元胞自动机的模拟中，可以摆脱 MCE 权重不合理的弊端，并且能方便地使用更广泛的空间变量，改善模型的精度。

但作为参数模型，这些经验统计方法同样具有一些缺点：①它们过于依赖先验知识，但土地利用与覆盖变化的过程并没有一致而全面的知识；②它们不能处理多通道数据也无法识别非线性相关关系，而实际上土地利用与覆盖变化受到一系列因素的影响，这种影响正是复合且非线性的；③它们不具备处理高维数据的能力，这可能会导致过拟合的出现。以上缺点的存在使得使用经验统计模型作样本外的预测时，模型的通用性会大大降低，因此，需要寻找一种更

为可靠也更为精确的方法来替代基于经验统计模型的元胞自动机模拟方法。

机器学习技术(如神经网络、决策树、随机森林和支持向量机等)为不同地理尺度的土地利用与覆盖的建模提供了新的可能，相比于经验统计手段，机器学习技术具有以下优势：①对定量和定性的高维数据的强大处理能力；②具有避免过度拟合的计算效率；③不需要严格的参数假设，这使得其对数据的描述更加准确可靠；④不需要强假设并且能够处理非线性特征。由于具有优势，一些研究者试图结合不同的机器学习方法来改进元胞自动机，但常常很难选择"最优"的机器学习算法。下面介绍基于神经网络的元胞自动机。

4) 基于神经网络的元胞自动机

人工神经网络(artificial neural networks，ANN)，简称神经网络，转换规则的特点是无须人为地确定模型的结构、转换规则及模型参数，基于神经网络的元胞自动机利用神经网络来代替转换规则，并通过对神经网络进行训练，自动获取模型参数。由于使用了神经网络，该模型可以有效地反映空间变量之间的复杂关系。

ANN-CA 由简单的网络组成，该模型包含两大相对独立模块：模型纠正(训练)和模拟。这两个模块使用同一神经网络。在模型纠正模块中，利用训练数据自动获取模型的参数，然后把该参数输入到模拟模块进行模拟运算。整个模型的结构十分简单，用户不用自己定义转换规则及参数，适合用于模拟复杂的土地利用系统。网络只有三层，第一层是数据输入层，其各个神经元分别对应于影响土地利用变化的各个变量；第二层是隐藏层；第三层是输出层，它由多个(N)神经元组成，输出 N 种土地利用类型之间转换的概率。

基于上述元胞自动机转换规测，学者相继建立了三种地理元胞自动机模拟模型。本节重点介绍几种常见的城市增长模拟模型。

2. 常见的地理元胞自动机模型

1) 基于 5 个因子的 SLEUTH 模型

SLEUTH 模型的正式名称是 Clarke 城市增长元胞自动机模型，是基于元胞自动机的城市增长模型(urban grouth model, UGM)和土地利用土地覆盖 Deltatron 模型(Deltatron model，DLM)的集成。该模型由加利福尼亚大学圣巴巴拉分校的 Keith Clarke 教授开发，能够应用于可变尺度和全局尺度的研究。SLEUTH 模型是输入变量图层的首字母缩写：坡度(slope)、土地利用(land-use)、排除层(exclusion)、城市范围(urban extent)、交通(transportation)和阴影(hillshade)。它是一种用于模拟和预测城市增长的元胞自动机模型，特点是以均质单元点阵空间(grid space)为工作基础。相邻有四个单元格，每个单元格被赋予两种属性(城市/非城市)，并通过定义五项转换规则应用于时间序列数据的动态研究。它最为重要的特点就是通过自我修改规则来获取地方的历史状态并进行相应的模拟。

每个元胞状态的变化是由相邻元胞的状态来决定的。主要有五种因子控制着元胞自动机的行为，能够产生四种增长类型。这五种因子是：①扩散因子(diffusion)，决定着地理区域分布的总体的分散性；②繁衍系数(breed)，决定着一个新产生的分离定居点在多大程度上开始它自己的增长周期；③蔓延系数(spread)，控制城市在系统里的自组织繁衍；④坡度阻碍因子(slope resistance)，影响定居点在陡峭坡度上扩张的可能性；⑤道路引力因子(road gravity)，吸引新定居点接近已有的道路，使得新扩展用地在距离道路一定的阈值范围内。

四种增长类型是：①自发的邻近增长，它模拟区域增长，这些区域有适宜的坡度在蔓延系数的控制下开发；②扩散增长和创造新的增长中心；③自组织增长，在城市的周围和空隙复制城市的增长规律，也称为边界增长；④道路影响型增长，借助于沿道路发生的增长来表达道路引力和道路密度的重要性。

　　SLEUTH 预测即根据过去历史发展特征与趋势，在未来继续外推这种发展趋势或复制其增长趋势。从校准过程获得的最佳值作为预测的初始化值，用离现在最近时期的坡度、土地利用、排除层、城市范围、交通和阴影层作为预测的初始化输入数据，运行 100 次(或更小一些，但不能小于 20 次)蒙特卡罗迭代数进行预测。其模拟预测流程见图 14-5。预测除了生成每年的城市增长图以外，一系列的系数和指数值都存储在一个 log 文件里。SLEUTH 模型预测可以分为两种类型：一是认为未来城市发展的外部环境条件保持不变，其城市增长趋势是过去历史发展的延续，从校准过程中获得的最佳值直接作为预测的初始化参数进行预测；二是根据城市未来发展环境条件的可能变化，如政府政策，城市规划、外资投资等因素的影响，设定特殊的未来发展趋势，适当修改其从校准过程中获得的最佳值，或调整排除层。例如，在排除层中加入未来城市发展政策及城市规划等因素，预测其特定情景的发展趋势。

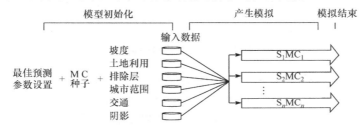

图 14-5　SLEUTH 模型模拟预测流程图

2) CLUE-S 模型

　　小尺度土地利用变化及效应模型 CLUE-S(conversion of land use and its effects at small region extent)是一种应用较为广泛的土地利用变化空间模拟模型，由荷兰瓦赫宁根大学“土地利用变化和影响”研究小组在 CLUE 模型的基础上开发。不同的是，CLUE 模型主要适用于大尺度的宏观研究，所模拟的单元土地利用特征用复合类型表示，即不同土地利用类型所占的百分比，主要用于发现土地利用变化的热点地区；而 CLUE-S 模型所模拟单元的土地利用特征用主要的土地利用类型表示，不仅可以发现土地利用变化的热点地区，还可以模拟近期土地利用变化的情景。

　　CLUE-S 模型的假设条件是，某地区的土地利用变化受该地区的土地利用需求驱动，并且该地区的土地利用分布格局总是与土地需求及该地区的自然环境和社会经济状况处于动态平衡状态。在此假设的基础上，CLUE-S 模型运用系统论的方法处理不同土地利用类型之间的竞争关系，实现对不同土地利用变化的同步模拟。其理论基础包括土地利用变化的关联性、土地利用变化的等级特征、土地利用变化竞争性和土地利用变化的相对稳定性等。

　　从概念上，CLUE-S 模型分为非空间土地需求模块和土地利用变化空间分配模块两部分。非空间土地需求模块主要计算研究区内由土地需求驱动因素导致的土地利用类型数量的变化，或者计算设定的不同情景条件下的土地需求。这部分工作需要通过独立于 CLUE-S 模型之外的其他数学模型、经济学模型或者不同的假定条件下的计算或估算来完成。空间分配模块则把非空间土地需求模块计算出的土地需求结果分配到研究区的空间位置上，达到空间模拟的目的。CLUE-S 模型由土地政策与限制区域、土地利用类型转换规则、土地利用需求、空间特征四个输入模块和一个空间分配模块五部分组成(图 14-6)。

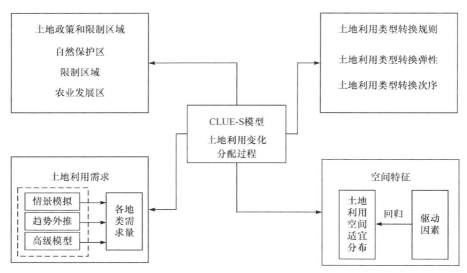

图 14-6　CLUE-S 模型结构组成

(1) 土地利用类型转换规则决定了模拟的时间动力，包括土地利用类型转换弹性(conversion elasticity)和土地利用类型转换次序(land use transition sequence)两部分。土地利用类型转换弹性主要受土地利用类型变化可逆性的影响，一般用 0~1 的数值表示，值越接近 1 表明转移的可能性越小。利用程度高的地类很难向利用程度低的地类转变，例如，建设用地很难向其他地类转变，其值可以设为 1；而土地利用程度低的地类则很容易向土地利用程度高的地类转变，例如，未利用地易转变为其他地类，其值可以设为 0。目前关于该参数的设置尚无精确计算方法，只能靠研究人员对研究区土地利用变化的理解来确定，并在模型检验过程中不断调试。土地利用类型转换次序通过设定各个土地利用类型之间的转化矩阵来定义各种土地利用类型之间能否实现转变，"+"表示可以转变，"−"表示不能转变(图 14-7)，该参数决定了模拟结果中的变化类型。

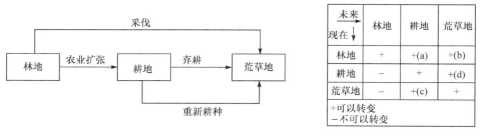

(a) 土地利用转换次序　　　　　　　　(b) 土地利用转化矩阵

图 14-7　土地利用类型转换

(2) 土地政策和限制区域能够影响区域土地利用格局，在 CLUE-S 模型中这些政策的作用是限制土地利用格局发生变化。这些限制因素分为两类：一种为区域性限制因素，如自然保护区、基本农田保护区，这种限制因素需要以独立图层的形式输入到模型中；另一种则为政策性限制因素，如禁止采伐森林的政策可以限制林地向其他土地利用类型的转变。因此该模块对模拟结果主要产生两种影响：一是限定模拟结果中某一特定区域不发生变化，二是限定某一特定地类不发生转变。

(3) 土地利用需求通过外部模型计算或估算，用以限定模拟过程中每种土地利用类型的变化量，可以是正值也可以是负值，但必须以逐年的方式输入到模型中，而且要求所有地类的总变化量为零，土地需求将决定模拟结果中各地类的面积。

(4) 依据"空间特征基于土地利用类型转变发生在其最有可能出现的位置上"这一理论基础，计算出各个土地利用类型在空间上的分布概率，即各种土地利用类型的空间分布适宜性。它主要受影响其空间分布因素的驱动。这些空间分布因素未必直接导致土地利用发生变化，但是土地利用变化发生的位置与这些空间分布因素间存在定量关系。在 CLUE-S 模型中，用 Logistic 回归计算事件的发生概率。使用自变量作为预测值，可以解释土地利用类型及其驱动力因素之间的关系。其优点是变量既可以是连续的也可以是分类的，表达式为

$$\log\left(\frac{P_i}{1-P_i}\right) = \beta_0 + \beta_1 X_{1i} + \beta_2 X_{2i} + \cdots + \beta_n X_{ni} \tag{14.1.11}$$

其中，P_i 表示每个栅格单元可能出现某一土地利用类型 i 的概率；X 表示各驱动因素；β 是各影响因子的回归系数。

(5) 空间分配是在对土地利用转换规则、土地利用限制区域、土地利用空间分布概率和基期年土地利用类型图分析的基础上，根据总概率的大小对土地利用需求进行空间分配的过程。这种分配是通过多次迭代实现的(图 14-8)，空间分配的具体过程如下。

步骤 1：确定参加空间分配的栅格单元，"保护栅格"、转移弹性系数为 1 的栅格和转移矩阵中设置为 0 的栅格将不参与空间分配的运算。

步骤 2：根据公式 $\text{TPROP}_{i,u} = P_{i,u} + \text{ELAS}_u + \text{ITER}_u$，计算各土地利用类型在每个栅格单元上的总概率。其中，$\text{TPROP}_{i,u}$ 表示 i 栅格单元上土地利用类型 u 的总概率；$P_{i,u}$ 表示通过 Logistic 回归方程求得的空间分布概率；ELAS_u 表示土地利用类型 u 的转移弹性；ITER_u 表示土地利用类型 u 的迭代变量。

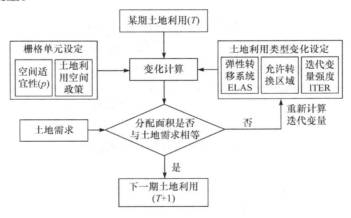

图 14-8　空间分配过程

步骤 3：对各土地利用类型赋相同的迭代变量值 ITER_u，并且按照每一栅格单元上各土地利用类型分布的总概率 TPROP 从大到小对各栅格的土地利用变化进行初次分配。

步骤 4：对土地需求面积和各土地利用类型的初次分配面积进行比较，若土地利用初次分配面积小于土地需求面积则增大迭代变量 ITER 的值；反之，则减小 ITER 的值，然后进行土地利用变化的第二次分配。

步骤 5：重复步骤 2～步骤 4，直到各土地利用类型的分配面积等于土地需求面积为止，

然后保存该年的分配图，并开始下一年土地利用变化的分配。

3. 元胞自动机模拟软件

随着对元胞自动机研究的深入，出现了许多免费的软件。如基于 Windows 的 WINLIFE 软件[①]，可以执行 Conway 的生命游戏，通过特定的游戏规则可以产生特定的格局。转换规则对元胞自动机模拟结果具有较大的影响，定义不同的转换规则，能够形成不同的格局，从而可以通过观察格局的变化来研究转换规则对模拟结果所产生的影响。CelLab 软件[②]可以研究转换规则对元胞自动机模拟结果所产生的影响，该软件可以在 MS-DOS 或 Windows 系统下运行，用户可以用 Java、C、BASIC、Pascal 语言定义自己的转换规则，建立元胞模板和颜色模板，然后运行规则，观察演化结果。MCell 软件[③]可以用来研究现存的元胞自动机转换规则和模式，同时可用来创建新的元胞自动机转换规则和模式。该软件包含许多一维元胞自动机和二维元胞自动机，主要包括 12 类不同的元胞自动机游戏。该软件用户界面友好、预先定义了不同游戏的规则，使用非常方便，而且用户可用软件的语言或用 Windows 编辑器编写特定的转换规则。

元胞自动机与 GIS 的耦合是城市元胞自动机系统的特点之一。许多元胞自动机以 GIS 软件为集成平台，用 GIS 软件提供的二次开发宏语言来开发城市元胞自动机。例如，用 Arc/Info GRID 模块开发城市元胞自动机。城市元胞自动机与 GIS 的结合便于直接运用 GIS 软件的空间分析功能，能将各种空间要素及对城市增长具有影响的因素嵌入模型中，同时，在 GIS 平台下更新 GIS 信息非常方便、迅速。另外，由于 GIS 软件包提供了强有力的空间信息处理功能，元胞自动机的运算法则得以更为方便的执行，模拟结果在 GIS 平台下可视化程度也更高。

IDRISI 32 Release 2GIS 软件首次嵌入了元胞自动机，CELLATOM 模块就是设计用来为动态模型建模服务的。转换规则通过 Filter 文件和 Reclass 文件管理，用户也可以定义模型执行的迭代次数。

黎夏教授提出了地理模拟与优化系统(Geographical Simulation and Optimization System，GeoSOS)[④]，GeoSOS 由三个重要模块组成：地理元胞自动机、多智能体系统(multi-agent system，MAS)、生物智能(biological intelligence, BI)。其中地理元胞自动机模块包含了常用的元胞自动机模型，包括 MCE-CA，Logistic-CA，PCA-CA，ANN-CA，Decision-tree CA 等，为用户提供了一种选择最佳模拟模型的方便途径。ANN-CA 为模拟多种土地利用变化提供了一种十分方便的工具。这些模型可以有效地进行地理模拟。该系统的特色是具备了将模拟和优化耦合的能力，由此能大大改善模拟优化的结果，为复杂的资源环境模拟和优化提供了强有力的过程分析工具。

另外，在元胞自动机模型中，对象的状态可以用矩阵来表示，因此也可以使用 MATLAB 工具编程实现元胞自动机的过程。需要提出的是，元胞自动机在模拟复杂空间系统时有很多优势，在一些领域正慢慢补充或取代一些从上至下的分析模型。但元胞自动机主要是基于变化的模式模拟，而对于变化的过程、成因缺乏解释。此外，元胞自动机只考虑周围的自然环境，这些元胞是不能移动的。以城市土地利用动态变化模拟为例，元胞自动机几乎没有考虑到对城市

① http://psoup.math.wisc.edu/recipe_e.html

② http://www.fourmilab.ch/cellab/

③ http://psoup.math.wisc.edu/mcell/rullex_cycl.html

④ http://www.geosimulation.cn/index_chs.html

土地利用变化起决定作用的动态社会环境及它们的相互作用。

14.2　多智能体

14.2.1　基本概念

多智能体系统作为人工智能的一个重要分支，是一种全新的分布式计算技术。自 20 世纪 70 年代出现以来得到迅速发展，目前已经成为一种进行复杂系统分析与模拟的工具。MAS 是一个由在同一个环境中交互的多个智能体组成的计算系统。它包括大量互相独立决策的智能体，通过它们的个体行为来形成宏观的系统行为。多智能体系统不依赖于每个个体行为的确定行为，而是通过宏观表征来描述整个系统的行为。在系统设计中，通过对每个智能体设计相对简单的规则来实现整个系统的复杂集群智能(swarm intelligence)。由于网络和计算机科学技术的迅速发展，多智能体的理论与技术与其他多领域相互借鉴、融合，得到了广泛的应用，并且在通信、机器人、软件设计等领域取得了许多重要的应用成果。本节主要介绍多智能体系统在城市研究方面的应用。在学习多智能体之前，需要了解以下几个重要概念。

1. 复杂适应系统

多智能体思想源于复杂适应系统(complex adaptive system, CAS)理论。复杂适应系统比较完整的理论由遗传算法(genetic algorithms, GA)创始人霍兰提出。CAS 理论主要包括微观和宏观两个层面。

在微观层面，CAS 理论的最基本概念是具有适应能力的(adaptive)、主动的(active)个体(agent)，简称智能体或主体，这也是 CAS 理论不同于其他模型理论的关键。智能体在与环境的交互作用中遵循一定的刺激-反应模型，能够主动地对外界的变化做出反应，并表现为其能够根据行为的效果来修改调整自身的行为规则，从而更好地适应环境。

在宏观层面，这些智能体构成的系统，在与其他智能体，以及智能体与环境之间的相互作用中发展，表现为宏观系统的分化、涌现(emergence)等复杂的演化(evolution)过程，这种相互影响和作用是系统演化的主要动力源。

依据以上描述可知，CAS 理论的核心思想为适应性并产生复杂性。当然，适应性是产生复杂性的机制之一，但不是唯一来源。另外，CAS 理论并不是将宏观与微观层面截然分开，而是将它们有机地联系起来。通过智能体与环境的相互作用，使得个体的变化成为整体变化的基础，统一地加以考察。而随机因素的引入，使得 CAS 理论具有更强的描述和表达能力。CAS 理论的产生与遗传算法紧密联系在一起，充分吸收了计算机科学与技术的成果，特别是人工智能和计算机模拟领域，具有鲜明的可操作性。

2. 智能体模型

自智能体思想提出以来，智能体理论和方法取得了很多进展，并应用于众多领域。尽管智能体的定义不一，但通常其指的是能互相通信、感知环境并做出反应的实际或虚拟的实体，具有自治性，以及具有一定的能够控制自身的决策行为的能力，以实现预定的目标或意愿。鉴于智能体具有智能性和社会交互性，可作为复杂系统的模型化研究基础。

一般认为，智能体作为系统中的元素，具有以下四个基本特征。

自治性(autonomy)，指智能体具有独立的意识和判断能力，可根据内部状态和环境信息对自身下一步的行动做出判断，无须外界的直接干预，能自主控制行动和内部状态。

反应性(reactivity)，指智能体可以感知自身所处环境，并在一定时间内做出反应及相应行为，以改变自身所处的环境。

能动性(pro-activeness)，指智能体不同于其他传统应用程序是被动地、机械地执行用户设定的指令，而是能够主动、自发地感知周围环境的变化，并呈现出目标驱动的特性，是有目的地而不是简单地对外部做出反应。

社交性(sociability)，指众多不同类型的智能体和周围的环境形成一个系统。不同智能体个体之间、智能体个体与环境之间可进行信息交流。

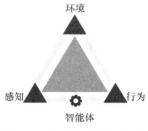

图 14-9　智能体的抽象结构

智能体的抽象结构如图14-9所示。其基本功能就是与外界环境交互，得到信息，对信息按照某种方式处理，然后作用于环境。可以将智能体视为黑箱，通过传感器感知环境，通过效应器作用环境。而环境是智能体存在的空间，环境因素如空间位置、空间距离、资源种类、资源丰度等，主要是对智能体的各种行为产生约束和影响。大多数智能体不仅要与环境交互，更主要的是能够处理和解释接受的信息，以达到自己的目的。

3. 多智能体模型

虽然单个智能体模型具备一定的功能，但对于现实中复杂的、大规模的问题，单个智能体往往无法有效描述和解决。一个系统中往往包括多个智能体，不仅具备自身的问题求解能力和行为目标，而且能够相互协作，来达到共同的整体目标，因此多智能体系统可以视为由多个可以相互交互的多智能体单元组成的系统。

多智能体系统采用自下而上的建模思想，与传统的自上而下的建模思想不同。MAS 的核心思想是通过反映个体结构功能的局部细节模型与全局表现之间的循环反馈和校正，来研究局部细节变化对复杂的全局行为的凸显。多智能体关注的是大量微观间的交互行为，这些行为可以是不同个体之间的直接关系，也可以是许多个体在共同环境下的间接关系。而多智能体模型并不是以一个或一组方程的形式来体现系统中变量之间的关系，而是需要为各类不同的智能体设定相互的关联方式及强度。不同于一般模型中的理性经济人假设，即以完全追求物质利益为目的而进行经济活动的主体，多智能体一般使用某种学习算法来模拟智能体的有限理性行为。它强调进化和适应行为，且主张非均衡的发展路径，因此建模过程中需要为不同的决策者建立相应的微观行为模型，并通过观察这些数量众多的微观智能体的相互作用来研究宏观或整体上的演化过程。因此基于多智能体的建模，通过模拟异质性的个体决策者的社会、经济及空间行为来探讨总量特征与趋势，可以很好地将微观机制和宏观结构联系起来，更好的理解和认识其内在规律。基于智能体的仿真研究能够有效处理复杂系统模型，如交通系统、通信工程问题等，该方法将复杂系统看作自下而上、高度离散化和由一系列可被认为是智能体的实体组成。因此，基于智能体的仿真系统可以提供一种有效的方法来表示大量实体的行为与相互作用，并反映研究对象在时空特征上的动态变化，从而可以提取有用的信息与分析特征。

14.2.2　多智能体系统建模过程

由于复杂适应系统的复杂性、层次性和适应性，基于多智能体的整体建模方法一般需要满足如下要求：①模型是动态变化的，随着时间的推移、环境的变化，系统模型也能产生"适应性"变化；②模型是开放的，复杂系统的模型具有很强的可扩展性，通过增加相应的功能模块和局部模型，系统模型就可以反映不同层次的复杂现象。

相应地，建模可以通过智能体个体与个体之间、智能体与环境间动态交互的局部细节模型仿真，使得系统模型满足模型随着状态和环境改变而产生动态变化的要求。通过增减智能体的数量、智能体的种类，修改智能体之间存在的局部连接的规则来达到模型开放性的目的。因此，可以认为基于多智能体的整体建模是针对复杂适应系统的特点及要求而提出来的一种合适的研究方法。建模的层次结构示意图如图 14-10 所示。

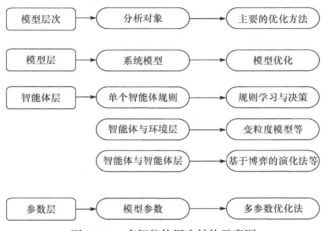

图 14-10 多智能体层次结构示意图

其中，智能体层的分析对象是智能体，一般依据智能体的结构对智能体进行优化，建模方法包括：①设置智能体聚集规则，执行各种操作下获取适应值较高的规则，或产生新规则；②改变智能体在环境中的位置，依据智能体间的群体关系变化，通过环境选择等变粒度模型演化法优化建模；③通过改变智能体之间的关系，如博弈关系、利益矩阵等进行学习，以适应环境变化进行智能体演化建模。下面具体讲解智能体建模分析的过程与步骤。

1. 个体智能体感知与推理

一个智能体若要做出合理的决定，其前提是要感知到一定的信息量。因此这一部分主要涉及各类智能体的事务分配及自身规则设定。各成员智能体追求在感知信息范围内最大化满足自身效用。

基于智能体的建模中，如何构造智能体的感知和推理模型，体现智能体的知识获取能力和适应性是一个重要过程。智能体的学习模型是智能行为的一个重要特征，早期的研究者建立了感知机、生物进化过程模拟、知识的符号表示等方式。现在比较常结合的学习算法包括遗传算法、人工神经网络、增强学习算法等。

2. 智能体的动作执行与决策

这一部分涉及智能体认知过程中针对当前所处形势评估及其未来形势的预测，并作出相应的行为或状态改变决策。常用的决策求解模型包括黑板系统、专家系统、基于范例的推理机制、主观贝叶斯方法、基于效用理论的决策等，从而确定智能体选择哪种动作方式。

3. 黑板系统

黑板系统是一种问题求解模型，是组织推理步骤、控制状态数据和问题求解领域的知识概念框架。它将问题的解空间组织为与一个或多个应用相关的分级结构，分级结构的每一层信息由一个唯一的词汇来描述，它代表了问题的部分解。领域相关的知识被分解成独立的知识模块，将某一层次中的信息转换成同层或相邻层的信息。决策分析通过不同知识表达方法、推理框架和控制机制的组合来实现。

4. 专家系统

专家系统可以看作一类具有专门知识和经验的计算机智能程序系统，一般采用人工智能中的知识表示和知识推理技术来模拟通常由领域专家才能解决的复杂问题。它主要包含三个部分：规则库、事实库和推理引擎。在进行形势评估时，它遵循"匹配—选择—应用"的循环机制，即使用者通过交互界面回答系统的问题，推理机将用户输入的信息与知识库中的各个规则的条件进行匹配，并把匹配规则的结论存放至综合数据库中，最后专家系统将最终结论呈现给用户。其原理如图 14-11 所示。

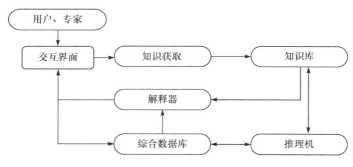

图 14-11　专家系统原理示意图

5. 基于范例的推理机制

基于范例的推理工作原理是通过收集相关的范例，将系统的知识用一组范例库来表示，每一组范例都用一组特征来表示，再由决策者和领域专家设定相应的机制。当新的形势出现时，依据相似性原理检索与当前形势相似的范例来实现形势评估的目的。一般检索引擎包括检索规则设定、检索模型和相似函数三部分。

6. 主观贝叶斯方法

主观贝叶斯方法又称为主观概率论，是一种处理不确定性推理的方法，由 Duda 和 Hart 等在贝叶斯公式的基础上经过改进提出。其基本思想是某事件的发生概率应随着新的信息获取而改变，也就是根据调整因子或新的观测证据，将事件的先验概率更新为后验概率的过程。

7. 基于效用的决策

在基于效用理论的决策中，状态的效用值是通过效用函数计算的，它是状态的非线性函数。基于效用理论的决策包括基本效用模型、多属性效用模型及随机效用模型等多种形式。

基本效用模型通过分析每一状态的效用值及其概率，测算该决策的期望效用值，并将期望效用值最大的状态或方案采纳为当前的最佳决策。

多属性效用模型适用于影响效用值的因素不止一个且各自产生的效用值互相独立，以加权的形式计算各效用值。

随机效用模型体现了决策的灵活性和可变性，通过引入相关的随机变量来计算效用值，实现更贴近现实的决策效果，这种模型在微观决策过程中应用比较普遍。建模时可以考虑在智能体的动作次序中采取随机的方式，这样能够增加智能体的动作次序在解空间的搜索范围和随机性，避免了固定次序所导致的有偏性空间的缺陷。

8. 智能体间合作博弈

多智能体系统中每个智能体具有自治性，在问题求解过程中会按照自身的知识、能力和目标进行活动。对于一些共享资源可能会发生共享冲突，当单个智能体从自身角度出发做出使自身效用最大的动作行为决策时，可能导致其他效用值的下降。而智能体高度的自主性和灵活性，其对于环境的理解可能不同，对于全局知识的获取往往不全面。因此，动态的冲突管理是建模的必然要求。常采用的方法是协商技术，包括重构、限制、调节和仲裁等。

在构建城市研究相关的多智能体模型时，协商技术常基于经济学博弈论(game theory)方法来研究各智能体的决策及系统决策的均衡问题。博弈论的主要思想是个体的效用函数不仅依赖于个体的选择，同时也是其他个体选择的反应函数。均衡状态指的是系统中的最优决策或行动组合。因此，在建模过程中，智能体之间常采用合作博弈的方式，从全局的角度对个体智能体自身的每次动作做出相应的协商。

9. 多智能体的贪婪寻优过程

智能体以自身效用最佳来评价或选择执行动作行为时会导致搜索算法忽略一部分解空间，在智能体数量越多的时候，整体环境的智能体之间的效用越佳，可完成大量而复杂的工作。贪婪寻优的目的是使智能体再次进行合作博弈，从而使得搜索过程能够突破局部最优的情况。在该过程中，通常设定所有智能体的总目标未满足程度达到最小作为当前执行动作的目标。若单个智能体做出的任何动作行为改变会使得所有智能体的总目标未满足程度增加，那么执行当前动作的智能体将放弃当前的动作执行，直至上述条件不满足时退出贪婪寻优过程。

10. 系统全局优化阶段

系统全局优化阶段主要是从智能体的数量角度考虑建模过程中解空间的搜索方向。在应用不同算法时，不同的智能体数量对应于不同的解空间。当智能体群体对于全局环境的总覆盖或信息收集能力有限，或当前最优策略的效益较低时，将考虑在多智能体系统中生成新的智能体，以提高整个智能体群体的问题解决能力。

14.2.3　主流仿真模拟平台

多智能体系统的实现需要计算机平台。随着计算机技术的发展，用于 MAS 建模的计算机平台的数量、规模和复杂程度有所增加。公共建模平台主要有：Swarm、Repast、Ascape 及 CORMAS、StarLogo、NetLogo。

Swarm 项目由 Chris Langton 于 1994 年在新墨西哥州的圣塔菲研究所启动，现在由圣塔菲研究所的非营利性组织 Swarm 开发组负责，目的是为基于多主体仿真模型(agent-based models, ABMS)的开发提供一系列标准的计算机工具并成为研究者交流的中介。有了 Swarm，研究者可以专心于建模任务的本质，避免编程的某些复杂细节。

Repast 是由美国芝加哥大学经济科学实验室开发的。它提供创造模拟环境并运行、显示结果、收集数据的类库。Repast 能够对模拟过程中的每一个瞬时状态进行捕捉，记录下当时的各数据。在很多方面，Repast 继承了 Swarm 的功能。Repast 的最初版本是在 Swarm 基础上完全用 Java 语言编写的。

Ascape 由芝加哥大学社会与经济动态性研究中心开发。它也是完全用 Java 语言编写的，设计非常灵活，容易使用。与 Swarm 及 Repast 的差别在于：Ascape 使用起来更为简单，并且界面非常友好。此外，Ascape 也不是事件驱动，每运行一次，多智能体就执行动作一次。

　　CORMAS (common-pool resources multi-agent system)，顾名思义，是一个公共资源管理多智能体系统建模平台，它是由法国的 CIRAD 开发的，用基于对象的语言 Smalltalk 编写。

　　StarLogo 由麻省理工学院多媒体实验室开发。它基于 Logo 语言，体现智能体建模方法，是一个可编程的建模环境，适合仿真复杂系统的行为。StarLogo 是较简单、直观的建模工具。

　　NetLogo 由美国西北大学 Uri Wilensky 发起，最新版本是 NetLogo5.0.5。NetLogo 由 Logo 语言编写，是一个可编程建模环境，能用来对自然和社会现象进行仿真模拟。NetLogo 适于模拟随时间演化的复杂系统。通过编程实现向独立运行的多个智能体发出指令，使得研究微观层面上的个体行为和宏观模式之间的关系成为可能，这些宏观模式由多个个体之间的交互作用涌现出来。NetLogo 带着一个模型库(models library)，模型库中含有很多已经写好的成熟的仿真模型，建模人员可以直接调用模型或修改并构建新的模型。NetLogo 编程语言较简单，容易学习或创建自己的模型，增强了实用性，并且 NetLogo 作为强大的研究工具也足够先进。NetLogo 对用户是免费的、开放的。

第15章 可 视 化

　　图形图像承载的信息量远多于语言文字，人类从外界获得的信息约有 80% 以上来自于视觉系统。可视化借助于人眼快速的视觉感知和人脑的智能认知能力，可以清晰有效地传达、沟通并辅助数据分析。现代的数据可视化技术综合运用计算机图形学、图像处理、人机交互等技术，将采集或模拟的数据转换为可识别的图形符号、图像、视频或动画，并以此向用户呈现有价值的信息。用户通过对可视化的感知，使用可视化交互工具进行数据分析，获取知识，并进一步提升为智慧，是进行空间大数据分析的一种有效手段。

　　可视化可以粗略地被定义为通过图形的表现形式，进行信息传递、表达的过程。现代意义上的可视化源自于计算机技术的发展，随着超级计算机的发展和数据获取技术的进步，规模日益庞大的数据使得人们不得不寻找更加有效的可视化算法和工具。本章系统介绍了数据可视化的基本知识和应用技能，详细介绍了可视化分析衍生的主要研究方向、针对大数据及其特征的可视化表达方法的相关研究、可视化图表、编程工具、可视化平台等可视化应用工具，并结合可视化相关理论介绍了可视化分析应用的实例，将大数据及可视化的相关概念、基础知识和技术技巧融入实践应用中。本章结构如图 15-1 所示。

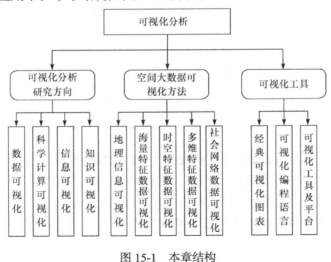

图 15-1　本章结构

15.1　可视化分析研究方向

　　进入 21 世纪，现有的可视化技术难以应对海量、高维、多源和动态数据分析的挑战，需要综合可视化、图形学、数据挖掘等理论与方法，研究新的理论模型、新的可视化方法和新的用户交互手段，辅助用户从大尺度、复杂、矛盾甚至不完整的数据中快速挖掘有用的信息，以便做出有效决策。这门新兴的学科称为可视分析学。随着可视化技术的发展及大数据时代的到来，可视化方面慢慢地衍生出了许多新的研究方向，包括数据可视化、科学计算可视化、信息可视化、知识可视化等，如表 15-1 所示。从表中可以看出，科学计算可视化技术是发展最成熟、应用最广的可视化技术，对于科学计算可视化方法的研究及大数据环境下对科学可视化方法的探索更具有现实意义。

表 15-1　可视化分析主要研究方向

研究方向	分析对象	表现方法	补充说明
数据可视化	主要面向大型数据库中的数据	采用平行坐标法、面像素法、图形法等直观地表达数据与数据之间的关系，获得数据内在的信息，从而对数据进行更深入的观察和分析	主要包含七个步骤：获取数据，分析数据，过滤数据，挖掘数据，展示数据，对数据进行总结和人机交互
科学计算可视化	面向科学及工程测量的、具有几何性质或结构特征的数据	利用计算机图形学、图像处理等技术三维或动态地模拟及展示数据的真实场景	主要应用领域是自然科学，如物理、化学、地球科学、天文学、医学及生物学等学科，通过对科学技术数据和模型进行解释、操作与处理来使科学工作者寻找其中的模式、特点、关系及异常情况
信息可视化	是大规模非数值型信息资源，是本身没有几何属性和明显空间特征的抽象的、非结构化的数据集合	主要过程是对数据进行描述，再利用可视化方法对数据进行表示，从而挖掘数据信息内在的有用信息，然后利用特征提取、特征优化、模式识别、数据挖掘等手段对信息进行处理	是针对计算机与人之间信息交互的信息传递技术。研究对象如语音信息、视频信息、图像信息、文字信息、信号信息等
知识可视化	是在信息可视化技术的基础上发展起来的	是人得到了有用的有关数据的知识后，再利用计算机图形学技术、图像处理技术等对信息进行表达、构建或传达复杂知识，以便其他人员理解和使用，有利于知识的传播	

对于结构复杂、规模较大的数据，已有的统计分析或数据挖掘方法往往是对数据的简化和抽象，这样会隐藏数据集的真实结构，而数据可视化则可还原乃至增强数据中的全局结构和具体细节。在大数据环境下，大数据本身的特点对数据可视化提出了更为迫切的需求与更加严峻的挑战。综合利用大数据处理技术和数据可视化技术，可以提高数据规模较大时的数据可视化效果。

15.2　空间大数据可视化方法

15.2.1　地理信息可视化

地理数据是各种地理特征和现象之间关系的符号化表示，一般包括空间位置、属性特征、时态特征三个部分。按照平面空间的基本元素划分，地理数据可以分为点数据、线数据和区域数据，如表 15-2 所示。

表 15-2　地理数据类型及其特征

地理数据类型	描述对象	数据特征	例子
点数据	地理空间中离散的点	具有经度和纬度坐标，但不具备大小尺寸	如地标性建筑、加油站等
线数据	连接两个或更多地点的线段或者路径	具有长度属性，即所经过的地理距离	常见的例子是地图上两个地点之间的行车路线，也可以是一些自然地理对象，如河流、道路等
区域数据	地理空间中一个既有长度又有宽度，由一系列的点所标识的二维封闭空间	包含了比点数据和线数据更多的信息	地理区域范围很广，大到一个国家、一个省，小到一个街区

　　地理信息可视化根据空间的基本元素可分为点数据可视化、线数据可视化和区域数据可视化。对于点数据，可根据它的坐标直接标识在地图上，而数据对象的其他属性可以用其他视觉元素表示。例如，大小和颜色可以用来表示数值型属性。除了圆点，其他符号也可被用作地图上的标识。当数据对象属于不同类别时，通常用不同的符号区分。当使用不同符号可视化点数据时，应该在旁边添加图例以解释各种符号的意义。向量型点数据是一类比较特殊的点数据，对于向量型的点数据，可采用箭头来进行可视化编码。对于线数据，通常采用绘制线段来连接相应地点的方法。在绘制连线的时候，通常可以选择采用不同的可视化方法来达到最好的效果，例如，颜色、线的类型和宽度、标注都可用于表示各种数据属性。对于区域数据，最常规的可视化方法是假设数据的属性在一个区域内部平均分布，因此一个区域用同一种颜色来表示其属性。但容易出现数据分布和地理区域大小不对称的问题，此时可采用区域变形算法，将地图中的区域按照其属性的值放大或者缩小，并保持区域的原始形状。

　　地理信息可视化根据其数据的构成特征可分为简单地理数据的可视化、复杂地理数据的可视化和地理时空数据的可视化三个方面，如表 15-3 所示。

表 15-3　简单地理数据、复杂地理数据和地理时空数据的可视化

数据类型	数据的构成特征	可视化方法
简单地理数据	是相对复杂地理数据和地理时空数据而言，包含的属性维度较少且没有时间属性	采用比较常规的可视化方法
复杂地理数据	包含的属性维度众多、类型复杂	需要一个不仅支持地理信息可视化、更支持多变量数据分析的可视分析系统，以方便同时观测并分析数据中的多个变量，同时提供数理统计分析工具
地理时空数据	不仅包括地理空间的位置，也包括了随时间变化的信息	对地理时空数据的可视化需要揭示空间与时间之间的关联。常用的可视化方法是顺序动画，一般表现形式是此类数据在可视化中的空间布局依照其地理位置固定，动画中每帧之间的变化反映出随时间变化的信息

15.2.2　海量特征数据可视化

　　大数据可视化主要是用可视分析的方法来探索大数据中隐藏的有价值的信息。可视分析概念提出时拟定的目标之一即面向大规模、动态、模糊或者常常不一致的数据集来进行分析，因此可视分析的研究重点与大数据分析的需求相一致。目前，大数据可视化的主要研究领域包括文本可视化、网络(图)可视化、时空数据可视化、多维数据可视化。

随着数据规模的增长，地理信息可视化面临的主要问题是大量的点、线、区域会造成严重的视觉混淆。此外，对线数据和区域数据而言，计算能力也会成为瓶颈。面对海量特征数据，点数据、线数据、区域数据的可视化都表现出其各自的特点，如表 15-4 所示。

表 15-4　地理大数据的可视化特点

数据类型	面临问题	解决方案
海量点数据	当有海量的点数据需要在地图上标识时，会出现点之间大量重叠覆盖的情况。尤其是当数据分布不均匀时，数据密集的地区会有大量的点互相重叠，而数据稀疏的地方则空白居多	基本的解决方法分为两类：一类是将地图划分区块，再在可视化中显示每个区块数据对象的统计数据；另一类是采用合理的布局算法减少重叠，并利用渲染和融合充分表现每个数据对象
海量线数据	可视化的主要问题是如何减少重叠和交叉	如果可视化的目的是理解数据整体模式，而不是展示每一条线段，则采用适当的简化方法，将大量的线条归类并简化为若干条线束来展示，可视地展现数据内在的模式。此外，为了缓解绘制海量线数据对计算能力的要求，可对线数据做适当的抽象和聚合
海量区域数据	区域数据比点数据、线数据要更加复杂。由于区域主要通过颜色来编码属性信息，当数据的类型多样时，选择合适的颜色映射相当有挑战性	海量区域的绘制会对计算能力有较高的要求，如何提高区域的绘制速度是可视化需要解决的主要问题之一

15.2.3　时空特征数据可视化

时空数据可视化的目的是反映信息对象随时间进展与空间位置所发生的行为变化。时空数据可视化的一种典型方法是流式地图(flow map)，即“显示对象从一个位置到另一个位置的移动，如迁移中的人数，交易的货物数量或网络中的数据包数量”，它将时间事件流与地图进行了融合。如查理·约瑟夫·米纳德(Charles Joseph Minard)1864 年的法国葡萄酒出口信息图[1]，图中连线表示从法国出口到世界各地的葡萄酒数量，连线的宽度表示出口的数量。由于进口国家的位置不同，相应连线的走势也不同，设计的时候这些连线按照走势被融合在一起。Sankey 图是特定类型的流式地图，其中箭头的宽度与流量成比例地显示。最著名的 Sankey 图是 Charles Minard 的 “拿破仑的 1812 年俄罗斯战役地图” (Map of Napolean's Russian Campaign of 1812)[2]，将 Sankey 图覆盖到地理图上。

具有地理位置信息的数据一般会基于地图进行可视化的设计与展示。例如，世界各地实时的 Twitter 消息数量图(2010.11.12)[3]，采用热力图表示实时 Twitter 消息数量，红色区域表示正有大量的消息发布，而蓝色和绿色区域则表示消息量较少。Bill Rankin 在 “2010 年芝加哥人口地域分布图”[4]上可视化展示了 2000 年芝加哥各个种族的人口地域分布情况。不同颜色的点在地图上标识不同的种族，并采用半透明面状区域的可视化，便于清晰地辨别不同种族的聚居区，也可发现在聚居区交接的区域通常存在不同种族混居的现象。

---

① http://en.wikipedia.org/wiki/Flow_map

② https://en.wikipedia.org/wiki/Charles_Joseph_Minard

③ http://aworldoftweets.frogdesign.com

④ http://www.radicalcartography.net/index.html?chicagodots

15.2.4 多维特征数据可视化

当数据规模不断增大时，时空数据可视化会面临大量的图元交叉、覆盖等问题，这是大数据环境下可视化的主要问题之一。当时空信息对象属性的维度较多时，会面临展示能力有限的问题，因此，多维数据可视化常与时空数据可视化进行融合。

多维数据指的是具有多个维度属性的数据变量。多维数据在现实生活中随处可见并且有重要意义，人们常常会基于多维数据进行决策和分析。当数据量不大、维度不高时，个人可以比较容易地基于数据进行决策分析；但当数据维度增加、数据量变大时，就需要依赖辅助工具的帮助。

多维数据可视化在数据分析中有着较广泛的应用，其目的是探索多维数据项的分布规律和模式，并揭示不同维度属性之间的隐含关系。目前，国内外学者已经提出了多种多维数据可视化方法，这些方法根据其可视化的原理不同可以划分为基于几何、基于像素、基于图标、基于层次、和基于降维映射的技术等(表 15-5)。

表 15-5 多维数据可视化方法

多维数据可视化方法	基本思想	表现形式
基于几何	以几何画法或几何投影的方式将高维数据映射到低维空间中，以点、线来表示多维信息对象	基于几何的多维可视化技术主要包括平行坐标、放射坐标、散点图和散点图矩阵等。适用于数据量不大但是维度较多的数据集，比较容易观察多维数据的分布并发现其中的奇异点
基于像素	按照数据的维数将高维空间划分为多个子窗口，每一个子窗口对应着数据的一维，在这些子窗口中，分别用像素的颜色来表示对应的维度值。可利用递归模型、螺旋模型、圆周分割模型等方法分布数据，其目的是在屏幕窗口上展示尽量多的数据	可以利用密集型的不同颜色的像素显示表达存储在大规模数据库中的多维数据，每个多维数据点被表示为由一系列像素组成的矩形，每个像素代表一个属性维度，颜色编码代表数据值，将所有矩形按照一定的布局策略排列在二维空间，生成一整个像素块。适合大型数据集的可视化
基于图标	用具有多个可视特征的图标来表达多维信息，图标的每一个可视特征都可用来表示多维信息的一维	适用于维数不多但是某些维度具有特别含义的数据集。用户可以根据图标的显示更准确的理解这些维度的意义
基于层次	将多维空间划分为若干子空间，将这些子空间以层次结构的方式组织并以图形表示出来	大多利用树形结构
基于降维映射	通过线性或非线性变换将多维数据投影或嵌入到低维空间，并尽量保持数据在多维空间中的特征不变	适用于可视化高维数据集并展现数据的整体结构和分布特征

1. 基于像素的多维可视化技术

一种可视化一维值的简单方法是使用像素，其中像素的颜色反映该维的值。对于一个 m 维数据集，基于像素的技术在屏幕上创建 m 个窗口，每维对应一个窗口。记录 m 个维值映射到这些窗口中对应位置上的 m 个像素，像素颜色反映对应的值。在窗口内，数据值按所有窗口公用的某种全局序列排列。

例如，顾客信息表包含四个维属性，分别是顾客收入、信用额度、成交量、年龄，可通过基于像素的可视化分析技术分析收入与其他属性之间的相关性。如图 15-2 所示，对所有客户按收入的递增序排序，并使用这个序，在四个可视化窗口安排顾客数据。像素颜色这样设置：值越小，颜色越淡。可以很容易得到如下观察：信用额度随收入增加而增加；收入处于中间区间的顾客更可能消费；收入和年龄之间没有明显的相关性。

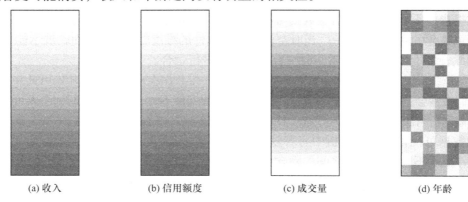

(a) 收入　　　　　(b) 信用额度　　　　　(c) 成交量　　　　　(d) 年龄

图 15-2　顾客的四个维属性基于像素的可视化

在基于像素的技术中，数据记录也可以按查询依赖的方法排序，例如，给定一个点查询，可以把所有记录按照与该点查询的相似性的递减序排序。

对于宽窗口，以线性方法安排数据记录填充窗口的效果可能不好。每行的第一个像素和前一行的最后一个像素距离太远，尽管它们对应的对象在全局序下是彼此贴近的；像素贴近窗口中它上面的像素，尽管这两个像素对应的对象在全局序下并非是彼此贴近的。为解决这一问题，可以用空间填充曲线(space-filling curve)来安排数据记录填充窗口，空间填充曲线的范围覆盖整个 n 维单位超立方体。图 15-3 为一些经常使用的空间填充曲线。

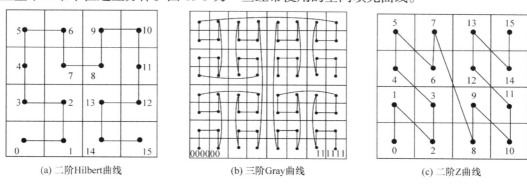

(a) 二阶Hilbert曲线　　　　　(b) 三阶Gray曲线　　　　　(c) 二阶Z曲线

图 15-3　常用的空间填充曲线

基于像素的可视化技术存在一个缺点：它对于理解多维空间的数据分布帮助不大，例如，它们并不显示多维子空间是否存在稠密地区。

2. 基于几何的多维可视化技术

几何投影技术的首要挑战是设法解决如何在二维空间上可视化高维空间。

二维散点图使用笛卡儿坐标显示二维数据点，使用不同的颜色或形状表示不同的数据点，可以增加第三维。三维散点图使用笛卡儿坐标系的三个坐标轴，若加上颜色，则可以显示四维数据点。对于维数超过 4 的数据集，散点图不太适用。散点图矩阵是散点图的一种有用扩充，对于 n 维数据集，散点图矩阵是二维散点图的 $n \times n$ 网络，提供每个维与其他所有维的可视化。然而随着维数增加，散点图矩阵也不再适用。

另外一种流行的技术是平行坐标(parallel coordinates)，它可以用来处理更高维度的数据。

平行坐标绘制 n 个等距离、相互平行的轴，每维一个。数据记录用折线表示，折线与每个轴的交点的数值表示对应维度的数值。平行坐标技术的一个主要局限是它不能有效地显示具有很多记录的数据集。即便对于数千个记录的数据集，视觉上的簇和重叠也常常降低可视化的可读性，加大了对模式发现的难度。

3. 基于图标的多维可视化技术

基于图标的(icon-based)多维可视化技术使用少量图符表示多维数据值。切尔诺夫脸(Chernoff faces)和人物线条画(stick figure)是两种流行的基于图标的技术。

切尔诺夫脸谱图是统计学家赫尔曼·切尔诺夫于 1973 年发明的，其基本思想是把多维数据的特征映射到卡通人脸中，首先被用于聚类分析的可视化，可以揭示多维数据中的趋势特征。按照切尔诺夫于 1973 年提出的画法，采用 15 个指标，各指标代表的面部特征为：脸的范围、形状、鼻子的长度，嘴的宽度、位置、笑容曲线、眼睛的位置、分开程度、角度、形状和宽度、瞳孔的位置、眼眉的位置、角度和宽度。这样将各变量的取值进行一定的数学函数映射后，就可以确定脸的轮廓、形状及五官的部位、形状。每一条数据都可以用一张脸谱来表示。如图 15-4 所示，每张脸表示一个 n 维数据，$n \leqslant 18$。由于人类非常善于识别脸部特征，脸谱化使得多维数据容易被分析人员消化理解，有助于数据的规律和不规律性的可视化。而切尔诺夫脸谱图的局限性在于，它无法表示数据的多重联系，以及未能显示具体的数据值。这意味着两张脸(代表两个多维数据点)的相似性可能因为指派到面部特征的维的次序而异，因此需要仔细选择变量映射到特征的方式，例如，已经发现眼睛的大小和眉毛的角度在脸部相似性判别上具有重要的权重。目前这种方法已经被应用于多地域经济战略指标数据分析、空间数据可视化等领域。

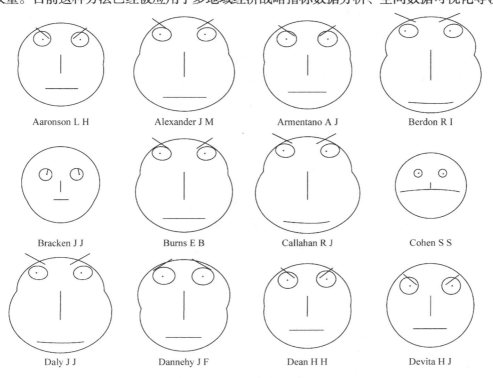

图 15-4 切尔诺夫脸

目前已经提出非对称的切尔诺夫脸作为原来技术的扩展。脸具有关于 y 轴的垂直对称性，因此脸的左右两边是相同的，而非对称的切尔诺夫脸使面部特征加倍，这样允许数据显示多达36维。

人物线条画可视化技术把多维数据映射到人物线条画，其中每个画都有四肢和一个躯体。数据的两个维属性被映射到显示轴（x 轴和 y 轴），其余的维度属性映射到人物线条画的四肢角度或长度。如果数据项关于两个显示维相对稠密，则结果可视化呈现纹理模式，反映数据趋势。

4. 基于层次的多维可视化技术

以上讨论的可视化技术都关注于同时可视化多个维。然而，对于大型高维数据集，很难同时对所有维可视化。层次可视化技术把所有维划分为子集，即子空间，这些子空间按层次可视化。

对多维数据的可视化要解决的问题是如何更好地可视化多元函数，也就是说，对于给定了 n 维变量的函数，允许用户探索和理解函数的最好方法是什么？对于 n 维数据，研究者发明了被称为世界中的世界（worlds-within-worlds）的图形可视化方法。不是创造出将信息映射到几何图形或颜色的微妙方式，而是创建由标准图形类型组成的交互式世界对数据进行可视化，如曲面图和线图。降低多元函数复杂性的一种常见方法是保持一个或多个独立变量不变，每一个常数都对应着一个垂直于常量变量轴的无限薄片世界，减少了世界的尺寸，是一种具有代表性的可视化方法。假设想对 6 维数据集可视化，其中维是 $F, X_1, \cdots,$ X_5。若想观察维 F 如何随其他维变化，可以先把维 X_3, X_4, X_5 固定为某选定的值，如 $c_3, c_4,$ c_5。然后，使用一个三维图（称为世界）对 F, X_1, X_2 可视化，如图 15-5 所示。内世界的原点位于外世界的点（c_3, c_4, c_5）处；外世界是另一个三维图，使用维 X_3, X_4, X_5。用户可以在外世界中交互地改变内世界原点的位置，然后观察内世界的变化结果。此外，用户可以改变内世界和外世界使用的维。给定更多的维，可以使用更多的世界层，这就是该方法被称为"世界中的世界"的原因。

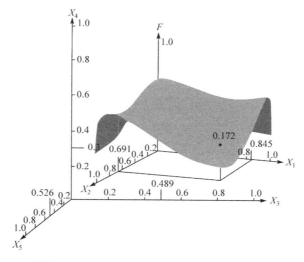

图 15-5　worlds-within-worlds，又称 n-Vision

层次可视化的另一个例子是树图（tree-map），它把层次数据显示成嵌套矩阵的集合。树图能将事物或现象的构成或内在逻辑关系展示、分解成树状图。树图把所属关系或要实现的目的与需要采取的措施、手段，系统地展开，并绘制成图，以明确问题的重点，寻找最佳手段或措施。图 15-6 为小区可步性综合类型分类树。树图对于探索小空间中的层次式数据非常有用。

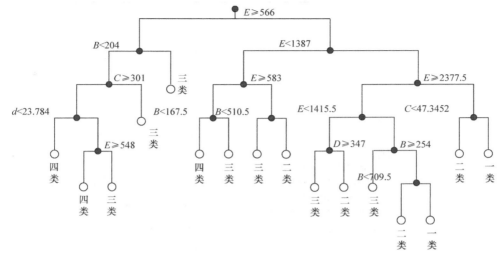

图 15-6　小区可步性综合类型分类树

15.2.5　社会网络数据可视化

可视化技术正发展成为分析复杂社会网络的结构和动态特征的重要工具之一。自社交图 (sociogram) 诞生以来，单纯通过观察一组统计数据理解社会网络是不现实的。为此研究者提出了大量的可视化展现方法，多数是基于社交图的变形。其中，网络中的参与者用图形元素表示，而关系则用元素之间的边表示，这种方法易于理解，为揭示数据间实际关系提供了较为详细的信息。绘图软件作为可视化技术的核心，已从学术研究软件发展为广为流传的交互应用。许多可视化工具都是针对普遍通用的图形分析而设计的，往往把顶点-连接图与标准的统计数据可视化图 (如散点图和直方图) 结合起来。目前这些结构化的可视化方法仍十分流行，但当今技术的发展使可视化形式变得更加复杂，超越了网络图形结构的范畴，跨越了多个维度，如语义和时间维度。

根据可视化具体表现形式所需要完成的主要任务的关注点，可以将社会网络可视化分析分为四类，分别是结构化型、语义型、时间型、统计型。

1. 结构可视化

结构可视化重点关注社会网络的结构，可以把这种结构理解为一种图形的拓扑结构，表示社会网络结构中的参与者和关系。结构可视化主要有两种实现方式：顶点-连接图和面向矩阵的方法。虽然通过顶点-连接图能很容易清晰的解读和描述顶点之间的联系，但面向矩阵的方法在利用有限显示域方面更胜一筹。通常，网络布局必须满足三个高级属性：①顶点和连接在图中的位置有利于增强网络的可读性；②顶点的位置应有助于解释网络的内在聚类性；③顶点的位置应该能够真实地表示社会网络，即可视化不能虚构。表 15-6 介绍了几种最有代表性的布局算法。

表 15-6　常见布局算法

形式	简介	布局算法	说明
顶点-连接图	参与者用顶点表示，可以选择各种几何图形，而关系则用图形之间的边表示。网络的不同属性可以通过颜色、形状、尺寸和厚度等几何属性进行可视化编码	基于属性的布局	最简单的社会网络布局是对顶点属性进行赋值，将其作为坐标系中的坐标。这种布局方式易于计算，有助于发现该属性在网络中的分布模式，但可能妨碍全局结构的明晰化
		放射性布局	比较简单。其中，顶点被放入一个圆内，连接则绘制成穿过该圆的割线，为用户提供可视化反馈信息，然而放射性布局不一定能表达网络结构
		基于力导向布局和基于能量布局	模拟球体连接杆和弹簧的物理结构，以此描述网络中的连接和顶点。提出各种力是为了满足低级属性的要求，以尽量减少顶点重叠、确保相似性高的顶点能相互邻近。但计算成本较高，且可能产生毫无信息价值的图形，降低可读性
		谱布局	这类算法的基础是基于关联矩阵的谱代数。最常用的方法是利用邻接矩阵的特征向量，在其他情况下将拉普拉斯矩阵的特征向量嵌入坐标
面向矩阵的技术	旨在通过直观展示邻接矩阵或关联矩阵来呈现社会网络。利用与网络顶点对应的笛卡儿坐标，将连接用网格表示，通常用色彩和不透明度来表示重要的结构或语义	顶点在矩阵中有序排列	这种矩阵表示法面临的一个挑战是如何使用户直观地找到网络中的局部结构和全局结构。一般取决于顶点在矩阵中的排列方式。如果遵循网络可视化图的高级属性要求，则应该能展现聚类现象
混合技术	虽然顶点-连接图比邻接矩阵图更容易理解，但后者在展示整体结构中的高密度网络方面更有效。这种现象导致了多种混合技术	在有限屏幕空间中描绘大规模网络的快速图形布局	先把顶点沿着一条空间填充曲线定位，顶点在曲线上的位置通过聚类分析确定，从而确保相似性大的曲线的近距性
		Mat-Link 表示法及 Node-Trix 表示法	在传统邻接矩阵表示法基础上引入外显连接。把社交网络中的小规模高密度社团用邻接矩阵表示，并将它们用顶点-连接图连接起来。这种方法不但可避免高密度网络连接展示法存在的问题，而且可以保证顶点簇间联系的可读性

2. 语义和时间的可视化

结构可视化虽然将全貌图和细节信息有机统一起来，但在社交网络规模不断增长的情况下，顶点-连接图很容易变得杂乱，利用布局算法往往会导致"毛球"，因为相似性高的顶点倾向于聚集在屏幕中心。为此提出了基于语义的可视化，该方法并非突出数据中的显性关系，而是展现参与者和连接的高级属性和关系，可以更深入地获得网络实体之间与特别活动相关的交流的主旨。其主要的可视化方法如表 15-7 所示。

表 15-7　语义和时间的可视化方法

形式	简介	示例	说明
基于本体的可视化	利用本体来表示社会网络中参与者和关系的类型。本体是一种图形，其中的顶点表示顶点类型，连接表示展现类型。在本体已知情况下，可通过这种图形中的关系来隐形表示社会网络。这类可视化方法的目标不是发现网络结构属性，而是发现顶点和连接的属性分布特征	PivotGraph	不是利用顶点和连接来表示结构信息，而是对顶点属性及其关系进行总结，将数据透视表作为一种交互具体表现，对于研究多元图十分有效
		语义基底法	指作为一种网络空间布局，其中顶点的位置取决于该顶点的某个属性值。多个语义基底可以同时展现并连接起来，具体取决于特定的连接值。顶点排列不再遵循网络结构，而是取决于顶点属性的取值，所以对语义查询来说，这种方法更为恰当
时间可视化	时间是一种特殊的语义信息，由于社会交往是一种与时间相关的现象，以可视化手段来展现时间维度是十分有意义的。但对动态网络的可视化研究仍十分有限，其中一个限制因素是，仅仅从结构视角来处理时间维度，局限性非常大且处理得不充分	手翻书法和电影方法	前者顶点保持静态不动，边随时间而变化；后者顶点可以随关系的变化而移动
		timeline network 法	该方法利用一种交互时序进一步完善了基于本体的可视化方法。时序表是一种面向像素的具体表现，融合了网络中参与者的时间信息。试图通过交互过滤和多标度时序来解决可视化时将不同标度和时间数据的可变粒度进行融合的问题
		Mobivis 方法	旨在对电子邮件交换的动态社会网络进行可视化，结合了一种类似于 Mobivis 中时序表的面向像素的技术，用颜色和尺寸表示电子邮件随时间变化的相关性和数量，对展现动态网络十分有效
		二部图的方式	把动态社会网络视为参与者与事件之间的联系。在这一视角下，二部图的方式描述了不同事件的参与者随时间的动态变化情况

3. 统计可视化

　　分析工具和可视化工具的融合使用是可视化分析技术的核心。为此研究人员常常会考察各种可视化摘要，以了解给定变量的分布。这些变量往往对应于表征网络结构的那些网络统计量，如度、中心性和聚类系数等。其中前两个测度描述的是顶点在整个网络中的重要性，聚类系数则表示顶点在网络中的聚类能力。

　　理解这些分布的一种方式是借助可视化摘要，如直方图等。另外还可以通过分析两个变量的联合分布来获取更多的信息，一般借助散点图实现，该方法应用很广，但只限于分析二维联合分布。一般网络数据统计量会形成一个 N 维空间，其中一个顶点或一条边是一种视角，每个变量对应一个属性或维度，因此增加了对该空间可视化的困难程度。通常利用散点图矩阵和平行坐标系表示法来解决这种问题。

　　散点图矩阵展示的是任意两个变量在 N 维空间中的联合分布。每个位置 ij 表示变量 i 和变量 j 的联合分布情况，这种可视化方法可以体现变量之间的相关性。这种方法被应用于多个领域，如以常见的中心性测度的散点图来研究生物网络、社会网络中的重要性分布。

　　在社交网络的范畴中，散点图也可以用于表示边的相关性，此时可以假设，二维空间中的一个点表示一条边，其 x 坐标为与该边相连的一端顶点的给定属性值，y 坐标为与该边相连的另一端顶点的同一属性值。这项技术也被应用于研究社交网络的介数中心性与度之间的相关性。

　　平行坐标系方法是另一种表示两个变量之间联合分布的方法，此时每组数据点用一组线段表示，其端点分别表示两个变量的值。

15.3　可视化工具

1. 图表类型选择

　　在通过平台/技术实现可视化之前，应当考虑并设计如何选择正确的图表类型更好的表达数据的内容，如图 15-7 所示。

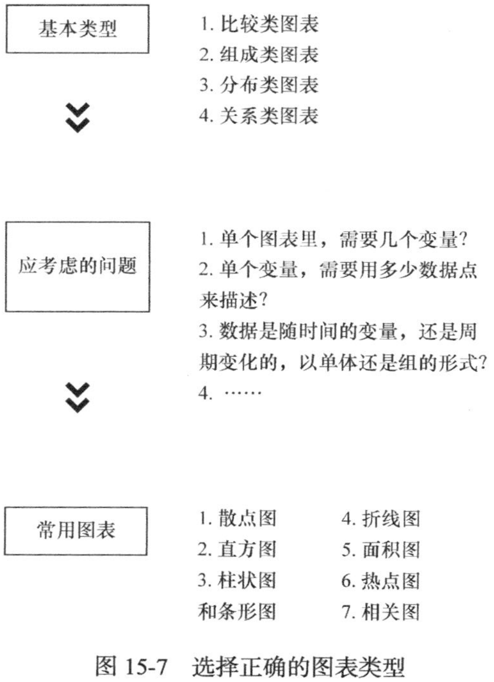

基本类型
1. 比较类图表
2. 组成类图表
3. 分布类图表
4. 关系类图表

应考虑的问题
1. 单个图表里，需要几个变量？
2. 单个变量，需要用多少数据点来描述？
3. 数据是随时间的变量，还是周期变化的，以单体还是组的形式？
4. ……

常用图表
1. 散点图　　4. 折线图
2. 直方图　　5. 面积图
3. 柱状图　　6. 热点图
和条形图　　7. 相关图

图 15-7　选择正确的图表类型

2. 经典可视化图表

本小节主要介绍几种具有代表性的统计图表和大数据可视化图表，并对一些图表的外观样式进行了改进和创新，介绍了其含义，见表15-8。

表15-8 可视化图表

名称	含义
散点图	通过直角坐标系内的点的集中情况说明统计现象的发展趋向
圆点图	通过圆点的大小、颜色展示横纵坐标对应参数的数据情况。圆点的大小代表数量，圆点的颜色可代表类型
折线图	通过直角坐标系内的线段的起伏升降反映统计对象的发展趋势及分布情况
时间线	基于时间序列，将数据信息以文字、图标或图片的形式按时间顺序置于时间轴上
柱形图/条形图	以直角坐标系内的条形长度(高度)来量度和比对统计数据值
饼状图/扇形图/环形图	以扇形或环形面积反映占比
气泡图	在三维空间中，以直角坐标系内的不同大小的点反映统计数据的分布情况
曲面图	以曲面的起伏反映数据的大小的一种三维视图
雷达图	以极轴上的多边形半径的刻度来量度和比对统计数据值
平行坐标	使用平行的竖直轴线来代表维度，用折线连接轴上的坐标点
日历热图	将日期和时间看作两个维度，用第三个维度反映与时间相关的指标
和弦图	表示数据间的关系和流量。外围弧段表示节点，弧长表示数据量大小。弧段间的连接带走向表示数据关系流向，宽度或其对应角度表示数量级。单向流量用首尾宽度一致的连接带表示，双向流量用首尾宽度不同的连接带表示
桑基图	通过各分支的宽度反映数据流量的大小。特征是所有主支宽度总和与分支宽度总和相等
节点链接图	采用力导向布局算法，将单个个体绘制为一个节点，节点间的连线表示概略的路径
矩形树图	用矩形表示层次结构里的节点，采用矩形间的相互嵌套来表达父子节点间的层次关系，矩形面积大小表示子节点的占比关系
字符云	用来展示不同权重的文本关键词

3. 可视化编程语言

(1) Python 语言。Python 是一款通用的编程语言，它原本并不是针对图形设计的，但是被广泛地应用于数据处理和 Web 应用。Python 语言最大的优点在于善于处理大批量的数据，性能良好不会造成宕机，尤其适合繁杂的计算和分析工作。而且 Python 的语法干净易读，可以利用很多模块来创建数据图形，比较受 IT 人员的欢迎。

(2) 超文本预处理语言(hypertext preprocessor，PHP)。虽然 PHP 主要应用于 Web 编程，但是因为大部分 Web 服务器都事先安装了 PHP 的开源软件，省去了部署之类的工作，可直接使用。绝大多数预安装中都会包含 GD 图形函数库，能让用户从无到有地创建图形，或者修改已有图形。此外还有很多 PHP 图形函数库能帮助创建各类基本的图表。其中微线表(Sparkline)库，能在文本中嵌入小字号的微型图表，或者在数字表格中添加视觉元素。通常 PHP 用于处理大型的数据集。在数据分析领域可以用 PHP 做爬虫，爬取和分析百万级别的网页数据，也可与 Hadoop 结合做大数据量的统计分析。基本上，只要能够加载数据并基于数据制图，就可以创建视觉数据。

(3) 超文本标记语言(hyper text markup language, HTML)、JavaScript 和层叠样式表(cascading style sheets，CSS)。HTML 是用来描述网页的一种语言，是网页的结构层和网页内容的载体，内容就是网页制作者放在页面上想要让用户浏览的信息，可以包含文字、图片、视频等；CSS 主要用于定义 HTML 内容在浏览器内的显示样式，如文字大小，颜色，字体加粗等，示例语法为：selector {property：value}(选择符 {属性：值})，用于指定颜色、尺寸、布局等其他美术特性；JavaScript 是一种基于对象(object)和事件驱动(event driven)并具有安全性能的脚本语言，其源代码在发往客户端运行之前不需经过编译，而是将文本格式的字符代码发送给浏览器由浏览器解释运行，可以实现网页的动态性、交互性功能。

(4) Processing。Processing 是一个专注于展示与原型开发的工具，适于快速开发和算法效果展示，是一个为开发面向图形应用(visually oriented application)而设计的简单易用的编程语言和编程环境。Processing 的创造者将它看作是一个代码素描本(sketchbook)。它尤其擅长算法动画和即时交互反馈，简洁易操作。它还提供了大量的示例、库、图书等，近年来在交互动画、复杂数据可视化、视觉设计、原型开发和制作方向越发流行。

4. 数据可视化工具及平台

1) 科学绘图分析软件

(1) Plotly。Plotly 是一个用于做分析和可视化的在线平台，支持桌面及移动浏览器，是一款在线的科学绘图、数据分析软件。Plotly 的功能强大，支持众多图形，也有 API 支持，可以将图形放到第三方应用上，不仅可以与多个主流绘图软件对接，而且还可以像 Excel 那样实现交互式制图，而且图表种类齐全，并可以实现在线分享及开源等。

从 Plotly 提供的图表库类型上来看其功能：Plotly 提供多种基本图表(basic charts)、统计图表(statistical charts)、科学图表(scientific charts)、财务图表(financial charts)、地图(maps)、三维图表(3D charts)、拟合工具(multiple axes, subplots and insets)、流动图表及自定义控件(add custom controls)等，如表 15-9 所示。

表 15-9　Plotly 提供的主要图表功能[①]

类型	图表功能
基本图表(basic charts)	WebGL 与 SVG、散点线图、气泡图、折线图、填充区域图、条形图、水平条形图、甘特图、饼图、点状图、哑铃图、仪表盘图、桑基图
统计图表(statistical charts)	误差线、箱图、直方图、二维直方图、其他
科学图表(scientific charts)	对数图、等值线图表、热图、网络图、极区图、三角图、三角等值线图、平行坐标线图、地毯图、地毯散点图、地毯等值线图
财务图表(financial charts)	时间序列图、K 线图、OHLC 图表
地图(maps)	分级统计图、地图散点图、地图气泡图、地图线图、县级分布图
三维图表(3D charts)	三维散点图、三维线图、三维地形图、三维曲面图、三维三角图
拟合工具(multiple axes, subplots and insets)	组合地图、多轴图、子图、插值图、三维插值图

① https://plot.ly

类型	图表功能
流动图表	开场动画、累积动画、流图
自定义控件(add custom controls)	按钮、范围滑块和选择器下拉事件、滑动条

从交互性上来说，Plotly 可以与 R、Python、MATLAB 等软件对接，并且是开源免费的，对于 Python，Plotly 与 Python 中 matplotlib、numpy、pandas 等库可以无缝地集成，可以做出很多丰富、互动的图表；并且文档非常健全，创建图形相对简单；另外申请了 API 密钥后，可以在线一键将统计图形同步到云端。

Plotly 的强大之处在于无时无刻不交互——对接各种绘图软件、数据库，可以像 Excel 一样对图形进行编辑，可以线上分享也可以学习各种各样的个人定制图表，可以下载成各种常用的输出形式。不过由于 Plotly 是国外网站，网站打开速度有时候会慢，另外，免费版本的 Plotly 功能会有一些限制，但是能满足一般需求。

(2) R 语言。随着数据量的不断增加，数据可视化成为将数字变成可用的信息的一个重要方式。R 语言提供了一系列的已有函数和可调用的库，通过建立可视化的方式进行数据的呈现。

表 15-10 将简单介绍如何利用 R 实现可视化。

表 15-10　R 的可视化示例

图表类型	使用场景	R 示例
散点图	通常用于分析两个连续变量之间的关系	使用 R 语言中的 ggplot()和 geom_point()函数
直方图	用于连续变量的可视化分析。将数据划分，并用比例的形式呈现数据的规律。可以将分类根据需求进行组合和拆分，从而通过这种方式看到数据的变化	使用 R 语言中的 ggplot()和 geom_histogram() 函数
柱状图和条形图	柱状图一般用于表现分类的变量或者是连续的分类变量的组合 堆叠条形图是柱状图的一个高级版本，可以将分类变量组合进行分析	使用 R 语言中的 ggplot()函数
箱线图	一般用于相对复杂的场景，通常是组合分类的连续变量。这种图表应用于对数据延伸的可视化分析和检测离值群。主要包含数据的五个重要节点，最小值，25%，50%，75%和最大值	使用 R 语言中的 ggplot()和 geom_boxplot 函数
面积图	通常用于显示变量和数据的连续性。和线形图很相近，是常用的时序分析方法。另外，它也被用来绘制连续变量和分析基本趋势	使用 R 语言中的 ggplot()和 geom_area 函数
热点图	颜色的强度(密度)来显示二维图像中的两个或多个变量之间的关系。可对图表中三个部分的信息进行挖掘，分别为两个坐标和图像颜色深度	使用 R 语言中的 ggplot()函数做简单的热点图
关系图	用作表示连续变量之间的关联性。每个单元可以标注成阴影或颜色来表明关联的程度。颜色越深，代表关联程度越高。正相关用蓝色表示，负相关用红色表示	使用 R 语言中的 corrgram()函数

2) 无需编程语言的可视化工具

(1) Tableau。Tableau 官网提供免费教学资源，并提供试用版本下载。该平台具有以下特色：①学习成本很低，可以快速上手；②对于不太掌握统计原理的人，也能完成非常有价值的分析；③非计算机专业同学也能够快速完成过去 IT 和数据分析高手才能完成的工作；④数据可视化独具特色，嵌入了地图；⑤海量数据处理非常快；⑥可以实现 Dashboard 和动态数据更新；⑦所见即所得，也能够见图见数，见数见图；⑧完成基本统计预测和趋势预测；⑨Web 服务器应用——商业智能；⑩数据源丰富；⑪输出方便，等等。因此可以利用此软件完成平时的数据探索，也可以用它来完成基本的报表、数据可视化等工作。

(2) Raw。Raw 是一个开源的数据可视化工具，基于流行的 D3.js，支持多种图表类型。使用 Raw 可以在数分钟内就轻松完成一些高级数据可视化工作，整个过程相当简单：从一个电子表格(甚至 Web 页面中)中拷贝数据，选择数据可视化类型(Raw 会推荐最合适的类型)，拖动所要分析的数据到预先定义的分析类别。用户可以下载矢量、PNG 或 JSON 格式的分析结果。

(3) Infogram。Infogram 是一款可以更方便地制作信息图的制作工具，内置了很多主题供用户选择。选择主题后往编辑器里输入数据即可生成一张精美的信息图。它提供模块化的制作方式和丰富的精美模版，让普通用户也能只用简单的几步就制作出自己的信息图。其他数据可视化的工具还有地图数据可视化的 Visual.ly、Targetmap 和地图汇等。

(4) ChartBlocks。ChartBlocks 无法取代专业的 Excel 等办公软件，但是可以帮助用户线上快速简单制作出漂亮的统计图表，运用到简报、网页或报告文件中；提供云端办公，可以随时修改、编辑、分享和下载。ChartBlocks 的功能特色如表 15-11 所示。

表 15-11　ChartBlocks 的功能特色

功能特色	说明
可从任何来源导入数据	使用来自电子表格、数据库，甚至实时数据更新摘要的数据来建立统计图。ChartBlocks 帮助挑选数据的正确部分来制作统计图，并在整个导入过程中提供指导
以自己的方式定制统计图	使用统计图生成器来建立几乎任何类型的统计图，再使用统计图设计工具把统计图变成想要的模样
互动统计图	可在任何浏览器和装置上正常运作的 HTML5 统计图。使用 ChartsBlocks 制作的统计图适用于任何装置和屏幕尺寸。使用 D3.js 技术，统计图会以可缩放矢量图形格式呈现，适用于 Retina 屏幕显示或高品质文档打印
共享	完成制作统计图后，索取嵌入代码并把统计图嵌入到自己的网站，也可以直接共享统计图到社交媒体网站

(5) Visualize Free。用户可以通过几个简单的单击来对多个数据集和变量进行筛选，确定趋势和处理数据。主要特点如下：可用 Excel 或 CSV 格式上传数据；拖放元素来建立可视化效果；沙箱技术用于数据分析；可用于公众或私人分析。

(6) Visual.ly。Visual.ly 以丰富的信息图资源而著称，很多用户乐意把自己制作的信息图上传到网站中与他人分享。最近网站不再局限于一个信息图分享平台的角色，它还将帮助制作信息图。用户只要注册 Visual.ly，并登录 http://create.visual.ly/，便可以尝试制作自己的信息图。Visual.ly 目前只能导入来自 Twitter、Facebook 的数据，而且需要和用户的账号相连，无法导入 Excel 或 CSV 文件来创建信息图。

(7) iCharts。iCharts 主要有以下几方面特点：①运用公司的标识进行品牌视觉化；②更好地发现增加标签或描述；③启用第三方网站重新嵌入可视化来扩大范围；④数据是实时的；⑤创建交互式；⑥探索性图表，领先一代的激活自制表格。

3) 基于 JavaScript 实现

(1) Chart.js。用户可通过 Chart.js 制作具有动画效果的图表,且 Chart.js 基于 HTML5 canvas 技术,支持现有浏览器,并针对 IE7/8 提供了降级替代方案,同时 Chart.js 不依赖于任何外部工具库,轻量级,并且提供了加载外部参数的方法。

(2) D3.js。D3.js 是一个 JavaScript 库,它可以通过数据来操作文档。可以通过使用 HTML、SVG 和 CSS 把数据鲜活形象地展现出来。D3 严格遵循 Web 标准,因而可以让用户的程序轻松兼容现代主流浏览器并避免对特定框架的依赖。同时,它提供了强大的可视化组件,可以让使用者以数据驱动的方式去操作 DOM。

(3) FusionCharts。可用于任何网页的脚本语言,类似于 HTML,.NET,ASP,JSP,PHP,ColdFusion 等,提供互动性和强大的图表。另外,FusionCharts 支持基于 Flash/JavaScript 的 3D 图表,提供服务器端 API,支持成千上万的数据点,并在几分钟内完成向下钻取。使用起来很简单,只要调用其 API 即可,缺点在于不够灵活。

(4) jQuery Visualize。jQuery Visualize 是一个开源的图表插件,使用 HTML Canvas 绘制多种不同类型的图表,可以很好地将一张表里的内容以图形化展示出来。这个插件有个重要的特性是支持 ARIA。可从 Github 下载该插件。

(5) Flot。Flot 是一个基于浏览器的应用程序,并且能够兼容大多常见的浏览器,包括 IE、Chrome、Firefox、Safari 和 Opera。Flot 对于数据观点支持多种可视化选择,交互式图表、堆叠式图表、平移和缩放,以及通过各种插件实现各种特定功能。

5. 基于其他语言实现的工具

JpGraph、Processing、NodeBox 等工具基于 PHP、Java、Python 等语言实现可视化,功能各异,使用方法较为简洁,且能达到多样、明晰、艺术的可视化效果(表 15-12)。

表 15-12 基于其他语言实现的工具介绍

工具名称	语言	说明
JpGraph	PHP	JpGraph 是一款开源的 PHP 图表生成库,只需从数据库中取出相关数据、定义标题、图表类型,然后只需掌握 JpGraph 内置函数就可以得到想要的炫酷图表
Processing	Java	Processing 是数据可视化的招牌工具,只需要编写一些简单的代码,然后编译成 Java。由于端口支持 Objective-C,也可以在 iOS 上使用 Processing。虽然 Processing 是一个桌面应用,但它可以在几乎所有平台上运行
NodeBox	Python	NodeBox 是 OS X 上创建二维图形和可视化的应用程序。需要了解 Python 程序,NodeBox 与 Processing 类似,但是没有 Processing 的互动功能
R	R	作为用来分析大数据集的统计组件包,R 是一个非常复杂的工具,需要较长的学习实践。R 拥有强大的社区和组件库,而且还在不断成长
Gephi	Java	Gephi 是一款开源免费跨平台基于 JVM(Java 虚拟机)的复杂网络分析软件,主要用于各种网络和复杂系统、动态和分层图的交互可视化。可用作探索性数据分析、链接分析、社交网络分析、生物网络分析等。Gephi 是一款信息数据可视化利器,可以供大学研究项目数据分析,统计研究,微博信息研究等。开发者对它寄予的希望是:成为 "数据可视化领域的 Photoshop"

工具名称	语言	说明
Weka	Weka	当需求从数据可视化扩展到数据挖掘领域，Weka 是一个能根据属性分类和集群大量数据的优秀工具，Weka 不但是数据分析的强大工具，还能生成一些简单的图表

6. 地图可视化工具

地图可视化工具主要包含 CartoDB、InstantAtlas、Polymaps、OpenLayers 等，不同的工具有不同的特色，用户可以根据需求自行选择(表 15-13)。

表 15-13　地图可视化工具介绍

工具名称	说明
CartoDB	可以用 CartoDB 很轻易就把表格数据和地图关联起来。例如，输入 CSV 通讯地址文件，CartDB 能将地址字符串自动转化成经度/纬度数据并在地图上标记出来。目前 CartoDB 支持免费生成五张地图数据表
InstantAtlas	InstantAtlas 是一套综合了设计、填充和出版动态报告功能的工具
Polymaps	主要面向数据可视化用户。Polymaps 在地图风格化方面有独到之处，类似 CSS 样式表的选择器
OpenLayers	OpenLayers 可能是所有地图库中可靠性最高的一个。虽然文档注释并不完善，且学习曲线非常陡峭，但是对于一些特定的任务来说，OpenLayers 能够提供一些其他地图库都没有的特殊工具
Kartograph	Kartograph 的标记线是对地图绘制的重新思考。如果不需要调用全球数据，而仅仅是生成某一区域的地图，那么 Kartograph 将脱颖而出
Exhibit	借助 Exhibit ，用户可轻松做出交互地图，还有其他基于数据的可视化内容，如国旗，名人的出生地等
Modest Maps	Modest Maps 是一个轻量级、简单、免费的地图工具(JS 库)，网页设计师和开发人员可轻松地把它整合到网站中
Leaflet	可以轻松使用 OpenStreetMap 的数据，并且完全把交互可视化数据集成在一起。内核库很小，但是有很多插件能扩展其功能，如动态标记、masks 和热图，非常适用于需要显示地理位置的项目

7. 金融数据可视化工具

金融数据可视化工具主要以制作图表为主，可制作大部分的图表类型，包含 Dygraphs、Highcharts 等工具。

Dygraphs 是个快速、灵活、开源的 JavaScript 图表库。它允许用户展示和解析密集的数据集，可以高亮需要强调的数据集，可以使用鼠标单击或者用鼠标拖动来缩放图表，可以修改数值或者单击条目来调整平均周期。适合需要绘制海量数据集的开发者。

Highcharts 是一个制作图表的纯 JavaScript 类库，主要有以下几方面特性：①兼容当今所有的浏览器；②对个人用户完全免费；③纯 JS, 无 BS；④支持大部分图表类型；⑤跨语言；⑥PHP、Asp.net、Java 都可以使用。适合需要在技术支持的帮助下绘制各种复杂的图表的开发者。

8. 时间轴数据可视化工具

时间轴数据可视化工具主要将时间与事件相互对应，进而以时间为轴进行可视化表达，主要包括 Timeline、Dipity 等。

Timeline 用于可视化实践数据的 Web 小部件，以时间为轴展示事件。事件不仅可归类，而且可有不同的颜色。此外，也能够添加额外的备注及进度。最终完成的时间轴还能导出为图片。

Dipity 是一款基于 Timeline 的 Web 应用软件，用户可以将自己在网络上的各种社会性行为(Flickr、Twitter、Youtube、Blog/RSS 等)聚合并全部导入到自己的 Dipity 时间轴上。

9. 函数及公式数据可视化工具

函数及公式数据可视化工具可对用户的计算请求进行答复并返回可视化图形，主要包括 WolframAlpha、Tangle 等工具。

WolframAlpha 工具在用户在输入框内提交查询命令和计算请求后，将根据内部的知识数据库计算出答案并返回相关的可视化图形。其最新版本还增加了几类四维可视化函数。

Tangle 工具进一步模糊了内容与控制之间的界限。Tangle 生成了一个负载的互动方程，用户可以调整输入值获得相应数据。

10. 其他

Many Eyes；Better World Flux；Google Charts；Crossfilter；Raphaël 等。

第16章 人 工 智 能

人工智能(artificial intelligence，AI)是研究、开发用于模拟、延伸和扩展人的智能的理论、方法、技术及应用系统的一门新的技术科学。人工智能企图了解智能的实质，并生产出一种新的能以人类智能相似的方式做出反应的智能机器，该领域的研究包括机器人、语言识别、图像识别、自然语言处理和专家系统等。人工智能是内涵十分广泛的科学，它由不同的领域组成，涉及计算机科学、心理学、哲学和语言学等学科。本章简单介绍人工智能的几大典型实践案例，包括 AlphaGo、自动驾驶、智慧城市、智能机器人等；具体阐述 AlphaGo 的操作原理、自动驾驶的算法框架与高精度地图在其中的应用、智慧城市与智能机器人的概念和发展现状。本章结构如图 16-1 所示。

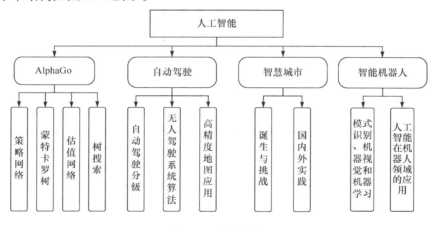

图 16-1　本章结构

16.1　AlphaGo

阿尔法围棋(AlphaGo)是第一个击败人类职业围棋选手、第一个战胜围棋世界冠军的人工智能机器人，由谷歌(Google)旗下 DeepMind 公司戴密斯·哈萨比斯领衔的团队开发。其主要工作原理是深度学习。一直以来，计算机围棋被认为是人工智能领域的一大挑战。早在 1997 年，IBM 的国际象棋系统"深蓝"，击败了世界冠军卡斯帕罗夫时，采用的方法是通过暴力搜索的方式尝试更多的下棋方法从而战胜人类，其所依赖的更多是计算机的计算资源优势。而在围棋上，深蓝的方式完全不适用。暴力搜索方式需要搜索 b^d 个落子情况序列，其中 b 为搜索的宽度(即当前局面在哪里落子)，d 为搜索的深度(即当前局面在接下来若干步之后的对弈局面)，以期望评估当前棋局和落子的最佳位置。而对比围棋与国际象棋的难度：围棋的落子点有 200 种，国际象棋的落子点有 37 种；围棋有 10^{360} 种合规的落子组合序列，国际象棋只有 10^{123}。这使得博弈在搜索到足够深度时更困难。

早期的计算机围棋通过专家系统和模糊匹配缩小搜索空间，减轻计算强度，但由于计算能力有限，取得的实际效果并不理想。

近些年，随着深度学习得不断发展和完善，基于深度学习和蒙特卡罗树搜索策略的计算机围棋程序 AlphaGo 已达到人类顶尖棋手水平。其核心思想是通过卷积神经网络来构建价值网络和策略网络分别对搜索的深度和宽度进行约减，使得搜索效率大幅度提升，胜率估算也更加精确。AlphaGo 由三个部分组成：①估值网络(value network，也叫价值网络)。它估计棋局的状态(运行时没有进行任何搜索动作)，计算谁先领先了，领先了多少。从技术上讲，它估计每一方赢的概率，同时假设每一方都是由 AlphaGo 扮演的(AlphaGo 不能为对手建模，所以它总是和自己下棋)。②策略网络(policy network)。它决定了棋局的状态并且选择下一步的走法，运行时也没有进行任何搜索。它首先由专家训练，并且预测他们下一步怎么走。然后跟自己下棋，下数百万次后，再训练指导系统的下一步，直到最终获得胜利。③蒙特卡罗树搜索(Monte Carlo tree search，MCTS)。最后，树搜索把两个网络结合在一起，模拟下一步会发生什么，并通过策略网络选择最佳的落子位置。

简单来说，AlphaGo 的策略网络将当前棋盘状态 s 作为输入，经过多层的深层卷积神经网络输出不同落子位置的概率 $P(a|s)$，网络的优化训练可通过监督学习方式下的深度学习实现；价值网络同样适用深度卷积神经网络，输出一个标量值 $V_o(s')$ 来预测选择落子位置 s' 时的累积奖赏，注意 s' 是当前状态 s 在执行动作 a 之后的状态。

AlphaGo 操作原理流程图如图 16-2 所示。

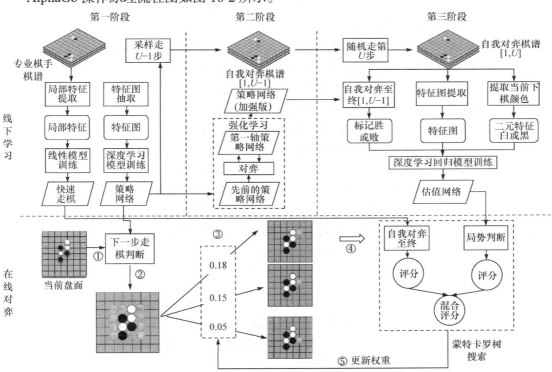

图 16-2　AlphaGo 操作原理流程

整体上，AlphaGo 的实现包括线下学习和在线对弈。

(1) 线下学习。线下学习包括三个阶段：①利用大量专业棋手的棋谱训练两个网络，即策略网络和快速走棋网络，其中策略网络采用深度卷积神经网络来训练学习。②基于强化学习来提升策略网络的性能，也可认为是围棋程序的自我对弈学习。③通过大量的自我对弈，实现基于深度强化学习的价值网络学习。

(2) 在线对弈。在线对弈包括五个关键步骤。

步骤 1：依据当前对弈盘面进行特征提取，注意这里并不使用深度学习来提取特征，而是将提取后的特征图作为深度学习的输入。

步骤 2：依据策略网络估计棋盘其他空地的落子概率(搜索范围为宽度)。

步骤 3：依据落子的概率，计算此处往下发展的权重，其中初始值为落子概率本身。

步骤 4：利用价值网络和快速走棋网络分别判断局势，两个局势得分相加为此处走棋获胜的得分。

步骤 5：利用蒙特卡罗树搜索展开下一步的搜索(搜索范围为深度)，并更新权重。

目前依据网络原理和实战经验可知，AlphaGo 相对于人类的优势在于它的大局观天生比人强得多，因为有强大的计算资源保证模拟的终局数量足够多，策略网络和估值网络剪枝又保证了模拟的质量。

16.1.1　策略网络

首先，AlphaGo 有两个大脑，一个是策略网络，一个是估值网络。无论是策略网络还是估值网络都是一个 CNN 结构。这个 CNN 有 13 层，卷积核大小为 5×5。棋盘是一个 19×19 的方格，每个方格像一个像素点，整个棋盘就像 19×19 的图片一样。如果把它当作图片来处理，第一个想到的就是能用深度学习压缩表示，第二个想到的是能做基本分类。如果已经确定了两个网络的结构，那么深度学习算法还需要解决训练数据获取的问题。

对于策略网络，把围棋的棋盘看作是 19×19 大小的二维矩阵或是一幅 19×19 的图像，或是其他一些输入特征，用这些样本去训练这个网络，目标是什么呢？看人类棋手在每种棋局状态中的下一步落子，对于算法来说就是看每种图形的下一种图形是什么。也就是说，目前状态的棋局是训练集，下一步的棋局形态是训练集的人工标注。将 3000 万的人类对弈的位置信息拆解为训练集，反复训练，使网络能尽量和训练集一致，以拟合训练集。然后用这个训练好的模型预测，这样就可以计算出在某一个棋局状态中的下一个可能落子位置的概率。而这种方式其实和估值网络的做法一致，只是输出不同。策略网络求的是这个时刻各个可能落子位置的概率，估值网络求的是下一个状态的胜利或失败的概率。

这样就得到了一个策略网络，命名为 "P_human"。P_human 和业余 6 段的人类棋手过招，各有胜负。而当时最强的 AI 叫 "CrazyStone"，P_human 无法胜过 CrazyStone，更别提像李世石这样的顶尖人类棋手。

16.1.2　蒙特卡罗树

如果要战胜 CrazyStone，先要研究它是如何做到这么好的。CrazyStone 的主要算法是蒙特卡罗树搜索。蒙特卡罗树搜索是一种搜索博弈树的替代，它的目标是模拟大量的棋局。每一次模拟开始一个棋局，并且在两名选手之一获得胜利后停止棋局模拟。起初，这是完全随机的：对于双方选手来说行为是随机选择的。每一次模拟后，一些值被存下来，例如，每个节点多长时间访问一次，多久就会导致赢得一场胜利。这些数字引导了下一步模拟选择行为(模拟因此越来越不随机)。执行了越多的模拟，就会让选择赢得步骤更精确。这表明，随着模拟的数量增加，蒙特卡罗树搜索的确收敛于最优。

CrazyStone 的设计者 Coulum 最初对围棋一无所知，便假设所有落子方法分值都相等，设为 1。然后，假设两个人什么也不懂，开始对弈，其中一人扔了一个骰子，从 361 种落子方法中(因为围棋棋盘是 19×19 的，所以所有的落子可能是 361，以后方法只可能小于 361)随机选择一个走法 a_0。其中一人想象自己落子后，棋盘状态变成 S_1，然后继续假设对手也和自己一样扔了一个骰子，随便走了一步，这时棋盘状态变成 S_2，于是这两个人一直扔骰子下棋，一路走到 S_n，最后肯定也能分出一个胜负 r，赢了 r 记为 1，输了则为 0，假设第一次 $r=1$。这样便算是在心中模拟了完整的一盘棋。

CrazyStone 心中思考，这样随机扔骰子也能赢。于是就把刚才那个落子方法(S_0, a_0)记下来，分值提高一些：新分数=初始分+r。刚才从(S_0, a_0)开始模拟赢了一次，$r=1$，那么新分数=2，除了第一步，后面几步运气也不错，那我把这些随机出的局面所对应的落子方法(S_i,a_i)的分数都设为 2。然后，CrazyStone 开始做第二次模拟，这次除(S_0,a_0)的分值是 2 外，其他落子方法的分数还是 1。因此再次选择 a_0 的概率要比其他方法高一点。那位假想中的对手也用同样的方法更新了自己的新分数，他会选择一个 a_1 作为应对。如法炮制，CrazyStone 又和想象中的对手下棋，结果又赢了，于是 CrazyStone 继续调整它的模拟路径上相应的分数，把它们都加 1。随着想象中的棋局下得越来越多，那些看起来不错的落子方案的分数就会越来越高，而落子方案越有前途，越会被更多地选中进行推演，于是最有"前途"的落子方案就出现了。最后，CrazyStone 在想象中下完 10 万盘棋之后，选择它推演中分数最高的那个方案落子。这时，CrazyStone 才真正下了第一步棋。

蒙特卡罗树搜索应用到围棋 AI 后，可以看到它有两个很有意思的特点。

(1) 没有任何人工特征，完全依赖规则本身，通过不断想象自对弈来提高能力。这和深蓝战胜卡斯帕罗夫完全不同，深蓝使用了一个复杂的评估函数，这个评估函数是在国际象棋高手帮助下设计出来的。而蒙特卡罗树搜索靠的是一种类似遗传算法的自我进化，只需要遍历树并保持跟踪一些数字，让靠谱的方法自我涌现出来，代价是必须运行大量模拟以达到良好的效果。

(2) 蒙特卡罗树搜索可以连续运行，在对手思考对策的同时自己也可以思考对策。CrazyStone 想象中的两人下完第一步后，完全不必停下，可以继续进行想象中的对弈，直到对手落子。随后，从对手落子之后的状态开始计算，但是之前的想象中的对弈完全可以保留，因为对手的落子完全可能出现在之前想象的对弈中，所以之前的计算是有用的。这就像人在进行对弈时，可以不断思考，不会因为等待对手行动而中断。这一点，CrazyStone 的程序很像人。

最强的围棋 AI 都依赖于蒙特卡罗树搜索。它们还依赖于领域知识(由专家设计的手工规则)，以便在蒙特卡罗模拟时能更好地选择行为。CrazyStone 的程序仍然有局限：起点太低，AI 从完全什么都不会开始计算，这样的初始策略太简单。也就是说，需要一个方法替代扔骰子的方法。用什么方法来替代呢？用 P_human 来扔骰子，而不再随机掷骰子，而是先根据 P_human 的计算结果得到 a 可能的概率分布，以这个概率挑选下一步的动作。一次棋局下完之后，新分数按照如下方式更新。

新分数=调整后的初始分+通过模拟得到的赢棋概率。

如果某一步被随机到很多次，就应该主要依据模拟得到的概率而非 P_human。所以 P_human 的初始分会被打个折扣。

调整后的初始分= P_human/(被随机到的次数+1)。

这样，既可以用 P_human 快速定位比较好的落子方案，又给其他位置一定的概率。

这一步就是将蒙特卡罗树搜索和之前的策略网络结合。到这里为止，P_human 已经可以战胜已有的围棋 AI 了，接下来它准备挑战人类。

16.1.3 估值网络

当策略网络与机器本身对弈时,估值网络开始训练已有的 3000 万的棋谱位置。这里,估值网络应该按当前游戏状态预测赢的可能性。这类似一个评估函数,不同的是估值网络是学习出来而不是设计出来的。估值网络关注在目前局势的状况下,每个落子位置的“最后”胜率(这也是所谓的整体棋局),而不是短期的攻城略地。也就是说,策略网络是分类问题(对方会下在哪儿),估值网络是评估问题(下在这的胜率是多少)。估值网络并不是一个精确解的评价机制,因为如果要算出精确解可能会耗费极大量的计算能力。因此,它只是一个近似网络,即通过卷积神经网络的方式来计算卷积核范围的平均胜率,这个做法的主要目的是将评价函数平滑化,同时避免过度学习。

当然,这里提到的胜率会跟向后预测的步数有关,向后预测的步数越多,计算就越庞大,AlphaGo 目前有能力自己判断需要展开的预测步数。但是,如何才能确保过去的样本能够正确反映胜率,而且不受对弈双方实力的事前判断(事前判断指的是:判断谁会赢的依据是这个人比较厉害,棋力比较高)。因此,这个部分是通过两台 AlphaGo 对弈的方式来解决的,因为两台 AlphaGo 的实力可以当作是相同的,那么最后的输赢一定跟原来的两个人实力无关,而是跟当前落子的位置有关。估值网络并不是透过这个世界已知的棋谱作为训练,因为人类对弈会受到双方实力的影响。透过两台机器对弈的方式,AlphaGo 在与欧洲棋王对弈时,所使用的训练组样本只有 3000 万个棋谱位置,但是在与李世石比赛时棋谱位置已经增加到了 1亿。人类完成一局对弈一般数小时,但是 AlphaGo 间对弈可能在一秒内完成数局,这种方式可以快速地累积正确的评价样本。所以,先前提到的机器下围棋的最大困难点:评价机制的部分,就是这样通过卷积神经网络来解决掉的。

在比赛开始时,设计一个表现良好的评估函数是比较困难的,但在接近对弈结束时则变得比较容易。在估值网络身上也能观察到同样的效果:因为没有数值可以参考,游戏一开始估值网络做了一个随机的预测,但在游戏快终结时更善于预测更多的动作,因为有更多的数据可以参考。人类设计的评估函数和通过学习的估值网络,都能在趋向于比赛结束时表现得越来越好。这种趋势不能归于人类的局限性,而是由根本的规则决定的。

16.1.4 树搜索

将上面训练好的 P_human、走棋策略网络、估值网络组合起来,保证离线训练的部分和在线决策及估算部分能够整合起来,并把它放到真实的对弈环境中运行,这就是 AlphaGo。AlphaGo 正是靠树搜索将三种类型的网络以一种全新的方式整合起来。它所使用的树搜索有点像蒙特卡罗树搜索。AlphaGo 使用一个评估函数给定状态的估算值,即估值网络输出值与策略网络的混合体:状态的值=估值网络输出值+模拟结果,这有点类似于深蓝。仔细想想,这看起来很像人类的思维,是直觉和反射的混合体。估值网络提供直觉,而模拟结果提供了条件反射。AlphaGo 团队也尝试只使用估值网络的输出,或者只有模拟结果输出,但这些比两者的结合效果差。所以,估值网络的输出和模拟结果都很重要。

AlphaGo 技术的最后环节就是树搜索,它将三种类型的网络以一种创新的方式引导在一起。以前深蓝所使用的搜索(主要是 MinMax 搜索算法),由于不具有无限大的计算能力,不可能适用于旧的方法。不过在前面策略网络及估值网络中,AlphaGo 已经可以针对接下来的落子(包括对方)将可能性缩小到一个可控的范围。接下来,它就可以快速地运用蒙特卡罗树搜索在有限的组合中计算最佳解。一般来说树搜索包括四个步骤。

步骤 1：选取。首先根据目前的状态，选择几种可能的对手落子模式。

步骤 2：展开。根据对手的落子，展开至胜率最大的落子模式(称为一阶蒙特卡罗树)，所以在 AlphaGo 的搜寻树中并不会真的展开所有组合。

步骤 3：评估。如何评估最佳行动(AlphaGo 该将子落在哪)，第一种方式是将行动后的棋局丢到估值网络中评估胜率，第二种方式是做更深度的蒙特卡罗树搜索(多预测几阶可能的结果)。这两种方法所评估的结果可能截然不同，AlphaGo 使用了混合系数(mixing coefficient)将两种评估结果整合。

步骤 4：后向传递。在决定最佳行动位置后，快速根据这个位置向下透过策略网络评估对手可能的下一步，以及对应的搜索评估。所以，AlphaGo 其实最恐怖的是，李世石在思考自己该下哪里的时候，不但 AlphaGo 可能早就猜到了他可能的落子位置，而且正利用他在思考的时间继续向下计算后面的棋路。

根据 AlphaGo 团队的实测，单机版的 AlphaGo 即便单独使用一个大脑或是蒙特卡罗搜索树技术，都能达到业余(段)的等级，更不用提当这些技术整合时，就能呈现更强大的力量。在刊登上 Nature 时，它的预估强度大概也只有职业 3～4 段(李世石是 9 段)，不过刚刚提到它通过强化学习技术增强策略网络、通过两台 AlphaGo 优化估值网络，这些都可以让它在短时间内变得更强大。

16.2 自 动 驾 驶

自动驾驶(automatic driving)，又称无人驾驶(driverless)，是一种通过软硬件系统结合实现自动驾驶的智能交通工具。无人驾驶汽车依靠人工智能、视觉计算、雷达、监控装置和全球定位系统协同合作，让电脑可以在没有任何人类主动的操作下，自动安全地操作机动车辆。基于深度学习架构的人工智能现已被广泛应用于自动驾驶实现，从自动驾驶初创公司、互联网公司到各大原始设备厂商(original equipment manufacturer，OEM)，都正在积极探索通过基于深度学习技术架构实现最终的自动驾驶解决方案。简单地说，深度学习一定程度上是在模拟人脑从外界环境中学习、理解甚至解决模糊歧义的过程，可以自动地学习如何完成给定的任务，如识别图像、识别语音甚至控制无人汽车自动行驶等。

16.2.1 自动驾驶分级

为了方便地区分和定义自动驾驶技术，需要对自动驾驶科学分级。目前全球汽车行业有两种比较著名的分级制度，分别是美国高速公路安全管理局(National Highway Traffic Safety Administration，NHTSA)和国际自动化工程师学会(SAE International)提出的分级标准(表 16-1)。

表 16-1 自动驾驶分级标准

分级		L0	L1	L2	L3	L4	
	NHTSA	L0	L1	L2	L3	L4	
	SAE International	L0	L1	L2	L3	L4	L5
名称(SEA)		无自动化	驾驶支持	部分自动化	有条件自动化	高度自动化	完全自动化

续表

分级	NHTSA	L0	L1	L2	L3	L4	
	SAE International	L0	L1	L2	L3	L4	L5
SEA 定义		由人类驾驶者全权驾驶汽车，在行驶过程中可以得到警告	通过驾驶环境对方向盘和加速减速中的一项操作提供支持，其余由人类操作	通过驾驶环境对方向盘和加速减速中的多项操作提供支持，其余人类操作	由无人驾驶系统完成所有的驾驶操作，根据系统要求，人类提供适当的应答	由无人驾驶系统操作，根据系统要求，人类不一定提供所有的应答。限定道路和环境条件	由无人驾驶系统完成所有的驾驶操作，可能的情况下，人类接管，不限定道路和环境条件

16.2.2　无人驾驶系统算法

无人驾驶系统主要由三部分组成：算法端、客户端和云端。其中算法端包括面向传感、感知和决策等关键步骤的算法；客户端包括机器人操作系统及硬件平台；云端包括数据存储、模拟仿真、高精度地图绘制及深度学习模型训练。本节主要介绍无人驾驶系统的算法端部分，图 16-3 展示了无人驾驶的架构。

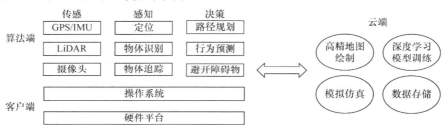

图 16-3　无人驾驶系统架构

算法端从传感器原始数据中提取有意义的信息以了解周遭的环境情况，并根据环境变化做出决策。客户端融合多种算法以满足实时性与可靠性的要求。举例来说，传感器以 6Hz 的速度产生原始数据，客户端需要保证最长的流水线处理周期也能在 16ms 内完成，云端为无人车提供离线计算及存储功能。通过云端，能够测试新的算法、更新高精度地图并训练更加有效的识别、追踪和决策模型。

无人驾驶算法系统由三部分组成：第一，传感，从传感器原始数据中提取有意义信息；第二，感知，以定位无人车所在位置及感知现在所处的环境；第三，决策，以便可靠、安全地到达目的地。

从无人驾驶传感功能来说，一辆无人车装备有许多不同类型的传感器。不同类型的传感器各自有不同的优劣，因此，来自不同传感器的传感数据应该有效地进行融合。现在无人驾驶中普遍使用的传感器包括以下几种：①GPS/惯性测量单元 IMU。GPS/IMU 传感系统通过高达 200Hz 频率的全球定位和惯性测量单元更新数据，以帮助无人车完成自我定位。②激光雷达 LiDAR。激光雷达可被用来绘制地图、定位及避障。雷达的准确率非常高，因此在无人车设计中雷达通常被作为主传感器使用。③摄像头。摄像头被广泛使用在物体识别及物体追踪等场景中，在车道线检测、通灯侦测，以及人行道检测中都以摄像头为主要解决方案。④雷达和声呐。雷达和声呐产生的数据用来表示在车的前进方向上最近障碍物的距离。图 16-4 展示了无人驾驶定位中多传感器融合方式。

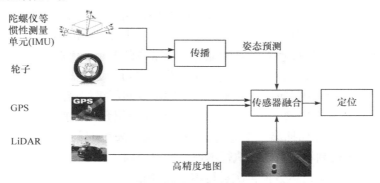

图 16-4 定位中多传感器融合

　　在获得传感信息之后，数据将被推送至感知子系统以充分了解无人车所处的周围环境。在这里感知子系统主要做的是三件事：定位、物体识别与追踪。GPS 以较低的更新频率提供相对准确的位置信息，IMU 则以较高的更新频率提供准确性偏低的位置信息。可以使用卡尔曼滤波器整合两类数据各自的优势，合并提供准确且实时的位置信息更新。作为补充方案，摄像头也被用于定位，但由于对光照条件敏感，其使用受限且可靠性有限。借助于大量粒子滤波的激光雷达通常被用作车辆定位的主传感器，需要利用多种传感器融合技术，进行多类型传感数据融合，以整合所有传感器的优点，完成可靠并精准的定位。激光雷达可提供精准的深度信息，因此常被用于在无人驾驶中执行物体识别和追踪的任务。近年来，深度学习技术得到了快速的发展，通过深度学习可达到较显著的物体识别和追踪精度。CNN 是一类在物体识别中被广泛应用的深度神经网络。通常，CNN 由四个阶段组成：①卷积层使用不同的滤波器从输入图像中提取不同的特征，并且每个过滤器在完成训练阶段后都将抽取出一套"可供学习"的参数；②激活层决定是否启动目标神经元；③汇聚层压缩特征映射图所占用的空间以减少参数的数目，并由此降低所需的计算量；④一旦某物体被 CNN 识别出来，下一步将自动预测它的运行轨迹或进行物体追踪。物体追踪可以被用来追踪邻近行驶的车辆或者路上的行人，以保证无人车在驾驶的过程中不会与其他移动的物体发生碰撞。近年来，相比传统的计算机视觉技术，深度学习技术已经展露出极大的优势，通过使用辅助的自然图像，离线的训练过程可以从中学习图像的共有属性以避免视点及车辆位置变化造成的偏移。离线训练好的模型直接应用在在线的物体追踪中。图 16-5 为车辆识别与跟踪示意。

图 16-5 车辆识别与跟踪示意

　　在决策阶段，行为预测、路径规划及避障机制三者结合起来，实时地完成无人驾驶系统的预测行为，测定下一秒行车的安全。为了预测其他车辆的行驶行为，可以使用随机模型产生这些车辆的可达位置集合，并采用概率分布的方法预测每一个可达位置集的相关概率。路径规划中采取的一个方法是使用完全确定模型，它搜索所有可能的路径并利用代价函数等方式确定最佳路径。完全确定模型对计算性能有着非常高的要求，因此很难在导航过程中达到实时的效果。为了避免计算复杂性并提供实时的路径规划，使用概率性模型成为主要的优化方向。安全性是无人驾驶中最重要的考量，将使用至少两层级的避障机制来保证车辆不会在行驶过程中与障碍物发生碰撞。第一层级是基于交通情况预测的前瞻层级。交通情况预测机制根据现有的交通状况如拥堵、车速等，估计出碰撞发生时间与最短预测距离等参数。基于这些估计，避障机制将被启动以执行本地路径重规划。如果前瞻层级预测失效则第二层级——实时反应层将使用雷达数据再次进行本地路径重规划。一旦雷达侦测到路径前方出现障碍物，则立即执行避障操作。

16.2.3　高精度地图应用

与传统电子地图不同，高精度电子地图的主要服务对象是无人车，或者说是机器驾驶员。和人类驾驶员不同，机器驾驶员缺乏人类与生俱来的视觉识别、逻辑分析能力。例如，人可以很轻松准确地利用图像定位自己，鉴别障碍物、人等，但这些对当前的机器人来说都是非常困难的任务。借助高精度地图能够扩展车辆的静态环境感知能力，为车辆提供其他传感器提供不了的全局视野，包括传感器监测范围外的道路交通和设施信息。高精度地图面向无人驾驶环境采集生成地图数据，根据无人驾驶需求建立道路环境模型，在精确定位、基于车道模型的碰撞避让、障碍物检测和避让、智能调速转向和引导等方面都可以发挥重要作用，是当前无人车技术中必不可少的一个组成部分。高精度电子地图包含大量的行车辅助信息。这些辅助信息可以分成两类，一类是道路数据，如道路车道线的位置、类型、宽度、坡度和曲率等车道信息；另一类是行车道路周围相关的固定对象信息，如交通标志、交通信号灯等信息、车道限高、下水道口障碍物及其他道路细节，还包括高架物体、防护栏、树、道路边缘类型、路边地标等基础设施信息。所有上述信息都有地理编码，因此导航系统可以准确定位地形、物体和道路轮廓，从而引导车辆行驶。其中最重要的是获取路网精确的三维表征(厘米级精度)，如路面的几何结构、道路标示线的位置、周边道路环境的点云模型等。有了这些高精度的三维表征，车载机器人就可以通过比对车载的 GPS、IMU、LiDAR 或摄像头的数据精确地确认自己当前的位置。除此以外，高精度地图还包含丰富的语义信息，如交通信号灯的位置及类型、道路标示线的类型、识别哪些路面是可以行驶的等。通过对高精度地图模型的提取，可将车辆位置周边的道路、交通、基础设施等对象及对象之间的相对关系提取出来，这些能极大地提高车载机器人鉴别周围环境的能力。此外，高精度地图还能帮助无人车识别车辆、行人及未知障碍物，因为一般的地图会过滤掉车辆、行人等活动障碍物。如果无人车在行驶过程中发现在当前高精度地图中没有的物体，这些物体有很大的概率是车辆、行人或障碍物。因此，高精度地图可以提高无人车发现并鉴别障碍物的速度和精度。

相比服务于 GPS 系统的传统地图而言，高精度地图最显著的特征是其表征路面特征的精准性。一般情况下，传统地图只需要做到米量级的精度即可实现基于 GPS 的导航，但高精度地图需要 100 倍以上的精度，即达到厘米级的精度才能保证无人车行驶的安全。目前，商用 GPS 的精度仅为 5m 左右，而高精度地图与传感器协同工作，可将车辆的位置定位精确到厘米级。此外，高精度地图还需要有比传统地图更高的实时性。由于道路路网每天都会有变化，如道路整修、道路标识线磨损及重漆、交通标示改变等。这些改变需要及时反映在高精度地图上以确保无人车行驶安全。要做到实时的高精度地图有很大的难度，但随着越来越多载有多种传感器的无人车行驶在路网中，一旦有一辆或几辆无人车发现了路网的变化，通过和云端的通信，就可以把路网更新信息告诉其他的无人车，使得其他无人车变得更加聪明和安全。图 16-6(a)为传统地图，图 16-6(b)为无人驾驶高精度地图。

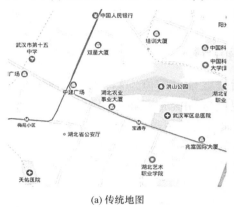

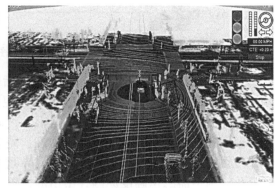

(a) 传统地图　　　　　　　　　　　　　　(b) 无人驾驶高精度地图

图 16-6　传统地图与高精度地图对比

和传统地图相似，高精度地图也具有分层的数据结构。一般地图的底层是一个基于红外线雷达传感器建立的精密二维网格。一般这个二维网格的精度保证在 5cm×5cm 左右，可以行驶的路面、路面障碍物，以及路面在激光雷达下的反光强度都被存储在相应的网格中。无人车在行驶的过程中，通过比对其红外线雷达搜集到的数据及其内存中的精密二维网格，就能确定车辆在路面的具体位置。除了底层的二维网格表征外，高精度地图还包含很多有关路面的语义信息，在二维网格参照系的基础上，高精度地图一般还包含道路标识线的位置及特征信息与相应的车道特征。由于车载的传感器可能会因为恶劣天气、障碍物，以及其他车辆的遮挡不能较可靠地分析出车道信息，高精度地图中的车道信息特征能帮助无人车更准确可靠的识别道路标识线，并理解相邻车道之间是否可以安全并道。高精度地图还会标明道路标示牌、交通信号等相对于二维网格的位置。这些信息有如下两方面的作用：①提前通知预警无人车，告诉无人车在某些特定的位置检测相应的交通标示牌或交通信号灯，提高无人车的检测速度。②在无人车没有成功检测出交通标示牌或信号灯的情况下，确保行车的安全。

无人车使用的高精度地图是个二维的网格，数据主要由激光雷达产生。在如此高的精度下，如何有效地管理数据是一个大挑战。为了尽量让地图在内存里面，要尽量去掉不需要的数据。一般的激光雷达可覆盖方圆 100m 的范围，假设每个反光强度可以用一个字节记录，那么每一次激光雷达扫描可以产生 4MB 的数据。这样的扫描会包括公路旁边的树木及房屋，但是无人车的行驶并不需要这些数据，只需要记录公路表面的数据即可。假设路面的宽度为 20m，那么可以通过数据处理把非公路表面的数据过滤掉，这样每次扫描的数据量会下降到 0.8MB。在过滤数据的基础上，可以使用无损的压缩算法，例如，利 LASzip 去压缩地图数据，可以达到超过 10 倍的压缩率。经过这些处理后，一个 1TB 的硬盘就可以存下全中国超过 10 万千米的高精度地图数据。图 16-7 为高精度地图计算架构。

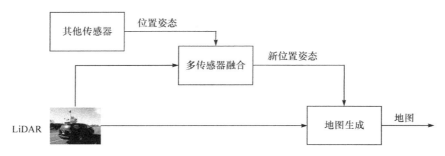

图 16-7　高精度地图计算架构

传统的电子地图主要依靠卫星图片产生,然后依靠 GPS 定位,这种方法可以达到米级精度,而高精度地图需要达到厘米级精度,仅仅靠卫星与 GPS 是不够的。因此,高精度地图的生产涉及多种传感器,由于产生的数据量很大,通常会使用数据采集车收集数据,然后通过线下处理把各种数据融合产生高精度地图。陀螺仪等惯性测量单元(inertial measurement unit,IMU)及轮测距器(wheel odometer)可以高频率地给出当前无人车的位置预测,但是由于陀螺仪及轮测距器的精确度原因,给出的位置可能会有一定程度的偏差。为了纠正这些偏差,可以使用传感器融合计技术(如 Kalman Filter)结合 GPS 与 LiDAR 的数据计算出当前无人车的准确位置。然后根据当前的准确位置与激光雷达的扫描数据,可以把新的数据加入地图中。

高精度电子地图的信息量与质量直接决定了无人驾驶系统的安全性、可靠性及效率。制作高精度地图并不容易,需要使用多种传感器互相纠正。在初始地图制作好后,还需要对地图进行过滤以降低数据量而达到更好的实时性。在拥有了这些高精度的地图信息后,无人驾驶系统就可以通过比对车载的 GPS、IMU、LiDAR 或摄像头的数据精确地确认自己当前的位置,并且进行实时导航。因为建设和其他变动,高速公路地图需要定期更新,无人车的地图也需要不断更新,以便掌握路况变化。表 16-2 对比了传统地图与无人驾驶高精度地图的特点。

表 16-2　传统地图与无人驾驶高精度地图特点对比

特点	传统地图	无人驾驶高精度地图
服务对象	人类	无人车
内容	路网和地物等的抽象表示	大量的行车辅助信息
精度	米级	厘米级
数据特征	分层结构	二维网格分层结构
数据量	较小	较大
地图生产	卫星图片、GPS	多传感器融合
更新时间	更新相对缓慢	实时更新

截至目前,日本最大的地图测绘公司 Zenrin 已宣布与 NVIDIA 合作,研究如何简化利用人工智能绘制地图的流程。同时,在高精度地图提供商 HERE 新发展的合作关系中,NVIDIA 在云中使用 Map Works,在车内使用 Drive Works,这两套地图开发工具的云端与地面相配合,再加上 NVIDIA 为整个架构提供的 AI 引擎,这样能够实现绘制和更新高清实时地图的目的。

当然，除此之外，NVIDIA 已经和 TomTom、百度建立了合作伙伴关系。在百度世界大会和 GTC 开发者技术大会(中国)上，NVIDIA 表示今后会联合百度开发从云到车的端对端的无人驾驶平台架构，其中就包括会和百度在高精度地图绘制上做进一步优化提升。此前，百度使用约 250 辆测绘车收集道路信息，用以制作准确度在 5～10m 的传统导航地图及高精度地图，其在中国绘制的高精度地图已经达到了厘米级精度，包含交通信号灯、车道标记(如白线、黄线、双车道或单车道、实线、虚线)、路缘石、障碍物、电线杆、立交桥、地下通道等详细信息，导航系统可以实现 95% 以上的路标和车道标记准确度。

16.3 智 慧 城 市

16.3.1 诞生与挑战

诺贝尔经济学奖获得者约瑟夫·斯蒂格利茨曾说过："中国的城市化与美国的高科技发展将是深刻影响 21 世纪人类发展的两大主题。"人类文明历史上，每一次科技大爆发都会重新决定全球城市的经济排名。工业革命时，河流沿线的人类城市演变为工业资源聚集地，世界中心是英国的曼彻斯特、利物浦、格拉斯哥等十万人口的城市；电力革命时，输电网沿线的人类城市形成电气资源聚集地，世界中心迁往美国的纽约、芝加哥、费城、底特律、洛杉矶、波士顿、匹兹堡等百万人口的大都市；当今的信息革命，互联网骨干网沿线的人类城市是数据资源聚集地，世界中心正在向中国的北京、上海、杭州、深圳等千万人口的超大城市转移，城市拥有的计算力总量决定了数字经济发展的排名与潜力，反之经济衰退则会引发"城市收缩"现象。

城市即是资源的聚集地，但又存在资源利用效率低下的问题。亚里士多德说："人们来到城市是为了生活，人们居住在城市是为了生活得更快乐"，但历经几十年的发展，国人深切感受到交通拥堵、生活不便、环境恶化等城市问题。人口高度集中进一步加剧了城市公共资源的供需矛盾，为城市治理者带来日趋严峻的种种挑战。我们的城市似乎出问题了，交通拥堵、环境污染、治安违法等问题饱受市民诟病，其中交通成为所有城市的通病，浪费了大量市民时间与石油能源，面对就业与居住空间分离、超大规模路网、复杂车流变化，以人力为主的交通管理效率成为制约整个城市发展的短板。如何更好地调节管理城市成了新的挑战，因为我们如何塑造城市，城市就如何塑造我们的生活。

2008 年 11 月，在纽约召开的外国关系理事会上，IBM 公司提出了"智慧的地球"这一理念，进而引发了智慧城市建设的热潮。智慧城市是把新一代信息技术充分运用在城市的各行各业之中的、并基于知识支持下一代创新的城市信息化高级形态。智慧城市基于物联网、云计算等新一代信息技术，以及网络搜索引擎、社交网络平台、综合集成法等工具和方法的应用，营造有利于创新涌现的生态。利用信息和通信技术(information and communications technology，ICT)使城市生活更加智能，资源利用更高效。同时可以改进服务和生活质量，减少对环境的影响，支持创新和低碳经济，实现智慧技术高度集成、智慧产业高端发展、智慧服务高效便民，完成从数字城市向智慧城市的跃升。

数字城市(digital city)是将城市地理、资源、环境、人口、经济、社会社情和各种社会服务等复杂系统进行数字化、网络化、虚拟仿真、优化决策支持和可视化。通过宽带多媒体信息网络、地理信息系统、虚拟现实技术等基础技术，整合城市信息资源，构建基础信息平台，建立电子政务、电子商务等信息系统和信息化社区，实现全市国民经济信息化和社会公众服务信息化数字化。知识城市(knowledge city)，指通过研发、技术和智慧创造高附加值产品和服务，从而推动城市发展的城市。生态城市(ecological city)从广义上讲，是建立在人类对人与自然关系更深刻认识的基础上的新的文化观，是按照生态学原则建立起来的社会、经济、自然协调发展的新型社会关系，是有效的利用环境资源实现可持续发展的新的生产和生活方式。创造和创新城市都是强调创新对城市的重要性。智慧城市经常与数字城市、创造城市、知识城市、创新城市、生态城市等区域发展概念相交叉，甚至与电子政务、智能交通、智能电网等行业信息化概念发生混杂。对智慧城市概念的解读也经常各有侧重，有的观点认为关键在于技术应用，有的观点认为关键在于网络建设，有的观点认为关键在于人的参与，有的观点认为关键在于智慧效果，一些城市信息化建设的先行城市则强调以人为本和可持续创新。总之，智慧不仅仅是智能。智慧城市绝不仅仅是智能城市的另外一个说法，或者说是信息技术的智能化应用，它还包括人的智慧参与、以人为本、可持续发展等内涵。图 16-8 总结了智慧城市的相关理论。

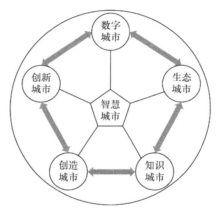

图 16-8　智慧城市的相关理论

伴随网络帝国的崛起、移动技术的融合发展及创新的民主化进程，知识社会环境下的智慧城市是继数字城市之后、信息化后城市发展的高级形态，如图 16-8 所示。从技术发展的视角，智慧城市建设要求通过以移动技术为代表的物联网、云计算等新一代信息技术应用实现全面感知、泛在互联、普适计算与融合应用。从社会发展的视角，智慧城市还要求通过网络搜索引擎、社交网络、综合集成法等工具和方法的应用，实现以用户创新、开放创新、大众创新、协同创新为特征的知识社会环境下的可持续创新，强调通过价值创造，以人为本实现经济、社会、环境的全面可持续发展。

智慧城市是智慧地球的体现形式，是数字城市(digital city)的延续，是创新 2.0 时代的城市形态，也是城市信息化发展到更高阶段的必然产物。但就更深层次而言，智慧地球和智慧城市的理念反映了当代世界体系的一个根本矛盾，就是一个新的、更小的、更平坦的世界与我们对于这个世界的落后管理之间的矛盾，这个矛盾有待于用新的科学理念和高新技术去解决。此外，智慧城市建设将改变我们的生存环境，改变物与物之间、人与物之间的联系方式，也必将深刻地影响和改变人们的工作、生活、娱乐、社交等一切行为方式和运行模式。因此，本质上智慧城市是一种发展城市的新思维，也是城市治理和社会发展的新模式、新形态。智慧化技术的应用必须与人的行为方式、经济增长方式、社会管理模式和运行机制乃至制度法律的变革和创新相结合。图 16-9 为智慧城市的发展和指标。

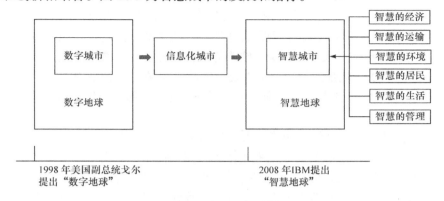

图 16-9　智慧城市的发展和指标

　　在 IBM 的《智慧的城市在中国》白皮书中，基于新一代信息技术的应用，对智慧城市基本特征的界定是全面物联、充分整合、激励创新、协同运作四个方面。即智能传感设备将城市公共设施物联成网，物联网与互联网系统完全对接融合，政府、企业在智慧基础设施之上进行科技和业务的创新应用，城市的各个关键系统和参与者进行和谐高效地协作。《创新 2.0 视野下的智慧城市》指出智慧城市不仅强调物联网、云计算等新一代信息技术应用，更强调以人为本、协同、开放、用户参与的创新 2.0，将智慧城市定义为新一代信息技术支撑下、知识社会下，新一代创新环境下的城市形态。智慧城市基于全面透彻的感知、网络泛在的互联及智能融合的应用，构建有利于创新涌现的制度环境与生态，实现以用户创新、开放创新、大众创新、协同创新为特征的以人为本可持续创新，塑造城市公共价值并为生活在其间的每一位市民创造独特价值，实现城市与区域可持续发展。因此，智慧城市的四大特征被总结为全面透彻的感知、网络泛在的互联、智能融合的应用及以人为本的可持续创新。亦有学者认为智慧城市应该体现在维也纳大学评价欧洲大中城市的六个指标，即智慧的经济、智慧的运输、智慧的环境、智慧的居民、智慧的生活和智慧的管理六个方面。

　　有两种驱动力推动智慧城市的逐步形成，一是以物联网、云计算、移动互联网为代表的新一代信息技术，二是知识社会环境下逐步孕育的开放的城市创新生态。前者是技术创新层面的技术因素，后者是社会创新层面的社会经济因素。由此可以看出创新在智慧城市发展中的驱动作用。智慧城市不仅需要物联网、云计算等新一代信息技术的支撑，更要培育面向知识社会的下一代创新。信息通信技术的融合和发展消融了信息和知识分享的壁垒，消融了创新的边界，推动了创新 2.0 形态的形成，并进一步推动各类社会组织及活动边界的"消融"。创新形态由生产范式向服务范式转变，也带动了产业形态、政府管理形态、城市形态由生产范式向服务范式的转变。如果说创新 1.0 是工业时代沿袭的面向生产、以生产者为中心、以技术为出发点的相对封闭的创新形态，创新 2.0 则是与信息时代、知识社会相适应的面向服务、以用户为中心、以人为本的开放的创新形态。

　　近 20 年来，智慧城市建设花费巨资，却没有根治城市的各种问题。以智慧交通为例说明当今遇到的三大挑战。

　　(1) 首先，智慧城市数据量巨大，但是运用这些数据产生的效果却很少。大数据时代城市治理的挑战在于海量公共数据与全局管控效果之间的矛盾，城市中的环境、设备、市民日夜不停地产生活动数据、环境数据(环境传感器、城市摄像头、电磁线圈)等，在线上再造了一个镜像般的"数字孪生城市",但人类监管者却无法一目了然,靠人力很难深入理解城市"数据海洋水面"下隐含的真实交通需求。从实时治理交通、解决社会问题的良好愿望出发,"交通人治"模式往往会陷入"硬件建设-交通拥堵"的怪圈。国内很多城市为了提升交管、治安、环保能力,每年铺设大量摄像头、线圈等硬件设施。一个城市的全部摄像头记录的视频数据量,相当于 1000 亿张图片,一个人要看完所有视频大约需要 100 多年,海量视频数据都在"沉睡",能被监管者查阅的不到 10%,而且不同监管部门的硬件重复建设导致"数据孤岛"越来越多。

(2) 其次,智慧城市部分位置功能强大但难以掌控全局。在复杂多变的交通网络中,安装单点智能摄像头、智能红绿灯属于治标不治本,路口拥堵、治安事件会动态转移到附近路段,老问题产生新问题,怎么都管不完、治不好,市民的全局出行效率并没有得到整体提升。单点数据分析往往带来"近视眼"问题,幸好云计算让全量数据实时融合、大规模网络模型运算成为每个城市用得起、用得好、用得便的互联网技术,既保证个体效率要求,又避免城市中出现整体运行效率瓶颈,在局部应急和全局最优之间找到决策平衡点。国内的交通灯"单点优化"已经遇到效能瓶颈,大规模全局交通优化是全球业界公认的发展方向。

(3) 最后,智慧城市所产生的科技很多但真正运用较少。人工智能等高新技术的城市化推广,像多米诺骨牌一样触发城市管理存量系统和现行执法流程的系列改变,单一技术厂商、单一软硬件产品正在形成新的"科技孤岛",因此数字化创新技术的"开放性"是城市转型升级成败的关键。一方面"云原生"(cloud native)应用服务商让现有的系统平滑迁移,另一方面互联网级数据开放平台、PB 级数据治理体系让全球更多的生态伙伴、产业极客加入进来,遵守同一个开发标准实现迭代创新、融合创新、群体创新。封闭技术落地难的一个反例是,时髦的"人脸识别"技术在交通场景中适用范围小、推广难,路面摄像头都安装在 6~12m 高的灯杆上,加上天气环境因素、摄像头分辨率不高,单一产品改造对行人识别难度很大,如采用手持设备刷脸识人,又会陷入警力紧缺、人海战术的老路,仅解决一个单点问题无法根治错综复杂的"城市病"。

16.3.2 国内外实践

欧洲联盟于 2006 年发起了欧洲 Living Lab 组织,它采用新的工具和方法、先进的信息和通信技术来调动方方面面的"集体的智慧和创造力",为解决社会问题提供可能的途径。该组织还发起了欧洲智慧城市网络。Living Lab 完全是以用户为中心,借助开放创新空间的打造帮助居民利用信息技术和移动应用服务提升生活质量,使人的需求在其间得到最大的尊重和满足。欧洲的智慧城市更多关注信息通信技术在城市生态环境、交通、医疗、智能建筑等民生领域的作用,希望借助知识共享和低碳战略来实现减排目标,推动城市低碳、绿色、可持续发展,投资建设智慧城市,发展低碳住宅、智能交通、智能电网,提升能源效率,应对气候变化,建设绿色智慧城市。瑞典首都斯德哥尔摩,2010 年被欧盟委员会评定为"欧洲绿色首都";在普华永道 2012 年智慧城市报告中,斯德哥尔摩名列第五,分项排名中智能资本与创新、安全健康与安保均为第一,人口宜居程度、可持续能力也是名列前茅。在 2012 年奥运会期间,负责运行伦敦公共交通网络的公共机构"伦敦运输"(Transport for London),在使用者增加 25%的情况下,使用从自闭路电视摄像机、地铁卡、移动电话和社交网络收集到的实时信息,确保火车和公交路线只是有限地中断,从而保证交通顺畅。

2009 年,迪比克市与 IBM 合作,建立美国第一个智慧城市。IBM 利用物联网技术,在一个有 6 万居民的社区里将各种城市公用资源(水、电、油、气、交通、公共服务等)连接起来，监测、分析和整合各种数据做出智能化的响应，以更好的服务市民。美国纽约市消防部门将可能导致房屋起火的因素细分为 60 个，如是否是贫穷、低收入家庭的住房，房屋建筑年代是否久远，建筑物是否有电梯等。除去危害性较小的小型独栋别墅或联排别墅，分析人员通过特定算法，对城市中 33 万栋需要检验的建筑物单独进行打分，计算火灾危险指数，划分出重点监测和检查对象。目前数据监测项目扩大到 2400 余项，如学校、图书馆等人口密集度高的场所也涵盖了。通过数据挖掘，有效预防了火灾。美国麻省理工学院比特和原子研究中心发起的 Fab Lab(微观装配实验室)基于从个人通信到个人计算再到个人制造的社会技术发展脉络，试图构建以用户为中心、面向应用的用户创新制造环境，使人们即使在自己的家中也可随心所欲地设计和制造他们想象中的产品；巴塞罗那等城市从 Fab Lab 到 Fab City 的实践则从另外一个视角解读了智慧城市以人为本可持续创新的内涵。

在亚洲，韩国以网络为基础，打造绿色、数字化、无缝移动连接的生态、智慧型城市。通过整合公共通信平台，以及无处不在的网络接入，消费者可以方便地开展远程教育、医疗、办理税务，还能实现家庭建筑能耗的智能化监控等。新加坡 2006 年启动"智慧国 2015"计划，通过物联网等新一代信息技术的积极应用，将新加坡建设成为经济、社会发展一流的国际化城市。在电子政务、服务民生及泛在互联方面，新加坡的成绩引人注目。其中智能交通系统通过各种传感数据、运营信息及丰富的用户交互体验，为市民出行提供实时、适当的交通信息。

在国内,各大高新科技企业和地方政府通过合作和形式发力建设智慧城市。2017年9月,广州市政府与腾讯公司经友好协商，签订战略合作协议。根据协议，腾讯公司将与广州市政府在业务本地化、产业创新、政务服务、民生应用和创新创业等方面开展深入合作，助力广州"IAB"行动计划(IAB 指新一代信息技术、人工智能、生物医药)，推动广州新型智慧城市建设，打造信息化示范区。2017 年 11 月 8 日，阿里巴巴集团与雄安新区管理委员会签署了战略合作协议，双方将在云计算、物联网、人工智能、智慧物流、移动办公、信用、金融科技等领域推进全面合作，共同建设智慧城市。2018 年 1 月 18 日，京东集团宣布与天津经济技术开发区携手建设京东智慧物流产业集群及全国新一代人工智能应用示范基地，打造全球首个以智慧物流驱动的智慧科技城市样板。

早在 2013 年，科技部、国家标准化管理委员会就确定了国家"智慧城市"技术和标准试点城市。首批试点工作在全国共选择了 20 个城市(区)，主要包括济南、青岛、南京、无锡、扬州、太原、阳泉、大连、哈尔滨、大庆、合肥、武汉、襄阳、深圳、惠州、成都、西安、延安、杨凌示范区和克拉玛依。开展"智慧城市"技术和标准试点，是科技部和国家标准化管理委员会为促进我国智慧城市建设健康有序发展，推动我国自主创新成果在智慧城市中推广应用共同开展的一项示范性工作，旨在形成我国具有自主知识产权的智慧城市技术与标准体系和解决方案，为我国智慧城市建设提供科技支撑。

16.4　智能机器人

机器人与人工智能是两个不同的概念，人们往往会把它们混淆，很多人想知道机器人是否是人造智能的一部分，或者是否是同一件事情。首先要澄清的是机器人和人工智能完全不一样，其实这两个领域几乎完全是分开的。机器人和人工智能重叠的部分被称为人造智能机器人(图 16-10)。

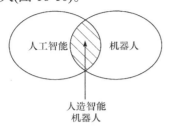

图 16-10　人工智能、机器人、人造智能机器人

要了解这三个术语是如何相互关联的，分别来看一下这三个术语。

(1) 什么是机器人？机器人是可编程机器，通常能够自主地或半自主地执行一系列动作。

构成机器人有三个重要因素：机器人通过传感器和执行器与物理世界进行交互；机器人是可编程的；机器人通常是自主或半自主的。通常机器人是自主的，但也有一些机器人完全由操作人员控制，远程机器人仍然被归类为机器人的一个分支。有人说机器人必须能够"思考"并做出决定，但是，"机器人思维"没有标准的定义，要求机器人"思考"表明它具有一定程度的人工智能。

(2) 什么是人工智能？人工智能是计算机科学的一个分支。人工智能可以学习和感知，解决语言理解和逻辑推理等问题。人工智能在现代世界中以许多方式使用，例如，Google 搜索、Amazon 推荐引擎。大多数人工智能程序不用于控制机器人。即使人工智能用于控制机器人，人工智能算法也只是较大的机器人系统的一部分，它还包括传感器、执行器和非人工智能编程。

通常人工智能涉及一定程度的机器学习，其中算法通过使用已知的输入和输出，以某种方式"训练"以对特定输入进行响应。将人工智能与更传统的编程区分开来的关键是"智慧"，非人工智能程序只是执行一个定义的指令序列，而人工智能程序模仿一些人类智力活动。

(3) 什么是智能机器人？智能机器人是一种在记忆、感知、推理、决策、思维等方面全面模拟人的机器系统，但其外形并不一定像人。它是人工智能技术的综合试验场，可以全面地检验、考察人工智能各个研究领域的技术发展状况。

16.4.1　模式识别、机器视觉和机器学习

人工智能所研究的模式识别是指用计算机代替人类或帮助人类感知模式，是对人类感知外界功能的一种模拟，研究的是计算机智能模式识别系统，也就是使一个计算机系统具有模拟人类通过感官接受外界信息、识别和理解周围环境的感知能力。也就是说，模式识别研究的主要内容就是让计算机具有自动获取外界知识的能力，能识别文字、表格、图形、图像、声音等。一般来说，模式识别需要经历模式信息采集、预处理、特征或基元提取、模式分类等几个步骤。在智能机器人研究中，模式识别技术在机器人视觉中的图像识别方面应用广泛。此外，有些学者还就机器人语音识别的模式识别技术进行了研究。

机器视觉又称为计算机视觉，包括模拟人的视觉功能中的识别与理解两大方面。这两大方面无疑是人工智能领域中有待解决的一个研究领域。机器视觉已经从模式识别的一个研究领域发展为一门独立的学科，其当前比较具体的目标主要是通过模拟人的视觉，开发出从图像输入到自然景物分析的图像理解系统。继创建视觉计算理论之后，形成了立体视觉、动态图像分析、视觉检验及文本识别等一些新的研究方向。

赋予机器人视觉是机器人领域研究的重点之一，其目的是要通过图像定位、图像理解等手段，向机器人运动控制系统反馈目标或自身的状态与位置信息。机器人视觉系统可以理解

为一种以实现对机器人的控制、操作和制导为目的而进行图像自动获取与理解分析的系统。可以想象，与机器人视觉相关联的图像处理过程是非常复杂的。因此，为了简化机器人视觉中的图像处理任务，通常采用的一种途径是利用其他类型的传感器来补充这类视觉系统的不足。例如，在移动机器人中，声呐用于避障，激光图像雷达用于产生三维景物信息，红外相机用于对热源定位等。在机器人装配、工业过程监控、工农业产品质量检测及机器人定位与导航等领域，机器视觉已获得了极为广泛的应用。

对于机器人研究而言，随着机器人需求的不断提高，机器人所面临的环境通常无法预知，非结构化环境成为主流。在动态多变的复杂环境中，机器人如果要完成复杂的任务，其学习能力就显得极为重要了。在这种情况下，机器人应当根据所面临的外部环境和任务，通过学习不断地调节自身，在与环境交互的过程中抽取有用的信息，使之逐渐认识和适应环境。通过学习可以不断提高机器人的智能化水平，使其能够应对一些意想不到的情况，从而弥补设计人员在设计过程中可能存在的不足，同时降低设计人员的劳动强度。因此，学习能力是机器人系统中个体机器人必须具备的重要能力之一，它为复杂多变环境下机器人的环境理解、规划与决策等行为提供了有效保障，从而可以改善整个机器人系统的运行效率。

16.4.2　人工智能在机器人领域的应用

1) 人工神经网络在机器人定位与导航中的应用

在移动机器人定位与导航方面，基于神经网络的多传感器信息融合利用了神经网络的特性，将机器人外部传感器的传感数据信息作为神经网络的输入处理对象，从而获得移动机器人自身位置与对障碍物的比较精确的估计，实现移动机器人的避障与自定位。摄像机标定是机器人视觉中的一个重要内容，摄像机参数标定过程就是确定其内部几何与光电参数和其自身坐标系与世界坐标系之间的相对位置和方向的过程。利用人工神经网络直接学习机器人摄像机所观测到的图像信息与三维世界坐标信息(x, y, z)，可以得出二者之间的关系。引入人工神经网络对目标物空间位置进行精确测量，能够更好地实现机器人导航中的目标定位与轨迹跟踪。

2) 专家系统在机器人控制中的应用

在过去的几十年中，机器人控制理论得到了极大的发展，并取得了丰硕的成果。然而，大多数控制方法都建立在合适的数学模型基础之上。由于机器人动力学的非线性、时变性、多关节强耦合及变惯量等复杂性，其数学模型的参数和类型很难准确确定。通过在线系统辨识确定的动态数学模型将随着负载和机器人位姿的变化而不断变化，巨大的计算量使得该方法根本无法应用到实际中去。因此，采用一种模拟人类行为的方式而不需要大量数学计算的控制方法自然而然就被提出了，这就是智能控制。智能控制涉及人工智能的多个领域，包括专家系统、神经网络及模糊控制等。

纯粹采用专家系统的智能控制将会免去大量复杂的计算，从而极大地提高系统的整体反应速度。然而，基于推理规则的系统也有它的弱点，为使系统能够处理各种异常情况，系统的规则将是非常复杂的，即便如此，也很难将所有情况都考虑进去。因此，专家系统与常规控制相结合的控制方法往往会较为实用。还有人采用专家系统来决定系统辨识模型，选择故障诊断工具等。图 16-11 是专家系统用于机器人控制的方式。其中的控制器可以是简单的 PID[比例(proportion)、积分(integral)、微分(differential)]控制器，也可以是不同的系统辨识工具、故障诊断工具等。

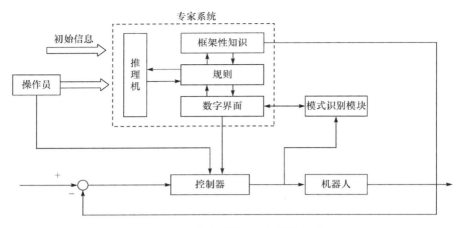

图 16-11　专家系统用于机器人控制

3) 进化算法在机器人路径规划中的应用

路径规划是机器人研究的一个活跃课题。作为机器智能的一部分，路径规划的主要任务是使移动机器人按照某些约束条件搜索一条从起始状态到目标状态的最优或次优的无碰路径。很多学者对路径规划做了大量的研究并提出了一些方法。随着智能与进化算法研究的逐步发展，遗传算法、蚁群算法等的提出，机器人路径规划问题也得到了相应发展。尤其是通过遗传算法在路径规划中的应用，使得机器人更加智能化，其运行路径也更加逼近理想的优化要求。

主要参考文献

陈水利. 2005. 模糊集理论及其应用. 北京: 科学出版社.

戴剑伟. 2010. 数据工程理论与技术. 北京: 国防工业出版社.

丁连红, 时鹏. 2008. 网络社区发现. 北京: 化学工业出版社.

付强, 赵小勇. 2007. 投影寻踪模型原理及其应用. 北京: 科学出版社.

黄铠. 2018. 云计算系统与人工智能应用. 北京: 机械工业出版社.

焦李成, 赵进, 杨淑媛, 等. 2017. 深度学习、优化与识别. 北京: 清华大学出版社.

金兼斌, 楚亚杰. 2018. 社会计算与社会化媒体研究. 北京: 清华大学出版社.

黎夏, 叶嘉安, 刘小平, 等. 2007. 地理模拟系统: 元胞自动机与多智能体. 北京: 科学出版社.

李德仁. 2016. 展望大数据时代的地球空间信息学. 测绘学报, 45(4): 379-384.

李德仁, 王树良, 李德毅. 2013. 空间数据挖掘理论与应用. 2 版. 北京: 科学出版社.

李清泉, 李德仁. 2014. 大数据 GIS. 武汉大学学报(信息科学版), 39(6): 641-644.

刘军. 2004. 社会网络分析导论. 北京: 社会科学文献出版社.

刘开第. 1997. 未确知数学. 武汉: 华中理工大学出版社.

刘开瑛, 郭炳炎. 1991. 自然语言处理. 北京: 科学出版社.

刘少山, 唐洁, 吴双, 等. 2017. 第一本无人驾驶技术书. 北京: 电子工业出版社.

刘思峰. 2010. 灰色系统理论及其应用. 5 版. 北京: 科学出版社.

陆锋, 张恒才. 2014. 大数据与广义 GIS. 武汉大学学报(信息科学版), 39(6): 645-654.

吕金虎. 2005. 混沌时间序列分析及其应用. 武汉: 武汉大学出版社.

倪志伟. 2010. 动态数据挖掘. 北京: 科学出版社.

单杰, 贾涛, 黄长青, 等. 2017. 众源地理数据分析与应用. 北京: 科学出版社.

申维. 2002. 分形混沌与矿产预测. 北京: 地质出版社.

孙玺菁, 司守奎. 2015. 复杂网络算法与应用. 北京: 国防工业出版社.

王飞跃, 李晓晨, 毛文吉, 等. 2013. 社会计算的基本方法与应用. 2 版. 杭州: 浙江大学出版社.

吴岸城. 2016. 神经网络与深度学习. 北京: 电子工业出版社.

肖秦琨, 高嵩, 高晓光. 2007. 动态贝叶斯网络推理学习理论及应用. 北京: 国防工业出版社.

谢和平. 1997. 分形应用中的数学基础与方法. 北京: 科学出版社.

易德生, 郭萍. 1992. 灰色理论与方法——提要·题解·程序·应用. 北京: 石油工业出版社.

张济忠. 1995. 分形. 北京: 清华大学出版社.

张文修. 2001. 粗糙集理论与方法. 北京: 科学出版社.

周晓云, 张净, 孙志挥. 2006. 高维 Turnstile 型数据流聚类算法. 计算机科学, 33(11): 14-17.

周志华. 2009. 机器学习及其应用. 北京: 清华大学出版社.

宗成庆. 2013. 统计自然语言处理. 2 版. 北京: 清华大学出版社.

Aggarwal C C, Han J, Wang J, et al. 2003. A framework for clustering evolving data streams. Trondheim: The 29th International Conference on Very Large Data Bases-Volume 29.

Arasu A, Babcock B, Babu S, et al. 2004. Characterizing memory requirements for queries over continuous data streams. ACM Transactions on Database Systems (TODS), 29(1): 162-194.

Babcock B, Babu S, Datar M, et al. 2002. Models and issues in data stream systems. New York: The 21st ACM SIGMOD-SIGACT-SIGART Symposium on Principles of Database Systems.

Bengio Y, Grandvalet Y. 2005. Bias in Estimating the Variance of K -Fold Cross-Validation. Berlin: Springer.

Blumer A, Ehrenfeucht A, Haussler D, et al. 1989. Learnability and the Vapnik-Chervonenkis dimension. Journal of the ACM (JACM), 36(4): 929-965.

Boser B E, Guyon I M, Vapnik V N. 1992. A training algorithm for optimal margin classifiers. New York: The 5th Annual Workshop on Computational Learning Theory.

Breiman L. 1996. Bagging predictors. Machine Learning, 24(2): 123-140.

Breiman L. 1996. Stacked regressions. Machine Learning, 24(1): 49-64.

Breiman L. 2001. Random forests. Machine Learning, 45(1): 5-32.

Breiman L. 2017. Classification and Regression Trees. New York : Routledge.

Buckles B P, Petry F E. 1994. An Overview of Genetic Algorithm and Their Applications. Piscataway: IEEE Computer Society Press.

Carney D, Cetinternel U, Cherniack M, et al. 2002. Monitoring streams—A new class of data management applications. Technical Report CS-02-01, Department of Computer Science, Brown University.

Chandola V, Banerjee A, Kumar V. 2009. Anomaly detection: A survey. ACM Computing Surveys (CSUR), 41(3): 15.

Chen W, Wang Y, Yang S. 2009. Efficient influence maximization in social networks. New York: The 15th ACM SIGKDD International Conference on Knowledge Discovery and Data Mining.

Chickering D M, Heckerman D, Meek C. 2004. Large-sample learning of Bayesian networks is NP-hard. Journal of Machine Learning Research, 5(Oct): 1287-1330.

Colorni A, Dorigo M, Maniezzo V. 1991. Distributed Optimization by Ant Colonies. Cambridge: MIT Press.

Cortes C, Vapnik V. 1995. Support-vector networks. Machine Learning, 20(3): 273-297.

Datar M, Gionis A, Indyk P, et al. 2002. Maintaining stream statistics over sliding windows. SIAM Journal on Computing, 31(6): 1794-1813.

de Sousa E P M, Traina A J M, Traina Jr C, et al. 2006. Evaluating the Intrinsic Dimension of Evolving Data Streams. New York: ACM.

Dietterich T G. 2000. Ensemble Methods in Machine Learning. Heidelberg: Springer.

EMC Education Services. 2016. 数据科学与大数据分析. 曹逾, 刘文苗, 李枫林译. 北京: 人民邮电出版社.

Ester M, Kriegel H P, Sander J. 1996. A density-based algorithm for discovering clusters in large spatial databases with noise. Quebec: International Conference on Knowledge Discovery & Data Mining.

Freeman L C. 1979. Centrality in social networks conceptual clarification. Social Networks, 1: 215-239.

Freund Y, Schapire R, Abe N. 1999. A short introduction to boosting. Japanese Society for Artificial Intelligence, 14(771-780): 1612.

Friedman J H. 2001. Greedy function approximation: a gradient boosting machine. Annals of Statistics, 29(5): 1189-1232.

Friedman N, Geiger D, Goldszmidt M. 1997. Bayesian network classifiers. Machine Learning, 29(2-3): 131-163.

Glover F, Hanafi S. 2002. Tabu search and finite convergence. Discrete Applied Mathematics, 119(1-2): 3-36.

Goldbersger J, Hinton G E, Roweis S T, et al. 2005. Neighbourhood Components Analysis. Cambridge: MIT Press.

Goodfellow I, Bengio Y, Courville A. 2016. Deep Learning. Cambridge: MIT Press.

Goodfellow I, Bengio Y, Courville A. 2017. 深度学习. 赵申剑, 黎彧君, 符天凡, 等译. 北京: 人民邮电出版社.

Guha S, Mishra N, Motwani R, et al. 2000. Clustering data streams. Piscataway: The 41st Annual Symposium on Foundations of Computer Science.

Han J W, Kamber M, Pei J, et al. 2012. 数据挖掘: 概念与技术. 3 版. 范明, 孟小峰译. 北京: 机械工业出版社.

Horning N. 2013. Introduction to decision trees and random forests. Bulletin of the American Museum of Natural History, 2: 1-27.

Hu X, Eberhart R C. 2002. Adaptive particle swarm optimization: detection and response to dynamic systems. Piscataway: The 2002 Congress on Evolutionary Computation.

Jain A K, Murty M N, Flynn P J. 1999. Data clustering: A review. ACM Computing Surveys (CSUR), 31(3): 264-323.

Janert P K. 2012. 数据之魅: 基于开源工具的数据分析. 黄权, 陆昌辉, 邹雪梅, 等译. 北京: 清华大学出版社.

Kempe D, Kleinberg J, Tardos É. 2003. Maximizing the spread of influence through a social network. New York: The Ninth ACM SIGKDD International Conference on Knowledge Discovery and Data Mining.

Krizhevsky A , Sutskever I , Hinton G .2012. ImageNet classification with deep convolutional neural networks. Lake Tahoe: Conference and Workshop on Neural Information Processing Systems(NIPS).

Lecun Y, Bengio Y, Hinton G, 2015. Deep learning. Nature, 521(7553): 436-444.

Lerner A, Shasha D. 2003. A query: query language for ordered data, optimization techniques, and experiments. San Francisco: The 2003 VLDB Conference.

Leskovec J, Krause A, Guestrin C, et al. 2007. Cost-effective outbreak detection in networks. New York: The 13th ACM SIGKDD International Conference on Knowledge Discovery and Data Mining.

Li X. 2002. An optimizing method based on autonomous animats: Fish-swarm algorithm. Systems Engineering Theory & Practice, 22(11): 32-38.

Lin C H, Chiu D Y, Wu Y H, et al. 2005. Mining frequent itemsets from data streams with a time-sensitive sliding window//Russell S J, Cohn R. Society for Industrial and Applied Mathematics. Philadelphia: Book on Demand Ltd.

Mandelbrot B B. 1967. How long is the coast of Britian? Statistical self-similarity and fractional dimension. Science, 156(3775): 636-638.

Mitchell T M. 1997. Machine Learning Meets Natural Language. Berlin: Springer-Verlag.

Parsian M. 2016. 数据算法: Hadoop/Spark 大数据处理技巧. 苏金国, 杨健康译. 北京: 中国电力出版社.

Pawlak Z. 1982. Rough sets. International Journal of Computer & Information Sciences, 11(5): 341-356.

Quinlan J R. 2014. C4. 5: Programs for Machine Learning. Amsterdam: Elsevier.

Russell S J, Norvig P. 2013. 人工智能: 一种现代的方法. 3 版. 殷建平, 祝恩, 刘越, 等译. 北京: 清华大学出版社.

Sain R B S R. 1996. The nature of statistical learning theory by V. N. Vapnik. Technometrics, 38(4): 409.

Schapire R E, Freund Y. 2012.Boosting: Foundations and Algorithms. Cambridge: MIT Press.

Smarandache F. 1998. Neutrosophy: Neutrosophic Probability, Set and Logic. Rehoboth: America Research Press.

Spackman K A. 1989. Signal Detection Theory: Valuable Tools for Evaluating Inductive Learning. Amsterdam: Elsevier.

Sullivan M H A. 1998. Tribeca: A system for managing large databases of network traffic. Louisiana: The USENIX Annual Technical Conference (NO98).

Sutskever I, Vinyals O, Le Q V. 2014. Sequence to sequence learning with neural networks//Schölkopf B, Platt J, Hoffmann T. Advances in Neural Information Processing Systems. Cambridge: MIT Press.

Sutton R S, Barto A G. 2018. Reinforcement Learning: An Introduction. Cambridge: MIT Press.

Traina A, Traina C, Papadimitriou S, et al. 2001. Tri-plots: scalable tools for multidimensional data mining. New York: The 7th ACM SIGKDD International Conference on Knowledge Discovery and Data Mining.

Vapnik V N. 2006. Estimation of Dependences Based on Empirical Data. New York: Springer.

Vapnik V N, Chervonenkis A Y. 2015. On the uniform convergence of relative frequencies of events to their probabilities//Vladimir V, Harris P, Alexander G. Measures of Complexity. Berlin: Springer.

Wasserman S, Faust K. 2012. 社会网络分析: 方法与应用. 陈禹, 孙彩虹, 齐心译. 北京: 中国人民大学出版社.

Zadeh L A. 1965. Fuzzy sets . Information & Control, 8(3):338-353.